U0291669

住房和城乡建设部"十四五"规划教材

高等学校土木工程专业应用型人才培养系列教材

钢 结 构

（第二版）

冯宁宁　　胡白香　　王登峰　　主　编

刘仲洋　李卫青　张煊铭　马翠玲　副主编

曹平周　　主　审

中国建筑工业出版社

图书在版编目（CIP）数据

钢结构/冯宁宁，胡白香，王登峰主编；刘仲洋等
副主编. —2版. —北京：中国建筑工业出版社，
2022.10（2024.6重印）
　　住房和城乡建设部"十四五"规划教材　　高等学校土
木工程专业应用型人才培养系列教材
　　ISBN 978-7-112-27647-9

Ⅰ.①钢…　Ⅱ.①冯…②胡…③王…④刘…　Ⅲ.
①钢结构-高等学校-教材　Ⅳ.①TU391

中国版本图书馆 CIP 数据核字（2022）第 129125 号

　　本书主要讲述钢结构的基本原理和钢结构设计，被评为住房和城乡建设部"十四五"规划教材，本次修订增加了大量数字资源按《钢结构通用规范》GB 55006—2021、《钢结构设计标准》GB 50017—2017、《建筑结构可靠性设计统一标准》GB 50068—2018 等最新标准、规范编写。全书共分 11 章，内容包括：绪论、钢结构的材料、钢结构的连接、轴心受力构件、受弯构件、拉弯构件和压弯构件、单层厂房钢结构、轻型门式刚架结构、大跨房屋钢结构、多高层房屋钢结构、钢结构的制造及防护。

　　书末有附录，列出了设计需用的各种数据和系数供查用。各章还列出了本章要点及学习目标，同时均有本章小结以及必要的思考与练习题，以便于对重点内容的学习和掌握。本次修订增加了移动交互式数字化部分，有助于提高读者的自主学习能力。

　　本教材除作为应用型本科院校土木工程专业教材外，也可用作相关专业学生的教材，另外还可供有关工程技术人员参考、阅读。

　　为了更好地支持教学，我社向采用本书作为教材的教师提供课件，有需要者可与出版社联系，索取方式如下：建工书院 http://edu. cabplink. com，邮箱 jckj@cabp. com. cn，电话（010）58337285。

＊　　　　＊　　　　＊

责任编辑：仕　帅　吉万旺　王　跃
责任校对：赵　颖

住房和城乡建设部"十四五"规划教材
高等学校土木工程专业应用型人才培养系列教材
钢结构（第二版）
冯宁宁　　胡白香　　王登峰　　主　编
刘仲洋　李卫青　张煊铭　马翠玲　副主编
曹平周　　主　审
＊
中国建筑工业出版社出版、发行（北京海淀三里河路9号）
各地新华书店、建筑书店经销
霸州市顺浩图文科技发展有限公司制版
建工社（河北）印刷有限公司印刷
＊
开本：787毫米×1092毫米　1/16　印张：31¾　字数：792千字
2022年9月第二版　　2024年6月第二次印刷
定价：**88.00元**（赠教师课件及配套数字资源）
ISBN 978-7-112-27647-9
（39645）

出 版 说 明

党和国家高度重视教材建设。2016 年，中办国办印发了《关于加强和改进新形势下大中小学教材建设的意见》，提出要健全国家教材制度。2019 年 12 月，教育部牵头制定了《普通高等学校教材管理办法》和《职业院校教材管理办法》，旨在全面加强党的领导，切实提高教材建设的科学化水平，打造精品教材。住房和城乡建设部历来重视土建类学科专业教材建设，从"九五"开始组织部级规划教材立项工作，经过近 30 年的不断建设，规划教材提升了住房和城乡建设行业教材质量和认可度，出版了一系列精品教材，有效促进了行业部门引导专业教育，推动了行业高质量发展。

为进一步加强高等教育、职业教育住房和城乡建设领域学科专业教材建设工作，提高住房和城乡建设行业人才培养质量，2020 年 12 月，住房和城乡建设部办公厅印发《关于申报高等教育职业教育住房和城乡建设领域学科专业"十四五"规划教材的通知》（建办人函〔2020〕656 号），开展了住房和城乡建设部"十四五"规划教材选题的申报工作。经过专家评审和部人事司审核，512 项选题列入住房和城乡建设领域学科专业"十四五"规划教材（简称规划教材）。2021 年 9 月，住房和城乡建设部印发了《高等教育职业教育住房和城乡建设领域学科专业"十四五"规划教材选题的通知》（建人函〔2021〕36 号）。为做好"十四五"规划教材的编写、审核、出版等工作，《通知》要求：（1）规划教材的编著者应依据《住房和城乡建设领域学科专业"十四五"规划教材申请书》（简称《申请书》）中的立项目标、申报依据、工作安排及进度，按时编写出高质量的教材；（2）规划教材编著者所在单位应履行《申请书》中的学校保证计划实施的主要条件，支持编著者按计划完成书稿编写工作；（3）高等学校土建类专业课程教材与教学资源专家委员会、全国住房和城乡建设职业教育教学指导委员会、住房和城乡建设部中等职业教育专业指导委员会应做好规划教材的指导、协调和审稿等工作，保证编写质量；（4）规划教材出版单位应积极配合，做好编辑、出版、发行等工作；（5）规划教材封面和书脊应标注"住房和城乡建设部'十四五'规划教材"字样和统一标识；（6）规划教材应在"十四五"期间完成出版，逾期不能完成的，不再作为《住房和城乡建设领域学科专业"十四五"规划教材》。

住房和城乡建设领域学科专业"十四五"规划教材的特点：一是重点以修订教育部、住房和城乡建设部"十二五""十三五"规划教材为主；二是严格按照专业标准规范要求编写，体现新发展理念；三是系列教材具有明显特点，满足不同层次和类型的学校专业教学要求；四是配备了数字资源，适应现代化教学的要求。规划教材的出版凝聚了作者、主审及编辑的心血，得到了有关院校、出版单位的大力支持，教材建设管理过程有严格保障。希望广大院校及各专业师生在选用、使用过程中，对规划教材的编写、出版质量进行反馈，以促进规划教材建设质量不断提高。

住房和城乡建设部"十四五"规划教材办公室
2021 年 11 月

第二版前言

本教材定位为应用型本科院校土木工程专业主干课程教材，适合全国大多数举办土木工程专业的院校选用。本书第二版入选住房和城乡建设部"十四五"规划教材。

本次修订，参照《钢结构通用规范》GB 55006—2021、《钢结构设计标准》GB 50017—2017、《建筑结构可靠性设计统一标准》GB 50068—2018、《冷弯薄壁型钢结构技术规范》GB 50018—2002、《高层民用建筑钢结构技术规程》JGJ 99—2015、《门式刚架轻型房屋钢结构技术规范》GB 51022—2015、《空间网格结构技术规程》JGJ 7—2010 等规范、标准的最新版本，修订了工程用设计公式和设计规定，更新了例题中的公式和参数取值等内容。第 1 章充实了钢结构的发展。第 2 章充实了静力单轴拉伸试验、结构钢材的类别及牌号表示法，整合了强度和塑性章节内容。第 3 章补充了轴向力作用下剪力螺栓群强度验算方法。第 5 章补充了受弯构件的定义以及应用范围，修订了梁截面类型、腹板开孔梁和焊接组合梁截面设计。第 7 章修订了柱网布置，增加了单层厂房钢结构简化为平面框架的计算方法，补充了屋架节点设计中的节点板计算，充实了屋架与柱刚性连接的支座节点等相关内容。第 9 章补充了网壳结构、螺栓球节点的相关内容，取消了单面和双面弧形压力支座节点、单面弧形拉力支座节点。第 10 章结合 PKPM 软件最新版本，修订了钢框架结构电算实例，增加了演示视频。第 4、6、8、11 章结合新规范修订了公式和例题中的参数。

本版修订增加了移动交互式数字化部分，具备可视化、易访问等特点。读者可在交互式环境随时随地的离线学习，对课程内容有直观认识，有助于提高读者的自主学习能力。本教材与常州工学院钢结构团队的中国大学 MOOC《钢结构设计原理》课程相互补充，帮助读者理解和巩固知识点。

本版修订由河海大学曹平周教授主审，第 1、5 章由冯宁宁执笔，第 2 章由刘仲洋执笔，第 3 章由马翠玲执笔，第 4、6 章由王登峰执笔，第 7 章由胡白香执笔，第 8、11 章由张煊铭执笔，第 9 章及附录部分由李卫青执笔，第 10 章由徐有明执笔，全书由冯宁宁统稿。

本教材修订过程中难免会有不足之处，恳请同行专家及读者的不吝指正。

编　者

2022 年 04 月

第一版前言

本教材为应用型本科院校土木工程专业系列教材之一，以"高等学校应用型人才培养体系的创新与实践"为宗旨，结合课程内容、课程体系改革，将钢结构课程的专业基础及专业教学内容，即钢结构基本原理、钢结构设计及实践性教学等几大部分内容融为一体，便于读者对钢结构有完整的知识体系。

全书共分11章，前6章讲述钢结构的基本原理和基本构件，属于专业基础课教学内容；后5章主要讲述钢结构的设计，属于专业课教学内容。实际教学过程中可根据具体情况进行取舍，学生也可根据需要作为参考或自学内容。

本教材注重实际应用能力的培养，以建立基本概念、阐述基本理论、解决工程实际问题为重点，尽可能采用通俗易懂的方式阐述钢结构基本原理与常用钢结构的设计方法；同时，本教材加强对基本概念的理解，不拘于计算公式的推导，对常用钢结构的设计则紧密结合现行标准、规范、规程，使读者能够学以致用，触类旁通，达到理论与设计应用的融会贯通。

本教材除作为应用型本科院校土木工程专业学生教材外，还可作为相关专业学生的教材，同时也可作为从事钢结构设计、制造和施工工程技术人员的参考书籍。

赵风华、胡白香、王登峰任主编，河海大学曹平周教授任主审，刘仲洋、李卫青、张煊铭任副主编，全书由赵风华、李卫青、张煊铭统稿，参加编写的还有朱浩、徐有明。其中第1、9章由赵风华编写，第2章由刘仲洋（河北建筑工程学院）编写，第3章由朱浩（宿迁学院）编写，第4、6章由王登峰（江南大学）编写，第5章及附录部分由李卫青（常州工学院）编写，第7章由胡白香（江苏科技大学）编写，第8章由张煊铭（商丘工学院）编写，第10章由徐有明（江苏太阳城建筑设计院有限公司）编写，第11章由李卫青及张煊铭编写。

在编写过程中，作者参阅和引用了许多专家、学者的教材及论著中的有关资料，在此表示衷心的感谢！厦门理工学院的米旭峰老师对教材编写提出了宝贵的意见和建议，常州工学院冯宁宁老师完成了书稿的校稿工作，在此深表谢意。

本书入选《住房城乡建设部土建类学科专业"十三五"规划教材》，对本书编写质量的提升起到了积极的推动作用，但由于编者的水平所限，再加涉及新规范、新规程内容较多，教材中内容取舍、论述和前后衔接不妥之处在所难免，恳请同行专家及读者的不吝指正。

编　者
2019 年 08 月

目 录

第 1 章 绪 论

本章要点及学习目标

本章要点：
(1) 钢结构的特点和钢结构的发展；
(2) 钢结构的主要结构体系；
(3) 钢结构的设计方法。
学习目标：
(1) 了解钢结构的特点和钢结构的发展；
(2) 熟悉钢结构的主要结构体系；
(3) 熟练掌握钢结构的极限状态设计方法，特别是概率极限状态设计法的基本概念和原理，以及用分项系数的设计表达式进行计算的方法。

1.1 钢结构的特点

钢结构是土木工程的主要结构形式之一，它在建筑工程、地下工程、桥梁工程、铁道工程、塔桅、海洋平台、港口建筑、矿山建筑、水工结构、筒仓及容器管道中得到广泛应用和迅速发展。

1-1 钢结构的特点及合理应用范围

钢结构与其他材料组成的结构，如钢筋混凝土结构、砌体结构、木结构等相比具有以下明显的特点：

1. 强度高、结构重量轻

钢与混凝土、木材相比，虽然密度较大，但其强度要高得多。结构的轻质性可由质量密度 ρ 与强度 f 的比值 β 来衡量，β 值越小，结构相对越轻。钢材的 β 大约为 $(1.7 \sim 3.7) \times 10^{-4}/\mathrm{m}$；钢筋混凝土约为 $18 \times 10^{-4}/\mathrm{m}$；木材为 $5.4 \times 10^{-4}/\mathrm{m}$。钢结构的 β 比混凝土和木材小，在承载力相同的条件下，钢结构构件截面小、质量较轻，便于运输和安装。

钢屋盖结构的质量轻，对抵抗地震作用有利。但质轻的屋盖结构对可变荷载的变动比较敏感，荷载超额的不利影响比较大。设计沿海地区的房屋结构，如果对飓风作用下的风吸力估计不足，则屋面系统有被掀起的危险。

另一方面，由于强度高，一般所需要的构件截面小而壁薄，构件可以做得细而长，在受压时容易失稳破坏，即失去整体稳定或局部稳定，导致结构破坏。因此，钢结构强度有时难以充分发挥，而截面往往由稳定控制，这一点变得尤为突出。

2. 材质均匀，塑性、韧性好

钢结构的材料采用单一的钢材，钢材的弹性模量稳定，材质接近于匀质和各向同性，其力学性能比较符合理想弹性-塑性体的力学假定，因而结构分析计算结果与实际情况最相符合，工作可靠性高。

钢材的塑性好，在承受静力荷载时材料吸收变形能的能力强，结构在一般条件下不会因偶然超载而突然断裂，只增大变形，故易采取措施而进行补救。同时，塑性好还能够使局部高峰应力重分布，使应力趋于均匀平缓。

钢材的韧性性能好，结构对动力荷载的适应性强。因钢材的韧性反映了承受动力荷载时材料吸收能量的多少，韧性好，说明材料具有良好的动力工作性能。

3. 钢结构抗震性能好

钢结构自重轻、结构体系较柔，又具有较高的强度和较好的塑性、韧性，受到的地震作用小，且具有良好的能量耗散能力。因此在国内外的历次地震中，钢结构损坏最轻，是抗震设防地区特别是强震区的最合适结构。

4. 钢结构工业化程度高，施工周期短

尽管制造钢结构需要复杂的机械设备和严格的工艺要求，但与其他建筑结构比较，钢结构工业化程度最高，具有良好的装配性，具备成批大件生产和成品精度高等特点。采用工厂制造、工地安装的施工方法，可缩短施工周期，进而为降低造价、提高效益创造了条件。

因此，钢结构作为装配式建筑的主要结构体系之一，具有工业化生产程度高、节点连接技术成熟可靠等优点，已经成为装配式建筑推广应用中优先选用的结构形式。

同时，采用螺栓连接的钢结构，在已有建筑改建、结构加固及可拆卸结构中，更加凸显其优势。

5. 钢结构的密闭性好

钢材本身组织致密，且具有良好的焊接性能，当采用焊接连接的钢板结构时，易做到水密气密不渗漏，因此，是制造船舶、气柜油罐、压力容器、高压管道甚至载人太空结构等的良好材料。但是，由于钢结构整体刚度大，当焊接结构设计不当，在低温和复杂应力下，微裂纹有可能扩展导致破坏，这是焊接钢结构的缺陷。

6. 钢结构耐热但不耐火

当温度不高于 250℃时，钢结构的弹性模量、强度、变形等主要力学性能指标变化不大，具有一定的耐热性能。但钢材强度随着温度的升高而迅速降低，当温度达 300℃以上时，强度逐渐下降，在 600℃时，强度不足三分之二，弹性模量几乎为零，钢结构的抗火性能较差。因此，为了防止和减小建筑钢结构的火灾危害，必须对钢结构进行科学的抗火设计，采取安全可靠、经济合理的防火保护措施，必要时应进行防火保护设计，建筑钢结构应按《建筑钢结构防火技术规范》GB 51249—2017 进行抗火性能验算。

7. 钢结构耐腐蚀性差

钢材在潮湿环境中，特别是处于有腐蚀性介质的环境中容易锈蚀，在使用期间必须注意防护，对薄壁构件更应该引起重视。

钢结构应遵循安全可靠、经济合理的原则，按照《钢结构设计标准》GB 50017—2017（后面简称《标准》）的要求进行防腐蚀设计。应综合考虑环境中介质的腐蚀性、环境条件、施工和维修条件等因素，因地制宜，选择防腐蚀方案或其组合。如防腐蚀涂料、各种工艺形成的锌铝等金属保护层、阴极保护措施以及耐候钢等。

耐候钢具有较好的抗锈蚀性能，使得钢结构在腐蚀环境中有了更大的使用空间。

钢结构在使用期间定期维护，因而钢结构的维护费用较钢筋混凝土结构高。

8. 钢结构的低温冷脆倾向

钢结构还有一种特殊的破坏情况，即在特定条件下可能出现低应力状态脆性断裂。材质低劣、构造不合理和低温等因素都会促成这种断裂，设计、制作、安装中要特别注意。

由于钢结构具有强度高、质量轻、抗震性能好等诸多优点，钢结构更适应于高层建筑、重型厂房的承重骨架和受动力荷载影响的结构，如有较大锻锤或产生动力作用或其他设备的厂房等。通常情况下，钢结构的耐热但不耐火、耐腐蚀性差等缺点不足以对钢结构的使用产生明显的负面影响。合理利用钢结构的优势，规避其负面效应，是学习钢结构基本原理的重要意义之一。

1.2　钢结构的主要结构体系

1. 单层钢结构

单层钢结构可采用框架、支撑结构，即框架平面承重结构体系。厂房主要由横向、纵向抗侧力体系组成，其中横向抗侧力体系可采用框架结构，纵向抗侧力体系宜采用中心支撑体系，也可采用框架结构。框架

1-2　钢结构的主要结构形式

平面承重结构体系，如图1-1所示厂房，由平面桁架系统的钢屋盖和柱构成的框架平面承重结构体系；如图1-2所示厂房，斜梁与柱构成的轻型门式刚架结构等。这样的单层钢结构厂房，由平面承重结构及附加构件两部分体系组成，其中承重体系是由一系列相互平行的平面结构组成，承担该结构平面内的竖向荷载和横向水平荷载，并传递到基础。附加构件由纵向构件及支撑组成，将各个平面结构连成整体，同时也承受结构平面外的纵向水平力。

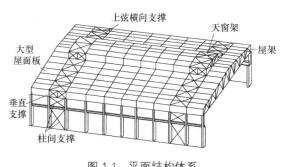

图1-1　平面结构体系

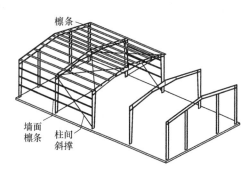

图1-2　门式刚架的结构体系

2. 多高层钢结构

多高层钢结构体系主要有框架、支撑结构（中心支撑）、框架-支撑（中心支撑、偏心支撑）、框架-剪力墙板、筒体（筒体、框架-筒体、筒中筒、束筒）结构、巨型（巨型框架、巨型框架-支撑）结构。

框架体系是沿纵横方向由多榀框架构成并承担水平荷载的抗侧力结构，它也是承担竖

向荷载的结构，梁柱连接常采用刚性连接，如北京长富宫中心为框架结构体系（图1-3）；框架-支撑体系是由框架和带多列柱间支撑的支撑框架构成的抗侧力结构，其中支撑框架是承担水平剪力的主要抗侧力结构，框架承担少部分水平剪力，如北京京广中心大厦（图1-4）。

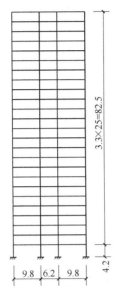

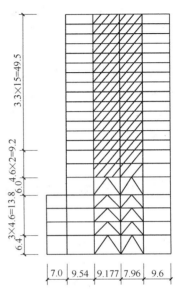

图1-3　北京长富宫中心部分结构（单位：m）　　　图1-4　北京京广中心大厦R_1轴剖面（单位：m）

3. 大跨度钢结构

大跨度钢结构体系分为以整体受弯为主的结构、以整体受压为主的结构、以整体受拉为主的结构。以整体受弯为主的大跨度钢结构包括：平面桁架、立体桁架、空腹桁架、网架、组合网架钢结构以及与钢索组合形成的各种预应力钢结构等结构体系。以整体受压为主的大跨度钢结构包括：平面刚架、平面或立体桁架形成的拱形结构、网壳、组合网壳钢结构以及与钢索组合形成的各种预应力钢结构等结构体系。以整体受拉为主的大跨度钢结构包括：悬索结构、索桁架结构、索穹顶等结构体系。

大跨度钢结构除采用平面承重结构体系外，通常采用空间受力结构体系，分为刚性空间结构、柔性空间结构等。

1）刚性空间网格结构

常用的刚性空间网格结构有网架结构和网壳结构。

（1）网架结构

网架结构是一种空间杆系结构，受力杆件通过节点有机地结合起来。节点一般设计成铰接，材料主要承受轴向力作用，杆件截面尺寸相对较小。这些空间交汇的杆件又互为支撑，将受力杆件与支撑系统有机地结合起来，因而用料经济。网架结构一般是多次超静定结构，具有较多的安全储备，能较好地承受集中荷载、动力荷载和非对称荷载，抗震性能好。网架结构能够适应不同跨度、不同支承条件的公共建筑和工业厂房的要求，也能适应不同建筑平面及其组合。1964年我国第一座平板网架，即上海师范学院球类房，首先采用的是钢管板节点。1966年天津大学成功研制我国第一座用于天津科学宫（现科协礼堂）

的焊接空心球节点斜放四角锥网架。此后网架逐渐发展起来，特别是焊接球节点网架带动了整个空间结构行业的发展，如首都机场（153m＋153m）机库，总面积为（90×306）m²，采用平板多层四角锥网架结构，只有大门中间一个柱子，中梁下无柱子，作为四机位B747大跨度机库，在网架大门边梁和中梁采用大跨度空间桁架栓焊钢桥（图1-5）。

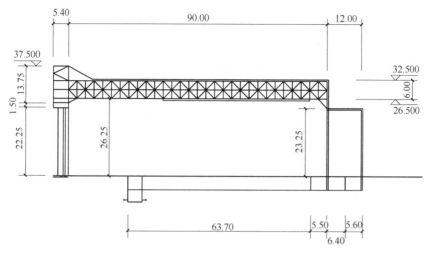

图1-5 首都机场机库剖面图（单位：m）

（2）网壳结构

网壳结构属于一种曲面形网格结构，是主要承受薄膜内力的壳体，具备杆系结构构造简单和薄壳结构受力合理的特点。网壳按曲面形式分为柱面网壳（包括圆柱面和非圆柱面壳）、回转面网壳（包括锥面、球面与椭球面网壳）、双曲扁网壳、双曲抛物面鞍形网壳（包括单块扭网壳，三块、四块、六块组合型扭网壳）等。新建的北京大兴国际机场航站楼屋顶，如图1-6所示。一般来说，空间网格结构体系都是由规则的几何体组合而成，稳定性好，但北京大兴国际机场航站楼的屋盖为不规则自由曲面，屋盖面积大，呈放射状造型，被形容为"凤凰"。

图1-6 北京大兴国际机场航站楼屋顶

2）柔性空间结构主要是指以整体受拉为主的大跨度钢结构，包括悬索结构、索桁架结构、索穹顶等结构体系。

（1）悬索结构

悬索结构通过索的轴向拉伸来抵抗外荷作用，是以一系列受拉钢索为主要承重构件，按照一定规律布置，并悬挂在边缘构件或支承结构上而形成的一种空间结构。而这些索的材料是由高强度钢丝组成的钢绞线、钢丝绳或钢丝束等，可以最充分地利用钢索的抗拉强度，大大减轻了结构自重。边缘构件或支承结构用于锚固钢索，并承受悬索的拉力，可采用圈梁、拱、桁架、框架等，也可采用柔性拉索作为边缘构件，如北京工人体育馆，1961

年建成，此馆为圆形平面，下部屋盖结构由双层索、中心钢环和周边钢筋混凝土外环梁三个主要部分组成，悬索屋盖直径96m（图1-7）。

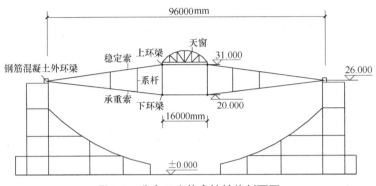

图1-7 北京工人体育馆结构剖面图

（2）索桁架结构

张弦梁结构是索桁架结构的一种形式，其是由下弦索、上弦梁和竖腹杆组成的索杆梁结构体系。通过对下弦的张拉，竖腹杆的轴压力使上弦梁产生与外荷载作用相反的内力和变位，起卸载作用。上海浦东机场航站楼屋盖是一项有代表性的大跨度张弦梁结构工程，横向跨度（支点的水平投影）分别为进厅49.3m、售票厅82.6m、商场44.4m、登机廊54.3m；四大空间纵向总长度，进厅、售票厅、商场为402m，登机廊为1374m。张弦梁上弦由三根平行的方钢管并以短管相连而成，腹杆为圆钢管，下弦为高强冷拔镀锌钢丝束。张弦梁中的梁如采用空间桁架则可能跨越更大的空间，广州会展中心就是典型工程（图1-8）。

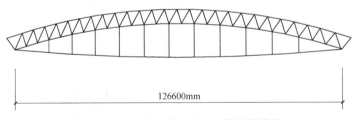

图1-8 广州会展中心张弦立体桁架结构

（3）索穹顶结构

索穹顶结构的一种形式是弦支穹顶，其是将张拉整体结构的一些思路应用于单层球面网壳结构而形成的一种崭新的结构形式。其特点是通过对拉索施加预应力使上层单层壳中产生与荷载反向变形和内力，这样较单纯单层网壳杆件内力及节点位移小得多，并且方便下部结构产生的水平推力减小甚至完全消除。

钢结构用于房屋建筑的主要结构体系及结构形式多种多样，除了满足其基本使用功能外，多数成为造型新颖、功能独特的地标性建筑，同时标志一个区域或一个国家的建造水平。但其无论多么复杂、新颖，都是由基本构件构成承重结构。钢结构的基本构件主要有三种类型，即轴心受力构件、受弯构件以及拉弯压弯构件，这些构件通过合理的节点连接构成结构体系，作为多高层、大跨度等众多建筑结构的承重结构。因此，本书第3章讲述构件的连接节点设计，第4章开始讲述轴心受力构件、受弯构件以及拉弯压弯构件的基本设计原理，第7章开始讲述常用钢结构的设计，第11章讲述钢结构的制造及防护。

1.3 钢结构的发展

钢结构的发展始终伴随着科学的进步和技术的创新，主要体现在开发研究和应用高性能材料，趋于多样化的结构体系，深入了解和模拟结构的极限状态，提高钢结构制造工业的技术水平等。

1-3 钢结构的
发展概况

1. 钢结构材料的改进

早期的金属结构主要采用铸铁、锻铁，后来以普通碳素钢和低合金结构钢为承重结构材料，近年来发展了铝合金及高性能钢材。1988 年发布的《钢结构设计规范》，强度最高的 $15Mn_nV$ 相当于 Q390 钢，2003 年版的规范则增加了 Q420 钢，2018 年 7 月 1 日实施的《标准》，新增了 Q460 钢和 Q345GJ 钢，其质量应分别符合现行国家标准《低合金高强度结构钢》GB/T 1591—2018 和《建筑结构用钢板》GB/T 19879—2015 的规定。同时，增加了 Q235NH、Q355NH 和 Q415NH 牌号的耐候结构钢，其质量应符合现行国家标准《耐候结构钢》GB/T 4171—2008 的规定。2020 年 10 月 1 日开始实施的《高强钢结构设计标准》JGJ/T 438—2020 列入 Q500、Q550、Q620、Q690。Q500 和 Q690 桥梁钢已先后用于沪苏通长江公路铁路两用大桥和江汉七桥等工程。采用高强度的钢材，可减小板厚、焊接量及其构件重量，进而降低安装成本。高性能钢材除了强度高之外，其他性能如塑性和韧性等也呈现优良的性能。近年来积极开发新材料，如：价廉物美的耐火钢，即在钢材冶炼中掺入 Cr、Mo、Nb 等元素进行合金化处理后，使钢材在 600℃、1～3 小时内的屈服强度大于室温屈服强度的 2/3；高性能耐候钢如不锈钢板覆层的复合材料；低屈服点钢、低温韧性钢等。型钢的类型也在不断发展，尤其是冷弯型钢，截面形状种类繁多。

2. 结构形式趋于多样化

钢结构在我国古代就有卓越的成就。远在秦始皇时代（公元前二百多年），就有了用铁建造的桥墩。以后又在深山峡谷上建造铁链悬桥、铁塔等。公元 65 年左右汉明帝时代建成了世界上最早的铁链悬桥——兰津桥。著名的中国红军长征经过的四川省泸定大渡河上的泸定桥，建成于 1706 年（清朝康熙四十五年），该桥比美洲 1801 年建造的跨长 23m 的铁索桥早近百年，比号称世界最早的英格兰 30m 跨铸铁拱桥也早 74 年。

中国古代的钢铁结构除铁链桥外，尚有许多纪念性建筑，建于 967 年（五代南汉）的广州光孝寺东铁塔，以及公元 1061 年（宋代）在湖北荆州玉泉寺建成的 13 层铁塔，还有山东济宁寺铁塔和江苏镇江的甘露寺铁塔等。1927 年建成沈阳皇姑屯机车厂钢结构厂房，1931 年建成广州中心纪念堂钢结构屋顶，1937 年建成杭州钱塘江大桥等。

中华人民共和国成立后，钢结构应用日益扩大。在桥梁建设中，如 1957 年建成的武汉长江大桥，1968 年建成的南京长江大桥等。近年来我国过江及跨海大桥的建设更是突飞猛进，最具代表性的如港珠澳大桥，全长 55km，是世界上最长的跨海大桥；胶州湾大桥，全长 42.23km；杭州湾跨海大桥，全长 36km；平潭海峡公铁大桥，跨海段长 11.15km，全长 16.323km，是中国首座跨海公铁两用桥、世界最长跨海峡公铁两用大桥；还有重庆朝天门大桥，采用钢桁架拱的结构形式，主跨达 552m，比号称世界著名的悉尼大桥的主跨还要长 49m。

近年来我国钢结构的设计、制造和安装水平有了很大提高，建成了大量钢结构工程，有些在规模上和技术上已达到世界先进水平。如采用大跨度网架结构的北京大兴国际机场、首都体育馆、上海体育馆、深圳体育馆；大跨度三角拱形式的西安秦始皇陵兵马俑陈列馆；悬索结构的北京工人体育馆、浙江体育馆、安徽省体育馆（世界上首例建成的横向加劲悬索结构建筑）、石家庄国际展览中心（全无柱设计）；高耸结构中的 600m 高广州新电视塔、468m 东方明珠电视塔、415.2m 天津电视塔、405m 中央电视塔及其 339m 四川电视塔等；板壳结构中有效容积达 54000m^3 的湿式储气柜等。

随着钢结构设计理论、制造和安装等方面技术的迅猛发展，我国各地建成了大量的高层钢结构建筑、轻钢结构、高耸结构、市政设施等。例如北京国贸中心（高 155.2m）、京城大厦（高 182m）、京广中心大厦（高 208m）、上海 88 层金茂大厦、深圳 69 层地王大厦、上海 101 层环球金融中心、中国尊大厦（528m）、上海中心大厦（632m）以及总建筑面积达 20 万 m^2 的上海浦东国际机场，主体建筑东西跨度 288.4m、南北跨度 274.7m、建筑高度 70.6m、可容纳 8 万名观众的上海体育场，建于哈尔滨的黑龙江广播电视塔以及横跨黄浦江的南浦大桥、杨浦大桥及港珠澳大桥的开通等。2008 年北京奥运会和 2022 年北京冬奥会、2010 年上海世界博览会、2012 年广州大学生运动会等举办场馆众多的标志性钢结构建筑，则更显得绚丽多彩。

3. 结构的极限状态

《标准》采用概率极限状态设计方法，用可靠指标度量可靠度，以分项系数的设计表达式进行计算某一截面或构件的可靠度。对结构的稳定理论计算方面还有待深入研究，也就是整体结构的极限状态有待深入研究。

4. 制造工业的技术水平

我国近年来钢结构制造工业的机械化水平已有了较大提升，智能建造可实现施工现场智能管理、3D 打印和智能机器人，将工程建造与信息化、自动化、智能化高度融合，BIM 技术解决了项目信息共享的问题，提升了钢结构项目的智能化管理，在钢结构制造厂管理中得到了广泛应用。

1.4 钢结构的设计方法

1.4.1 概述

钢结构设计方法的理论基础是结构的可靠度分析，采用以概率论为基础的极限状态设计方法，并以应力形式表达的分项系数设计表达式进行强度设计计算，以设计值与承载力的比值的表达方式进行稳定承载力设计。为满足建筑方案的要求并从根本上保证结构安全，设计内容除构件设计外还应包括整个结构体系的设计。

钢结构的强度破坏和大多数失稳破坏都具有延性破坏性质，所以钢结构构件设计的目标可靠指标 β 按照《建筑结构可靠性设计统一标准》GB 50068—2018（以下简称《统一标准》）规定取值。

钢结构的安全等级和设计使用年限应符合《统一标准》和《工程结构可靠性设计统一标准》GB 50153—2008 的规定。一般工业与民用建筑钢结构的安全等级应取为二级，其他特殊建筑钢结构的安全等级应根据具体情况另行确定。钢结构中各类结构构件的安全等级，宜与整个结构的安全等级相同。对其中部分钢结构构件的安全等级可进行调整，但不得低于三级。

1.4.2 概率极限状态设计法

当整个结构或结构的一部分超过某一特定状态就不能满足设计规定的某一功能要求时，此特定状态就称为该功能的极限状态，简言之，由可靠转变为失效的临界状态称为结构的极限状态。除疲劳设计应采用容许应力法外，和其他建筑结构一样，钢结构应按承载能力极限状态、正常使用极限状态和耐久性极限状态进行设计。

1. 承载能力极限状态

对应于结构或结构构件达到最大承载能力或出现不适于继续承载的变形，即称为承载能力极限状态。结构或构件由于塑性变形而使其几何形状发生显著改变，虽未到达最大承载能力，但已彻底不能使用，也属于达到这种极限状态；另外，如结构或构件的变形导致内力发生显著变化，致使结构或构件超过最大承载功能，同样认为达到承载能力极限状态。因此，当结构或结构构件出现下列状态之一时，则认为超过了承载能力极限状态：

(1) 结构构件或连接因超过材料强度而破坏，或因过度变形而不适于继续承载；
(2) 整个结构或其一部分作为刚体失去平衡，如倾覆等；
(3) 结构转变为机动体系；
(4) 结构或结构构件丧失稳定；
(5) 结构因局部破坏而发生连续倒塌；
(6) 地基丧失承载力而破坏；
(7) 结构或结构构件的疲劳破坏。

2. 正常使用极限状态

对应于结构或结构构件达到正常使用或耐久性能的某项规定限值时的状态，即称为正常使用极限状态。当结构或结构构件出现下列状态之一时，则认为超过了正常使用极限状态：

(1) 影响正常使用或外观的变形；
(2) 影响正常使用的局部损坏（包括组合结构中混凝土的裂缝）；
(3) 影响正常使用的振动；
(4) 影响正常使用的其他特定状态。

3. 耐久性极限状态

当结构或结构构件出现下列状态之一时，则认为超过了耐久性极限状态：

(1) 影响承载能力和正常使用的材料性能劣化；
(2) 影响耐久性能的裂缝、变形、缺口、外观、材料削弱等；
(3) 影响耐久性能的其他特定状态。

1.4.3 设计表达式

进行结构设计就是要保证实际结构的可靠指标 β 值等于或大于规定的限值。但是直接计算 β 值十分麻烦，同时其中有些与设计有关的统计参数还不容易求得。为使计算简便，《统一标准》规定的设计方法是将对 β 值的控制等效地转化为以分项系数表达的设计表达式。建筑钢结构设计采用承载能力和正常使用两种极限状态下的分项系数表达式，考虑到施加在结构上的可变荷载往往不止一种，这些荷载不可能同时达到各自的最大值。因此，还要根据组合荷载效应的概率分布来确定荷载的组合系数 ψ_{ci}。

1. 承载能力极限状态表达式

根据结构的功能要求，进行承载能力极限状态设计时，应考虑作用效应的基本组合，必要时尚应考虑作用效应的偶然组合（如火灾、爆炸、撞击、地震等偶然事件的组合）。

1）基本组合

按荷载效应基本组合进行强度和稳定性设计时，荷载基本组合设计表达式为：

$$\gamma_0\left(\sum_{j=1}^{m}\gamma_{Gj}S_{Gjk}+\gamma_{Q1}S_{Q1k}+\sum_{i=2}^{n}\gamma_{Qi}\psi_{ci}S_{Qik}\right)\leqslant\frac{R_k}{\gamma_R} \tag{1-1}$$

对于一般排架、框架结构，可采用下列简化的极限状态设计表达式：

$$\gamma_0\left(\sum_{j=1}^{m}\gamma_{Gj}S_{Gjk}+\gamma_{Q1}S_{Q1k}\right)\leqslant\frac{R_k}{\gamma_R} \tag{1-2}$$

$$\gamma_0\left(\sum_{j=1}^{m}\gamma_{Gj}S_{Gjk}+0.9\sum_{i=1}^{n}\gamma_{Qi}S_{Qik}\right)\leqslant\frac{R_k}{\gamma_R} \tag{1-3}$$

式中　　γ_0——结构重要性系数，对于安全等级为一级的构件取 1.1，对于安全等级为二级的构件取 1.0，对于安全等级为三级的构件取 0.9；

γ_{Gj}——第 j 个永久荷载分项系数，一般情况取 1.3，当其效应对结构有利时取 1.0，对抗倾覆和滑移有利时可取 0.9；

γ_{Q1}、γ_{Qi}——第一个和第 i 个可变荷载的分项系数，一般情况取 1.5；

S_{Gjk}——永久荷载标准值 G_{jk} 计算的永久荷载效应（内力）值；

S_{Q1k}、S_{Qik}——第一个和第 i 个可变荷载标准值（Q_{1k} 和 Q_{ik}）计算的可变荷载效应（内力）值，其中 S_{Q1k} 为诸可变荷载效应中起控制作用者；

ψ_{ci}——第 i 个可变荷载的组合值系数，按《建筑结构荷载规范》GB 50009—2012（以下简称《荷载规范》）的规定采用；

n——参与组合的可变荷载数；

R_k——截面几何参数和材料强度标准值计算的结构构件抗力；

γ_R——结构构件抗力分项系数。

抗力分项系数 γ_R 取为定值，使按分项系数实用设计表达式涉及各种结构构件的实际可靠指标 β 值与目标可靠指标的偏差最小。对于 Q235 钢的 $\gamma_R=1.090$；Q355、Q390 钢的 $\gamma_R=1.125$；钢板厚度小于 40mm 的 Q420、Q460 钢的 $\gamma_R=1.125$；钢板厚度在 40～100mm 之间的 Q420、Q460 钢的 $\gamma_R=1.180$。

考虑到钢结构主要为单一材料，式（1-1）可改为表达式：

$$\gamma_0\left(\sum_{j=1}^{m}\gamma_{Gj}\sigma_{Gjk}+\gamma_{Q1}\sigma_{Q1k}+\sum_{i=2}^{n}\gamma_{Qi}\psi_{ci}\sigma_{Qik}\right)\leqslant f \tag{1-4}$$

式中　f——钢材或连接的强度设计值，$f=f_y/\gamma_R$；见本教材附录 1 附表 1-1。

2）偶然组合

对于荷载的偶然组合，极限状态设计表达式宜按下列原则确定：偶然作用的代表值不乘以分项系数；与偶然作用同时出现的可变荷载，应根据观测资料和工程经验采用适当的代表值，具体应按有关专门规范计算。

2. 正常使用极限状态表达式

对于正常使用的极限状态，钢结构设计主要是控制变形，对于拉杆和压杆，变形是指长细比；对于受弯的梁和桁架，变形是指挠度。这些容许变形值在相关标准里都有规定。当验算变形是否超过规定限值时，不考虑荷载分项系数，只采用荷载的标准值，其设计表达式为：

$$\sum_{j=1}^{m} \nu_{Gjk} + \nu_{Q1k} + \sum_{i=2}^{n} \psi_{ci} \nu_{Qik} \leqslant [\nu] \tag{1-5}$$

式中　ν_{Gjk}——第 j 个永久荷载的标准值在结构或结构构件中产生的变形值；

　　　ν_{Q1k}——起控制作用的第一个可变荷载标准值，在结构或结构构件中产生的变形值；

　　　ν_{Qik}——其他第 i 个可变荷载标准值，在结构或结构构件中产生的变形值；

　　　$[\nu]$——结构或结构构件的变形容许值，按《标准》的规定采用。

对钢与混凝土组合梁，因混凝土在长期荷载下有蠕变的影响，还应考虑荷载效应的准永久荷载组合。

本章小结

通过本章学习，了解钢结构的特点和钢结构的应用与发展，熟悉钢结构的主要结构体系，掌握钢结构的极限状态设计方法，增强对钢结构学习的主动性，为钢结构构件及常用钢结构的结构设计奠定基础。

1. 钢结构与其他材料组成的结构相比具有显著的特点：强度高、结构重量轻；材质均匀，塑性、韧性好；钢结构抗震性能好；钢结构工业化程度高，施工周期短；钢结构的密闭性好；钢结构耐热但不耐火；钢结构耐腐蚀性差；钢结构的低温冷脆倾向。

2. 钢结构应用于房屋建筑的主要结构体系有：单层钢结构；多高层钢结构；大跨度钢结构以及新颖、复杂的结构体系钢结构。

3. 钢结构的发展主要体现在：钢结构材料及结构形式的改进；设计规范、规程的修订；制造工业、安装技术水平的不断提高。

4. 钢结构采用以概率论为基础的极限状态设计方法，并以应力形式表达的分项系数设计表达式进行强度设计计算，以设计值与承载力的比值的表达式进行稳定承载力设计。为满足建筑方案的要求并从根本上保证结构安全，设计内容除构件设计外还应包括整个结构体系的设计。

思考与练习题

1-1　钢结构的特点是什么？钢结构的主要结构体系有哪些？

1-2　目前我国钢结构主要应用在哪些方面？

1-3　比较钢结构的计算方法与其他结构计算方法的相同点与不同点。

1-4　理解并解释下列各词语：结构极限状态、结构可靠度（可靠概率）P_r、失效概率 P_f、可靠指标 β、荷载标准值、强度标准值、荷载设计值、强度设计值。

第 2 章　钢结构的材料

本章要点及学习目标

本章要点：

(1) 建筑结构用钢材对性能的基本要求；

(2) 衡量钢材各项主要性能的指标；

(3) 影响钢材性能的因素；

(4)《标准》推荐的钢结构用钢材牌号及标准；

(5) 钢结构用钢材合理选用的基本要素和具体规定。

学习目标：

(1) 熟悉建筑结构用钢材的基本性能；

(2) 熟悉建筑结构用钢材的质量要求和基本检查、试验方法；

(3) 掌握建筑结构用钢材的选用和设计指标取值。

2.1　建筑结构用钢材对性能的基本要求

优良的钢结构是由结构材料、分析设计、加工制造、运输安装、维护使用等多个环节共同决定的。在荷载作用下，钢结构性能主要受所用钢材性能的影响，而钢材的种类繁多，性能差别很大。为了在钢结构工程中做到合理选材以保证工程质量、降低工程成本，确保结构安全，要求工程技术人员应对相关钢材性能和标准有一定的了解。通过总结经验和科学分析，技术人员认识到用作钢结构的钢材必须具有较高的强度、足够的变形能力和良好的加工性能。此外，根据结构的特殊工作条件，必要时钢材还应具有适应低温、侵蚀和重复荷载作用等的性能。符合钢结构性能要求的钢材一般只有碳素钢和低合金高强度钢中很小的一部分。

本章将学习有关钢结构的材料——钢材的性能、牌号、选用、设计指标及参数等内容。2.1 节介绍钢结构用钢材对性能的基本要求；2.2 节讲述用来评价钢结构用钢材的强度、塑性、韧性等性能的常规金属材料性能试验知识及主要性能指标；2.3 节讲述钢材的破坏形式，主要目的在于强调结构构件破坏的本质；2.4 节介绍钢材生产和使用过程中各种因素对其性能的影响。现行《标准》推荐的钢结构用钢材的牌号和板材、型材的各种规格等将在 2.5 节予以介绍。

2-1 钢材的主要性能（一）

2-2 钢材的主要性能（二）

2.2　钢材的主要性能

钢材的主要性能包括力学性能和工艺性能。前者指承受荷载和作用的能力，主要包括强度、塑性、韧性；后者指经受冷加工、热加工和焊接时的性能表现，主要包括冷弯性能、可焊性。

2.2.1　强度和塑性

1. 钢材在静力单轴拉伸时的工作性能

钢材的强度和塑性一般通过室温静力单轴拉伸试验进行测定，即采用规定试样（规定形状和尺寸），在规定条件下（规定温度、加载速率等）在试验机上用拉力一次拉伸试样，一直拉至断裂，测定相关力学性能，具体试验内容和要求可依据《金属材料　拉伸试验　第1部分：室温试验方法》GB/T 228.1—2010 的规定进行，试验结果一般用应力-应变（σ-ε）曲线表示[①]。图 2-1 为具有明显屈服平台钢材（如低碳素结构钢）的应力-应变曲线，从图中曲线可以看出，其工作特性可以分为以下四个阶段：

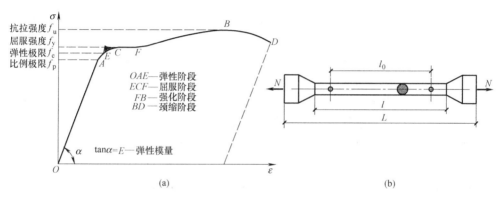

图 2-1　钢材的室温静力单轴拉伸应力-应变曲线

（a）应力-应变曲线；（b）圆形截面机加工试样

1）弹性阶段（OAE 段）

在曲线 OAE 段，其中 OA 段是一条斜直线，A 点对应的应力称为比例极限 f_p。在应力略高于比例极限 f_p（A 点）的地方，还存在一个弹性极限 f_e（E 点），由于 f_e 和 f_p 极其接近，通常略去弹性极限的点，这样，应力不超过 f_p 时钢材处于弹性阶段，即荷载增加时变形也增加，荷载降到零时（完全卸载）则变形也降到零（回到原点），应力-应变（σ-ε）曲线呈直线关系，符合虎克定律。在最佳试验条件下，弹性部分的斜率值 $d\sigma/d\varepsilon$ 与钢材的弹性模量值 E 非常接近（杨氏模量为正应力和线性应变下的弹性模量特征）。由于弹性模量的测定比较困难（具体测定方法可参考《金属材料、弹性模量和泊松比试验方法》GB/T 22315—2008 相关内容），因此对钢结构用钢材一般统一取 $E = 2.06 \times 10^5 \text{N}/\text{mm}^2$，该值在钢结构分析和构件设计中（如挠度验算）经常使用。

2）屈服阶段（ECF 段）

E 点以后，σ-ε 曲线呈锯齿形波动循环，甚至出现荷载不增加而变形仍在继续发展的现象，σ-ε 曲线上形成水平段，即屈服平台，这个阶段称之为屈服阶段，也称为塑性流动阶段。此时钢材的内部组织纯铁体晶粒产生滑移，试件除弹性变形外，还出现了塑性变

---

① 《金属材料　拉伸试验　第 1 部分：室温试验方法》GB/T 228.1—2010 中为应力-延伸率（R-e）曲线。

形。卸载后试件不能完全恢复原来的长度。卸载后能消失的变形称为弹性变形，而不能消失的这一部分变形称为残余变形（或塑性变形）。

屈服阶段内的实际 $\sigma\text{-}\varepsilon$ 曲线，在开始时上下波动较大，波动最高点和最低点分别称为上屈服点和下屈服点。大量试验证明，上屈服点受试验条件如加载速度、试件几何尺寸及形状、初偏心等影响较大，而下屈服点则对此不太敏感，各种试验条件下得到的下屈服点比较一致，并且在塑性流动发展到一定程度后，$\sigma\text{-}\varepsilon$ 曲线形成稳定的水平线，应力值稳定于下屈服点。从工程设计的安全性考虑，取下屈服点较为合理，但需要说明的是，现行国家标准《碳素结构钢》GB/T 700—2006 和《低合金高强度结构钢》GB/T 1591—2018 均以上屈服点作为屈服强度，因此实际设计时应区分上、下屈服强度。屈服点或屈服强度用符号 f_y 表示。屈服阶段从开始（图 2-1 中 E 点）到曲线再度上升（图 2-1 中 F 点）的塑性变形范围较大，平台开始时的应变约为 $0.1\%\sim0.2\%$，结束时可达 $2\%\sim3\%$，相应的应变幅度称为流幅。流幅越大，说明钢材的塑性越好。屈服点和流幅是钢材的很重要的两个力学性能指标，前者是表示钢材强度的指标，而后者则表示钢材塑性变形的指标。

3）强化阶段（FB 段）

屈服平台结束之后，钢材内部晶粒重新排列，因此又恢复了继续承担荷载的能力，并能抵抗更大的荷载，$\sigma\text{-}\varepsilon$ 曲线开始缓慢上升，但此时钢材的弹性并没有完全恢复，塑性特性非常明显，这个阶段称为强化阶段。对应于 B 点的荷载 N_u 是试件所能承受的最大荷载，称极限荷载，B 点相应的应力为抗拉强度或极限强度，用符号 f_u 表示。当应力增大到抗拉强度 f_u 时，$\sigma\text{-}\varepsilon$ 曲线达到最高点，这时应变已经很大，为 15% 左右。

4）颈缩阶段（BD 段）

当应力到达极限强度 f_u 后，试件发生不均匀变形，在试件材料质量较差处，截面出现横向收缩，截面面积开始显著缩小，塑性变形迅速增大，这种现象叫颈缩现象。此时，荷载不断降低，变形却延续发展，直至到 D 点试件被拉断破坏。颈缩现象的出现和颈缩的程度以及与 D 点上相应的塑性变形是反应钢材塑性性能的重要指标。

应力-应变曲线反映了钢材的强度和塑性两方面的主要力学性能。强度是指材料受力时抵抗破坏的能力，表征钢材强度性能的指标有弹性模量 E、比例极限 f_p、屈服强度 f_y 和抗拉强度 f_u 等。钢材的塑性为当应力超过屈服点后，能产生显著的残余变形（塑性变形）而不立即断裂的性质，表征塑性性能的指标为断后伸长率 A 和断面收缩率 Z。各项指标具体如下：

（1）比例极限 f_p

比例极限是 $\sigma\text{-}\varepsilon$ 曲线保持直线关系的最大应力值，受残余应力的影响很大。在材性试件中，一般残余应力很小，f_p 与 f_y 较为接近，而在实际结构构件中，钢材内部经常存在数值较大的自相平衡的残余应力。拉伸时，外加应力与残余应力叠加，或者压缩时外加应力与残余应力叠加，使得部分截面提前屈服，弹性阶段缩短，比例极限减小。比例极限 f_p 在钢结构稳定设计计算中占有重要位置，它是弹性失稳和非弹性失稳的界限。

（2）屈服强度 f_y

屈服强度（或屈服点）是衡量结构的承载能力和确定强度设计值的重要指标。其意义在于如下几点：①应力达到 f_y 时对应的应变值很小，并且与 f_p 对应的应变值较为接近，实际静力强度分析时，可以认为 f_y 是弹性极限。同时，应力达到 f_y 以后，在较大的塑性变形范围内应力不再增加，表示结构暂时失去了继续承担增加荷载的能力。而对于绝大多数结构，塑性流动结束时产生的变形已经很大，早已失去了使用价值，且极易察觉，可及时处理而不致引起严重的后果。因此，以 f_y 作为弹性计算时强度的指标，即钢材强度的标准值，并据以确定钢材的强度（抗拉、抗压和抗弯）设计值 f（附表1-1）。②由于钢材在应力小于 f_y 时接近于理想弹性体，而应力达到 f_y 后在很大变形范围内接近于理想塑性体，因此在实用上常将其应力-应变关系处理为理想弹塑性模型，如图 2-2 所示。以 f_y 为界，$\sigma < f_y$ 时，应力-应变关系为一条斜直线，弹性模量为常数；$\sigma = f_y$ 时，应力-应变关系为一条水平直线，弹性模量为零。此假设为建立钢结构强度计算理论提供了便利条件，并且使计算简单方便。③在 f_y 下材料有足够的塑性变形能力来调整构件应力的不均匀分布，可保证构件截面上的应力最终都达到 f_y。因此，一般静力强度计算时，不必考虑应力集中和残余应力的影响。

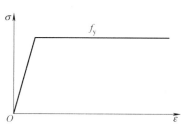

图 2-2 理想弹塑性模型的
应力-应变曲线

高强度钢由于没有明显的屈服点，通常以卸载后残余应变为 0.2% 时所对应的应力作为屈服点，记为 $f_{0.2}$。钢结构设计中对以上两者不加区别，统称屈服强度，以 f_y 表示。

（3）抗拉强度 f_u

对应于拉伸曲线的最高点，抗拉强度是钢材破坏前能够承担的最大应力，因而被视为建筑钢材的另一个重要力学性能指标。它反映了建筑钢材强度储备的大小，虽然达到这个应力时，钢材已由于产生很大的塑性变形而失去使用性能，但是抗拉强度 f_u 高则可增加结构的安全保障，另外，在分析极限承载力时，一般也采用 f_u 作为计算指标。在塑性设计中，允许钢材发展较大塑性以充分发挥效能，这种强度储备尤为重要。强度储备的大小常用 f_y/f_u 表示，称其为屈强比。屈强比可以看作是衡量钢材强度储备的一个系数，屈强比愈低钢材的安全储备愈大。因此，《标准》规定用于塑性设计的钢材屈强比必须满足 $f_y/f_u \leqslant 0.85$，《建筑抗震设计规范》GB 50011—2010（2016年版）也有类似的规定。

（4）断后伸长率 A

对应于拉伸应力-应变曲线最末端（拉断点）的相对塑性变形，断后伸长率 A 等于试样（图 2-1）断后标距的残余伸长（$L_u - L_0$）和原始标距（L_0）之比的百分率。钢材的伸长率是衡量钢材塑性性能的指标。钢材的塑性是在外力作用下产生永久变形时抵抗断裂的能力。因此承重结构用的钢材，不论在静力荷载或动力荷载作用下，以及在加工制作过程中，除了应具有较高的强度外，尚应要求具有足够的伸长率。A 值可按式（2-1）计算：

$$A = \frac{L_u - L_0}{L_0} \times 100\% \tag{2-1}$$

式中 A——断后伸长率；

L_0——室温下施力前试样标距；

L_u——在室温下将断后的两部分试样紧密的对接在一起，保证两部分的轴线位于同一轴线上，测量试样断裂后的标距。

显然，式（2-1）中 $L_u - L_0$ 实质上是试样拉断后的残余变形，它与 L_0 之比即为极限塑性应变。建筑钢材的塑性变形能力很强，对于板厚（或直径）不大于 40mm 时，碳素结构钢中 Q235 的断后伸长率不小于 26%，塑性应变几乎为弹性应变的 100 倍以上，因此钢结构几乎不可能产生纯塑性破坏，因为当结构出现如此大的塑性变形时，早已失去使用价值或已采取补救措施。

（5）断面收缩率 Z

断面收缩率是指试样断裂后，横截面积的最大缩减量（$S_0 - S_u$）与原始横截面面积（S_0）的比值，按式（2-2）计算：

$$Z = \frac{S_0 - S_u}{S_0} \times 100\% \tag{2-2}$$

式中　Z——断面收缩率；

　　　S_0——平行长度的原始横截面积；

　　　S_u——断后最小横截面积。

断面收缩率也是衡量钢材塑性变形能力的一个指标。由于断后伸长率 A 是由钢材沿长度的均匀变形和颈缩区的集中变形的总和所确定的，所以它不能代表钢材的最大塑性变形能力。断面收缩率才是衡量钢材塑性的一个比较真实和稳定的指标，但因测量困难，产生误差较大。因而钢材塑性指标仍然采用断后伸长率而不采用断面收缩率作为保证要求。

2. 钢材受压和受剪时的工作性能

钢材的受压和受剪性能同样可以通过相关试验测定。钢材的一次压缩 $\sigma\text{-}\varepsilon$ 曲线与拉伸曲线绝大部分基本相同，只是在强化阶段后期，由于压缩造成试件受力面积增大，按原截面计算的名义应力迅速增大，因而 $\sigma\text{-}\varepsilon$ 曲线一直是上升的，直到最后在 $45°$ 斜截面上发生剪切破坏。钢材的剪切应力-应变曲线与拉伸曲线相似，屈服点 τ_y、抗剪强度 τ_u 和剪切模量 G 均较受拉时为低。

由于拉伸试验对受压、受剪受力状态都具有代表性，因此钢材的强度指标（抗拉、抗压和抗弯）一般均通过拉伸试验确定，而抗剪强度一般通过应力换算加以确定，具体参见本节式（2-13）。

3. 钢材在复杂应力作用下的工作性能

钢材在单向均匀应力作用下，当应力达到屈服点 f_y 时，钢材屈服而进入塑性状态。但实际钢结构构件在很多情况下往往处于双向或三向应力场（平面应力和立体应力状况）中工作，称之为复杂应力状态。了解复杂应力作用下钢材的 $\sigma\text{-}\varepsilon$ 关系及其破坏条件也是学习钢结构的基本内容之一。

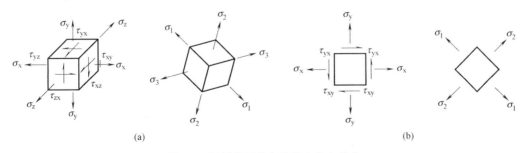

图 2-3　钢材单元体上的复杂应力状态

（a）立体应力状态；（b）平面应力状态

在弹性范围内，钢材的 σ-ε 关系服从广义虎克定律。在最一般情况下，复杂应力状态包括三个正应力分量 σ_x、σ_y、σ_z 和三个剪应力分量 τ_{xy}、τ_{yz}、τ_{zx}，如图 2-3（a）所示。相应地存在三个正应变分量 ε_x、ε_y、ε_z 和三个剪应变分量 γ_{xy}、γ_{yz}、γ_{zx}。用广义虎克定律表达的复杂应力状态下 σ-ε 关系如下：

$$\left.\begin{aligned}
\varepsilon_x &= \frac{1}{E}[\sigma_x - \mu(\sigma_y + \sigma_z)] \qquad \gamma_{xy} = \frac{1}{G}\tau_{xy} \\
\varepsilon_y &= \frac{1}{E}[\sigma_y - \mu(\sigma_z + \sigma_x)] \qquad \gamma_{yz} = \frac{1}{G}\tau_{yz} \\
\varepsilon_z &= \frac{1}{E}[\sigma_z - \mu(\sigma_x + \sigma_y)] \qquad \gamma_{zx} = \frac{1}{G}\tau_{zx}
\end{aligned}\right\}$$ (2-3)

式中 μ——钢材横向变形系数（泊松比），在弹性范围内一般取 $\mu = 0.3$；

G——剪切模量，它与弹性模量 E 的关系为 $G = 0.5E/(1+\mu) = 0.385E$。

上述应力应变场可以采用相应的主应力 σ_1、σ_2、σ_3 和主应变 ε_1、ε_2、ε_3 来表示。主应力和主应变之间的关系为：

$$\left.\begin{aligned}
\varepsilon_1 &= \frac{1}{E}[\sigma_1 - \mu(\sigma_2 + \sigma_3)] \\
\varepsilon_2 &= \frac{1}{E}[\sigma_2 - \mu(\sigma_3 + \sigma_1)] \\
\varepsilon_3 &= \frac{1}{E}[\sigma_3 - \mu(\sigma_1 + \sigma_2)]
\end{aligned}\right\}$$ (2-4)

从钢结构设计及应用出发，设计者最关心的是复杂应力作用下的钢材破坏条件，也即在什么情况下受复杂应力作用的钢材才算破坏。如前所述，建筑钢材在静力强度分析中可以假设为理想弹塑性材料，其静力强度指标是屈服点，因而单向应力作用下弹性阶段结束，或者钢材开始屈服时，即认为钢材达到了破坏条件。

确定复杂应力状态下钢材的破坏条件实质上就是如何确定屈服条件的问题。大量试验结果表明，建筑钢材的屈服条件最适宜于用能量强度理论来表述。对结构钢而言，采用能量（第四）强度理论，即材料由弹性状态转为塑性状态时的综合强度指标，要用变形时单位体积中由于边长比例变化的能量来衡量。

能量强度理论屈服条件用应力分量可表达为：

$$\sigma_{zs} = \sqrt{\sigma_x^2 + \sigma_y^2 + \sigma_z^2 - (\sigma_x\sigma_y + \sigma_y\sigma_z + \sigma_z\sigma_x) + 3(\tau_{xy}^2 + \tau_{yz}^2 + \tau_{zx}^2)} = f_y$$ (2-5)

或者

$$\sigma_{zs} = \sqrt{\frac{1}{2}[(\sigma_x - \sigma_y)^2 + (\sigma_y - \sigma_z)^2 + (\sigma_z - \sigma_x)^2] + 3(\tau_{xy}^2 + \tau_{yz}^2 + \tau_{zx}^2)} = f_y$$ (2-6)

若采用主应力分量，可表示为：

$$\sigma_{zs} = \sqrt{\sigma_1^2 + \sigma_2^2 + \sigma_3^2 - (\sigma_1\sigma_2 + \sigma_2\sigma_3 + \sigma_3\sigma_1)} = f_y$$ (2-7)

或者

$$\sigma_{zs} = \sqrt{\frac{1}{2}[(\sigma_1 - \sigma_2)^2 + (\sigma_2 - \sigma_3)^2 + (\sigma_3 - \sigma_1)^2]} = f_y$$ (2-8)

可见在三向应力（立体应力）作用下，钢材由弹性状态转变为塑性状态（屈服）的条件，可以用折算应力 σ_{zs} 和钢材在单向应力时的屈服点 f_y 相比较来判断。若 $\sigma_{zs} < f_y$，钢材处于弹性阶段；若 $\sigma_{zs} \geqslant f_y$，则钢材处于塑性阶段。

由式（2-8）可见，当三个方向的主应力符号相同且差值很小时，即使各个方向主应力可能很大，但折算应力 σ_{zs} 却较小。当 $\sigma_{zs} = f_y$ 时，单方向的最大主应力可能已经远远超过 f_y。可见，当三向主应力均为拉应力时，钢材塑性变形得不到发挥，材料极易发生脆性拉断破坏。因此，在钢结构设计和安装施工时应当使结构构件尽量保持简单应力状态，避免其在复杂应力状态下工作，以充分发挥钢材的工作效能。

实际结构中，三向应力往往有一个方向的应力很小甚至可以忽略不计或等于零，即为平面应力状态，如图 2-3（b）所示。此时 $\sigma_3 = 0$，或者 $\sigma_z = \tau_{xz} = \tau_{yz} = 0$，此时式（2-5）和式（2-7）可分别写为：

$$\sigma_{zs} = \sqrt{\sigma_x^2 + \sigma_y^2 - \sigma_x \sigma_y + 3\tau_{xy}^2} = f_y \tag{2-9}$$

$$\sigma_{zs} = \sqrt{\sigma_1^2 + \sigma_2^2 - \sigma_1 \sigma_2} = f_y \tag{2-10}$$

在一般钢梁强度计算时，常常碰到梁腹板仅受正应力 σ 和剪应力 τ 共同作用的情况，此时屈服条件为：

$$\sigma_{zs} = \sqrt{\sigma^2 + 3\tau^2} = f_y \tag{2-11}$$

因此，多向应力作用下，钢材强度验算指标要采用折算应力 σ_{zs}。

当平面应力状态下受纯剪切作用时，$\sigma = 0$，屈服条件变为：

$$\sigma_{zs} = \sqrt{3\tau^2} = \sqrt{3}\,\tau = f_y \tag{2-12}$$

因此，剪切屈服强度为：

$$\tau = \frac{f_y}{\sqrt{3}} = 0.58 f_y \tag{2-13}$$

式（2-13）表示剪应力达到屈服强度 f_y 的 0.58 倍时，钢材将进入塑性状态，即钢材的抗剪屈服强度是屈服强度的 0.58 倍。这就是《标准》确定钢材抗剪强度设计值的根据。

2.2.2　冲击韧性

工程结构设计中，经常遇到由汽车、火车、波浪、厂房吊车等产生的冲击作用荷载。与抵抗冲击作用有关的钢材性能指标是韧性。韧性是钢材在产生塑性变形和断裂过程中吸收能量的能力，断裂时吸收能量越多，钢材韧性越好。钢材在一次拉伸静力荷载作用下拉断时所吸收的能量，如果用单位体积内所吸收的能量来表示，其值正好等于拉伸 σ-ε 曲线与横坐标轴之间的面积。塑性好或强度高的钢材，其 σ-ε 曲线下方的面积较大，所以韧性值大。可见韧性与钢材的塑性有关而又不同于塑性，是钢材强度与塑性的综合表现。

然而，对于钢材的韧性，实际工作中并未采用上述的方法进行评定。原因是：实际结构的脆性断裂往往发生在动力荷载条件下和低温下，而结构中的缺陷例如缺口和裂纹，常常是脆性断裂的发源地，因而实际上使用冲击韧性来衡量钢材抗脆断的能力。冲击韧性（或冲击吸收能量）采用夏比摆锤冲击试验方法测定，用 KV 或 KU 表示（字母 V 和 U 表示缺口的几何形状），单位为"J"。它是判断钢材在冲击荷载作用下是否出现脆性破坏的主要指标之一。

在夏比冲击试验中，标准尺寸试样为长度 55mm、横截面 10mm×10mm 的方形截面，在试样长度中间有规定几何形状的缺口（V 形或 U 形缺口），缺口背向打击面放置在摆锤式冲击试验机上进行试验（图 2-4），在摆锤打击下，直至试样断裂，具体试验方法参见《金属材料　夏比摆锤冲击试验方法》GB/T 229—2007。按规定方法测定的冲击吸收能量即冲击韧性指标。

冲击韧性受试验温度影响很显著，温度愈低，冲击韧性愈低，当温度低于某一临界值时，其值急剧降低。另外，对于轧制的钢材，冲击韧性也具有方向性，一般来说纵向（沿轧制方向）性能较好，横向（垂直于轧制方向）性能降低。因此，设计处于不同环境温度的重要结构时，尤其是受动力荷载作用的结构时，要根据相应的环境温度对应提出具体方向（纵向或横向）的常温（20℃）冲击韧性，0℃ 冲击韧性或负温（－20℃、－40℃ 或－60℃）冲击韧性的保证要求。

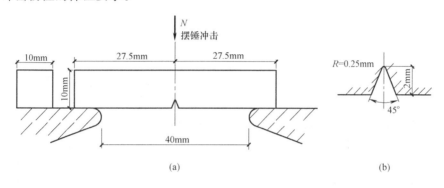

图 2-4　冲击韧性试验示意图
（a）冲击韧性试验；（b）夏比 V 形缺口

2.2.3　冷弯性能

冷弯性能是指钢材在冷加工（即在常温下加工）产生塑性变形时，对发生裂纹的抵抗能力。钢材的冷弯性能常用冷弯试验来检验。

冷弯试验应在配备规定弯曲装置的试验机或压力机上完成，根据试样厚度，按照规定的弯心直径 d 通过连续施加力使其弯曲（图 2-5）。当弯曲至 180°时，不使用放大仪器观察，试样弯曲外表面无可见裂纹应评定为"冷弯试验合格"；否则，不合格。具体试验方法参见《金属材料 弯曲试验方法》GB/T 232—2010。

冷弯试验不仅能检验钢材的弯曲塑性变形能力，而且能暴露出钢材的内部冶金缺陷（晶粒组织、结晶情况和非金属夹杂物分布等缺陷），因此它是判断钢材塑性变形能力和冶金质量的一个综合指标。承重结构中对钢材冷热加工工艺性能需要有较好要求时，应具有冷弯试验合格保证。

2.2.4　可焊性

钢材的可焊性是指采用一般焊接工艺即可完成合格的焊缝的性能。其性能的优劣实际上是指钢材在采用一定的焊接方法、焊接材料、焊接工艺参数及一定的结构形式等条件下，获得合格焊缝的难易程度。可焊性分为施工上的可焊性和使用性能上的可焊性。施工

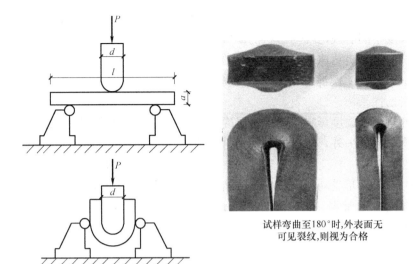

试样弯曲至180°时,外表面无
可见裂纹,则视为合格

图 2-5　冷弯试验示意图

上的可焊性指对产生裂纹的敏感性,焊缝和近缝区均不产生裂纹表示性能良好;使用性能
上的可焊性是指焊接构件在焊接后的力学性能是否低于母材,焊接接头和焊缝的冲击韧性
及近缝区塑性不低于母材性能或具有与母材相同的力学性能表示性能优良。

　　钢材的可焊性与钢材化学成分含量有关,其中含碳量是影响可焊性的一个重要参数。
对于普通碳素结构钢当其含碳量在 0.27% 以下,以及形成其固定杂质的含锰量在 0.7%
以下,含硅量在 0.4% 以下,硫和磷含量各在 0.05% 以下时,可认为该钢材可焊性良好。
对于焊接结构,为了使其有良好的可焊性,通常要求含碳量不应超过 0.2%。Q235B 的
碳含量一般符合这一要求;Q235A 的碳含量略高,一般要求不大于 0.22%,且在保证力
学性能的情况下,A 级钢的碳、锰、硅含量不作为交货条件,故焊接结构不宜采用
Q235A 级钢。而对于低合金钢,提高钢材强度的合金元素大多也对可焊性有不利影响,
碳当量是衡量普通低合金钢中各元素对焊后母材的碳化效应的综合性能,按各元素的重量
百分比采用公式 (2-14) 计算,用于指导预热要求和焊接工艺。此式是国际焊接学会
(IIW) 提出的,为我国国家标准《钢结构焊接规范》GB 50661—2011 所采用。所以在焊
接结构中,无论碳素钢和合金钢,焊接性能均可采用碳当量进行评定。

$$CEV(\%) = C + \frac{Mn}{6} + \frac{Cr+Mo+V}{5} + \frac{Cu+Ni}{15}(\%) \tag{2-14}$$

　　当钢材的碳当量 $CEV \leqslant 0.38\%$ 时,在正常工艺操作下,钢材的可焊性很好,Q235 钢
属于这一类;当 $CEV > 0.38\%$ 但不超过 0.45% 时,钢材有一定的淬硬倾向,焊接难度为
一般等级,Q355 钢属于此类,需要采取适当的预热措施并注意控制施焊工艺;当 $CEV >$
0.45% 时,钢材会有明显的淬硬现象,需采用较高的预热温度和严格控制施焊工艺措施来
获得合格的焊缝。

　　钢材的可焊性可通过试验来鉴定。目前,国内外采用的可焊性试验方法很多。我国、
日本和俄罗斯既采用施工上的可焊性试验方法,也采用使用性能上的可焊性试验方法。而
美国则对钢材焊后的冲击韧性进行了大量研究工作。英国的可焊性试验,近年来偏重于对

裂纹的研究。每一种可焊性试验方法都有其特定约束程度和冷却速度,它们与实际施焊的条件相比有一定距离。因此可焊性试验结果的评定,仅有相对比较的参考意义,而不能绝对代表实际中的情况。

2.2.5 钢材的其他性能

钢材的其他性能主要包括耐久性、耐火性以及 Z 向性能等。

1. 耐久性

耐久性是指钢结构能长期经受各种外荷载作用及其材料能长期保证各项力学性能不变劣化的性能。与耐久性有关的因素有以下几个方面:钢材的耐腐蚀性、"时效"现象和疲劳现象。钢材耐腐蚀能力较差,据统计全世界每年约有年产量 30%~40% 的钢铁因腐蚀而失效。因此,防腐蚀对节约金属有重大的意义。钢材如暴露在自然环境中不加防护,则将和周围一些物质成分发生作用,形成腐蚀物。腐蚀作用一般分为两类:一类是金属和非金属元素的直接结合,称为"干腐蚀";另一类是在潮湿环境中,钢材同周围非金属物质(如空气和水)结合形成腐蚀物,称为"湿腐蚀"。钢材在大气中腐蚀可能是干腐蚀,也可能是湿腐蚀或两者兼之。腐蚀严重的结构或构件可能造成有效受力截面削弱过大而使结构破坏。防止钢材腐蚀的主要措施是喷涂防锈油漆或涂料〔如热浸镀锌、热喷锌(铝)复合涂层、环氧富锌底漆和面漆等〕来加以保护。近年来也研制一些耐大气腐蚀的钢材,称为耐候钢,它是在冶炼时加入铜、磷、镍等合金元素来提高抗大气腐蚀能力,其性能要求参见国家标准《耐候结构钢》GB/T 4171—2008。此外,对水下或地下钢结构应采取阴极保护措施。钢结构中钢材随着时间的增长,钢材的力学性能有所改变,使钢材强度提高而塑性韧性降低,有可能造成脆性破坏,这种现象称为"时效"现象。在高温环境下,钢结构长期经受高应力作用时会产生徐变现象,因而造成长期强度降低。钢结构受重复或交变荷载作用时,当经历一定次数的应力循环后,即使钢材应力低于屈服点也有可能发生破坏的现象,称之为钢材的疲劳破坏,它与脆性破坏类似,危害性很大。

2. 耐火性

耐火性一般是指钢构件或结构,在一定时间内满足标准耐火试验中规定的稳定性、完整性、隔热性和其他预期功能的能力。钢结构耐火性较差,钢材受热时,当温度超过 200℃ 后,材质变化较大,不仅强度总趋势逐步降低,而且还有蓝脆和徐变现象。当温度超过 600℃ 后,钢材进入塑性状态已不能承载。因此,设计规定钢材表面温度超过 150℃ 后即需要加以隔热防护。在火灾中,未加防护的钢结构一般只能维持 20min 左右。因此,对有防火要求的钢结构,应需要按照相应规定采取保温隔热措施,如在钢结构外面包混凝土或其他防火材料,或者在构件表面喷涂防火涂料等。设计中还可以选用建筑用耐火钢,这种钢材是通过一定的技术手段,增加钢材的特殊化学成分(如钼 Mo),使钢材的结构及金相组织发生变化,从而改善钢材内在的耐火性。

需要注意的是国内有些钢铁公司生产耐火钢和耐候耐火钢,但目前还没有这方面的国家标准。

3. Z 向性能

对于厚度不小于 40mm 的钢板,当沿厚度方向受拉时(包括外加拉力和因焊接收缩受阻而产生的约束拉应力），由于其内部的非金属夹杂物被压成薄片，在较厚的钢板中会出现分层（夹层）现象，从而使钢材沿厚度方向（Z 向）的受拉性能大大降低。为避免在焊接或 Z 向受力时厚度方向出现层状撕裂，规定厚度方向性能级别和厚度方向拉伸试验的断面收缩率来保证，称之为 Z 向性能要求。厚度方向性能级别是对钢板的抗层状撕裂的能力提供的一种量度，分为 Z15、Z25 和 Z35 三个等级，表示厚度方向断面收缩率（三个试样的最小平均值）分别不小于 15％、25％和 35％，其性能要求参见国家标准《H 厚度方向性能钢板》GB/T 5313—2010。《低合金高强度结构钢》GB/T 1591—2018 和《建筑结构用钢板》GB/T 19879—2005 两标准中都规定可以提供具有厚度方向性能的钢材，目前在高层和超高层钢结构建筑结构中有着较广泛的应用。

2.3　钢材的破坏形式

根据屈服情况和塑性变形能力，钢材可以划分成两类材料：塑（延）性材料和脆性材料。有屈服现象的钢材，或者没有明显屈服现象，但能产生较大塑性变形的钢材称为塑（延）性材料，如低碳素结构钢和普通低合金高强度钢等。没有屈服现象，且塑性变形能力很小的钢材称为脆性材料，如高碳钢和铸铁等。

现代钢结构需要用延性材料而不能用脆性材料制造，历史证明，没有显著变形的突然断裂给房屋、桥梁结构带来灾难性的后果。

对于塑（延）性好的钢材，虽然具有较好的塑性和韧性性能，但仍然存在两种性质完全不同的破坏形式，即塑（延）性破坏和脆性破坏。

塑性破坏，又称延性破坏，是由于变形过大，超过了材料或构件可能的应变能力而产生的。它的主要特征是结构或构件在破坏前产生较大的、明显可见的塑性变形，而且仅仅在材料或结构构件中的应力超过屈服点 f_y，并达到极限抗拉强度 f_u 以后才发生断裂破坏。塑性破坏在破坏前有很明显的变形，并有较长的变形持续时间，很容易及时发现而采取适当措施予以补救，不致引起严重后果。因此，实际上建筑结构极少发生塑性破坏。塑性破坏后的断口常为杯形，呈纤维状，色泽发暗，呈现剪切破坏特征。

脆性破坏，也称为脆性断裂，其特点是：结构或构件破坏前没有明显变形，平均应力低于极限抗拉强度 f_u，甚至低于屈服点 f_y，破坏时没有明显征兆。脆性破坏断口平齐，并呈有光泽的晶粒状。由于脆性破坏前没有任何预兆，无法及时发现，而且一旦发生，还有可能导致整个结构瞬间塌毁，极易造成人员伤亡和重大经济损失，危险性极大。因此，在设计、施工和使用钢结构时，要特别注意防止脆性破坏发生。

从力学观点来分析，钢材的塑性破坏是由于剪应力超过晶粒抗剪能力而产生，而脆性破坏则是由于拉应力超过晶粒抗拉能力而产生，因此若剪应力先超过晶粒抗剪能力，则将发生塑性破坏；若拉应力先超过晶粒抗拉能力，则将发生脆性破坏。

对于脆性断裂的研究，现阶段主要依据断裂力学的理论。为防止脆性断裂，一般从以下三个方面着手：①要根据具体情况正确合理选材，选用有足够韧性的钢材；②尽量减小初始裂纹的尺寸，避免在构造处理中形成类似于裂纹的间隙；③注意在构造处理上缓和应力集中，以减小应力值。另外，结构形式的合理选择也对防止脆性断裂有一定影响。

2.4　各种因素对钢材主要性能的影响

建筑钢材，例如《标准》推荐采用的碳素结构钢中的 Q235 钢及低合金高强度钢中的 Q355、Q390、Q420、Q460 钢等，在一般情况下具有良好的综合力学性能，既有较高的强度，又有很好的塑性、韧性、冷弯性能和可焊性等，是理想的承重结构材料。但在一定条件下，它们的性能仍有可能变差，从而导致结构发生脆性断裂破坏。

2-3　各种因素对钢材主要性能的影响（一）

2-4　各种因素对钢材主要性能的影响（二）

影响钢材主要性能的因素很多，主要有化学成分、钢材的成材过程、硬化、温度、应力集中和残余应力等。

2.4.1　化学成分的影响

钢是含碳量小于 2% 的铁碳合金，含碳量大于 2% 时则为铸铁，俗称生铁。碳素结构钢的基本元素是铁（Fe），约占 99%，此外还有碳（C）、硅（Si）、锰（Mn）等元素，以及在冶炼中不易除尽的硫（S）、磷（P）、氧（O）、氮（N）等有害元素。在低合金结构钢中，除上述元素外还掺入通常总量不超过 3% 的合金元素，如铜（Cu）、钒（V）、钛（Ti）、铌（Nb）、铬（Cr）等，以改善其性能。碳和其他元素虽然所占比重不大，但对钢材性能确有着重要影响。

1. 碳

在碳素结构钢中，碳是除铁以外最主要的元素，它直接影响钢材的强度、塑性、韧性和可焊性等。随着含碳量的提高，钢材的屈服点和抗拉强度逐渐提高，但塑性和韧性，特别是负温冲击韧性下降。同时，钢材的可焊性、耐腐蚀性能、疲劳强度和冷弯性能也都明显劣化，并增加了低温脆断的可能性。依据碳量的低高区分，可以把碳素钢粗略分为低碳钢、中碳钢和高碳钢。虽然碳是使钢材具有足够强度的最主要元素，但在钢结构中，并不采用含碳量很高的钢材，以便保持其他优良性能，所以建筑结构用钢基本上都是低碳钢，一般结构用钢的含碳量一般不超过 0.22%，在焊接结构中的钢材含碳量应控制在 0.2% 以下。

2. 硅

硅在钢材中是一种有益元素，具有很强的脱氧性，一般作为脱氧剂加入钢中，以制成质量较高的镇静钢。硅具有使铁液在冷却时形成无数结晶中心的作用，因而使纯铁体的微观晶粒变得细小而均匀。适量的硅可以使钢材强度大为提高，而对塑性、冲击韧性、冷弯性能及可焊性均无明显不良影响，但含量过高时则会降低钢材抗锈性和可焊性。碳素结构钢中硅的含量不超过 0.35%，低合金高强度结构钢中含量一般不超过 0.5%～0.6%。

3. 锰

锰也是一种有益元素，它属于弱脱氧剂，又是十分有效的合金元素。适量的锰可以有效地提高钢材强度，消除硫、氧对钢材的热脆影响，改善钢材的热加工性能，并能改善钢材的冷脆倾向，同时又不显著降低钢材的塑性和冲击韧性。锰在碳素结构钢中的含量约为 0.3%～0.8%，在低合金高强度结构钢中含量一般为 1.0%～1.7%。但锰可使钢材的可焊性降低，故其含量有限制。

4. 钒、铌和钛

钒、铌和钛亦是有益元素，系添加的合金成分。它能使钢材的晶粒细化，提高钢材的强度和抗锈蚀能力，同时又保持良好的塑性和韧性，但有时有硬化作用。如 Q390（15MnV）可用于船舶、桥梁等荷载较大的焊接结构以及高压容器中。一般在建筑钢材中，钒含量为 0.02%～0.20%，铌含量为 0.06%～0.15%，钛含量为 0.02%～0.20%。

5. 铜

铜在碳素结构钢中属于杂质成分。它可以显著改善钢材的抗锈蚀能力，也可以提高钢材的强度，但对可焊性有不利影响。

6. 硫

硫是有害杂质元素，它能生成易于熔化的硫与铁的化合物——硫化铁，散布在纯铁体晶粒间层中，当热加工及焊接使温度高达 800～1000℃时，硫化铁熔化从而使钢材变脆并产生裂纹，这种现象称为钢材的"热脆"。此外，硫还能降低钢材的塑性、冲击韧性、疲劳强度、可焊性和抗锈蚀能力等。因此，应严格控制钢材中的硫含量，且质量等级愈高，其含量控制愈严格。碳素结构钢硫含量一般不超过 0.035%～0.050%。低合金高强度结构钢中不超过 0.020%～0.035%。对高层建筑钢结构用抗层间撕裂钢板（Z 向钢），硫含量更严格要求控制在 0.01%以下。

7. 磷

磷也是一种有害元素。磷和纯铁体结成不稳定的固熔体，有增大纯铁体晶粒的害处。磷的存在使钢材的强度和抗锈蚀能力提高，但却严重降低钢材的塑性、冲击韧性、冷弯性能和可焊性，特别是在低温时能使钢材变脆（冷脆），不利于钢材冷加工。因此，磷的含量也应严格控制，同样质量等级愈高，其含量控制愈严格。碳素结构钢硫含量一般不超过0.035%～0.045%。低合金高强度结构钢中不超过 0.025%～0.035%。

但是，磷在钢材中的强化作用也是十分显著的，有时也利用它的这一强化作用来提高钢材的强度。磷使钢材的塑性、冲击韧性和可焊性等方面的降低，可采用减少钢材中的含碳量的措施来弥补。在一些国家，采用特殊的冶炼工艺，生产高磷钢，其中磷含量最高可达 0.08%～0.12%，其含碳量小于 0.09%，从而使磷的有益作用充分发挥，且在一定程度上消除或减弱它的有害作用。

8. 氧和氮

氧和氮都属于有害杂质元素。在金属熔化后，它们容易从铁液中逸出，故含量较少。

氧和氮能使钢材变得极脆。氧使钢材发生热脆，其作用比硫更剧烈，钢材含氧量一般应控制在 0.05 %以内。氮和磷作用类似，使钢材发生冷脆，一般含氮量不应超过 0.008%。

2.4.2　成材过程的影响

钢材的化学成分与含量是在冶炼和浇铸这一冶金过程中形成的，钢材的金相组织也是在此过程中形成的，因此，它不可避免地会产生各种冶金缺陷。结构用钢需经过冶炼、浇铸、轧制和矫正等工序才能成材，如图 2-6 所示，多道工序对钢材的材性都有一定影响。

1. 冶炼

现阶段，冶炼方法在我国主要有两种：氧气顶吹转炉炼钢法和电炉炼钢。氧气顶吹转炉炼钢具有投资少、建厂快、生产效率高、原料适应性强等优点，目前已成为炼钢工业的

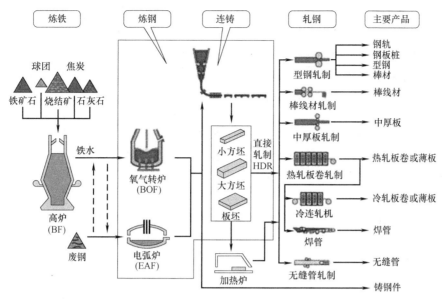

图 2-6 钢铁成材过程示意图

主流方法。电炉冶炼的钢材一般不在建筑结构中使用，因此，在建筑钢结构中主要使用氧气顶吹转炉钢。

冶炼过程主要是控制钢材的化学成分与含量，使其符合相关标准的水平要求，确定钢材的钢号及保证相应的力学性能。

2. 浇铸

把熔炼好的钢液浇铸成钢锭或钢坯有两种方法：一种是浇入铸模做成钢锭，经初轧机制成钢坯，属于传统浇铸方法；另一种是浇入连续浇铸机做成钢坯，即直接利用钢液生产半成品，属于近年来迅速发展的新技术。

传统铸锭过程中因脱氧程度不同，最终成为沸腾钢、镇静钢与特殊镇静钢。在浇铸过程中，向钢液内投入锰作为脱氧剂，由于锰的脱氧能力较差，不能充分脱氧，钢液中还含有较多的氧化铁，浇铸时氧化铁和碳相互作用，形成一氧化碳气体并和氧、氮一块从钢液中逸出，形成钢液剧烈沸腾的现象，称为沸腾钢。沸腾钢浇铸过程中，一氧化碳等气体逸出并带走钢液中热量，使其在钢锭模中冷却很快，许多气体来不及逸出被包在钢锭中，因而使钢材的构造和晶粒粗细不均匀，含氧量高，硫、磷的偏析大，氮是以固溶氮的形式存在。所以沸腾钢的塑性、冲击韧性和可焊性均较差，且容易发生时效和变脆，轧成的钢板和型钢中常有夹层和偏析现象。但沸腾钢生产周期短，耗用脱氧剂少，轧钢时切头很小，成品率高。

镇静钢与特殊镇静钢因浇筑过程中加入强脱氧剂，如硅、铝和钛等，钢液可充分脱氧且晶粒细化，同时，硅或铝等在还原氧化铁的过程中放出大量热量，使钢液冷却缓慢，气体杂质有充分时间逸出，所以偏析等冶金缺陷不严重，但传统的浇筑方法因存在缩孔而成材率较低。

连铸工艺是一种有效的浇铸方法，它可以产出镇静钢而没有缩孔，大幅提高金属收得率，而且可以改善产品质量，使其内部组织均匀、致密、偏析少、性能稳定，表面质量良好。近年来采用连铸已能生产表面无缺陷的铸坯，直接热送轧成钢材。

目前按转炉和连铸方法生产的钢材均为镇静钢，在国内钢材生产总量中占绝对多数，而沸腾钢产量少，市场价格反而偏高，所以设计时应尽量选用镇静钢。

钢在冶炼及浇铸过程中会不可避免地产生冶金缺陷。常见缺陷有偏析、非金属夹杂、气孔和裂纹以及分层等。这些缺陷都将影响钢的力学性能。

1）偏析

钢材中化学元素分布不均匀，称为偏析。偏析严重影响钢材的机械力学性能，特别是硫、磷等有害杂质的偏析，将使偏析区内钢材强度、塑性、韧性和可焊性变差。沸腾钢中杂质元素较多，所以偏析现象较为严重。

2）非金属夹杂

钢材中含有硫化物和氧化物等非金属杂质，它们对钢材性能的影响极为不利。硫化物使钢材在800～1200℃时变脆；氧化物，特别是粗大的氧化物可严重降低钢材的机械力学性能和工艺性能。

3）气孔和裂纹

钢材在浇铸后的冷凝过程中，冷却过快时，内部气体来不及完全排出时钢材已经凝固，形成气孔。由于冷脆、热脆及不均匀收缩等原因，可能使成品钢材中存在微观或宏观的裂纹。气孔和裂纹的存在使钢材的匀质性遭到破坏，一旦有外力作用，在气孔及裂纹附近产生应力极度不均匀的分布现象，这必然会伴随着出现三向复杂应力状态，因而成为脆性破坏的根源，同时也使钢材的冲击韧性、冷弯性能以及疲劳强度大大降低。

4）分层

钢材在轧制时，由于其内部的非金属夹杂物被压成薄片，在其厚度方向形成多个层次，但各层之间仍互相连接，并不脱离，这种现象称为分层。分层使钢材在厚度方向几乎失去抗拉承载能力，所以应注意避免钢材在厚度方向承受拉力作用。同时分层也会严重降低钢材的冷弯性能，在分层的夹缝里，还容易侵入潮气从而引起钢材锈蚀，尤其在应力作用下，钢材锈蚀还会加快，甚至形成裂纹，因而大大降低钢材的韧性、疲劳强度和抗脆断能力。但分层对垂直于钢材厚度方向的抗压强度影响不大。

3. 轧制

轧制是在1200～1300℃高温和压力作用下将钢坯或钢锭热轧成钢板和型钢。轧制过程能使钢材晶粒更加细小而致密，也能使钢锭中的小气泡、裂纹、疏松等缺陷焊合起来，它不仅改变了钢材的形状及尺寸，而且改善了钢材的内部组织，因而也显著提高了钢材的各种机械力学性能。

试验证明，钢材的力学性能与轧制方向有关，沿轧制方向比垂直轧制方向强度高。因此，轧制后的钢材在一定程度上不再是各向同性体，进行钢板拉力试验时，试件应在垂直轧制方向上切取。

试验还证明，轧制的钢材越小（越薄），其强度也越高，塑性和冲击韧性也越好。原因就是型材越小越薄，轧制时辊压次数也越多，钢材晶粒越细密，宏观缺陷越少，强度等性能也越好。《标准》考虑了钢材的这一特性，将钢材按照厚度分组，分别取不同的强度设计值，可参见附表1-1。

经过轧制的钢材，由于其内部的非金属夹杂物被压成薄片，在较厚的钢板中会出现分层（夹层）现象，分层使钢材沿厚度受拉的性能大大降低。因此，对于厚钢板（板厚 $\delta >$ 40mm）还需进行 Z 方向的材性试验，设计时应注意尽量避免垂直于板面受拉（包括约束应力），以避免在焊接或 Z 向受力时钢材出现层状撕裂。

4. 热处理

钢材经冶炼、浇铸和轧制工艺后已经成型，化学成分已经固定，为获得较高强度同时具有良好的塑性和韧性，一般通过对固态产品的温度进行处理——热处理，即通过温度调整改变钢的晶体结构（晶粒尺寸）从而改善其性能。主要的热处理工艺有：正火、淬火、回火、退火等。

1）正火

正火是将钢材加热到 850～900℃，保温适当时间后，在静止的空气中缓慢冷却的热处理工艺。

2）淬火

淬火是将金属加热到某一适当温度并保持一段时间，随即浸入淬冷介质中快速冷却的处理工艺。常用的淬冷介质有盐水、水、矿物油、空气等。淬火时的快速冷却会使材料产生严重的内应力（称为残余应力），所以一般配合回火进行处理。

3）回火

将经过淬火的钢材重新加热到 650℃，保温一段时间后在空气等介质中冷却称为回火。其作用在于减小或消除淬火材料中的残余应力，其硬度和强度无明显降低，延性和韧性提高。

淬火加回火又称调质处理，强度很高的钢材，包括高强度螺栓的材料都要经调质处理。

4）退火

将钢材加热到一定温度，保持足够时间，然后以适宜速度冷却（放置于加热炉或者其他容器里缓慢冷却）称为退火。其主要作于在于增加钢材的塑性和韧性，但强度和硬度均降低。

2.4.3 影响钢材性能的其他因素

在钢结构的制造和使用过程中，钢材的性能和各种力学指标还可能受到其他因素的影响，主要包括：硬化、环境温度、应力集中、残余应力和荷载类型等方面。

1. 硬化

钢材的硬化有两种基本情况：时效硬化和冷作硬化。

1）时效硬化

轧制形成的钢材随着时间的增长，强度逐渐提高，塑性、韧性降低，脆性增加，这种现象称为时效硬化（或时效现象），俗称老化。这是由于纯铁体的结晶粒内常留有一些数量极少的碳和氮的固熔物质，它们在结晶粒中的存在是不稳定的，随着时间的增加，这些固熔物质逐渐从结晶粒中析出，并形成自由的碳化物和氮化物微粒，散布在纯铁体晶粒的滑移面上，起着阻碍滑移的强化作用，从而约束纯铁体发展塑性变形，使钢材强度（屈服点和抗拉强度）提高，塑性降低，特别是冲击韧性大大降低，钢材变脆。

时效硬化的过程一般很长，在自然条件下时效硬化可从几天延续到几十年。但如果在材料塑性变形后加热（200～300℃），可使时效硬化迅速发展，一般仅需几小时就可以完成，这种方法称为人工时效。杂质多、晶粒粗而不均匀的钢材对时效最敏感。为了测定时效后钢材的冲击韧性，常采用人工快速时效的方法：先使钢材产生 10 ％左右的塑性变形，再加热至 250℃左右并保温 1 小时，在空气中冷却后做成试件，然后测定其应变时效后的冲击韧性。预应力钢结构中采用的冷拉低碳钢丝和冷拔低碳钢丝也是人工时效的应用范例。

2）冷作硬化

钢材在冷加工（常温加工）过程中引起强度提高，同时塑性、韧性降低的现象称为冷作硬化（或应变硬化）。这是由于冷加工时，当钢材在弹性工作阶段时，荷载的间断性重复作用基本上不影响钢材的静力工作性能（疲劳问题除外）；但在塑性阶段及其以后，除弹性变形外还有残余变形（塑性变形）产生，此时卸去荷载则弹性变形消除而塑性变形仍保留，第二次加荷载时钢材表现出来的性质将与第一次加荷时不同。如果第一次加载使钢材进入强化阶段，那么第二次加载时的比例极限将提高到第一次加载所达到的最大应力值。此后的 σ-ε 关系曲线沿一次拉伸曲线发展，可用强度得到提高。但由于第一次加载已经消耗掉了部分塑性变形，因而钢材的塑性、韧性下降。这种受第一次加载所产生的塑性变形影响而造成的钢材比例极限提高的现象称为硬化。

钢材的冷加工过程通常有两种基本情况。一是作用于钢材上的应力超过屈服点而小于极限强度，此时只产生永久变形而不破坏钢材的连续性，如辊、压、折、冷拉、冷弯、冷轧、矫正等；二是作用于钢材上的应力超过了极限强度，从而使钢材产生断裂，部分材料脱离主体，如机械剪切、刨、钻、冲孔、铰刀扩孔等。这两种情况都必然产生很大的塑性变形，会使钢材内部发生冷作硬化现象。

冷作硬化会改变的钢材力学性能，即强度（比例极限、屈服点和抗拉强度等）提高，但塑性和冲击韧性降低，出现脆性破坏的可能性也增大，这对钢结构是不利的。简言之，冷硬提高了钢材的强度，但却使钢材变脆，牺牲了塑性，对于承受动力荷载的重要构件，不应使用经过冷硬的钢材。对于重型吊车梁和铁路桥梁等需考虑疲劳影响的构件，在有冷作硬化的部分还需要进行处理以消除冷作硬化的影响。如为了消除因剪切钢板边缘和冲孔等引起的局部冷作硬化的不利影响，前者可将钢板边缘刨去 3～5mm，后者可先冲成小孔再用绞刀扩大 3～5mm，去掉冷作硬化部分。

将经过冷作硬化的钢材放置一段时间之后，还会进一步出现时效硬化的现象，称为应变时效硬化。应变时效硬化是冷作硬化和时效硬化的复合作用结果。

2. 环境温度

随着环境温度的变化，钢材的各项性能指标也都将发生显著变化。

1）正温范围

在常温范围内，当温度升高时，钢材强度和弹性模量基本不变，塑性的变化也不大；当温度超过 85℃且在 200℃以下范围时，随着温度继续升高，钢材各项性能指标的变化总趋势是抗拉强度、屈服点及弹性模量均减小，塑性、韧性上升。但在 250℃左右时，钢材的抗拉强度反而提高到高于常温下的值，而塑性和冲击韧性下降，脆性增加，此现象称为蓝脆现象，此时钢材表面氧化膜呈现蓝色。为防止钢材出现热裂纹，应避免在蓝脆温度范围内进行热加工。当温度超过 300℃以后，钢材屈服点和极限强度显著下降，塑性变形能力迅速上升。达到 600℃时，钢材进入热塑状态，强度几乎等于零，失去承载能力。上述正温范围内钢材屈服点 f_y 随温度升高时的变化情形可参见表 2-1。表中 f_{y20} 为常温（20℃）下钢材的屈服点。

温度（℃）	20	100	200	300	400	500	600
f_y/f_{y20}（%）	100	95	82	65	40	10	0

正温范围（20～600℃）钢材屈服点随温度升高时的变化　　表 2-1

2）负温范围

在低于常温的负温范围内，钢材性能变化的总趋势是：随温度的降低，钢材的强度略有提高而塑性和冲击韧性显著下降，脆性增加。特别是当温度下降到某一数值时，钢材的冲击韧性突然急剧下降，试件断口发生脆性破坏，这种现象称为低温冷脆现象。

国外试验资料给出的夏比冲击韧性值与试验温度的关系如图 2-7 所示。当温度高于 T_2 时，曲线比较平缓，冲击韧性值受温度影响不很大，钢材产生塑性破坏；当温度低于 T_1 时，曲线再次趋于平缓，冲击韧性值很小，钢材产生脆性破坏；在 $T_1<T<T_2$ 范围内，随温度下降，冲击韧性值急剧下降，钢材由塑性破坏转变为脆性破坏，此温度区间称为冷脆转变温度区。该区间内的曲线反弯点（最陡点）所对应的温度 T_0 称为冷脆转变温度或冷脆临界温度。

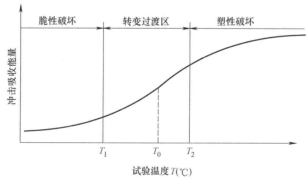

图 2-7　夏比冲击韧性与试验温度的关系

由于冲击韧性随着试验温度的变化而连续下降，冷脆转变温度 T_0 实际上是一段温度区间而不是某一定值。实用上，仍取某一定值。对一般钢结构材料，如碳素结构钢 Q235，常取指定的冲击韧性（夏比 V 形缺口，纵向，$KV=27J$）时的相应温度作为冷脆转变温度 T_0。

钢材冲击韧性的优劣，也可以用冷脆转变温度 T_0 的高低来衡量，T_0 越低说明钢材的冲击韧性越好。因此，设计时，还应注意避免结构在低于钢材冷脆转变温度的环境条件下工作。

3. 应力集中

钢材的工作性能和力学性能指标都是以轴心受力构件中应力沿截面均匀分布的情形为基础的。当构件截面的完整性遭到破坏，出现几何不连续现象时，例如裂纹、孔洞、槽口、凹角、内部缺陷以及截面尺寸突然变化等，此时轴心受力构件中的应力分布变得极不均匀。在缺陷或截面变化处附近，应力线曲折、密集，出现局部高峰应力，在另外一些区域应力则降低，称为应力集中现象，如图 2-8 所示。

孔洞或缺口边缘处的最大应力 $\sigma_{\max}$ 与净截面的平均应力 σ_0 之比称为应力集中系数，可用 K 表示为：

$$K = \frac{\sigma_{\max}}{\sigma_0} \tag{2-15}$$

图 2-8（a）所示的钢板上开有一个小圆形孔洞，由于圆孔处应力集中，应力曲线弯折，导致应力方向与钢板受力方向不再保持一致，从而产生了横向应力 σ_y，当钢板较厚时，还会产生沿厚度方向的应力 σ_z。图 2-8（b）显示了图 2-8（a）中钢板各不同截面上的应力分布，可见，沿圆孔中心的危险截面上同时存在着双向同号应力 σ_x 和 σ_y，且分布很不均匀；离圆孔稍远的地方，只有应力 σ_x，但分布仍然不均匀；只有远离圆孔的区域，应力 σ_x 才达到均匀分布。图 2-8（c）中，钢板边带有很小的刻槽，此时刻槽附近也产生了明显的应力集中，沿刻槽中心的危险截面上也同时存在着双向同号应力 σ_x 和 σ_y，且分布很不均匀。

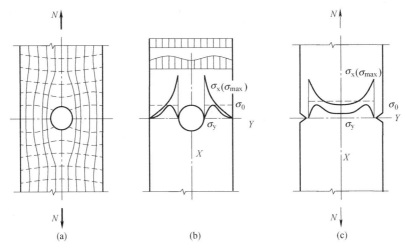

图 2-8　钢材上的应力集中现象

（a）带孔洞钢板的应力线分布；（b）不同截面上的应力；（c）板边带刻槽时的应力集中

上述构件由于存在应力集中，应力分布极度不均匀，导致出现双向或三向同号应力场，这是因为非均匀分布的纵向应力将引起非均匀的横向自由变形，然而构件作为一个整体将促使其内各点均匀变形，因而高应力处的较大横向变形将受到低应力处的约束，同时其还带动低应力处共同变形，从而形成自相平衡的横向力系。也即，靠近高峰应力的区域总是存在着同号平面或立体应力场，因而促使钢材变脆；在其他一些区域则存在异号的平面或立体应力场，这些区域有可能提前出现塑性变形。

由拉力引起的缺口处的三向拉应力场，使钢材处于极端不利的受力状态，材料在主拉应力方向的塑性变形受到很大约束而不宜发挥，因而造成钢材的强度提高，但塑性、韧性明显下降，脆性增加。图 2-9 为几种不同缺口形状的材料试件的 σ-ε 关系曲线，可见，构件截面形状变化越剧烈，应力集中现象越严重，钢材的强度虽然提高，但无明显的屈服点，且伸长率减小，钢材的塑性也大大降低，钢材也就越脆。

应力集中是引起钢结构构件脆性破坏的主要原因之一。设计时应尽量避免截面突变，截面变化处应做成圆滑过渡型，必要时可采取表面加工措施。此外，构件制作、运输和安装过程中，也应尽可能避免刻痕、划伤等缺陷。对承受动力荷载的结构，应力集中对疲劳强度影响很大，故应采取一些措施避免产生应力集中，如磨平对接焊缝的余高、对角焊缝焊趾进行打磨处理等。

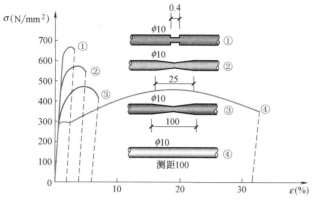

图 2-9　带缺口试件的 $\sigma\text{-}\varepsilon$ 关系曲线

4. 残余应力

残余应力为钢材在冶炼、轧制、焊接、冷加工等过程中，由于不均匀冷却、组织构造的变化而在钢材内部产生的不均匀应力。一般在冷却较慢处产生拉应力，冷却较早的地方产生压应力。残余应力是在构件内部自相平衡的应力，与外力无关。一般来说，截面尺寸越大，残余应力也越大。

残余应力虽然是自相平衡的，对结构的静力强度影响不大，但对钢构件在外力作用下的变形、稳定性、抗疲劳等方面的性能都可能产生不利影响。残余应力的存在容易使钢材发生脆性破坏。

5. 荷载类型

1）快速加载的影响

前面讨论的钢材的 $\sigma\text{-}\varepsilon$ 关系曲线是按照规定的标准速度缓慢加载得到的，当加载速度增加，使应变速度超过 3cm/min 时，$\sigma\text{-}\varepsilon$ 关系曲线将产生显著变化。一般规律是：随加载速度的增加，钢材的弹性模量、屈服点和极限强度均相应提高，但塑性、韧性下降，脆性增加。清华大学进行的快速加载试验结果如下：与缓慢加载相比，当应变速度达到（3～15）cm/min 时，Q235 钢材屈服点可提高约 30%。

在弹性范围内快速加载，然后保持荷载不变，而应变则持续增长，待到一定时间后，附加变形才能稳定不变，这时钢材的变形和应力应变之比才是标准试验条件下的实际弹性变形和弹性模量，这种现象称为弹性后效。同理，快速卸载时也能产生弹性后效：荷载快速卸载到零时，应变并不回到零点，而是过一段时间后，弹性变形才完全消失。因此，快速加载→保持荷载不变→快速卸载→过一段时间后，这样一个弹性范围内的应力循环，在 $\sigma\text{-}\varepsilon$ 关系直角坐标系内形成一个弹性变形滞回圈。

加载速度对钢材性能的影响，实质上反映了动载与静载的关系，两者的主要区别就是施荷快慢。在动载快速作用下，材料的变形速度赶不上加载速度，从而在来不及反应的情况下强度得到提高，脆性增加，塑性降低。

2）重复荷载的影响

当钢材承受连续反复荷载作用时，结构的抗力和性能都会发生重要变化，会出现应力虽然还低于极限强度，甚至还低于屈服点时，结构就会发生破坏，这种现象称为疲劳破坏。钢材在疲劳破坏之前，并没有明显变形，是一种突然发生的断裂，断口平直，所以疲劳破坏属于反复荷载作用下的脆性破坏。

实际上，钢材的疲劳破坏是经过长时间的累积发展过程才出现的，破坏过程可分为三个阶段：即裂纹的形成、裂纹缓慢扩展与最后迅速断裂而破坏。由于钢材内部总会有内在的微小缺陷，这些缺陷本身就起着裂纹作用，在反复荷载作用下，微观裂纹逐渐发展成宏观裂纹，构件截面削弱，从而在裂纹根部出现应力集中现象，使材料处于三向拉伸应力状态，塑性变形受到限制，当反复荷载达到一定的循环次数时，材料就会突然断裂破坏。

对于荷载变化不大或不承受频繁反复荷载作用的钢结构，以及虽然承受重复荷载但全部为受压的构件部位，计算中不必考虑疲劳的影响。但对长期承受连续反复荷载的结构，设计时就要考虑钢材的疲劳问题。

2.5　钢结构用钢材的牌号及钢材的选用

2.5.1　结构钢材的类别及牌号表示法

用于钢结构的钢材按化学成分、拉伸特性和加工方法分为：碳素结构钢、低合金高强度结构钢、优质碳素结构钢等。必要时还可采用特殊性能的钢材，如处于腐蚀性介质中的结构可采用耐候钢；重要的焊接结构为防止钢材层间撕裂可采用厚度方向性能钢板或高层建筑结构用钢板等。下面主要介绍碳素结构钢和低合金高强度结构钢的牌号和性能要求。

1. 碳素结构钢

我国现行国家标准《碳素结构钢》GB/T 700—2006，根据钢材厚度（直径）不大于16mm时的屈服强度值，将碳素结构钢分为 Q195、Q215、Q235 和 Q275 四种，其中 Q 是屈服强度中"屈"字汉语拼音的字首，后接的阿拉伯数字表示屈服强度的大小，单位为"N/mm^2"，阿拉伯数字越大，含碳量越高，钢材强度和硬度越高，塑性越低。由于碳素结构钢冶炼成本低廉，并有各种良好的加工性能，所以使用较广泛，其中 Q235 在使用、加工和焊接方面的性能都比较好，是《标准》推荐采用的钢材品种之一。

碳素结构钢分为 A、B、C、D 四个质量等级，由 A 到 D 质量等级逐渐提高。不同质量等级的碳素结构钢对屈服强度（f_y）、抗拉强度（f_u）、断后伸长率（A）性能以及化学元素锰（Mn）和硅（Si）含量有相同的限值规定；对化学元素碳（C）、硫（S）和磷（P）的含量、冲击韧性（夏比 V 型缺口试件）和冷弯试验的要求不同。具体为：

A 级钢只保证屈服强度、抗拉强度和断后伸长率，不作冲击韧性试验要求，对冷弯试验只在需方有要求时才进行。在保证力学性能符合相关规定的情况下，A 级钢的碳、锰、硅含量可以不作为交货条件，但应在质量证明书中注明其含量。

B、C、D 级钢除应保证屈服强度、抗拉强度和断后伸长率外，同时也都要求提供冷弯试验合格证书。此外 B 级钢要求作常温（20℃）冲击韧性试验；C 级钢要求作 0℃冲击韧性试验；D 级钢要求作−20℃冲击韧性试验。冲击韧性试验采用夏比（V 形缺口试件，对上述 B、C、D 级钢在其各自不同温度要求下，均要求纵向冲击吸收功 $KV \geqslant 27J$。随着质量等级的提高，对化学元素碳（C）、硫（S）和磷（P）的含量限值越来越严格。

钢铁行业一般采用钢材牌号来表示钢材产品名称、用途、特性和工艺。碳素结构钢的牌号由代表屈服强度的字母 Q、屈服强度值、质量等级符号（A、B、C、D）和脱氧方法符号（F、Z、TZ）四部分按顺序组成。对 Q235 来说，A、B 级钢的脱氧方法可以是 F 或 Z；C 级钢只能是 Z；D 级钢只能是 TZ。有时用 Z 和 TZ 表示牌号时也可以省略。以 Q235 钢表示法举例如下：Q235AF——屈服强度为 235N/mm²，A 级沸腾钢；Q235A——屈服强度为 235N/mm²，A 级镇静钢；Q235C——屈服强度为 235N/mm²，C 级镇静钢；Q235D——屈服强度为 235N/mm²，D 级特殊镇静钢。

2. 低合金高强度结构钢

低合金高强度结构钢是在钢的冶炼过程中适量添加几种合金元素（合金元素总量不超过 5%），使钢的强度明显提高。我国现行国家标准《低合金高强度结构钢》GB/T 1591—2018 根据钢材厚度（直径）不大于 16mm 时的上屈服强度值，将低合金高强度结构钢分为 Q355（《低合金高强度结构钢》GB/T 1591—2018 标准取消 Q345 钢级，以 Q355 钢级替代 Q345 钢级及相关要求详见具体规定）、Q390、Q420、Q460 四种。Q355、Q390、Q420、Q460 是《标准》推荐采用的钢材。

低合金高强度结构钢供货时应提供力学性能质量保证书，其内容为：屈服强度（f_y）、抗拉强度（f_u）、断后伸长率（A）和冷弯试验；还要提供化学成分质保书，其内容为：碳（C）、锰（Mn）、硅（Si）、硫（S）、磷（P）、钒（V）、铌（Nb）和钛（Ti）等含量。

与碳素结构钢牌号表示不同，低合金高强度结构钢的由代表屈服强度"屈"字的汉语拼音首字母 Q、规定的最小上屈服强度数值、交货状态代号、质量等级符号（B、C、D、E、F）四个部分组成。其中：交货状态为热轧时，交货状态代号 AR 或 WAR 可省略；交货状态为正火或正火轧制状态时，交货状态代号均用 N 表示。Q+规定的最小上屈服强度数值+交货状态代号，简称为"钢级"。以 Q355 牌号举例如下：

示例：Q355ND

Q——钢的屈服强度的"屈"字汉语拼音的首字母；

355——规定的最小上屈服强度数值，单位为兆帕（MPa）；

N——交货状态为正火或正火轧制；

D——质量等级为 D 级。

不同质量等级对冲击韧性的要求不同，B 级钢要求做常温（20℃）冲击韧性试验；C 级钢要求做 0℃ 冲击韧性试验；D 级钢要求做 −20℃ 冲击韧性试验；E 级钢要求保证 −40℃ 时的冲击韧性；F 级钢要求保证 −60℃ 时的冲击韧性。冲击韧性试验采用夏比 V 形缺口试件，上述 B、C、D、E、F 级钢在其各自不同温度要求下，均要求冲击韧性指标不小于某特定值。另外，不同质量等级对碳、硫、磷、铝含量的要求也有区别。

由于低合金高强度结构钢具有较高的屈服强度和抗拉强度，也有良好的塑性性能和冲击韧性（尤其是低温冲击韧性），并具有较强的耐腐蚀、耐低温性能，因此采用低合金钢可以节约钢材，减轻结构重量和延长结构使用寿命。

近年来，随着国外高强度钢材的引进和国内钢铁企业高强度钢材的研发及生产，我国新建的一些大跨建筑结构、桥梁和一些高压、特高压输电线路和大截面导线输电线路的输电铁塔结构逐渐开始采用高强度钢材。Q420 钢、Q460 钢厚板已在大型钢结构工程中批量应用，成为关键受力部位的主选钢材。例如：国家体育场（鸟巢）钢结构的柱脚、菱形柱等受力节点采用了厚度为 100～110mm 的国产 Q460-E/Z35 高强度钢材；央视新台址主楼钢结构部分采用 Q420 和 Q460 钢材。《标准》新增 Q460 钢作为钢结构推荐用钢材，但需要注意的是，高强度钢材的力学性能和加工、安装工艺等有别于普通钢材，因此《标准》条文说明指出："调研和试验结果表明，其整体质量水平还有待提高，在工程应用中应加强监测。"

3. 高层建筑用钢板-GJ 系列钢材

《标准》中还增列了近年来已成功使用《建筑结构用钢板》GB/T 19879 中的 GJ 系列钢材 Q345GJ 钢。其与原《低合金高强度结构钢》GB/T 1591 中的 Q345 钢的力学性能指标相近，二者在各厚度组别的强度设计值十分接近。因此一般情况下采用 Q345 钢比较经济，但 Q345GJ 钢中微合金元素含量得到控制，塑性性能较好，屈服强度变化范围小，有冷加工成型要求（如方矩管）或抗震要求的构件宜优先采用。需要说明的是，符合现行国家标准《建筑结构用钢板》GB/T 19879 的 GJ 系列钢材各项指标均优于普通钢材的同级别产品。如采用 GJ 钢代替普通钢材，对于设计而言可靠度更高。

2.5.2　钢材的选用

1. 选用原则

钢结构设计中首要的一个环节就是选用钢材，其一般原则为：既能使结构安全可靠并满足使用要求，又要最大可能节约钢材，降低造价。不同使用条件，应当有不同的质量要求。在设计钢结构时，应该根据结构的特点，选用适宜的钢材。钢材选择是否合适，不仅是一个经济问题，而且关系到结构的安全和使用寿命。选择钢材时应考虑以下因素：

1）结构重要性

由于使用条件、结构所处部位等方面的不同，结构可以分为重要、一般和次要三类，应根据不同情况，有区别地选用钢材的牌号。例如大跨度结构、重级工作制吊车梁、高层或超高层民用建筑等就属于重要结构，应考虑选用优质钢材；普通厂房的屋架和柱等属于一般结构；梯子、栏杆、平台等则是次要结构，可以选用一些普通质量的钢材。

2）荷载情况

按所承受荷载的性质，结构可分为承受静力荷载和承受动力荷载两种。在承受动力荷载的结构或构件中，又有经常满载和不经常满载的区别。因此，荷载性质不同，就应选用不同的牌号。例如对重级工作制吊车梁，就要选用冲击韧性和疲劳性能好的钢材，如 Q355C 或 Q235C。而对于一般承受静力荷载的结构或构件，如普通焊接屋架及柱等（在常温条件下），可选用 Q235B。

3）连接方法

钢结构的连接方法有焊接和非焊接（紧固件连接）两种。连接方法不同，对钢材质量要求也不同。例如焊接的钢材，由于在焊接过程中不可避免地会产生焊接应力、焊接变形和其他焊接缺陷，在受力性质改变以及温度变化的情况下，容易导致构件产生裂纹，甚至发生脆性断裂，所以焊接钢结构对钢材的化学成分、力学性能和可焊性都有严格的要求。

如钢材中的碳、硫、磷的含量要低，塑性和韧性指标要高，可焊性要好等。但对非焊接结构（如用高强度螺栓连接的结构），这些要求就可放宽。

4）结构所处的温度和环境

结构所处的环境和工作条件，例如室内、室外、温度变化、腐蚀作用情况等对钢材的影响很大。钢材有低温脆断的特性，低温下钢材的塑性、冲击韧性都显著降低，当温度下降到冷脆温度时，钢材随时都可能突然发生脆性断裂。因此对经常在低温下工作的焊接结构，应选用具有良好抗低温脆断性能的镇静钢。

5）钢材厚度

薄钢材辊轧次数多，轧制的压缩比大，而较厚的钢材压缩比小，因此，厚度大的钢材不仅强度低，而且塑性、韧性和焊接连接性能也较差。因此，厚钢板的焊接连接，应选用质量较好的钢材。

2. 选择钢材的实用方法

《标准》规定：承重结构所用的钢材应具有屈服强度、抗拉强度、断后伸长率和硫、磷含量的合格保证，对焊接结构尚应具有碳当量的合格保证。焊接承重结构以及重要的非焊接承重结构采用的钢材应具有冷弯试验的合格保证；对直接承受动力荷载或需验算疲劳的构件所用钢材尚应具有冲击韧性的合格保证。

设计选用钢材时，可以分别从强度等级、冲击韧性和冷弯性能等技术要求方面选择，并考虑经济性，结合现行国家标准及产品规格，以及当时当地具体情况合理选择。

1）钢材强度等级的选用

钢材强度等级的选择主要有如下方法：①变形控制的钢结构主体结构材料应选较低强度等级钢材，因为所有钢材弹性模量均相同，而低等级材料单价低、加工方便、塑性更好；②强度控制的钢结构主体结构材料选较高强度等级钢材，因为高等级钢材强度高，可以节约钢材、造价和资源；③对由长细比控制或应力水平较低的辅助性构件（如支撑等），材料可选较低等级钢材；④对焊接结构不能采用 Q235A，因为其含碳量不能保证；⑤当焊接量大、施工条件较差，或施工单位经验不足时，不宜选用超过 Q355 的高强度钢材；⑥对于管材，如方（矩）管、Q235 钢较常见，Q355 及以上供货较困难。

2）钢材质量等级的选用

（1）A 级钢仅可用于结构工作温度高于 0℃的不需要验算疲劳的结构，且 Q235A 钢不宜用于焊接结构。

（2）需验算疲劳的焊接结构用钢材应符合下列规定：

当工作温度高于 0℃时其质量等级不应低于 B 级；

当工作温度不高于 0℃但高于 −20℃时，Q235、Q355 钢不应低于 C 级，Q390、Q420 及 Q460 钢不应低于 D 级；

当工作温度不高于 −20℃时，Q235 钢和 Q355 钢不应低于 D 级，Q390 钢、Q420 钢、Q460 钢应选用 E 级。

（3）需验算疲劳的非焊接结构，其钢材质量等级要求可较上述焊接结构降低一级但不应低于 B 级。吊车起重量不小于 50t 的中级工作制吊车梁，其质量等级要求应与需要验算疲劳的构件相同。

3）钢材规格的选用

总的来说，我国当前板材的规格比较齐全，但型材和管材的规格和型号与欧美等西方国家相比还有一定差距。随着生产发展，国家标准及产品规格会不断修改，市场供货情况也会因时因地有所变化，因此选购钢材时还应注意根据现行国家标准及产品规格，以及当时当地具体情况合理选择。

2.5.3　钢材的品种和规格

钢结构所用钢材主要为热轧钢板、型钢和钢管，以及冷弯薄壁型钢和压型钢板。

1. 热轧钢板

热轧钢板按厚度基准可分为厚板和薄板等。

厚板：厚度 4.5～400mm，主要用作梁、柱等焊接构件的腹板和翼缘，以及连接用节点板。

薄板：厚度 0.35～4mm，主要用于制造冷弯薄壁型钢。

热轧钢板公称宽度为 600～4800mm，公称长度为 2000～20000mm。

钢板在图纸中的表示方法为："—宽×厚×长"或"—宽×厚"，如—450×8×3100、—450×8，单位为"mm"，常不加注明。数字前面的一短画线表示钢板截面。

2. 热轧型钢

建筑钢结构中常用的型钢是角钢、工字型钢、槽钢和 H 型钢、钢管等。除 H 型钢和钢管有热轧和焊接成型外，其余型钢均为热轧成型。型钢的截面形式合理，对受力十分有利。由于其形状较简单，种类和尺寸分级较少，便于轧制，此外构件间相互连接也较方便。因此型钢是钢结构中采用的主要钢材。

1）角钢

角钢分等边角钢和不等边角钢两种，可以用来组成独立的受力构件，也可作为受力构件之间的连接零件。等边角钢以肢宽和肢厚表示，如∟100×10 即为肢宽 100mm、肢厚10mm 的等边角钢。不等边角钢是以两肢的宽度和肢厚表示，如∟100×80×8 即为长肢宽100mm、短肢宽为 80mm、肢厚 8mm 的不等边角钢。我国目前生产的，其肢宽为 20～250mm，不等边角钢的肢宽为 25mm×16mm～200mm×125mm，角钢通常长度为4～19m。

2）工字钢

工字钢有普通工字钢和轻型工字钢两种。它主要用于在其腹板平面内受弯的构件，或由几个工字钢组成的组合构件。由于它两个主轴方向的惯性矩和回转半径相差较大，因此不宜单独用作轴心受压构件或承受斜弯曲和双向弯曲的构件。普通工字钢用号数表示，号数即为其截面高度的厘米数，对 20 号以上的工字钢，同一号数有三种腹板厚度，分别为a、b、c 三类。如 I32a 即表示截面高度为 320mm，其腹板厚度为 a 类。a 类腹板最薄、翼缘最窄，最经济，b 类较厚较宽，c 类最厚最宽，选用时，尽量不选 c 类，因其不经济，且不能保证供应。轻型工字钢的表示方法为号数后加注字母 Q，Q 是汉语拼音"轻"的拼音字首，例如 I32Q。我国生产的普通工字钢一般长度为 5～19m，最大号数为 I63。

3）槽钢

槽钢分普通槽钢和轻型槽钢两种，与工字钢相同，槽钢的号码也是以截面高度厘米数编号，如 [12，即截面高度为 120mm。槽钢一般可用于屋盖檩条，承受斜弯曲或双向弯曲。另外，槽钢翼缘内表面的斜度较小，安装螺栓比工字型钢容易。由于槽钢的腹板较厚，所以槽钢组成的构件用钢量较大。我国生产的槽钢长度为 5～19m，最大号数为 [40。

4）H 型钢和 T 型钢

H 型钢是世界各国使用很广泛的型钢，其翼缘内外两侧平行，便于与其他构件相连。H 型钢分热轧和焊接二种。热轧 H 型钢分为宽翼缘 H 型钢（代号为 HW）、中翼缘 H 型钢（HM）、窄翼缘 H 型钢（HN）和 H 型钢柱（HP）四类。H 型钢规格标记为高度（H）×宽度（B）×腹板厚度（t_1）×翼缘厚度（t_2），如 HM340×250×9×14，表示截面高度为 340mm、宽度为 250mm、腹板厚度 9mm、翼缘厚度为 14mm 的中翼缘 H 型钢。T 型钢是由 H 型钢剖分而成的，可分为宽翼缘剖分 T 型钢（TW）、中翼缘剖分 T 型钢（TM）和窄翼缘剖分 T 型钢（TN）等三类。剖分 T 型钢规格标记采用高度（h）×宽度（B）×腹板厚度（t_1）×翼缘厚度（t_2）表示，如 TN248×199×9×14，表示截面高度为 248mm、宽度为 199mm、腹板厚度为 9mm、翼缘厚度为 14mm 的窄翼缘 T 型钢。H 型钢和 T 型钢内表面没有坡度，通常单根长度为 6～15m。焊接 H 型钢由平钢板用高频焊接组合而成，用"高×宽×腹板厚×翼缘厚"来表示，如 H350×250×10×16，通常长度为 6～12m，也可经供需双方同意，按设计现实尺寸供货。H 型钢的两个主轴方向的惯性矩接近，构件受力更加合理。目前，H 型钢已广泛应用于高层建筑、轻型工业厂房和大型工业厂房中。

5）钢管

钢管按外形分为圆钢管和方（矩）钢管，按成型工艺分为热轧无缝钢管和焊接钢管。焊接钢管由钢板卷焊而成，又分为直缝焊钢管和螺旋焊钢管两类。无缝圆钢管的外径为 32～630mm，直缝圆钢管的外径为 19.1～426mm，螺旋钢管的外径为 219.1～1420mm。圆钢管用"ϕ"后面加外径（d）×壁厚（t）来表示，单位为"mm"，如 ϕ102×5、ϕ244.5×8。无缝钢管的长度一般为 3～12m，直缝焊接钢管的长度一般为 3～10m，螺旋焊接钢管的长度为 8～12.5m。圆钢管常用于网架与网壳结构的受力构件，圆钢管和方（矩）钢管也常用于工业厂房和高层建筑、高耸结构的柱构件，有时在钢管内浇筑混凝土，形成钢管混凝土组合柱。

3. 冷弯薄壁型钢和压型钢板

冷弯薄壁型钢采用薄钢板辊压或冷轧而制成，壁厚一般为 1.5～5mm，在国外薄壁型钢厚度有加大范围的趋势，如美国可做到 25mm 厚。压型钢板是冷弯型钢的另一种形式，指采用热镀锌钢板或彩色镀锌钢板，经辊压冷弯成各种波形的钢板。

冷弯薄壁型钢和压型钢板都属于高效经济截面，由于其壁薄，截面开展，能充分利用钢材的强度，节约钢材，因此在轻型钢结构中得到广泛应用。冷弯薄壁型钢用于厂房的檩条、墙梁，也可用作承重柱和梁，但对承重结构的受力构件，其壁厚不宜小于 2mm。压型钢板常用于屋面和墙面板使用，板厚为 0.4～1.6mm；亦可用于钢筋桁架楼承板底板或压型钢板组合楼板底板，板厚度 0.4～2mm 或以上。

本章小结

钢材的性能及特性是影响钢结构建筑质量优劣的关键因素。通过本章学习，我们了解建筑结构用钢材常用的品种和型号，熟悉有关钢材的各项性能、质量要求和基本检查、实验方法；理解各种内在和外在因素对钢材性能的影响；掌握钢材的选用和设计指标取值的规定。

1. 承重结构所用的钢材性能有下列具体要求：应具有屈服强度、抗拉强度、断后伸长率和硫、磷含量的合格保证，对焊接结构尚应具有碳当量的合格保证。焊接承重结构以及重要的非焊接承重结构采用的钢材应具有冷弯试验的合格保证；对直接承受动力荷载或需验算疲劳的构件所用钢材尚应具有冲击韧性的合格保证。

《标准》推荐的普通碳素结构钢 Q235 钢和低合金高强度结构钢 Q355、Q390、Q420、Q460 和 Q345GJ 钢是符合上述要求的。

2. 建筑结构用钢材的主要性能包括机械性能（或称力学性能）和可焊性能等。机械性能可通过某些试验（拉伸、冷弯、冲击）确定；可焊性一般通过碳当量进行评定。拉伸试验可测定钢材的强度指标：比例极限、屈服点和抗拉强度；塑性指标：断后伸长率。冷弯试验用以检验钢材冷弯性能，冷弯性能是鉴定钢材在弯曲状态下塑性应变能力和钢材质量的综合指标。冲击韧性表示材料在冲击载荷作用下抵抗变形和断裂的能力，由冲击试验测定，材料的冲击韧性值随温度的降低而减小，且在某一温度范围内发生急剧降低，这种现象称为冷脆。在焊接结构中，建筑钢的焊接性能主要取决于碳当量。

3. 对于塑（延）性好的钢材，虽然具有较好的塑性和韧性性能，但仍然存在两种性质完全不同的破坏形式，即塑（延）性破坏和脆性破坏。

4. 建筑钢材，例如《标准》推荐采用的碳素结构钢中的 Q235 钢及低合金高强度钢中的 Q355、Q390、Q420、Q460 钢等，在一般情况下具有良好的综合力学性能，既有较高的强度，又有很好的塑性、韧性、冷弯性能和可焊性等，是理想的承重结构材料。但在一定条件下，它们的性能仍有可能变差，从而导致结构发生脆性断裂破坏。

影响钢材主要性能的因素很多，主要有化学成分、钢材的成材过程、硬化、温度、应力集中和残余应力等。

5. 按化学成分进行分类，建筑结构用钢主要有碳素结构钢和低合金高强度钢。碳素结构钢和低合金高强度结构钢的牌号和性能要求各有不同，在设计文件中一定要注明完整的钢材牌号。

6. 结构钢材的选用应遵循技术可靠、经济合理的原则，综合考虑结构的重要性、荷载特征、结构形式、应力状态、连接方法、工作环境、钢材厚度和价格等因素，选用合适的钢材牌号和材性保证项目。

7. 钢材的规格很多，在建筑钢结构中一般采用轧制型钢或钢板。钢板一般根据板厚进行分类，是钢结构中用量较大的一类材料。近年来，型钢的规格和产量日益增多，正成为制作一般钢构件的首选材料。型钢表达有具体的符号，其截面的几何特性一般通过型钢表查得。

思考与练习题

2-1　钢材有哪几项主要的力学性能指标？各项指标可用来衡量钢材哪些方面的性能？

2-2　钢材冲击韧性指标的选择要考虑哪些因素？

2-3　试述导致钢材发生脆性破坏的各种原因。

2-4　在北方严寒地区（工作温度低于$-20℃$）一露天仓库焊接吊车梁，承受额定起重量$Q=55t$的中级工作制吊车，现拟采用 Q235 钢，应选用哪一种质量等级？若采用 Q420 钢，尚应提出哪些性能要求？

2-5　承重结构的钢材应保证哪几项力学性能和化学成分？

2-6　影响钢材发生冷脆的化学元素是哪些？使钢材发生热脆的化学元素是哪些？

第 3 章　钢结构的连接

本章要点及学习目标

本章要点：
(1) 焊缝连接方法及其特征；
(2) 直角角焊缝的构造和计算；
(3) 普通螺栓连接的构造和计算；
(4) 高强度螺栓摩擦型连接的构造和计算。
学习目标：
(1) 了解钢结构常用的连接方法及其特点；
(2) 了解焊缝缺陷及质量检验方法；
(3) 熟悉焊接残余应力和焊接残余变形；
(4) 掌握对接焊缝连接和角焊缝连接的构造和计算；
(5) 掌握普通螺栓连接和高强度螺栓连接的工作性能和计算。

3.1　钢结构的连接方法

钢结构连接的方式及其质量优劣直接影响钢结构的工作性能，所以钢结构的连接必须符合安全可靠、传力明确、构造简单、制作方便和节约钢材的原则。在传力过程中，连接应有足够的强度，被连接件间应保持正确的位置，以满足传力和使用要求。

钢结构的连接方法主要分为焊缝连接、螺栓连接和铆钉连接三种（图 3-1）。

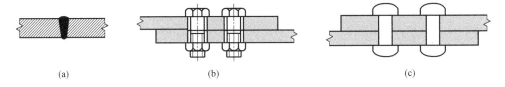

(a)　　　　　　　　　(b)　　　　　　　　　(c)

图 3-1　钢结构的连接方法
(a) 焊缝连接；(b) 螺栓连接；(c) 铆钉连接

3.1.1　焊缝连接

焊缝连接是目前钢结构最主要的连接方法。焊缝连接是通过加热，将焊条熔化后，在被连接的焊件之间形成液态金属，再经冷却和凝结形成焊缝，使焊件连成一体。其优点是：不削弱构件截面（不必钻孔），用料经济；构造简单，各种形式的构件都可直接相连；

制作加工方便，易于采用自动化作业。此外，焊缝连接的刚度大，连接的密封性好。缺点是：焊缝附近钢材因焊接的高温作用而形成热影响区，热影响区由高温降到常温冷却速度快，导致局部材质变脆；热影响区的不均匀收缩，易使焊件产生焊接残余应力及残余变形；焊接结构对裂纹很敏感，局部裂纹一旦发生，就容易扩展到整体；焊缝质量易受材料、焊接工艺的影响，低温冷脆问题也较为突出。

3.1.2　螺栓连接

螺栓连接分为普通螺栓连接和高强度螺栓连接两种。对于次要构件、结构构造性连接和临时连接，可以采用普通螺栓连接。对于主要受力构件，可采用高强度螺栓连接。

螺栓连接的优点是：安装方便，特别适用于工地安装连接，易于拆卸。其缺点是：需要在板件上开孔和拼装时对孔，螺栓孔使构件截面削弱，且被连接的板件需要相互搭接或另加拼接板件，因此比焊接连接多费钢材。

3.1.3　铆钉连接

铆钉连接的韧性和塑性都比较好，传力可靠，可用于一些重型和直接承受动力荷载结构中。但是由于工艺复杂、用钢量多、费钢又费工，现已很少采用。

3.2　焊接方法、焊缝连接形式及质量检验

3.2.1　焊接方法

焊接方法很多，钢结构中常用采用电弧焊。电弧焊有手工电弧焊、埋弧焊（埋弧自动或半自动）以及气体保护焊等。

1. 手工电弧焊

手工电弧焊（图 3-2）施焊时将焊条一端与焊件稍微接触形成"短路"后马上又移开（俗称"打火"），焊条末端与焊件间产生电弧，焊药随焊条熔化而形成熔渣覆盖在焊缝上，同时产生气体，防止空气中氧氮侵入而使焊缝变脆。焊条选用应和焊件钢材的强度和性能相适用。钢结构中常用的焊条型号有 E43（E4300～E4328）、E50（E5000～E5018）和 E55（E5500～E5518）型号，其中字母"E"表示焊条，前两位数字表示熔敷金属抗拉强度的最小值，单位为"N/mm²"，第三、四位数字表示适用焊接位置、电流种类以及药皮类型等。对 Q235 钢焊件宜用 E43 型焊条，对 Q355 钢焊件宜用 E50 型焊条，对 Q390 和 Q420 钢焊件宜用 E55 型焊条。当不同钢种的钢材连接时，从连接的韧性和经济方面考虑，宜采用与较低强度的钢材相适应的焊条。

手工电弧焊的设备简单、操作灵活方便，适用于任意空间位置的焊接，特别适于短焊缝或曲折焊缝的焊接，但生产效率低、劳动强度大，质量稍低并且变异性大，施焊时电弧光较强。

2. 埋弧焊（自动或半自动）

埋弧焊（图 3-3）是电弧在焊剂层下燃烧的一种电弧焊方法。焊丝送进和电弧沿焊接方向移动有专门机构控制完成的称"埋弧自动焊"；焊丝送进有专门机构，而电弧沿焊接

方向的移动由手工操作完成的称"埋弧半自动电弧焊"。埋弧焊的焊丝不涂药皮，但施焊端为焊剂所覆盖，能对较细的焊丝采用大电流，故电弧热量集中、熔深大。

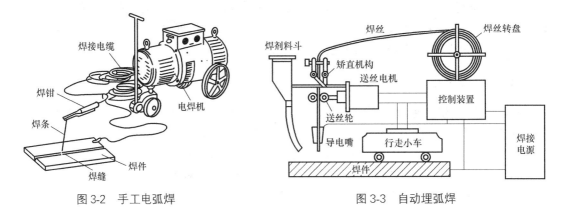

图 3-2　手工电弧焊　　　　　　　　　　图 3-3　自动埋弧焊

自动焊和半自动焊生产效率高，焊缝质量均匀，焊件变形小，焊缝塑性和韧性也较好，同时高的焊速也减小了热影响区的范围，但埋弧焊对焊件边缘的装配精度要求较高，一般适用于直长焊缝。

3. 气体保护焊

气体保护焊是利用二氧化碳气体或其他惰性气体作为保护介质的一种电弧熔焊方法。它直接依靠惰性气体在电弧周围形成局部的保护层，以防止有害气体的侵入并保证焊接过程的稳定性。

气体保护焊的焊缝熔化区没有熔渣，焊工能够清楚地看到焊缝成型的过程。保护气体呈喷射状有助于熔滴的过渡，适用于全位置的焊接。由于焊接时热量集中，焊件熔深大，形成的焊缝质量比手工电弧焊好，但风较大时保护效果不好。

3.2.2　焊缝连接形式及焊缝类型

焊缝连接形式按被连接钢材的相对位置可分为对接、搭接、T 形连接和角部连接等（图 3-4）。

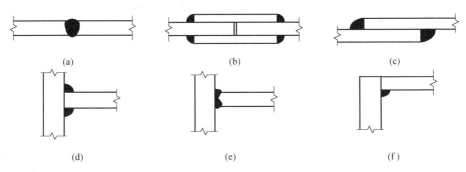

图 3-4　焊缝连接形式
(a)、(b) 对接；(c) 搭接；(d)、(e) T 形连接；(f) 角部连接

按受力特性的不同可分为对接焊缝和角焊缝两种类型。在上面图 3-4 中（a）和（e）为对接焊缝；（b）、（c）、（d）、（f）为角焊缝。

按施焊位置分为俯焊（也称平焊）、横焊、立焊和仰焊（图 3-5）。其中俯焊最易操作，因而焊缝质量最易于保证，立焊和横焊的质量及生产效率比俯焊稍差一些。仰焊的操作条件最差，焊缝质量最难保证。因此尽量避免采用仰焊焊缝。

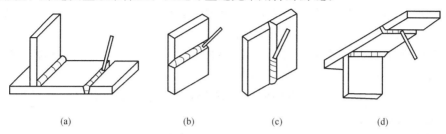

图 3-5　焊缝施焊位置

(a) 俯焊；(b) 横焊；(c) 立焊；(d) 仰焊

3.2.3　焊缝的缺陷及质量检验

焊缝缺陷是指焊接过程中产生于焊缝金属或附近热影响区钢材表面或内部的缺陷。焊缝缺陷种类很多，其中裂纹是焊缝连接中最危险的缺陷，产生裂纹的原因很多，如钢材的化学成分不当，焊接工艺条件选择不合适，焊接表面油污未清除干净等。对承受动荷载的重要结构应采用低氢型焊条，就是为了减少氢对产生裂纹的影响。气孔是在焊接过程中由于焊条药皮受潮，熔化时产生的气体侵入焊缝内形成的。焊缝的其他缺陷有烧穿、夹渣、未焊透、未熔合、咬边、焊瘤（图 3-6）以及焊缝尺寸不符合要求、焊缝成形不良等。缺陷的危害性当视缺陷的大小、性质及所处部位等而不同。一般来讲，裂纹，未熔合、未焊透和咬边等都是严重缺陷。存在于构件的受拉部位的危害性较存在于构件受压部位的为严重。缺陷的存在常导致构件内产生应力集中而使裂纹扩大，对结构和构件产生不利的影响，成为连接破坏的隐患和根源，因此施工时应引起足够的重视。

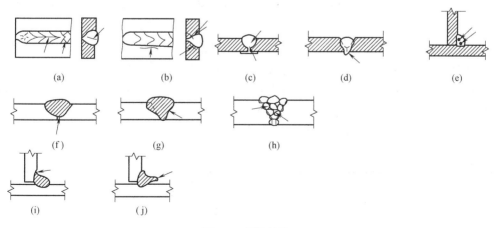

图 3-6　焊缝缺陷

(a) 热裂纹；(b) 冷裂纹；(c) 气孔；(d) 烧穿；(e) 夹渣；(f) 根部未焊透；

(g) 边缘未熔合；(h) 层间未熔合；(i) 咬边；(j) 焊瘤

《钢结构工程施工质量验收标准》GB 50205—2020 规定焊缝按其检验方法和质量要求

分为一级、二级和三级。其中三级焊缝只要求对全部焊缝作外观检查且符合三级质量标准；一级、二级焊缝除外观检查外，还要求一定数量的超声波检查并符合相应级别的标准。

《标准》中规定，焊缝的质量等级应根据结构的重要性、荷载特性、焊缝形式、工作环境以及应力状态等情况，按下列原则选用：

1) 在承受动荷载且需要进行疲劳验算的构件中，凡要求与母材等强连接的焊缝应焊透，其质量等级应符合下列规定：

(1) 作用力垂直于焊缝长度方向的横向对接焊缝或 T 形对接与角接组合焊缝，受拉时应为一级，受压时不应低于二级；

(2) 作用力平行于焊缝长度方向的纵向对接焊缝不应低于二级；

(3) 重级工作制（A6～A8）和起重量 $Q \geqslant 50t$ 的中级工作制（A4、A5）吊车梁的腹板与上翼缘之间以及吊车桁架上弦杆与节点板之间的 T 形接头焊缝应焊透，焊缝形式宜为对接与角接的组合焊缝，其质量等级不应低于二级。

2) 在工作环境温度等于或低于−20℃的地区，构件对接焊缝的质量不得低于二级。

3) 不需要疲劳验算的构件中，凡要求与母材等强的对接焊缝宜焊透，其质量等级受拉时不应低于二级，受压时不宜低于二级。

4) 部分焊透的对接焊缝、采用角焊缝或部分焊透的对接与角接组合焊缝的 T 形接头，以及搭接连接角焊缝，其质量等级应符合下列规定：

(1) 直接承受动荷载且需要疲劳验算的结构和吊车起重量等于或大于 50t 的中级工作制吊车梁以及梁柱、牛腿等重要节点不应低于二级；

(2) 其他结构可为三级。

3.2.4　焊缝符号及标注方法

在钢结构施工图纸上的焊缝应采用焊缝符号表示，焊缝符号及标注方法应按《建筑结构制图标准》GB/T 50105—2010 和《焊缝符号表示方法》GB 324—2008 执行。焊缝符号由指引线和表示焊缝截面形状的基本符号组成，必要时还可以加上补充符号和焊缝尺寸等。指引线由带箭头的斜线和横线组成。箭头指到图形上相应的焊缝处，横线的上、下用来标注图形符号和焊缝尺寸。当指引的箭头指向焊缝所在的一面时，应将图形符号和焊缝尺寸等标注在水平横线的上面；当指引线的箭头指向焊缝所在的另一面时，应将图形符号和焊缝尺寸等标注在水平横线的下面。必要时，可在水平横线的末端加一尾部作其他辅助说明。表 3-1 中列出了一些常用焊缝符号，可供设计时参考。

常用焊缝符号　　　　　　　　　　　　　　　　　　　　　表 3-1

	角焊缝				对接焊缝	塞焊缝	三边围焊缝
	单面焊缝	双面焊缝	安装焊缝	相同焊缝			
型式							

续表

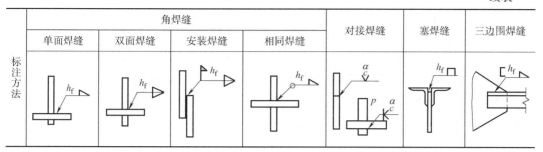

	角焊缝				对接焊缝	塞焊缝	三边围焊缝
	单面焊缝	双面焊缝	安装焊缝	相同焊缝			
标注方法							

3.3　对接焊缝连接的构造和计算

3-1　对接
焊缝连接

对接焊缝又称坡口焊缝，因在施焊时，焊件间须具有适合于焊条运转的空间，故一般将焊件边缘加工成坡口，焊缝则焊在两焊件的坡口之间，或一焊件的坡口与另一焊件的表面之间。根据焊透的程度，对接焊缝可分为焊透型和不焊透型两种。焊透的对接焊缝强度高，受力性能好，故实际工程中均采用此种焊缝。只有当板件较厚而内力较小或不受力时，才可以采用不焊透的对接焊缝。

3.3.1　对接焊缝连接的构造

对接焊缝的坡口形式与焊件厚度有关（图3-7）。其中斜坡口和根部间隙 c 共同组成一个焊条能够运转的施焊空间，使焊缝易于焊透；钝边 p 有托住熔化金属的作用。

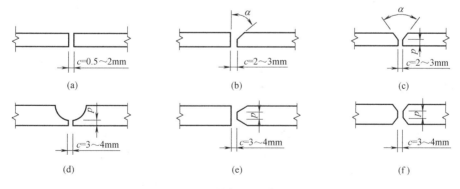

图3-7　对接焊缝的坡口形式

（a）I形缝；（b）带钝边单边V形缝；（c）Y形缝；
（d）带钝边U形缝；（e）带钝边K形缝；（f）带钝边X形缝

当焊件厚度较小（$t \leqslant 10mm$），可采用不切坡口的直边 I 形缝（图3-7a）。对于一般厚度（$t=10 \sim 20mm$）的焊件，可采用有斜坡口的带钝边单边 V 形缝或 Y 形缝（图3-7b、c），以形成一个足够的施焊空间，使焊缝易于焊透。对于较厚的焊件（$t \geqslant 20mm$），应采用带钝边 U 形缝、K 形缝或 X 形缝（图3-7d、e、f）。

在对接焊缝的拼接处，当钢板宽度或厚度相差 4mm 以上时，为了减少应力集中，应分别从板的宽度方向或厚度方向将一侧或两侧做成图 3-8 所示的斜坡，形成平缓过渡，斜坡的坡度不大于 1:2.5。当板厚相差不大于 4mm 时，可不做斜坡，焊缝打磨平顺，焊缝的计算厚度取较薄板件的厚度。

一般在对接焊缝的起弧点和落弧点分别存在弧坑和未熔透等缺陷，这些缺陷统称为焊口，焊口处常形成裂纹和应力集中，故焊接时可将焊缝的起点和终点延伸至引弧板（图 3-9）上，焊后可将引弧板多余的部分割除。承受静力荷载的结构当设置引弧板有困难时，允许不设置引弧板，此时可令焊缝计算长度等于实际长度减去 $2t$（t 为较薄板件厚度）。

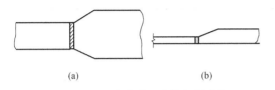

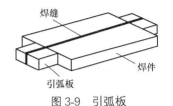

图 3-8　不同宽度或厚度的钢板连接

（a）宽度方向做斜坡；（b）厚度方向做斜坡

图 3-9　引弧板

3.3.2　对接焊缝连接的计算（焊透的对接焊缝）

对接焊缝的强度与所用钢材的牌号、焊条型号及焊缝质量的检验标准等因素有关。实验证明，焊接缺陷对受压、受剪的对接焊缝影响不大，故可认为受压、受剪的对接焊缝与母材强度相等，但受拉的对接焊缝对缺陷较敏感。由于三级检验的焊缝允许存在的缺陷较多，在计算三级焊缝的抗拉连接时，强度设计值有所降低，其抗拉强度取母材强度的 85%，而一级、二级检验的焊缝的抗拉强度可认为与母材强度相等。

由于焊透的对接焊缝已经成为焊件截面的组成部分，焊缝计算截面上的应力分布和原焊件基本相同，所以对接焊缝的计算方法就和构件的强度计算相同，只是采用焊缝的强度设计值而已。

1. 钢板对接连接受轴心力作用

在轴心力作用下，对接焊缝承受垂直于焊缝长度方向的轴心力（拉力或压力），如图 3-10 所示，应力在焊缝截面上均匀分布，所以焊缝强度应按式（3-1）计算：

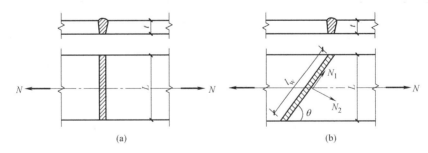

图 3-10　轴心力作用下对接焊缝连接

（a）正对接焊缝；（b）斜对接焊缝

$$\sigma = \frac{N}{l_w t} \leqslant f_t^w \text{ 或 } f_c^w \tag{3-1}$$

式中　N——轴心拉力或压力的设计值；

l_w——焊缝计算长度；采用引弧板施焊的焊缝，其计算长度取焊缝的实际长度；未采用引弧板时，取实际长度减去 $2t$（t 为较薄板件厚度）；

t——在对接接头中为连接件的较小厚度，不考虑焊缝的余高；在 T 形接头中为腹板厚度；

f_t^w、f_c^w——对接焊缝的抗拉、抗压强度设计值。

当正对接焊缝（图 3-10a）连接的强度低于焊件的强度时，为了提高连接承载力，可改用斜对接焊缝（图 3-10b），经计算证明，当 $\tan\theta \leqslant 1.5$（即 $\theta \leqslant 56.3°$）时，斜焊缝的强度不低于母材强度，可不必再验算静力强度。

2. 钢板对接连接承受弯矩和剪力共同作用

钢板采用对接连接，焊缝计算截面为矩形，根据材料力学可知，在弯矩和剪力作用下，矩形截面的正应力与剪应力图形分别为三角形和抛物线形（图 3-11）。焊缝截面中的

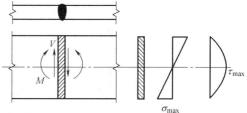

图 3-11 对接焊缝受弯矩和剪力联合作用

最大正应力和最大剪应力不在同一点上，故应分别满足下列强度条件：

$$\sigma_{max} = \frac{M}{W_w} \leqslant f_t^w \tag{3-2}$$

$$\tau_{max} = \frac{VS_w}{I_w t} \leqslant f_v^w \tag{3-3}$$

式中　W_w——焊缝计算截面模量；

S_w——焊缝计算截面在计算剪应力处以上或以下部分截面对中和轴的面积矩；

I_w——焊缝计算截面惯性矩；

f_v^w——对接焊缝的抗剪强度设计值。

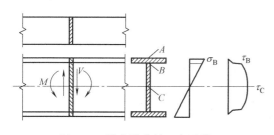

图 3-12 受弯受剪的工字形截面

3. 钢梁的对接或梁柱连接受弯矩和剪力共同作用

梁的拼接或梁与柱的连接可以采用对接焊缝，梁的截面形式有 T 形、工字形等，在拼接或连接节点处受弯矩和剪力共同作用。以图 3-12 所示的双轴对称焊接工字形截面梁拼接为例，说明对接焊缝的计算方法。

焊缝计算截面为工字形截面，其正应力与剪应力的分布较复杂（图 3-12）。截面中 A 点的最大正应力和 C 点的最大剪应力，应按式（3-2）和式（3-3）分别计算。此外，对于同时受有较大正应力和较大剪应力的位置（例如腹板与翼缘的交接处 B 点），还应按下式验算折算应力：

$$\sigma_{eq} = \sqrt{\sigma_B^2 + 3\tau_B^2} \leqslant 1.1 f_t^w \tag{3-4}$$

式中　σ_B——翼缘与腹板交界处 B 点焊缝正应力；

τ_B——翼缘与腹板交界处 B 点焊缝剪应力；

1.1——考虑最大折算应力只在焊缝局部位置出现，故将其强度设计值适当提高。

当轴力与弯矩、剪力共同作用时，要考虑轴力引起的正应力，焊缝的最大正应力即为轴力和弯矩引起的正应力之和，最大剪应力按式（3-3）验算，折算应力仍按式（3-4）验算。

【例题 3-1】 梁柱对接连接——对接焊缝承受弯矩、剪力和轴力共同作用。如图 3-13 所示，一工字形截面梁与柱翼缘采用焊透的对接焊缝连接，钢材为 Q235 钢，焊条 E43 型，手工焊，采用三级焊缝质量等级，施焊时采用引弧板。承受静力荷载设计值 $F=700\text{kN}$，$N=760\text{kN}$，试验算该焊缝的连接强度。

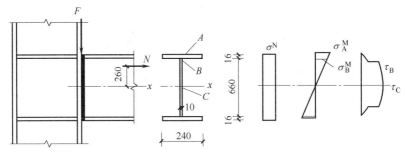

图 3-13   例题 3-1 图（单位：mm）

【分析】 通过力学分析可得该连接承受轴心拉力、弯矩和轴心剪力的共同作用。由轴向拉应力、弯曲正应力和剪应力分布图，可找出三个危险点 A、B、C，故该焊缝的强度验算需从三个方面进行：①焊缝计算截面边缘 A 点的最大正应力满足式（3-2）；②形心 C 点的最大剪应力满足式（3-3）；③腹板与翼缘的交接处 B 点同时受有较大正应力和较大剪应力，应满足式（3-4）。

【解】 （1）受力分析

$$N=760\text{kN}$$
$$M=N \cdot e=760\times0.260=197.6\text{kN} \cdot \text{m}$$
$$V=700\text{kN}$$

（2）焊缝截面的几何特性

$$A=2\times16\times240+10\times660=14280\text{mm}^2$$
$$I_\text{x}=\frac{1}{12}(240\times692^3-230\times660^3)=1117137760\text{mm}^4$$
$$W_\text{x}=\frac{I_\text{x}}{h}=\frac{1117137760}{346}=3228722\text{mm}^3$$
$$S_\text{C}=(240\times16)\times338+(330\times10)\times165=1842420\text{mm}^3,$$
$$S_\text{B}=(240\times16)\times338=1297920\text{mm}^3$$

（3）各危险点的强度验算

① 最大拉应力（A 点）

$$\sigma_{A,\,\max}=\sigma_A^\text{N}+\sigma_A^\text{M}=\frac{N}{A_\text{n}}+\frac{M}{W_\text{x}}=\frac{760\times10^3}{14280}+\frac{197.6\times10^6}{3228722}=114.2\text{N/mm}^2<f_\text{t}^\text{w}=185\text{N/mm}^2,$$

满足。

② 最大剪应力（C 点）

$$\tau_\text{C}=\frac{VS_\text{C}}{I_\text{x}t_\text{w}}=\frac{700\times10^3\times1842420}{1117137760\times10}=115.45\text{N/mm}^2<f_\text{v}^\text{w}=125\text{N/mm}^2,\text{ 满足。}$$

③ 折算应力（B 点）

$$\tau_B = \frac{VS_B}{I_x t_w} = \frac{700 \times 10^3 \times 1297920}{1117137760 \times 10} = 81.33 \text{N/mm}^2$$

$$\sigma_B = \frac{N}{A_n} + \frac{M}{W_x} \cdot \frac{h_0}{h} = \frac{760 \times 10^3}{14280} + \frac{197.6 \times 10^6}{3228722} \times \frac{330}{346} = 111.6 \text{N/mm}^2$$

$$\sqrt{\sigma_B^2 + 3\tau_B^2} = \sqrt{111.6^2 + 3 \times 81.33^2} = 179.7 \text{N/mm}^2 < 1.1 f_t^w = 1.1 \times 185 = 203.5 \text{N/mm}^2,$$

满足。

3.4 角焊缝连接的构造和计算

3-2 角焊缝的
构造和计算

3.4.1 角焊缝连接的构造和受力性能

1. 角焊缝的形式

角焊缝是最常用的焊缝。角焊缝两焊脚边的夹角一般为 $90°$（直角角焊缝)(图 3-14a)。夹角小于 $60°$ 或大于 $135°$ 的斜角角焊缝（图 3-14b、c)，除钢管结构外，不宜用作受力焊缝。图 3-14 中直角边长 h_f 称为焊脚尺寸。

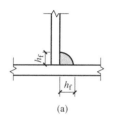 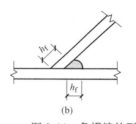 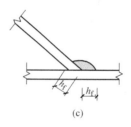

图 3-14 角焊缝的形式

(a) 直角角焊缝；(b)、(c) 斜角角焊缝

直角角焊缝截面形式又分为普通型、平坡型、凹面型。一般情况下常用普通型（图 3-15a)。在直接承受动力荷载的结构中，为使传力平缓，正面角焊缝宜采用图 3-15（b）所示边长比为 1:1.5 的平坡型；侧面角焊缝可用边长比为 1:1 的凹面型（图 3-15c)。

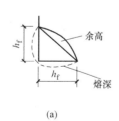 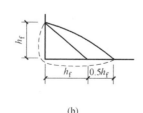 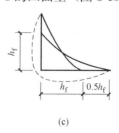

图 3-15 直角角焊缝的截面形式

(a) 普通型；(b) 平坡型；(c) 凹面型

2. 角焊缝的构造

1) 角焊缝的尺寸应符合下列规定

(1) 角焊缝的最小计算长度应为其焊脚尺寸（h_f）的 8 倍，且不应小于 40mm；焊缝计算长度应为扣除引弧、收弧长度后的焊缝长度；

（2）角焊缝的有效面积应为焊缝计算长度与计算厚度（h_e）的乘积；对任何方向的荷载，角焊缝上的应力应视为作用在这一有效面积上；

（3）断续角焊缝焊段的最小长度不应小于最小计算长度；

（4）角焊缝最小焊脚尺寸宜按表 3-2 取值；

（5）被焊构件中较薄板厚度不小于 25mm 时，宜采用开局部坡口的角焊缝；

（6）采用角焊缝焊接接头，不宜将厚板焊接到较薄板上；

（7）除钢管结构外，角焊缝的焊脚尺寸不宜大于较薄焊件厚度的 1.2 倍。

角焊缝最小焊脚尺寸（mm） 表 3-2

母材厚度 t	角焊缝最小焊脚尺寸 h_f	母材厚度 t	角焊缝最小焊脚尺寸 h_f
$t \leqslant 6$	3	$12 < t \leqslant 20$	6
$6 < t \leqslant 12$	5	$t > 20$	8

注：1. 采用不预热的非低氢焊接方法进行焊接时，t 等于焊接接头中较厚件厚度，宜采用单道焊缝；采用预热的非低氢焊接方法或低氢焊接方法进行焊接时，t 等于焊接接头中较薄件厚度。

2. 焊缝尺寸不要求超过焊接接头中较薄件厚度的情况除外。

3. 承受动荷载的角焊缝最小焊脚尺寸为 5mm。

2）搭接接头角焊缝的尺寸及布置应符合下列规定

（1）传递轴向力的部件，其搭接接头最小搭接长度应为较薄件厚度的 5 倍，且不应小于 25mm（图 3-16），并应施焊纵向或横向双角焊缝。

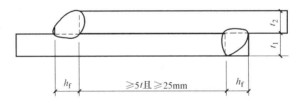

图 3-16　搭接接头双角焊缝的要求

t—t_1 和 t_2 中较小者；h_f—焊脚尺寸，按设计要求

（2）只采用纵向角焊缝连接型钢杆件端部时，型钢杆件的宽度不应大于 200mm，当宽度大于 200mm 时，应加横向角焊或中间塞焊；型钢杆件每一侧纵向角焊缝的长度不应小于型钢杆件的宽度。

（3）型钢杆件搭接接头采用围焊时，在转角处应连续施焊。杆件端部搭接角焊缝作绕焊时，绕焊长度不应小于焊脚尺寸的 2 倍，并应连续施焊。

（4）搭接焊缝沿母材棱边的最大焊脚尺寸，当板厚不大于 6mm 时，应为母材厚度，当板厚大于 6mm 时，应为母材厚度减去 1～2mm（图 3-17）。

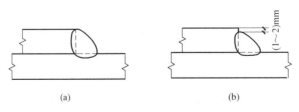

图 3-17　搭接焊缝沿母材棱边的最大焊脚尺寸

（a）母材厚度小于等于 6mm 时；（b）母材厚度大于 6mm 时

（5）用搭接焊缝传递荷载的套管接头可只焊一条角焊缝，其管材搭接长度 L 不应小于 $5(t_1+t_2)$，且不应小于 25mm；搭接焊缝焊脚尺寸应符合设计要求（图 3-18）。

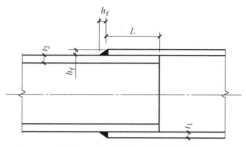

图 3-18　管材套管连接的搭接焊缝最小长度

3. 角焊缝的受力性能

角焊缝按其与作用力的关系可分为：焊缝长度方向与作用力垂直的正面角焊缝，焊缝长度方向与作用力平行的侧面角焊缝，见图 3-19。

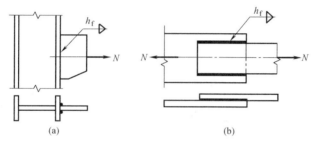

图 3-19　正面角焊缝与侧面角焊缝

（a）正面角焊缝；（b）侧面角焊缝

大量试验结果表明，侧面角焊缝（图 3-20a）主要承受剪应力，侧面角焊缝弹性模量小，强度较低，但塑性好。在弹性阶段，其应力沿焊缝长度分布并不均匀，呈两端大而中间小的状态，焊缝越长越不均匀。但由于侧面角焊缝的塑性较好，两端出现塑性变形后，产生应力重分布，可使应力分布的不均匀现象渐趋缓和。

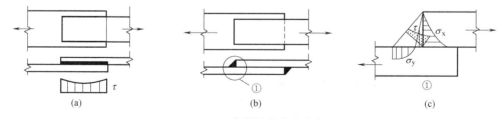

图 3-20　角焊缝的应力分布

（a）侧面角焊缝；（b）、（c）正面角焊缝

正面角焊缝（图 3-20b、c）受力复杂。在正面角焊缝截面中，各面均存在正应力和剪应力。由于传力时力线弯折并且焊根处正好是两焊件接触面的端部，相当于裂缝的尖端，所以焊根处存在着很严重的应力集中。与侧面角焊缝相比，正面角焊缝的受力以正应力为主，刚度较大，静力强度较高，但塑性变形差，疲劳强度低。

3.4.2   直角角焊缝计算的基本公式

图 3-21 所示为直角角焊缝的截面，直角边边长为焊脚尺寸 h_f，h_e 为直角角焊缝的有效厚度。直角角焊缝以 45°方向的最小截面（即有效厚度与焊缝计算长度的乘积）称为有效截面或计算截面。试验证明，直角角焊缝的破坏常发生在有效截面处，故对角焊缝的研究均着重于这一部位。

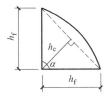

图 3-21   角焊缝的截面

以受斜向轴心力 N 作用的直角角焊缝为例，说明角焊缝基本公式的推导。斜向轴心力 N 分解为互相垂直的分力 N_x 和 N_y，如图 3-22（a）所示。N_y 垂直于焊缝长度方向，在焊缝有效截面上引起垂直于焊缝的应力 σ_f，该应力又可分解为垂直焊缝有效截面的 $\sigma_\perp$ 和平行焊缝有效截面的 $\tau_\perp$。

由图 3-22（b）知：

$$\sigma_\perp = \tau_\perp = \frac{\sigma_f}{\sqrt{2}} \tag{3-5}$$

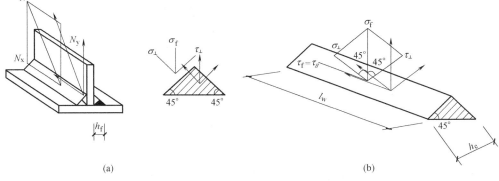

(a)

(b)

图 3-22   角焊缝有效截面上的应力分析

N_x 平行于焊缝长度方向，在焊缝有效截面上引起剪应力。

$$\tau_{/\!/} = \tau_f \tag{3-6}$$

在外力作用下，直角角焊缝有效截面上产生三个方向的应力，即 $\sigma_\perp$、$\tau_\perp$、$\tau_{/\!/}$。可用下式表示三个方向应力与焊缝强度间的关系：

$$\sqrt{\sigma_\perp^2 + 3(\tau_\perp^2 + \tau_{/\!/}^2)} \leqslant \sqrt{3} f_f^w \tag{3-7}$$

式中 $\sigma_\perp$——垂直于角焊缝有效截面上的正应力；

$\tau_\perp$——有效截面上垂直于焊缝长度方向的剪应力；

$\tau_{/\!/}$——有效截面上平行于焊缝长度方向的剪应力；

f_f^w——角焊缝的强度设计值；把它看为剪切强度，因而乘以 $\sqrt{3}$。

将式（3-5）、式（3-6）代入式（3-7）中，化简后就得到直角角焊缝强度计算的基本公式：

$$\sqrt{\left(\frac{\sigma_f}{\beta_f}\right)^2 + \tau_f^2} \leqslant f_f^w \tag{3-8}$$

式中　β_f——正面角焊缝的强度设计值增大系数，对承受静力荷载或间接承受动力荷载的结构，$\beta_f=1.22$；对直接承受动力荷载的结构，$\beta_f=1.0$；

　　　　σ_f——按角焊缝有效截面计算，垂直于焊缝长度方向的应力；

　　　　τ_f——按角焊缝有效截面计算，沿焊缝长度方向的剪应力。

3.4.3 各种受力状态下直角角焊缝连接的计算

1. 承受轴心力作用时角焊缝连接计算

1）承受轴心力的钢板连接

在实际工程中，钢板间连接是最常见的一种形式。当焊件承受通过连接焊缝形心的轴心力时，可认为角焊缝有效截面上的应力是均匀分布的，下面给出了在轴力作用下的几种典型计算公式。

（1）轴心力与焊缝长度方向垂直——正面角焊缝，公式（3-8）中的 $\tau_f=0$，所以计算公式简化为：

$$\sigma_f = \frac{N}{h_e \cdot \sum l_w} \leqslant \beta_f f_f^w \tag{3-9}$$

式中　l_w——角焊缝的计算长度，对每条焊缝取其实际长度减去 $2h_f$；

　　　　h_e——直角角焊缝的计算厚度，当两焊件间隙 $b \leqslant 1.5\text{mm}$ 时，$h_e=0.7h_f$；当 $1.5\text{mm}<b\leqslant 5\text{mm}$ 时，$h_e=0.7(h_f-b)$。

（2）轴心力与焊缝长度方向平行——侧面角焊缝，公式（3-8）中的 $\sigma_f=0$，所以计算公式简化为：

$$\tau_f = \frac{V}{h_e \cdot \sum l_w} \leqslant f_f^w \tag{3-10}$$

（3）轴心力与焊缝成一夹角（图 3-23），在角焊缝有效截面上同时存在 σ_f 和 τ_f，所以按公式（3-8）计算。式中，$\sigma_f = \dfrac{F \cdot \cos\alpha}{h_e \cdot \sum l_w}$，$\tau_f = \dfrac{F \cdot \sin\alpha}{h_e \cdot \sum l_w}$。

【例题 3-2】　柱与牛腿连接——角焊缝群承受剪力和拉力共同作用。图 3-23 所示，钢板与柱翼缘用直角角焊缝连接。已知焊缝承受的静态斜向力设计值 $F=280\text{kN}$，$\alpha=30°$，焊脚尺寸 $h_f=8\text{mm}$，焊缝实际长度 $l=155\text{mm}$，钢材为 Q235B，手工焊，焊条为 E43 型，验算角焊缝的强度。

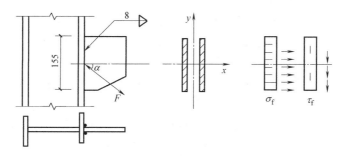

图 3-23　例题 3-2 图

【解】　此题符合上述的第（3）种情况。

将斜向力 F 分解为垂直于焊缝的分力 N 和平行于焊缝的分力 V，得：

$$N = F\cos\alpha = 280 \times \cos30° = 242.5\text{kN}$$

$$V = F\sin\alpha = 280 \times \sin30° = 140\text{kN}$$

则有：

$$\sigma_f = \frac{N}{2 \times 0.7h_f \times l_w} = \frac{242.5 \times 10^3}{2 \times 0.7 \times 8 \times (155 - 2 \times 8)} = 155.8\text{N/mm}^2$$

$$\tau_f = \frac{V}{2 \times 0.7h_f \times l_w} = \frac{140 \times 10^3}{2 \times 0.7 \times 8 \times (155 - 2 \times 8)} = 89.9\text{N/mm}^2$$

角焊缝同时承受 σ_f 和 τ_f 的作用，可用基本公式（3-8）验算：

$$\sqrt{\left(\frac{\sigma_f}{\beta_f}\right)^2 + \tau_f^2} = \sqrt{\left(\frac{155.8}{1.22}\right)^2 + 89.9^2} = 156.2\text{N/mm}^2 < f_f^w = 160\text{N/mm}^2，满足。$$

2）承受轴心力的角钢角焊缝连接

桁架结构中的杆件常采用单角钢或双角钢与钢板焊接的形式，例如钢屋架的弦杆、腹杆与节点板的连接，钢桁架桥的结构杆件与节点板的连接都采用角焊缝。

当角钢与钢板用角焊缝连接时，一般采用两条侧面角焊缝（图 3-24a），也可采用三面围焊（图 3-24b），特殊情况也允许采用 L 形围焊（图 3-24c）。

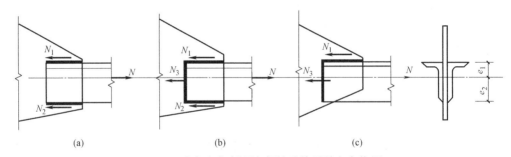

图 3-24　角钢与钢板用角焊缝连接受轴心力作用

（1）如图 3-24（b），采用三面围焊时，可先假定正面角焊缝的焊脚尺寸 h_{f3}，求出正面角焊缝所分担的轴心力 N_3，当腹杆为双角钢组成的 T 形截面且肢宽为 b 时：

$$N_3 = 2 \times 0.7h_f b \beta_f f_f^w \tag{3-11a}$$

由平衡条件（$\sum M = 0$）可得：

$$肢背　N_1 = N(b-e)/b - N_3/2 = K_1 N - N_3/2 \tag{3-11b}$$

$$肢尖　N_2 = Ne/b - N_3/2 = K_2 N - N_3/2 \tag{3-11c}$$

式中　N_1、N_2——角钢肢背和肢尖上的侧面角焊缝所分担的轴力；

　　　　e——角钢的形心距；

　　　　K_1、K_2——肢背、肢尖角焊缝的内力分配系数；当角钢为等边角钢时，$K_1 =$ 0.7，$K_2 = 0.3$；当角钢为不等边角钢短肢相连时，$K_1 = 0.75$，$K_2 =$ 0.25；当角钢为不等边角钢长肢相连时，$K_1 = 0.65$，$K_2 = 0.35$。

（2）如图 3-24（a），仅采用两条侧面角焊缝连接时，肢背和肢尖角焊缝所受的内力为：

$$肢背\quad N_1=K_1N \tag{3-12a}$$

$$肢尖\quad N_2=K_2N \tag{3-12b}$$

（3）如图 3-24（c），采用 L 形焊缝时，正面角焊缝承担的力为：

$$N_3=0.7h_f\sum l_{w3}\beta_f f_f^w \tag{3-13a}$$

则：

$$肢背\quad N_1=N-N_3 \tag{3-13b}$$

【例题 3-3】 角钢与节点板连接——角焊缝群承受拉力作用。双角钢与节点板采用三面围焊连接，如图 3-25 所示。已知角钢截面 2∟125×80×10，钢材为 Q235-B，手工焊，焊条为 E43 型，$h_f=8mm$，肢背和节点板搭接长度为 300mm。试确定此连接所能承受的静力荷载设计值 N 和肢尖与节点板的搭接长度。

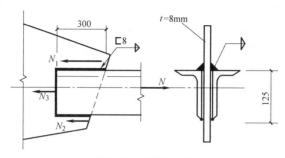

图 3-25　例题 3-3 图

【分析】 本题的连接为三面围焊连接的情况，首先根据已知条件求得端焊缝和肢背焊缝所受的内力，然后得出肢尖焊缝承受的内力，即可求出所能承受的最大静力荷载设计值和肢尖与节点板的搭接长度。

肢背和肢尖焊缝为侧面角焊缝，可求出两侧面角焊缝的计算长度：

$$l_{w1}=\frac{N_1}{2\times0.7h_{f1}f_f^w} \tag{3-14a}$$

$$l_{w2}=\frac{N_2}{2\times0.7h_{f2}f_f^w} \tag{3-14b}$$

式中　h_{f1}、l_{w1}——一个角钢肢背上侧面角焊缝的焊脚尺寸及计算长度；

　　　h_{f2}、l_{w2}——一个角钢肢尖上侧面角焊缝的焊脚尺寸及计算长度。

【解】 不等肢角钢长肢相拼，近似取角钢肢尖、肢背焊缝的分配系数 $K_2=0.35$，$K_1=0.65$；由附表 1-2 查得：角焊缝的强度设计值为 $f_f^w=160N/mm^2$。

（1）焊缝受力计算

正面角焊缝承担的力：

$$N_3=2h_e l_{w3}\beta_f f_f^w=2\times0.7\times8\times125\times1.22\times160\times10^{-3}=273.3kN$$

肢背焊缝受力：

$$N_1=2h_e l_{w1}f_f^w=2\times0.7\times8\times(300-8)\times160\times10^{-3}=523.3kN$$

因：

$$N_1=K_1N-\frac{N_3}{2}=0.65N-\frac{273.3}{2}$$

故：

$$N=\left(523.3+\frac{273.3}{2}\right)/0.65=1015.3kN$$

肢尖焊缝受力:

$$N_2 = K_2 N - \frac{N_3}{2} = 0.35 \times 1015.3 - \frac{273.3}{2} = 218.7 \text{kN}$$

（2）焊缝长度计算

肢尖焊缝计算长度为:

$l_{w2} = N_2/(2 \times 0.7 h_f \times f_f^w) = 218.7 \times 10^3/(2 \times 0.7 \times 8 \times 160) = 122 \text{mm}$，且满足计算长度的构造要求。

取肢尖焊缝长度 $l_2 = l_{w2} + h_f = 122 + 8 = 130 \text{mm}$。

故该连接承载力为 1015.3kN，肢尖焊缝长度取为 130mm。

3）用盖板的对接连接承受轴心力时

两块钢板对接，上下用双盖板与之采用角焊缝连接，这一类问题在实际工程中是经常遇到的。拼接盖板和钢板的连接可采用两面侧焊或三面围焊的方法，盖板尺寸的设计应根据拼接板承载力不小于主板承载能力的原则，即拼接板的总截面积不应小于被连接钢板的截面积，材料与主板相同，同时满足构造要求 $b \leqslant l_w$，而盖板的长度则由侧面焊缝的长度确定。

【例题 3-4】 双盖板拼接连接——角焊缝群承受拉力作用。双盖板的拼接连接（图 3-26），钢材为 Q235A-F，采用 E43 型焊条，手工焊。已知钢板截面为一12×300mm，承受轴心力设计值 $N = 650 \text{kN}$（静力荷载）。试设计拼接盖板的尺寸。

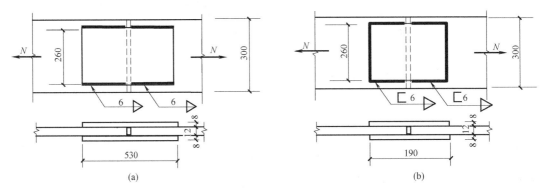

图 3-26 例题 3-4 图

（a）采用侧面角焊缝连接；（b）采用三面围焊连接

【解】

（1）采用侧面角焊缝连接时（图 3-26a）

取焊脚尺寸 $h_f = 6 \text{mm}$，根据强度条件选定拼接盖板的截面积，考虑到拼接板侧面施焊，拼接板每侧应缩进 20mm，略大于 $2h_f$，取拼接板宽度为 260mm，厚度取 8mm，所以 $A' = 2 \times 260 \times 8 = 4160 \text{mm}^2 > A = 300 \times 12 = 3600 \text{mm}^2$。

焊缝长度，按每侧 4 条计算，则每条侧面角焊缝的计算长度:

$$l_w = N/(4 \times 0.7 h_f f_f^w) = 650 \times 10^3/(4 \times 0.7 \times 6 \times 160) = 241.8 \text{mm}$$

应满足 $8h_f \leqslant l_w$，即 $48 \text{mm} \leqslant l_w$，故 $l = l_w + 2h_f = 241.8 + 2 \times 6 = 253.8 \text{mm}$。

取 $l = 260 \text{mm} \geqslant b = 260 \text{mm}$，故拼接板长度为（考虑板间缝隙 10mm）:

$$L=2l+10\text{mm}=2\times260+10=530\text{mm}$$

（2）采用三面围焊时（图 3-26b）

由上述已知，$h_f=6\text{mm}$，拼接板宽度为 260mm，故厚度取 8mm。

正面角焊缝承担的力为：

$$N'=2h_e l'_w\beta_f f_f^w=2\times0.7\times6\times260\times1.22\times160\times10^{-3}=426.3\text{kN}$$

侧面角焊缝长度为（每侧 4 条）：

$$l=(N-N')/(4h_e f_f^w)+h_f=(650-426.3)\times10^3/(4\times0.7\times6\times160)+6=89.2\text{mm}<$$

$60h_f$，取 $l=90\text{mm}$。

故拼接板长度为（考虑板间缝隙 10mm）$L=2l+10\text{mm}=190\text{mm}$。

比较以上两种拼接方案，可见采用三面围焊的连接方案较为经济。

2. 承受弯矩作用的角焊缝连接计算

在弯矩 M 单独作用下，角焊缝有效截面上的应力呈三角形分布，其边缘纤维最大弯曲应力的计算公式为：

$$\sigma_f=\frac{M}{W_w}\leqslant\beta_f\cdot f_f^w \tag{3-15}$$

式中　W_w——角焊缝有效截面的截面模量。

3. 承受扭矩作用的角焊缝连接计算

角焊缝受扭矩 T 单独作用时（图 3-27），假定：①被连接构件是绝对刚性的，而焊缝则是弹性的；②被连接板件绕角焊缝有效截面形心 o 旋转，角焊缝上任一点的应力方向垂直于该点与形心 o 的连线，应力的大小与其距离 r 的大小成正比。扭矩单独作用时角焊缝应力计算公式为：

$$\tau_A=\frac{T\cdot r_A}{J} \tag{3-16}$$

式中　J——角焊缝有效截面的极惯性矩，$J=I_x+I_y$；

　　　r_A——A 点至形心 o 点的距离。

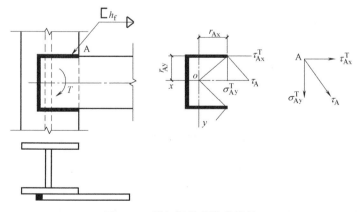

图 3-27　受扭矩作用的角焊缝

上式所给出的应力 τ_A 与焊缝长度方向成斜角，把它分解到 x 轴上和 y 轴上的分应力为：

$$\tau_{Ax}^{T} = \frac{T \cdot r_{Ay}}{J} \quad \text{（侧面角焊缝受力性质）} \tag{3-17a}$$

$$\sigma_{Ay}^{T} = \frac{T \cdot r_{Ax}}{J} \quad \text{（正面角焊缝受力性质）} \tag{3-17b}$$

【例题 3-5】 柱与牛腿连接——角焊缝群承受弯矩和剪力共同作用。在柱翼缘上焊接一块钢板，采用两条侧面角焊缝连接（图 3-28）。已知焊脚尺 $h_f = 8$mm，连接受集中静力荷载 $P = 160$kN，试验算连接焊缝的强度能否满足要求。（施焊时无引弧板）

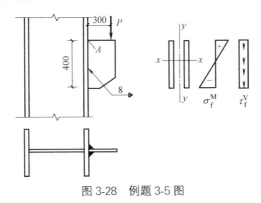

图 3-28　例题 3-5 图

【分析】 钢板与柱采用角焊缝连接，承受弯矩、剪力作用。从焊缝计算截面上的应力分布可以看出，A 点受力最大，如果该点强度满足要求，则角焊缝连接即可以安全承载。

【解】 查附表 1-2，$f_f^w = 160$N/mm^2，将外荷载向焊缝群形心简化，得：

$$V = P = 160\text{kN}$$

$$M = Pe = 160 \times 300 = 48000\text{kN} \cdot \text{mm}$$

因施焊时无引弧板，

$$l_w = l - 2h_f = 400 - 2 \times 8 = 384\text{mm}$$

$$A_w = 2 \times 0.7h_f \times l_w = 2 \times 0.7 \times 8 \times 384 = 4300.8\text{mm}^2$$

$$W_w = \frac{2h_e l_w^2}{6} = \frac{2 \times 0.7 \times 8 \times 384^2}{6} = 275251.2\text{mm}^3$$

$$\tau_f^V = \frac{V}{A_w} = \frac{160000}{4300.8} = 37.2\text{N/mm}^2$$

$$\sigma_f^M = \frac{M}{W_w} = \frac{48 \times 10^6}{275251.2} = 174.4\text{N/mm}^2$$

$\sqrt{\left(\dfrac{\sigma_f}{\beta_f}\right)^2 + \tau_f^2} = \sqrt{\left(\dfrac{174.4}{1.22}\right)^2 + 37.2^2} = 147.25\text{N/mm}^2 < f_f^w = 160\text{N/mm}^2$，故该连接强度满足要求。

【例题 3-6】 柱与工字形梁连接——角焊缝群承受弯矩和剪力共同作用。如图 3-29 所示工字形牛腿与钢柱的连接节点，静态荷载设计值 $N = 365$kN，偏心距 $e = 250$mm，焊脚尺寸 $h_f = 6$mm，钢材为 Q235B，焊条为 E43 型，手工焊，施焊时采用引弧板。试验算角焊缝的强度。

当工字形梁（或牛腿）与钢柱翼缘连接时（图 3-29a），通常承受弯矩 M 和剪力 V 的联合作用。图 3-29（b）为焊缝有效截面的示意图，由于翼缘的竖向刚度较差，一般不考虑其承受剪力，所以假设全部剪力由腹板焊缝承受，且剪应力在腹板焊缝上是均匀分布的，而弯矩则由全部焊缝承受（图 3-29c）。

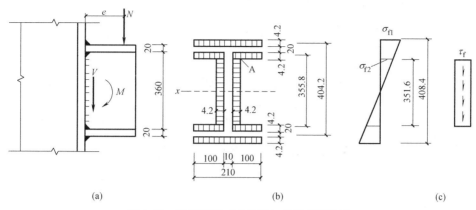

图 3-29 工字形梁（或牛腿）的角焊缝连接

【分析】 由于翼缘焊缝只承受垂直于焊缝长度方向的弯曲应力，最大应力发生在翼缘焊缝的最外边缘纤维处，应满足角焊缝的强度条件：

$$\sigma_{f1}=\frac{M}{I_w}\cdot\frac{h}{2}\leqslant\beta_f f_f^w \tag{3-18}$$

式中 h——上下翼缘焊缝有效截面最外纤维之间的距离；

      I_w——全部焊缝有效截面对中和轴的惯性矩。

腹板焊缝承受垂直于焊缝长度方向的弯曲正应力和平行于焊缝长度方向的剪应力。设计控制点为翼缘焊缝与腹板焊缝的交点处 A，此处的弯曲应力和剪应力分别按下式计算：

$$\sigma_{f2}=\frac{M}{I_w}\cdot\frac{h_2}{2} \tag{3-19}$$

$$\tau_f=\frac{V}{\sum(h_{e2}l_{w2})} \tag{3-20}$$

式中 h_2——腹板焊缝的实际长度；

$\sum(h_{e2}l_{w2})$——腹板焊缝有效截面积之和。

则腹板焊缝在 A 点的强度验算式为：

$$\sqrt{\left(\frac{\sigma_{f2}}{\beta_f}\right)^2+\tau_f^2}\leqslant f_f^w \tag{3-21}$$

【解】

（1）受力分析

将竖向力 N 向焊缝群形心简化，在角焊缝形心处引起剪力和弯矩，属于承受弯矩 M 和剪力 V 的联合作用的情况。

则： $V=N=365\mathrm{kN}$

        $M=Ne=365\times0.25=91.25\mathrm{kN\cdot m}$

（2）参数计算

焊缝有效截面对中和轴的惯性矩为：

$$I_x = 2 \times \frac{4.2 \times 351.6^3}{12} + 2 \times 210 \times 4.2 \times 202.1^2 + 4 \times 100 \times 4.2 \times 177.9^2 = 155.64 \times 10^6 \text{mm}^4$$

（3）焊缝强度计算

由式（3-21），得翼缘焊缝的最大应力为：

$$\sigma_{f1} = \frac{M}{I_x} \cdot \frac{h}{2} = \frac{91.25 \times 10^6 \times 408.4}{10^6 \times 155.64 \times 2} = 119.72 \text{N/mm}^2 < \beta_f f_f^w = 1.22 \times 160 = 195 \text{N/mm}^2,$$

满足。

由式（3-22），得翼缘焊缝与腹板焊缝的交点处 A 由弯矩 M 引起的最大应力为：

$$\sigma_{f2} = \frac{M}{I_w} \cdot \frac{h_2}{2} = \frac{91.25 \times 10^6}{155.64 \times 10^6} \cdot \frac{351.6}{2} = 103.07 \text{N/mm}^2$$

由式（3-23），得剪力 V 在腹板焊缝中产生的平均剪应力为：

$$\tau_f = \frac{V}{2 \times h_{e2} \times l_{w2}} = \frac{365 \times 10^3}{2 \times 0.7 \times 6 \times 351.6} = 123.58 \text{N/mm}^2$$

将求得的 σ_{f2}、τ_f 带入式（3-24），验算腹板焊缝 A 点处的折算应力：

$$\sqrt{\left(\frac{\sigma_{f2}}{\beta_f}\right)^2 + \tau_f^2} = \sqrt{\left(\frac{103.07}{1.22}\right)^2 + 123.58^2} = 149.7 \text{N/mm}^2 < f_f^w = 160 \text{N/mm}^2,$$ 满足强度要求。

【例题 3-7】　柱与牛腿连接——角焊缝群承受扭矩和剪力共同作用。试设计图 3-30 所示牛腿与钢柱的角焊缝连接。已知钢材为 Q235-B，焊条为 E43 型，手工电弧焊。构件上所受设计荷载值为 $F = 217$kN，偏心距为 $e = 300$mm（至柱边缘的距离），搭接尺寸 $l_1 = 400$mm，$l_2 = 300$mm。

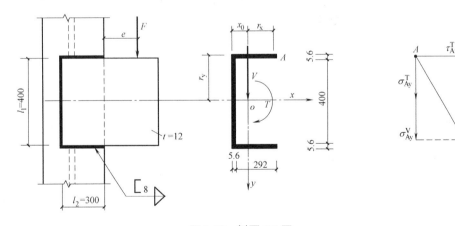

图 3-30　例题 3-7 图

【分析】　角焊缝承受扭矩 T、剪力 V 共同作用，扭矩作用下 A 点受力最大（距离形心 O 的半径最大），由剪力作用产生的剪应力在焊缝有效截面上是均匀分布的，两者叠加，焊缝边缘 A 点受力最大，对应的应力分量 τ_{Ax}^T、σ_{Ay}^T 和 σ_{Ay}^V，然后按下式验算危险点 A 应力：

$$\sqrt{\left(\frac{\sigma_{Ay}^T + \sigma_{Ay}^V}{\beta_f}\right)^2 + (\tau_{Ax}^T)^2} \leqslant f_f^w \qquad (3-22)$$

【解】 假定三面围焊的角焊缝尺寸 $h_f=8$mm。

（1）求几何特性——确定角焊缝有效截面的形心位置

$$x_0=\frac{2\times(300-8)\times5.6\times(146+5.6)+(400+2\times5.6)\times5.6\times2.8}{2\times292\times5.6+411.2\times5.6}=9\text{cm}$$

$$I_x=\frac{1}{12}\times0.7\times0.8\times40^3+2\times0.7\times0.8\times29.76\times20.28^2=16695\text{cm}^4$$

$$I_y=\frac{2}{12}\times0.7\times0.8\times29.76^3+2\times0.7\times0.8\times29.76\times(14.88-9)^2+0.7\times0.8\times40\times8.7^2$$
$$=2460+1152+1695.5=5308\text{cm}^4$$

角焊缝有效截面的极惯性矩：$J=I_x+I_y=22003\text{cm}^4$。

焊缝 A 点到 x、y 轴的距离：$r_x=20.76$cm，$r_y=20.28$cm。

（2）将外力 F 向焊缝形心 O 点简化

剪力：$V=F=217$kN。

扭矩：$T=F\times(30+30-9)/100=110.67$kN·m。

（3）焊缝强度计算

焊缝 A 点为设计控制点，应力有：

$$\tau_{Ax}^T=\frac{T\cdot r_y}{J}=\frac{110.67\times202.8\times10^6}{22003\times10^4}=102\text{N/mm}^2$$

$$\sigma_{Ay}^T=\frac{T\cdot r_x}{J}=\frac{110.67\times207.6\times10^6}{22003\times10^4}=104.4\text{N/mm}^2$$

$$\sigma_{Ay}^V=\frac{V}{\sum h_e l_w}=\frac{217\times10^3}{0.7\times8\times(2\times297.6+400)}=38.9\text{N/mm}^2$$

$$\sqrt{\left(\frac{\sigma_{Ay}^T+\sigma_{Ay}^V}{\beta_f}\right)+\tau_{Ax}^T}=\sqrt{\left(\frac{104.4+38.9}{1.22}\right)^2+102^2}=155.6\text{N/mm}^2<f_f^w=160\text{N/mm}^2$$

故焊角尺寸取 8mm 可以满足连接传力要求。

3.4.4　斜角角焊缝及部分焊透的对接焊缝的计算

1. 斜角角焊缝的计算

斜角角焊缝一般用于腹板倾斜的 T 形接头（图 3-31），采用与直角角焊缝相同的计算公式（3-8）进行计算；但是考虑到斜角角焊缝的受力角度分解与直角角焊缝不同，因此对斜角角焊缝不论静力荷载或动力荷载，一律取 $\beta_f=1.0$，即计算公式采用如下形式：

$$\sqrt{\sigma_f^2+\tau_f^2}\leqslant f_f^w \tag{3-23}$$

在确定斜角角焊缝的有效厚度时（图 3-31），假定焊缝在其所成夹角的最小斜面上发生破坏，因此当两焊边夹角 $60°\leqslant\alpha_2<90°$ 或 $90°<\alpha_1\leqslant135°$，且根部间隙（$b$、$b_1$ 或 b_2）不大于 1.5mm 时，焊缝有效厚度为：

$$h_e=h_f\cos\frac{\alpha}{2} \tag{3-24}$$

当根部间隙大于 1.5mm 时，焊缝有效厚度计算时应扣除根部间隙，即应取为：

$$h_e=\left(h_f-\frac{\text{根部间隙}}{\sin\alpha}\right)\cos\frac{\alpha}{2} \tag{3-25}$$

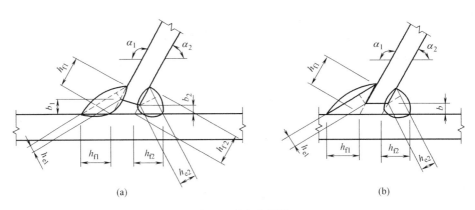

图 3-31   斜角角焊缝

任何根部间隙不得大于 5mm，当图 3-31（a）中的 $b_1 > 5$mm 时，可将板边切割成图 3-31（b）的形式。

2. 部分焊透的对接焊缝计算

在钢结构连接中，有时遇到板件较厚，而受力较小的对接焊缝，此时焊缝主要起联系作用，可采用部分焊透的对接焊缝。部分焊透对接焊缝必须在设计图上注明坡口的形式和尺寸。坡口形式分 V 形、单边 V 形、U 形、J 形和 K 形（图 3-32）。

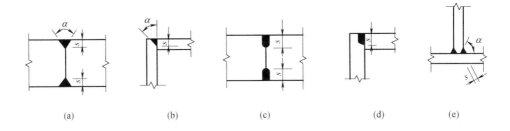

图 3-32   部分焊透对接焊缝的截面
(a) V 形坡口；(b) 单边 V 形坡口；(c) U 形坡口；(d) J 形坡口；(e) K 形坡口

部分焊透的对接焊缝实际上只起类似于角焊缝的作用，故其强度计算方法与直角角焊缝相同，在垂直于焊缝长度方向的压力作用下，取 $\beta_f = 1.22$，其他受力情况取 $\beta_f = 1.0$，其有效厚度应采用：

对 V 形坡口，当 $\alpha \geq 60°$时，$h_e = s$；当 $\alpha < 60°$时，$h_e = 0.75s$。

对 U 形、J 形坡口，当 $\alpha = 45° \pm 5°$时，$h_e = s$。

对 K 形和单边 V 形坡口焊缝，当 $\alpha = 45° \pm 5°$时，$h_e = s - 3$（mm）。

其中，α 是 V 形坡口的夹角；s 为焊缝根部至焊缝表面（不考虑余高）的最短距离；且有效厚度的最小值为 $1.5\sqrt{t}$，t 为坡口所在焊件的较大厚度。

当熔合线处焊缝截面边长等于或接近于最短距离 s（图 3-32b、d、e）时，抗剪强度设计值应按角焊缝的强度设计值乘以 0.9。

在直接承受动力荷载的结构中，垂直于受力方向的焊缝不宜采用部分焊透的对接焊缝。因未施焊的部分总是存在严重的应力集中，易使焊缝脆断。

3.5 焊接残余应力和焊接残余变形

3-3 焊接应力
和焊接变形

3.5.1 焊接残余应力的成因和分类

1. 焊接残余应力的成因

钢结构的焊接过程是在焊件局部区域加热熔化后又冷却凝固的热过

程，也是一个不均匀加热和冷却的过程。由于温度场在焊缝附近及周围金属区域分布是不均匀的（图3-33），这就导致焊件产生不均匀的膨胀和收缩，温度高的钢材膨胀大，但受到周围温度较低、膨胀量较小的钢材所限制，产生了热态塑性压缩。焊缝冷却时，被塑性压缩的焊缝区趋向于缩短，又受到周围钢材限制而产生拉应力。在低碳钢和低合金钢中，这种拉应力经常达到钢材的屈服强度。焊接应力是一种无荷载作用下的内应力，而且在焊件内部自相平衡，即焊缝及附近金属产生拉应力，距焊缝稍远区段内产生压应力。

2. 焊接残余应力的分类

焊接残余应力有纵向焊接残余应力、横向焊接残余应力和厚度方向的残余应力，这些应力都是由焊接加热和冷却过程中不均匀收缩变形引起的。

1) 纵向焊接残余应力

纵向焊接应力是由焊缝的纵向收缩引起的。一般情况下，焊缝区及近缝两侧的纵向应力为拉应力区，远离焊缝的两侧为压应力区。用三块板焊成的工字形截面，焊接残余应力如图3-34所示。

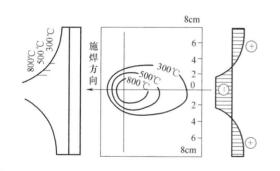

图 3-33 焊接升温时焊缝附近的温度场和应力场

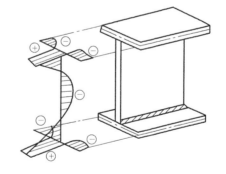

图 3-34 纵向焊接残余应力

2) 横向焊接残余应力

横向焊接残余应力产生的原因有两个：一是由于焊缝纵向收缩，两块钢板趋向于形成反方向的弯曲变形，但实际上焊缝将两块钢板连成整体，是不能分开的，于是在焊缝中部产生横向拉应力，而在两端产生横向压应力（图3-35a）。二是焊缝在施焊过程中，先后冷却的时间不同。例如图3-35（b）所示，先焊的焊缝（2点）已经凝固，且具有一定的强度，会阻止后焊焊缝（3点）在横向的自由膨胀，使其发生横向的塑性压缩变形。当后焊部分开始冷却时，3点焊缝的收缩就受到已凝固的2点焊缝限制而产生横向拉应力，同时在先焊部分的2点焊缝内产生横向压应力。

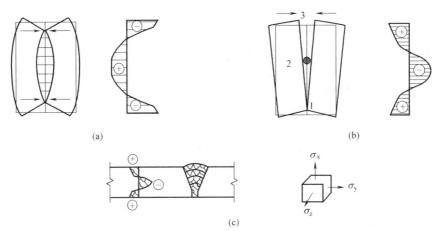

图 3-35　横向及厚度方向的焊接残余应力

（a）焊缝纵向收缩产生的横向残余应力；（b）焊缝横向收缩产生的横向残余应力；（c）厚度方向的焊接残余应力

3）沿焊缝厚度方向的残余应力

当连接的钢板厚度较大时，需要进行多层施焊，产生了沿钢板厚度方向的焊接残余应力 σ_z（图 3-35c）。

纵向、横向和沿厚度方向的焊接残余应力 σ_x、σ_y 和 σ_z 往往形成比较严重的三向同号应力场，大大降低结构连接的塑性，如图 3-36 所示。

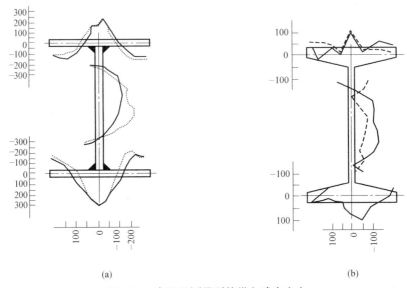

图 3-36　实际量测得到的纵向残余应力

（a）焊接工字钢残余应力分布；（b）热轧工字钢残余应力分布

3.5.2　焊接残余应力和残余变形对结构工作性能的影响

1. 对结构静力强度的影响

在静力荷载作用下，由于钢材具有一定塑性，焊接残余应力不会影响结构静力强度。因为当焊接残余应力加上外力引起的应力达到屈服点后，应力不再增大，外力可由弹性区域继续承担，直到全截面达到屈服。

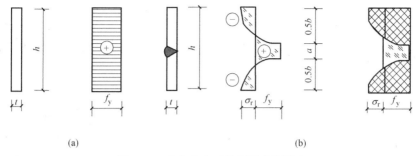

图 3-37 残余应力对静力强度的影响

这一点可由图 3-37 作简要说明。假定构件符合理想弹塑性假定，当构件无残余应力时，由图 3-37（a）知其承载力为 $N=htf_y$；当构件纵向残余应力如图 3-37（b）分布时，施加轴心拉力后，板中残余拉应力已达屈服强度 f_y 的塑性区域内的应力不再增大，外力 N 仅由弹性区域承担，焊缝两侧受压区的应力由原来的受压逐渐变为受拉，最后应力也达到 f_y。由于焊接残余应力在焊件内部自相平衡，残余压应力的合力必然等于残余拉应力的合力，其承载力仍为 $N=htf_y$。所以有残余应力焊件的承载能力和没有残余应力者完全相同，可见残余应力不影响结构的静力强度。

2. 对结构刚度的影响

焊接残余应力会降低结构的刚度。由于进入塑性状态的残余拉应力区域刚度降为零，继续增加的外力仅由弹性区域承担，因此构件必然变形增大，刚度减小。

3. 对压杆稳定性的影响

焊接残余应力使压杆的挠曲刚度减小，抵抗外力增量的弹性区惯性矩减小，从而降低其稳定承载能力。

4. 对低温冷脆的影响

焊接结构中存在着双向或三向同号拉应力场，材料塑性变形的发展受到限制，使材料变脆。特别是在低温下使裂纹更容易发生和发展，加速了构件脆性破坏的倾向。

5. 对疲劳强度的影响

焊缝及其附近的主体金属焊接拉应力通常达到钢材的屈服点，此部位是发展疲劳裂纹最为敏感的区域，因此焊接应力对结构的疲劳强度有明显不利影响。

3.5.3 减少焊接残余应力和残余变形的措施

在焊接过程中，由于焊缝的收缩变形，构件总要产生一些局部的鼓起、歪曲、弯曲或扭曲等，包括纵向收缩、横向收缩、角变形、弯曲变形、扭曲变形和波浪变形等（图 3-38）。这些变形应符合《钢结构工程施工质量验收标准》GB 50205—2020 的规定，否则必须加以矫正，以保证构件的承载力和正常使用。

工程设计上常采取如下措施减少焊接残余应力和残余变形：

（1）尽量减少焊缝的数量和尺寸。在保证安全的前提下，不得随意加大焊缝厚度。

（2）焊缝尽可能对称布置。只要允许，应尽可能使焊缝对称于构件截面的中性轴，以减小焊接变形。图 3-39（a）、（c）所示的焊接处理措施就分别优于图 3-39（b）、（d）。

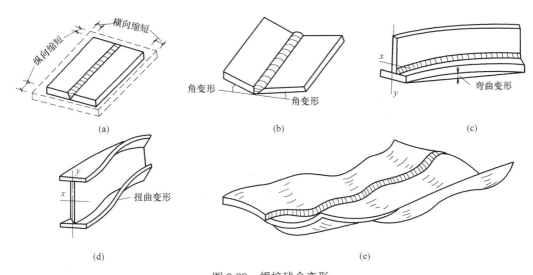

图 3-38　焊接残余变形

(a) 纵向和横向收缩；(b) 角变形；(c) 扭曲变形；(d) 弯曲变形；(e) 波浪变形

（3）避免焊缝过分集中或多方向焊缝相交与一点。当几块钢板交汇一处连接时，宜取图 3-39（e）的方式。如果采用 3-39（f）的方式，高度集中的热量会引起过大的焊接变形。梁腹板加劲肋与腹板及翼缘的连接焊缝，如图 3-39（g）、（h）所示，就应通过加劲肋内面切角的方式，避免其焊缝与翼缘和腹板间焊缝交叉，以保证主要焊缝（翼缘与腹板的连接焊缝）连续通过。

（4）避免板厚方向的焊接应力。厚度方向的焊接收缩应力易引起板材层状撕裂，如图 3-39（i）的焊接处理方式就比图 3-39（j）的方式要好。

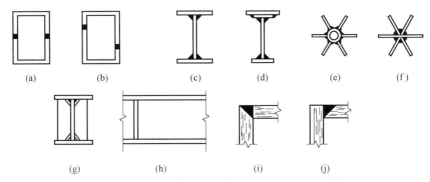

图 3-39　减少焊接残余应力和焊接残余变形的设计措施

在焊接工艺上采取如下措施减少焊接残余应力和焊接残余变形：

（1）采取合理的焊接次序和方向。如钢板对接时采用分段焊（图 3-40a），厚度方向分层焊（图 3-40b），工字形截面采用对角跳焊（图 3-40c），钢板分块拼焊（图 3-40d）。

（2）施焊前给构件一个和焊接变形相反的预变形，使构件在焊接后产生的焊接变形与之正好抵消（图 3-41a、b），从而达到减小焊接变形的目的。

（3）预热、后热。对于小尺寸焊件，施焊前预热或施焊后回火（加热至 600℃ 左右），然后缓慢冷却，可以消除焊接残余应力。

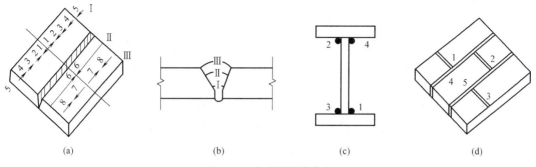

图 3-40　合理的焊接次序

(a) 分段退焊；(b) 沿厚度分层焊；(c) 对角跳焊；(d) 钢板分块拼接顺序

(4) 用头部带小圆弧的小锤轻击焊缝，使焊缝得到延展，可减小焊接残余应力。另外，也可采用机械方法或氧-乙炔局部加热反弯（图 3-41c）以消除焊接变形。

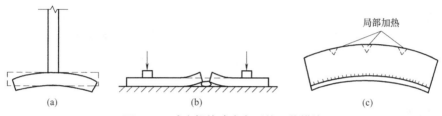

图 3-41　减少焊接残余变形的工艺措施

需要注意的是，焊接残余应力和残余变形相伴而生。焊接过程中构件如受到约束，不能自由变形，残余应力必然较大；当允许被焊构件自由变形时，残余应力会相对减少。在设计、加工、焊后工艺处理几方面同时着手，是减少残余应力和残余变形的有效途径。

3.6　螺栓连接的构造

3.6.1　螺栓连接的形式及特点

1. 普通螺栓连接

按螺栓的加工精度，普通螺栓可分为 A 级、B 级和 C 三级螺栓，其中 A 级和 B 级为精制螺栓，C 级为粗制螺栓。A 级、B 级螺栓栓杆需机械加工，尺寸准确，被连接构件要求制成 I 类孔，螺栓直径与孔径相差 $0.3 \sim 0.5mm$。A 级、B 级螺栓的受力性能较好，受剪工作时变形小，但制造和安装费用较高，目前在钢结构工程中应用较少。C 级螺栓表面粗糙，采用 II 类孔，螺杆与螺孔之间接触不够紧密，存在较大的孔隙，螺栓直径与孔径相差 $1.0 \sim 2.0mm$，当传递剪力时，连接变形较大，工作性能差，但传递拉力的性能较好。C 级螺栓宜用于承受拉力的连接，或用于次要结构和可拆卸结构的受剪连接以及安装时的临时固定。C 级螺栓性能等级有 4.6 级和 4.8 级两种。螺栓性能等级的含义是（以 4.8 级为例）：小数点前的数字"4"表示螺栓热处理后的最低抗拉强度为 $400N/mm^2$，小数点及小数点后面的数字".8"表示其屈强比（屈服强度与抗拉强度之比）为 0.8。

2. 高强度螺栓连接

高强度螺栓在工程上的使用日益广泛。高强度螺栓的螺杆、螺帽和垫圈均采用高强度钢材制作，常用的有 45 号钢、40 硼钢、20 锰钛硼钢。高强度螺栓性能等级有 8.8 级和 10.9 级两种，8.8 级螺栓采用的钢材有 35 号钢、45 号钢和 40 硼钢。10.9 级螺栓采用的钢材有 20 锰钛硼钢和 35 矾硼钢。

高强度螺栓安装时通过拧紧螺帽在杆中产生较大的预拉力把被连接板夹紧，连接件之间就产生很大的压力，从而提高连接的整体性和刚度。按受剪时的极限状态的不同，高强度螺栓连接可分为摩擦型连接和承压型连接两种。

高强度螺栓摩擦型连接和承压型连接的本质区别是极限状态不同。在抗剪设计时，高强度螺栓摩擦型连接依靠部件接触面间的摩擦力来传递外力，即外剪力达到板件间最大摩擦力为连接的极限状态。其特点是连接紧密，变形小，传力可靠，疲劳性能好；可用于直接承受动力荷载的结构、构件的连接。高强度螺栓摩擦型连接工程中应用较多，如框架梁柱连接、门式刚架端板连接等。

在抗剪设计时，高强度螺栓承压型连接起初由摩擦传递外力，当摩擦力被克服后，板件产生相对滑动，同普通螺栓连接一样，依靠螺栓杆抗剪和螺栓孔承压来传力，连接承载力比摩擦型高，可节约钢材。但由于在摩擦力被克服后变形较大，故工程中高强度螺栓连接承压型仅适用于承受静力荷载或间接承受动力荷载的结构、构件的连接。

3.6.2　螺栓的排列

螺栓的排列应简单、统一、整齐而紧凑，构造合理，便于安装。排列方式有并列排列（图 3-42a）和错列排列（图 3-42b）两种。并列简单整齐，连接板尺寸较小，但对构件截面削弱较大；而错列对截面削弱较小，但螺栓排列不如并列紧凑，连接板尺寸较大。

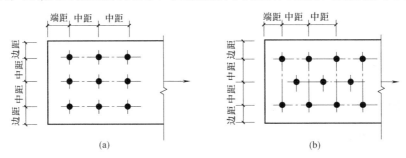

图 3-42　钢板上螺栓的排列

（a）并列；（b）错列

不论采用哪种排列，螺栓的中距（螺栓的中心间距）、端距（顺内力方向螺栓中心至构件边缘距离）和边距（垂直内力方向螺栓中心至构件边缘距离）都应满足下列要求：

（1）受力要求：在顺受力方向，螺栓的端距过小时，钢板有剪断的可能。对于受拉构件，螺栓的中距不应过小，否则对钢板截面削弱太多，构件有可能沿直线或折线发生净截面破坏。对于受压构件，沿作用力方向螺栓中距不应过大，否则被连接的板件间容易发生凸曲现象。因此，从受力角度应规定螺栓的最大和最小容许间距。

（2）构造要求：若螺栓中距和边距过大，则钢板不能紧密贴合，潮气易于侵入缝隙而产生腐蚀，所以，构造上要规定螺栓的最大容许间距。

（3）施工要求：为便于转动螺栓扳手，就要保证一定的作业空间。所以，施工上要规定螺栓的最小容许间距。

根据以上要求，螺栓或铆钉的孔距、边距和端距容许值应符合表 3-3 的规定。

螺栓连接除满足排列的容许距离外，根据不同情况尚应满足下列构造要求：

（1）螺栓连接或拼接节点中，每一杆件一端的永久性螺栓数不宜少于 2 个；对组合构件的缀条，其端部连接可采用 1 个螺栓。

（2）对直接承受动力荷载的普通螺栓受拉连接，应采用双螺帽或其他能防止螺帽松动的有效措施，比如采用弹簧垫圈或将螺帽和螺杆焊死等方法。

（3）沿杆轴方向受拉的螺栓连接中的端板（法兰板），应适当加大其刚度（如加设加劲肋），以减少撬力对螺栓抗拉承载力的不利影响。

（4）当型钢构件拼接采用高强度螺栓连接时，由于构件本身抗弯刚度较大，为了保证高强度螺栓摩擦面的紧密贴合，拼接件宜采用刚度较弱的钢板。

螺栓或铆钉的孔距、边距和端距容许值 　　表 3-3

名称	位置和方向			最大容许距离 （取两者的较小值）	最小容许距离
中心间距		外排(垂直内力或顺内力方向)		$8d_0$ 或 $12t$	$3d_0$
	中间排	垂直内力方向		$16d_0$ 或 $24t$	
		顺内力方向	构件受压力	$12d_0$ 或 $18t$	
			构件受拉力	$16d_0$ 或 $24t$	
	沿对角线方向			—	
中心至构件边缘距离	顺内力方向			$4d_0$ 或 $8t$	$2d_0$
	垂直内力方向	剪切或手工切割边			$1.5d_0$
		轧制边、自动气割或锯割边	高强度螺栓		$1.5d_0$
			其他螺栓		$1.2d_0$

注：1. d_0 为螺栓或铆钉孔径，对槽孔为短向尺寸，t 为外层薄板件厚度；
　　2. 钢板边缘与刚性构件（如角钢、槽钢）相连的高强度螺栓的最大间距，可按中间排数值采用；
　　3. 计算螺栓孔引起的截面削弱时可取 $d+4$mm 和 d_0 的较大者。

3.7　普通螺栓连接的工作性能和计算

普通螺栓连接按受力情况可分为螺栓只承受剪力（图 3-43a）、螺栓只承受拉力（图 3-43b）和螺栓承受拉力和剪力的共同作用（图 3-43c）。

3-4　普通螺栓的工作性能和计算

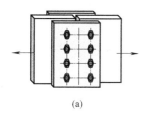
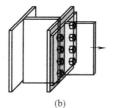
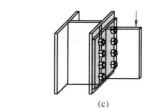
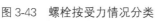

(a)　　　　　　　　　　(b)　　　　　　　　　　(c)

图 3-43　螺栓按受力情况分类

3.7.1　普通螺栓的受剪连接

1. 受剪连接的工作性能

图 3-44 是普通螺栓连接承受剪力作用的工作示意图。在开始受力阶段，作用力主要靠钢板之间的摩擦力来传递。由于普通螺栓紧固的预拉力很小，即板件之间的摩擦力也很小，当外力逐渐增长到克服摩擦力后，板件发生相对滑移，使螺栓杆与孔壁接触，此时螺栓杆受剪，同时孔壁承受挤压。随着外力的不断增大，连接达到其极限承载力而发生破坏。

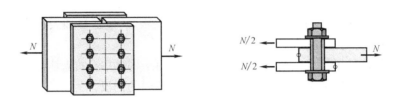

图 3-44　普通螺栓承受剪力

普通螺栓受剪连接达到极限承载力时可能出现如下几种破坏形式：

（1）当螺杆直径较小而板件较厚时，螺杆可能先被剪断（图 3-45a），该种破坏形式称为螺栓杆受剪破坏；

（2）当螺杆直径较大而板件较薄时，板件可能先被挤坏（图 3-45b），该种破坏形式称为孔壁承压破坏，也叫作螺栓承压破坏；

（3）当板件净截面面积因螺栓孔削弱太多时，板件可能被拉断（图 3-45c）；

（4）当螺栓排列的端距太小时，端距范围内的板件有可能被螺杆冲剪破坏（图 3-45d）；

（5）当连接钢板太厚，螺栓杆太长时，可能发生弯曲破坏（图 3-45e）。

上述破坏形式中，后两种在控制端距大于等于 $2d_0$ 和使螺栓的夹紧长度不超过 $5d$ 的条件下，均不会发生。前三种破坏须通过计算来防止，其中栓杆被剪断和孔壁承压破坏通过计算单个螺栓承载力来控制，板件被拉断则由验算构件净截面强度来控制。

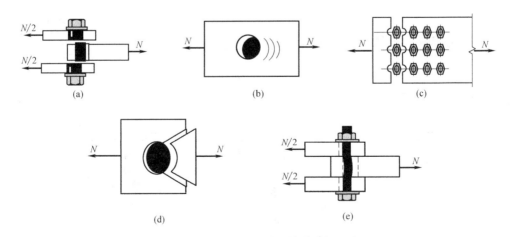

图 3-45　普通螺栓受剪连接的破坏形式

2. 单个普通螺栓受剪连接的承载力设计值

1）单个螺栓抗剪承载力设计值

$$N_v^b = n_v \frac{\pi \cdot d^2}{4} f_v^b \qquad (3-26)$$

式中　n_v——受剪面数目（图 3-46），单剪 $n_v=1$，双剪 $n_v=2$，四剪面 $n_v=4$ 等；

　　　d——螺栓杆的直径（mm）；

　　　f_v^b——螺栓的抗剪强度设计值。

2）单个螺栓承压承载力设计值

$$N_c^b = d \cdot \sum t \cdot f_c^b \qquad (3-27)$$

式中　$\sum t$——在不同受力方向中一个受力方向承压构件总厚度的较小值，如图 3-46（c）中 $\sum t$ 取 $(a+c+e)$ 和 $(b+d)$ 的较小值；

　　　f_c^b——螺栓的承压强度设计值。

单个受剪螺栓连接的承载力设计值应取 N_v^b 和 N_c^b 的较小值：

$$N_{min}^b = \min\{N_v^b, N_c^b\} \qquad (3-28)$$

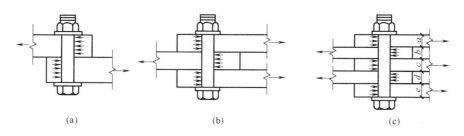

图 3-46　螺栓连接的受剪面数

(a) 单剪；(b) 双剪；(c) 四剪面

3. 普通螺栓群受剪连接计算

1）普通螺栓群承受轴心剪力作用

（1）所需螺栓数目

当外力通过螺栓群形心时，在连接长度范围内，计算时假定所有螺栓受力相等，按下式计算所需螺栓数目：

$$n = \frac{N}{N_{min}^b} \quad （取整数） \qquad (3-29)$$

式中　N——作用于螺栓群的轴心力设计值。

需要指出，当连接处于弹性阶段时，螺栓群中各螺栓受力不等，表现为两端螺栓受力大而中间螺栓受力小（图 3-47）。当连接一侧两端的螺栓距离，即连接长度 $l_1 \leqslant 15d_0$（d_0 为螺孔直径）时，由于连接进入弹塑性工作阶段后内力发生重分布，使各螺栓受力趋于均匀，故可认为轴心力 N 由每个螺栓平均分担。当连接长度 $l_1 > 15d_0$ 时，各螺栓受力严重不均匀，端部的螺栓会因受力过大而首先发生破坏，随后依次向内逐排破坏。因此《标准》规定：当连接长度 l_1 较大时，应将螺栓的承载力设计值乘以折减系数 η（高强度螺栓连接同样如此）。

$$
\left.
\begin{array}{ll}
当\,l_1{\leqslant}15d_0\,时, & \eta=1.0 \\
当\,15d_0{<}l_1{\leqslant}60d_0\,时, & \eta=1.1-l_1/(150d_0) \\
当\,l_1{>}60d_0\,时, & \eta=0.7
\end{array}
\right\} \tag{3-30}
$$

式中　d_0——螺栓孔径。

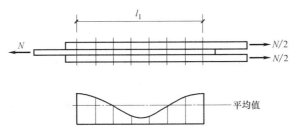

图 3-47　普通螺栓群连接受剪时内力分布

（2）板件净截面强度计算

$$
\sigma=\frac{N}{A_n}{\leqslant}f \tag{3-31}
$$

式中　A_n——构件或连接板净截面面积，计算方法如下。

① 当螺栓并列布置时（图 3-48a），构件截面 I-I 处受力最大，其值为 N，$A_{n1}=(b-n_1d_0)t$；

连接板截面 III-III 处受力最大，其值为 N，$A_{n3}=2(b-n_3d_0)t_1$；n_1、n_3 为截面 I-I 和 III-III 上的螺栓数。

② 当螺栓错列布置时（图 3-48b），构件可能沿截面 I-I 破坏，也可能沿齿状截面 II-II 破坏，故需要计算 II-II 净截面面积 A_{n2}；A_n 取 A_{n1} 和 A_{n2} 的较小值；$A_{n2}=\left[2e_1+(n_2-1)\sqrt{a^2+e^2}-n_2d_0\right]t$；$n_2$ 为截面 II-II 上的螺栓数。

对于连接板的净截面面积，应取在连接板受力最大处计算。

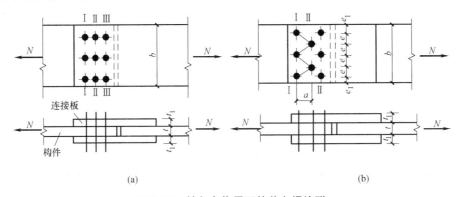

图 3-48　轴向力作用下的剪力螺栓群

2）普通螺栓群承受偏心剪力作用

如图 3-49 所示，螺栓群受到扭矩 T 作用，每个螺栓均受剪，但承受的剪力大小或方向均有所不同。

为了便于设计，分析螺栓群受扭矩作用时采用下列计算假定：

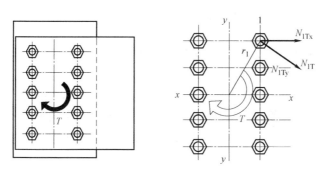

图 3-49　螺栓群承受扭矩作用

（1）连接板件为绝对刚性，螺栓为弹性体；

（2）连接板件绕螺栓群形心旋转，各螺栓所受剪力大小与该螺栓至形心距离 r_i 成正比，剪力方向则与连线 r_i 垂直。

螺栓 1 距形心 O 最远，其所受剪力 N_1^T 最大。为便于计算，可将 N_1^T 分解为 x 轴和 y 轴上的两个分量：

$$N_{1x}^T = \frac{T \cdot y_1}{\sum x_i^2 + \sum y_i^2} \tag{3-32}$$

$$N_{1y}^T = \frac{T \cdot x_1}{\sum x_i^2 + \sum y_i^2} \tag{3-33}$$

故受力最大的螺栓 1 所承受的合力不应大于单个螺栓的抗剪承载力设计值 N_{min}^b：

$$\sqrt{N_{1Tx}^2 + N_{1Ty}^2} \leqslant N_{min}^b \tag{3-34}$$

当螺栓群布置在一个狭长带，例如 $y_1 > 3x_1$ 时，可取 $x_i = 0$ 以简化计算，则上式为：

$$N_{1Tx} \leqslant N_{min}^b \tag{3-35}$$

3.7.2　普通螺栓的受拉连接

1. 单个普通螺栓的受拉承载力设计值

螺栓连接在拉力作用下，螺栓受到沿杆轴方向的作用，构件的接触面有脱开趋势。螺栓连接受拉时的破坏形式表现为螺栓杆被拉断，其部位多在被螺纹削弱的截面处，所以按螺栓的有效截面直径计算抗拉承载力设计值。

$$N_t^b = \frac{\pi \cdot d_e^2}{4} f_t^b = A_e f_t^b \tag{3-36}$$

式中　d_e、A_e——分别为螺栓杆螺纹处的有效直径和有效面积，见附表 8-1；

f_t^b——螺栓的抗拉强度设计值，见附表 1-3。

2. 普通螺栓群承受轴心拉力作用

当拉力通过螺栓群形心时，假定所有螺栓所受的拉力相等（图 3-50），则：

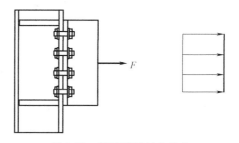

图 3-50　螺栓群受轴心拉力

$$\frac{N}{n} \leqslant N_t^b \text{ 或 } n \geqslant \frac{N}{N_t^b} \quad (\text{取整}) \tag{3-37}$$

式中　N_t^b——单个普通螺栓的抗拉承载力设计值。

3. 普通螺栓群受弯矩作用

螺栓群在弯矩作用下，上部螺栓受拉，因而有使连接上部分离的趋势，使螺栓群形心下移。与螺栓群拉力相平衡的压力产生于下部的接触面上，精确确定中和轴的位置比较复杂。为便于计算，通常假定中和轴在最下排螺栓轴线上（图 3-51）。

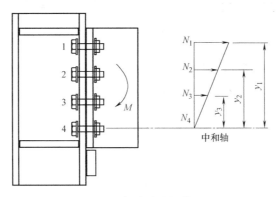

图 3-51　螺栓受弯矩作用

因此，在弯矩 M 作用下螺栓 1 所受的最大拉力为：

$$N_1^M = \frac{M \cdot y_1}{m \sum y_i^2} \tag{3-38}$$

式中　m——螺栓群的列数。

【例题 3-8】　双盖板拼接连接——普通螺栓群承受剪力作用。两块截面为 -14×400mm 的钢板，采用双盖板和 C 级普通螺栓的拼接连接，如图 3-52 所示。钢材为 Q235A-F，螺栓 M20，承受轴心力设计值 $N=935$kN（静力荷载），试设计此连接。

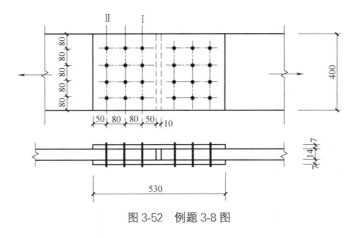

图 3-52　例题 3-8 图

【分析】　此连接设计包括三个内容：

（1）确定盖板截面尺寸。由等强原则知，拼接板的总截面积不应小于被连接钢板的截面积，材料与主板相同。

（2）确定所需螺栓数目并排列。在轴心剪力作用下，单个螺栓所受实际剪力不超过其承载力设计值，假定所有螺栓受力相等，计算连接一侧所需螺栓数目。

（3）验算板件净截面强度。

【解】

（1）确定连接盖板的截面

采用双盖板拼接，截面尺寸为 $7\text{mm}\times400\text{mm}$，盖板截面积之和与被连接钢板截面面积相等，钢材采用 Q235A-F。

（2）确定所需螺栓数目和螺栓排列布置

单个螺栓抗剪承载力设计值：

$$N_v^b=n_v\frac{\pi\cdot d^2}{4}f_v^b=2\times\frac{\pi\cdot 20^2}{4}\times140=87.92\text{kN}$$

单个螺栓承压承载力设计值：

$$N_c^b=d\cdot\Sigma t\cdot f_c^b=20\times14\times305=85.4\text{kN}$$

$$N_{min}^b=85.4\text{kN}$$

则连接一侧所需螺栓数目为：$n\geqslant\dfrac{N}{N_{min}^b}=\dfrac{935}{85.4}=11$ 个，取 $n=12$ 个。

采用图 3-52 所示的并列布置，连接盖板尺寸为 $2\text{-}7\times400\times530$，其螺栓的中距、边距和端距均满足构造要求。

（3）验算板件净截面强度

连接钢板在截面Ⅱ-Ⅱ受力最大，盖板在截面Ⅰ-Ⅰ受力最大，但因两者钢材、截面均相同，故只验算钢板。设螺栓孔径 $d_0=21.5\text{mm}$。

$$A_n=(b-n_1 d_0)t=(400-4\times21.5)\times14=4396\text{mm}^2$$

$$\sigma=\frac{N}{A_n}=\frac{935\times10^3}{4396}=212.7\text{N/mm}^2<f=215\text{N/mm}^2，构件强度满足。$$

【例题 3-9】 柱与牛腿的连接——普通螺栓群承受偏心剪力作用。验算图 3-53 所示的普通螺栓连接。柱翼缘板厚度为 10mm，连接板厚度为 8mm，钢材为 Q235B，荷载设计值 $F=150\text{kN}$，偏心距 $e=250\text{mm}$，螺栓为 M22 粗制螺栓。验算此连接是否安全。

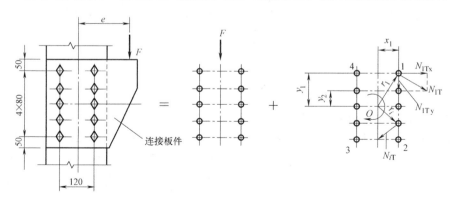

图 3-53 例题 3-9 图

【分析】 由受力分析得出，螺栓群在偏心剪力作用下，可简化为螺栓群同时承受轴心

剪力 F 和扭矩 $T = F \cdot e$ 的联合作用。找出最危险的螺栓，该螺栓所受剪力的合力应满足承载力要求。

【解】

（1）受力分析

将 F 简化到螺栓群形心 O，可得轴心剪力和扭矩分别为：

$V = F = 150 \text{kN}$

$T = F \cdot e = 150 \times 0.25 = 37.5 \text{kN} \cdot \text{m}$

（2）单个螺栓的设计承载力计算

$N_v^b = n_v \dfrac{\pi d^2}{4} f_v^b = 1 \times \dfrac{3.14 \times 22^2}{4} \times 140 = 53.2 \text{kN}$

$N_c^b = d \sum t \cdot f_c^b = 22 \times 8 \times 305 = 53.7 \text{kN}$

$N_{\min}^b = 53.2 \text{kN}$

（3）螺栓强度验算

$\sum x_i^2 + \sum y_i^2 = 10 \times 60^2 + 4 \times 160^2 + 4 \times 80^2 = 164000 \text{mm}^2$

$N_{1Tx} = \dfrac{T \cdot y_1}{\sum x_i^2 + \sum y_i^2} = \dfrac{37.5 \times 10^6 \times 160}{0.164 \times 10^6} = 36.6 \text{kN}$

$N_{1Ty} = \dfrac{T \cdot x_1}{\sum x_i^2 + \sum y_i^2} = \dfrac{37.5 \times 10^6 \times 60}{0.164 \times 10^6} = 13.7 \text{kN}$

$N_{1F} = \dfrac{V}{n} = \dfrac{150}{10} = 15 \text{kN}$

$N_1 = \sqrt{N_{1Tx}^2 + (N_{1Ty} + N_{1F})^2} = \sqrt{36.6^2 + (13.7 + 15)^2} = 46.5 \text{kN} < N_{\min}^b = 53.2 \text{kN}$，

强度满足要求。

3.7.3　普通螺栓受剪力和拉力的联合作用

承受剪力和拉力联合作用的普通螺栓应考虑两种可能的破坏形式：一是螺杆受剪兼受拉破坏；二是孔壁承压破坏。

根据试验结果可知，兼受剪力和拉力的螺杆，将剪力和拉力分别除以各自单独作用时的承载力，这样无量纲化后的相关关系近似为一圆曲线。故螺杆的计算式为：

$$\sqrt{\left(\dfrac{N_v}{N_v^b}\right)^2 + \left(\dfrac{N_t}{N_t^b}\right)^2} \leqslant 1 \qquad (3\text{-}39)$$

孔壁承压的计算式为： $\qquad N_v = \dfrac{V}{n} \leqslant N_c^b \qquad (3\text{-}40)$

式中　N_v、N_t——分别为受力最大的螺栓所受的剪力和拉力。

【例题 3-10】 柱与梁连接——普通螺栓群承受拉力和剪力共同作用。已知梁柱采用普通 C 级螺栓连接，如图 3-54 所示，梁端支座板下设有支托，钢材为 Q235A，螺栓直径为 $d = 20 \text{mm}$，焊条为 E43 型，手工焊，此连接承受的静力荷载设计值为：$V = 277 \text{kN}$，$M = 38.7 \text{kN} \cdot \text{m}$，验算此连接强度。

【分析】 此螺栓群受弯矩 M 和剪力 V 共同作用，这种连接可以有两种计算方法。

（1）不设置支托，按拉剪螺栓计算；

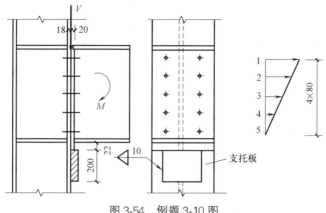

图 3-54 例题 3-10 图

（2）对于粗制螺栓，一般不宜受剪（承受静力荷载的次要连接或临时安装连接除外）；此时可设置焊接在柱上的支托，支托焊缝承受剪力，螺栓只承受拉力作用。

支托焊缝计算

$$\tau_f = \frac{\alpha \cdot V}{0.7 h_f \sum l_w} \leqslant f_f^w \qquad (3\text{-}41)$$

式中 α——考虑剪力对焊缝的偏心影响系数，可取 1.25～1.35。

【解】 查表得 $f_v^b = 140\text{N/mm}^2$，$f_c^b = 305\text{N/mm}^2$，$f_t^b = 170\text{N/mm}^2$。

（1）假定不设支托，螺栓群承受拉力和剪力。

① 单个普通螺栓的承载力：

抗剪 $N_v^b = n_v \dfrac{\pi \cdot d^2}{4} f_v^b = 1 \times \dfrac{\pi \cdot 20^2}{4} \times 140 = 43.96\text{kN}$

抗压 $N_c^b = d \cdot \Sigma t \cdot f_c^b = 20 \times 18 \times 305 = 109.8\text{kN}$

抗拉 $N_t^b = \dfrac{\pi \cdot d_e^2}{4} f_t^b = A_e f_t^b = 244.8 \times 170 = 41.62\text{kN}$

② 螺栓连接强度验算：

螺栓既受剪又受拉，受力最大的螺栓为"1"，其受力为：

$$N_v = \frac{V}{n} = \frac{277}{10} = 27.7\text{kN}$$

$$N_1^M = \frac{M \cdot y_1}{m \sum y_i^2} = \frac{38.7 \times 320 \times 10^6}{2 \times (80^2 + 160^2 + 240^2 + 320^2)} = 32.25\text{kN}$$

验算"1"螺栓受力：

$$\sqrt{\left(\frac{N_v}{N_v^b}\right)^2 + \left(\frac{N_1^M}{N_t^b}\right)^2} = \sqrt{\left(\frac{27.7}{43.96}\right)^2 + \left(\frac{32.25}{41.62}\right)^2} = 0.999 < 1.0$$

$N_v = 27.7\text{kN} < N_c^b = 109.8\text{kN}$，满足。

（2）假定支托板承受剪力，螺栓只承受弯矩。

① 单个螺栓承载力：$N_t^b = 41.62\text{kN}$。

② 连接验算包括两个内容：

螺栓验算 $N_1^M = 32.25\text{kN} < N_t^b = 41.62\text{kN}$，满足。

支托板焊缝验算，取偏心影响系数 $\alpha=1.35$，焊角尺寸为 $h_f=10mm$。

$$\tau_f=\frac{\alpha\cdot V}{h_e\sum l_w}=\frac{1.35\times277\times10^3}{2\times0.7\times10\times(200-20)}=148.4N/mm^2<f_f^w=160N/mm^2，满足。$$

3.8　高强度螺栓连接的工作性能和计算

3.8.1　高强度螺栓连接的工作性能

前已述及，高强度螺栓按其设计准则的不同分为摩擦型连接和承压型连接两类。其中摩擦型连接是依靠被连接件之间的摩擦力传递内力，并以剪力不超过摩擦力作为设计准则。高强度螺栓的预拉力和摩擦面间的抗滑移系数直接影响到高强度螺栓连接的承载力。

3-5　高强度螺栓摩擦型连接的性能及计算

1. 高强度螺栓的预拉力

1）预拉力的控制方法

高强度螺栓的预拉力是通过扭紧螺帽实现的。一般采用扭矩法、转角法和扭剪法。

扭矩法：采用可直接显示扭矩的特制扳手，根据事先测定的扭矩和螺栓拉力之间的关系施加扭矩，使之达到预定的预拉力。

转角法：分初拧和终拧两步。初拧是用普通扳手拧紧螺栓，使被连接构件相互紧密贴合，终拧就是以初拧的贴紧位置为起点，根据按螺栓直径和板叠厚度所确定的终拧角度，用强有力的扳手旋转螺母，拧至预定角度值时，螺栓的拉力即达到了所需的预拉力数值。

扭剪法：用于扭剪型高强度螺栓，该螺栓尾部设有梅花头（图3-55），拧紧螺帽时，对螺母施加顺时针力矩，对螺栓十二角体施加大小相等的逆时针力矩，使螺栓断颈部分承受扭剪，靠拧断螺栓梅花头切口处的截面来控制预拉力值，相应的安装力矩即为拧紧力矩。

2）预拉力的确定

高强度螺栓的设计预拉力 P 由下式计算得到：

$$P=\frac{0.9\times0.9\times0.9}{1.2}f_u\cdot A_e=0.608f_uA_e \quad (3-42)$$

式中　f_u——螺栓材料经热处理后的最低抗拉强度，对于8.8级螺栓，$f_u=830N/mm^2$；对于10.9级，$f_u=1040N/mm^2$；

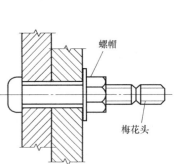

图3-55　扭剪型高强度螺栓

A_e——高强度螺栓的有效截面积，见附表8-1。

公式（3-42）中的系数考虑了以下几个因素：

（1）螺栓材料抗力的变异性，引入折减系数0.9；

（2）为补偿预拉力损失超张拉5%～10%，引入折减系数0.9；

（3）在扭紧螺栓时，扭矩使螺栓产生的剪力将降低螺栓的抗拉承载力，引入折减系数 $1/1.2$；

（4）钢材由于以抗拉强度为准，为安全起见，引入附加安全系数0.9。

各种规格高强度螺栓预拉力的取值见表3-4。

一个高强度螺栓的预拉力设计值 P （kN） 表 3-4

螺栓的承载性能等级	螺栓的公称直径(mm)					
	M16	M20	M22	M24	M27	M30
8.8 级	80	125	150	175	230	280
10.9 级	100	155	190	225	290	355

2. 高强度螺栓连接的摩擦面抗滑移系数 μ

被连接板件之间的摩擦力大小，不仅和螺栓的预拉力有关，还与被连接板件材料及其接触面的表面处理方式有关。高强度螺栓应严格按照施工规程操作，不得在潮湿、淋雨状态下拼装，不得在摩擦面上涂红丹、油漆等，应保证摩擦面干燥、清洁。

《标准》规定高强度螺栓连接的摩擦面抗滑移系数 μ 值见表 3-5。

钢材摩擦面的抗滑移系数 μ 表 3-5

连接处构件接触面的处理方法	构件的钢材牌号		
	Q235 钢	Q355 钢或 Q390 钢	Q420 钢或 Q460 钢
喷硬质石英砂或铸钢棱角砂	0.45	0.45	0.45
抛丸(喷砂)	0.40	0.40	0.40
钢丝刷清除浮锈或未经处理的干净轧制面	0.30	0.35	—

注：1. 钢丝刷除锈方向应与受力方向垂直；
  2. 当连接构件采用不同钢材牌号时，μ 按相应较低强度者取值；
  3. 采用其他方法处理时，其处理工艺及抗滑移系数值均需经试验确定。

3.8.2 高强度螺栓连接的计算

1. 高强度螺栓摩擦型连接抗剪计算

1）单个高强度螺栓摩擦型连接的抗剪承载力设计值

$$N_v^b = 0.9 k n_f \mu P \tag{3-43}$$

式中 N_v^b——一个高强度螺栓的受剪承载力设计值；

  0.9——抗力分项系数 γ_R 的倒数，即 $1/\gamma_R = 1/1.111 = 0.9$；

  k——孔型系数，标准孔取 1.0；大圆孔取 0.85；内力与槽孔长向垂直时取 0.7；内力与槽孔长向平行时取 0.6；

  n_f——传力摩擦面数目；

  μ——摩擦面的抗滑移系数，按钢材摩擦面与涂层摩擦面不同，由表 3-5 取值；

  P——一个高强度螺栓的预拉力设计值，按表 3-4 取值。

2）螺栓群承受轴心剪力作用

（1）在轴心力作用下，高强度螺栓摩擦型连接所需的螺栓数目计算方法与普通螺栓相同，仍采用公式（3-29），只是公式中的 N_{min}^b 采用高强度螺栓摩擦型连接的抗剪承载力设计值 N_v^b，即式（3-43）。

（2）板件净截面强度

普通螺栓连接被连接钢板最危险截面在第一排螺栓孔处。高强度螺栓摩擦型连接时，一部分剪力已由孔前接触面传递（图 3-56）。一般孔前传力占该排螺栓传力的 50%。这样截面 1-1 净截面传力为：

$$N' = N - 0.5\frac{N}{n} \times n_1 = N\left(1 - \frac{0.5n_1}{n}\right) \tag{3-44}$$

式中　n——连接一侧的螺栓总数；

　　　n_1——计算截面上的螺栓数。

净截面强度：

$$\sigma_n = \frac{N'}{A_n} \leqslant f \tag{3-45}$$

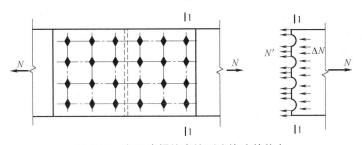

图 3-56　高强度螺栓摩擦型连接孔前传力

【**例题 3-11**】　双盖板连接——高强度螺栓摩擦型连接承受剪力作用。设计图 3-57 所示双盖板拼接连接。已知：钢材为 Q355，采用 10.9 级高强度摩擦型螺栓连接，螺栓直径 M22，构件接触面采用喷砂处理，此连接承受的轴心力设计值为 $N = 1550\text{kN}$。

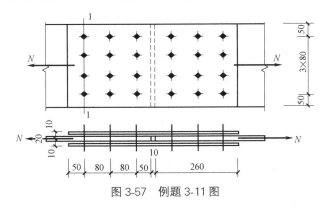

图 3-57　例题 3-11 图

【**分析**】　在轴心力 N 的作用下，整个连接受轴心拉力作用，高强度螺栓承受剪力。

（1）确定所需螺栓数目，并按构造要求排列；

（2）确定盖板截面尺寸，方法同例题 3-8；

（3）验算板件净截面强度。

【**解**】　查表 3-4 和表 3-5 知，10.9 级 M22 螺栓的预拉力 $P = 190\text{kN}$，构件接触面抗滑移系数 $\mu = 0.40$；由附表 1-1，Q355 钢板强度设计值 $f = 295\text{N/mm}^2$。

（1）确定所需螺栓数目和螺栓排列布置

单个螺栓抗剪承载力设计值：

$$N_v^b = 0.9n_f\mu P = 0.9 \times 2 \times 0.40 \times 190 = 136.8\text{kN}$$

则连接一侧所需螺栓数目为：$n \geqslant \dfrac{N}{N_v^b} = \dfrac{1550}{136.8} = 11.3$ 个，取 $n = 12$ 个。

（2）确定连接盖板的截面尺寸

采用双盖板拼接，钢材采用 Q355，截面尺寸为 10mm×340mm，保证盖板截面积之和与被连接钢板截面面积相等。

如图 3-57 所示，螺栓并列布置，连接盖板尺寸为 2—10×340×530，其螺栓的中距、边距和端距均满足构造要求。

（3）验算板件净截面强度，这部分内容属于构件的强度计算。

钢板 1-1 截面强度验算：

$$N'=N-0.5\frac{N}{n}n_1=1550-0.5\times\frac{1550}{12}\times4=1291.7\text{kN}$$

1-1 截面净截面面积：$A_\text{n}=t(b-n_1d_0)=2.0\times(34-4\times2.4)=48.8\text{cm}^2$

则 $\sigma_\text{n}=\dfrac{N'}{A_\text{n}}=\dfrac{1291.7}{48.8}\times10=264.7\text{N/mm}^2<f=295\text{N/mm}^2$，连接满足要求。

2. 高强度螺栓摩擦型连接抗拉计算

1）单个高强度螺栓摩擦型连接的抗拉承载力设计值

试验证明，当外拉力过大时，螺栓将发生松弛现象，这样就丧失了摩擦型连接高强度螺栓的优越性。为避免螺栓松弛并保留一定的余量，因此《标准》规定：每个高强度螺栓在其杆轴方向的外拉力的设计值不得大于 $0.8P$，即：

$$N_\text{t}^\text{b}=0.8P \tag{3-46}$$

2）螺栓群承受轴心拉力作用

高强度螺栓群轴心受时所需螺栓数目：

$$n\geqslant\frac{N}{N_\text{t}^\text{b}} \quad（取整数） \tag{3-47}$$

3）螺栓群承受弯矩作用

高强度螺栓群在弯矩 M 作用下（图 3-58），由于被连接构件的接触面一直保持紧密贴合，可认为受力时中和轴在螺栓群的形心线处。所以在弯矩作用下，最外排螺栓受力最大，应按式（3-48）计算：

$$N_1=\frac{My_1}{\sum y_i^2}\leqslant N_\text{t}^\text{b} \tag{3-48}$$

式中 y_1——螺栓群形心轴至最外排螺栓的距离；

$\sum y_i^2$——形心轴上、下每个螺栓至形心轴距离的平方和。

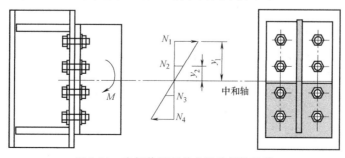

图 3-58 弯矩作用下的高强度螺栓连接

3. 高强度螺栓摩擦型连接同时承受剪力和拉力作用计算

在外拉力的作用下，板件间的挤压力降低，每个螺栓的抗剪承载力也随之减少。另外，由试验知，抗滑移系数随板件间的挤压力的减小而降低。《标准》规定其承载力采用直线相关公式表达：

$$\frac{N_{\mathrm{v}}}{N_{\mathrm{v}}^{\mathrm{b}}}+\frac{N_{\mathrm{t}}}{N_{\mathrm{t}}^{\mathrm{b}}}\leqslant 1 \tag{3-49}$$

式中　N_{v}、N_{t}——单个高强度螺栓所承受的剪力和拉力；

　　　　$N_{\mathrm{v}}^{\mathrm{b}}$——单个高强度螺栓抗剪承载力设计值，$N_{\mathrm{v}}^{\mathrm{b}}=0.9n_{\mathrm{f}}\mu P$；

　　　　$N_{\mathrm{t}}^{\mathrm{b}}$——单个高强度螺栓抗拉承载力设计值，$N_{\mathrm{t}}^{\mathrm{b}}=0.8P$。

【例题 3-12】 柱与梁连接——高强度螺栓摩擦型连接承受弯矩、剪力和轴力共同作用。如图 3-59 所示，高强度螺栓摩擦型连接承受 M、V、N 共同作用，图中内力均为设计值。被连接构件的钢材为 Q235B，螺栓为 10.9 级 M20，接触面采用喷砂处理，验算此连接的承载力是否满足。

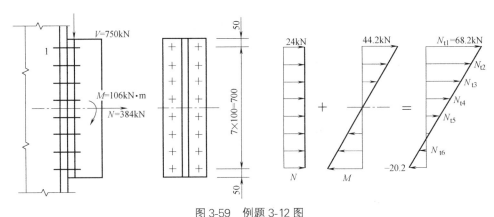

图 3-59　例题 3-12 图

【分析】 高强度螺栓摩擦型连接承受 M、V、N 共同作用，此时螺栓在受拉的同时受剪，其承载力应满足公式（3-49）。解题关键有两点：①弄清楚高强度螺栓和普通螺栓受弯矩作用时中和轴位置的区别；②找出最危险螺栓，按公式（3-49）验算该螺栓。

【解】

（1）单个高强度螺栓摩擦型连接抗剪，抗拉承载力设计值

$N_{\mathrm{v}}^{\mathrm{b}}=0.9n_{\mathrm{f}}\mu P=0.9\times 1\times 0.45\times 155=62.775\mathrm{kN}$

$N_{\mathrm{t}}^{\mathrm{b}}=0.8P=0.8\times 155=124\mathrm{kN}$

（2）求危险螺栓的受力

螺栓同时受 V、M 和 N 作用，螺栓 1 受力最大。

$$N_1^{\mathrm{M}}=\frac{My_1}{m\sum y_i^2}=\frac{106\times 10^3\times 350}{2\times 2(50^2+150^2+250^2+350^2)}=44.2\mathrm{kN}$$

$$N_1^{\mathrm{N}}=\frac{N}{n}=\frac{384}{16}=24\mathrm{kN}$$

$$N_{1\mathrm{t,max}}=N_1^{\mathrm{N}}+N_1^{\mathrm{M}}=24+44.2=68.2\mathrm{kN}$$

$$N_1^V = \frac{V}{n} = \frac{750}{16} = 46.88\text{kN}$$

（3）承载力验算

$$\frac{N_v}{N_v^b} + \frac{N_t}{N_t^b} = \frac{46.88}{62.775} + \frac{68.2}{124} = 0.75 + 0.55 = 1.3 > 1，连接不安全。$$

4. 高强度螺栓承压型连接的计算

高强度螺栓承压型连接以螺栓杆被剪断或孔壁挤压破坏为承载能力的极限状态，可能的破坏形式和普通螺栓相同。

（1）在抗剪连接中，高强度螺栓承压型连接的承载力设计值的计算方法与普通螺栓相同，只是采用高强度螺栓的抗剪、承压设计值。但当剪切面在螺纹处时，其受剪承载力设计值应按螺纹处的有效面积进行计算，即 $N_v^b = n_v \cdot \dfrac{\pi d_e^2 f_v^b}{4}$，$f_v^b$ 为高强度螺栓的抗剪设计值。

（2）在受拉连接中，承压型连接的高强度螺栓抗拉承载力设计值的计算方法与普通螺栓相同，按式（3-36）进行计算。

（3）同时承受剪力和拉力的连接中高强度螺栓承压型连接应按下式计算：

$$\sqrt{\left(\frac{N_v}{N_v^b}\right)^2 + \left(\frac{N_t}{N_t^b}\right)^2} \leqslant 1 \tag{3-50}$$

$$N_v \leqslant N_c^b/1.2 \tag{3-51}$$

式中　1.2——折减系数，高强度螺栓承压型连接在施加预拉力后，板的孔前有较高的三向压应力，使板的局部挤压强度大大提高，因此 N_c^b 比普通螺栓高；但当施加外拉力后，板件间的局部挤压力随外拉力增大而减小，螺栓的 N_c^b 也随之降低且随外力变化；为计算简便，取固定值 1.2 考虑其影响。

本章小结

本章主要内容包括对接焊缝、角焊缝、普通螺栓、高强度螺栓连接的构造和计算。在学习本章内容时，应结合所学的力学知识，熟练掌握各种常用连接在外力作用下的受力分析方法，理解各连接应满足的构造要求。

1. 焊接连接是钢结构常用的连接方法，焊条型号有 E43、E50 和 E55 系列，钢结构的焊条应与主体金属强度相适应，当不同钢种的钢材连接时，宜采用与较低强度的钢材相适应的焊条。

2. 对接焊缝可用于对接连接、T 形连接和角接连接中。对接焊缝受力时，其计算截面上的应力状态与母材相同。对接焊缝在外力作用下的计算方法，实际上与构件强度的计算相同。

3. 角焊缝构造主要包括焊脚尺寸、焊缝长度及焊缝搭接，深刻理解角焊缝构造要求的含义，是角焊缝计算的重要基础。

4. 角焊缝计算时，关键是应力性质的判定。对于角焊缝在各种力作用下引起应力的性质，应该通过产生应力的方向与焊缝长度方向的相对位置关系判断决定。

5. 螺栓连接计算包括轴心力或扭矩作用下的受剪计算、轴心拉力或弯矩作用下的受拉计算，以及几种力共同作用下的拉剪计算。在剪力作用下，普通螺栓连接和高强度螺栓摩擦型连接极限状态的不同，所以一个螺栓的抗剪承载力设计值公式不同。承受剪力作用时，对高强度螺栓摩擦型连接而言，计算最危险截面螺孔处的板件净截面强度时，需考虑一部分剪力已由孔前接触面传递。

6. 普通螺栓群在弯矩作用下，其受拉区最外排螺栓受到最大拉力，与螺栓群拉力相平衡的压力产生于下部的接触面上，取中和轴在弯矩指向一侧第一排螺栓处。高强度螺栓群在弯矩作用下，由于被连接构件的接触面一直保持紧密贴合，取中和轴在螺栓群的形心轴处。

7. 判断受弯、受扭是角焊缝（螺栓）计算的一个难点。当直接作用的力矩或由偏心力引起的力矩所作用的平面与焊缝群（螺栓群）所在平面垂直时，焊缝（螺栓）受弯；当直接作用的力矩或由偏心力引起的力矩所作用的平面与焊缝群（螺栓群）所在平面平行时，焊缝（螺栓）受扭。

8. 高强度螺栓连接计算分摩擦型连接和承压型连接两种。就螺栓本身来说无摩擦型和承压型之分，只是采用的设计极限状态不同，承压型用于承受静力荷载和间接承受动力荷载结构中的连接。

思考与练习题

3-1　钢结构连接的方法有哪些？分别有哪些特点？

3-2　什么是正面角焊缝和侧面角焊缝？它们有何特点？

3-3　角焊缝有哪些构造要求？

3-4　图示 3-60 的角焊缝在荷载 P 的作用下，最危险的点是哪一个？

3-5　普通螺栓受剪连接时有哪几种破坏形式？如何防止这几种破坏形式？

3-6　高强度螺栓连接分哪两种类型？它们的承载能力极限状态有何不同？

3-7　在弯矩作用下，普通螺栓连接和高强度螺栓摩擦型连接计算上有何不同？

3-8　如图 3-61，T 形牛腿与柱采用对接焊缝连接，承受的荷载设计值 $N = 150\text{kN}$，材料为 Q355 钢，手工焊，焊条为 E50 型，焊缝质量等级为三级，验算此连接的强度是否满足。

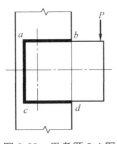

图 3-60　思考题 3-4 图

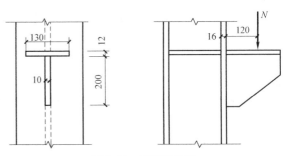

图 3-61　习题 3-8 图

3-9　角钢与节点板采用三围角焊缝连接，如图 3-62 所示，钢材为 Q235 钢，焊条为

E43 型，采用手工焊，承受的静力荷载设计值 $N=850\text{kN}$，试设计所需焊缝的焊脚尺寸和焊缝长度。

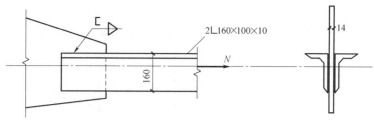

图 3-62　习题 3-9 图

3-10　图 3-63 所示，盖板与被连接钢板间采用三面围焊连接，焊脚尺寸 $h_f=8\text{mm}$，承受轴心拉力设计值 $N=1000\text{kN}$。钢材为 Q235-B，焊条为 E43 型，设计盖板的尺寸。

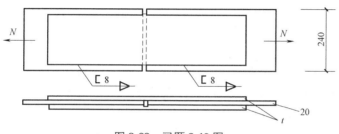

图 3-63　习题 3-10 图

3-11　如图 3-64 所示，钢板与柱翼缘用直角角焊缝连接，钢材为 Q235 钢，手工焊，E43 型焊条，承受斜向力设计值 $F=390\text{kN}$（静载），$h_f=8\text{mm}$。试校核此焊缝的构造要求并验算此焊缝是否安全。

3-12　图示 3-65 角钢两边用角焊缝与柱相连，钢材 Q355B，焊条为 E50 型，手工焊，承受静力荷载设计值 $F=300\text{kN}$，试确定焊脚尺寸（转角处绕焊 $2h_f$，可不计焊口的影响）。

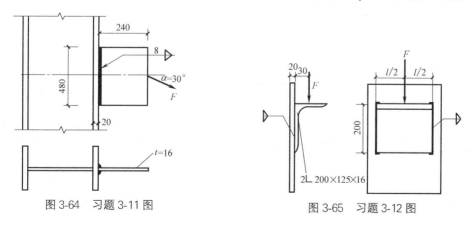

图 3-64　习题 3-11 图　　　　　图 3-65　习题 3-12 图

3-13　试设计图 3-66 中的粗制螺栓连接，钢材为 Q235B，荷载设计值 $F=100\text{kN}$，$e_1=300\text{mm}$。

3-14　C 级普通螺栓连接如图 3-67 所示，构件钢材为 Q235 钢，螺栓直径 $d=20\text{mm}$，孔径 $d_0=21.5\text{mm}$，承受静力荷载设计值 $V=240\text{kN}$。试按下列条件验算此连接是否安全。(1)假定支托承受剪力；(2)假定支托不受力。

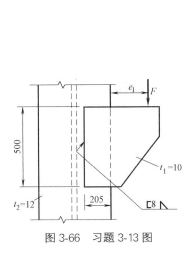

图 3-66　习题 3-13 图

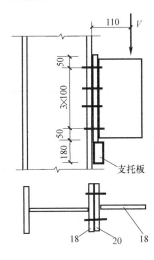

图 3-67　习题 3-14 图

3-15　如图 3-68 所示，钢板采用双盖板连接，构件钢材为 Q355 钢，螺栓为 10.9 级高强度螺栓摩擦型，接触面喷砂处理，螺栓直径 $d=20\text{mm}$，孔径 $d_0=22\text{mm}$，试计算此连接所能承受的最大轴心力设计值 F。

3-16　牛腿用连接角钢 $2\llcorner 100\times20$ 及 M22 高强度螺栓（10.9 级）摩擦型与柱相连，螺栓布置如图 3-69 所示，钢材为 Q235 钢，接触面采用喷砂处理，承受的偏心荷载设计值 $F=150\text{kN}$，支托板仅起临时安装作用，分别验算角钢两肢上的螺栓强度是否满足。

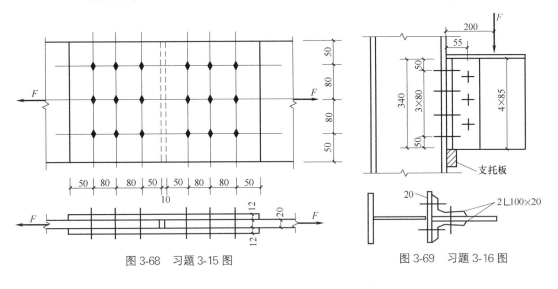

图 3-68　习题 3-15 图　　　　　　　　图 3-69　习题 3-16 图

第4章　轴心受力构件

本章要点及学习目标

本章要点：
(1) 实腹式与格构式轴心受力构件的截面形式与构造特点；
(2) 轴心受力构件强度和刚度计算和设计要求；
(3) 轴心受压构件的整体稳定与局部稳定基本概念，整体稳定性与局部稳定性主要影响因素；
(4) 轴心受压构件整体稳定性计算方法；
(5) 轴心受压构件局部稳定性计算方法。
学习目标：
(1) 掌握轴心受力构件的强度和刚度计算与设计方法；
(2) 理解轴心受压构件失稳机理，理解整体失稳、局部失稳的主要影响因素；
(3) 掌握实腹式轴心受压构件的设计方法；
(4) 掌握格构式轴心受压构件的设计方法。

4.1　概述

构件各处截面的形心连接成一条轴心线，当构件仅承受通过轴心线的轴向力时，称为轴心受力构件。当轴向力为拉力时，称为轴心受拉构件；当轴向力为压力时，称为轴心受压构件。在屋架、托架等各种平面和空间桁架、网架、网壳和塔架结构中，其组成杆件若采用铰接节点且仅承受节点力时，一般即认为是轴心受力构件。此外，各种支撑系统也常由轴心受力构件组成。支承屋盖、楼盖或工作平台的竖向受压构件通常称为柱，包括轴心受压柱。柱通常由柱头、柱身和柱脚三部分组成，如图 4-1 所示。柱头支承上部结构并将其荷载传给柱身，柱脚则把荷载由柱身传给基础。本章主要介绍柱身的受力性能、设计原理和设计方法。

轴心受力构件按其截面组成形式，可分为实腹式构件（图 4-1a）和格构式构件（图 4-1b、c）两类。实腹式构件具有整体连通的截面，构造简单，制作方便。常见的有三种截面形式。第一种是热轧型钢截面（图 4-2a），如圆钢、圆管、方管、角钢、工字钢、T 型钢、H 型钢和槽钢等；第二种是冷弯薄壁型钢截面（图 4-2b），如卷边和不卷边的角钢、槽钢或方管；第三种是型钢或钢板连接而成的组合截面（图 4-2c）。格构式构件一般由两个或多个分肢用缀材相连组成，采用较多的是两分肢格构式构件。在格构式构件截面中，通过分肢腹板的主轴叫作实轴，通过缀材平面的主轴叫作虚轴。分肢通常采用轧制槽

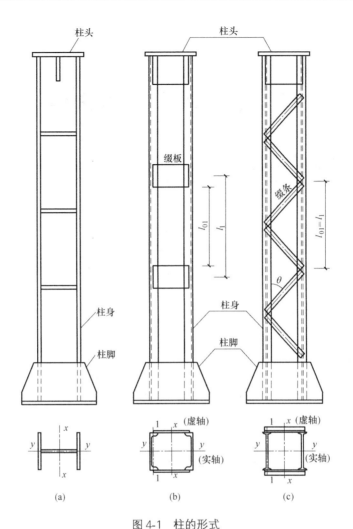

图 4-1　柱的形式

(a) 实腹式柱；(b) 缀板式格构柱；(c) 缀条式格构柱

钢或工字钢，承受荷载较大时可采用焊接工字形或槽形组合截面（图 4-2d）。缀材分缀条和缀板两种，一般设置在分肢翼缘两侧平面内，其作用是将各分肢连成整体，使其共同受力，并承受绕虚轴弯曲时产生的剪力。缀条常采用单角钢，与分肢翼缘连接组成桁架体系，使承受横向剪力时有较大的刚度。缀板常采用钢板，必要时也可采用型钢，与分肢翼缘连接组成刚架体系。格构式构件可调节分肢间距以实现两主轴方向的等稳定性，刚度较大，抗扭性能较好，用料较省，但相比于实腹式构件受力整体性和抗剪性能差。在普通桁架中，轴心受力构件常采用两个等边或不等边角钢组成的 T 形截面或十字形截面，也可采用圆管、方管、工字钢、H 型钢和 T 型钢等截面。轻型桁架的杆件可以采用单角钢、圆钢或冷弯薄壁型钢等截面。受力较大的轴心受力构件（如轴心受压柱），通常采用实腹式或双轴对称格构式截面，实腹式构件一般是组合截面，有时也采用轧制 H 型钢或圆管截面。轴心受力构件截面选型的原则是：①用料经济；②形状简单，便于制作；③便于与其他构件连接。

进行轴心受力构件设计时，必须满足强度和刚度要求；轴心受压构件还应满足整体稳定和局部稳定要求。

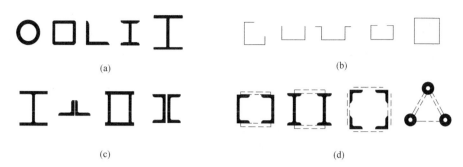

图 4-2 轴心受力构件的截面形式

(a) 普通桁架杆件截面；（b）轻型桁架杆件截面；（c）实腹式构件截面；（d）格构式构件截面

4.2 轴心受力构件的强度和刚度

4.2.1 强度计算

在轴心拉力 N 作用下，无孔洞等削弱的轴心受拉构件截面上产生均匀拉伸应力，当构件的平均应力达到钢材的屈服强度 f_y 时，由于构件产生较大塑性变形，将使构件达到不适于继续承载的变形的极限状态。因此，轴心受拉构件需要考虑毛截面屈服进行强度计算：

$$\sigma = \frac{N}{A} \leqslant f \tag{4-1}$$

式中 N——构件的轴心力设计值；

f——钢材抗拉强度设计值或抗压强度设计值；

A——构件的毛截面面积。

对有孔洞等削弱的轴心受拉构件（图 4-3），在孔洞处截面上的应力分布是不均匀的，孔周边产生应力集中现象。在弹性阶段，孔壁边缘的最大应力 $\sigma_{\max}$ 远大于构件毛截面平均应力 σ_0。若轴心力继续增加，当孔壁边缘的最大应力达到材料的屈服强度以后，应力不再继续增加而截面发展塑性变形，应力渐趋均匀。应力集中对于构件的静力强度没有影响。当轴心力增加到使构件净截面平均应力达到钢材抗拉强度 f_u 时，孔洞附近容易首先出现裂缝，构件达到最大承载能力极限状态。因此，轴心受拉构件同时需要考虑净截面断裂进行强度计算：

$$\sigma = \frac{N}{A_n} \leqslant 0.7 f_u \tag{4-2}$$

式中 A_n——构件的净截面面积；

0.7——考虑钢材抗拉强度抗力分项系数的系数。

对于轴心受压构件，即便有孔洞削弱截面，只要有螺栓填充孔洞，可不必验算净截面强度，截面强度按式（4-1）计算。但含有虚孔的构件尚需在孔心所在截面按式（4-2）

4-1 轴心受力构件及其强度、刚度

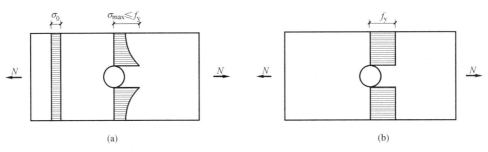

图 4-3　受孔洞削弱截面处应力分布

(a) 弹性状态；(b) 极限状态

计算。

对于高强度螺栓摩擦型连接的构件，可以认为连接传力所依靠的摩擦力均匀分布于螺孔四周，故在孔前接触面已传递一半的力（图 4-4）。因此，最外列螺栓处危险截面的净截面强度应按下式计算：

$$\sigma = \left(1 - 0.5\,\frac{n_1}{n}\right)\frac{N}{A_n} \leqslant 0.7 f_u \tag{4-3}$$

式中　n——在节点或拼接处，构件一端连接的高强度螺栓数目；

n_1——所计算截面（最外列螺栓处）上高强度螺栓数目；

0.5——孔前传力系数。

此外，还应按式（4-1）验算毛截面强度。

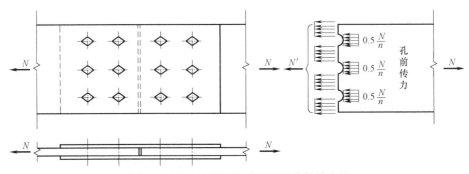

图 4-4　轴心力作用下摩擦型高强度螺栓连接

桁架（或塔架）的单角钢腹杆，当以一个肢连接于节点板计算构件中部截面强度时考虑受力偏心，拉力 N 应乘以放大系数 1.15。当构件组成板件在节点或拼接处截面并非全部直接传力时，应考虑截面上正应力分布不均匀，对危险截面的面积乘以有效截面系数 η，不同构件截面形式和连接方式的 η 值如表 4-1 所示。

轴心受力构件节点或拼接处危险截面有效截面系数　　　　表 4-1

构件截面形式	连接形式	η	图　例
角钢	单边连接	0.85	

续表

构件截面形式	连接形式	η	图 例
工字形、H 形	翼缘连接	0.90	
	腹板连接	0.70	

焊接构件和轧制型钢构件均会产生残余应力，但残余应力在构件内是自相平衡的内应力，在轴力作用下，除了使构件部分截面较早地进入塑性状态外，并不影响构件的极限承载力。所以，在验算轴心受力构件强度时，不必考虑残余应力的影响。

4.2.2 刚度计算

当轴心受力构件刚度不足时，在处于非竖直位置时，本身自重作用下容易产生过大的挠曲；在动力荷载作用下容易产生较大振动；在运输和安装过程中容易产生弯曲或过大变形。这些导致轴心受力构件无法满足正常使用极限状态的要求。因此，设计时应确保轴心受力构件具有一定的刚度。轴心受力构件的刚度通常用长细比 λ（计算长度 l_0 与构件截面回转半径 i 的比值）来衡量，因此，对轴心受力构件的刚度要求是保证其最大长细比 $\lambda_{\max}$ 不超过构件的容许长细比 $[\lambda]$，即：

$$\lambda_{\max} = (l_0/i)_{\max} \leqslant [\lambda] \tag{4-4}$$

式中，l_0 为构件的计算长度。拉杆的计算长度取节点之间的距离；压杆的计算长度取节点间距离 l 与计算长度系数 μ 的乘积，单根构件的计算长度系数取决于其两端支承情况（表 4-4），桁架和框架构件的计算长度系数与其两端相连构件的刚度有关。i 为截面的回转半径，控制长细比时按毛截面计算。

当截面主轴在倾斜方向时（如单角钢截面和双角钢十字形截面），其主轴常标为 x_0 轴和 y_0 轴，应计算 $\lambda_{x0} = l_{0x}/i_{x0}$ 和 $\lambda_{y0} = l_{0y}/i_{y0}$，取其中的较大值；或只计算其中的最大长细比 $\lambda_{\max} = l_0/i_{\min}$。

构件的容许长细比 $[\lambda]$ 是按构件的受力性质、构件类别和荷载性质确定的。对于受压构件，如果因为刚度不足，一旦发生弯曲变形后，因变形而增加的附加弯矩影响远比受拉构件严重，长细比过大，会使稳定承载力降低太多，因而其容许长细比 $[\lambda]$ 限制更严。直接承受动力荷载的受拉构件也比承受静力荷载或间接承受动力荷载的受拉构件不利，其容许长细比 $[\lambda]$ 限制也较严。受压构件的容许长细比 $[\lambda]$ 不宜超过表 4-2，受拉构件的容许长细比 $[\lambda]$ 不宜超过表 4-3。

设计轴心受拉构件时，应对所选截面进行强度和刚度计算。设计轴心受压构件时，除使截面满足强度和刚度要求外尚应满足构件整体稳定和局部稳定要求。工程实际中只有长细比很小及截面受孔洞削弱的轴心受压构件，才首先发生强度破坏。一般情况下，由整体稳定控制其承载力。轴心受压构件丧失整体稳定常常是突发性的，容易造成严重后果，应予以特别重视。

受压构件的容许长细比　　　　　　　　　　　　　　　表 4-2

构件名称	容许长细比
轴心受压柱、桁架和天窗架中的压杆	150
柱的缀条、吊车梁或吊车桁架以下的柱间支撑	150
支撑	200
用以减小受压构件计算长度的杆件	200

注：1. 当杆件内力设计值不大于承载能力的 50% 时，容许长细比值可取 200；
　　2. 计算单角钢受压构件的长细比时，应采用角钢的最小回转半径，但计算在交叉点相互连接的交叉杆件平面外的长细比时，可采用与角钢肢边平行轴的回转半径；
　　3. 跨度等于或大于 60m 的桁架，其受压弦杆、端压杆和直接承受动力荷载的受压腹杆的长细比不宜大于 120；
　　4. 验算容许长细比时，可不考虑扭转效应。

受拉构件的容许长细比　　　　　　　　　　　　　　　表 4-3

构件名称	承受静力荷载或间接承受动力荷载的结构			直接承受动力荷载的结构
	一般建筑结构	对腹杆提供平面外支点的弦杆	有重级工作制起重机的厂房	
桁架的构件	350	250	250	250
吊车梁或吊车桁架以下柱间支撑	300	—	200	
除张紧的圆钢外的其他拉杆、支撑、系杆等	400	—	350	—

注：1. 除对腹杆提供平面外支点的弦杆外，承受静力荷载的结构受拉构件，可仅计算竖向平面内的长细比；
　　2. 在直接或间接承受动力荷载的结构中，单角钢受拉构件长细比的计算方法与表 4-2 注 2 相同；
　　3. 中级、重级工作制吊车桁架下弦杆的长细比不宜超过 200；
　　4. 在设有夹钳或刚性料耙等硬钩起重机的厂房中，支撑的长细比不宜超过 300；
　　5. 受拉构件在永久荷载与风荷载组合作用下受压时，其长细比不宜超过 250；
　　6. 跨度等于或大于 60m 的桁架，其受拉弦杆和腹杆的长细比，承受静力荷载或间接承受动力荷载时不宜超过 300，直接承受动力荷载时不宜超过 250。

4.3　轴心受压构件的整体稳定

4.3.1　轴心受压构件整体失稳概述

4-2　轴心受压构件的稳定

　　无缺陷的轴心受压构件（称理想或完善的轴心受压构件），当轴心压力 N 较小时，构件只产生轴向压缩变形，保持直线平衡状态。此时如有微小干扰力会使构件产生微小弯曲或扭转或弯曲和扭转耦合的变形，但当干扰力撤除后，构件将恢复到原来的直线平衡状态，此时的平衡是稳定的。当轴心压力 N 较大时，一旦施加微小干扰，构件发生弯曲变形或者扭转变形或者弯曲和扭转耦合的变形，且这种变形迅速增大而使构件丧失承载能力，这种现象称为构件的失稳或屈曲。当轴心压力 N 达到一定值时，如果施加干扰，构件发生微弯或微扭或微小的弯扭变形，但当干扰力撤除后，构件仍不能恢复到原来的直线平衡状态，这种从直线平衡状态过渡到微弯曲、微扭转或微小弯扭变形的平衡状态的现象称为平衡状态的分岔，此时构件的平衡处在从稳定平衡过渡到不稳定平衡的临界状态，称为随遇平衡或中性平衡。中性平衡时的轴心压力称为临界力 N_{cr}，相应的截面平均应力称为临界应力 σ_{cr}。理想轴心受压构件发生失稳时，构件的变形发生了性质上的变化，即构件不仅发生轴向压缩变形，而且发生横向的弯曲变形或者绕轴心线的扭转变形或者弯扭耦合变形，这些变形在作用方向上与轴心压力是正交的，可以视作失稳变形，且这种变形的变化带有突然性。结构丧失稳定时，变形的性质发生突然变化，平衡状态发生改变，称为第一类稳定问题或称为分岔点失稳。

对于工程上常用的双轴对称截面轴心受压构件，失稳时构件发生弯曲，呈现弯曲失稳或弯曲屈曲（图 4-5a）。对某些抗扭刚度较差的轴心受压构件（如十字形截面），失稳时构件发生绕轴心线的扭转，呈现扭转失稳或扭转屈曲（图 4-5b）。截面为单轴对称（如 T 形截面）的轴心受压构件绕对称轴失稳时，由于截面形心与截面剪切中心（即构件弯曲时截面剪应力合力作用点通过的位置）不重合，在发生弯曲变形的同时截面剪力未通过截面剪心，产生扭矩，使构件必然伴随发生扭转变形，称为弯扭失稳或弯扭屈曲（图 4-5c）。截面没有对称轴的轴心受压构件，其失稳形态也属弯扭失稳。

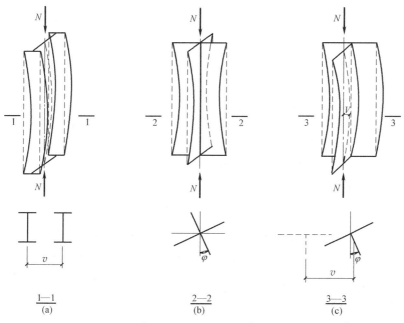

图 4-5　轴心受压构件的失稳形式
（a）弯曲失稳；（b）扭转失稳；（c）弯扭失稳

4.3.2　理想轴心受压构件的整体稳定计算

1. 弹性弯曲失稳

不存在初始弯曲、荷载初始偏心以及残余应力等初始缺陷的轴心受压构件称为理想轴心受压构件。对于一两端铰接的理想等截面构件（图 4-6），当轴心压力 N 达到临界值时，处于微弯的临界平衡状态。在弹性情况下，由内外力矩平衡条件，可建立平衡微分方程：

$$EI\frac{\mathrm{d}^2 y}{\mathrm{d}x^2}+Ny=0 \qquad (4\text{-}5)$$

式中 E——钢材弹性模量；

$\quad I$——截面惯性矩。

令 $N/EI=k^2$，则微分方程通解为：

$$y=A\sin kx+B\cos kx \qquad (4\text{-}6)$$

由两端铰接的边界条件，当 $x=0$ 和 $x=l$ 时均有 $y=0$，可得 $B=0$ 以及 $A\sin kl=0$。对于 $A\sin kl=0$ 有三种情况：

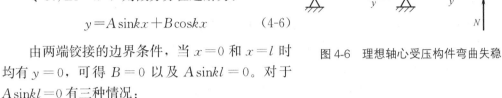

图 4-6 理想轴心受压构件弯曲失稳

（1）$A=0$，此时构件挠度 y 始终为 0，即处在直线平衡状态，与构件微弯的平衡状态假设不符合。

（2）$k=0$，即 $N=0$，与构件承受临界压力的假设不符合。

（3）$\sin kl=0$，即 $kl=n\pi$，当 $n=1$ 时有最小的 k，此时构件处于正弦半波的弯曲形态，得到临界荷载为：

$$N_{\mathrm{cr}}=\pi^2 EI/l^2 \qquad (4\text{-}7)$$

式（4-7）是由欧拉（L. Euler）于 1744 年建立的，称为欧拉公式，N_{cr} 也称欧拉荷载，常记为 N_{E}。

当两端约束情况并非铰接时，可用计算长度 $l_0=\mu l$ 替代式（4-7）中的几何长度 l，各种端部约束条件时的计算长度系数 μ 值如表 4-4 所示。表中分别列出了理论值和建议值，后者是考虑到实际约束与理想约束有所差异而作出的修正。计算长度 l_0 的几何意义是构件弯曲失稳时变形曲线反弯点间的距离。

相应欧拉临界应力为：

$$\sigma_{\mathrm{cr}}=N_{\mathrm{cr}}/A=\pi^2 E/\lambda^2 \qquad (4\text{-}8)$$

式中，$\lambda=l_0/i$ 为构件的长细比，$i=\sqrt{I/A}$ 为截面的回转半径，按毛截面计算。

从欧拉公式可以看出，轴心受压构件弯曲失稳临界力随抗弯刚度的增加和构件长度的减小而增大，而与材料的抗压强度无关，因此对于长细比较大的轴心受压构件，其临界应力较低，采用高强度钢材并不能提高其稳定承载力。

| 轴心受压构件的计算长度系数 | | | | | | 表 4-4 |

两端支承情况	两端铰接	上端自由下端固定	上端铰接下端固定	两端固定	上端可移动但不转动下端固定	上端可移动但不转动下端铰接
计算长度 $l_0=\mu l$ μ 为理论值	1.0	2.0	0.7	0.5	1.0	2.0
μ 的设计建议值	1	2	0.8	0.65	1.2	2

2. 非弹性弯曲失稳

在欧拉公式的推导中，假定材料始终处于弹性状态，其变形模量为弹性模量 E 不变。事实上，当截面应力超过钢材的比例极限 f_p 后，钢材变形模量应采用切线模量 $E_t = d\sigma/d\varepsilon$（由钢材应力-应变曲线决定），不再是常量。

1889 年恩格塞尔（Engesser），用切线模量 E_t 代替欧拉公式中的弹性模量 E，将欧拉公式推广应用于非弹性范围，即：

$$N_t = \frac{\pi^2 E_t I}{l_0^2} = \frac{\pi^2 E_t A}{\lambda^2} \tag{4-9}$$

相应的切线模量临界应力为：

$$\sigma_{cr,t} = \frac{\pi^2 E_t}{\lambda^2} \tag{4-10}$$

恩格塞尔（1895 年）和卡门（Karman，1910 年）考虑到轴心受压构件在弹塑性状态由直线形态变化到微弯形态时，构件凸面因弯曲卸载，应力水平低于 f_p，仍应采用弹性模量 E；构件凹面因弯曲加载，应力水平高于 f_p，应采用切线模量 E_t，从而提出了考虑截面两种模量 E 和 E_t 的双模量理论，也叫折算模量理论。临界荷载与欧拉公式类似推导：

$$N_r = \pi^2 E_r I / l^2 = \pi^2 \frac{I}{l^2} \frac{EI_1 + E_t I_2}{I} = \pi^2 \frac{EI_1 + E_t I_2}{l^2} \tag{4-11}$$

式中　I_1、I_2——分别为截面凸边（弹性区域）和凹边（非弹性区域）对中和轴的惯性矩；

　　　E_r——折算模量。

后来发现，双模量理论计算结果比试验值偏高，而切线模量理论计算结果却与试验值更为接近。香莱（Shanley，1947 年）用模型解释了这个现象，指出切线模量临界应力是轴心受压构件弹塑性屈曲应力的下限，双模量临界应力是其上限，切线模量临界应力更接近实际的弹塑性屈曲应力。因此，切线模量理论更有实用价值。

3. 弹性扭转失稳

双轴对称的十字形截面轴心受压构件，在轴力 N 作用下，除可能发生绕两个对称轴 x 轴和 y 轴的弯曲失稳外，还可能绕构件形心轴 z 轴发生扭转失稳。在介绍理想轴心受压构件扭转失稳的计算之前，先简要介绍构件扭转的相关知识。钢结构工程中实腹式构件，其组成板件的宽厚比（或高厚比）常大于 10，属薄壁构件。非圆形截面构件扭转时，原先为平面的截面不再保持平面而发生翘曲。构件在扭转时其截面可以自由翘曲的，这种扭转称为自由扭转；若截面翘曲受到约束的扭转则称为约束扭转。在自由扭转时，自由扭转扭矩 M_t 和扭转率 φ'（单位构件长度的扭转角）的关系为：

$$M_t = GI_t \varphi' \tag{4-12}$$

式中　GI_t——扭转刚度；

　　　G——材料剪变模量；

　　　I_t——截面抗扭惯性矩。

对于由几个狭长矩形截面组成的开口薄壁截面，其抗扭惯性矩为：

$$I_t = \frac{k}{3} \sum_{i=1}^{n} b_i t_i^3 \tag{4-13}$$

式中 b_i、t_i——第 i 块板件的宽度和厚度；

k——考虑各组成截面实际是连续的影响而引入的增大系数，对双轴对称工字形截面取 1.30，对单轴对称工字形截面取 1.25，对 T 形截面取 1.20，对角钢取 1.0。

约束扭矩（翘曲扭矩）M_ω 采用下式计算：

$$M_\omega = EI_\omega \varphi'''$$ (4-14)

式中 EI_ω——构件的翘曲刚度；

I_ω——截面的翘曲常数（扇性惯性矩）。

单轴对称工字形截面按下式计算：

$$I_\omega = \frac{I_1 I_2}{I_y} h^2$$ (4-15)

式中 I_1、I_2——分别为较大翼缘和较小翼缘对工字形截面对称轴 y 轴的惯性矩；

I_y——整个截面对 y 轴的惯性矩；

h——上、下翼缘板件形心间距。

由式（4-15）可知，双轴对称工字形截面 $I_\omega = I_y h^2/4$，T 形截面 $I_\omega = 0$。此外，对于十字形截面和角形截面也可取 $I_\omega = 0$。

对于构件两端为简支，并且端部可以自由翘曲，但不能绕 z 轴转动的情况（称为夹支边界条件），由构件微扭时的平衡状态，建立内、外扭矩的平衡微分方程：

$$-EI_\omega \varphi''' + GI_t \varphi' - Ni_0^2 \varphi' = 0$$ (4-16)

解方程，引入边界条件可得临界荷载 N_{zcr} 为：

$$N_{zcr} = (\pi^2 EI_\omega / l_\omega^2 + GI_t)/i_0^2$$ (4-17)

式中 l_ω——构件对应扭转失稳的计算长度；

i_0——截面对剪切中心的极回转半径，$i_0^2 = i_x^2 + i_y^2$。

为使扭转失稳临界力与弯曲失稳临界力有相同的表达式，可令 $N_{zcr} = \pi^2 EA/\lambda_z^2$，即可得到扭转失稳换算长细比 λ_z，即：

$$\lambda_z = \sqrt{Ai_0^2/[I_\omega/l_\omega^2 + GI_t(\pi^2 E)]} = \sqrt{Ai_0^2/(I_\omega/l_\omega^2 + I_t/25.7)}$$ (4-18)

对于双轴对称十字形截面，因 $I_\omega = 0$，由上式计算可得：

$$\lambda_z = 5.07b/t$$ (4-19)

式中，b 和 t 分别为悬伸板件的宽度和厚度。为避免双轴对称十字形截面构件发生扭转失稳，要求 λ_x 和 λ_y 均不得小于 $5.07b/t$。

4. 弹性弯扭失稳

图 4-5 (c) 所示单轴对称 T 形截面轴心受压构件，在轴向力 N 作用下，绕对称轴（y 轴）失稳时为弯扭失稳。假定构件端部为简支，且端部截面可以自由翘曲，但不能绕 z 轴转动。根据构件在临界状态发生微小弯曲和扭转变形形态建立弯矩平衡和扭矩平衡两个平衡微分方程：

$$\left.\begin{array}{l} -EI_y u'' - N(u + e_0 \varphi) = 0 \\ -EI_\omega \varphi''' + GI_t \varphi' - N(i_0^2 \varphi' + e_0 u') = 0 \end{array}\right\}$$ (4-20)

式中 u——截面形心沿 x 轴的位移；

i_0——截面对剪切中心的极回转半径，$i_0^2 = y_s^2 + i_x^2 + i_y^2$。

引入边界条件并求解方程，可得构件发生弯扭失稳时的临界力 N_{yzcr} 为：

$$(N_{Ey} - N_{yzcr})(N_{zcr} - N_{yzcr}) - N_{yzcr}^2 (y_s/i_0)^2 = 0 \tag{4-21}$$

式中　N_{Ey}——构件绕 y 轴弯曲失稳的欧拉荷载，$N_{Ey} = \pi^2 EA/\lambda_y^2$；

　　　　λ_y——构件绕截面对称轴 y 轴的弯曲失稳长细比；

　　　　N_{zcr}——构件扭转失稳临界力；

　　　　y_s——截面形心至剪切中心的距离。

为使弯扭失稳临界力与弯曲失稳临界力有相同的表达式，可令 $N_{yzcr} = \pi^2 EA/\lambda_{yz}^2$，即可得到弯扭失稳换算长细比 λ_{yz}：

$$\lambda_{yz} = \frac{1}{\sqrt{2}} \left[(\lambda_y^2 + \lambda_z^2) + \sqrt{(\lambda_y^2 + \lambda_z^2)^2 - 4(1 - y_s^2/i_0^2)\lambda_y^2 \lambda_z^2} \right]^{1/2} \tag{4-22}$$

4.3.3　初始缺陷对轴心受压构件整体稳定性的影响

实际的轴心受压构件不可避免存在残余应力、初始弯曲、荷载初始偏心，构件某些支座的约束程度比理想情况偏小。这些因素会使得构件的整体稳定承载力降低，被看作轴心受压构件的初始缺陷。下面着重讨论这些缺陷对轴心受压构件弯曲失稳的影响。

1. 残余应力的影响

残余应力是构件在尚未承受荷载之前就已经存在于构件中的初始应力。它的产生主要是由钢材热轧以及板边火焰切割、构件焊接和校正调直等加工制造过程中不均匀温度变化引起的。残余应力的分布和大小与构件截面的形状、尺寸、制造方法和加工过程等有关。几种有代表性截面的残余应力分布如图4-7所示。

下面以图4-7（a）所示的热轧 H 型钢为例说明残余应力产生特点。在热轧后的冷却过程中，翼缘板端单位体积的暴露面积大于腹板与翼缘交接处，冷却较快。腹板与翼缘的交接处，冷却较慢。先冷却部分钢材的强度和刚度较早形成，后冷却部分的降温收缩受到先冷却部分钢材的约束而产生残余拉应力，而先冷却部分则产生了与之平衡的残余压应力。因此，截面残余应力为自平衡应力。用焊接或者剪切钢板组成的焊接工字形截面，翼缘与腹板相交处的焊缝热量高度集中，冷却后翼缘与腹板相交处产生残余拉应力，翼缘端部和腹板中间区域产生残余压应力，焊缝处的残余拉应力可能达到屈服点，如图4-7（c）所示。一般而言，温度高或者冷却较慢的部分产生残余拉应力，温度低或者冷却较快的部分产生残余压应力。

现以图4-8（a）所示两端铰接双轴对称热轧工字形截面构件为例，说明残余应力对轴心受压构件弯曲失稳的影响。设构件截面面积为 A，材料为理想弹塑性体，翼缘上残余应力的分布规律和应力变化如图4-8（b）所示，截面上最大残余压应力为 σ_{rc}。为简化问题分析，由于腹板残余应力影响不大，且腹板对于构件抗弯刚度影响较小，忽略腹板作用。当作用轴心压力 N 时，截面上的应力为残余应力和作用压应力之和。当 $N/A < (f_y - \sigma_{rc})$ 时，截面上的应力处于弹性阶段。若此时构件发生失稳，其稳定承载力采用欧拉公式（4-7）计算。当 $N/A = (f_y - \sigma_{rc})$ 时，翼缘端部应力达屈服点 f_y，这时截面上开始出现屈服区（塑性区），截面进入弹塑性阶段。当作用压力继续增加，$N/A \geqslant (f_y - \sigma_{rc})$ 后，截面的屈服逐渐向中间发展，能继续加载的弹性区逐渐减小，压缩应变相对增大。构件进入弹塑

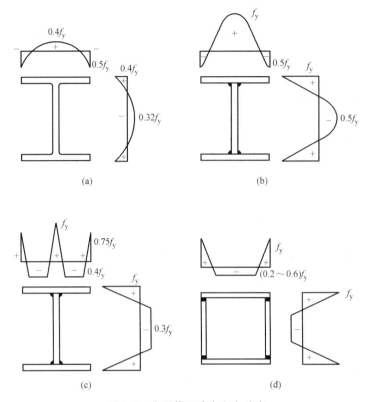

图 4-7 典型截面残余应力分布

(a) 热轧 H 型钢；(b) 翼缘为轧制边的焊接工字形截面；(c) 翼缘为
火焰切割边的焊接工字形截面；(d) 焊接箱形截面

性阶段后，截面出现部分塑性区和部分弹性区。当达到临界力时，构件开始弯曲。根据切线模量理论，构件的抗弯刚度为弹性区抗弯刚度 EI_e（I_e 为弹性区截面对中和轴的惯性矩）和塑性区抗弯刚度 $E_t I_p$ 之和（I_p 为塑性区对中和轴的惯性矩，$I_e + I_p = I$）。已屈服的塑性区，根据理想弹塑性应力-应变关系，其切线模量 $E_t = 0$，因此，只能按弹性区截面的有效截面惯性矩 I_e 来计算其临界力，即：

$$N_{cr} = \pi^2 \frac{EI_e + E_t I_p}{l_0^2} = \pi^2 \frac{EI_e}{l_0^2} = N_E \frac{I_e}{I} \tag{4-23}$$

相应临界应力为：

$$\sigma_{cr} = \frac{N_{cr}}{A} = \frac{\pi^2 EI}{l^2 A} \cdot \frac{l_e}{I} = \frac{\pi^2 E}{\lambda^2} \cdot \frac{I_e}{I} = \sigma_E \frac{I_e}{I} \tag{4-24}$$

上述表明，残余应力的存在使得构件截面提前进入弹塑性阶段，发生弹塑性失稳的临界应力为弹性欧拉临界应力乘以小于 1 的折减系数 I_e/I。比值 I_e/I 取决于构件截面形状尺寸、残余应力的分布和大小，以及构件失稳时的弯曲方向。

图 4-9（a）所示热轧工字形截面，由于残余应力的影响，翼缘四角先屈服，截面弹性部分的翼缘宽度为 b_e，令 $\eta = b_e/b = b_e t/bt = A_e/A$，$A_e$ 为截面弹性部分的面积，忽略腹板影响，则绕 x 轴和 y 轴的有效弹性模量分别为：

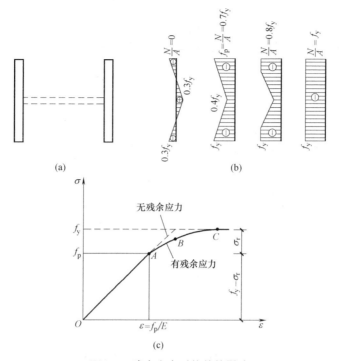

图 4-8 残余应力对构件的影响

（a）工字形截面；（b）应力变化规律；（c）应力-应变发展曲线

绕 x（强）轴：

$$F_{tx} = \frac{EI_{ex}}{I_x} = E\frac{2t(\eta b)h^2/4}{2tb \cdot h^2/4} = E\eta \tag{4-25}$$

绕 y（弱）轴：

$$E_{ty} = \frac{EI_{ey}}{I_y} = E\frac{2t(\eta b)^3/12}{2tb^3/12} = E\eta^3 \tag{4-26}$$

将上述两式代入式（4-24）中，得：

绕 x（强）轴：

$$\sigma_{cr,x} = \frac{\pi^2 E\eta}{\lambda_x^2} \tag{4-27}$$

绕 y（弱）轴：

$$\sigma_{cr,y} = \frac{\pi^2 E\eta^3}{\lambda_y^2} \tag{4-28}$$

因 $\eta<1$，故 $\eta^3<\eta$，$\sigma_{cr,y}<\sigma_{cr,x}$，可见残余应力的不利影响，对绕弱轴失稳时比绕强轴失稳时严重得多。原因是远离弱轴的部分是残余压应力最大的部分，而远离强轴的部分则兼有残余压应力和残余拉应力。对于图 4-9（b）所示翼缘为火焰切割边截面或者其他形式截面，残余应力分布不同，如果再考虑腹板作用及其残余应力的影响时，可采用相同的计算方法求解，但计算更为复杂，计算结果将有差别。

需要注意的是，当构件长细比非常大，若作用压应力 $N/A<(f_y-\sigma_{rc})$ 时就发生失稳，

此时截面处在弹性阶段，残余应力对于截面抗弯刚度没有折减，残余应力对于构件失稳没有影响。当构件长细比非常小，构件发生强度破坏，由于残余应力是自平衡的，对于构件静力强度没有影响，故此时残余应力对于构件承载力也没有影响。

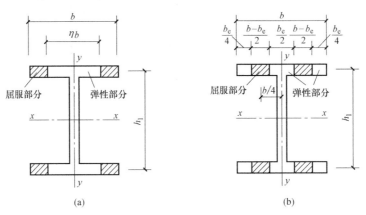

图 4-9   工字形截面的弹性区与塑性区分布

(a) 翼缘为轧制边；(b) 翼缘为火焰切割边

2. 构件初始弯曲的影响

图 4-10 所示两端铰接、有初始弯曲的构件在未受载前就呈弯曲状态，其中 y_0 为任意点处的初始挠度。假设初始弯曲形状为一正弦半波曲线 $y_0 = v_0 \sin(\pi x/l)$，式中 v_0 为构件中央初始挠度值。当构件承受轴心压力 N 时，挠度将增长为 $y_0 + y$ 并同时存在附加弯矩 $N(y_0 + y)$。

在弹性弯曲状态下，由内外力矩平衡条件，可建立平衡微分方程，求解后可得到在轴力作用下产生的挠度 y 和总挠度 Y，分别为：

$$y = \frac{N/N_E}{1 - N/N_E} v_0 \sin(\pi x/l) \tag{4-29}$$

$$Y = y_0 + y = \frac{1}{1 - N/N_E} v_0 \sin(\pi x/l) \tag{4-30}$$

当 $x = l/2$ 时得到跨中总的挠度为：

$$Y_m = y_0 + y = \frac{1}{1 - N/N_E} v_0 \tag{4-31}$$

跨中附加弯矩为：

$$N Y_m = \frac{N}{1 - N/N_E} v_0 \tag{4-32}$$

式中，$(1 - N/N_E)$ 为挠度放大系数或弯矩放大系数。有初弯曲的轴心受压构件的荷载-总挠度曲线如图 4-10 所示。可见，加载初期，构件即产生挠曲变形，挠度 y 和总挠度 Y 随 N 的增加而加速增大，附加弯矩也随之加速增大，此时的构件实际上为一压弯构件。对于弹性材料的轴心受压构件，当压力 N 趋近欧拉临界力 N_E 时，挠度趋于无穷大，因此 N_E 是有初始弯曲的弹性材料轴心受压构件理论上的极限荷载。但实际上，钢材不是无限弹性的，在轴力 N 和弯矩 M_m 共同作用下，构件中点截面边缘纤维的压应力为最大：

$$\sigma_{max} = \frac{N}{A} + \frac{M_m}{W} = \frac{N}{A}\left(1 + \frac{v_0}{W/A}\,\frac{1}{1-N/N_E}\right) \tag{4-33}$$

当 σ_{max} 达到 f_y 时，构件截面出现塑性区，构件进入弹塑性状态，随着 N 的继续增加，截面弹性区进一步减小，截面抗弯刚度由全弹性截面时的 EI 减小为弹塑性截面时的 EI_e（钢材视为理想弹塑性材料），构件的抗弯能力下降，荷载-挠度曲线不再像完全弹性那样沿 ab 发展，而是增加更快且不再继续承受更多的荷载；到达曲线 c 点时，截面塑性

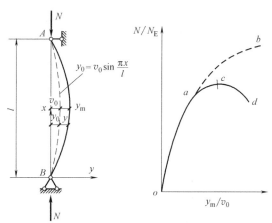

图 4-10　有初始弯曲轴心受压构件及其荷载-挠度曲线

变形区发展得相当深，要维持平衡必须随挠度增大而卸载，故曲线表现出下降段 cd。与 c 点对应的极限荷载 N_c 为有初始弯曲构件整体稳定极限承载力。这种失稳现象不像理想挺直压杆那样从直线平衡状态突变为弯曲平衡状态，而是呈现压力-挠度曲线的极值点，称为极值点失稳，属于第二类稳定问题。

3. 荷载初始偏心的影响

图 4-11 所示为一两端铰接、有初始偏心 e_0 的轴心受压构件。在弹性弯曲状态下，由内外力矩平衡条件，可建立平衡微分方程，求解后可得到挠度曲线为：

$$y = e_0\left(\tan\frac{kl}{2}\sin kx + \cos kx - 1\right) \tag{4-34}$$

式中，$k^2 = N/EI$。

构件中点挠度为：

$$y_m = y\left(x = \frac{1}{2}\right) = e_0\left(\sec\frac{\pi}{2}\sqrt{N/N_E} - 1\right) \tag{4-35}$$

构件中点截面边缘纤维的压应力为最大：

$$\sigma_{max} = \frac{N}{A} + \frac{N(e_0 + y_m)}{W} = \frac{N}{A}\left(1 + \frac{e_0}{W/A}\sec\frac{\pi}{2}\sqrt{\frac{N}{N_E}}\right) \tag{4-36}$$

有初始偏心的轴心受压构件的荷载-挠度曲线如图 4-12 所示。有初始偏心轴心受压构件的 N-y_m 曲线先沿弹性曲线 $0a'$ 发展，当截面上最大压应力达到 f_y 后出现塑性区，构件抗弯能力降低，曲线沿弹塑性曲线 $a'c'd'$ 发展。可见，初偏心对轴心受压构件的影响与初弯曲影响类似，因此为了简单起见可合并采用一种缺陷形式代表两种缺陷的影响。

4. 支座约束的影响

实际结构中的轴心受压构件的支座，往往难以达到计算简图中理想的支座约束情况。譬如限制杆端不发生转动的固定端支座，很难完全约束杆件端部的转角，此时宜对理论计算长度系数进行适当修正。表 4-4 列出了计算长度系数 μ 的建议取值。

4.3.4　实际轴心受压构件的整体稳定承载力计算方法

实际轴心受压构件的各种缺陷总是同时存在的，但因初弯曲和初偏心的影响类似，且

各种不利缺陷同时出现最大值的概率较小，常取初弯曲作为几何缺陷代表。因此在理论分析中，只考虑残余应力和初始弯曲两个最主要的缺陷影响。

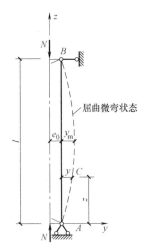

图 4-11   有初始偏心的轴心受压构件

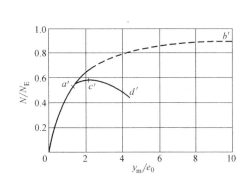

图 4-12   有初始偏心轴心受压构件荷载-挠度曲线

图 4-13 所示为两端铰接、有残余应力和初始弯曲的轴心受压构件及其荷载-挠度曲线图（称为柱子曲线）。在加载初始阶段，应力水平不高，处在弹性受力阶段（Oa_1 段），荷载 N 和最大总挠度 Y_m 的关系曲线与只有初弯曲、不考虑残余应力时的弹性关系曲线完全相同。随着轴心压力 N 增加，构件中最大压应力达到钢材屈服强度 f_y 时，截面开始进入弹塑性状态。开始屈服时（a_1 点）轴力作用产生的平均应力 $\sigma_{a1} = N_p/A$ 低于只有残余应力而无初弯曲时的有效比例极限 $f_p = f_y - \sigma_{rc}$。此后截面进入弹塑性状态，抗弯刚度降低，挠度随 N 的增加而加速增大，直到极限点 c_1。此后柱子抵抗能力小于外力作用，要维持平衡，只能卸载，如曲线 c_1d_1 下降段。N-Y_m 曲线的极值点 c_1 表示由稳定平衡过渡到不稳定平衡，对应的轴力 N_u 是临界荷载，为构件极限承载力，相应的平均应力 $\sigma_u = \sigma_{cr} = N_u/A$，称为临界应力。

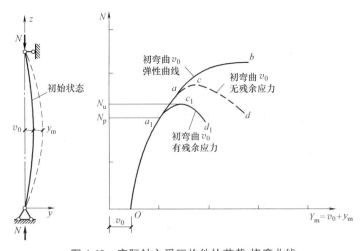

图 4-13   实际轴心受压构件的荷载-挠度曲线

　　轴心受压构件的整体稳定计算应以极限承载力理论为依据。《标准》在制订轴心受压构件的整体稳定计算方法时，根据不同截面形状和尺寸、不同加工条件和相应的残余应力分布及大小、不同的弯曲失稳方向，以有 $l/1000$ 初始弯曲幅度的正弦半波作为初始几何缺陷的代表形态，采用数值积分法，对多种实腹式轴心受压构件弯曲失稳计算绘制了近 200 条柱子曲线，得到各种代表构件的 N_u 值。令 $\lambda_n^{re}=\lambda/(\pi\sqrt{E/f_y})$，为构件的正则化长细比，等于构件长细比与欧拉临界力 $\sigma_E=f_y$ 时的长细比之比，适用于各种屈服强度 f_y 的钢材；$\varphi=N_u/(Af_y)$，为轴心受压构件的整体稳定系数。由于轴心受压构件的极限承载力并不唯一取决于长细比，各代表构件的极限承载能力有很大差异，所有计算构件的 $(\lambda_n^{re}，\varphi)$ 数据点分布相当离散，无法用一条曲线来代表。经过数理统计分析，将这些数据点归纳为四条窄带，取每组的平均值（50% 的分位值）曲线作为该组代表曲线，给出 a、b、c、d 四条柱子曲线，如图 4-14 所示。各种典型轴心受压构件截面分类方法如表 4-5 和表 4-6 所示。表 4-6 考虑高层建筑钢结构的钢柱常采用板件厚度大的热轧或焊接 H 形、箱形截面，其残余应力较常规截面的大，厚板的残余应力不但沿板件宽度方向变化，而且沿厚度方向变化也较大；且板的外表面往往是残余压应力，这些都会对稳定承载力带来较大的不利影响，故而对于厚板的截面分类单独做出规定。

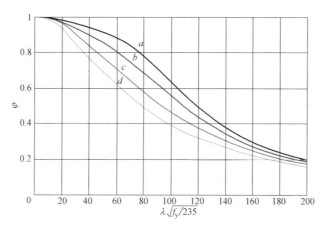

图 4-14 《标准》制定的柱子曲线

轴心受压构件的截面分类（板厚 $t<40mm$）　　　　　　表 4-5

截面形式		对 x 轴	对 y 轴
⊕ 轧制		a 类	a 类
⼯ 轧制	$b/h\leqslant0.8$	a 类	b 类
	$b/h>0.8$	a * 类	b * 类

截 面 形 式		对 x 轴	对 y 轴
轧制等边角钢		a＊类	a＊类
焊接、翼缘为焰切边	焊接	b类	b类
轧制			
轧制,焊接(板件宽厚比大于20)	轧制或焊接		
焊接	轧制截面和翼缘为焰切边的焊接截面		
格构式	焊接,板件边缘焰切		
焊接、翼缘为轧制或剪切边		b类	c类

截 面 形 式		对 x 轴	对 y 轴
焊接、板件边缘轧制或剪切	轧制、焊接板件宽厚比≤20	c类	c类

注：1. a* 类含义为 Q235 钢取 b 类，Q355、Q390、Q420 和 Q460 钢取 a 类；b* 类含义为 Q235 钢取 c 类，Q355、Q390、Q420 和 Q460 钢取 b 类；

2. 无对称轴且剪心和形心不重合的截面，其截面分类可按有对称轴的类似截面确定，如：不等边角钢采用等边角钢的类别；当无类似截面时，可取 c 类。

轴心受压构件的截面分类（板厚 $t \geq 40\text{mm}$） 表 4-6

截 面 形 式		对 x 轴	对 y 轴
轧制工字形或 H 形截面	$t < 80\text{mm}$	b类	c类
	$t \geq 80\text{mm}$	c类	d类
焊接工字形截面	翼缘为焰切边	b类	b类
	翼缘为轧制或剪切边	c类	d类
焊接箱形截面	板件宽厚比>20	b类	b类
	板件宽厚比≤20	c类	c类

设计时先确定构件截面的所属类别，《标准》用表格的形式给出了四类截面的 φ 值（附录4），可根据长细比和钢材屈服强度查表得到，也可按下面拟合公式直接计算：

当 $\lambda_n^{re} = \dfrac{\lambda}{\pi}\sqrt{f_y/E} \leq 0.215$ 时：

$$\varphi = 1 - \alpha_1 (\lambda_n^{re})^2 \tag{4-37}$$

当 $\lambda_n^{re} > 0.215$ 时：

$$\varphi = \frac{1}{2(\lambda_n^{re})^2}\left\{ [\alpha_2 + \alpha_3 \lambda_n^{re} + (\lambda_n^{re})^2] - \sqrt{[\alpha_2 + \alpha_3 \lambda_n^{re} + (\lambda_n^{re})^2]^2 - 4(\lambda_n^{re})^2} \right\} \tag{4-38}$$

式中，α_1、α_2、α_3 为系数，按表 4-7 采用。

令 $\varepsilon_k = \sqrt{235/f_y}$，称 ε_k 为钢号修正系数。当构件的 λ/ε_k 值超出稳定系数表中的范围时，φ 值按式（4-37）、式（4-38）计算。

轴心受压构件的整体稳定性计算应使构件承受的轴心压力设计值 N 不大于构件的极限承载力 N_u。对钢材强度引入抗力分项系数 γ_R，$N_u = \varphi A f$，可得：

$$\frac{N}{\varphi A f} \leq 1.0 \tag{4-39}$$

系数 α_1、α_2、α_3 表 4-7

截面类别		α_1	α_2	α_3
a 类		0.41	0.986	0.152
b 类		0.65	0.965	0.300
c 类	$\lambda_n^{re} \leqslant 1.05$	0.73	0.906	0.595
	$\lambda_n^{re} > 1.05$		1.216	0.302
d 类	$\lambda_n^{re} \leqslant 1.05$	0.35	0.868	0.915
	$\lambda_n^{re} > 1.05$		1.375	0.432

构件的长细比应按下列规定确定:

1. 截面形心与剪心重合的构件

1) 当计算弯曲失稳时,长细比应按下式计算:

$$\lambda_x = \frac{l_{0x}}{i_x} \tag{4-40}$$

$$\lambda_y = \frac{l_{0y}}{i_y} \tag{4-41}$$

式中,l_{0x}、l_{0y} 分别为构件对截面主轴 x 和 y 的计算长度;i_x、i_y 分别为构件截面对主轴 x 和 y 的回转半径。

2) 当计算扭转失稳时,长细比按式(4-18)计算,其中扭转失稳的计算长度 l_ω,两端铰支且端截面可自由翘曲者,取几何长度 l;两端嵌固且端部截面的翘曲完全受到约束者,取 $0.5l$。双轴对称十字形截面板件宽厚比不超过 $15\varepsilon_k$ 者,可不计算扭转失稳。

2. 截面为单轴对称的构件

1) 计算 T 形和槽形等单轴对称截面轴心受压构件绕对称主轴(y 轴)的弯扭屈曲时,长细比应按式(4-22)计算确定。当槽形截面用于格构式构件的分肢,计算分肢绕自身对称轴(y 轴)的稳定性时,不必考虑扭转效应,直接用 λ_y 查出 φ_y 值。

2) 等边单角钢轴心受压构件当绕两主轴弯曲的计算长度相等时,计算和试验表明,其绕强轴(对称轴)的弯扭失稳承载力总是高于绕弱轴的弯曲失稳承载力,所以此类构件无需计算弯扭失稳情况。

3) 桁架(或塔架)的单角钢腹杆,当以一肢连接于节点板时(图 4-15a),传力有偏心,构件实际为压弯构件。当弦杆亦为单角钢,并位于节点板同侧时(图 4-15b),偏心较小,可按一般单角钢轴心受压构件计算。但其设计强度 f 需乘以折减系数 η,对于等边角钢,$\eta = 0.6 + 0.0015\lambda$;对于短边相连的不等边角钢,$\eta = 0.5 + 0.0025\lambda$;对于长边相连的不等边角钢,$\eta = 0.7$;$\eta$ 取值不超过 1.0。对于中间无联系的单角钢压杆,长细比按最小回转半径计算,且不小于 20。对于塔架中单边连接单角钢交叉斜杆中的压杆,当两杆截面相同并在交叉点均不中断,计算其平面外稳定性时,整体稳定系数 φ 按下列换算长细比查附录 4 表格确定:

$$\lambda_0 = \alpha_e \mu_u \lambda_e \geqslant \frac{l_1}{l} \lambda_x \tag{4-42a}$$

当 $20 \leqslant \lambda_u \leqslant 80$ 时:

$$\lambda_e = 80 + 0.65\lambda_u \tag{4-42b}$$

当 $80 \leqslant \lambda_u \leqslant 160$ 时：

$$\lambda_e = 52 + \lambda_u \tag{4-42c}$$

当 $\lambda_u > 160$ 时：

$$\lambda_e = 20 + 1.2\lambda_u \tag{4-42d}$$

$$\lambda_u = \frac{l}{i_u \cdot \varepsilon_k} \tag{4-43a}$$

$$\mu_u = l_0 / l \tag{4-43b}$$

式中　i_u——角钢绕平行轴的回转半径（图 4-15a）；

　　　　l_1——交叉点至节点间的较大距离；

　　　　l——杆件节点间距离；

　　　　λ_x——对应图 4-15（a）中 u-u 轴计算的杆件弯曲长细比，系数 α_e 按表 4-8 取值。

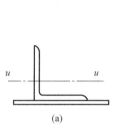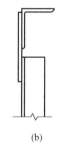

	系数 α_e 取值		表 4-8
主杆截面	另杆受拉	另杆受压	另杆不受力
单角钢	0.75	0.90	0.75
双轴对称截面	0.90	0.75	0.90

图 4-15　单边连接的单角钢

(a) 单角钢与节点板单面连接；(b) 腹板与弦杆同侧连接

4）双角钢组合 T 形截面构件绕对称轴的换算长细比 λ_{yz} 可按下列简化公式确定：

（1）等边双角钢（图 4-16a）

当 $\lambda_y \geqslant \lambda_z$ 时：

$$\lambda_{yz} = \lambda_y \left[1 + 0.16 \left(\frac{\lambda_z}{\lambda_y} \right)^2 \right] \tag{4-44a}$$

当 $\lambda_y < \lambda_z$ 时：

$$\lambda_{yz} = \lambda_z \left[1 + 0.16 \left(\frac{\lambda_y}{\lambda_z} \right)^2 \right] \tag{4-44b}$$

$$\lambda_z = 3.9 \frac{b}{t} \tag{4-45}$$

（2）长肢相并的不等边双角钢（图 4-16b）

当 $\lambda_y \geqslant \lambda_z$ 时：

$$\lambda_{yz} = \lambda_y \left[1 + 0.25 \left(\frac{\lambda_z}{\lambda_y} \right)^2 \right] \tag{4-46a}$$

当 $\lambda_y < \lambda_z$ 时：

$$\lambda_{yz} = \lambda_z \left[1 + 0.25 \left(\frac{\lambda_y}{\lambda_z} \right)^2 \right] \tag{4-46b}$$

$$\lambda_z = 5.1 \frac{b_2}{t} \tag{4-47}$$

（3）短肢相并的不等边双角钢（图 4-16c）

当 $\lambda_y \geqslant \lambda_z$ 时：

$$\lambda_{yz} = \lambda_y \left[1 + 0.06\left(\frac{\lambda_z}{\lambda_y}\right)^2\right] \tag{4-48a}$$

当 $\lambda_y < \lambda_z$ 时：

$$\lambda_{yz} = \lambda_z \left[1 + 0.06\left(\frac{\lambda_y}{\lambda_z}\right)^2\right] \tag{4-48b}$$

$$\lambda_z = 3.7 \frac{b_1}{t} \tag{4-49}$$

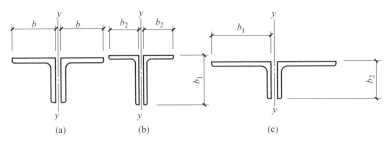

图 4-16　双角钢组合 T 形截面

b—等边角钢肢宽度；b_1—不等边角钢长肢宽度；b_2—不等边角钢短肢宽度

3. 截面无对称轴且剪心和形心不重合的构件

应采用下列换算长细比，但此类构件原则上不宜用作轴心受压构件：

$$\lambda_{xyz} = \pi \sqrt{\frac{EA}{N_{xyz}}} \tag{4-50}$$

$$(N_x - N_{xyz})(N_y - N_{xyz})(N_z - N_{xyz}) - N_{xyz}^2(N_x - N_{xyz})\left(\frac{y_s}{i_0}\right)^2 - N_{xyz}^2(N_y - N_{xyz})\left(\frac{x_s}{i_0}\right)^2 = 0 \tag{4-51}$$

式中　　x_s、y_s——截面剪心的坐标；

i_0——截面对剪心的极回转半径，$i_0^2 = i_x^2 + i_y^2 + x_s^2 + y_s^2$；

N_x、N_y、N_z——分别为绕 x 轴和 y 轴的弯曲失稳临界力以及扭转失稳临界力；$N_x = \dfrac{\pi^2 EA}{\lambda_x^2}$，$N_y = \dfrac{\pi^2 EA}{\lambda_y^2}$，$N_z = \dfrac{1}{i_0^2}\left(\dfrac{\pi^2 EI_\omega}{l_\omega^2} + GI_t\right)$。

4. 不等边角钢轴心受压构件

换算长细比可按下列简化公式确定（图 4-17）：

当 $\lambda_x \geqslant \lambda_z$ 时：

$$\lambda_{xyz} = \lambda_x \left[1 + 0.25\left(\frac{\lambda_z}{\lambda_x}\right)^2\right] \tag{4-52a}$$

当 $\lambda_x < \lambda_z$ 时：

$$\lambda_{xyz} = \lambda_z \left[1 + 0.25\left(\frac{\lambda_x}{\lambda_z}\right)^2\right] \tag{4-52b}$$

$$\lambda_z = 4.21\frac{b_1}{t} \tag{4-53}$$

式中，x 轴为角钢的主轴，b_1 为角钢长肢宽度。

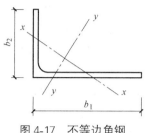

图 4-17 不等边角钢

4.4 轴心受压构件的局部稳定

4-3 轴心受压构
件的局部稳定

4.4.1 均匀受压薄板的屈曲

实腹式轴心受压构件一般由若干矩形平板件组成，在轴心压力作用下，这些板件都承受均匀压力。从整体稳定设计的角度，这些板件应设计得较宽、较薄，有较大的宽厚比，以获得较大的截面回转半径，从而提高整体稳定承载力。但是如果这些板件的宽厚比过大，在均匀压力作用下，个别板件有可能在达到构件整体稳定承载力之前先偏离平面平衡状态而发生波形鼓曲，丧失了稳定性。由于只是个别板件在局部区域丧失稳定性，而构件轴心线仍然保持挺直平衡状态，构件并未丧失整体稳定性，因此轴心受压构件中局部板件先行失稳的现象称为轴心受压构件局部失稳。构件若失去整体稳定性，则作用荷载超过构件极限承载能力而立即破坏。但失去局部稳定性时，一般不会使构件立即发生破坏，只是发生局部鼓曲的板件无法继续分担或少分担增加的荷载，使得构件继续承载的能力有所减小，并且改变了原来的受力状态而使原构件提前失去整体稳定性。因此，在轴心受压构件截面设计时一般不允许组成板件在承载过程中发生局部失稳。

根据板件屈曲的理论知识，可以得到考虑板件间相互约束作用的单向均匀受压矩形板的临界应力公式为：

$$\sigma_{cr} = \frac{\chi k \pi^2 E}{12(1-v)^2}\left(\frac{t}{b}\right)^2 \tag{4-54}$$

式中，k 为弹性屈曲系数，由板件的几何形状尺寸和板边支承情况决定。工字形（H 形）截面构件的腹板可视作一四边支承板，沿构件高度方向分别支承于构件的顶板和底板，两侧边支承于翼缘板，其 k 值取 4.0；翼缘板可视作三边支承，一边自由板件，其 k 值取 0.425。χ 称为嵌固系数，反映板件两侧纵边受转动约束情况，简支取 1，固定取 1.7425，实际支承情况介于两者之间。工字形（H 形）截面构件，翼缘板一般窄而厚，腹板一般高而薄，翼缘对于腹板的弹性嵌固作用更强，因此对腹板取 $\chi = 1.3$，对翼缘取 $\chi = 1.0$。

当轴心受压构件中板件的临界应力超过比例极限 f_p 进入弹塑性受力阶段时，可认为板件变为正交异性板。单向受压板沿受力方向的弹性模量 E 降为切线模量 $E_t = \eta E$，η 可由局部稳定的试验资料确定；但与压力垂直的方向仍为弹性阶段，其弹性模量仍为 E。可按下列近似公式计算其临界应力 σ_{cr}：

$$\sigma_{cr} = \frac{\chi k \pi^2 E \sqrt{\eta}}{12(1-v)^2}\left(\frac{t}{b}\right)^2 \tag{4-55}$$

上述公式表明，轴心受压构件组成板件承受单向均匀压力，其屈曲临界应力与板件宽（高）厚比、板件支承情况、板件材料性状等因素有关。实际构件的板件也会存在初始弯曲、荷载初偏心和残余应力等初始缺陷，在钢结构设计时，以理想受压平板屈曲临界应力为基础，根据试验结果并综合设计经验考虑各种有利和不利因素的影响来制定设计方法。

为了保证实腹式轴心受压构件的局部稳定，通常采用限制其板件宽（高）厚比的办法来实现。确定板件宽（高）厚比限值所采用的原则有两种：一种是使构件应力达到屈服前其板件不发生局部失稳，即局部失稳临界应力不低于屈服应力，称为屈服准则；另一种是使构件整体失稳前其板件不发生局部失稳，即局部失稳临界应力不低于构件整体失稳临界应力，称作等稳定性准则（等稳准则）。对中等或较长构件，其极限承载力达不到屈服荷载，失效一般由整体稳定性控制，因此采用等稳准则比较适合。由于构件的整体稳定性与构件长细比直接相关，因此等稳准则中板件宽（高）厚比与构件长细比关联。对短柱，其极限承载力可达到或接近屈服荷载，发生强度破坏，采用屈服准则比较适合。《标准》在规定轴心受压构件宽（高）厚比限值时，对各种截面构件均综合运用屈服准则和等稳准则。

4.4.2　轴心受压构件板件宽（高）厚比的限值

实腹轴心受压构件要求不出现局部失稳者，其板件宽厚比应符合下列规定：

1）H形截面腹板：

$$h_0/t_w \leqslant (25+0.5\lambda)\varepsilon_k \tag{4-56}$$

式中　λ——构件的较大长细比（扭转或弯扭失稳时取换算长细比），当 $\lambda<30$ 时，取为 30；当 $\lambda>100$ 时，取为 100；

h_0、t_w——分别为腹板计算高度和厚度。

2）H形截面翼缘：

$$b_1/t_f \leqslant (10+0.1\lambda)\varepsilon_k \tag{4-57}$$

式中　b_1——翼缘板自由外伸宽度，焊接截面取腹板厚度边缘至翼缘板边缘的距离，轧制截面取内圆弧起点至翼缘板边缘的距离；

t_f——翼缘板厚度。

3）箱形截面壁板：

$$b_0/t \leqslant 40\varepsilon_k \tag{4-58}$$

式中，b_0 为壁板的净宽度，当箱形截面设有纵向加劲肋时，为壁板与加劲肋间净宽度。正方箱形截面翼缘和腹板均为四边支承板，两者相对刚度接近，可取 $\chi=1$，因此翼缘与腹板的宽（高）厚比限值相等。

4）T形截面翼缘与H形截面翼缘受力状态相同，宽厚比限值应按式（4-57）确定。

T形截面腹板为三边支承一边自由板件，但受翼缘嵌固作用较强，其宽厚比限值为：

热轧剖分T形钢：

$$h_0/t_w \leqslant (15+0.2\lambda)\varepsilon_k \tag{4-59a}$$

焊接 T 形钢：

$$h_0/t_w \leqslant (13+0.17\lambda)\varepsilon_k \qquad (4\text{-}59b)$$

对焊接构件 h_0 取腹板高度 h_w；对热轧构件，h_0 取腹板平直段长度，简要计算时可取 $h_0=h_w-t_f$，但不小于 (h_w-20)mm。

5）等边角钢轴心受压构件的肢件宽厚比限值为：

当 $\lambda \leqslant 80\varepsilon_k$ 时：

$$w/t \leqslant 15\varepsilon_k \qquad (4\text{-}60a)$$

当 $\lambda > 80\varepsilon_k$ 时：

$$w/t \leqslant 5\varepsilon_k + 0.125\lambda \qquad (4\text{-}60b)$$

式中　w、t——分别为角钢的平板宽度和厚度，简要计算时可取 $w=b-2t$；

　　　　b——角钢宽度；

　　　　λ——按角钢绕非对称主轴回转半径计算的长细比。

6）圆管压杆的外径与壁厚之比不应超过 $100(235/f_y)$。

当轴心受压构件的实际作用的压力小于稳定承载力 φfA 时，板件局部失稳临界应力可以降低，可将其板件宽厚比限值由上述相关公式算得后乘以放大系数 $\alpha = \sqrt{\varphi fA/N}$。

4.4.3 加强局部稳定的措施

当所选截面不满足板件宽（高）厚比规定要求时，一般应调整板件厚度或宽（高）度使其满足要求。但对工字形、H 形和箱形截面的腹板也可采用设置纵向加劲肋的方法予以加强，以减小腹板计算高度。纵向加劲肋宜在腹板两侧成对配置，其一侧外伸宽度不应小于 $10t_w$，厚度不应小于 $0.75t_w$。

4.4.4 屈曲后强度的利用

薄板受到压应力大于临界应力后发生屈曲，产生出平面的挠曲。受到板件周边约束的作用，板件鼓曲后产生薄膜拉力，限制板件进一步鼓曲变形，使得板件在屈曲后具有继续承担更大荷载的能力，这称为屈曲后强度。大型工字（H）形截面的腹板，为提高整体稳定性，获得较大回转半径，设计截面腹板较高，为满足局部稳定性的高厚比限值要求时，需采用较厚的腹板，往往显得很不经济。为节省材料，仍然可采用较薄的腹板，听任腹板屈曲，考虑其屈曲后强度的利用。屈曲发生后，局部区域板件发生鼓曲，承担的荷载增量减少或无法承担增加的荷载，板面内的压应力分布不均匀（图 4-18），因此采用有效截面进行计算。在计算构件的强度和稳定性时，认为部分板件退出工作，仅考虑剩余有继续加载能力的板件作为有效截面。但在计算构件的长细比和整体稳定系数 φ 时，仍采用全部截面。当可考虑屈曲后强度时，轴心受压杆件的强度和稳定性可按下列公式计算：

强度计算：

$$\frac{N}{A_{ne}} \leqslant f \qquad (4\text{-}61)$$

稳定性计算：

$$\frac{N}{\varphi A_e f} \leqslant 1.0 \qquad (4\text{-}62)$$

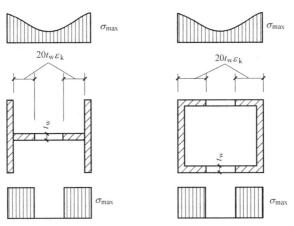

图 4-18　轴心受压构件腹板的有效截面

$$A_{ne} = \sum \rho_i A_{ni} \tag{4-63}$$

$$A_e = \sum \rho_i A_i \tag{4-64}$$

式中　A_{ne}、A_e——分别为有效净截面面积和有效毛截面面积；

　　　　φ——稳定系数，可按毛截面计算；

　　　　ρ_i——组成截面的各板条有效截面系数，可按下列情况计算。

（1）箱形截面的壁板、H 形或工字形的腹板

当 $b/t > 42\varepsilon_k$ 时：

$$\rho = \frac{1}{\lambda_{n,p}} \left(1 - \frac{0.19}{\lambda_{n,p}}\right) \tag{4-65a}$$

$$\lambda_{n,p} = \frac{b/t}{56.2\varepsilon_k} \tag{4-65b}$$

式中，b、t 分别为壁板或腹板的净宽度和厚度。当 $\lambda > 52\varepsilon_k$ 时，ρ 值应不小于 $(29\varepsilon_k + 0.25\lambda)t/b$。

当 $b/t \leqslant 42\varepsilon_k$ 时：

$$\rho = 1.0 \tag{4-65c}$$

（2）单角钢

当 $w/t > 15\varepsilon_k$ 时：

$$\rho = \frac{1}{\lambda_{n,p}} \left(1 - \frac{0.1}{\lambda_{n,p}}\right) \tag{4-66a}$$

$$\lambda_{n,p} = \frac{w/t}{16.8\varepsilon_k} \tag{4-66b}$$

当 $\lambda > 80\varepsilon_k$ 时，ρ 值应不小于 $(5\varepsilon_k + 0.13\lambda)t/w$。

4.5　实腹式轴心受压构件的设计

4.5.1　设计原则

为了获得经济与合理的设计效果，选择实腹式轴心受压构件的截面

4-4　轴心受压
构件的设计

时，应考虑以下几个原则：

（1）等稳定性。使构件两个主轴方向的稳定承载力相同，即使 $\lambda_x = \lambda_y$，以达到经济的效果。尽量选用双轴对称截面，避免发生弯扭失稳。

（2）宽肢薄壁。在满足板件宽（高）厚比限值的条件下，截面面积的分布应尽量开展，以增加截面的惯性矩和回转半径，提高构件的整体稳定性和刚度，实现用料合理。

（3）连接方便。便于与其他构件进行连接。

（4）制造省工。尽可能构造简单，加工方便，取材容易。

轴心受压柱优先选用热轧 H 型钢，其翼缘宽，侧向刚度大，抗扭和抗震性能好，翼缘内外表面平行便于与其他构件连接，制造工程量小；其次选用焊接工字形截面，当设计截面需要较大刚度时可以采用焊接箱形截面。桁架构件常采用由双角钢组成的 T 形截面，也可采用剖分 H 型钢。单角钢截面主要用于塔架结构或跨度、受载较小的桁架腹杆。

4.5.2 截面选择

截面设计时，首先应根据上述截面设计原则、轴力大小和计算长度等情况综合考虑后，初步选择截面尺寸。截面选择主要依据稳定条件，强度条件只有当截面被螺栓孔削弱较多时或者在连接处非全部截面直接传力时才需要考虑，局部稳定性和刚度条件在选用截面时应同时加以注意。具体步骤如下：

（1）确定所需要的截面积。假定构件的长细比 $\lambda = 50 \sim 100$，当压力大而计算长度小时取较小值，反之取较大值。根据 λ、截面分类和钢材级别可查得整体稳定系数 φ 值，则所需要的截面面积为：

$$A_r = N/(\varphi f) \tag{4-67}$$

（2）确定两个主轴所需要的回转半径。$i_{xr} = l_{0x}/\lambda$，$i_{yr} = l_{0y}/\lambda$。

对于型钢截面，根据所需要的截面积 A_r 和所需要的回转半径 i_r 从型钢规格表中选择满足条件的型钢型号（附录 7）。

对于焊接组合截面，根据所需回转半径 i_r 与截面需要高度 h_r、宽度 b_r 之间的近似关系，求出所需截面的轮廓尺寸，即：

$$h_r = i_{xr}/\alpha_{1r}, b_r = i_{yr}/\alpha_{2r} \tag{4-68}$$

式中，系数 α_{1r}、α_{2r} 的近似值见表 4-9。

常用截面的回转半径 表 4-9

续表

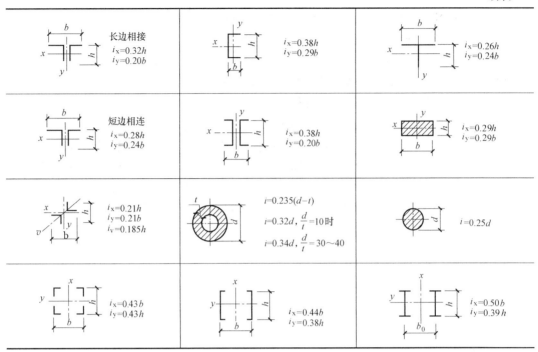

（3）确定截面各板件尺寸。对于焊接组合截面，根据所需 A_r、h_r 与 b_r，并考虑局部稳定和构造要求初步确定截面尺寸。工字形截面根据刚度要求，截面高度 h 一般宜为柱高 H 的 $1/20\sim1/15$，焊接工字形截面 $h\geqslant b$ 且 h 和 b 较为接近；h_0 和 b 宜取 10mm 的倍数；t_f 和 t_w 宜取 2mm 的倍数且应符合钢板规格，t_w 应比 t_f 小，但一般不小于 4mm。

4.5.3　截面验算

按照上述步骤初选截面后，按照前述内容进行刚度、整体稳定和局部稳定验算。如有孔洞削弱，还应进行强度验算。如验算结果不完全满足要求，或者明显不够经济，应调整截面尺寸后重新验算，直到满足要求为止。由于假定的 λ 不一定恰当，一般需要多次调整才能获得较满意的截面尺寸。

4.5.4　构造要求

当实腹式构件的腹板高厚比 $h_0/t_w>80$ 时，为防止腹板在施工和运输过程中发生扭转变形、提高构件的抗扭刚度，应设置横向加劲肋，其间距不得大于 $3h_0$，在腹板两侧成对配置，截面尺寸应满足加劲肋板外伸宽度 $b_s\geqslant\dfrac{h_0}{30}+40$（mm），厚度 $t_s\geqslant\dfrac{b_s}{19}$。

为了保证构件截面几何形状不变、提高构件抗扭刚度，以及传递必要的内力，对大型实腹式构件，在受有较大横向力处和每个运送单元的两端，还应设置横隔。构件较长时还应设置中间横隔，横隔的间距不得大于构件截面较大宽度的 9 倍或 8m。

轴心受压实腹式构件的翼缘与腹板的纵向连接焊缝受力很小，不必计算，可按构造要求确定焊缝尺寸 $h_f=4\sim8$mm。

【例题 4-1】　某焊接组合工字形截面轴心受压构件的截面尺寸如图 4-19 所示，承受轴心压力设计值（包括构件自重）$N=1850\mathrm{kN}$，计算长度 $l_{0y}=8\mathrm{m}$，$l_{0x}=4\mathrm{m}$，翼缘钢板为火焰切割边，钢材为 Q355B，截面无削弱。要求验算该轴心受压构件的整体稳定性是否满足设计要求。

【解】　（1）截面及构件几何特性计算

$A=270\times12\times2+270\times8=8640\mathrm{mm}^2$

$I_y=(270\times294^3-262\times270^3)/12=1.42\times10^8\mathrm{mm}^4$

$I_x=(270\times8^3+12\times270^3\times2)/12=3.938\times10^7\mathrm{mm}^4$

$i_y=\sqrt{I_y/A}=\sqrt{1.42\times10^8/8640}=128.2\mathrm{mm}$

$i_x=\sqrt{I_x/A}=\sqrt{3.938\times10^7/8640}=67.5\mathrm{mm}$

$\lambda_y=l_{0y}/i_y=8000/128.2=62.4$，$\lambda_x=l_{0x}/i_x=4000/67.5=59.3$

（2）整体稳定性验算

查表 4-5，截面关于 x 轴和 y 轴都属于 b 类，$\lambda_y>\lambda_x$。

$$\lambda_y/\sqrt{235/f_y}=62.4/\sqrt{235/345}=75.6$$

查附录 4，得 $\varphi=0.7158$。

$$\frac{N}{\varphi A}=\frac{1850\times10^3}{0.7158\times8640}=299.1\mathrm{N/mm}^2<f=305\mathrm{N/mm}^2$$

故满足整体稳定性要求。

（3）整体稳定承载力计算

$$\varphi A f=0.7158\times8640\times305=1.886\times10^6\mathrm{N}=1886\mathrm{kN}$$

该轴心受压构件的整体稳定承载力为 1886kN。

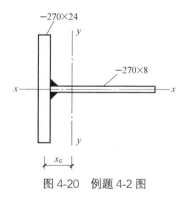

图 4-20　例题 4-2 图

【例题 4-2】　某焊接 T 形截面轴心受压构件的截面尺寸如图 4-20 所示，承受轴心压力设计值（包括构件自重）$N=1850\mathrm{kN}$，计算长度 $l_{0x}=l_{0y}=4\mathrm{m}$，翼缘钢板为火焰切割边，钢材为 Q355，截面无削弱。要求验算该轴心受压构件的整体稳定性。

【解】　（1）截面及构件几何特性计算

$A=270\times24+270\times8=8640\mathrm{mm}^2$

$$x_c=\frac{270\times8\times(135+12)}{8640}=36.75\mathrm{mm}$$

$$I_x=(270^3\times24+270\times8^3)/12=3.938\times10^7\mathrm{mm}^4$$

$i_x=\sqrt{I_x/A}=\sqrt{3.938\times10^7/8640}=67.5\mathrm{mm}$

$I_y=\frac{1}{12}\times270\times24^3+270\times24\times36.75^2+\frac{1}{12}\times8\times270^3+270\times8\times(135-24.75)^2=4.844\times10^7\mathrm{mm}^4$

$i_y=\sqrt{I_y/A}=\sqrt{4.844\times10^7/8640}=74.9\mathrm{mm}$

$\lambda_x=l_{0x}/i_x=4000/67.5=59.3$

$$\lambda_y = l_{0y}/i_y = 4000/74.9 = 53.4$$

因绕 x 轴属于弯扭失稳，必须按式（4-22）计算换算长细比 λ_{xz}。T 形截面的剪切中心在翼缘与腹板中心线的交点，$y_s = x_c = 36.75mm$，则：

$$i_0^2 = y_s^2 + i_x^2 + i_y^2 = 36.75^2 + 67.5^2 + 74.9^2 = 11517mm^2$$

对于 T 形截面：

$$I_\omega = 0$$
$$I_t = (270 \times 24^3 + 270 \times 8^3)/3 = 1.290 \times 10^6 mm^4$$

（2）整体稳定性验算

$$\lambda_z = \sqrt{\frac{i_0^2 A}{\dfrac{I_t}{25.7} + \dfrac{I_\omega}{l_\omega^2}}} = \sqrt{\frac{11517 \times 8640}{\dfrac{1.29 \times 10^6}{25.7} + 0}} = 44.52$$

由式（4-22）得：

$$\lambda_{xz} = \frac{1}{\sqrt{2}} \left[(\lambda_x^2 + \lambda_z^2) + \sqrt{(\lambda_x^2 + \lambda_z^2)^2 - 4\left(1 - \frac{y_s^2}{i_0^2}\right)\lambda_x^2 \lambda_z^2} \right]^{1/2}$$

$$= \frac{1}{\sqrt{2}} \left[(59.3^2 + 44.52^2) + \sqrt{(59.3^2 + 44.52^2)^2 - 4\left(1 - \frac{36.75^2}{11517}\right) \times 59.3^2 \times 44.52^2} \right]^{1/2}$$

$$= 62.73$$

查表 4-5，截面关于 x 轴、y 轴都属于 b 类，$\lambda_{xz} > \lambda_y$。

$$\lambda_{xz}/\sqrt{235/f_y} = 62.73/\sqrt{235/345} = 76.0$$

查附录 4，得 $\varphi = 0.713$。

$$\frac{N}{\varphi A} = \frac{1850 \times 10^3}{0.713 \times 8640} = 300.3N/mm^2 > f = 295N/mm^2$$

不满足整体稳定性要求。

（3）整体稳定承载力计算

$$\varphi A f = 0.713 \times 8640 \times 295 = 1.817 \times 10^6 N = 1817kN$$

该轴心受压构件的整体稳定承载力为 1817kN。

（4）讨论

对比【例题 4-1】和【例题 4-2】可以看出，【例题 4-2】的截面只是把【例题 4-1】的工字形截面的下翼缘并入上翼缘，因此，这两种截面绕腹板轴线（x 轴）的惯性矩和长细比一样。【例题 4-1】绕对称轴是弯曲失稳，其稳定承载力为 1886kN。而【例题 4-2】的截面是 T 形截面，在绕对称轴失稳时属于弯扭失稳，其稳定承载力为 1817kN，比【例题 4-1】降低 3.7%。

4.6　格构式轴心受压构件的设计

4.6.1　格构式轴心受压构件绕实轴的整体稳定

格构式受压构件也称为格构柱，其分肢通常采用槽钢和工字钢，构

4-5　轴心受压
格构式构件的
换算长细比

件截面设计时使之具有对称轴,这样当承受轴向压力丧失整体稳定时,不大可能发生扭转屈曲和弯扭屈曲,往往发生绕截面主轴的弯曲失稳。因此计算格构式轴心受压构件的整体稳定时,只需计算绕截面实轴(图 4-21a 中 y 轴)和虚轴(图 4-21b、c 中 x 轴和 y 轴)抵抗弯曲失稳的能力。

格构式轴心受压构件绕实轴的弯曲失稳情况相当于两个并列的实腹式轴心受压构件,因此其整体稳定计算也相同,可以采用式(4-40)或式(4-41)按 b 类截面进行计算。

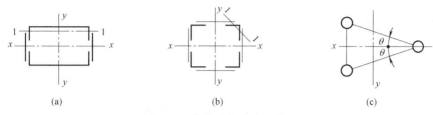

图 4-21 格构式组合构件截面

4.6.2 格构式轴心受压构件绕虚轴的整体稳定

轴心受压构件在由直线平衡状态到微弯平衡状态的失稳过程中,不仅弯矩引起构件轴线曲率的改变,横向剪力引起的剪切变形也会引起曲率改变,产生挠曲变形。实腹式轴心受压构件由于有连续密实的腹板存在,抗剪刚度大,在弯曲失稳时,剪切变形影响很小,对构件临界力的降低不到 1%,可以忽略不计。但格构式轴心受压构件绕虚轴弯曲失稳时,由于分肢不是实体相连,连接分肢的缀件的抗剪刚度比实腹式构件的腹板弱,构件在微弯平衡状态下,除弯曲变形外,还需要考虑剪切变形的影响,因此稳定承载力有所降低。

对于双肢缀条式格构柱,根据弹性稳定理论分析,两端铰接等截面格构式构件绕虚轴弯曲失稳的临界应力为:

$$\sigma_{cr} = \frac{\pi^2 E}{\lambda_x^2 + \dfrac{\pi^2}{\sin^2\alpha\cos\alpha} \cdot \dfrac{A}{A_{1x}}} \tag{4-69}$$

即:

$$\sigma_{cr} = \frac{\pi^2 E}{\lambda_{0x}^2} \tag{4-70}$$

其中

$$\lambda_{0x} = \sqrt{\lambda_x^2 + \frac{\pi^2}{\sin^2\alpha\cos\alpha} \cdot \frac{A}{A_{1x}}} \tag{4-71}$$

式中 λ_x——整个构件对虚轴的长细比;

A——整个构件的毛截面面积;

A_{1x}——构件截面中垂直于 x 轴的各斜缀条毛截面面积之和;

α——缀条与构件轴线间的夹角。

如果用 λ_{0x} 代替 λ_x,则可采用与实腹式轴心受压构件相同的公式计算格构式构件绕虚轴的稳定性,因此,称 λ_{0x} 为换算长细比。一般斜缀条与构件轴线间的夹角 α 在 $40°\sim70°$

范围内，在此常用范围，$\pi^2/(\sin^2\alpha \cdot \cos\alpha)=25.6\sim32.7$，其值变化不大。《标准》按 $\alpha=45°$ 计算，即取上式为常数 27。因此换算长细比公式（4-75）简化为：

$$\lambda_{0x}=\sqrt{\lambda_x^2+27\frac{A}{A_{1x}}} \tag{4-72}$$

当斜缀条与柱轴线间的夹角不在 $40°\sim70°$ 范围内时，采用公式（4-72）是偏于不安全的，应按式（4-71）计算换算长细比 λ_{0x}。此外，λ_{0x} 是按弹性失稳推导的，但一般推广用于全部 λ_x 范围。

当缀件为缀板时，换算长细比为：

$$\lambda_{0x}=\sqrt{\lambda_x^2+\frac{\pi^2}{12}\left(1+2\frac{i_1}{i_b}\right)\lambda_1^2} \tag{4-73}$$

式中，λ_1 为分肢对最小刚度轴 1-1 的长细比，其计算长度 l_{01} 取为：焊接时，为相邻两缀板的净距离；螺栓连接时，为相邻两缀板边缘螺栓的距离。$i_1=I_1/l_1$，为一个分肢的线刚度，I_1 为分肢绕 1-1 轴的惯性矩，l_1 为相邻两缀板间的中心距。$i_b=I_b/b_1$，为两侧缀板线刚度之和，I_b 为构件截面中垂直于虚轴的各缀板的惯性矩之和，b_1 为两分肢的轴线间距。当两分肢不相等时，i_b/i_1 比值按较大分肢线刚度计算。

《标准》要求 $i_b/i_1 \geqslant 6$，当满足此要求时，双肢缀板柱换算长细比按以下简化式计算：

$$\lambda_{0x}=\sqrt{\lambda_x^2+\lambda_1^2} \tag{4-74}$$

当不满足 $i_b/i_1 \geqslant 6$ 时宜用式（4-73）计算。

四肢格构式构件（图 4-21b），其换算长细比可按下式计算：

当缀件为缀板时：

$$\lambda_{0x}=\sqrt{\lambda_x^2+\lambda_1^2} \tag{4-75a}$$

$$\lambda_{0y}=\sqrt{\lambda_y^2+\lambda_1^2} \tag{4-75b}$$

当缀件为缀条时，由于构件截面总的刚度比双肢构件差，截面形状保持不变的假定不一定能做到，且分肢受力也较不均匀，因此将式（4-72）中的系数 27 提高为 40，按下式计算换算长细比：

$$\lambda_{0x}=\sqrt{\lambda_x^2+40\frac{A}{A_{1x}}} \tag{4-76a}$$

$$\lambda_{0y}=\sqrt{\lambda_y^2+40\frac{A}{A_{1y}}} \tag{4-76b}$$

式中　λ_y——整个构件对 y 轴的长细比；

A_{1y}——构件截面中垂直于 y 轴的各斜缀条毛截面面积之和。

三肢缀条式格构式构件（图 4-21c），其换算长细比可按下式计算：

$$\lambda_{0x}=\sqrt{\lambda_x^2+\frac{42A}{A_1(1.5-\cos^2\theta)}} \tag{4-77a}$$

$$\lambda_{0y}=\sqrt{\lambda_y^2+\frac{42A}{A_1\cos^2\theta}} \tag{4-77b}$$

式中　A_1——构件截面中各斜缀条毛截面面积之和；

θ——构件截面内缀条所在平面与 x 轴的夹角。

4.6.3 格构式轴心受压构件分肢的稳定性

格构式轴心受压构件的分肢既是组成整体构件的一部分，在缀件节点之间又是一个单独的实腹式构件。所以，应保证各分肢失稳不先于格构式构件整体失稳。由于初始弯曲等缺陷的影响，格构式轴心受压构件受力时有弯曲变形，产生附加弯矩和剪力。附加弯矩使得各分肢内力并不相等，受力较大分肢的压应力水平高于整个构件的平均压应力水平。附加剪力使得缀板式构件的分肢产生弯矩。此外，分肢截面类别还可能比整体截面类别更低。这些都使得分肢的整体稳定承载力降低。因此，计算时不能简单地采用 $\lambda_1 \leqslant \lambda_{0x}$ （或 λ_y）作为分肢的稳定条件。《标准》规定分肢的整体稳定性要求为：

当缀件为缀条时：

$$\lambda_1 \leqslant 0.7\lambda_{\max} \tag{4-78}$$

当缀件为缀板时：

$$\lambda_1 \leqslant 0.5\lambda_{\max} \text{ 且 } \lambda_1 \leqslant 40\varepsilon_k \tag{4-79}$$

式中，$\lambda_{\max}$ 为构件两方向长细比（对虚轴取换算长细比）的较大值，当 $\lambda_{\max} < 50$ 时，取 $\lambda_{\max} = 50$；λ_1 为按式（4-73）的规定计算，但当缀件采用缀条时，l_{01} 取缀条节点间距。

格构式轴心受压构件的分肢也应考虑局部稳定问题。分肢常采用轧制型钢，其翼缘和腹板一般都能满足局部稳定要求。当分肢采用焊接组合截面时，其翼缘和腹板宽（高）厚比应按 4.4 节中相关要求进行验算，以满足局部稳定要求。

4.6.4 格构式轴心受压构件的缀件设计

1. 格构式轴心受压构件的剪力

格构式轴心受压构件绕虚轴弯曲时将产生剪力，考虑初始弯曲的影响，假定构件发生弯曲失稳时呈现正弦半波的曲线形态，以中间高度截面边缘纤维压应力达到屈服为条件，推导出构件最大剪力计算公式：

$$V = \frac{Af}{85\varepsilon_k} \tag{4-80}$$

此剪力 V 可认为沿构件全长不变，由承受该剪力的各缀件面共同承担。

2. 缀条设计

当缀件采用缀条时，格构式构件的每个缀件面如同缀条与构件分肢组成的平行弦桁架体系，缀条可看作桁架的腹杆，其内力可按铰接桁架进行分析。如图 4-22 的斜缀条的内力为：

$$N_d = V_1/n\sin\alpha \tag{4-81}$$

式中 V_1——每个缀件面所受的总剪力；

$\quad n$——每个缀条面上斜缀条数目，单系缀条取 1，交叉缀条取 2；

$\quad \alpha$——斜缀条与构件轴线间的夹角。

由于构件弯曲变形方向会变化，因此剪力方向可以正或负，斜缀条可能受拉或受压，设计时应按最不利情况将斜缀条作为轴心受压构件计算。缀条通常采用单角钢制作，与构件分肢单面连接，故在受力

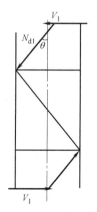

图 4-22 缀条内力

时实际上存在偏心，当缀条与分肢不是同侧相连时，需要考虑偏心影响，计算其整体稳定性时长细比按式（4-42）和式（4-43）取值。缀条的最小尺寸不宜小于∟45×4 或∟56×36×4 的角钢。缀条的轴线与分肢的轴线应尽可能交于一点。为了减小斜缀条两端受力角焊缝的搭接长度，缀条与分肢可采用三面围焊相连。

交叉缀条系的横缀条按承受轴心压力 $N_d=V_1$ 计算。为了减小分肢的计算长度，单系缀条体系也可加横缀条，其截面尺寸一般取与斜缀条相同，也可按容许长细比（$[\lambda]=150$）确定。

3. 缀板设计

缀板式格构柱的每个缀件面可视作缀板与构件分肢组成的单跨多层平面刚架体系。假定发生整体弯曲失稳时，反弯点位于各节间分肢和缀板的中点。取如图 4-23 所示的分离体，根据内力平衡可得每个缀板剪力 V_{b1} 和缀板与分肢连接处的弯矩 M_{b1}：

$$V_{b1}=\frac{V_1 l_1}{b_1}, M_{b1}=V_{b1}\cdot\frac{b_1}{2}=\frac{V_1 l_1}{2} \tag{4-82}$$

式中　l_1——两相邻缀板轴线间的距离，需根据分肢稳定和强度条件确定；
　　　　b_1——分肢轴线间的距离。

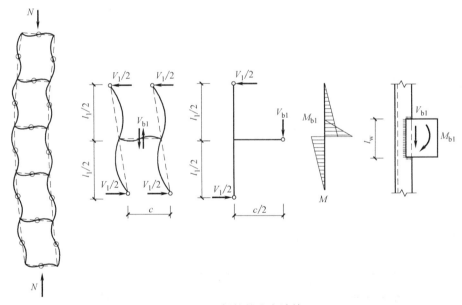

图 4-23　缀板柱的内力计算

缀板与分肢一般采用角焊缝连接，搭接长度一般取 20～30mm，由于角焊缝强度设计值低于缀板钢材强度设计值，故一般只需根据 M_{b1} 和 V_{b1} 计算缀板与分肢的角焊缝连接强度，无须再验算缀板抗弯和抗剪强度。缀板应具有一定的刚度，《标准》规定在同一截面处各缀板的线刚度之和不得小于构件较大分肢线刚度的 6 倍。一般取缀板的宽度 $h_b\geq 2b_1/3$，厚度 $t_b\geq b_1/40$ 且不小于 6mm。柱端缀板可适当加宽，可取 $h_b\approx b_1$。

4.6.5　格构式轴心受压构件的横隔和缀件连接构造

为了提高格构式构件的抗扭刚度，保证运输和安装过程中截面形状不变，以及传递必要的内力，在受有较大水平力处和每个运送单元的两端，应设置横隔，构件较长时还应设置中间横隔。横隔的间距不得大于构件截面较大宽度的 9 倍或 8m。横隔一般不需要计算，可用钢板或交叉角钢做成（图 4-24）。

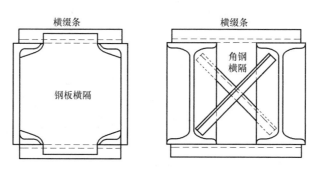

图 4-24 格构式构件的横隔

4.6.6 格构式轴心受压构件的设计步骤

以双肢格构式轴心受压构件为例来说明其截面选择和设计步骤。

1. 分肢截面选择

当格构式轴心受压构件的压力设计值 N、计算长度 l_{0x} 和 l_{0y}、钢材牌号和截面类型都已知时，首先根据构件绕实轴（y 轴）的整体稳定要求选择两分肢的截面尺寸。

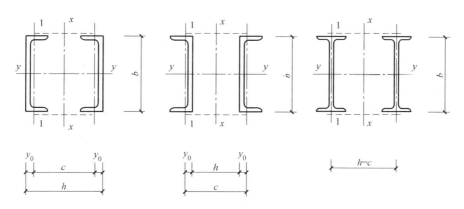

图 4-25 格构式构件截面设计

图 4-25 格构式构件截面设计假定绕实轴长细比 $\lambda_{yr} = 60 \sim 100$，当 N 较大而 l_{0y} 较小时取较小值，反之取较大值。根据 λ_{yr} 及钢号和截面类别查得整体稳定系数 φ 值，按公式（4-39）求得所需分肢截面面积 A_r。

求绕实轴所需要的回转半径 $i_{yr} = l_{0y}/\lambda_{yr}$（如分肢为组合截面时，还应由 i_{yr} 按表 4-9 中的近似关系求分肢所需截面高度 $h_r = i_{yr}/\alpha_{1r}$）。

根据所需 A_r、i_{yr}（和 h_r）初选分肢型钢规格（或截面尺寸），并进行绕实轴整体稳定性和刚度验算，必要时还应进行强度验算和板件宽厚比验算。所选分肢截面应完全满足要求，且经济合理。分肢截面确定后可以确定构件绕实轴的长细比 λ_y。

2. 分肢间距确定

根据绕虚轴（x 轴）与绕实轴等稳原则，即 $\lambda_{0xr} = \lambda_y$ 可求得所需要的 λ_{xr}：

对缀条式构件：

$$\lambda_{xr} = \sqrt{\lambda_{0xr}^2 - 27A/A_{1x}} = \sqrt{\lambda_y^2 - 27A/A_{1x}} \qquad (4\text{-}83)$$

对缀板式构件：

$$\lambda_{xr} = \sqrt{\lambda_{0xr}^2 - \lambda_1^2} = \sqrt{\lambda_y^2 - \lambda_1^2} \qquad (4\text{-}84)$$

在按式（4-83）计算 λ_{xr} 时，需先假定 $A_{1x} = 0.1A$，从而预估缀条角钢型号；在按式（4-84）计算 λ_{xr} 时，需先假定 λ_1，λ_1 可根据分肢稳定性要求按式（4-79）的最大值取用。

由 λ_{xr} 可求所需 $i_{xr} = l_{0x}/\lambda_{xr}$，从而按表 4-9 中的近似关系求分肢轴线间距 $b_{1r} = i_{xr}/\alpha_{2r}$，或根据几何关系按下式计算分肢轴线间距：

$$b_{1r} = 2\sqrt{i_{xr}^2 - i_1^2} \qquad (4\text{-}85)$$

两分肢翼缘间的净空应大于 $100 \sim 150\text{mm}$，以便于油漆。b 的实际尺寸应调整为 10mm 的倍数。确定好分肢间距（截面宽度）后进行构件绕虚轴的整体稳定性验算，若不满足则调整分肢间距，直到满足要求且经济合理为止。

3. 构件刚度验算

验算并控制格构柱整体与分肢的最大长细比，满足刚度要求。

4. 缀件设计

根据分肢稳定性的要求，按照式（4-78）和式（4-79）计算确定分肢长细比 λ_1，由 $l_{01} = \lambda_1 i_1$ 确定分肢节间长度 l_1，应调整为 10mm 的倍数。按式（4-80）计算构件截面中横向剪力 V，并计算每个缀件面承担剪力 V_1。

对于缀条式格构柱，由分肢轴线距离 b_1 和分肢节间长度 l_1 可以确定斜缀条与分肢轴线的夹角 α，继而根据式（4-81）计算斜缀条承受的轴心压力 N_d，按轴心受压构件设计斜缀条截面，横缀条可取与斜缀条相同截面。

对于缀板式格构柱，按照构造要求以及对于缀板的线刚度要求初选缀板高度和厚度，并且按照式（4-82）计算每个缀板承担剪力 V_{b1} 和弯矩 M_{b1}，进行缀板的抗弯、抗剪验算。若不满足则调整缀板截面，直至满足要求且经济合理为止。

5. 缀件与分肢的连接强度验算

设计缀件与分肢的螺栓或焊接连接构造，验算连接强度，满足要求。

6. 分肢稳定性验算

根据缀件设计时确定的分肢节间长度 l_1 得到分肢节间计算长度 l_{01}，验算分肢稳定性。

7. 横隔的布置与设计。

根据横隔间距要求设计横隔布置位置，并设计横隔构造形式与尺寸。

【例题 4-3】 某工作平台轴心受压双肢缀条格构柱，截面由两个工字钢组成，柱高 6m，两端铰支，由平台传给柱子的轴心压力设计值为 2000kN。钢材为 Q235A，焊条采用 E43 型。要求进行柱的截面设计，并布置和设计缀材及与柱的连接。

【解】 （1）确定柱肢截面尺寸

查表 4-5，截面关于实轴和虚轴都属于 b 类。

取 $f=215\text{N/mm}^2$，设 $\lambda_y=60$，查稳定系数表得 $\varphi_y=0.807$，柱肢截面面积为：

$$A=\frac{N}{\varphi_y f}=\frac{2000\times10^3}{0.807\times215}=11527\text{mm}^2$$

$$i_y=l_{0y}/\lambda_y=6000/60=100\text{mm}$$

查型钢表，初选 2I28b，其截面特征为：

$$A=12200\text{mm}^2;\ i_y=111\text{mm};\ i_1=24.9\text{mm}$$

柱自重：一根 I28b 每米长的重量为 47.9kg。

$$W=2\times47.9\times9.8\times6\times1.3\times1.3=9520\text{N}$$

式中，1.3 为恒荷载分项系数，另一 1.3 为考虑缀板、柱头和柱脚等用钢后柱自重的增大系数。

对实轴的整体稳定性验算：

$\lambda_y=l_{0y}/i_y=6000/111=54.1$，查附录 4，得 $\varphi_y=0.837$。

格构柱绕实轴整体稳定性验算：

$$\frac{N+W}{\varphi_y A}=\frac{2000\times10^3+9520}{0.837\times12200}=196.8\text{N/mm}^2<f=215\text{N/mm}^2$$

满足要求。

（2）按双轴等稳定原则确定两分肢工字钢背面至背面间的距离 b

初选缀条规格为∟45×5，采用设横缀条的单系腹杆体系。

一个角钢的截面积 $A_1=429\text{mm}^2$，$i_{\min}=8.8\text{mm}$。

由式（4-72）得：

$$\lambda_x=\sqrt{\lambda_y^2-\frac{27A}{A_{1x}}}=\sqrt{54.1^2-\frac{27\times12200}{2\times429}}=50.4$$

需要绕虚轴 x 轴的回转半径为：

$$i_{xs}=l_{0x}/\lambda_x=6000/50.4=119\text{mm}$$

由表 4-9 得 $b=i_{xs}/0.5=238\text{mm}$，取 $b=240\text{mm}$。

对虚轴的整体稳定验算，计算式为：

$$i_x=\sqrt{i_1^2+\left(\frac{b}{2}\right)^2}=\sqrt{24.9^2+\left(\frac{240}{2}\right)^2}=122.6\text{mm}$$

$$\lambda_x=l_{0x}/i_x=6000/122.6=48.9$$

$$\lambda_{0x}=\sqrt{\lambda_x^2+\frac{27A}{A_{1x}}}=\sqrt{48.9^2+\frac{27\times12200}{2\times429}}=52.7$$

查附录 4，得 $\varphi_x=0.8435$，则格构柱绕虚轴整体稳定性验算如下：

$$\frac{N+W}{\varphi_x A}=\frac{2000\times10^3+9520}{0.8435\times12200}=195.3\text{N/mm}^2<f=215\text{N/mm}^2$$

满足要求。

（3）刚度验算

$$\lambda_{\max}=\lambda_y=54.1<[\lambda]=150$$

满足要求。

（4）分肢稳定性验算

取 $l_1=500\text{mm}$ 缀条沿柱长等间距布置。

$$\lambda_1=l_1/i_1=500/24.9=20<0.7\lambda_{\max}=0.7\times54.1=37.9$$

满足要求。

（5）缀条设计

$$V=\frac{Af}{85}\cdot\frac{1}{\varepsilon_k}=\frac{12200\times215}{85}\sqrt{\frac{235}{235}}\times10^{-3}=30.86\text{kN}$$

$$V_1=V/2=15.43\text{kN}$$

$$\tan\alpha=500/240=2.083,\alpha=64.3°$$

斜缀条计算长度 $l_0=240/\cos64.3°=553.4\text{mm}$。

斜缀条长细比 $\lambda_0=l_0/i_{\min}=553.4/8.8=62.9$。

截面为 b 类，查附录 4，得 $\varphi=0.792$。

缀条为等边单角钢单面连接，整体稳定承载力应乘以折减系数 η。

$$\eta=0.6+0.0015\lambda_0=0.6+0.0015\times62.9=0.694$$

$$N_t=V_1/(n\cos\alpha)=15.43\times10^3/(1\times\cos64.3°)=35.58\text{kN}$$

$$\frac{N_t}{\eta\varphi A_1}=\frac{35.58\times10^3}{0.694\times0.792\times429}=150.89\text{N/mm}^2<f=215\text{N/mm}^2$$

满足要求。

（6）连接设计

缀条与柱肢的连接采用角焊缝，L 形布置，取 $h_f=5\text{mm}$，$f_f^w=160\text{N/mm}^2$，则：

$$N_3=2k_2N_t=2\times0.3\times35.58=21.35\text{kN}$$

$$N_1=N_t-N_3=35.58-21.35=14.23\text{kN}$$

$$l_{w1}=\frac{N_1}{0.7h_f\times f_f^w}+h_f=\frac{14.23\times10^3}{0.7\times5\times160}+5=30.4\text{mm}$$

取 $l_{w1}=40\text{mm}$。

$$l_{w3}=\frac{N_3}{1.22\times0.7h_f\times f_f^w}+h_f=\frac{21.35\times10^3}{1.22\times0.7\times5\times160}+5=36.3\text{mm}$$

取 $l_{w3}=45\text{mm}$（满焊）。

（7）横隔布置与设计

构件截面较大宽度为 280mm，横隔最大间距为 $280\times9=2520\text{mm}$。在柱两端及沿柱长每两米设一道横隔，即可满足构造要求。

【例题 4-4】 某工作平台轴心受压双肢缀板格构柱，截面由两个槽钢组成，柱高 6m，两端铰支，由平台传给柱子的轴心压力设计值为 2000kN。钢材为 Q235A，焊条采用 E43 型。要求进行柱的截面设计，并布置和设计缀板及与柱的连接。

【解】（1）确定柱肢截面尺寸

查表 4-5，截面关于实轴和虚轴都属于 b 类。

取 $f=215\text{N/mm}^2$，设 $\lambda_y=60$，查稳定系数表得 $\varphi_y=0.807$，柱肢截面面积为：

$$A=\frac{N}{\varphi_y f}=\frac{2000\times10^3}{0.807\times215}=11527\text{mm}^2$$

$$i_y = l_{0y}/\lambda_y = 6000/60 = 100\text{mm}$$

查型钢表，初选 2[32c，其截面特征为：

$$A = 12300\text{mm}^2；i_y = 119\text{mm}；y_0 = 20\text{mm}；i_1 = 24.7\text{mm}$$

柱自重：一根 [32c 每米长的重量为 48.3kg。

$$W = 2 \times 48.3 \times 9.8 \times 6 \times 1.3 \times 1.3 = 9599\text{N}$$

式中，1.3 为恒荷载分项系数，另一 1.3 为考虑缀板、柱头和柱脚等用钢后柱自重的增大系数。

格构柱绕实轴的整体稳定性验算：

$\lambda_y = l_{0y}/i_y = 6000/119 = 50.4$，查附录 4，得 $\varphi_y = 0.854$。

$$\frac{N+W}{\varphi_y A} = \frac{2000 \times 10^3 + 9599}{0.854 \times 12300} = 191.3\text{N/mm}^2 < f = 215\text{N/mm}^2$$

满足要求。

（2）按双轴等稳定原则确定两分肢槽钢背面之间的距离 b

$$0.5\lambda_y = 0.5 \times 50.4 = 25.2$$

取 $\lambda_1 = 25.2 < 40$，依双轴等稳定原则有：

$$\lambda_x = \sqrt{\lambda_y^2 - \lambda_1^2} = \sqrt{50.4^2 - 25.2^2} = 43.6$$

$$i_x = l_{0x}/\lambda_x = 6000/43.6 = 137.6\text{mm}$$

$$b = 2\left(y_0 + \sqrt{i_x^2 - i_1^2}\right) = 2\left(20 + \sqrt{137.6^2 - 24.7^2}\right) = 311\text{mm}$$

设计采用 $b = 310\text{mm}$。

$$i_x = \sqrt{i_1^2 + \left(\frac{b}{2} - y_0\right)^2} = \sqrt{24.7^2 + \left(\frac{310}{2} - 20\right)^2} = 137.2\text{mm}$$

$$\lambda_x = l_{0x}/i_x - 6000/137.2 = 43.7$$

$$\lambda_{0x} = \sqrt{\lambda_x^2 + \lambda_1^2} = \sqrt{43.7^2 + 25.2^2} = 50.4$$

查附表 4，得 $\varphi_x = 0.854$，则格构柱对虚轴的整体稳定验算为：

$$\frac{N+W}{\varphi_x A} = \frac{2000 \times 10^3 + 9599}{0.854 \times 12300} = 191.3\text{N/mm}^2 < f = 215\text{N/mm}^2$$

满足要求。

（3）刚度验算

$$\lambda_{max} = 50.4 < [\lambda] = 150$$

满足要求。

（4）分肢稳定性验算

$\lambda_1 = 25.2 < 0.5\lambda_{max} = 0.5 \times 50.4 = 25.2$ 且 $\lambda_1 < 40$，满足要求。

（5）缀板与连接设计

柱分肢轴线间距 $b_1 = b - 2y_0 = 310 - 2 \times 20 = 270\text{mm}$。

缀板高度 $b_p \geqslant 2b_1/3 = 180\text{mm}$，取 $b_p = 250\text{mm}$。

缀板厚度 $t \geqslant b_1/40 = 6.75\text{mm}$，取 $t = 8\text{mm}$。

缀板间净距 $l_{01} = \lambda_1 i_1 = 25.2 \times 24.7 = 622\text{mm}$，取 $l_{01} = 600\text{mm}$。

缀板中心距 $l_1 = l_{01} + b_p = 600 + 250 = 850\text{mm}$。

缀板长度取 $b_b = 180\text{mm}$。

柱中剪力：$V = \dfrac{Af}{85} \cdot \dfrac{1}{\varepsilon_k} = \dfrac{12300 \times 215}{85} \sqrt{\dfrac{235}{235}} \times 10^{-3} = 31.11\text{kN}$，$V_1 = V/2 = 15.56\text{kN}$。

缀板内力：$V_j = V_1 l_1 / b_1 = 15.56 \times 850/270 = 49.0\text{kN}$，$M = V_1 l_1 / 2 = 15.56 \times 850/2 = 6613\text{kN} \cdot \text{mm}$。

采用 $h_f = 6\text{mm}$，满足构造要求；$l_w = b_p = 250\text{mm}$（回焊部分略去不计），则：

$$\sqrt{\left(\dfrac{\sigma_f}{\beta_f}\right)^2 + \tau_f^2} = \sqrt{\left(\dfrac{6 \times 6613 \times 10^3}{1.22 \times 0.7 \times 6 \times 250^2}\right)^2 + \left(\dfrac{49 \times 10^3}{0.7 \times 6 \times 250}\right)^2}$$

$$= 132.4\text{N/mm}^2 < f_f^w = 160\text{N/mm}^2$$

满足要求。

（6）横隔布置与设计

同【例题 4-3】。

本章小结

通过本章学习，我们应当熟悉实腹式与格构式轴心受力构件的常用截面形式与基本构造要求；掌握轴心受力构件强度、刚度计算与设计方法；掌握轴心受压构件整体稳定与局部稳定计算方法；掌握轴心受力构件的设计步骤与方法。

1. 长度小、受载小的轴心受力构件优先采用实腹式截面；长度大、受载大的轴心受压构件优先采用格构式构件。

2. 轴心受力构件的强度以最小净截面处的应力水平来控制设计。

3. 轴心受力构件的刚度以最大长细比来控制设计。

4. 轴心受压构件整体失稳有弯曲失稳、扭转失稳和弯扭失稳三种失稳形式。理想轴心受压构件整体稳定临界应力以欧拉公式计算，由构件弯曲长细比控制；当发生扭转失稳或者弯扭失稳时，应当采用扭转换算长细比或弯扭换算长细比替代弯曲长细比计算。

5. 实际轴心受压构件不可避免存在残余应力、初始弯曲、荷载初始偏心或者支座约束不理想等初始缺陷，影响构件整体稳定性。《标准》通过构件最大长细比计算得到整体稳定系数来衡量构件的整体稳定性。

6. 组成轴心受压构件的板件因受到压应力而发生局部鼓曲称为构件局部失稳，一般情况下不允许构件发生局部失稳，通过控制板件宽厚比或者径厚比来保证构件的局部稳定性。对于不直接承受动力荷载的构件，一定情况下允许发生局部失稳，利用板件屈曲后强度进行截面设计。

7. 格构式轴心受压构件由于缀材抗剪能力弱，一旦发生失稳，其剪切变形大于同样截面的实腹式构件，因此整体稳定性计算采用换算长细比。格构式轴心受压构件设计时需要保证整个构件整体稳定性、分肢的整体与局部稳定性、缀材的强度与整体稳定性，并保证缀材与分肢的连接强度。

思考与练习题

4-1 某两端铰支的焊接工字形截面轴心受压柱，柱高 8m，钢材采用 Q235A，采用图 4-26（a）与（b）两种截面尺寸，翼缘板为剪切边。分别计算这两种截面柱能承受的轴心压力设计值，并作比较说明。

4-2 设计某由两等边角钢组成的 T 形截面两端铰支轴心受压构件。两角钢间距为 10mm，构件长 4m，承受的轴心压力设计值为 350kN，钢材采用 Q235A。

4-3 设计某工作平台轴心受压柱的截面尺寸。柱采用焊接工字形截面，翼缘板为火焰切割边。柱高 8m，两端铰支，柱承受的轴心压力设计值为 4000kN，钢材采用 Q235A。

4-4 设计某工作平台轴心受压柱的截面尺寸。设计条件与习题 4-3 相同，但在绕弱轴方向柱中高度处设置一侧向支承点。

4-5 某两端铰支轴心受压缀条柱的柱高为 7m，截面如图 4-27 所示，缀条采用单角钢 ∟ 45×6，斜缀条倾角为 45°，并设有横缀条。钢材为 Q235A，求该柱的轴心受压承载力设计值。

4-6 某两端铰支轴心受压缀板柱的柱高为 7m，截面如图 4-27 所示，单肢长细比 $\lambda_1 = 35$，钢材为 Q235A，求该柱的轴心受压承载力设计值。

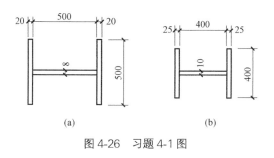
图 4-26 习题 4-1 图

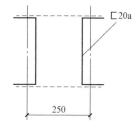
图 4-27 习题 4-5、习题 4-6 图

4-7 某焊接工字形截面轴心受压构件如图 4-28 所示，翼缘板为火焰切割边。构件承受的轴心压力设计值为 2000kN，钢材采用 Q235A。试验算该构件是否满足设计要求。

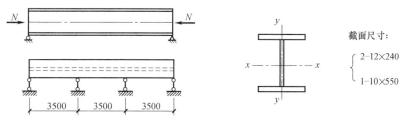

截面尺寸：
⎰ 2—12×240
⎱ 1—10×550

图 4-28 习题 4-7 图

4-8 某两端铰支轴心受压柱的截面如图 4-29 所示，柱高为 7m，承受的轴心压力设计值为 4500kN（包含自重），钢材采用 Q235A。试验算该构件是否满足设计要求。

4-9 某两端铰支轴心受拉构件，长 7m，截面为由 2 ∟ 100×8 组成的肢尖向下的 T 形截面，在杆长中间截面形心处有一直径为 21.5mm 的螺栓孔，螺栓孔在两角钢相并肢

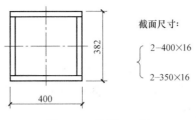

图 4-29 习题 4-8 图

上。拉杆承受轴心拉力设计值 900kN。试验算该拉杆是否满足设计要求。

4-10 某工作平台轴心受压双肢缀条格构柱，截面由两个热轧工字型钢组成，柱高 8.5m，两端铰支，由平台传给柱子的轴心压力设计值为 2600kN。钢材为 Q235A，焊条采用 E43 型。要求进行柱的截面设计，并布置和设计缀材及柱的连接，且绘制构造图。

4-11 同习题 4-10，但缀材采用缀板。

第 5 章 受 弯 构 件

本章要点及学习目标

本章要点：

(1) 型钢梁和焊接组合梁的设计，包括对组合梁合理地配置加劲肋；

(2) 梁整体稳定的分析；

(3) 考虑腹板屈曲后强度梁的设计。

学习目标：

(1) 掌握梁的常用形式和特点、强度验算和截面设计方法；

(2) 理解梁整体稳定概念、屈曲变形情况和基本计算原理；

(3) 掌握梁整体稳定的主要影响因素和改进措施，熟悉《标准》规定计算公式和方法，并会按此进行稳定计算；

(4) 熟悉单向和双向受弯型钢梁设计方法和验算内容；

(5) 熟悉焊接梁截面设计和验算方法、内容和步骤；

(6) 熟悉支撑加劲肋的设计要求和计算方法等。

5.1 概述

主要用来承受弯矩作用或弯矩与剪力共同作用的平面结构构件称为受弯构件。受弯构件主要用以承受横向荷载，即垂直于构件轴线的荷载。其形式有实腹式和格构式两类。在钢结构中，实腹式受弯构件也常称为梁，在土木工程领域应用十分广泛，例如房屋建筑中的楼屋盖梁、檩条、墙梁、吊车梁以及工作平台梁（图5-1），桥梁工程中的梁式桥、大跨斜拉桥、悬索桥中的桥面梁，水工钢闸门、起重机、海上采油平台中的梁等。

5.1.1 实腹式受弯构件——梁

钢梁按截面形式分为型钢梁和焊接组合梁两类。型钢梁构造简单，制造省工，成本较低，因此，在跨度与荷载不大时应优先采用。

热轧型钢梁大多采用热轧工字钢（图 5-2a）、热轧 H 型钢（图 5-2b）和热轧槽钢（图 5-2c），其中工字钢和窄翼缘 H 型钢（HN）截面为双轴对称，受力性能好，与其他构件连接也较方便，应用最广。槽钢因其截面剪力中心在腹板外侧，弯曲时容易同时产生扭转，受力不利，设计时应在构造上采取措施。由于轧制条件的限制，热轧型钢梁腹板厚度较大，用钢量较多。

檩条、墙架横梁等受弯构件通常采用比较经济的冷弯薄壁型钢，如冷弯薄壁槽钢

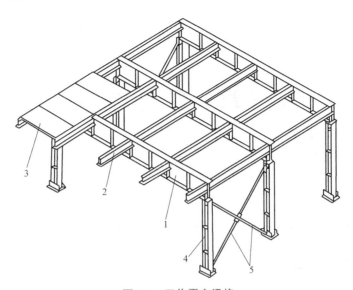

图 5-1　工作平台梁格

1—主梁；2—次梁；3—平台面板；4—柱；5—支撑

（图 5-2d）、冷弯薄壁 Z 型钢（图 5-2e）和冷弯薄壁槽钢组合截面（图 5-2f），其防腐要求较高。

当荷载或跨度较大时，由于轧制条件的限制，型钢梁的尺寸、规格不能满足梁承载能力或刚度要求时，就应采用由几块钢板或型钢焊成的焊接组合梁。最常采用的组合梁是由三块钢板焊接而成的工字形截面（图 5-2g）或由 T 型钢（用 H 型钢剖分而成）中间加板的焊接截面（图 5-2h）。当焊接组合梁翼缘需要很厚时，可采用两层翼缘板的截面（图 5-2i）。荷载很大而高度受到限制的梁，可考虑采用抗扭刚度较高的箱形截面（图 5-2j）。

在桥梁、楼盖、平台结构中，常采用钢与混凝土组合梁（图 5-2k），充分发挥钢材抗拉性能好、混凝土抗压强度高的特点。在《标准》第 14 章已对这种梁的设计做了若干规定。

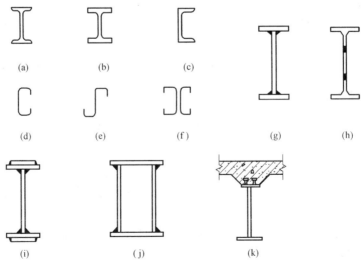

图 5-2　梁的截面类型

5.1.2　格构式受弯构件——桁架

与实腹梁相比，桁架特点是以弦杆代替翼缘、以腹杆代替腹板，而在各节点将腹杆和弦杆连接。这样，桁架整体受弯时，弯矩表现为上下弦杆的轴心压力和拉力，剪力则表现为各腹杆的轴心压力或拉力。钢桁架可以根据不同使用要求制成所需的外形，对跨度和高度较大的构件，其钢材用量比实腹梁有所减少，而刚度却有所增加。只是桁架的杆件和节点较多，构造较复杂，制造较为费工。

与实腹梁一样，平面钢桁架在土木工程中应用很广泛，例如建筑工程中的屋架（图 5-3a~c）、托架、桁架式吊车梁，桥梁中的桁架桥，还有其他领域，如起重机臂架、水工闸门和海洋平台的主要受弯构件等。大跨度屋盖结构中采用的钢网架，以及各种类型的塔桅结构（图 5-3d），则属于空间钢桁架。

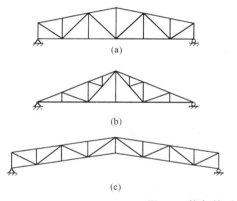

图 5-3　桁架的形式

5.1.3　截面板件宽厚比等级

绝大多数钢构件由板件构成，而板件宽厚比大小直接决定了钢构件的承载力和受弯及压弯构件的塑性转动变形能力，因此钢构件截面的分类，是钢结构设计技术的基础，尤其是钢结构抗震设计方法的基础。

根据截面承载力和塑性转动变形能力的不同，国际上一般将钢构件截面分为四类，考虑到我国在受弯构件设计中采用截面塑性发展系数 γ_x，我国将截面根据其板件宽厚比分为 S1、S2、S3、S4、S5 共 5 个等级。

（1）S1 级截面：可达全截面塑性，保证塑性铰具有塑性设计要求的转动能力，且在转动过程中承载力不降低，称为一级塑性截面也可称为塑性转动截面。

（2）S2 级截面：可达全截面塑性，但由于局部屈曲，塑性铰转动能力有限，称为二级塑性截面。

（3）S3 级截面：翼缘全部屈服，腹板可发展不超过 1/4 截面高度的塑性，称为弹塑性截面。

（4）S4 级截面：边缘纤维可达屈服强度，但由于局部屈曲而不能发展塑性，称为弹性截面。

（5）S5 级截面：在边缘纤维达屈服应力前，腹板可能发生局部屈曲，称为薄壁截面。

在进行钢梁设计计算时，梁的截面设计等级应符合表 5-1 的规定。

钢梁截面类别　　　　　　　　　　　　　　　　表 5-1

截面设计等级		S1 级(限值)	S2 级(限值)	S3 级(限值)	S4 级(限值)	S5 级(限值)
工字形截面	翼缘 b/t	$9\varepsilon_k$	$11\varepsilon_k$	$13\varepsilon_k$	$15\varepsilon_k$	20
	腹板 h_0/t_w	$65\varepsilon_k$	$72\varepsilon_k$	$93\varepsilon_k$	$124\varepsilon_k$	250
箱形截面	壁板、腹板间翼缘 b_0/t	$25\varepsilon_k$	$32\varepsilon_k$	$37\varepsilon_k$	$42\varepsilon_k$	—

5.2　受弯构件的强度和刚度

5-1　受弯构件的
强度和刚度计算

5.2.1　实腹式受弯构件（梁）的强度

构件的强度是指构件截面上某一点的应力，或整个截面上的内力值，在构件破坏前达到所用材料强度极限的程度。对于钢梁，要保证强度安全，就要保证钢梁净截面的抗弯强度和抗剪强度不超过所用钢材的抗弯和抗剪强度极限。对于工形、箱形等截面的梁，在集中荷载处，还要求腹板边缘局压强度满足要求。在某些情况下，还需对弯曲应力、剪应力及局压应力共同作用下的折算应力进行验算，现分述如下。

1. 梁的抗弯强度

受弯的钢梁可视为理想弹塑性体，截面中的应变始终符合平截面假定，弯曲应力随弯矩增加而变化，其发展过程可分为弹性、弹塑性和塑性三个阶段（图 5-4）。

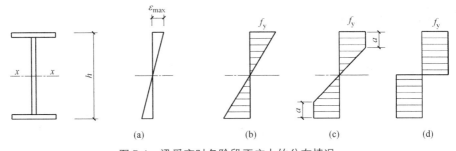

图 5-4　梁受弯时各阶段正应力的分布情况

1）弹性工作阶段

梁截面上的正应力分布如图 5-4（a）所示，当弯矩 M_x 较小时，截面上的弯曲应力 σ 呈三角形直线分布（图 5-4b），其边缘纤维最大应力 $\sigma = M_x/W_{nx}$，这个阶段可持续达到屈服点 f_y。对于需要计算疲劳强度的梁，以此阶段作为计算依据，其相应的最大弯矩为：

$$M_{xe} = W_{nx}f_y \tag{5-1}$$

式中　M_{xe}——梁的弹性极限弯矩；

　　　W_{nx}——梁对 x 轴的净截面（弹性）模量。

2）弹塑性工作阶段

超过弹性极限弯矩后，如果弯矩继续增加，截面外缘部分进入塑性状态，中央部分仍保持弹性。此时截面弯曲应力不再保持三角形直线分布，而是呈折线分布（图5-4c）。《标准》把此阶段作为梁抗弯强度计算的依据。

3）塑性工作阶段

随弯矩 M_x 增大，梁截面的塑性区不断向内发展，弹性区逐渐变小。当弹性区几乎完全消失（图5-4d）时，弯矩 M_x 不再增加，而变形却急剧发展，梁在弯矩作用方向绕该截面中和轴自由转动，形成"塑性铰"，达到承载能力的极限。其最大弯矩为：

$$M_{xp}=(S_{1nx}+S_{2nx})f_y=W_{pnx}f_y \tag{5-2}$$

式中　S_{1nx}、S_{2nx}——分别为中和轴以上、以下净截面对中和轴 x 的面积矩；

　　　　W_{pnx}——梁对 x 轴的净截面（塑性）模量，$W_{pnx}=S_{1nx}+S_{2nx}$。

在全截面塑性阶段，由梁截面轴向力等于0的条件，中和轴以上截面面积应等于中和轴以下截面面积，可知中和轴是截面面积的平分线。对于双轴对称截面，中和轴仍与形心轴重合，单轴对称截面，中和轴与形心轴不重合。

由式（5-1）、式（5-2），塑性铰弯矩 M_{xp} 与弹性极限弯矩 M_{xe} 之比为：

$$\gamma_F=\frac{M_{xp}}{M_{xe}}=\frac{W_{pnx}}{W_{nx}} \tag{5-3}$$

γ_F 称为截面形状系数，其与截面的几何形状有关，而与材料的性质、外荷载都无关。γ_F 越大，表明在弹性阶段以后梁继续承载能力越大。

对于矩形截面 $\gamma_F=1.5$；圆形截面 $\gamma_F=1.7$；圆管截面 $\gamma_F=1.27$；工字形截面绕强轴（x 轴）时 $\gamma_F=1.07\sim1.17$，绕弱轴（y 轴）时 $\gamma_F=1.5$。就矩形截面而言，γ_F 值说明在边缘屈服后，由于内部塑性变形还能继续承担超过 50% M_{xe} 的弯矩。

显然，在计算梁的抗弯强度时，考虑截面塑性发展比不考虑要节省钢材。然而是否采用塑性设计，还应考虑以下因素：

（1）梁的挠度影响。塑性铰形成以后，结构成为机构（可变体系），理论上构件挠度会无限增长。如果截面的应力发展状态接近这种状态，会造成过大的塑性变形和显著的残余变形。因此有必要对塑性变形的发展深度加以限制。这就是《标准》所采取的强度准则——有限塑性发展的强度准则。

（2）剪应力的影响。当最大弯矩所在的截面上有剪应力作用时，将提早出现塑性铰，因为截面同一点上弯应力和剪应力共同作用时，应以折算应力是否大于等于屈服极限 f_y 来判断钢材是否达到塑性状态。

（3）局部稳定的影响。超静定梁在形成塑性铰和内力重分配过程中，要求在塑性铰转动时能保证受压翼缘和腹板不丧失局部稳定。

（4）疲劳的影响。梁在连续重复荷载作用下，可能会发生突然的脆性断裂，这与缓慢的塑性破坏完全不同。

有限塑性发展的强度准则：将截面塑性区限制在某一范围，一旦塑性区达到规定的范围即视为破坏，梁的抗弯强度按下列规定计算。

在单向弯矩 M_x 作用下：

$$\frac{M_x}{\gamma_x W_{nx}}\leqslant f \tag{5-4}$$

在双向弯矩 M_x 和 M_y 作用下：

$$\frac{M_x}{\gamma_x W_{nx}} + \frac{M_y}{\gamma_y W_{ny}} \leqslant f \tag{5-5}$$

式中　　M_x、M_y——绕 x 轴和 y 轴的弯矩（对工字形截面，x 轴为强轴，y 轴为弱轴）；

W_{nx}、W_{ny}——对 x 轴和 y 轴的净截面模量；

γ_x、γ_y——对主轴 x、y 的截面塑性发展系数。

《标准》将塑性变形的发展深度控制在 $h/8 \sim h/4$ 之间，避免梁产生过大的塑性变形而影响使用。《标准》引进了截面部分塑性发展系数 γ_x 和 γ_y 来考虑截面抗弯承载能力的提高，γ_x、γ_y 与式（5-3）的截面形状系数 γ_F 的含义有差别，故称为"截面塑性发展系数"。

对工字形和箱形截面，当截面板件宽厚比等级为 S4 或 S5 级时，截面塑性发展系数应取为 1.0，当截面板件宽厚比等级为 S1、S2 及 S3 时，截面塑性发展系数应按下列规定取值：

（1）工字形截面（x 轴为强轴，y 轴为弱轴）：$\gamma_x = 1.05$，$\gamma_y = 1.2$；

（2）对箱形截面，其 $\gamma_x = \gamma_y = 1.05$；

（3）对其他截面，其他截面应根据其受压板件的内力分布情况确定其截面板件宽厚比等级，可按表 5-2 采用。

对需要计算疲劳的梁，宜取 $\gamma_x = \gamma_y = 1.0$。

直接承受动力荷载的梁也可以考虑塑性发展，但为了可靠，对需要计算疲劳的梁还是以不考虑截面塑性发展为宜。

思考：什么情况下需要计算疲劳？

由上述内容可知，当梁的抗弯强度不够时，最有效的办法是增大梁截面的高度，也可以增大其他任一尺寸。

2. 梁的抗剪强度

工字形和槽形截面梁的剪应力分布如图 5-5 所示，最大剪应力在腹板中和轴处。《标准》规定以截面最大剪应力达到钢材的抗剪屈服极限作为抗剪承载能力极限状态。由此，对于绕强轴（x 轴）受弯的梁，其抗剪强度按下式计算：

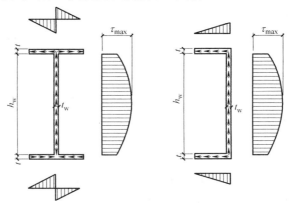

图 5-5　梁剪应力分布

$$\tau = \frac{VS}{I_x t_w} \leqslant f_v \tag{5-6}$$

式中　V——计算截面沿腹板平面作用的剪力，S 为计算剪应力处以上（或以下）毛截面对中和轴的面积矩；

　　　I_x——毛截面绕强轴（x 轴）的惯性矩；

　　　t_w——腹板厚度；

　　　f_v——钢材的抗剪强度设计值，见附表 1-1。

从剪应力分布情况可以看出，提高梁抗剪强度最有效的办法是增大腹板面积，即增加腹板高度 h_w 和厚度 t_w。

截面塑性发展系数 γ_x、γ_y 值　　　　　　　　　表 5-2

项次	截　面	γ_x	γ_y
1	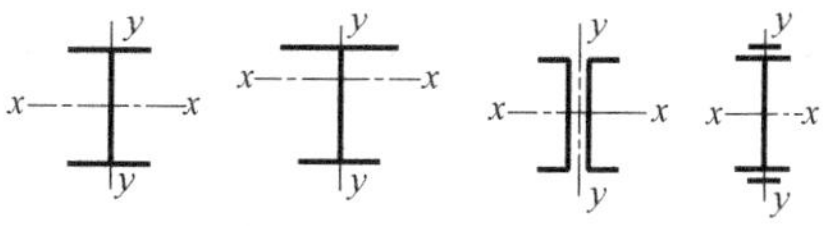		1.2
2	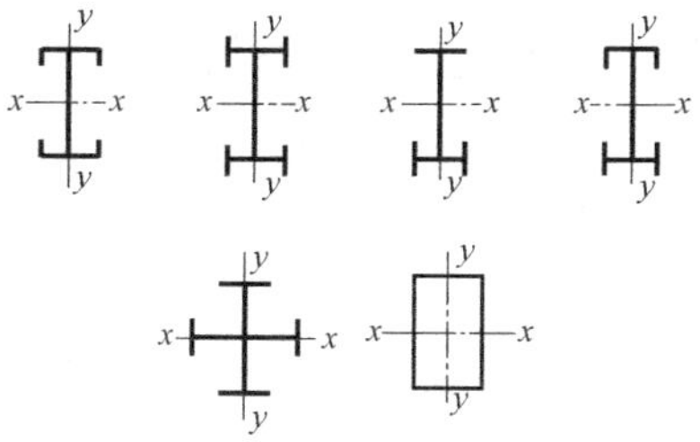	1.05	1.05
3	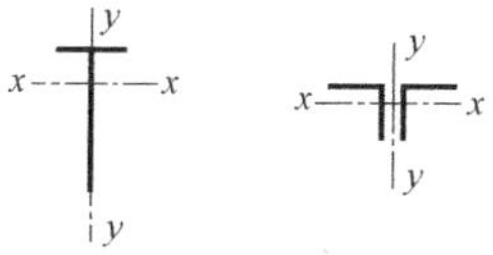	$\gamma_{x1}=1.05$ $\gamma_{x2}=1.2$	1.2
4	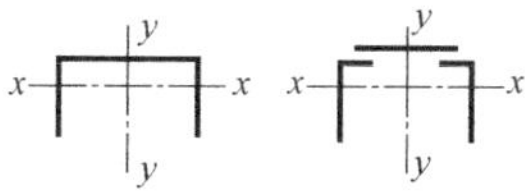		1.05
5	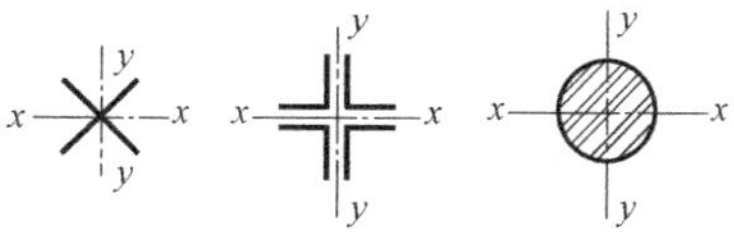	1.2	1.2
6	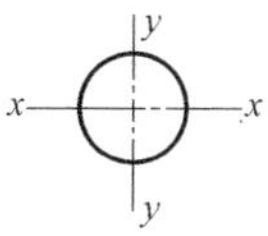	1.15	1.15

项次	截　面	γ_x	γ_y
7		1.0	1.05
8			1.0

3. 梁的局部承压强度

当工形、箱形截面梁上受有沿腹板平面作用的集中荷载（如吊车的轮压、支座反力等）且该荷载处未设置支承加劲肋时（图 5-6a、b），集中荷载通过翼缘传给腹板，腹板边缘集中荷载作用处，会有很高的局部横向压应力，可能达到钢材的抗压屈服极限，为保证这部分腹板不致受压破坏，应验算腹板计算高度边缘处的局部承压强度。在集中荷载作用下，翼缘类似支承于腹板上的弹性地基梁，腹板计算高度边缘的局部压应力分布如图 5-6（c）所示。

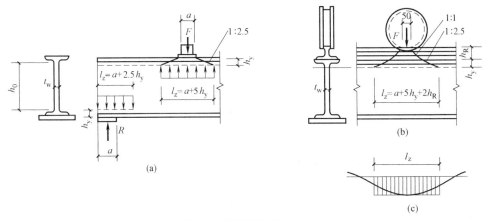

图 5-6　梁局部承压应力

（1）当梁上翼缘受有沿腹板平面作用的集中荷载且该荷载处又未设置支承加劲肋时，腹板计算高度上边缘的局部承压强度应按下列公式计算：

$$\sigma_c = \frac{\psi F}{t_w l_z} \leqslant f \tag{5-7}$$

$$l_z = 3.25 \sqrt[3]{\frac{I_R + I_f}{t_w}} \tag{5-8a}$$

或 $$l_z = a + 5h_y + 2h_R \tag{5-8b}$$

式中　F——集中荷载，对动力荷载应考虑动力系数（N）；

ψ——集中荷载增大系数；对重级工作制吊车梁，$\psi = 1.35$；对其他梁，$\psi = 1.0$；

l_z——集中荷载在腹板计算高度上边缘的假定分布长度，宜按式（5-8a）计算，也可采用简化式（5-8b）计算（mm）；

I_R——轨道绕自身形心轴的惯性矩（mm^4）；

I_f——梁上翼缘绕翼缘中面的惯性矩（mm^4）；

a——集中荷载沿梁跨度方向的支承长度（mm），对钢轨上的轮压可取为50mm；

h_y——自梁顶面至腹板计算高度上边缘的距离；对焊接梁为上翼缘厚度，对轧制工字形截面梁，是梁顶面到腹板过渡完成点的距离（mm）；

h_R——轨道的高度，对梁顶面无轨道的梁取值为0（mm）；

f——钢材的抗压强度设计值（N/mm^2）。

集中荷载的分布长度 l_z 的简化计算方法，为原规范计算公式，也与式（5-8a）直接计算的结果颇为接近。因此该式中的50mm应该被理解为为了拟合式（5-8a）而引进的，不宜被理解为轮子和轨道的接触面的长度。真正的接触面长度应在 20～30mm 之间。

轨道上作用轮压，压力穿过具有抗弯刚度的轨道向梁腹板内扩散，可以判断：轨道的抗弯刚度越大，扩散的范围越大，下部腹板越薄（即下部越软弱），则扩散的范围越大，因此式（5-8a）正确地反映了这个规律。而为了简化计算，《标准》给出了式（5-8b），但是考虑到腹板越厚翼缘也越厚的规律，式（5-8b）实际上反映的是与式（5-8a）不同的规律，应用时应注意。

腹板的计算高度 h_0：对轧制型钢梁，为腹板与上、下翼缘相交界处两内弧起点间距离（图5-6a）；对焊接组合梁，为腹板高度；对铆接（或高强度螺栓连接）组合梁，为上、下翼缘与腹板连接的铆钉（或高强度螺栓）线间最近距离。

（2）在梁的支座处，当不设置支承加劲肋时，也应按公式（5-7）计算腹板计算高度下边缘的局部压应力，但 ψ 取 1.0。支座集中反力的假定分布长度，应根据支座具体尺寸参照公式（5-8b）计算。

当局部承压强度不足时，在固定集中荷载处（包括支座处），应设置支承加劲肋予以加强；对移动集中荷载，则只能修改梁截面，加大腹板厚度。

对于翼缘上承受均布荷载的梁，不需要进行局部承压应力的验算。

4. 梁在复杂应力作用下的强度计算

在梁的腹板计算高度边缘处，当同时受有较大的正应力、剪应力和局部压应力，或同时受有较大的正应力和剪应力（如连续梁中部支座处或梁的翼缘截面改变处等）时，应按下式验算该处的折算应力：

$$\sqrt{\sigma^2+\sigma_c^2-\sigma \cdot \sigma_c+3\tau^2} \leqslant \beta_1 f \qquad (5\text{-}9)$$

$$\sigma=\frac{M_x}{I_{nx}} \cdot y_1 \qquad (5\text{-}10)$$

式中　σ、τ、σ_c——腹板计算高度边缘同一点上同时产生的弯曲正应力、剪应力和局部压应力，τ、σ_c 应分别按式（5-6）、式（5-7）左端表达式计算；σ 按式（5-10）计算，σ 和 σ_c 均以拉应力为正值，压应力为负值；

I_{nx}——梁净截面惯性矩；

y_1——所计算点至梁中和轴的距离；

β_1——验算折算应力的强度设计值增大系数；当 σ 与 σ_c 异号时，取 $\beta_1 =$ 1.2；当 σ 与 σ_c 同号或 $\sigma_c = 0$ 时，取 $\beta_1 = 1.1$；因为当 σ 与 σ_c 异号时，其塑性变形能力比当 σ 与 σ_c 同号时大，故前者的 β_1 值大于后者。

验算折算应力公式（5-9）是根据能量强度理论保证钢材在复杂受力状态下处于弹性状态的条件。考虑到需验算折算应力的部位只是梁的局部区域，故公式中取 β_1 大于 1 的系数。复合应力作用下允许应力少量放大，不应理解为钢材的屈服强度增大，而应理解为允许塑性开展。这是因为最大应力出现在局部个别部位，基本不影响整体性能。

注意事项：

（1）如果考虑腹板屈曲后强度，则不按照本节方法计算抗弯强度和抗剪强度，而按照本章 5.5 小节介绍的方法计算。

（2）抗弯强度、抗剪强度和局部承压强度均应选择与其相应的最不利截面处进行计算。抗弯强度应选择弯矩最大处，在截面改变处还应选择改变截面处。抗剪强度应选择剪力最大处，对于型钢梁由于其腹板较厚，一般可不作计算。局部承压强度应选择集中力作用处，若该处设置了加劲肋，可不计算。折算应力应选择同时受有较大的正应力、剪应力和局部挤压应力或同时受有较大的正应力和剪应力处。

5.2.2　梁的刚度

梁的刚度用荷载作用下的挠度大小来度量，梁的刚度不足，就不能保证正常使用。如楼盖梁的挠度超过正常使用的某一限值时，一方面会给人产生一种不舒服和不安全的感觉，另一方面可能使其上部的楼面及下部的抹灰开裂，影响结构的正常使用；吊车梁挠度过大，会加剧吊车运行时的冲击和振动，甚至使吊车运行困难等。因此，《标准》规定梁的挠度分别不能超过下列限值，即：

$$v_T \leqslant [v_T] \tag{5-11a}$$

$$v_Q \leqslant [v_Q] \tag{5-11b}$$

式中　v_T、v_Q——分别为全部荷载（包括永久和可变荷载）、可变荷载的标准值（不考虑荷载分项系数和动力系数）产生的最大挠度（如有起拱应减去拱度）；

$[v_T]$、$[v_Q]$——分别为梁全部荷载（包括永久和可变荷载）、可变荷载的标准值产生的挠度的容许挠度值，对某些常用的受弯构件，《标准》根据实践经验规定的容许挠度值 $[v]$ 见附表 2-1。

另外，对冶金厂房或类似车间中设有工作级别为 A7、A8 级起重机的车间，其跨间每侧吊车梁或吊车桁架的制动结构，由一台最大起重机横向水平荷载（按荷载规范取值）所产生的挠度不宜超过制动结构跨度的 1/2200。

计算结构或构件的变形时，可不考虑螺栓或铆钉孔引起的截面削弱，即按毛截面进行计算。

【例题 5-1】　有一工作平台，其梁格布置见图 5-7，平台承受的荷载为：板自重 3.5kN/m²，活荷载 9.5kN/m²（标准值），次梁采用热轧普通工字型钢，其规格为 I45a，材料是 Q235，平台铺板与次梁连牢。试验算次梁的强度和刚度。

【解】　由题意知，次梁承受 3.0m 宽度范围内的平台荷载作用，从附表 7-4 中查出型钢 I40a 的自重为 80.42kg/m，即 0.788kN/m，次梁承受的荷载为（恒、活载的分项系数分别取 1.3、1.5）。

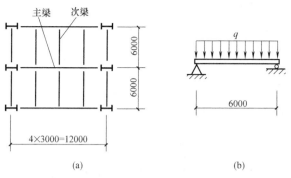

图 5-7　例题 5-1 梁格
(a) 工作平台布置；(b) 次梁计算简图

	标准值	设计值
平台板恒荷载	3.5kN/m²×3.0m=10.5kN/m	10.5kN/m×1.3=13.65kN/m
平台活荷载	9.5kN/m²×3.0m=28.5kN/m	28.5kN/m×1.5=42.75kN/m
次梁自重	0.788kN/m	0.788kN/m×1.3=1.02kN/m
小计	q_k=39.788kN/m	q=57.42kN/m

次梁内力：
$$M_{max}=ql^2/8=57.42\times6^2/8=258.39\text{kN}\cdot\text{m}$$
$$V_{max}=ql/2=57.42\times6/2=172.26\text{kN}$$

查附表 7-4，型钢 I45a 的截面特征参数：$I_x=32200\times10^4\text{mm}^4$，$W_x=1430\times10^3\text{mm}^3$，$S_x=834\times10^3\text{mm}^3$，$h=450\text{mm}$，$b=150\text{mm}$，$t=18.0\text{mm}$，$t_w=11.5\text{mm}$，$r=13.5\text{mm}$。

次梁截面板件宽厚比等级为 S1，截面塑性发展系数为：$\gamma_x=1.05$，$\gamma_y=1.2$。

1）次梁的强度验算

(1) 抗弯强度

最大正应力发生在次梁跨中截面：

$$\sigma_{max}=\frac{M_{max}}{\gamma_x W_x}=\frac{258.39\times10^6}{1.05\times1430\times10^3}=172.09\text{N/mm}^2<f=205\text{N/mm}^2$$

(2) 抗剪强度

按次梁与主梁叠接，则最大剪应力发生在次梁端部截面：

$$\tau_{max}=\frac{V_{max}\cdot S_x}{I_x\cdot t_w}=\frac{172.26\times10^3\times834\times10^3}{32200\times10^4\times11.5}=38.80\text{N/mm}^2<f_v=120\text{N/mm}^2$$

(3) 梁支座处局部承压强度

设主梁支承次梁的长度 $a=80\text{mm}$，不设置支承加劲肋，则应计算支座处局部承压强度。

$$h_y=t+r=18.0+13.5\text{mm}=31.5\text{mm}$$
$$l_z=a+2.5h_y=80+2.5\times31.5\text{mm}=158.75\text{mm}$$
$$\sigma_c=\frac{\psi V_{max}}{t_w l_z}=\frac{1.0\times172.26\times10^3}{11.5\times158.75}=94.36\text{N/mm}^2<f=205\text{N/mm}^2$$

该次梁弯矩和剪力都同时较大的截面，虽然支座处的剪力和局部承压应力都较大，但

弯应力 $\sigma = 0$，故不再计算折算应力。

2）次梁的刚度（挠度）验算

（1）全部荷载标准值产生的挠度

$$\frac{v_T}{l} = \frac{5}{384}\frac{q_k l^3}{EI} = \frac{5}{384} \times \frac{39.788 \times 6000^3}{2.06 \times 10^5 \times 32200 \times 10^4} = \frac{1}{593} < \frac{[v_T]}{l} = \frac{1}{250}$$

（2）可变荷载标准值产生的挠度

$$\frac{v_Q}{l} = \frac{5}{384}\frac{q_{Qk} l^3}{EI} = \frac{5}{384} \times \frac{28.5 \times 6000^3}{2.06 \times 10^5 \times 32200 \times 10^4} = \frac{1}{828} < \frac{[v_Q]}{l} = \frac{1}{300}$$

结论：从上述计算结果看出，该平台中所选择的次梁能满足强度和刚度要求。

5.3 受弯构件的整体稳定

5.3.1 受弯构件整体稳定的概念

为了提高抗弯强度，节省钢材，钢梁截面一般做成高而窄的形式，受荷方向刚度大，侧向刚度较小，在梁的最大刚度平面内，当荷载较小时，梁的弯曲平衡状态是稳定的；然而，如果梁的侧向支承较弱，随着荷载的增大，在弯曲应力尚未达到钢材的屈服点之前，突然发生侧向弯曲和扭转变形，使梁丧失继续承载的能力而破坏，这种现象称为梁的侧向弯扭屈曲或整体失稳，如图 5-8 所示。梁能维持稳定平衡状态所承受的最大荷载或最大弯矩，称为临界荷载或临界弯矩。

钢梁整体失稳从概念上讲是由于梁内存在较大的纵向弯曲压应力，在刚度较小方向发生的侧向变形会引起附加侧向弯矩，从而进一步加大侧向变形，反过来又增大附加侧向弯矩。但钢梁内有半个截面是弯曲拉应力，趋向于把受拉翼缘和截面受拉部分拉直（亦即减小侧向变形）而不是压屈。由于受拉翼缘对受压翼缘侧向变形的牵制和约束，梁整体失稳总是表现为受压翼缘发生较大侧向变形和受拉翼缘发生较小侧向变形的弯扭屈曲。由此可见：增强梁受压翼缘的侧向稳定性是提高梁整体稳定性的有效方法。

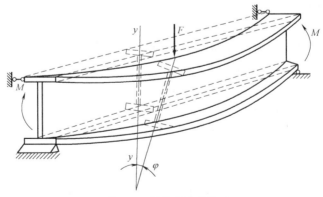

图 5-8 梁的整体失稳

由于梁的整体失稳是在强度破坏之前突然发生的，失稳前没有明显的征兆，因此，必须特别注意。

5.3.2　梁整体稳定的临界弯矩

根据以上介绍可知，设计钢梁除了要保证强度、刚度要求外，还应保证梁的整体稳定性，即梁的荷载弯矩不得超过临界弯矩 M_{cr}。M_{cr} 要用二阶分析方法求得。即假定梁是一根理想的直梁，受荷产生下挠的同时，还因侧向干扰有微小的侧弯和扭转。然后在此变形位置上写出梁的平衡方程，解得满足此平衡方程的弯矩就是梁的整体稳定临界弯矩 M_{cr}。

对于两端铰支的双轴对称工字形截面梁，按弹性稳定理论用二阶分析方法可得：

$$M_{cr} = \beta \cdot \frac{\sqrt{EI_y GI_t}}{l} \tag{5-12}$$

β 为梁的侧扭曲系数，见表 5-3。对双轴对称工字形截面，其表达式如下：

$$\beta = \pi \sqrt{1 + \pi^2 \cdot \left(\frac{h}{2l}\right)^2 \frac{EI_y}{GI_t}} = \pi \sqrt{1 + \pi^2 \psi}$$

而

$$\psi = \left(\frac{h}{2l}\right)^2 \frac{EI_y}{GI_t}$$

式中　EI_y、GI_t——截面抗弯刚度、抗扭刚度；

　　　　l——梁受压翼缘的自由长度（受压翼缘相邻两侧向支承点之间的距离）；

　　　　I_y——梁对 y 轴（弱轴）的毛截面惯性矩；

　　　　I_t——梁截面扭转惯性矩；

　　　　E、G——钢材的弹性模量及剪切模量。

从公式（5-12）可见，梁的临界弯矩不仅和它的侧向抗弯刚度有关，也和抗扭刚度有关。因而，这一临界弯矩公式充分体现出了弯扭屈曲的特点。

双轴对称工字型截面简支梁的弯扭屈曲系数 β　　　　　　表 5-3

荷载情况	β		说明
	荷载作用于形心	荷载作用于上下翼缘	
	$\beta = 1.35\pi\sqrt{1+10.2\psi}$	$\beta = 1.35\pi\sqrt{1+12.9\psi}$ $\mp 1.74\sqrt{\psi}$	
	$\beta = 1.13\pi\sqrt{1+10\psi}$	$\beta = 1.13\pi\sqrt{1+11.9\psi}$ $\mp 1.44\sqrt{\psi}$	"—"用于荷载作用在上翼缘；"+"用于荷载作用在下翼缘
	$\beta = \pi\sqrt{1+\pi^2\psi}$		

对于其他截面梁，不同支承情况或在不同荷载作用下的临界弯矩也可推导得出，不再赘述。

为了找到提高梁整体稳定性的措施，对式（5-12）进行分析，可以得到下述结论：

（1）梁的侧向抗弯刚度 EI_y、抗扭刚度 GI_t 越大，临界弯矩 M_{cr} 越大。因此，增大 I_y 可以有效提高临界弯矩，而受压翼缘宽度对 I_y 影响显著，故在保证局部稳定性的条件下，宜增大受压翼缘的宽度。

（2）梁受压翼缘的自由长度 l 越大，临界弯矩 M_{cr} 越小。因此，应在受压翼缘部位适当设置侧向支撑，减小梁受压翼缘侧向计算长度。

（3）荷载作用类型及其作用位置对临界弯矩有影响，表 5-3 说明跨中央作用一个集中荷载时临界弯矩最大，纯弯曲时临界弯矩最小，而荷载作用在下翼缘比作用于上翼缘的临界弯矩 M_{cr} 大。这是因为：荷载作用在上翼缘时，见图 5-9（a），在梁产生微小侧向位移和扭转的情况下，荷载 P 将产生绕剪力中心的附加扭矩 Pe，并对梁侧向弯曲和扭转起促进作用，使梁加速丧失整体稳定；反之，当荷载 P 作用在梁的下翼缘时，见图 5-9（b），将产生反方向的附加扭矩 Pe，有利于阻止梁的侧向弯曲和扭转，延缓梁丧失整体稳定。

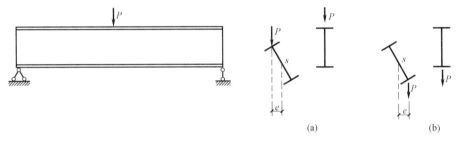

图 5-9　荷载作用位置对梁整体稳定的影响

5.3.3　梁整体稳定性的计算

根据梁整体稳定临界弯矩 M_{cr} 可得截面上临界应力为：

$$\sigma_{cr}=\frac{M_{cr}}{W_x}=\beta\frac{\sqrt{EI_yGI_t}}{l\cdot W_x} \tag{5-13}$$

5-3　受弯构件整体稳定性计算

式中　σ_{cr}——梁丧失整体稳定时临界应力；

W_x——按受压最大纤维确定的梁对 x 轴的毛截面模量，当截面板件宽厚比等级为 S1、S2、S3 或 S4 级时，应取全截面模量；当截面板件宽厚比等级为 S5 级时，应取有效截面模量，均匀受压翼缘有效外伸宽度可取 $15\varepsilon_k$，腹板有效截面可按第 6 章 6.5.2 小节的规定采用。

为保证梁整体稳定，要求梁在荷载设计值作用下最大应力 σ 应满足下式要求，即：

$$\sigma=\frac{M_x}{W_x}\leqslant\frac{\sigma_{cr}}{\gamma_R}=\frac{\sigma_{cr}}{f_y}\cdot\frac{f_y}{\gamma_R}=\varphi_b f \tag{5-14}$$

由此可得单向受弯构件的整体稳定计算公式为：

$$\frac{M_x}{\varphi_b W_x f}\leqslant 1.0 \tag{5-15}$$

式中　M_x——绕强轴（x 轴）作用的最大弯矩设计值；

φ_b——梁的整体稳定系数，$\varphi_b=\sigma_{cr}/f_y$。

在两个主平面内同时受有弯矩作用的双向受弯构件，其整体失稳亦将在弱轴侧向弯扭屈曲，但理论分析较为复杂，一般按经验近似计算。《标准》规定在两个主平面内受弯的

H 型钢截面和工字形截面构件，其整体稳定性应按下式计算：

$$\frac{M_x}{\varphi_b W_x f} + \frac{M_y}{\gamma_y W_y f} \leqslant 1.0 \tag{5-16}$$

式中 M_x、M_y——绕强轴（x 轴）、弱轴（y 轴）作用的最大弯矩；

　　　W_x、W_y——按受压纤维确定的对 x 轴、y 轴的毛截面模量；

　　　　　φ_b——绕强轴弯曲所确定的梁整体稳定系数；

　　　　　γ_y——对弱轴的截面塑性发展系数，见表 5-2。

关于梁整体稳定系数 φ_b，由于临界应力理论公式比较繁杂，不便应用，故《标准》简化成实用的计算公式，见附录 3。

如各种荷载作用的双轴或单轴对称等截面焊接工字形以及轧制 H 型钢简支梁的整体稳定系数 φ_b 实用计算公式为：

$$\varphi_b = \beta_b \frac{4320}{\lambda_y^2} \cdot \frac{Ah}{W_x} \left[\sqrt{1 + \left(\frac{\lambda_y t_1}{4.4h}\right)^2} + \eta_b \right] \varepsilon_k^2 \tag{5-17}$$

式中 β_b——梁整体稳定的等效临界弯矩系数，按附表 3-1 采用；

　　　λ_y——梁在侧向支承点间对截面弱轴 y-y 的长细比，$\lambda_y = l_1/i_y$，l_1 为受压翼缘相邻两侧向支承点之间的距离，i_y 为梁毛截面对 y 轴的截面回转半径；

　　　　A——梁的毛截面面积；

　　h、t_1——梁截面的全高和受压翼缘的厚度；

　　　η_b——截面不对称影响系数；对双轴对称截面，$\eta_b = 0$；对单轴对称工字形截面，加强受压翼缘，$\eta_b = 0.8(2\alpha_b - 1)$；加强受拉翼缘，$\eta_b = 2\alpha_b - 1$；$\alpha_b = \dfrac{I_1}{I_1 + I_2}$，$I_1$ 和 I_2 分别为受压翼缘和受拉翼缘对 y 轴的惯性矩。

需要注意：各种截面的受弯构件（包括轧制工字形钢梁），其整体稳定系数都是按弹性稳定理论求得的。研究证明，当求得 $\varphi_b > 0.6$ 时，受弯构件已进入弹塑性工作阶段，整体稳定临界应力有明显的降低，必须用式（5-18）对 φ_b 进行修正，用修正后的 φ_b'（但不大于 1.0）代替 φ_b 进行梁的整体稳定计算。

$$\varphi_b' = 1.07 - \frac{0.282}{\varphi_b} \leqslant 1.0 \tag{5-18}$$

《标准》规定，当符合下列情况之一时，梁的整体稳定可以得到保证，不必计算：

（1）有铺板（各种钢筋混凝土板和钢板）密铺在梁的受压翼缘上并与其牢固连接，能阻止梁受压翼缘的侧向位移时。

这里应当注意的是，铺板起阻止梁失稳的作用要满足两个条件：一是在自身平面内有很大刚度；二是和梁翼缘应牢固相连。各类钢筋混凝土楼板在自身平面内都有足够的刚度。现浇板，它和梁翼缘之间的粘结足以阻止梁侧向位移。而预制板，则需要在梁翼缘上焊剪力件，并把预制板间的空隙用砂浆填实，从而使板和梁牢固相连。

当有压型钢板现浇钢结构混凝土楼板在梁的受压翼缘上并与其牢固连接，能阻止受压翼缘的侧向位移时，梁不会丧失整体稳定，不必计算其整体稳定性。在梁的受压翼缘上仅铺设压型钢板，当有充分依据时方可不计算梁的整体稳定性。

对屋盖檩条来说，屋面是否能阻止屋盖檩条的扭转和受压翼缘的侧向位移取决于屋面板的安装方式：屋面板采用咬合型连接时，宜将其看成对檩条上翼缘无约束，此时应设置横向水平支撑加以约束；屋面板采用自攻螺钉与屋盖檩条连接时，可视其为檩条上翼缘的约束。

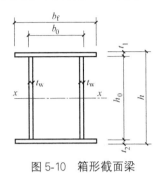

图 5-10　箱形截面梁

（2）箱形截面简支梁，截面尺寸（图 5-10）满足 $h/b_0 \leqslant 6$ 且 $l_1/b_0 \leqslant 95\varepsilon_k^2$ 时。l_1 为受压翼缘侧向支承点间的距离（梁的支座处视为有侧向支承）。由于箱形截面的抗侧向弯曲刚度和抗扭转刚度远远大于工字形截面，整体稳定性很强，本条规定的 h/b_0 和 l_1/b_0 值很容易得到满足。

需要指出的是，上述条件是建立在梁支座不产生扭转的前提下的，因此在构造上要保证支座处梁上翼缘有可靠的侧向支点，不发生扭转。

防止梁端截面扭转的方法：

（1）在下翼缘和支座相连的同时对上翼缘也提供侧向支承。如图 5-11 所示的用一块板将上翼缘连于支承结构上，这种结构方案常见于厂房吊车梁。

（2）对于高度不大而翼缘又不很窄的梁（图 5-12a），则可以依靠支座加劲肋在其平面内的抗弯刚度来防止扭转。

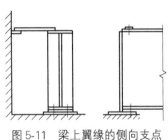

图 5-11　梁上翼缘的侧向支点

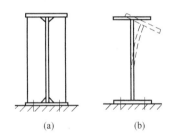

图 5-12　有抗扭加劲肋的梁和缺少抗扭设施的梁

既没有加劲肋，又没有上翼缘支承措施的梁（图 5-12b），其支承截面抗扭全靠腹板的弯曲刚度来提供。这时，由于腹板出平面弯曲刚度很弱，梁失稳时，梁端截面就将出现图 5-12 中所示的变形，这就不符合推导整体稳定计算公式时梁端扭角为零的前提条件。这样一来，梁的整体稳定系数就将小于按公式计算的数值。

另外，对仅腹板连接的钢梁（图 5-13），钢梁腹板容易变形，抗扭刚度小，并不能保证梁端截面不发生扭转。在设计中遇到这种梁时，如果需要计算整体稳定，可采取的办法之一，是适当增大梁的计算长度。《标准》第 6.2.5 条规定：当简支梁仅腹板与相邻构件相连，钢梁稳定性计算时侧向支承点距离应取实际距离的 1.2 倍。用作减小梁受压翼缘自由长度的侧向支撑，其支撑力应将梁的受压翼缘视为轴心压杆计算。另一种办法可考虑按梁端无扭转的情况计算临界弯矩，然后乘以折减系数。《高层民用建筑钢结构技术规程》JGJ 99—2015 第 7.1.2 条规定：当梁在端部仅以腹板与柱（或主梁）相连时，φ_b（或 $\varphi_b > 0.6$ 时的 φ_b'）应乘以降低系数 0.85。

支座承担负弯矩且梁顶有混凝土楼板时，框架梁下翼缘的稳定性计算应符合下列

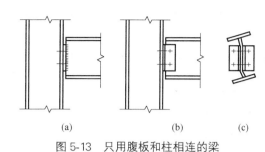

(a)   (b)   (c)

图 5-13 只用腹板和柱相连的梁

规定：

（1）当时 $\lambda_{n,b} \leqslant 0.45$，可不计算框架梁下翼缘的稳定性。

（2）当不满足（1）时，框架梁下翼缘的稳定性应按下列公式计算：

$$\frac{M_x}{\varphi_d W_{1x} f} \leqslant 1.0 \tag{5-19}$$

$$\lambda_e = \pi \lambda_{n,b} \sqrt{\frac{E}{f_y}} \tag{5-20}$$

$$\lambda_{n,b} = \sqrt{\frac{f_y}{\sigma_{cr}}} \tag{5-21}$$

$$\sigma_{cr} = \frac{3.46 b_1 t_1^3 + h_w t_w^3 (7.27\gamma + 3.3)\varphi_1}{h_w^2 (12 b_1 t_1 + 1.78 h_w t_w)} E \tag{5-22}$$

$$\gamma = \frac{b_1}{t_w} \sqrt{\frac{b_1 t_1}{h_w t_w}} \tag{5-23}$$

$$\varphi_1 = \frac{1}{2} \left(\frac{5.436 \gamma h_w^2}{l^2} + \frac{l^2}{5.436 \gamma h_w^2} \right) \tag{5-24}$$

式中 b_1——受压翼缘的宽度（mm）；

     t_1——受压翼缘的厚度（mm）；

     W_{1x}——弯矩作用平面内对受压最大纤维的毛截面模量（mm³）；

     φ_d——稳定系数，根据换算长细比 λ_e 按附表 4-2 采用；

     $\lambda_{n,b}$——正则化长细比；

     σ_{cr}——畸变屈曲临界应力（N/mm²）；

     l——当框架主梁支承次梁且次梁高度不小于主梁高度一半时，取次梁到框架柱的净距；其他情况时，取梁净距的一半（注意：是主梁净距，不考虑次梁）（mm）。

框架主梁的负弯矩区下翼缘受压，上翼缘受拉，且上翼缘有楼板起侧向支撑和提供扭转约束，因此负弯矩区的失稳是畸变失稳。将下翼缘作为压杆，腹板作为对下翼缘提供侧向弹性支撑的部件，上翼缘看成固定，则可以求出纯弯简支梁下翼缘发生畸变屈曲的临界应力，考虑到支座条件接近嵌固，弯矩快速下降变成正弯矩等有利因素，以及实际结构腹板高厚比的限值，腹板对翼缘能够提供强大的侧向约束，因此框架梁负弯矩区的畸变屈曲并不是一个需要特别加以精确计算的问题。

正则化长细比小于或等于 0.45 时，弹塑性畸变屈曲应力基本达到钢材的屈服强度，此时截面尺寸刚好满足式（5-19）。对于抗震设计，要求应更加严格。

（3）当不满足（1）、（2）两条规定时，在侧向未受约束的受压翼缘区段内，应设置隅撑或沿梁长设间距不大于 2 倍梁高并与梁等宽的横向加劲肋。设置加劲肋能够为下翼缘提供更加刚强的约束，并带动楼板对框架梁提供扭转约束。设置加劲肋后，刚度很大，一般不再需要计算整体稳定和畸变屈曲。

【例题 5-2】 设计平台梁格，梁格布置及平台承受的荷载见【例题 5-1】。若平台铺板不与次梁连牢，钢材为 Q235，假设次梁的截面为窄翼缘 H 型钢，规格为 HN496×199×9×14。试验算该次梁。

【解】 平台荷载计算同【例题 5-1】（恒、活荷载的分项系数分别取 1.3、1.5）。其结果如下：

	标准值	设计值
平台板恒荷载	$3.5kN/m^2 \times 3.0\ m = 10.5kN/m$	$10.5kN/m \times 1.3 = 13.65kN/m$
平台活荷载	$9.5kN/m^2 \times 3.0\ m = 28.5kN/m$	$28.5kN/m \times 1.5 = 42.75kN/m$
次梁自重（H 型钢表查得）	$0.779kN/m$	$0.779kN/m \times 1.3 = 1.013kN/m$
	$q_k = 39.779kN/m$	$q = 57.41kN/m$

次梁内力：
$$M_{max} = ql^2/8 = 57.41 \times 6^2/8 = 258.35kN \cdot m$$
$$V_{max} = ql/2 = 57.41 \times 6/2 = 172.23kN$$

查附表 7-6，HN496×199×9×14 的截面特征参数：$A = 99.3cm^2$，$I_x = 40800 \times 10^4 mm^4$，$W_x = 1650 \times 10^3 mm^3$，$h = 496mm$，$b = 199mm$，$t_1 = 9mm$，$t_2 = 14mm$，$i_y = 43.0mm$。

次梁截面板件宽厚比等级为 S1，截面塑性发展系数为：$\gamma_x = 1.05$，$\gamma_y = 1.2$。

1) 强度验算

（1）抗弯强度

最大弯曲应力发生在次梁跨中截面：
$$\sigma_{max} = \frac{M_{max}}{\gamma_x W_x} = \frac{258.35 \times 10^6}{1.05 \times 1650 \times 10^3} = 149.12N/mm^2 < f = 215N/mm^2$$

（2）抗剪强度

按次梁与主梁等高连接，最大剪应力发生在次梁端部截面，假设端部剪力全部由腹板承担，则：
$$\tau_{max} = \frac{1.5V_{max}}{h_w \cdot t_w} = \frac{1.5 \times 172.23 \times 10^3}{(496 - 2 \times 14) \times 9} = 61.34N/mm^2 < f_v = 125N/mm^2$$

因为次梁与主梁连接处设支承加劲肋。因此，不必验算次梁支座处的局部承压强度。另外，该次梁没有弯矩和剪力都同时较大的截面，故不用计算折算应力。

2) 刚度（挠度）验算
$$\frac{v_T}{l} = \frac{5}{384} \frac{q_k l^3}{EI} = \frac{5}{384} \times \frac{39.779 \times 6000^3}{2.06 \times 10^5 \times 40800 \times 10^4} = \frac{1}{751} < \frac{[v_T]}{l} = \frac{1}{250}$$

由此可见，可变荷载标准值产生的挠度足以能满足 $[v_Q]/l = 1/300$ 要求，故不再计算 v_Q。

3) 整体稳定性验算

由于平台铺板不与次梁连牢，因此需要计算次梁整体稳定性。对 H 型钢，应按公式 (5-17) 计算 φ_b。
$$\xi = \frac{l_1 t_1}{b_1 h} = \frac{6000 \times 14}{199 \times 496} = 0.85 （受压翼缘厚度 t_1 是 H 型钢表中的 t_2 值）$$

查附表 3-1：$\beta_b = 0.69 + 0.13\xi = 0.69 + 0.13 \times 0.85 = 0.80$。

H 型钢为双轴对称截面，$\eta_b = 0$，$\lambda_y = l_1/i_y = 6000/43.0 = 139.5$，故：

$$\varphi_b = \beta_b \frac{4320}{\lambda_y^2} \cdot \frac{Ah}{W_x} \left[\sqrt{1 + \left(\frac{\lambda_y t_1}{4.4h}\right)^2} + \eta_b \right] \varepsilon_k$$

$$= 0.80 \times \frac{4320}{139.5^2} \times \frac{99.3 \times 49.6}{1650} \left[\sqrt{1 + \left(\frac{139.5 \times 1.4}{4.4 \times 49.6}\right)^2} + 0 \right] \times 1.0$$

$$= 0.7$$

因 $\varphi_b = 0.7 > 0.6$，应按下式修正：

$$\varphi_b' = 1.07 - 0.282/\varphi_b = 1.07 - 0.282/0.70 = 0.667$$

验算整体稳定：

$$\frac{M_x}{\varphi_b' \cdot W_x} = \frac{258.35 \times 10^6}{0.667 \times 1650 \times 10^3} = 235 \text{N/mm}^2 > f = 215 \text{N/mm}^2$$

整体稳定不满足要求。

结论：上述计算结果表明，该次梁能满足强度和刚度要求，不能满足整体稳定要求。

思考：通过本例题的计算，试说出工作平台中次梁承载能力是由什么条件决定的？采取什么措施能够降低次梁用钢量？

【例题 5-3】 如图 5-14 所示的两种简支梁截面，其截面面积大小相同，跨度均为 12m，跨间无侧向支承点，均布荷载大小亦相同，均作用在梁的上翼缘，钢材采用 Q235 钢，试比较梁的整体稳定性系数 φ_b，说明哪种情况下的稳定性更好？

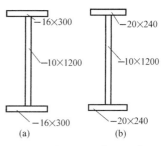

图 5-14 例题 5-3 简支梁截面

【解】 截面 I （图 5-14a）

$$A = 2 \times 1.6 \times 30 + 120 \times 1 = 216 \text{cm}^2$$

$$I_y = 2 \times \frac{1}{12} \times 1.6 \times 30^3 = 7200 \text{cm}^4$$

$$i_y = \sqrt{\frac{I_y}{A}} = \sqrt{\frac{7200}{216}} = 5.8 \text{cm}$$

$$\lambda_y = \frac{1200}{5.8} = 206.9$$

$$h = 123.2 \text{cm}$$

$$t_1 = 16 \text{mm}$$

$$W_x = \frac{2I_x}{h} = \frac{2\left(\frac{1}{12} \times 1 \times 120^3 + 2 \times 1.6 \times 30 \times 60.8^2\right)}{123.2} = 8100 \text{cm}^3$$

$$\xi = \frac{l_1 t_1}{b_1 h} = \frac{1200 \times 1.6}{30 \times 123.2} = 0.52 < 2.0$$

查表得：$\beta_b = 0.69 + 0.13\xi = 0.69 + 0.13 \times 0.52 = 0.76$

$$\varphi_b^{\text{I}} = \beta_b \frac{4320}{\lambda_y^2} \cdot \frac{Ah}{W_x} \left[\sqrt{1 + \left(\frac{\lambda_y t_1}{4.4h}\right)^2} + \eta_b \right] \varepsilon_k$$

$$= 0.76 \times \frac{4320}{206.9^2} \times \frac{216 \times 123.2}{8100} \sqrt{1 + \left(\frac{206.9 \times 1.6}{4.4 \times 123.2}\right)^2} = 0.30$$

截面Ⅱ（图 5-14b）

$$A = 2 \times 24 \times 2 + 120 \times 1 = 216 \text{cm}^2$$

$$I_y = 2 \times \frac{1}{12} \times 2 \times 24^3 = 4610 \text{cm}^4$$

$$\lambda_y = \frac{l}{i_y} = \frac{1200}{4.6} = 260.9$$

$$i_y = \sqrt{\frac{I_y}{A}} = \sqrt{\frac{4610}{216}} = 4.6 \text{cm}$$

$$h = 124.0 \text{cm} \qquad t_1 = 20 \text{mm}$$

$$W_x = \frac{2I_x}{h} = \frac{2 \times \left(\frac{1}{12} \times 1 \times 120^3 + 2 \times 2 \times 24 \times 61^2 \right)}{124} = 8080 \text{cm}^3$$

$$\xi = \frac{1200 \times 2}{24 \times 124} = 0.81 < 2.0;$$

查表得：$\beta_b = 0.69 + 0.13 \times 0.81 = 0.80$

$$\varphi_b^{\text{Ⅱ}} = 0.80 \times \frac{4320}{260.9^2} \times \frac{216 \times 124}{8080} \sqrt{1 + \left(\frac{260.9 \times 2}{4.4 \times 124} \right)^2} = 0.23$$

计算结果：$\varphi_b^{\text{Ⅰ}} > \varphi_b^{\text{Ⅱ}}$，说明截面Ⅰ的整体稳定比截面Ⅱ的好。

5.4 受弯构件的局部稳定和腹板加劲肋的设计

5.4.1 受弯构件局部稳定的概念

5-4 受弯构件局部稳定的概念

在进行受弯构件截面设计时，为了节省钢材，提高强度、整体稳定性和刚度，常选择高、宽而较薄的截面。然而，如果板件过于宽薄，构件中的部分薄板会在构件发生强度破坏或丧失整体稳定之前，由于板中压应力或剪应力达到某一数值（即板的临界应力）后，受压翼缘或腹板可能突然偏离其原来的位置而发生显著的波形屈曲，这种现象称为构件丧失局部稳定性（图 5-15）。

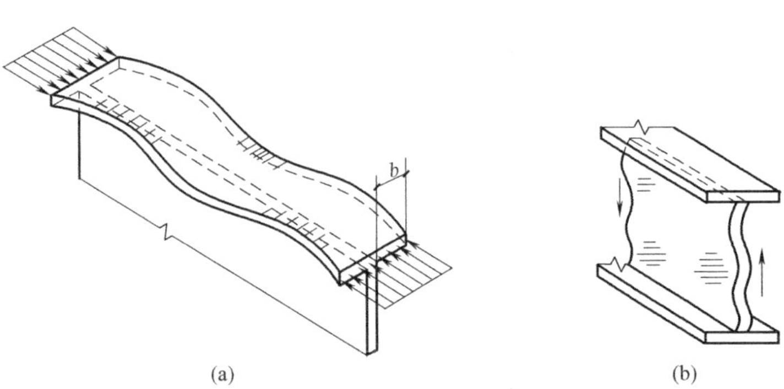

图 5-15 受弯构件局部失稳的现象

（a）翼缘失稳；（b）腹板失稳

当翼缘或腹板丧失局部稳定时,虽然不会使整个构件立即失去承载能力,但薄板局部屈曲部位会迅速退出工作,构件整体弯曲中心偏离荷载的作用平面,使构件的刚度减小,强度和整体稳定性降低,以致构件发生扭转而提早失去整体稳定。因此,设计受弯构件时,选择的板件不能过于宽薄。

热轧型钢板件宽厚比较小,都能满足局部稳定要求,不需要计算。对于冷弯薄壁型钢梁的受压或受弯板件,宽厚比不超过规定的限制时,认为板件全部有效;当超过此限制时,则只考虑一部分宽度有效(称为有效宽度),应按《冷弯薄壁型钢结构技术规范》GB 50018—2002 规定计算。

这里主要叙述一般钢结构焊接组合梁中受压翼缘和腹板的局部稳定。

承受静力荷载和间接承受动力荷载的焊接截面梁可考虑腹板屈曲后强度,按第 5.5 节的规定计算其抗弯和抗剪承载力;而直接承受动力荷载的吊车梁及类似构件或其他不考虑屈曲后强度的组合梁,当 $h_0/t_w > 80\varepsilon_k$ 时,需要计算腹板的稳定性。轻、中级工作制吊车梁计算腹板的稳定性时,吊车轮压设计值可乘以折减系数 0.9。

5.4.2 受压翼缘的局部稳定

对于理想的薄板(即理想的平板,所受荷载无初偏心),见图 5-16,按弹性理论可得板的局部稳定临界应力通用公式为:

5-5 受弯构件局部稳定的计算

$$\sigma_{cr} = k \frac{\pi^2 E}{12(1-\nu^2)} \left(\frac{t}{b}\right)^2 \tag{5-25}$$

式中 t——板的厚度;

     b——板的宽度;

     ν——钢材的泊松比;

     k——板的屈曲系数,与板的应力状态及支撑情况有关,各种情况下的 k 值见表 5-4。

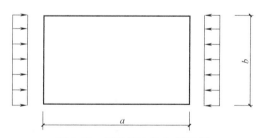

图 5-16 四边简支均匀受压板

板的屈曲系数 k 表 5-4

项次	支撑情况	应力状态	k	备注
1	四边简支	两平行边均匀受压	$k_{min} = 4$	
2	三边简支一边自由	两平行简支边均匀受压	$k = 0.425 + \left(\frac{b}{a}\right)^2$	a、b 为板边长,a 为自由边长
3	四边简支	两平行边受弯	$k_{min} = 23.9$	

项次	支撑情况	应力状态	k	备注
4	两平行边简支 另两边固定	两平行简 支边受弯	$k_{min}=39.6$	
5	四边简支	一边局部受压	当$\dfrac{a}{b}\leqslant1.5,k=\left(4.5\dfrac{b}{a}+7.4\right)\dfrac{b}{a}$ 当$\dfrac{a}{b}>1.5,k=\left(11-0.9\dfrac{b}{a}\right)\dfrac{b}{a}$	a、b 为板边长,a 与压 应力方向垂直
6	四边简支	四边均匀受剪	当$\dfrac{a}{b}\leqslant1,k=4.0+5.34\left(\dfrac{b}{a}\right)^2$ 当$\dfrac{a}{b}>1,k=4.0\left(\dfrac{b}{a}\right)^2+5.34$	a、b 为板边长, b 为短边长

焊接组合梁的受压翼缘板可以视为受均布压应力作用（图 5-17）。根据单向均匀受压板的临界应力公式（5-25）及表 5-4 第 2 栏,并考虑梁翼缘纵向压应力由于残余应力等影响,已进入弹塑性阶段,弹性模量 E 已降为 $0.5E$,k 取最小值 0.425 来计算 σ_{cr},同时为充分发挥材料强度,须保证在构件发生强度破坏之前翼缘板不丧失局部稳定。因此,要求翼缘板的临界应力 $\sigma_{cr}\geqslant f_y$,即:

$$\sigma_{cr}=0.425\times\frac{\pi^2\times0.5E}{12(1-\nu^2)}\left(\frac{t}{b}\right)^2\geqslant f_y \tag{5-26}$$

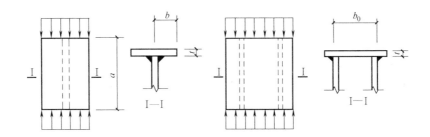

图 5-17　焊接组合梁的受压翼缘板

当梁按弹性设计时（即 $\gamma_x=1.0$）,满足 S4 级要求。

$$\frac{b}{t}\leqslant15\varepsilon_k \tag{5-27}$$

当梁按弹塑性阶段设计,即截面允许出现部分塑性时（即 $\gamma_x>1.0$）,满足 S3 级要求。将 $E=206\times10^3\,N/mm^2$ 和 $\nu=0.3$ 代入可得翼缘宽厚比的验算公式:

$$\frac{b}{t}\leqslant13\varepsilon_k \tag{5-28}$$

式中　b——翼缘板的自由外伸宽度;

　　　t——翼缘板的厚度。

当梁按弹塑性设计方法设计时,允许梁出现塑性铰,要求截面具有一定的转动能力。这时对受压翼缘的宽厚比限值要求更高,满足 S1 级要求:

$$\frac{b}{t}\leqslant9\varepsilon_k \tag{5-29}$$

　　箱形梁翼缘板（图 5-17b）在两腹板之间无支承的部分，相当于四边简支单向均匀受压板，宽度 b_0 与其厚度 t 的比值要求见表 5-1。

5.4.3　腹板的局部稳定

　　1. 焊接组合梁腹板局部稳定理论

　　为了使梁截面设计更加经济合理，梁腹板通常做的高而薄，因此，局部稳定的问题较为突出。梁腹板的应力状态比较复杂，主要受有三角形分布的弯应力 σ、抛物线形分布的剪应力 τ、沿高度衰减较快的局部压应力 σ_c。从三种应力在梁截面上的分布情况看，腹板主要承受剪应力 τ 作用，其次是弯应力 σ 和局部压应力 σ_c。在剪应力单独作用下，腹板在45°方向产生主应力，主拉应力和主压应力数值上都等于剪应力。在主压应力作用下，腹板失稳形式如图 5-18（a）所示，为大约 45°方向倾斜的凸凹波形。在弯曲正应力单独作用下，腹板的失稳形式如图 5-18（b）所示，凸凹波形的中心靠近其压应力合力的作用线。在局部压应力单独作用下，腹板失稳形式如图 5-18（c）所示，产生一个靠近横向压应力作用边缘的鼓曲面。

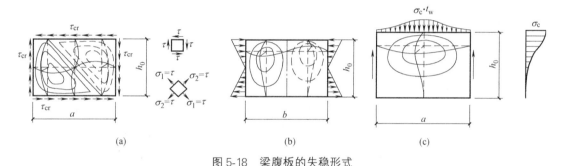

图 5-18　梁腹板的失稳形式

（a）主压应力作用下；（b）弯曲正应力单独作用下；（c）局部压应力单独作用下

　　焊接组合梁的腹板一般都同时受有几个应力作用，各项应力差异较大，研究起来较困难。通常分别研究剪应力 τ、弯曲应力 σ、局部压应力 σ_c 单独作用下的临界应力，再根据试验研究建立三项应力联合作用下的相关性稳定理论。

　　1）腹板在纯剪应力作用下

　　腹板在纯剪应力作用时，可以视为四边简支均匀分布剪应力 τ 的薄板，如图 5-18（a）。按公式（5-25）及表 5-4 第 6 栏，将 $E = 206 \times 10^3 \mathrm{N/mm^2}$ 和 $\nu = 0.3$ 代入式（5-25），并考虑翼缘对腹板的弹性嵌固作用，取嵌固系数 $\chi = 1.23$，用 t_w 表示腹板的厚度，用腹板高 h_0 代替 b，则：

$$\tau_{cr} = \chi \cdot k \frac{\pi^2 E}{12(1-\nu^2)}\left(\frac{t_w}{h_0}\right)^2 = 1.23 \times \left(5.34 + \frac{4}{(a/h_0)^2}\right)\frac{\pi^2 \times 206 \times 10^3}{12(1-0.3^2)}\left(\frac{t_w}{h_0}\right)^2$$

$$= 123\left(\frac{100 t_w}{h_0}\right)^2 \mathrm{N/mm^2} \tag{5-30}$$

　　上式按弹性分析求得，而腹板的实际失稳状态属于弹塑性屈曲，根据试验结果，板在纯剪作用下弹塑性屈曲的临界应力为：

$$\tau_{cr,ep} = \sqrt{\tau_{cr} \cdot \tau_p} \tag{5-31}$$

而 $\tau_p = 0.8 f_{vy} = 0.8 f_y / \sqrt{3}$，若要求 $\tau_{cr,ep}$ 不低于 f_{vy}，

则：

$$\tau_{cr,ep} = \sqrt{123 \times \left(\frac{100 t_w}{h_0}\right)^2 \times 0.8 f_y / \sqrt{3}} \geqslant \frac{f_y}{\sqrt{3}}$$

上式经整理后得：

$$\frac{h_0}{t_w} \leqslant 85 \varepsilon_k \tag{5-32}$$

2）腹板在纯弯曲应力作用下

腹板在纯弯曲应力作用时，其屈曲变形如图 5-18（b），按公式（5-25）及表 5-4 第 3 栏，将 $E = 206 \times 10^3 \text{ N/mm}^2$ 和 $\nu = 0.3$ 代入式（5-25），并考虑翼缘对腹板的弹性嵌固作用，取嵌固系数 $\chi = 1.61$，其临界应力为：

$$\sigma_{cr} = \chi \cdot k \frac{\pi^2 E}{12(1-\nu^2)} \left(\frac{t_w}{h_0}\right)^2 = 1.61 \times 23.9 \times \frac{\pi^2 \times 206 \times 10^3}{12 \times (1-0.3^2)} \left(\frac{t_w}{h_0}\right)^2$$

$$= 715 \left(\frac{100 t_w}{h_0}\right)^2 \text{N/mm}^2 \tag{5-33}$$

若要求 σ_{cr} 不低于 f_y，则由 $715 \left(\frac{100 t_w}{h_0}\right)^2 \geqslant f_y$ 可得：

$$\frac{h_0}{t_w} \leqslant 174 \varepsilon_k \tag{5-34}$$

3）腹板在局部压应力作用下

在梁的横向集中荷载作用下，会使腹板的一个边缘受压，属于单侧受压板，按公式（5-25）及表 5-4 第 5 栏（取 $a/h_0 = 2$），将 $E = 206 \times 10^3 \text{ N/mm}^2$ 和 $\nu = 0.3$ 代入式（5-25），并考虑翼缘对腹板的弹性嵌固作用，取嵌固系数 $\chi = 1.3$，可得其临界应力为：

$$\sigma_{c,cr} = k \cdot \chi \frac{\pi^2 E}{12(1-\nu^2)} \left(\frac{t_w}{h_0}\right)^2 = 166 \left(\frac{100 t_w}{h_0}\right)^2 \text{N/mm}^2 \tag{5-35}$$

若要求 $\sigma_{c,cr}$ 不低于 f_y，则由 $166 \left(\frac{100 t_w}{h_0}\right)^2 \geqslant f_y$ 可得：

$$\frac{h_0}{t_w} \leqslant 84 \varepsilon_k \tag{5-36}$$

2. 焊接组合梁腹板局部稳定验算

为了提高腹板的局部稳定性，可采取下列措施：①增加腹板的厚度；②设置合适的加劲肋，加劲肋作为腹板的支承，以提高其临界应力。后一措施往往是比较经济的。

加劲肋的布置形式如图 5-19 所示。图 5-19（a）仅布置横向加劲肋，图 5-19（b）同时布置横向和纵向加劲肋，图 5-19（c）除布置横向和纵向加劲肋外还布置短加劲肋。纵、横向加劲肋交叉处切断纵向加劲肋，让横向加劲肋贯通，并尽可能使纵向加劲肋两端支撑于横向加劲肋上。图 5-19（d）为高强度螺栓连接（或铆接）梁，上、下翼缘与腹板采用高强度螺栓（或铆钉）连接。

横向加劲肋主要防止由剪应力和局部压应力可能引起的腹板失稳，纵向加劲肋主要防止由弯曲压应力可能引起的腹板失稳，短加劲肋主要防止由局部压应力可能引起的腹板失稳。梁腹板的主要作用是抗剪，相比之下，剪应力最容易引起腹板失稳。因此，三种加劲

肋中横向加劲肋是最常采用的。

设置加劲肋后，腹板被划分成若干个四边支承的矩形板区格，这些板区格一般都同时受有弯曲正应力、剪应力，有时还有局部压应力，要逐一验算。如果验算不满足要求，或富余过多，还应调整间距重新布置加劲肋，然后再作验算直到满足为止。

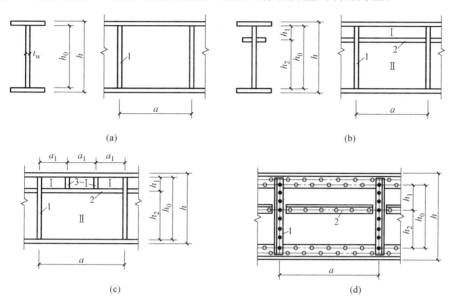

图 5-19 腹板加劲肋的布置

1—横向加劲肋；2—纵向加劲肋；3—短加劲肋

1）仅配置横向加劲肋加强的腹板（图 5-19a）

腹板在两个横向加劲肋之间的区格，同时受有弯曲正应力 σ、剪应力 τ，可能还有一个边缘压应力 σ_c 共同作用，如图 5-20。采用综合考虑三种应力共同作用的经验近似稳定相关公式。对于仅用横向加劲肋的腹板，《标准》规定按下列稳定相关公式计算其局部稳定性：

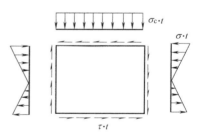

图 5-20 腹板受三种应力同时作用

$$\left(\frac{\sigma}{\sigma_{cr}}\right)^2+\left(\frac{\tau}{\tau_{cr}}\right)^2+\frac{\sigma_c}{\sigma_{c,cr}}\leqslant 1.0 \tag{5-37}$$

式中　　　σ——所计算腹板区格内，由平均弯矩产生的腹板计算高度边缘的弯曲压应力（N/mm²）；

τ——所计算腹板区格内，由平均剪力产生的腹板平均剪应力，$\tau=V/(h_w t_w)$，h_w 为腹板高度（mm）；

σ_c——腹板计算高度边缘的局部压应力，应按式（5-7）计算，但式中的 $\psi=1.0$（N/mm²）；

σ_{cr}、$\sigma_{c,cr}$、τ_{cr}——在 σ、σ_c、τ 单独作用下板的临界应力（弹塑性）（N/mm²）。

上述的 τ_{cr}、σ_{cr}、$\sigma_{c,cr}$ 计算公式是在弹性条件下推导出的，事实上，腹板工作可能处于弹塑性状态，因此，应对这些临界应力作相应的弹塑性修正。

首先，引入一个参数 λ，称其为腹板的正则化高厚比，在腹板单独受弯、受剪、受局部压力时，分别用 $\lambda_{n,b}$、$\lambda_{n,s}$、$\lambda_{n,c}$ 表示，则：

$$\left.\begin{array}{l} \lambda_{n,b}=\sqrt{f_y/\sigma_{cr}} \\[2mm] \lambda_{n,s}=\sqrt{f_{vy}/\tau_{cr}} \\[2mm] \lambda_{n,c}=\sqrt{f_y/\sigma_{c\cdot cr}} \end{array}\right\} \tag{5-38}$$

式中　$\lambda_{n,b}$——用于腹板受弯计算时的通用高厚比；

　　　$\lambda_{n,s}$——用于腹板受剪计算时的通用高厚比；

　　　$\lambda_{n,c}$——用于腹板受局部压力计算时的通用高厚比。

（1）σ_{cr} 计算

由式（5-38）得：　　　　　　　　　$\lambda_{n,b}{}^2=f_y/\sigma_{cr}$

将式（5-33）中的 σ_{cr} 代入上式，并取 $2h_c=h_0$ 得：

当梁受压翼缘扭转受到约束时：　　$\lambda_{n,b}=\dfrac{2h_c/t_w}{177}\cdot\dfrac{1}{\varepsilon_k}$ $\tag{5-39a}$

当梁受压翼缘扭转未受到约束时：　$\lambda_{n,b}=\dfrac{2h_c/t_w}{138}\cdot\dfrac{1}{\varepsilon_k}$ $\tag{5-39b}$

式中，h_c 为梁腹板弯曲受压区高度，对双轴对称截面 $2h_c=h_0$。由于腹板应力最大处翼缘应力也很大，后者对前者并不提供约束，将原规范式分母的 153 改为 138。

σ_{cr} 应按下列公式计算：

当 $\lambda_{n,b}\leqslant 0.85$ 时：　　　　　　$\sigma_{cr}=f$ $\tag{5-40a}$

当 $0.85<\lambda_{n,b}\leqslant 1.25$ 时：　　　$\sigma_{cr}=[1-0.75(\lambda_{n,b}-0.85)]f$ $\tag{5-40b}$

当 $\lambda_{n,b}>1.25$ 时：　　　　　　$\sigma_{cr}=1.1f/\lambda_{n,b}{}^2$ $\tag{5-40c}$

（2）τ_{cr} 计算

同样：　　　　　　　　$\lambda_{n,s}{}^2=f_{vy}/\tau_{cr}=f_y/(\sqrt{3}\cdot\tau_{cr})$

将式（5-30）中的 τ_{cr} 代入上式，得：

当 $a/h_0\leqslant 1.0$ 时：　　$\lambda_{n,s}=\dfrac{h_0/t_w}{37\eta\sqrt{4+5.34(h_0/a)^2}}\cdot\dfrac{1}{\varepsilon_k}$ $\tag{5-41a}$

当 $a/h_0>1.0$ 时：　　$\lambda_{n,s}=\dfrac{h_0/t_w}{37\eta\sqrt{5.34+4(h_0/a)^2}}\cdot\dfrac{1}{\varepsilon_k}$ $\tag{5-41b}$

式中　η——简支梁取 1.11，框架梁梁端最大应力区取 1。

τ_{cr} 应按下列公式计算：

当 $\lambda_{n,s}\leqslant 0.8$ 时：　　　　　　$\tau_{cr}=f_v$ $\tag{5-42a}$

当 $0.8<\lambda_{n,s}\leqslant 1.2$ 时：　　　$\tau_{cr}=[1-0.59(\lambda_{n,s}-0.8)]f_v$ $\tag{5-42b}$

当 $\lambda_{n,s}>1.2$ 时：　　　　　　$\tau_{cr}=1.1f_v/\lambda_{n,s}{}^2$ $\tag{5-42c}$

（3）$\sigma_{c,cr}$ 计算

$$\lambda_c^2=f_y/\sigma_{c,cr}$$

将式（5-35）中的 $\sigma_{c,cr}$ 代入上式，得：

当 $0.5 \leqslant \dfrac{a}{h_0} \leqslant 1.5$ 时：　　$\lambda_{n,c} = \dfrac{h_0/t_w}{28\sqrt{10.9+13.4(1.83-a/h_0)^3}} \cdot \dfrac{1}{\varepsilon_k}$　　(5-43a)

当 $1.5 < \dfrac{a}{h_0} \leqslant 2.0$ 时：　　$\lambda_{n,c} = \dfrac{h_0/t_w}{28\sqrt{18.9-5a/h_0}} \cdot \dfrac{1}{\varepsilon_k}$　　(5-43b)

$\sigma_{c,cr}$ 应按下列公式计算：

当 $\lambda_{n,c} \leqslant 0.9$ 时：　　　　　　　$\sigma_{c,cr} = f$　　(5-44a)

当 $0.9 < \lambda_{n,c} \leqslant 1.2$ 时：　　　$\sigma_{c,cr} = [1-0.79(\lambda_{n,c}-0.9)]f$　　(5-44b)

当 $\lambda_{n,c} > 1.2$ 时：　　　　　　　$\sigma_{c,cr} = 1.1f/\lambda_{n,c}^2$　　(5-44c)

2）同时用横向加劲肋和纵向加劲肋加强的腹板（图 5-19b、c）

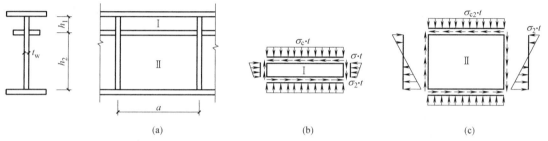

图 5-21　同时用横向加劲肋和纵向加劲肋加强的腹板

纵向加劲肋将腹板分隔成两个区格（图 5-21），其局部稳定性应按下列公式计算。

（1）受压翼缘与纵向加劲肋之间的区格 Ⅰ

此区格的受力情况与图 5-21（b）接近，按下式计算其局部稳定性：

$$\dfrac{\sigma}{\sigma_{cr1}} + \left(\dfrac{\tau}{\tau_{cr1}}\right)^2 + \left(\dfrac{\sigma_c}{\sigma_{c,cr1}}\right)^2 \leqslant 1.0 \qquad (5-45)$$

式中，σ_{cr1}、$\sigma_{c,cr1}$、τ_{cr1} 的具体计算如下。

σ_{cr1} 按公式（5-40）计算，但式中 $\lambda_{n,b}$ 用 $\lambda_{n,b1}$ 代替。而 $\lambda_{n,b1}$ 的计算是取屈曲系数 $k=5.13$，并取嵌固系数 $\chi=1.4$（梁受压翼缘扭转受到约束）和 $\chi=1.0$（梁受压翼缘扭转未受到约束），按式（5-33）和式（5-38）得出的，即：

当梁受压翼缘扭转受到约束时：　　$\lambda_{n,b1} = \dfrac{h_1/t_w}{75\varepsilon_k}$　　(5-46a)

当梁受压翼缘扭转未受到约束时：$\lambda_{n,b1} = \dfrac{h_1/t_w}{64\varepsilon_k}$　　(5-46b)

式中　h_1——纵向加劲肋至腹板计算高度受压边缘的距离。

τ_{cr1} 计算：按公式（5-41）和公式（5-42）进行，但式中 h_0 改为 h_1。

$\sigma_{c,cr1}$ 计算：该区格宽高比一般都比较大（通常大于4），可视为上下两边支承的均匀受压板，取腹板的有效宽度为 h_1 的 2 倍。当受压翼缘扭转未受到约束时，上下两端均视为铰支，计算长度为 h_1；当受压翼缘扭转受到完全约束时，则计算长度取 $0.7h_1$。按式 $\lambda_{n,b}^2 = f_y/\sigma_{cr}$ 计算，并将 $\lambda_{n,b}$ 改写成 $\lambda_{n,c1}$，即：

当梁受压翼缘扭转受到约束时：　　　　$\lambda_{n,c1} = \dfrac{h_1/t_w}{56\varepsilon_k}$　　(5-47a)

当梁受压翼缘扭转未受到约束时：$\qquad \lambda_{n,cl}=\dfrac{h_1/t_w}{40\varepsilon_k}$ （5-47b）

$\sigma_{c,crl}$ 按公式（5-40）计算（但将 $\lambda_{n,b}$ 改写成 $\lambda_{n,cl}$），即：

当 $\lambda_{n,cl}\leqslant 0.85$ 时：$\qquad\qquad \sigma_{c,crl}=f$ （5-48a）

当 $0.85<\lambda_{n,cl}\leqslant 1.25$ 时：$\qquad \sigma_{c,crl}=[1-0.75(\lambda_{n,cl}-0.85)]f$ （5-48b）

当 $\lambda_{n,cl}>1.25$ 时：$\qquad\qquad \sigma_{c,crl}=1.1f/\lambda_{n,cl}^2$ （5-48c）

（2）受拉翼缘与纵向加劲肋之间的区格Ⅱ

该区格的受力情况与图 5-21（c）接近，稳定条件可按式（5-37）近似计算，具体如下：

$$\left(\dfrac{\sigma_2}{\sigma_{cr2}}\right)^2+\left(\dfrac{\tau}{\tau_{cr2}}\right)^2+\dfrac{\sigma_{c2}}{\sigma_{c,cr2}}\leqslant 1.0 \qquad (5\text{-}49)$$

式中　σ_2——所计算腹板区格内，由平均弯矩产生的腹板在纵向加劲肋处的弯曲压应力，

根据正应力直线分布的规律可得 $\sigma_2=\left(1-\dfrac{2h_1}{h_0}\right)\sigma$；

τ——同前；

σ_{c2}——腹板在纵向加劲肋处的横向压应力，取 $0.3\sigma_c$。

σ_{cr2} 按公式（5-40）计算，但式中 $\lambda_{n,b}$ 用 $\lambda_{n,b2}$ 代替。而 $\lambda_{n,b2}$ 的计算是取屈曲系数 $k=47.6$，并取嵌固系数 $\chi=1.0$，按式（5-40）和式（5-45）得出的，即：

$$\lambda_{n,b2}=\dfrac{h_2/t_w}{194\varepsilon_k} \qquad (5\text{-}50)$$

式中　h_2——纵向加劲肋至腹板计算高度受拉边缘的距离（mm），即 $h_2=h_0-h_1$。

τ_{cr2} 按公式（5-41）、式（5-42）计算，但式中 h_0 改为 h_2。

$\sigma_{c,cr2}$ 按公式（5-43）、式（5-44）计算，但式中 h_0 改为 h_2，当 $a/h_2>2$ 时，取 $a/h_2=2$。

3）同时用横向加劲肋、纵向加劲肋和在受压区设置的短加劲肋加强的腹板（图 5-19）

如图 5-19 所示，除设置横向、纵向加劲肋外，在受压翼缘和纵向加劲肋之间又设有短加劲肋，其区格的局部稳定性按式（5-45）计算。设置短加劲肋使腹板上部区格宽度减小，对弯曲压应力的临界值并无影响。对剪应力的临界值虽有影响，仍可用仅设横向加劲肋的临界应力公式计算。公式中的 σ_{crl}、$\sigma_{c,crl}$、τ_{crl} 均按该式要求的公式计算，但凡涉及的 h_0 和 a 改为 h_1 和 a_1（a_1 为短加劲肋间距），影响最大的是横向局部压应力的临界值，计算 $\sigma_{c,crl}$ 时所用的 $\lambda_{n,cl}$ 改按下式进行：

当梁受压翼缘扭转受到约束时：$\lambda_{n,cl}=\dfrac{a_1/t_w}{87\varepsilon_k}$ （5-51a）

当梁受压翼缘扭转未受到约束时：$\lambda_{n,cl}=\dfrac{a_1/t_w}{73\varepsilon_k}$ （5-51b）

对 $a_1/h_1>1.2$ 的区格，上式右侧应乘以 $1/(0.4+0.5a_1/h_1)^{\frac{1}{2}}$。

加劲肋必须设置在适当位置，才能起应有的作用。受压、受弯和兼受这两种力作用的板，起作用的都是纵向加劲肋，即和压应力作用线平行的加劲肋，因为只有这种加劲肋才能减小板的宽厚比。不过，加劲肋的纵向设置，在上述三种受力情况下并不相同：

（1）均匀受压的板要设在板宽度的中央，或把板宽度分成三个或更多等分；

（2）受弯的板则应设在受压区，并略偏应力大的一边；压弯板则介于以上两种情况之间，其位置应使划分成的两个区间具有相同的临界条件；

（3）受剪的板和受压者有所不同，不仅减少腹板宽厚比可以增大临界应力，减小长宽比也能起到这种作用。因此，横向加劲肋和纵向加劲肋都有效。但从施工角度看，横向加劲肋要比纵向加劲肋制作方便，所以用得较多，如果采用横向加劲肋间距过小时，则可以和纵向加劲肋并用。

5.4.4 腹板加劲肋的设计

设置加劲肋作为腹板的支承，能够显著地提高腹板的局部稳定性。设计腹板加劲肋时，在做出需要设置加劲肋的判断后，可以先布置加劲肋，然后按上述方法计算各区格板的各种作用应力和相应的临界应力，使其满足临界条件。这种方法要进行多次试算才能使设计较为合理。另

5-6 受弯构件
腹板加劲肋

外，也可以由上节所介绍的焊接组合梁腹板局部稳定理论直接导出加劲肋的布置。

1. 梁腹板加劲肋的布置原则

（1）当 $h_0/t_w \leqslant 80\varepsilon_k$ 时，对有局部压应力的梁，宜按构造配置横向加劲肋；但对局部压应力较小的梁，可不配置加劲肋。

（2）不考虑腹板屈曲后强度时，当 $h_0/t_w > 80\varepsilon_k$ 时，宜配置横向加劲肋。

（3）h_0/t_w 不宜超过 250。此处 h_0 为腹板的计算高度（对单轴对称，当确定是否要配置纵向加劲肋时，h_0 应取腹板受压区高度 h_c 的 2 倍），t_w 为腹板的厚度。

（4）直接承受动力荷载的吊车梁及类似构件，应按下列规定配置加劲肋：

① 当 $h_0/t_w > 80\varepsilon_k$ 时，应配置横向加劲肋；

② 当 $h_0/t_w \geqslant 174\varepsilon_k$ 时，除剪应力和局部压应力外。腹板还可能因弯曲应力引起失稳，此时沿板纵向（弯曲应力方向）在凹凸变形顶点附近设置纵向加劲肋最为有效。因此，《标准》规定当 $h_0/t_w > 170\varepsilon_k$（受压翼缘扭转受到约束，如连有刚性铺板、制动板或焊有钢轨时）或 $h_0/t_w > 150\varepsilon_k$（受压翼缘扭转未受到约束时），或按计算需要时，应在弯曲应力较大区格的受压区增加配置纵向加劲肋。局部压应力很大的梁，必要时尚宜在受压区配置短加劲肋。对单轴对称梁，当确定是否要配置纵向加劲肋时，h_0 应取腹板受压区高度的 h_c 的 2 倍。

（5）腹板的计算高度 h_0 应按下列规定采用：对轧制型钢梁，为腹板与上、下翼缘相接处两内弧起点间的距离；对焊接截面梁，为腹板高度；对高强度螺栓连接（或铆接）梁，为上、下翼缘与腹板连接的高强度螺栓（或铆钉）线间最近距离。

（6）梁的支座处和上翼缘受有较大固定集中荷载处，宜设置支承加劲肋。

2. 加劲肋的构造和截面尺寸

加劲肋应有足够的刚度才能作为腹板的可靠支承，所以对加劲肋的截面尺寸和截面惯性矩应有一定的要求。

梁腹板加劲肋宜在腹板两侧对称配置，也可单侧配置，但支承加劲肋、重级工作制吊车梁的加劲肋不应单侧配置。

双侧成对布置的钢板横向加劲肋的外伸宽度 b_s 和厚度 t_s（图 5-22）应满足下列要求：

外伸宽度：

$$b_s \geqslant \frac{h_0}{30} + 40 (\text{mm}) \tag{5-52a}$$

厚度：

$$\text{承压加劲肋 } t_s \geqslant \frac{b_s}{15}, \text{ 不受力加劲肋 } t_s \geqslant \frac{b_s}{19} \tag{5-52b}$$

钢板横向加劲肋成对配置时，其对腹板水平轴（z-z 轴）的惯性矩 I_z 为：

$$I_z \approx \frac{1}{12}(2b_s)^3 t_s = \frac{2}{3} b_s^3 t_s \tag{5-53a}$$

一侧配置时，其惯性矩为：

$$I_z' \approx \frac{1}{12}(b_s')^3 t_s' + b_s' t_s' \left(\frac{b_s'}{2}\right)^2 = \frac{1}{3}(b_s')^3 t_s' \tag{5-53b}$$

两者的线刚度相等，才能使加劲效果相同。即：

$$\frac{I_z}{h_0} = \frac{I_z'}{h_0} \tag{5-54}$$

$$(b_s')^3 t_s' = 2b_s^3 t_s \tag{5-55}$$

取

$$t_s' = \frac{1}{15} b_s' \tag{5-56}$$

$$t_s = \frac{1}{15} b_s \tag{5-57}$$

则

$$(b_s')^4 = 2b_s^4 \tag{5-58}$$

$$b_s' = 1.2 b_s \tag{5-59}$$

因此，单侧布置的钢板横向加劲肋，外伸宽度应大于按式（5-52a）算得的 1.2 倍，厚度应符合公式（5-52b）的规定。

横向加劲肋的最小间距应为 $0.5h_0$，最大间距为 $2h_0$（对无局部压应力的梁，当 $h_0/t_w \leqslant 100$ 时，可采用 $2.5h_0$）。纵向加劲肋至腹板计算高度受压边缘的距离应在 $h_c/2.5 \sim h_c/2$ 范围内。

当同时采用横向和纵向加劲肋加强腹板时，横向加劲肋还作为纵向加劲肋的支承，在纵、横加劲肋相交处，应切断纵向加劲肋而使横向加劲肋直通。此时，横向加劲肋的截面尺寸除应符合上述规定外，其截面对腹板纵轴的惯性矩（对 z-z 轴，图 5-22），尚应符合下式要求：

$$I_z \geqslant 3h_0 t_w^3 \tag{5-60}$$

纵向加劲肋的截面惯性矩（对 y-y 轴），应符合下列公式的要求：

当 $a/h_0 \leqslant 0.85$ 时：

$$I_y \geqslant 1.5 h_0 t_w^3 \tag{5-61a}$$

当 $a/h_0 > 0.85$ 时：

$$I_y \geqslant \left(2.5 - 0.45 \frac{a}{h_0}\right)\left(\frac{a}{h_0}\right)^2 h_0 t_w^3 \tag{5-61b}$$

短加劲肋的最小间距为 $0.75h_1$。短加劲肋的外伸宽度应取横向加劲肋外伸宽度的 $0.7 \sim 1.0$ 倍，厚度不应小于短加劲肋外伸宽度的 $1/15$。

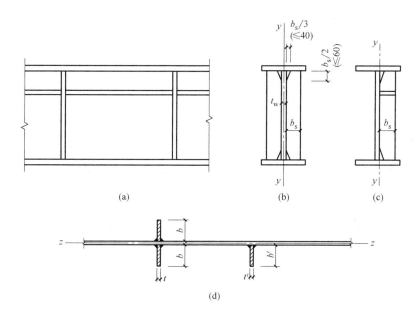

图 5-22　腹板加劲肋

用型钢（H 型钢、工字钢、槽钢、肢尖焊于腹板的角钢）做成的加劲肋，其截面惯性矩不得小于相应钢板加劲肋的惯性矩。

计算加劲肋截面惯性矩时，双侧成对配置的加劲肋应以腹板中心线为轴线；在腹板一侧配置的加劲肋应以与加劲肋相连的腹板边缘线为轴线。

为了避免焊缝交叉，减小焊接应力，在加劲肋端部应切去斜角宽约 $b_s/3$ 但≤40mm、高约 $b_s/2$ 但≤60mm（图 5-22）。当作为焊接工艺孔时，切角宜采用半径 $R=30$mm 的 1/4 圆弧。

对直接承受动力荷载的梁（如吊车梁），中间横向加劲肋下端不宜与受拉翼缘焊接（如果焊接，将降低受拉翼缘的疲劳强度），一般在距受拉翼缘 50～100cm 处断开（图 5-23b）。在纵、横加劲肋相交处，纵向加劲肋的端部也应切成斜角。

3. 支承加劲肋的计算

梁支承加劲肋是指承受较大固定集中荷载或者支座反力的横向加劲肋，这种加劲肋应在腹板两侧成对配置，并应进行整体稳定和端面承压计算，其截面往往比中间横向加劲肋大。

（1）按轴心受压构件计算支承加劲肋在腹板平面外的稳定性。此受压构件的截面应包括加劲肋和加劲肋每侧各 $15t_w\varepsilon_k$ 范围内的腹板面积（图 5-23 中阴影部分）。一般近似按计算长度为 h_0 的两端铰接轴心受压构件，沿构件全长承受相等压力 F 计算。

（2）当固定集中荷载或者支座反力 F 通过支承加劲肋的端部刨平顶紧于梁翼缘或柱顶（图 5-23）传力时，通常按传递全部 F 计算端面承压应力强度。

$$\sigma_{ce}=\frac{F}{A_{ce}}\leqslant f_{ce} \tag{5-62}$$

式中　F——集中荷载或支座反力；

A_{ce}——端面承压面积；

f_{ce}——钢材端面承压强度设计值。

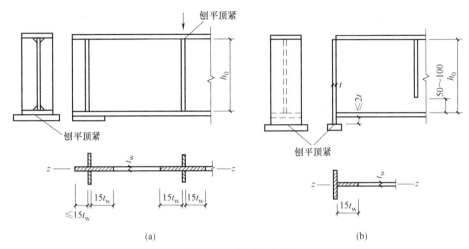

图 5-23　支承加劲肋

突缘支座（图 5-23b）的伸出长度不得大于加劲肋厚度的 2 倍。

（3）支承加劲肋与腹板的连接焊缝，应按承受全部集中力或支座反力 F 进行计算。一般采用角焊缝连接，计算时假定应力沿焊缝长度均匀分布。

当集中荷载很小时，支承加劲肋可按构造设计而不用计算。

【例题 5-4】　如图 5-24 工作平台。梁格布置尺寸及平台承受的荷载见【例题 5-1】。假设次梁采用规格为 HN496×199×9×14 的 H 型钢，主梁的计算简图和截面尺寸如图 5-24（a）、（b）所示，钢材为 Q235。试验算该主梁的局部稳定性并设计加劲肋。

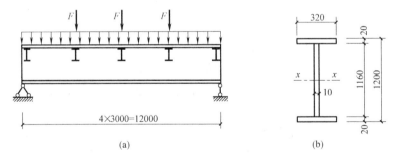

图 5-24　主梁的计算简图及截面尺寸

【解】　由题意知：工作平台主梁计算简图和截面尺寸如图 5-24。

主梁是等截面，其截面特征参数为：

截面面积 $A = 1160 \times 10 + 2 \times 320 \times 20 = 2.44 \times 10^4 \, \text{mm}^2$

腹板面积 $A_w = 1160 \times 10 = 1.16 \times 10^4 \, \text{mm}^2$

$$I_x = \frac{1}{12} \times 10 \times 1160^3 + 2 \times 320 \times 20 \times 590^2 = 5.756 \times 10^9 \, \text{mm}^4$$

$$W_x = I_x / y_{\text{max}} = 5.756 \times 10^9 / 600 = 9.593 \times 10^6 \, \text{mm}^3$$

腹板受压边缘处：

$$W_1 = I_x/y_1 = 5.756 \times 10^9/580 = 9.924 \times 10^6 \text{mm}^3$$

$$S_x = 320 \times 20 \times 590 + 580 \times 10 \times 290 = 5.458 \times 10^6 \text{mm}^3$$

1）主梁的荷载及内力计算

由【例题5-2】计算知，水平次梁传给主梁的荷载（包括次梁自重）：

$$F = 2 \times \frac{ql}{2} = 2 \times \frac{57.41 \times 6}{2} = 344.46 \text{kN}$$

主梁单位长度的自重：$q_{Gk} = A \cdot \rho \cdot g = 244 \times 10^{-4} \times 7850 \times 9.8 \times 10^{-3} = 1.88 \text{kN/m}$

考虑加劲肋等重量采用构造系数1.2，则：

$$q_{Gk} = 1.2 \times 1.88 = 2.256 \text{kN/m}$$

主梁单位长度的自重荷载设计值：$q_G = 1.3 \times 2.256 = 2.933 \text{kN/m}$

主梁最大剪力（支座处）：

$$V_{max} = \frac{3}{2}F + \frac{q_G l}{2} = \frac{3}{2} \times 344.46 + \frac{2.933 \times 12}{2} = 534 \text{kN}$$

最大弯矩（跨中）：

$$\begin{aligned} M_{max} &= R \cdot L/2 - q_G L^2/8 - F \cdot b \\ &= 534 \times 12/2 - 2.933 \times 12^2/8 - 344.46 \times 3 \\ &= 2117.8 \text{kN} \cdot \text{m} \end{aligned}$$

主梁的剪力和弯矩图如图5-25所示。

2）主梁的局部稳定性计算

（1）翼缘的局部稳定性

翼缘板的自由外伸宽度 $b = (320-10)/2 = 155 \text{mm}$

翼缘的外伸宽度与厚度比 $b/t = 155/20 = 7.75 < 13\varepsilon_k$，满足局部稳定性要求并可以考虑截面部分塑性发展。

（2）腹板的局部稳定性

主梁腹板的高厚比 $h_0/t_w = 1160/10 = 116$，大于 $80\varepsilon_k$，但小于 $170\varepsilon_k$（有刚性铺板、受压翼缘扭转受到约束），故应配置横向加劲肋。

从工作平台结构布置看，应在主梁端部支座和主梁与次梁连接处布置支承加劲肋，

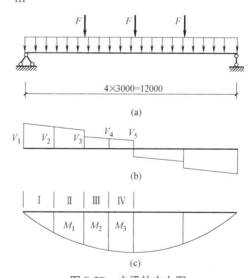

图5-25 主梁的内力图
（a）主梁计算简图；（b）剪力图；（c）弯矩图

按构造要求横向加劲肋的间距应为 $a \geqslant 0.5h_0 = 580 \text{mm}$，$a \leqslant 2h_0 = 2 \times 1160 \text{mm} = 2320 \text{mm}$。故在两个次梁与主梁连接处之间应增设一个横向加劲肋，加劲肋之间的间距取为 $a = 1.5 \text{m}$，加劲肋成对布置于腹板两侧，如图5-26所示。

腹板局部稳定性的计算：

仅布置横向加劲肋，应按公式（5-37）计算各区格腹板的局部稳定。由于 $\sigma_c = 0$，故按下式计算：

$$\left(\frac{\sigma}{\sigma_{\mathrm{cr}}}\right)^2+\left(\frac{\tau}{\tau_{\mathrm{cr}}}\right)^2\leqslant 1$$

临界应力计算：

① σ_{cr} 计算。由于主梁受压翼缘扭转受到约束，$\lambda_{\mathrm{n,b}}$ 应按式（5-39a）计算：

$$\lambda_{\mathrm{n,b}}=\frac{2h_{\mathrm{c}}/t_{\mathrm{w}}}{177}\cdot\frac{1}{\varepsilon_{\mathrm{k}}}=\frac{1160/10}{177}=0.66<0.85$$

则 σ_{cr} 按公式（5-40a）计算：$\sigma_{\mathrm{cr}}=f=215\ \mathrm{N/mm}^2$。

② τ_{cr} 的计算。$a/h_0=1500/1160=1.3>1.0$，应按式（5-41b）计算 $\lambda_{\mathrm{n,s}}$：

$$\lambda_{\mathrm{n,s}}=\frac{h_0/t_{\mathrm{w}}}{41\varepsilon_{\mathrm{k}}\sqrt{5.34+4(h_0/a)^2}}=\frac{1160/10}{41\sqrt{5.34+4(1160/1500)^2}}=1.02>0.8$$

则 τ_{cr} 按公式（5-42b）计算：

$$\tau_{\mathrm{cr}}=[1-0.59(\lambda_{\mathrm{n,s}}-0.8)]f_{\mathrm{v}}=[1-0.59(1.02-0.8)]\times 125=108.8\mathrm{N/mm}^2$$

各区格计算，为便于比较，把图 5-25 所示四个区格计算过程及结果列于表 5-5 中。

腹板局部稳定计算　　　　　　　　　　　　　　　　　表 5-5

区格	内　力	应　力	计算结果
区格Ⅰ	平均剪力： $V=(534.0+529.6)/2=531.8\mathrm{kN}$ 平均弯矩： $M=(797.7+0)/2=398.9\mathrm{kN}\cdot\mathrm{m}$	$\tau=V/h_0t_{\mathrm{w}}$ $=531.8\times 10^3/11600=45.8\mathrm{N/mm}^2$ $\sigma=M/W_1$ $=398.9\times 10^6/9924000=40.2\mathrm{N/mm}^2$	满足
区格Ⅱ	平均剪力： $V=(529.6+525.2)/2=527.4\mathrm{kN}$ 平均弯矩： $M=(797.7+1588.8)/2=1193.3\mathrm{kN}\cdot\mathrm{m}$	$\tau=V/h_0t_{\mathrm{w}}$ $=527.4\times 10^3/11600=45.5\mathrm{N/mm}^2$ $\sigma=M/W_1$ $=1193.3\times 10^6/9924000=120.2\mathrm{N/mm}^2$	满足
区格Ⅲ	平均剪力： $V=(180.7+176.3)/2=178.5\mathrm{kN}$ 平均弯矩： $M=(1588.8+1856.6)/2=1722.7\mathrm{kN}\cdot\mathrm{m}$	$\tau=V/h_0t_{\mathrm{w}}$ $=178.5\times 10^3/11600=15.4\mathrm{N/mm}^2$ $\sigma=M/W_1$ $=1722.7\times 10^6/9924000=173.6\mathrm{N/mm}^2$	满足
区格Ⅳ	平均剪力： $V=(176.3+171.9)/2=174.1\mathrm{kN}$ 平均弯矩： $M=(1856.6+2117.8)/2=1987.2\mathrm{kN}\cdot\mathrm{m}$	$\tau=V/h_0t_{\mathrm{w}}$ $=174.1\times 10^3/11600=15.0\mathrm{N/mm}^2$ $\sigma=M/W_1$ $=1987.2\times 10^6/9924000=200.2\mathrm{N/mm}^2$	满足
计算公式	$\left(\dfrac{\sigma}{\sigma_{\mathrm{cr}}}\right)^2+\left(\dfrac{\tau}{\tau_{\mathrm{cr}}}\right)^2\leqslant 1$　　$(\sigma_{\mathrm{c}}=0,\sigma_{\mathrm{cr}}=215,\tau_{\mathrm{cr}}=108.8)$		

　　事实上，可以根据主梁受力特点，只对不利区格进行计算。

3）主梁加劲肋的设计

横向加劲肋采用对称布置，其尺寸为：

外伸宽度　　　　　$b_{\mathrm{s}}\geqslant\dfrac{h_0}{30}+40=\dfrac{1160}{30}+40=78.7\mathrm{mm}$，取 $b_{\mathrm{s}}=90\mathrm{mm}$

厚度　　　　　　　$t_{\mathrm{s}}\geqslant\dfrac{b_{\mathrm{s}}}{15}=\dfrac{90}{15}=6\mathrm{mm}$，取为 $6\mathrm{mm}$

加劲肋布置如图 5-26 所示。

梁支座采用突缘支座形式。支座支承加劲肋采用 160mm×14mm。

支承加劲肋的计算：如图 5-26（b）中阴影所示。

$$A = 160 \times 14 + 150 \times 10 = 3.74 \times 10^3 \text{ mm}^2$$

$$I_z = \frac{1}{12} \times 14 \times 160^3 + \frac{1}{12} \times 150 \times 10^3 = 4.79 \times 10^6 \text{ mm}^4$$

$$i = \sqrt{\frac{I}{A}} = \sqrt{\frac{4.79 \times 10^6}{3.74 \times 10^3}} = 35.8 \text{ mm}$$

$$\lambda = \frac{h_0}{i} = \frac{116}{3.58} = 32.4$$

查表得 $\varphi = 0.844$，则：

$$\frac{R}{\varphi A} = \frac{534.0 \times 10^3}{0.844 \times 37.4 \times 10^2} = 169.2 \text{ N/mm}^2 < f = 215 \text{ N/mm}^2$$

支座加劲肋端部刨平顶紧，其端部承压应力：

$$\sigma_{ce} = \frac{R}{A_{ce}} = \frac{534.0 \times 10^3}{14 \times 160} = 238.4 \text{ N/mm}^2 < f_{ce} = 320 \text{ N/mm}^2$$

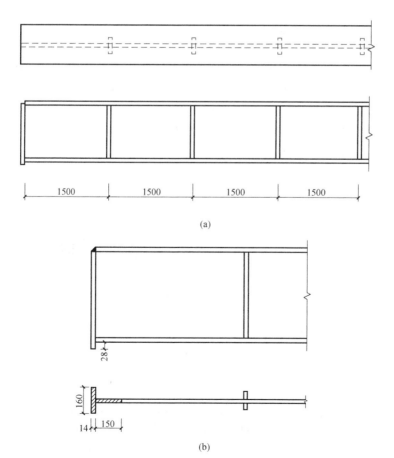

(a)

(b)

图 5-26　加劲肋的布置

支承加劲肋与腹板用直角角焊缝连接，焊脚尺寸：

$$h_f = \frac{R}{0.7\sum l_w \cdot f_f^w} = \frac{534.0 \times 10^3}{0.7 \times 2 \times 1160 \times 160} = 2.1\text{mm}$$

取 $h_f = 8$mm。

5.5 焊接组合梁腹板考虑屈曲后强度的设计

对于四边支承的理想平板而言，屈曲后还有很大的承载能力，一般称之为屈曲后强度。板件的屈曲后强度主要来自于平板中间的横向张力，它能牵制纵向受压变形的发展，因而板件屈曲后还能继续承受荷载。因此，承受静力荷载和间接承受动力荷载的焊接组合梁宜考虑利用腹板屈曲后强度，可仅在支座处和固定集中荷载处设置支承加劲肋，或设置中间横向加劲肋。对 Q235 钢，受压翼缘扭转受到约束的梁，当腹板高厚比达到 200 时（或受压翼缘扭转不受约束的梁，当腹板高厚比达到 175 时），受弯承载力与按全截面有效的梁相比，仅下降 5%以内。利用腹板屈曲后强度，一般不再考虑纵向加劲肋。这样，腹板可以做得更薄，以获得更好的经济效果。

本节内容暂不适用于吊车梁，原因是多次反复屈曲可能导致腹板边缘出现疲劳裂纹。有关资料还不充分。

5.5.1 梁腹板屈曲后的承载能力

梁腹板屈曲后强度的计算采用张力场的概念。假定：①屈曲后腹板中的剪力一部分由小挠度理论计算出的抗剪力承担；②另一部分由斜张力场作用（薄膜效应）承担；翼缘的弯曲刚度小，假定不能承担腹板斜张力场产生的垂直分力作用。这样，腹板屈曲后的实腹式受弯构件如同一榀桁架，如图 5-27 所示，翼缘可视为弦杆，张力场带如同桁架的斜拉杆，而横向加劲肋则起到竖杆的作用。

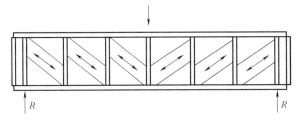

图 5-27 腹板的张力场作用

1. 腹板屈曲后的抗剪承载力

由基本假定①知，腹板屈曲后的抗剪承载力 V_u 应为屈曲剪力 V_{cr} 和张力场剪力 V_t 之和，即：

$$V_u = V_{cr} + V_t \tag{5-63}$$

屈曲剪力 $V_{cr} = h_0 t_w \tau_{cr}$。根据基本假定②，可以认为力是通过宽度为 s 的带形张力场以拉应力为 σ_t 的效应传到加劲肋上的（事实上，带形场以外部分也有少量薄膜应力），如图 5-28 所示。

这些拉应力对屈曲后腹板的变形起到牵制作用，从而提高了承载能力。拉应力所提供

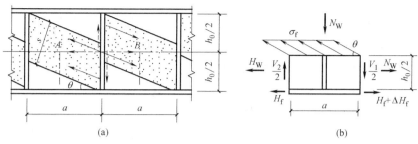

图 5-28 张力场作用下的剪力

的剪力，即张力场剪力 V_t 就是腹板屈曲后的抗剪承载能力 V_u 的提高部分。

根据上述理论分析和试验研究，我国《标准》规定抗剪承载力设计值 V_u 应按下列公式计算：

当 $\lambda_{n,s} \leqslant 0.8$ 时： $V_u = h_w t_w f_v$ (5-64a)

当 $0.8 < \lambda_{n,s} \leqslant 1.2$ 时： $V_u = h_w t_w f_v [1 - 0.5(\lambda_{n,s} - 0.8)]$ (5-64b)

当 $\lambda_{n,s} > 1.2$ 时： $V_u = h_w t_w f_v / \lambda_{n,s}^{1.2}$ (5-64c)

式中，$\lambda_{n,s}$ 为用于抗剪计算的腹板正则化高度比，按式（5-41a）、式（5-41b）计算。

当组合梁仅配置支座加劲肋时，取公式（5-41b）中 $h_0/a = 0$。

2. 腹板屈曲后的抗弯承载力 M_{eu}

由上述内容可知，腹板屈曲后考虑张力场的作用，抗剪承载力比按弹性理论计算的承载力有所提高。但由于弯矩作用下的受压区屈曲后不能承担弯曲压应力，使梁的抗弯承载力有所下降，但下降不多。我国《标准》建议采用下列近似公式计算抗弯承载力设计值 M_{eu}：

$$M_{eu} = \gamma_x \alpha_e W_x f \tag{5-65a}$$

$$\alpha_e = 1 - \frac{(1-\rho) h_c^3 t_w}{2 I_x} \tag{5-65b}$$

式中 α_e——梁截面模量折减系数；

      I_x——按梁截面全部有效计算的绕 x 轴的惯性矩；

      W_x——按梁截面全部有效计算的绕 x 轴的截面模量；

      h_c——按梁截面全部有效计算的腹板受压区高度；

      γ_x——梁截面塑性发展系数；

      ρ——腹板受压区有效高度系数。

当 $\lambda_{n,b} \leqslant 0.85$ 时： $\rho = 1.0$ (5-66a)

当 $0.85 < \lambda_{n,b} \leqslant 1.25$ 时： $\rho = 1 - 0.82(\lambda_{n,b} - 0.85)$ (5-66b)

当 $\lambda_{n,b} > 1.25$ 时： $\rho = (1 - 0.2/\lambda_{n,b}) / \lambda_{n,b}$ (5-66c)

其中，$\lambda_{n,b}$ 为用于腹板受弯计算时的正则化高厚比，按式（5-39a）、式（5-39b）计算。

5.5.2 组合梁考虑腹板屈曲后强度的计算

承受静力荷载和间接承受动力荷载的组合梁宜考虑腹板屈曲后强度。腹板在横向加劲肋之间的各区段，通常同时承受弯矩和剪力。
此时，腹板屈曲后对梁的承载力影响比较复杂，
剪力 V 和弯矩 M 的相关性可以用某种曲线表
达。我国《标准》采用如图 5-29 所示的剪力 V
和弯矩 M 无量纲化相关曲线。

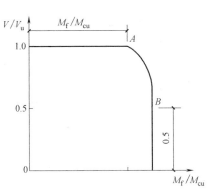

用数学表达式描述图 5-29 中曲线段 AB，
即得到考虑腹板屈曲后强度的计算公式：

$$\left(\frac{V}{0.5V_u}-1\right)^2+\frac{M-M_f}{M_{eu}-M_f}\leqslant 1.0 \quad (5\text{-}67)$$

$$M_f=\left(A_{f1}\cdot\frac{h_1^2}{h_2}+A_{f2}h_2\right)f \quad (5\text{-}68)$$

图 5-29　剪力 V 和弯矩 M 相关曲线

式中　M、V——梁的同一截面上同时产生的弯矩（N·mm）和剪力设计值，当 $V<$
　　　　　　　　$0.5V_u$，取 $V=0.5V_u$；当 $M<M_f$，取 $M=M_f$；V_u、M_{eu} 为梁的抗剪
　　　　　　　　和抗弯承载力设计值，按式（5-64）式（5-65）计算；

　　　　M_f——梁两翼缘所承担的弯矩设计值；

　　　A_{f1}、h_1——较大翼缘的截面面积及其形心至梁中和轴的距离；

　　　A_{f2}、h_2——较小翼缘的截面面积及其形心至梁中和轴的距离。

5.5.3　考虑腹板屈曲后强度梁的加劲肋设计

考虑腹板屈曲后强度的梁，即使腹板高厚比超过 $170\sqrt{235/f_y}$，也只设置横向加劲
肋。通常先布置支承加劲肋，当仅布置支承加劲肋不能满足公式（5-67）要求时，应在两
侧成对布置中间横向加劲肋。横向加劲肋的间距应满足考虑腹板屈曲后的强度条件
式（5-67）的要求；同时，也应满足构造要求，一般可采用 $a=(1.0\sim 1.5)h_0$。

中间横向加劲肋和上端有集中荷载作用的中间支承加劲肋的截面尺寸应满足
式（5-52）的要求。同时，中间加劲肋还受到斜向张力场的竖向分力 N_s 和水平分力 H_w
的作用，如图 5-28（b）所示，而水平分力 H_w 可以认为由翼缘承担（即图 5-28b 中 ΔH_f
已将 H_w 考虑在内），因此，这类加劲肋只按轴心受力构件计算其在腹板平面外的稳定
性。事实上，我国《标准》在计算中间加劲肋所受轴心力时，考虑了张力场拉力的水平分
力的影响，规定按下式计算：

中间横向加劲肋：

$$N_s=V_u-h_w t_w\tau_{cr} \quad (5\text{-}69a)$$

中间支承加劲肋：

$$N_s=V_u-h_w t_w\tau_{cr}+F \quad (5\text{-}69b)$$

式中　V_u——按式（5-64）计算；

　　　τ_{cr}——按式（5-42）计算；

　　　h_w——腹板高度；

　　　F——作用在中间支承加劲肋上端的集中压力。

对于梁支座加劲肋，当腹板在支座旁的区格利用屈曲后强度，除承受梁支座反力 R
外，还必须考虑张力场斜拉力的水平分力 H 的作用：

$$H=(V_\mathrm{u}-h_\mathrm{w}t_\mathrm{w}\tau_\mathrm{cr})\sqrt{1+(a/h_0)^2} \tag{5-70}$$

式中　a——对设置中间横向加劲肋的梁，取支座端区格的加劲肋间距 a_1（图 5-30a）；对不设中间横向加劲肋的腹板，取支座至跨内剪力为零点的距离。

H 的作用点在距腹板计算高度上边缘 $h_0/4$ 处（图 5-30b）。因此，应按压弯构件计算支座加劲肋的强度和在腹板平面外的稳定性。此压弯构件的截面和计算长度同一般支座加劲肋。

当支座加劲肋在梁外延的端部加设封头肋板，如图 5-30（b）所示，可以简化，将支座加劲肋 2 按承受支座反力 R 的轴心压杆计算，封头肋板 1 的截面面积则不应小于按下式计算的数值：

$$A_\mathrm{c}=\frac{3h_0H}{16ef} \tag{5-71}$$

式中　e——支座加劲肋与封头肋板的距离，见图 5-30（b）；

　　　f——钢材强度设计值。

考虑腹板屈曲后强度的梁，腹板高厚比不应大于 250，可按构造需要设置中间横向加劲肋。$a>2.5h_0$ 和不设中间横向加劲肋的腹板，当满足式（5-37）时，可取水平分力 $H=0$。

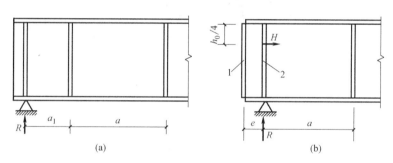

图 5-30　梁端构造
1—封头板；2—支承加劲肋

5.6　腹板开孔梁

腹板开孔梁多用于布设设备管线，避免管线从梁下穿过使建筑物层高增加的问题，尤其对高层建筑非常有利。蜂窝梁则由于对称开孔，除了解决布设设备管线问题，还增加了美观性，减轻了重量，应用也很广泛。

腹板开孔梁应满足整体稳定及局部稳定要求，并应进行下列计算：

1）实腹及开孔截面处应进行受弯承载力验算。

2）开孔处顶部及底部的 T 形截面或加劲后截面应进行压弯剪、拉弯剪承载力验算。

腹板开孔梁，当孔型为圆形或矩形时，应符合下列规定：

（1）圆孔孔口直径宜（注：宜可理解为应）不大于 0.7 倍梁高，矩形孔口高度宜不大于梁高的 0.5 倍，矩形孔口长度宜不大于梁高且不大于孔口高度的 3 倍。

（2）相邻圆形孔口边缘间的距离宜不小于梁高的 0.25 倍，矩形孔口与相邻孔口的距离宜不小于梁高且不小于矩形孔口的长度（注：本条规定可理解为洞口不补强时的规定，而图 5-33 可理解为是采取洞口补强措施后的洞口间距限值）。

（3）开孔处梁上下 T 形截面高度均宜不小于 0.15 倍梁高，矩形孔口上下边缘至梁翼缘外皮的距离宜不小于梁高的 0.25 倍。

（4）开孔长度（或直径）与 T 形截面高度的比值宜不大于 12。

（5）不应在距梁端相当于梁高的范围内设孔，抗震设防的结构，不应在隅撑与梁柱连接范围内设孔。

（6）开孔腹板补强原则如下：

① 圆形孔直径不大于 1/3 梁高时，可不予补强。当圆形孔直径大于 1/3 梁高时，可用环形加劲肋加强（图 5-31a），也可用套管（图 5-31b）或环形补强板（图 5-31c）加强。

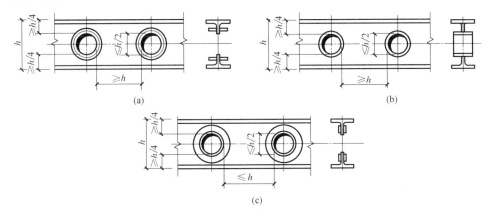

图 5-31　钢梁圆形孔口的补强

② 圆形孔口加劲肋截面宜不小于 $100\text{mm} \times 10\text{mm}$，加劲肋边缘至孔口边缘的距离宜不大于 12mm。圆形孔口用套管补强时，其厚度宜不小于梁腹板厚度。用环形板补强时，若在梁腹板两侧设置，环形板的厚度可稍小于腹板厚度，其宽度可取 $75 \sim 125\text{mm}$。

③ 矩形孔口上下 T 形截面腹板的宽厚比大于 $15\varepsilon_k$ 或计算需要时，应采用纵向加劲肋加强。当矩形孔口长度大于梁高或 500mm 时，纵向加劲肋宜双侧设置，单侧设置时，腹板另一侧的孔边宜设置全高的横向加劲肋。

④ 矩形孔口上下边缘的水平纵向加劲肋端部宜伸至孔口边缘以外单面加劲肋宽度的 2.5 倍，纵向加劲肋与腹板的焊缝尺寸应保证孔边截面处加劲肋应力能够达到屈服强度。

⑤ 当腹板高厚比大于 $70\varepsilon_k$ 且孔长大于 500mm 时，孔边应设置单侧横向加劲肋。

（7）矩形孔口加劲肋截面总宽度不宜小于翼缘宽度的 1/2，厚度不宜小于腹板厚度且不小于 6mm。

用套管补强有孔梁的承载力时，可根据以下三点考虑：①可分别验算受弯和受剪时的承载力；②弯矩仅由翼缘承受；③剪力由套管和梁腹板共同承担，即：

$$V = V_s + V_w \tag{5-72}$$

式中　V_s——套管的受剪承载力；

　　　V_w——梁腹板的受剪承载力。

补强管的长度一般等于梁翼缘宽度或稍短，管壁厚度宜比梁腹板厚度大一级。角焊缝

的焊脚长度可取 $0.7t$ ，t 为梁腹板厚度。

研究表明，腹板开孔梁的受力特性与焊接截面梁类似。当需要进行补强时，采用孔上下纵向加劲肋的方法明显优于横向或沿孔外围加劲效果。钢梁矩形孔被补强以后，弯矩可以仅由翼缘承担，剪力由腹板和补强板共同承担。

5.7 受弯构件的截面设计

受弯构件截面设计通常是先初选截面，然后进行截面验算。若不满足要求，重新修改截面，直到符合要求为止。本节主要介绍型钢梁和焊接组合梁的截面设计方法。

5-7 受弯构件设计
工程案例分析——
主梁工程案例

5.7.1 型钢梁截面设计

1. 单向弯曲型钢梁

钢梁根据荷载作用情况，有单向弯曲型和双向弯曲型两种。对于单向弯曲型钢梁，通常先按抗弯强度（当梁的整体稳定从构造上有保证时）或整体稳定（当需要计算整体稳定时）求出需要的截面模量：

5-8 受弯构件设计
工程案例分析——
次梁工程案例

$$W_{nx} \geq \frac{M_{max}}{\gamma_x f} \tag{5-73a}$$

$$W_x \geq \frac{M_{max}}{\varphi_b f} \tag{5-73b}$$

式中，整体稳定系数 φ_b 值可根据情况估计假定。根据计算的截面模量在型钢规格表中（一般为 H 型钢或普通工字钢）选择合适的型钢，然后验算其他项目。由于型钢截面的翼缘和腹板的厚度较大，不必验算局部稳定；端部无大的削弱时，也不必验算剪应力；也不验算折算应力，而局部压应力也只在有较大集中荷载或支座反力处才验算。

2. 双向弯曲型钢梁

双向弯曲型钢梁承受两个主平面方向的荷载，设计方法与单向弯曲型钢梁相同，应考虑抗弯强度、整体稳定和挠度的验算，而剪应力和局部稳定一般不必验算，而局部压应力也只在有较大集中荷载或支座反力处才验算。

双向弯曲型钢梁的抗弯强度按式（5-5）计算，即：

$$\frac{M_x}{\gamma_x W_{nx}} + \frac{M_y}{\gamma_y W_{ny}} \leq f$$

双向弯曲型钢梁的整体稳定理论分析较为复杂，一般应尽可能在构造上保证整体稳定，对于双向受弯的 H 型钢或工字钢截面梁需要计算整体稳定时应按式（5-16）进行，即：

$$\frac{M_x}{\varphi_b W_x} + \frac{M_y}{\gamma_y W_y} \leq f$$

式中　φ_b——绕强轴（x 轴）弯曲所确定的梁整体稳定系数。

设计时应尽量满足不需计算整体稳定的条件，这样可按抗弯强度条件选择型钢截面，由式（5-5）可得：

$$W_{nx} = \frac{1}{\gamma_x f}\left(M_x + \frac{\gamma_x}{\gamma_y}\frac{W_{nx}}{W_{ny}}M_y\right) = \frac{M_x + \alpha M_y}{\gamma_x f} \tag{5-74}$$

对于小型号的型钢，可取 $\alpha \approx 6$（窄翼缘 H 型钢和工字钢）或 $\alpha \approx 5$（槽钢）。

【例题 5-5】 试设计如图 5-1 工作平台中的次梁。梁格布置及平台承受的荷载见【例题 5-1】，若材料为 Q235，试分别按平台铺板与次梁连牢和平台铺板不与次梁连牢两种情况，选择中间次梁截面。

【解】 由题意知，次梁承受 3.0m 宽度范围的平台荷载作用，次梁承受的荷载（恒、活荷载的分项系数分别取 1.3、1.5，不包括次梁自重）为：

	标准值	设计值
平台板恒荷载	3.5kN/m²×3.0 m=10.5kN/m	10.5kN/m×1.3=13.65kN/m
平台活荷载	9.5kN/m²×3.0 m=28.5kN/m	28.5kN/m×1.5=42.75kN/m
小计	q_k=39.0kN/m	q=56.4kN/m

（1）平台铺板与次梁连牢时，不必计算整体稳定

假设次梁自重为 0.7kN/m，次梁承受的线荷载标准值为：

$$q_k = 0.7 + 39.0 = 39.7\text{kN/m}$$

荷载设计值为：$q_d = 0.7 \times 1.3 + 56.4 = 57.31\text{kN/m}$

次梁内力：$M_{max} = q_d l^2/8 = 57.31 \times 6^2/8 = 257.9\text{kN} \cdot \text{m}$

$$V_{max} = q_d l/2 = 57.31 \times 6/2 = 171.9\text{kN}$$

假设次梁截面板件宽厚比等级为 S1，根据抗弯强度选择截面，需要的截面模量为：

$$W_{nx} = \frac{M_{max}}{\gamma_x f} = \frac{257.9 \times 10^6}{1.05 \times 215} = 1142.4 \times 10^3 \text{mm}^3$$

选用 HN400×200×8×13，其 $W_x = 1170 \times 10^3 \text{mm}^3$，跨中无孔眼削弱，此 W_x 大于需要的 $1142.4 \times 10^3 \text{mm}^3$，次梁的抗弯强度已足够。由于型钢的腹板较厚，一般不必验算抗剪强度；若将次梁连接于主梁的加劲肋上，也不必验算次梁支座处的局部承压强度。

次梁截面板件宽厚比等级为 S1，与假设符合。

其他截面特性，$I_x = 23500 \times 10^4 \text{mm}^4$，自重 65.4kg/m，即为 0.65kN/m，略小于假设自重，不必重新验算。

验算挠度：

在全部荷载标准值作用下：

$$\frac{v_T}{l} = \frac{5}{384}\frac{q_k l^3}{EI} = \frac{5}{384} \times \frac{39.7 \times 6000^3}{2.06 \times 10^5 \times 23500 \times 10^4} = \frac{1}{434} < \frac{[v_T]}{l} = \frac{1}{250}$$

在可变荷载标准值作用下：

$$\frac{v_Q}{l} = \frac{5}{384}\frac{q_{Qk} l^3}{EI} = \frac{5}{384} \times \frac{28.5 \times 6000^3}{2.06 \times 10^5 \times 23500 \times 10^4} = \frac{1}{604} < \frac{[v_Q]}{l} = \frac{1}{300}$$

（注：若选用普通工字钢，则需 I40c，自重 80.2kg/m，比 H 型钢重 23%）。

（2）若平台铺板不与次梁连牢，则需要计算其整体稳定

假设次梁自重为 0.8kN/m，按整体稳定要求初选截面。采用 H 型钢，参考普通工字

钢的整体稳定系数，均布荷载作用于上翼缘，跨度为 6m，假定相当于工字钢型号 $45\sim63$，设 $\varphi_b=0.59$，需要的截面模量为：

$$W_x=\frac{M_x}{\varphi_b f}=\frac{257.9\times10^6}{0.59\times215}=2033.1\times10^3\text{mm}^3$$

选用 HN550×200×10×16，$W_x=2120\times10^3\text{mm}^3$；自重 92.0kg/m，即 0.902kN/m，与假设较接近。另外，截面的 $i_y=42.7$mm，$A=11730\text{mm}^2$。

应按【例题 5-2】步骤计算整体稳定性（从略），但自重荷载应按实际情况计算。经验算该截面满足整体稳定要求。

次梁还兼作平面支撑桁架横向腹杆，其 $\lambda_y=l_1/i_y=6000/42.7=140.5<[\lambda_y]=200$，$\lambda_x$ 更小，满足要求。其他验算从略。

5.7.2 焊接组合梁截面设计

1. 初选截面

当梁的内力较大时，需要采用焊接组合梁。组合梁常采用三块钢板焊接而成的工字形截面。设计时，首先要初步估算梁的截面高度、腹板厚度和翼缘尺寸，再进行验算。初选截面可按下列方法进行。

1) 梁的截面高度

梁截面高度是一个重要尺寸，确定梁的截面高度应考虑建筑高度、刚度条件和经济条件。

建筑高度是指梁格底面到铺板顶面之间的高度，它往往由生产工艺和使用要求决定。有了建筑高度要求，也就决定了梁的最大高度 h_{max}。如果没有建筑高度要求，可不必规定最大梁高。

刚度条件决定了梁的最小高度 h_{min}。刚度条件是要求梁在全部荷载标准值作用下的挠度 $v\leqslant[v_T]$。

现以承受均布荷载（全部荷载设计值为 q，包括永久荷载与可变荷载）作用的单向受弯简支梁为例，推导最小梁高。梁的挠度按荷载标准值，近似取荷载分项系数为恒荷载系数（1.3）和活荷载系数（1.5）的平均值 1.4，$q_k\approx q/1.4$ 计算。

$$\frac{v_T}{l}=\frac{5}{384}\frac{q_k l^3}{EI_x}=\frac{5}{384}\times\frac{ql^3}{1.4EI_x}=\frac{5}{48}\times\frac{(ql^2/8)(h/2)}{I_x}\times\frac{2l}{1.4Eh}=\frac{5}{1.4\times24}\times\frac{\sigma l}{Eh}\leqslant\frac{[v_T]}{l}$$

若此梁的抗弯强度充分发挥作用，可令 $\sigma=f$，由上式可求得：

$$h_{min}=\frac{f}{1.384\times10^6}\times\frac{l}{[v_T]/l} \qquad (5\text{-}75)$$

梁的经济高度是指满足一定条件（强度、刚度、整体稳定和局部稳定）、用钢量最少的梁高度。对楼盖和平台结构来说，组合梁一般用做主梁。由于主梁的侧向有次梁支承，整体稳定不是最主要的，所以，梁的截面一般由抗弯强度控制。

下面根据经济条件，以等截面对称工字形组合梁（图 5-32）为例介绍经济梁高的推导方法。

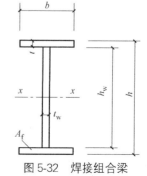

图 5-32 焊接组合梁的截面尺寸

梁的单位长度用钢量 g 是翼缘用钢量 g_f 与腹板及加劲肋用钢量 g_w 之和，即：

$$g = g_f + g_w = \gamma_g (2A_f + 1.2A_w) \tag{5-76}$$

式中　A_f——翼缘截面面积，$A_f = b \cdot t$；

　　　A_w——腹板截面面积，$A_w = h_w \cdot t_w$；

　　　γ_g——钢材的容重；

　　1.2——考虑腹板有加劲肋等构造的增大系数。

截面惯性矩：

$$I_x = W_x \cdot \frac{h}{2} = 2A_f \left(\frac{h_1}{2}\right)^2 + \frac{1}{12} h_w{}^3 t_w$$

式中，h_1 为上下翼缘中心之间的距离。考虑到 $h \approx h_1 \approx h_w$，则每个翼缘需要的截面积：

$$A_f = \frac{W_x}{h_w} - \frac{1}{6} h_w \cdot t_w \tag{5-77}$$

代入式（5-76），并根据经验取 $t_w = \sqrt{h_w}/3.5$（式中 t_w、h_w 均以厘米为单位），得到：

$$g = \gamma_g \left(\frac{2W_x}{h_w} + 0.248\sqrt{h_w{}^3}\right)$$

g 为最小的条件为 $\dfrac{\mathrm{d}g}{\mathrm{d}h_w} = 0$，即经济梁高：

$$h_{ec} \approx h_w \approx 2W_x^{2/5} \tag{5-78}$$

上述两式中的 h_{ec} 的单位为 "cm"，W_x 的单位为 "cm^3"。对一般单向受弯构件，W_x 可按下式估算：

$$W_x = \frac{M_x}{\gamma_x f} \tag{5-79}$$

实际采用的梁高应小于由建筑高度决定的最大梁高 h_{max}、大于由刚度条件决定的最小梁高 h_{min}，而且接近于经济梁高 h_{ec}。同时，腹板的高度宜符合钢板宽度规格，取 50mm 的倍数。

2）腹板厚度

腹板厚度应满足抗剪强度和局部稳定的要求。初选截面时，可近似的假定最大剪应力为腹板平均剪应力的 1.2 倍，即：

$$\tau_{max} \approx 1.2 \frac{V_{max}}{h_w t_w} \leqslant f_v$$

于是：

$$t_w \geqslant 1.2 \frac{V_{max}}{h_w f_v} \tag{5-80}$$

考虑局部稳定、经济和构造等因素，腹板厚度一般用下列经验公式进行估算：

$$t_w \geqslant \sqrt{h_w}/3.5 \tag{5-81}$$

式中，t_w 和 h_w 的单位均为 "cm"。腹板的厚度应考虑钢板的现有规格，一般采用 2mm 的倍数。对考虑腹板屈曲后强度的梁，腹板厚度可取小些。考虑腹板厚度太小会因锈蚀而降低承载能力和制造过程中易产生焊接翘曲变形，因此，要求腹板厚度不得小于 6mm，也不应使高厚比超过 $250\varepsilon_k$。

3）翼缘尺寸

由式（5-77）可求出需要的翼缘截面积 A_f。翼缘板的宽度通常为 $b=(1/5\sim1/3)h$，应使 $b\geqslant180\mathrm{mm}$。翼缘板的宽度不宜过小，以保证梁的整体稳定，但也不宜过大，减少翼缘中应力分布不均的程度。厚度 $t=A_\mathrm{f}/b$。翼缘板常用单层板做成，当厚度过大时，可采用双层板。同时，确定翼缘板的尺寸时，应注意满足局部稳定要求，使受压翼缘宽度 b 与其厚度 t 之比 $b/t\leqslant30\varepsilon_\mathrm{k}$（弹性设计，即取 $\gamma_\mathrm{x}=1.0$）或 $26\varepsilon_\mathrm{k}$（考虑塑性发展，即取 $\gamma_\mathrm{x}=1.05$）。选择翼缘尺寸时，同样也应符合钢板规格，一般宽度 b 取 $10\mathrm{mm}$ 的倍数，厚度取 $2\mathrm{mm}$ 的倍数。

2. 截面验算

应根据最后确定的截面，求出如惯性矩、截面模量、面积矩等截面的各种几何特征参数的准确值，然后进行验算。梁的截面验算包括强度和刚度（5.2 节）、整体稳定（5.3 节）、局部稳定（5.4 节），还应进行加劲肋的布置与设计（5.4 节）。

3. 焊接组合梁截面沿长度的改变

梁的弯矩大小一般是随梁的长度变化的。因此，对于跨度较大的梁，为节约钢材可随弯矩的变化而改变梁的截面尺寸；对跨度较小的梁，改变截面的经济效果不大，一般不宜改变截面。

为减少应力集中，改变翼缘宽度时，需要采用如图 5-33 所示的连接方法。对接焊缝一般采用直缝（图 5-33a），只有当对接焊缝的强度低于翼缘钢板的强度时才采用斜缝（图 5-33b）。

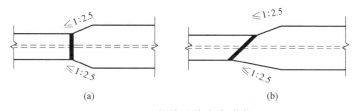

图 5-33 焊接翼缘宽度改变

梁的截面在半跨内通常仅做一次改变，可节约钢材 $10\%\sim20\%$。如改变两次，约再多节约 $3\%\sim5\%$，效果不显著，制造麻烦。

对承受均布荷载的简支梁，一般在距支座 $l/6$ 处（图 5-34a）改变截面比较经济。较窄翼缘板宽度 b' 应由截面开始改变处的弯矩 M_1 确定。

两层翼缘板的梁，可用截断外层板的办法来改变梁的截面（图 5-34b）。理论切断点

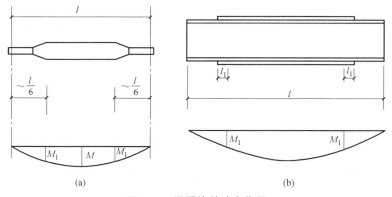

图 5-34 梁翼缘的改变位置

的位置可由计算确定，被切断的翼缘板在理论切断处应能正常参加工作，其外伸长度 l_1 须满足下列要求：

端部有正面角焊缝：

当 $h_f \geqslant 0.75t_1$ 时：　　　　　　　　$l_1 \geqslant b_1$　　　　　　　　　　　(5-82)

当 $h_f < 0.75t_1$ 时：　　　　　　　　$l_1 \geqslant 1.5b_1$　　　　　　　　　(5-83)

端部无正面角焊缝：　　　　　　　　$l_1 \geqslant 2b_1$　　　　　　　　　　(5-84)

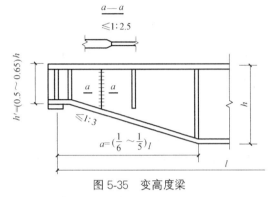

图 5-35　变高度梁

其中，b_1 和 t_1 分别为外层翼缘板宽度和厚度；h_f 为侧面角焊缝和正面角焊缝的焊脚尺寸。

有时为了降低梁的建筑高度，简支梁可以在靠近支座处减小其高度，而使翼缘截面保持不变，具体构造可参见图 5-35。梁端部高度应根据抗剪强度要求确定，但一般不低于跨中高度的 1/2。

4. 翼缘焊缝的计算

梁弯曲时，由于相邻截面中作用在翼缘截面的弯曲正应力有差值，在翼缘与腹板间将产生水平剪应力（图 5-36）。

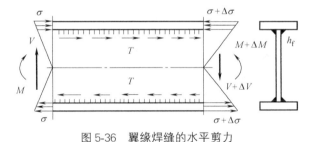

图 5-36　翼缘焊缝的水平剪力

沿梁单位长度的水平剪力为：

$$T = \tau_1 t_w = \frac{VS_f}{I_x t_w} \cdot t_w = \frac{VS_f}{I_x} \tag{5-85}$$

式中　τ_1——腹板与翼缘交界处的水平剪应力（与竖向剪应力相等）$\tau_1 = VS_f/(I_x t_w)$；

S_f——所计算翼缘毛截面对梁中和轴的面积矩。

当腹板与翼缘板用角焊缝连接时，角焊缝有效截面上承受的剪应力 τ_f 不应超过角焊缝强度设计值 f_f^w：

$$\tau_f = \frac{T}{2 \times 0.7h_f} = \frac{VS_f}{1.4h_f I_x} \leqslant f_f^w \tag{5-86}$$

需要的焊脚尺寸：

$$h_f \geqslant \frac{VS_f}{1.4 I_x f_f^w} \tag{5-87}$$

当梁的上翼缘受有固定集中荷载而未设置支承加劲肋时，或受有移动集中荷载（如吊车轮压）时，上翼缘与腹板之间的连接焊缝，除承受沿焊缝长度方向的剪应力 τ_f 外，还承受垂直于焊缝长度方向的局部压应力：

$$\sigma_{\mathrm{f}} = \frac{\psi F}{2h_{\mathrm{e}}l_{\mathrm{z}}} = \frac{\psi F}{1.4h_{\mathrm{f}}l_{\mathrm{z}}} \tag{5-88}$$

因此，受局部压应力的上翼缘与腹板之间连接焊缝应按下式计算强度：

$$\frac{1}{1.4h_{\mathrm{f}}}\sqrt{\left(\frac{\psi F}{\beta_{\mathrm{f}}l_{\mathrm{z}}}\right)^2 + \left(\frac{VS_{\mathrm{f}}}{I_{\mathrm{x}}}\right)^2} \leqslant f_{\mathrm{f}}^{\mathrm{w}} \tag{5-89}$$

因而：

$$h_{\mathrm{f}} \geqslant \frac{1}{1.4f_{\mathrm{f}}^{\mathrm{w}}}\sqrt{\left(\frac{\psi F}{\beta_{\mathrm{f}}l_{\mathrm{z}}}\right)^2 + \left(\frac{VS_{\mathrm{f}}}{I_{\mathrm{x}}}\right)^2} \tag{5-90}$$

式中，β_{f} 为系数，对直接承受动力荷载的梁（如吊车梁），$\beta_{\mathrm{f}}=1.0$；对其他梁，$\beta_{\mathrm{f}}=1.22$。F、ψ、l_{z} 各符号的意义同式（5-7）。

当腹板与翼缘的连接焊缝采用焊透的 T 形对接与角接组合焊缝时（图 5-37），此种焊缝与基本金属等强，其强度可不计算。

【例题 5-6】 如图 5-38 工作平台。梁格布置见【例题 5-1】。假设次梁采用规格为 HN496×199×9×14 的 H 型钢，图 5-38（a）为工作平台中主梁的计算简图，次梁传来的集中荷载标准值为 $F_{\mathrm{k}}=238.7\mathrm{kN}$，设计值为 303.6kN。钢材为 Q235-B·F，焊条 E43 型。试设计工作平台中的主梁。

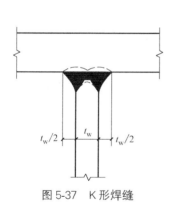

图 5-37   K 形焊缝   图 5-38   例 5-6 图

【解】 根据经验假设主梁自重标准值 $q_{\mathrm{GK}}=3\mathrm{kN/m}$，设计值为 $q=1.3\times3=3.9\mathrm{kN/m}$。则主梁最大剪力（支座处）：

$$V_{\max} = \frac{3}{2}F + \frac{ql}{2} = \frac{3}{2}\times303.6 + \frac{3.9\times12}{2} = 478.8\mathrm{kN}$$

最大弯矩（跨中）：

$$\begin{aligned} M_{\max} &= R \cdot L/2 - qL^2/8 - F \cdot b \\ &= 478.8\times12/2 - 3.9\times12^2/8 - 303.6\times3 \\ &= 1891.8\mathrm{kN \cdot m} \end{aligned}$$

采用焊接工字形组合截面梁，估计翼缘板厚度 $t_{\mathrm{f}} \geqslant 16\mathrm{mm}$，故抗弯强度设计值 $f=205\mathrm{N/mm}^2$。

假设主梁截面板件宽厚比等级为 S1，根据抗弯强度选择截面，按式（5-79）计算需要的截面模量为：

$$W_x = \frac{M_x}{\gamma_x f} = \frac{1891.8 \times 10^6}{1.05 \times 205} = 8788.9 \times 10^3 \, \text{mm}^3$$

1）试选截面

按刚度条件，$v_T/l = 1/400$ 梁的最小高度为 [式（5-75）]：

$$h_{\min} = \frac{f}{1.384 \times 10^6} \cdot \frac{l}{[v_T]/l} = \frac{205}{1.384 \times 10^6} \times 400 \times 12000 = 711 \, \text{mm}$$

梁的经济高度 [式（5-78）]：

$$h_{ec} \approx 2W_x^{2/5} = 2 \times (8788.9)^{2/5} = 75.6 \, \text{cm}$$

取梁的腹板高度：$h_w = h_0 = 1000 \, \text{mm}$

按抗剪要求腹板厚度：

$$t_w \geqslant 1.2 \frac{V_{\max}}{h_w f_v} = 1.2 \times \frac{478.8 \times 10^3}{1000 \times 125} = 4.6 \, \text{mm}$$

按经验公式：

$$t_w \geqslant \sqrt{h_w}/3.5 = \sqrt{1000}/3.5 = 9.0 \, \text{mm}$$

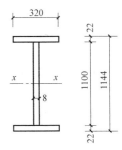

图 5-39 主梁截面

若不考虑腹板屈曲后强度，取腹板厚度 $t_w = 8 \, \text{mm}$。

每个翼缘所需截面积：

$$A_f = \frac{W_x}{h_w} - \frac{t_w h_w}{6} = \frac{8788.9 \times 10^3}{1000} - \frac{8 \times 1000}{6} = 7456 \, \text{mm}^2$$

翼缘宽度 $b = h/5 \sim h/3 = 1000/5 \sim 1000/3 = 200 \sim 333 \, \text{mm}$，取 $b = 320 \, \text{mm}$。

翼缘厚度 $t = A_f/b = 7456/320 = 23.3 \, \text{mm}$，取 $t = 25 \, \text{mm}$。

翼缘板外伸宽度与厚度之比 $156/25 = 6.24 < 9\varepsilon_k = 9$，满足截面宽厚比限值 S1 级要求。

此组合梁的跨度并不很大，为了施工方便，不沿梁长度改变截面。

2）梁的截面几何参数（图 5-39）

$$I_x = \frac{1}{12}(320 \times 1050^3 - 312 \times 1000^3) = 4.87 \times 10^9 \, \text{mm}^4$$

$$W_x = \frac{2I_x}{h} = \frac{2 \times 4.87 \times 10^9}{1050} = 9.3 \times 10^6 \, \text{mm}^3$$

$$A = 1000 \times 10 + 2 \times 320 \times 25 = 2.6 \times 10^4 \, \text{mm}^2$$

梁自重（钢材质量密度为 $7850 \, \text{kg/m}^3$，重度为 $77 \, \text{kN/m}^3$）：

$$g_k = 0.026 \times 77 = 2.0 \, \text{kN/m}$$

考虑腹板加劲肋等增加的重量，比较原假设的梁自重 $3 \, \text{kN/m}$ 略低，故按原计算荷载验算。

3）强度验算

验算抗弯强度（无栓孔，$W_{nx} = W_x$）：

$$\sigma = \frac{M_x}{\gamma_x W_{nx}} = \frac{1891.8 \times 10^6}{1.05 \times 9.3 \times 10^6} = 193.7 \, \text{N/mm}^2 < f = 205 \, \text{N/mm}^2$$

验算抗剪强度：

$$\tau = \frac{V_{max} \cdot S_x}{I_x \cdot t_w} = \frac{478.8 \times 10^3 \times (320 \times 25 \times 512.5 + 500 \times 8 \times 250)}{4.87 \times 10^9 \times 8}$$
$$= 62.7 \text{N/mm}^2 < f_v = 125 \text{N/mm}^2$$

主梁的支承处以及支承次梁处均配置支承加劲肋，故不验算局部承压强度（即 $\sigma_c = 0$）。

4）梁整体稳定验算

应按【例题 5-2】步骤计算整体稳定性（从略），自重荷载应按实际情况计算。经验算该截面满足整体稳定要求。

5）刚度验算

全部永久荷载与可变荷载的标准值在梁跨中产生的最大弯矩：

$$R = \frac{3}{2} \times 238.7 + \frac{3 \times 12}{2} = 376.05 \text{kN}$$

$$M_{max} = 376.05 \times 12/2 - 3 \times 12^2/8 - 376.05 \times 3$$
$$= 1074.15 \text{kN} \cdot \text{m}$$

$$\frac{v_T}{l} \approx \frac{5 M_k l}{1.3 \times 48 E I_x} = \frac{5 \times 1074.15 \times 10^6 \times 12000}{1.4 \times 48 \times 2.06 \times 10^5 \times 4.87 \times 10^9} = \frac{1}{1046} < \frac{[v_T]}{l} = \frac{1}{400}$$

6）翼缘和腹板的连接焊缝计算

翼缘和腹板之间采用角焊缝连接，按式（5-82）：

$$h_f \geqslant \frac{V S_f}{1.4 I_x f_f^w} = \frac{376.05 \times 10^3 \times 320 \times 25 \times 512.5}{1.4 \times 4.87 \times 10^9 \times 160} = 1.41 \text{mm}$$

取：
$$h_f = 8 \text{mm} > 1.5 \sqrt{t_{max}} = 1.5 \sqrt{25} = 7.5 \text{mm}$$

7）主梁加劲肋设计

（1）加劲肋布置

梁腹板高厚比 $h_0/t_w = 1000/8 = 125$，即 $80 < h_0/t_w < 170$（有刚性铺板，受压翼缘扭转受到约束），故只布置横向加劲肋。在主梁端部支承和次梁支承处应布置支承加劲肋，按构造要求横向加劲肋的间距应为 $a \geqslant 0.5 h_0 = 500 \text{mm}$，$a \leqslant 2 h_0 = 2000 \text{mm}$。从工作平台结构布置看，在中间支承加劲肋之间应增设一个横向加劲肋，加劲肋之间的间距取为 $a = 1.5 \text{m}$，加劲肋成对布置于腹板两侧。

腹板局部稳定的计算：计算过程从略，可参见【例题 5-4】，腹板局部稳定满足要求。

（2）加劲肋计算

横向加劲肋采用对称布置，其尺寸为：

外伸宽度：$b_s \geqslant \dfrac{h_0}{30} + 40 = \dfrac{1000}{30} + 40 = 73 \text{mm}$，取 $b_s = 90 \text{mm}$

厚度：$t_s \geqslant \dfrac{b_s}{15} = \dfrac{90}{15} = 6 \text{mm}$，取 $t_s = 6 \text{mm}$

梁支座采用突缘支座形式。支座支承加劲肋采用 $160 \times 14 \text{mm}$。

支承加劲肋的计算从略。

支承加劲肋与腹板用直角角焊缝连接，焊脚尺寸取 $h_f = 8 \text{mm}$。

加劲肋布置可参见图 5-26。

本章小结

通过本章学习，掌握梁的强度、刚度、整体稳定和局部稳定的计算方法，并且熟悉影响受弯构件承载能力的主要因素。

1. 计算梁的受弯强度时，考虑截面部分发展塑性变形，因此在计算公式中引进了截面塑性发展系数，其取值原则是：使截面的塑性发展深度不致过大。

2. 直接承受动力荷载的梁也可以考虑塑性发展，但为了可靠，对需要计算疲劳的梁还是以不考虑截面塑性发展为宜。

3. 同时受有较大的正应力和剪应力处，指连续梁中部支座处或梁的翼缘截面改变处等。

4. 复合应力作用下允许应力少量放大，不应理解为钢材的屈服强度增大，而应理解为允许塑性开展。这是因为最大应力出现在局部个别部位，基本不影响整体性能。

5. 钢梁整体失去稳定性时，梁将发生较大的侧向弯曲和扭转变形，因此为了提高梁的稳定承载能力，任何钢梁在其端部支承处都应采取构造措施，以防止其端部截面的扭转。当有铺板密铺在梁的受压翼缘上并与其牢固相连，能阻止受压翼缘的侧向位移时，梁就不会丧失整体稳定，因此也不必计算梁的整体稳定性。

6. 对无局部压应力且承受静力荷载的工字形截面梁推荐按《标准》第6.4节利用腹板屈曲后强度。

7. 为了避免三向焊缝交叉，加劲肋与翼缘板相接处应切角，但直接受动力荷载的梁（如吊车梁）的中间加劲肋下端不宜与受拉翼缘焊接，一般在距受拉翼缘不少于50mm处断开，故对此类梁的中间加劲肋，关于切角尺寸的规定仅适用于与受压翼缘相连接处。

思考与练习题

一、选择题（注册考试真题，要求写出具体分析求解过程）

5-1　图5-40所示为承受固定集中荷载 P（含梁自重）的等截面焊接间支梁，集中荷载处的腹板设有支承加劲肋，即不产生局部压应力。验算截面 I-I 的折算应力时，在横截面上的验算部位是（　　　）

（A）①；（B）②；（C）③；（D）④。

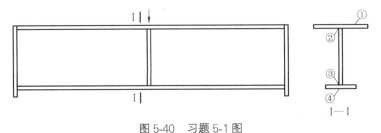

图5-40　习题5-1图

5-2　图5-41所示为一般焊接工字形钢梁支座（未设支撑加劲肋），钢材为 Q235 钢。为满足局部压应力设计要求，支座反力设计值 F 应小于等于（　　　）

（A）178.3kN；（B）189.2kN；（C）206.4kN；（D）212.5kN。

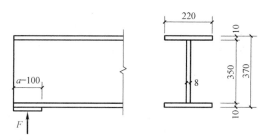

图 5-41 习题 5-2 图

5-3 焊接工字形等截面简支梁，在下述何种情况下，整体稳定系数 φ_b 最高？（   ）

（A）跨度中央一个集中荷载作用时；

（B）跨度三分点处各有一个集中荷载作用时；

（C）全跨均布荷载作用时；

（D）梁两端有使其产生同向曲率、数值相等的端弯矩作用时。

5-4 轧制普通工字钢简支梁（I36a，$W_x = 875 \times 10^3 \text{mm}^3$），跨度 6m，在跨度中央梁截面下翼缘悬挂一集中荷载 100kN（包括梁自重在内），当采用 Q235—B·F 钢时其整体稳定的应力为（   ）

（A）142.9N/mm²；（B）171.4N/mm²；（C）211.9N/mm²；（D）223.6N/mm²。

5-5 配置加劲肋是提高梁腹板局部稳定的有效措施，当 $h_0/t_w \geq 170\sqrt{235/f_y}$ 时，下列哪项是正确的？（   ）

（A）可能发生剪切失稳，应配置横向加劲肋；

（B）可能发生弯曲失稳，应配置纵向加劲肋；

（C）可能发生剪切或弯曲失稳，应同时配置横向和纵向加劲肋；

（D）不致失稳，除支撑加劲肋外，不需要配置横向和纵向加劲肋。

二、计算题

5-6 一工作平台的梁格布置如图 5-42 所示，铺板为预制钢筋混凝土板，并与次梁焊牢，次梁与主梁采用齐平连接。若平台恒荷载的标准值（不包括次梁自重）为 3.22kN/m²，

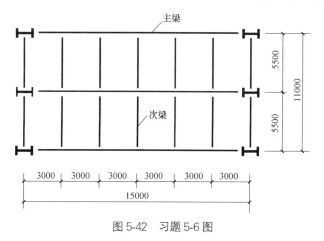

图 5-42 习题 5-6 图

活荷载的标准值为 20kN/m²，钢材为 Q355 钢。试按热轧工字钢和 H 型钢两种形式，选择次梁截面。

5-7　某焊接工字形等截面简支梁，跨度为 15m，在支座和跨中布置了侧向水平支承，具体尺寸和截面如图 5-43 所示。钢材为 Q355，均布恒荷载标准值为 12.5kN/m，均布活荷载标准值为 28kN/m，恒、活荷载都作用在上翼缘。试验算整体稳定性和局部稳定性，需要时并设计加劲肋。

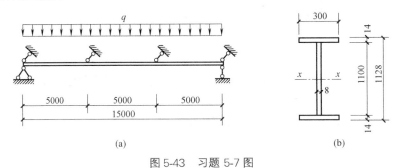

图 5-43　习题 5-7 图

5-8　试设计一焊接工字形组合截面梁。如图 5-44，跨度为 18m，侧向水平支承点位于集中荷载作用处，承受静力荷载，作用于上翼缘。荷载如下：

集中荷载：恒荷载标准值 $F_{GK}=150$kN，活荷载标准值 $F_{Qk}=200$kN；

均布荷载：恒荷载标准值 $q_{GK}=16$kN/m，活荷载标准值 $q_{Qk}=28$kN/m。

上述荷载不含自重。钢材为 Q355 钢，E50 型焊条（手工焊）。要求梁高不能超过 2m，挠度不大于 $l/400$，沿梁跨度改变翼缘，并设计加劲肋，按 1：10 比例绘制构造图。

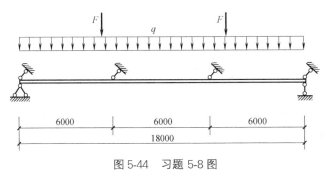

图 5-44　习题 5-8 图

5-9　在习题 5-6 设计的基础上，试选择梁格中的主梁截面，并设计次梁和主梁的连接（用齐平连接），按 1：10 比例尺绘制连接构造图。

第6章 拉弯构件和压弯构件

本章要点及学习目标

本章要点：

(1) 压弯与拉弯构件合理的截面形式与构造特点；

(2) 压弯与拉弯构件强度和刚度计算和设计要求；

(3) 压弯构件弯矩作用平面内、平面外整体失稳机理与整体失稳影响因素；

(4) 压弯构件局部失稳影响因素与控制方法；

(5) 格构式压弯构件整体与分肢的基本受力情况；

(6) 铰接柱脚与刚接柱脚的构造特点和基本传力路径。

学习目标：

(1) 掌握压弯与拉弯构件的强度和刚度计算与设计方法；

(2) 掌握实腹式压弯构件弯矩作用平面内和平面外的整体稳定计算与设计方法；

(3) 掌握实腹式压弯构件局部稳定计算与设计方法；

(4) 掌握单向压弯格构柱的设计方法；

(5) 掌握铰接与刚接柱脚的设计方法。

6.1 概述

6.1.1 定义

同时承受轴心拉力和绕截面主轴弯矩作用的构件称为拉弯构件，同时承受轴心压力和绕截面主轴弯矩作用的构件称为压弯构件。弯矩可能由轴向力的偏心作用、端部弯矩作用或横向（垂直于构件轴心线方向）荷载作用等因素产生（图6-1、图6-2）。弯矩由偏心轴力引起时，也称为偏拉或偏压构件。当弯矩仅作用在截面的一个形心主轴平面内时称为单向拉弯（或压弯）构件，同时作用在两个形心主轴平面内时称为双向拉弯（或压弯）构件。压弯构件是受弯构件和轴心受压构件的组合，因此也被称为梁-柱。

6.1.2 应用

拉弯和压弯构件是钢结构中常用的构件形式，尤其是压弯构件在钢结构工程中应用更为广泛。例如，单层厂房结构中柱子、多高层房屋结构中的框架柱、受风荷载作用的墙架柱或工作平台柱等为压弯构件。有节间荷载作用的桁架杆件为压弯或拉弯构件。

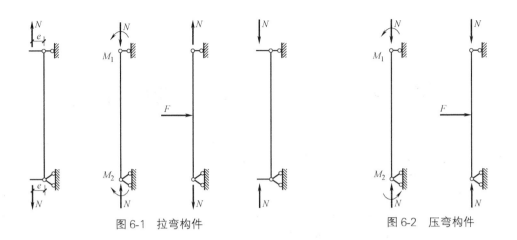

图 6-1 拉弯构件   图 6-2 压弯构件

6.1.3 截面形式

拉弯和压弯构件截面形式可分为实腹式和格构式两大类。当构件计算长度及受力不大时，可采用实腹式构件，常用的截面形式有热轧型钢截面（图 6-3a）、冷弯薄壁型钢截面（图 6-3b）以及组合截面（图 6-3c），包括：钢板焊接组合截面或型钢与型钢、型钢与钢板的组合截面。当构件计算长度较大且受力较大时，为了提高截面的抗弯刚度，常采用格构式构件（图 6-3d）。拉弯或压弯构件截面通常做成在弯矩作用方向具有较大的截面尺寸，使在该方向具有较大的截面抵抗矩、回转半径和抗弯刚度，以提高抗弯能力。在格构

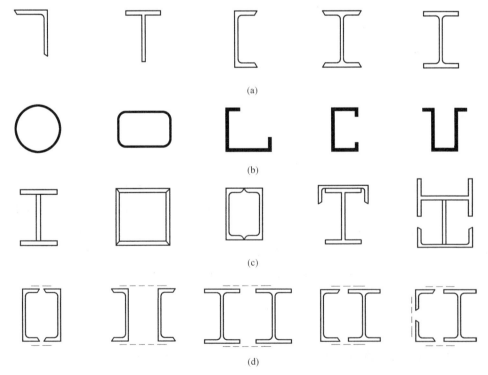

图 6-3 拉弯、压弯构件截面形式

（a）热轧型钢截面；（b）冷弯薄壁型钢截面；（c）组合截面；（d）格构式构件截面

式构件设计时，通常使弯矩绕虚轴作用，以便根据承受弯矩的需要，更加合理、灵活地调整分肢间距。当弯矩较小或者不同荷载工况下出现的正负弯矩绝对值相差不大时，截面关于弯矩作用主轴两侧应力分布较为均匀，可以采用对称截面。当所受弯矩值较大、不同荷载工况下弯矩不变号或正负弯矩绝对值相差较大的情况，为了节省钢材，应采用非对称截面，在受力较大的一侧适当加大截面。此外，构件截面沿轴线可以变化，例如厂房钢结构中的阶形柱、门式刚架中的楔形柱等。截面形式的选择，应根据构件的用途、荷载、制作、安装、连接构造以及用钢量等因素综合考虑。

6.1.4 破坏形式

在进行设计时，拉弯和压弯构件应同时满足正常使用极限状态和承载能力极限状态的要求。在满足正常使用极限状态方面，与轴心受力构件一样，拉弯和压弯构件也是通过限制构件长细比来保证构件的刚度要求。

拉弯构件承载力极限状态的计算通常仅需要计算其强度，以截面出现塑性铰作为承载力极限。但是，当构件所承受的弯矩较大而拉力较小时，截面上产生较大的压应力，可能引起构件失稳，其受力状态与梁接近，需按受弯构件进行整体稳定和局部稳定计算。

压弯构件的整体破坏形式分为强度破坏和失稳破坏。当构件上有孔洞等对截面削弱较多时或杆端弯矩明显大于杆件中间部分弯矩时，有可能发生强度破坏。单向压弯构件的整体失稳破坏分为弯矩作用平面内的失稳和弯矩作用平面外的失稳。带有初始弯曲或荷载初始偏心的双轴对称截面轴心受压构件实际就是发生弯矩作用平面内的弯曲失稳。单向压弯构件弯矩作用平面外失稳与梁失稳类似，一旦荷载达到某一临界值，构件将突然发生不可恢复的弯矩作用平面外弯曲变形，并伴随发生截面绕纵向剪切中心轴线的扭转变形，从而发生弯扭失稳破坏。双向压弯构件整体失稳时发生双向弯曲并伴随截面扭转，呈现弯扭失稳破坏。

组成压弯构件的板件上会存在压应力，若受压板件发生局部屈曲，则构件发生局部失稳，会导致压弯构件整体稳定承载力降低。因此，对于压弯构件的承载能力极限状态应进行强度、整体稳定性和局部稳定性计算。

6.2 拉弯、压弯构件的强度和刚度

6.2.1 拉弯和压弯构件的强度极限状态

6-1 压弯构件
的强度和刚度

以双轴对称工字形截面压弯构件为例，构件在轴心压力 N 和绕主轴 x 轴弯矩 M_x 的共同作用下，截面上应力的发展过程如图 6-4 所示（拉弯构件与此类似），构件中应力最大的截面可能发生强度破坏。

拉弯和压弯构件进行强度计算时，根据截面上应力发展的不同程度，可取以下三种不同的强度计算准则。

1. 边缘纤维屈服准则

以构件最危险截面边缘纤维最大应力达到屈服强度作为构件强度极限，此时，构件处于弹性工作阶段。在最危险截面上，截面边缘处的最大应力 σ 达到屈服点 f_y

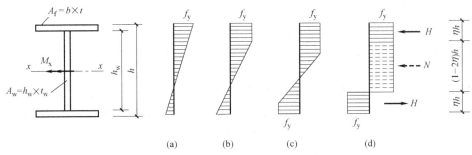

图 6-4   压弯构件截面应力发展过程

（图 6-4a），即：

$$\sigma = \frac{N}{A_n} + \frac{M_x}{W_{nx}} = f_y \qquad (6-1)$$

式中 N、M_x——验算截面处的轴力压力设计值和弯矩设计值；

$\quad A_n$——验算截面处的净截面面积；

$\quad W_{nx}$——验算截面处绕弯矩作用主轴 x 轴的净截面模量。

令截面屈服轴力 $N_p = A_n f_y$，截面边缘纤维屈服弯矩 $M_{ex} = W_{nx} f_y$，则得 N 和 M_x 的线性相关公式为：

$$\frac{N}{N_p} + \frac{M_x}{M_{ex}} = 1 \qquad (6-2)$$

2. 全截面屈服准则

以构件最危险截面各处应力均达到屈服强度作为构件强度极限，此时，构件处于塑性工作阶段。当轴力较小时（$N \leqslant A_w f_y$，A_w 为腹板面积），塑性中和轴在腹板内（图 6-4d）；当轴力较大时（$N > A_w f_y$），塑性中和轴在翼缘内。

弯矩单独作用时，净截面全屈服弯矩为：

$$M_{px} = W_{pnx} f_y = \gamma_F W_{nx} f_y \qquad (6-3)$$

式中 W_{pnx}——构件净截面塑性模量；

$\quad \gamma_F$——构件截面形状系数，仅与截面形状有关。

令系数 $\alpha = A_f / A_w$，A_f 为翼缘面积，根据内外力的平衡条件，可以得到轴心力 N 和弯矩 M_x 的关系式：

当轴力较小（$N \leqslant A_w f_y$）时：

$$\frac{(2\alpha + 1)^2}{4\alpha + 1} \cdot \frac{N^2}{N_p^2} + \frac{M_x}{M_{px}} = 1 \qquad (6-4a)$$

当轴力较大（$N > A_w f_y$）时：

$$\frac{N}{N_p} + \frac{(4\alpha + 1)}{2(2\alpha + 1)} \cdot \frac{M_x}{M_{px}} = 1 \qquad (6-4b)$$

由上式可以绘出构件的 N/N_p 与 M_x/M_{px} 的关系曲线如图 6-5 所示，均为外凸的曲线，外凸程度不仅与截面形状有关，而且与系数 α 有关，α 越小外凸越多。常用工字形截面 $\alpha = A_f / A_w \approx 1.5$，曲线外凸不多，可用直线近似。此外，上述全截面塑性分析中没有计入轴心力对弯曲变形引起的附加弯矩以及剪力的不利影响，为了考虑这种不利影响和便于计算，可偏于安全地采用直线式相关公式，即用一条斜直线（图6-5中的虚线）代替曲线：

$$\frac{N}{N_p}+\frac{M_x}{M_{px}}=1 \qquad (6\text{-}5)$$

3. 部分发展塑性准则

以构件最危险截面部分边缘区域应力达到屈服强度作为构件强度极限，此时，构件处于弹塑性工作阶段。

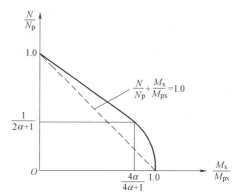

图6-5 压弯构件 $N/N_p\text{-}M_x/M_{px}$ 关系曲线

为了不使构件因截面形成塑性铰而产生过大的变形，可以考虑构件最危险截面在轴力和弯矩作用下一部分进入塑性，另一部分靠近中和轴的截面还处于弹性阶段（图6-4b、图6-4c）。式（6-2）和式（6-5）都是直线关系，差别在于与弯矩相关的左端第二项，式（6-2）采用弹性截面模量，式（6-5）采用塑性截面模量。因此当构件部分塑性发展时，也可近似采用直线关系式，即：

$$\frac{N}{N_p}+\frac{M_x}{\gamma_x M_{ex}}=1 \qquad (6\text{-}6)$$

显然，式中 $\gamma_x M_{ex}$ 满足 $M_{ex}{\leqslant}\gamma_x M_{ex}{<}M_{px}$。$\gamma_x$ 为截面塑性发展系数（$1{\leqslant}\gamma_x{\leqslant}\gamma_F$），其值与截面形状、塑性发展深度与截面高度比值、$\alpha=A_f/A_w$ 以及应力状态等因素有关。塑性发展越深，γ_x 值越大。

6.2.2 拉弯、压弯构件强度与刚度计算

1. 强度计算

考虑构件因形成塑性铰而变形过大，以及截面上剪应力等不利影响，与梁类似，拉弯和压弯构件强度计算时有限地利用塑性，引入抗力分项系数后，承受单向弯矩的拉弯、压弯构件（圆形截面除外）按下式计算截面强度：

$$\frac{N}{A_n}\pm\frac{M_x}{\gamma_x W_{nx}}{\leqslant}f \qquad (6\text{-}7)$$

承受双向弯矩的拉弯、压弯构件（圆管截面除外）按下式计算截面强度：

$$\frac{N}{A_n}\pm\frac{M_x}{\gamma_x W_{nx}}\pm\frac{M_y}{\gamma_y W_{ny}}{\leqslant}f \qquad (6\text{-}8)$$

式中 W_{nx}、W_{ny}——构件验算截面对 x 轴和 y 轴的净截面模量；

  γ_x、γ_y——截面塑性发展系数，按表5-2采用。

承受双向弯矩的圆形截面拉弯、压弯构件，其截面强度应按下式计算：

$$\frac{N}{A_n}+\frac{\sqrt{M_x^2+M_y^2}}{\gamma_m W_n}{\leqslant}f \qquad (6\text{-}9)$$

式中 γ_m——圆形构件的截面塑性发展系数，对于实腹圆形截面取1.2；板件宽厚比满足S3级的圆管截面取1.15，不满足时取1.0。

对以下三种情况，在设计时采用边缘纤维屈服作为构件强度计算的依据，即取 $\gamma_x=\gamma_y=1$：①对于需要计算疲劳强度的实腹式拉弯、压弯构件，考虑动力荷载循环次数较

多，截面塑性发展可能不充分，以不考虑塑性发展为宜。②对格构式拉弯、压弯构件，当弯矩绕虚轴作用时，由于截面腹部无实体部件，塑性发展的潜力不大，且需要保证一定安全裕度，故不考虑塑性发展。③为了保证受压翼缘在截面塑性发展时不发生局部失稳，受压翼缘的自由外伸宽度 b_1 与其厚度 t 之比限制为 $b_1/t < 13\varepsilon_k$，故当 $13\varepsilon_k < b_1/t \leqslant 15\varepsilon_k$ 时不考虑塑性开展。

2. 刚度计算

拉弯和压弯构件与轴心受力构件一样，通过控制构件长细比来保证刚度要求，拉弯、压弯构件的计算长度系数和容许长细比等与轴心受力构件相同。

6.3　实腹式压弯构件的整体稳定性

6.3.1　单向实腹式压弯构件弯矩作用平面内整体稳定性

6-2　弯矩作用平面内整体稳定分析

1. 失稳形式

双轴对称截面压弯构件当弯矩绕截面一个主轴作用时，或单轴对称截面压弯构件弯矩绕非对称主轴作用时，构件的整体失稳形式为弯矩作用平面内的弯曲失稳。

以工字形截面偏心受压构件为例（弯矩与轴力按比例加载），来考察弯矩作用平面内失稳的情况。在弯矩作用平面外变形受到有效约束的情况下，弯矩作用平面内构件跨中最大挠度 v 与构件压力 N 的关系

6-3　弯矩作用平面内整体稳定计算

曲线如图 6-6 所示。从图 6-6 中可以看出，随着压力 N 的增加，构件中点挠度 v 非线性地增长。弯矩作用产生弯曲变形，形成挠度，轴力对挠度形成附加弯矩，使得挠度进一步增长，由此产生二阶效应（P-Δ 效应）。到达 A 点时，截面边缘开始屈服，随着荷载与变形增长，截面上弹性区不断缩小，截面抵抗弯矩能力减小，而外弯矩却随轴力增大而非线性增长，曲线斜率减小，表明构件抵抗挠曲变形刚度减弱。在曲线的上升段 OAB，挠度是随着压力的增加而增加的，压弯构件处在稳定平衡状态。达到承载力极值点 B 时，构件截面抵抗力与外荷载达到极限平衡状态，此后，继续增加压力已不可能，要维持平衡，必

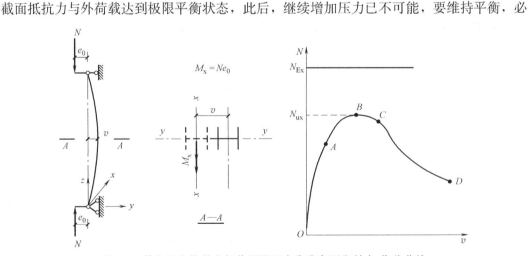

图 6-6　单向压弯构件弯矩作用平面内失稳变形和轴力-位移曲线

须卸载，曲线出现了下降段 BCD，即荷载减小，挠度继续增大，压弯构件处于不稳定平衡状态。荷载-位移曲线上极值点 B 对应的轴力 N_{ux} 称为稳定极限承载力。此类压弯构件在弯矩作用平面内失稳为极值点失稳，不存在平衡路径分岔现象，且 $N_{ux} < N_{Ex}$（欧拉荷载）。需要注意的是，在曲线的极值点，构件的最大内力截面不一定达到全塑性状态，这种全塑性状态可能发生在轴压承载力下降段的某点 C 处。

2. 计算方法

目前各国设计规范中压弯构件弯矩作用平面内整体稳定验算大多通过理论分析，建立轴力与弯矩的相关公式，并在大量数值计算和试验数据的统计分析基础上，对相关公式中的参数进行修正，得到一个半经验半理论公式。我国《标准》利用边缘纤维屈服准则，建立压弯构件弯矩作用平面内稳定极限状态的轴力与弯矩的相关公式，在此基础上进行修改后作为实用公式。

如图 6-6 所示压弯构件，在轴力 N 和均匀弯矩 M_x（$M_x = Ne_0$）作用下的平衡微分方程为：

$$EI\frac{\mathrm{d}^2 y}{\mathrm{d}z^2} + Ny = -M_x \tag{6-10}$$

解方程并利用边界条件（$z = 0$ 和 $z = l$ 处，$y = 0$），可得构件中点的最大挠度为：

$$v_m = \frac{M_x}{N}\left(\sec\frac{\pi}{2}\sqrt{\frac{N}{N_{Ex}}} - 1\right) = \frac{M_x l^2}{8EI}\frac{8EI}{Nl^2}\left(\sec\frac{\pi}{2}\sqrt{\frac{N}{N_{Ex}}} - 1\right) = \frac{M_x l^2}{8EI}\frac{8N_{Ex}}{N\pi^2}\left(\sec\frac{\pi}{2}\sqrt{\frac{N}{N_{Ex}}} - 1\right)$$

$$\tag{6-11}$$

承受均匀弯矩 M_x 作用的简支梁跨中最大挠度 v_0 为：

$$v_0 = \frac{M_x l^2}{8EI} \tag{6-12}$$

将 $\sec\frac{\pi}{2}\sqrt{N/N_{Ex}}$ 展开成幂级数后代入式（6-11）可得：

$$v_m = \frac{v_0}{1 - N/N_{Ex}} \tag{6-13}$$

即考虑轴力 N 对于弯矩 M_x 引起的挠度 v_0 形成二阶弯矩后，挠度放大系数为 $1/(1 - N/N_{Ex})$，对于其他形式荷载作用下的单向压弯构件，也可推导得到其挠度放大系数近似为 $1/(1 - N/N_{Ex})$。

此时压弯构件中的最大弯矩可表示为：

$$M_{x,max} = M_{x,max1} + M_{x,max2} = M_x + Nv_m = \frac{\beta_{mx}M_x}{1 - N/N_{Ex}} \tag{6-14}$$

式中　$M_{x,max1}$——构件截面上由端弯矩引起的一阶弯矩，等于 M_x；

　　　$M_{x,max2}$——轴心压力引起的二阶弯矩，等于 Nv_m；

　　　β_{mx}——等效弯矩系数，$\beta_{mx} = 1 - N/N_{Ex} + Nv_0/M_x$；$\beta_{mx}$ 值因构件支承条件和荷载形式而异。

为了进一步考虑构件初始缺陷的影响，将构件各种初始缺陷等效为跨中最大初弯曲 e_1（综合代表各种缺陷）。假定构件初始变形形态为一正弦半波曲线，考虑二阶效应后由初弯曲产生最大弯矩为：

$$M_{x,max3} = \frac{Ne_1}{1 - N/N_{Ex}} \tag{6-15}$$

根据边缘纤维屈服准则，压弯构件弯矩作用平面内截面最大应力应满足：

$$\frac{N}{A}+\frac{M_{x,\max1}+M_{x,\max2}+M_{x,\max3}}{W_{1x}}=\frac{N}{A}+\frac{\beta_{mx}M_x+Ne_1}{W_{1x}(1-N/N_{Ex})}=f_y \tag{6-16}$$

式中，A、W_{1x} 分别为压弯构件毛截面面积和最大受压纤维的毛截面模量。

初始缺陷主要由加工制作、安装和构造方式决定，与作用荷载形式并无关联，可以认为压弯构件与轴心受压构件具有相同的初始缺陷。式（6-16）中取 $M_x=0$，即代表具有综合初始缺陷 e_1 的轴心压杆受力最大截面边缘纤维达到屈服的情况，此时的轴力为轴心压杆稳定承载力 $N_x=\varphi_x Af_y$，由式（6-16）解出等效初始缺陷：

$$e_1=\frac{W_{1x}(Af_y-N_x)(N_{Ex}-N_x)}{AN_xN_{Ex}} \tag{6-17}$$

将式（6-17）代入式（6-16），可得：

$$\frac{N}{\varphi_x A}+\frac{\beta_{mx}M_x}{W_{1x}(1-\varphi_x N/N_{Ex})}=f_y \tag{6-18}$$

式（6-18）即为考虑了压弯构件的二阶效应和综合初始缺陷，按边缘纤维屈服准则得到的采用应力表达的稳定问题相关公式。

3. 计算公式

将（6-18）式结果与考虑初始几何缺陷与残余应力的压弯构件试验资料和数值计算结果进行比较并修正。由于边缘纤维屈服准则以构件弹性受力阶段极限状态作为稳定承载能力极限，而对于实腹式压弯构件，可以考虑利用截面上的部分塑性发展，采用 $\gamma_x W_{1x}$ 取代 W_{1x}。用 0.8 代替式（6-18）第二项中的 φ_x，并把欧拉临界力除以抗力分项系数 γ_R 的平均值 1.1，以使计算结果与数值计算方法的结果最为接近。引入钢材强度抗力分项系数后，《标准》中关于实腹式单向压弯构件弯矩作用平面内的整体稳定性计算公式为：

$$\frac{N}{\varphi_x Af}+\frac{\beta_{mx}M_x}{\gamma_x W_{1x}(1-0.8N/N'_{Ex})f}\leqslant1.0 \tag{6-19}$$

式中　N——所计算构件范围内轴心压力设计值；

N'_{Ex}——参数，$N'_{Ex}=\pi^2 EA/(1.1\lambda_x^2)$；

φ_x——弯矩作用平面内轴心受压构件稳定系数；

M_x——所计算构件段范围内的最大弯矩设计值；

W_{1x}——在弯矩作用平面内对受压最大纤维的毛截面模量；

β_{mx}——等效弯矩系数，按照使得非均匀弯矩作用下压弯构件一阶和二阶弯矩最大值之和与均匀弯矩作用下的相等来确定，其值不仅与弯矩分布图形有关，还与轴心压力与临界力之比有关，应按下列规定采用。

1）无侧移框架柱和两端支承的构件

（1）无横向荷载作用时，取 $\beta_{mx}=0.6+0.4M_2/M_1$，$M_1$ 和 M_2 为端弯矩，构件无反弯点时取同号；构件有反弯点时取异号，$|M_1|\geqslant|M_2|$。

（2）无端弯矩但有横向荷载作用时：

跨中单个集中荷载：

$$\beta_{mx}=1-0.36N/N_{cr} \tag{6-20a}$$

全跨均布荷载：

$$\beta_{mx}=1-0.18N/N_{cr} \qquad (6\text{-}20b)$$

$$N_{cr}=\frac{\pi^2EI}{(\mu l)^2} \qquad (6\text{-}20c)$$

式中 N_{cr}——弹性临界力；

μ——构件的计算长度系数。

（3）有端弯矩和横向荷载同时作用时，将式（6-19）的 $\beta_{mx}M_x$ 取为 $\beta_{mqx}M_{qx}+\beta_{m1x}M_1$，即工况（1）和工况（2）等效弯矩的代数和。$M_{qx}$ 为横向荷载产生的最大弯矩设计值，β_{m1x} 取按情况（1）计算的等效弯矩系数。

2）有侧移框架柱和悬臂构件

（1）有横向荷载的柱脚铰接的单层框架柱和多层框架的底层柱，$\beta_{mx}=1.0$；其他框架柱，$\beta_{mx}=1-0.36N/N_{cr}$。

（2）自由端作用有弯矩的悬臂柱，$\beta_{mx}=1-0.36(1-m)N/N_{cr}$，式中 m 为自由端弯矩与固定端弯矩之比，当弯矩图无反弯点时取正号，有反弯点时取负号。

当框架内力采用二阶分析时，柱弯矩由无侧移弯矩和放大的侧移弯矩组成，此时可对两部分弯矩分别乘以无侧移柱和有侧移柱的等效弯矩系数。

对于单轴对称截面（如 T 形截面）压弯构件，当弯矩作用在对称轴平面内且使较大翼缘受压时，除了出现受压失稳情况外，有可能发生在较小翼缘（或无翼缘）一侧产生较大的拉应力而率先发生受拉屈服破坏。对这种情况，除应式（6-19）计算外，还应按下式计算：

$$\left|\frac{N}{Af}-\frac{\beta_{mx}M_x}{\gamma_x W_{2x}(1-1.25N/N'_{Ex})f}\right|\leqslant1.0 \qquad (6\text{-}21)$$

式中 W_{2x}——弯矩作用平面内受压较小翼缘（或无翼缘端）的毛截面模量；

γ_x——与 W_{2x} 相对应一侧的截面塑性发展系数，一般可取 1.2（直接承受动力荷载时取 1.0）。

6.3.2 单向实腹式压弯构件弯矩作用平面外整体稳定性

1. 失稳形式

若单向压弯构件弯矩作用平面外变形没有得到有效约束，且弯矩作用平面内稳定性较强，对于无初始缺陷的理想构件，当压力较小时，构件只产生 yz 平面内的挠曲。当压力增加到某一临界值 N_{cr} 之后，构件会突然产生 x 方向（弯矩作用平面外）的弯曲变形 u 和扭转变形 θ，构件即发生了弯矩作用平面外的弯扭失稳。无初始缺陷的理想压弯构件的

6-4 弯矩作用平面外整体稳定分析与计算

弯扭失稳是一种分岔失稳，如图 6-7 所示。若构件具有初始缺陷，荷载施加伊始，构件就会产生较小的侧向挠曲 u 和扭转变形 θ，并随荷载的增加而增加，当达到某一极限荷载 N_{uyz} 之后，变形 u 和 θ 加速增加，而荷载却反而下降，压弯构件失去了稳定。有初始缺陷压弯构件在弯矩作用平面外的失稳为极值点失稳，无分岔现象，N_{uyz} 是其稳定极限承载力，如图 6-7 曲线 B 点所示。

2. 理想构件的计算方法

根据弹性稳定理论，对两端简支、两端受轴心压力 N 和相等弯矩 M_x 作用的双轴对

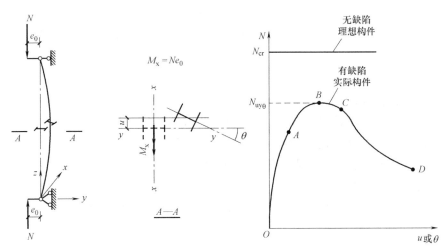

图 6-7　单向压弯构件弯矩作用平面外失稳变形和轴力-位移曲线

称截面实腹式压弯构件，当构件没有弯矩作用平面外的初始缺陷时，在弯矩作用平面外的弯扭失稳临界条件，可用下式表达：

$$\left(1-\frac{N}{N_{Ey}}\right)\left(1-\frac{N}{N_{zcr}}\right)-\frac{M_x^2}{M_{crx}^2}=0 \tag{6-22}$$

式中　N_{Ey}——构件仅承受轴心压力时绕 y 轴弯曲失稳的欧拉临界力；

　　　　N_{zcr}——构件仅承受轴心压力时绕纵轴 z 轴扭转失稳的临界力，按式（4-17）计算；

　　　　M_{crx}——构件仅受绕 x 轴的均匀弯矩作用时的弯扭失稳临界弯矩。

　　式（6-22）可绘成图 6-8 所示的相关曲线，N/N_{Ey}-M_x/M_{crx} 的相关曲线形式依赖于系数 N_{zcr}/N_{Ey}。$N_{zcr}/N_{Ey}>1$ 时，曲线外凸，且 N_{zcr}/N_{Ey} 值越大，曲线越凸，则构件的弯扭稳定承载力越高。根据钢结构工程中压弯构件常用的截面形式分析，绝大多数情况下 N_{zcr}/N_{Ey} 都大于 1.0，可偏安全地取 $N_{zcr}/N_{Ey}=1$，则可得到判别构件弯矩作用平面外稳定性的直线相关方程为：

$$\frac{N}{N_{Ey}}+\frac{M_x}{M_{crx}}=1 \tag{6-23}$$

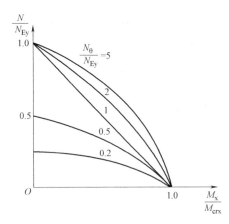

图 6-8　单向压弯构件在弯矩作用
平面外失稳的相关曲线

　　式（6-23）是根据双轴对称理想压弯构件导出并经简化的理论公式。对于单轴对称截面构件或无对称轴截面构件，承受轴心压力时绕 y 轴并不发生弯曲失稳，理论分析和试验研究表明，此时只要用该构件承受轴心压力时的弯扭失稳临界力 N_{yz} 代替公式中的 N_{Ey}，公式仍然适用。

　　3. 实际构件的计算公式

　　式（6-23）是按弹性工作状态推导的，考虑到可能发生弹塑性失稳的粗短构件以及具有初始缺陷的实际工程构件，通常需采用数值计算和试验研究来确定压弯构件弯矩作用平面外的稳定承载力。理论分析和试验研究均表明，将相关公式（6-23）中的 N_{Ey} 和 M_{crx} 分别用 $\varphi_y A f_y$ 和 $\varphi_b W_{1x} f_y$ 代入，并引入不同截面形式时的截面影响系数 η、截面塑性发展系数 γ_x 和材料强度抗力分项系数后，即可得到《标准》中单向压弯构件弯矩作用平面外的稳定性计算公式为：

$$\frac{N}{\varphi_y A f} + \eta \frac{\beta_{tx} M_x}{\varphi_b W_{1x} f} \leq 1.0 \tag{6-24}$$

式中　φ_y——弯矩作用平面外的轴心受压构件稳定系数，对单轴对称截面应按弯扭长细比 λ_{yz} 查出；

　　M_x——所计算构件段范围内的最大弯矩设计值；

　　η——截面影响系数，闭口截面取 0.7，其他截面取 1.0。

等效弯矩系数 β_{tx} 取值：①弯矩作用平面外有支承的构件，应根据构件在两相邻支承间构件段内的荷载和内力情况确定，无横向荷载作用时，$\beta_{tx} = 0.65 + 0.35 M_2/M_1$；端弯矩和横向荷载同时作用，且产生同号曲率时，$\beta_{tx} = 1.0$，使构件产生反号曲率时，$\beta_{tx} = 0.85$；无端弯矩有横向荷载作用时，$\beta_{tx} = 1.0$。②弯矩作用平面外为悬臂的构件，$\beta_{tx} = 1.0$。

φ_b 为均匀弯曲受弯构件整体稳定系数，按 5.3 节中相关规定取值，对闭口截面 $\varphi_b = 1.0$；对工字形（含 H 型钢）和 T 形截面的非悬臂构件，也可按下列简化公式进行计算。

1）工字形截面

双轴对称：
$$\varphi_b = 1.07 - \frac{\lambda_y^2}{44000 \varepsilon_k^2} \leq 1.0 \tag{6-25a}$$

单轴对称：
$$\varphi_b = 1.07 - \frac{W_x}{(2\alpha_b + 0.1)Ah} \cdot \frac{\lambda_y^2}{14000 \varepsilon_k^2} \leq 1.0 \tag{6-25b}$$

2）弯矩作用在对称轴平面的 T 形截面

弯矩使翼缘受压的双角钢 T 形截面：　　$\varphi_b = 1 - 0.0017 \lambda_y / \varepsilon_k \tag{6-25c}$

弯矩使翼缘受压的剖分 T 型钢和两板组合 T 形截面：$\varphi_b = 1 - 0.0022 \lambda_y / \varepsilon_k \tag{6-25d}$

弯矩使翼缘受拉且腹板宽厚比不大于 $18\varepsilon_k$ 时：　　$\varphi_b = 1 - 0.0005 \lambda_y / \varepsilon_k \tag{6-25e}$

式中　λ_y——构件在侧向支承点间对截面侧向弯曲轴的长细比。

6.3.3　双向实腹式压弯构件整体稳定性

弯矩作用在两个主轴平面内为双向弯曲压弯构件，双向压弯构件的整体失稳常伴随着构件的扭转变形，呈现弯扭失稳。其稳定承载力与 N、M_x、M_y 三者的比例有关，考虑各种缺陷影响时无法给出解析解，只能采用数值解。为了设计方便，并与轴心受压构件和单向压弯构件计算公式衔接，采用相关公式来计算。《标准》规定，弯矩作用在两个主平面内的双轴对称实腹式工字形（含 H 形）和箱形（闭口）截面的压弯构件，其稳定性应按下列公式计算：

$$\frac{N}{\varphi_x A f} + \frac{\beta_{mx} M_x}{\gamma_x W_x \left(1 - 0.8 \dfrac{N}{N'_{Ex}}\right) f} + \eta \frac{\beta_{ty} M_y}{\varphi_{by} W_y f} \leq 1 \tag{6-26a}$$

$$\frac{N}{\varphi_y A f} + \eta \frac{\beta_{tx} M_x}{\varphi_{bx} W_x f} + \frac{\beta_{my} M_y}{\gamma_y W_y \left(1 - 0.8 \dfrac{N}{N'_{Ey}}\right) f} \leq 1 \tag{6-26b}$$

$$N'_{Ey} = \pi^2 EA/(1.1\lambda_y^2) \tag{6-26c}$$

式中各符号意义同前，但是下角标 x 和 y 分别对应于截面强轴 x 轴和截面弱轴 y 轴；其中 φ_{bx} 和 φ_{by} 为均匀弯曲的受弯构件整体稳定系数，按 5.3 节中相关规定取值（M_{cr} 按简支梁计算），工字形截面的非悬臂构件的 φ_{bx} 也可按式（6-25）的简化公式确定，φ_{by} 可取为 1.0，对闭合截面，可取 $\varphi_{bx} = \varphi_{by} = 1.0$。

理论计算与试验研究资料表明，上述公式是偏于安全的。

当柱段中没有很大横向力或集中弯矩时，双向压弯圆管的整体稳定按下式计算：

$$\frac{N}{\varphi A f} + \frac{\beta M}{\gamma_m W \left(1 - 0.8 \dfrac{N}{N'_{Ex}}\right) f} \leqslant 1.0 \tag{6-27}$$

式中　φ——轴心受压构件的整体稳定系数，按构件最大长细比计算；

M——计算双向压弯圆管构件整体稳定时采用的弯矩值，取 $M = \max(\sqrt{M_{xA}^2 + M_{yA}^2},$ $\sqrt{M_{xB}^2 + M_{yB}^2})$，$M_{xA}$、$M_{yA}$、$M_{xB}$、$M_{yB}$ 分别为构件 A 端关于 x、y 轴的弯矩和构件 B 端关于 x、y 轴的弯矩；

β——等效弯矩系数，$\beta = \beta_x \beta_y$，$\beta_x = 1 - 0.35\sqrt{N/N_E} + 0.35\sqrt{N/N_E}\,(M_{2x}/M_{1x})$，$\beta_y = 1 - 0.35\sqrt{N/N_E} + 0.35\sqrt{N/N_E}\,(M_{2y}/M_{1y})$，其中 M_{1x}、M_{2x}、M_{1y}、M_{2y} 分别为构件两端关于 x 轴的端弯矩，关于 y 轴的端弯矩，$|M_{1x}| \geqslant |M_{2x}|$，$|M_{1y}| \geqslant |M_{2y}|$ 同曲率时取同号，异曲率时取负号；

N_E——根据构件最大长细比计算的欧拉临界力。

6.3.4　压弯构件的计算长度

压弯构件的计算长度以不同支承情况的构件几何长度乘以计算长度系数来得到，单根压弯构件的计算长度系数与轴心受力构件相同，框架柱的计算长度系数见有关结构设计部分。

【例题 6-1】　图 6-9 所示某焊接工字形截面压弯构件，承受轴心压力设计值为 500kN，构件沿长度方向存在均布荷载设计值为 20kN/m。钢材为 Q235BF 构件的两端铰支，并在构件长度中央有一侧向支承点。翼缘为火焰切割边。要求验算构件的整体稳定性。

【解】　（1）截面特性

$$A = 2 \times 200 \times 12 + 600 \times 12 = 12000 \text{mm}^2$$

$$I_x = 2 \times 200 \times 12 \times 306^2 + \frac{1}{12} \times 12 \times 600^3 = 6.6545 \times 10^8 \text{mm}^4$$

$$i_x = \sqrt{I_x/A} = \sqrt{6.6545 \times 10^8/12000} = 235.5 \text{mm}$$

$$W_x = 2I_x/h = 6.6545 \times 10^8/312 = 2.133 \times 10^6 \text{mm}^3$$

$$I_y = 2 \times 12 \times 200^3/12 = 1.6 \times 10^7 \text{mm}^4$$

$$i_y = \sqrt{I_y/A} = \sqrt{1.6 \times 10^7/12000} = 36.5 \text{mm}$$

（2）验算构件在弯矩作用平面内的稳定性

翼缘宽厚比 $b_1/t = 7.83 < 9\varepsilon_k$，截面类别为 S1 级，可取截面塑性发展系数 $\gamma_x = 1.05$。

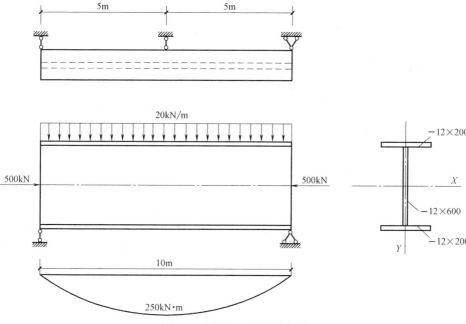

图 6-9　例题 6-1 计算示意图

$\lambda_x = l_x/i_x = 10000/235.5 = 42.5$，按 b 类截面查附表 4-2 得，$\varphi_x = 0.889$，则有：

$$N'_{Ex} = \frac{\pi^2 E}{1.1\lambda_x^2}A = \frac{\pi^2 \times 2.06 \times 10^5}{1.1 \times 42.5^2} \times 12000 \times 10^{-3} = 12279\text{kN}$$

构件端部无弯矩，但全跨有均布荷载作用：

$$\beta_{mx} = 1 - 0.18 \times N/N_{Ex} = 1 - 0.18 \times 500/(12279 \times 1.1) = 0.99$$

$$\frac{N}{\varphi_x A} + \frac{\beta_{mx}M_x}{\gamma_x W_x(1-0.8N/N'_{Ex})} = \frac{500 \times 10^3}{0.889 \times 12000} + \frac{0.99 \times 250 \times 10^6}{1.05 \times 2.133 \times 10^6(1-0.8 \times 500/12279)}$$

$$= 161.1\text{N/mm}^2 < f = 215\text{N/mm}^2$$

弯矩作用平面内整体稳定性满足要求。

（3）验算构件在弯矩作用平面外的稳定性

$\lambda_y = l_y/i_y = 5000/36.5 = 137$，按 b 类截面查附表 4-2 得，$\varphi_y = 0.357$，$\eta = 1.0$，在侧向支承点范围内，杆段一端的弯矩为 250kN·m，另一端为零，且有横向荷载，产生同号曲率，取 $\beta_{tx} = 1.0$，则有：

$$\varphi_b = 1.07 - \lambda_y^2/(44000 \times \varepsilon_k^2) = 1.07 - 137^2/(44000 \times 1) = 0.643$$

$$\frac{N}{\varphi_y A} + \eta\frac{\beta_{tx}M_x}{\varphi_b W_x} = \frac{500 \times 10^3}{0.357 \times 12000} + 1.0 \times \frac{1.0 \times 250 \times 10^6}{0.643 \times 2.133 \times 10^6}$$

$$= 299.0\text{N/mm}^2 > f = 215\text{N/mm}^2$$

弯矩作用平面外的整体稳定性不满足要求。

讨论：虽然在构件跨中设置了一个侧向支承点，但仍然不能满足平面外整体稳定要求。实际工程设计时必须调整。可增大翼缘宽度，或者跨中改用两个侧向支承点，然后验算，直至满足要求为止。

6.4　格构式压弯构件的整体稳定性计算

厂房框架柱和大型独立柱常采用格构式柱,通常为单向压弯双肢格构柱,使弯矩绕虚轴作用,以调节两分肢间距,从而提高截面抗弯能力。当弯矩不大或者不同荷载工况下正负弯矩绝对值相差不大时,常采用双轴对称截面。当符号不变的弯矩较大或者不同荷载工况下正负弯矩绝对值相差较大时,可采用单轴对称截面,并把较大肢件布置在弯矩产生压应力较大一侧。

6.4.1　弯矩绕实轴作用的格构式压弯构件

格构式压弯构件当弯矩绕实轴(y 轴)作用时(图 6-10),受力性能与实腹式压弯构件完全相同。因此,弯矩作用平面内和平面外的整体稳定计算均与实腹式构件相同,但在计算弯矩作用平面外的整体稳定时,关于虚轴(x 轴)长细比应按 4.6 节中相关公式取换算长细比,整体稳定系数取 $\varphi_b = 1.0$。

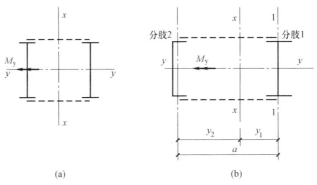

图 6-10　弯矩绕实轴作用的格构式压弯构件截面

分肢稳定按实腹式压弯构件计算,内力按以下原则分配(图 6-10b):轴心压力 N 在两分肢间的分配与分肢轴线至虚轴 x 轴的距离成反比;弯矩 M_y 在两分肢间的分配与分肢对实轴 y 轴的惯性矩成正比、与分肢轴线至虚轴 x 轴的距离成反比。即:

分肢 1 的轴心力:

$$N_1 = N \frac{y_2}{a} \tag{6-28a}$$

分肢 1 的弯矩:

$$M_{y1} = \frac{I_1/y_1}{I_1/y_1 + I_2/y_2} \cdot M_y \tag{6-28b}$$

分肢 2 的轴心力:

$$N_2 = N - N_1 \tag{6-28c}$$

分肢 2 的弯矩:

$$M_{y2} = \frac{I_2/y_2}{I_1/y_1 + I_2/y_2} \cdot M_y \tag{6-28d}$$

式中　I_1、I_2——分肢 1 和分肢 2 对 y 轴的惯性矩;

y_1、y_2——分肢 1 和分肢 2 的分肢截面形心到整个截面主轴 x-x 轴的距离。

上式适用于当 M_y 作用在构件的主轴平面时（如图 6-10b 中 x-x 轴线平面）的情形，当 M_y 不是作用在构件的主轴平面而是作用在一个分肢的轴线平面（如图 6-10b 中分肢 1 的 1-1 轴线平面），则 M_y 视为全部由该分肢承受。

6.4.2　弯矩绕虚轴作用的格构式压弯构件

格构式压弯构件当弯矩绕虚轴（x 轴）作用时（图 6-11），应进行弯矩作用平面内的整体稳定计算和分肢的稳定计算。

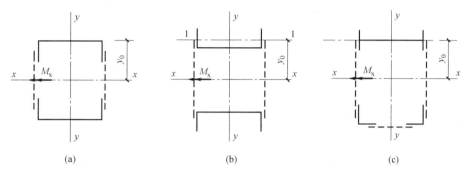

图 6-11　弯矩绕虚轴作用的格构式压弯构件截面

1. 弯矩作用平面内的整体稳定计算

弯矩绕虚轴作用的格构式压弯构件，由于截面中部空腹，不能考虑塑性的深入发展，故弯矩作用平面内的整体稳定性采用考虑初始缺陷的截面边缘纤维屈服准则，按下式计算：

$$\frac{N}{\varphi_x A f} + \frac{\beta_{mx} M_x}{W_{1x}\left(1 - \dfrac{N}{N'_{Ex}}\right) f} \leqslant 1 \tag{6-29}$$

$$W_{1x} = I_x / y_0$$

式中　I_x——对虚轴 x 轴的毛截面惯性矩；

　　　y_0——由 x 轴到压力较大分肢的轴线距离或者到压力较大分肢腹板外边缘的距离，两者取较大者（图 6-11）；

φ_x、N'_{Ex}——分别为弯矩作用平面内轴心受压构件稳定系数和参数，由换算长细比 λ_{0x} 确定。

2. 分肢的稳定计算

将整个格构柱视为一平行弦桁架，则两个分肢可看作桁架体系的弦杆，两分肢的轴心力应按下列公式计算（图 6-12）：

分肢 1：

$$N_1 = N \frac{y_2}{a} + \frac{M_x}{a} \tag{6-30a}$$

分肢 2：

$$N_2 = N - N_1 \tag{6-30b}$$

缀条式压弯构件的分肢按轴心压杆计算。分肢的计算长度，在缀条平面内（分肢绕

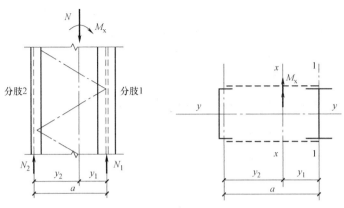

图 6-12　压弯格构柱分肢的内力计算

1-1 轴），取缀条体系的节间长度；在缀条平面外（分肢绕 y-y 轴），取整个构件弯矩作用平面外两侧向支承点间的距离。

缀板式压弯构件的分肢除承受轴心力 N_1（或 N_2）外，还应考虑由缀板的剪力作用引起的局部弯矩。剪力取值按实际剪力和式（4-80）求出剪力中的较大值。分肢承受局部弯矩按式（4-82）计算。计算分肢在弯矩作用平面内的稳定性时，计算长度取缀板间净距，按实腹式压弯构件计算其弯矩作用平面内（分肢绕 1-1 轴）的稳定性。计算分肢在弯矩作用平面外的稳定性时，计算长度取整个格构式构件弯矩作用平面外侧向支撑点之间的距离，按轴心受压构件计算。

对于弯矩绕虚轴作用的压弯构件，受压较大分肢的压应力大于整个构件的平均压应力，且其在弯矩作用平面外的计算长度与整个构件相同，因此受压较大分肢弯矩作用平面外的整体稳定性差于整个构件，只要受压较大分肢在弯矩作用平面外的整体稳定性得到保证，整个构件在弯矩作用平面外的整体稳定性也得到保证，故不必再计算整个构件在弯矩作用平面外的整体稳定性。

格构式压弯构件的缀材计算方法与格构式轴心受压构件相同。

6.4.3　双向受弯的格构式压弯构件

1. 整体稳定计算

弯矩作用在两个主平面内的双肢格构式压弯构件（图 6-13），其整体稳定性采用与边缘屈服准则导出的弯矩绕虚轴作用的格构式压弯构件弯矩作用平面内整体稳定计算式相衔接的直线式进行计算：

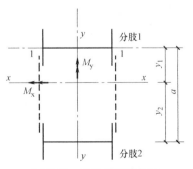

图 6-13　双向受弯格构柱

$$\frac{N}{\varphi_x A f} + \frac{\beta_{mx} M_x}{W_{1x}(1 - N/N'_{Ex})f} + \frac{\beta_{ty} M_y}{W_{1y} f} \leqslant 1.0 \quad (6\text{-}31)$$

式中，W_{1y} 为在 M_y 作用下对较大受压纤维的毛截面模量，其他系数与实腹式压弯构件相同，但对虚轴（x 轴）的系数 φ_x、N'_{Ex} 应采用换算长细比 λ_{0x} 确定。

2. 分肢的稳定计算

分肢按实腹式压弯构件计算其稳定性，在轴力和弯矩共同作用下产生的内力按以下原则分配：N 和 M_x

在两分肢产生的轴心力 N_1 和 N_2 按式（6-30）计算；当 M_y 作用在构件的主轴平面时（如图 6-13 中 x-x 轴线平面），M_y 在两分肢间的分配按式（6-28b）和式（6-28d）计算；当 M_y 不是作用在构件的主轴平面而是作用在某一个分肢的轴线平面（譬如图 6-13 中分肢 1 的 1-1 轴线平面），则 M_y 视为全部由该分肢承受。此外，对缀板式压弯构件还应考虑缀板剪力产生的局部弯矩 M_{x1}，其分肢稳定按实腹式双向压弯构件计算。

6.5 实腹式压弯构件的局部稳定

6-5 压弯构件
的局部稳定

实腹式压弯构件的板件可能处于正应力 σ 或者正应力 σ 与剪应力 τ 共同作用的受力状态，当应力达到一定值时，板件可能发生局部鼓曲，即丧失局部稳定性。与轴心受压构件和受弯构件类似，压弯构件的局部稳定性也是采用限制板件宽（高）厚比的办法来加以保证的。

6.5.1 不利用屈曲后强度的局部稳定性计算

1. 受压翼缘板的局部稳定性

我国对压弯构件的受压翼缘板采用不允许发生局部失稳的设计原则。压弯构件的受压翼缘板主要承受正应力，当考虑截面部分塑性发展时，受压翼缘板一般全部处于塑性区。当构件采用弹性设计时，受压翼缘板仅边缘纤维达到屈服，翼缘板仍处于弹性区。工字形截面和箱形截面压弯构件的受压翼缘，受力情况与梁基本相同，为保证其局部稳定性，宽厚比限值可采用下列规定：

（1）工字形（H 形）及 T 形截面翼缘板自由外伸宽度 b_1 与板厚 t 应满足：

对于 S3 级构件（强度和整体稳定性计算时取 $\gamma_x=1.05$，$\gamma_y=1.2$，x 轴为强轴，y 轴为弱轴）：

$$b_1/t \leqslant 13\varepsilon_k \tag{6-32a}$$

对于 S4 级构件（强度和整体稳定性计算时取 $\gamma_x=\gamma_y=1.0$）：

$$b_1/t \leqslant 15\varepsilon_k \tag{6-32b}$$

（2）箱形截面受压翼缘板在两腹板间宽度 b_0 与板厚 t 应满足：

对于 S3 级构件：

$$b_0/t \leqslant 40\varepsilon_k \tag{6-33a}$$

对于 S4 级构件：

$$b_0/t \leqslant 45\varepsilon_k \tag{6-33b}$$

2. 腹板的局部稳定性

1）工字形截面的腹板

工字形和 H 形截面压弯构件腹板的局部失稳，是在不均匀压应力和剪应力的共同作用下发生的。腹板弹性屈曲临界压应力可表达为：

$$\sigma_{cr}=K_e \frac{\pi^2 E}{12(1-\nu^2)}\left(\frac{t_w}{h_0}\right)^2 \tag{6-34}$$

式中，K_e 为弹性屈曲系数，其值受剪应力 τ 影响不大，主要与腹板压应力不均匀分布的梯度有关，应力梯度 $\alpha_0=(\sigma_{max}-\sigma_{min})/\sigma_{max}$，$\sigma_{max}$ 为腹板计算高度边缘的最大压应力，

$\sigma_{\min}$ 为腹板计算高度另一边缘相应的应力，计算时不考虑构件的稳定系数和截面塑性发展系数，以压应力为正，拉应力为负。根据压弯构件的设计资料可取 $\tau/\sigma_{\max}=0.15\alpha_0$（即 $\tau/\sigma_M=0.3$ 的情况，τ 为腹板上平均剪应力，σ_M 为弯矩引起弯曲正应力，$\sigma_M=(\sigma_{\max}-\sigma_{\min})/2$），此时 K_e 值可见表 6-1。

对于由弯矩作用平面内整体稳定性控制设计的压弯构件，一般会在腹板上有塑性发展。根据弹塑性稳定理论，腹板的弹塑性屈曲临界压应力为：

$$\sigma_{cr}=K_p \frac{\pi^2 E}{12(1-\nu^2)}\left(\frac{t_w}{h_0}\right)^2 \tag{6-35}$$

式中，K_p 为弹塑性屈曲系数，其值与最大受压边缘割线模量 E_s、应变梯度 $\alpha=(\varepsilon_{\max}-\varepsilon_{\min})/\varepsilon_{\max}$、腹板上塑性发展深度 μh_0 以及平均剪应力水平 $\tau/\sigma_{\max}$ 有关。当取 $\tau/\sigma_{\max}=0.15\alpha_0$，截面塑性深度为 $0.25h_0$ 时，K_p 值见表 6-1。

令 $\sigma_{cr}=f_y$，代入与钢材材性相关的参数后，即可得到腹板容许高厚比（h_0/t_w）与应力梯度 α_0 的关系。考虑初始缺陷影响，并且考虑当 $\alpha_0=0$ 时与轴心受压构件腹板的高厚比限值一致，工字形截面腹板 h_0/t_w 应满足：

对于 S3 级构件：　　　　　　　$h_0/t_w \leqslant (40+18\alpha_0^{1.5})\varepsilon_k$ \hfill (6-36a)

对于 S4 级构件：　　　　　　　$h_0/t_w \leqslant (45+25\alpha_0^{1.66})\varepsilon_k$ \hfill (6-36b)

腹板屈曲系数 K_e 与 K_p 值　　　　　　　　　表 6-1

α_0	0.0	0.2	0.4	0.6	0.8	1.0	1.2	1.4	1.6	1.8	2.0
K_e	4.000	4.443	4.992	5.689	6.595	7.812	9.503	11.868	15.183	19.524	23.922
K_p	4.000	3.914	3.874	4.242	4.681	5.214	5.886	6.678	7.576	9.738	11.301
h_0/t_w	56.24	55.64	55.35	57.92	60.84	64.21	68.23	72.67	77.400	87.76	94.540

2）箱形截面的腹板

箱形截面压弯构件腹板的屈曲临界应力计算方法与工字形截面腹板相同。但考虑到腹板与翼缘采用单侧焊缝连接，其嵌固条件弱于工字形截面，且两块腹板受力状况可能不完全一致，因此箱形截面腹板高厚比限值取与腹板间翼缘相等，按式（6-33）计算。

3）T 形截面的腹板

T 形截面的腹板为三边支承，一边自由板件。当弯矩作用在 T 形截面对称轴内时，腹板上存在应力梯度，其屈曲系数总是比承受均匀压应力的板件屈曲系数大，因此偏于安全和简便，不考虑应力梯度影响，T 形截面腹板高厚比限值与翼缘板相等，按式（6-32）取值。

4）圆管截面压弯构件

圆管截面压弯构件的径厚比应满足：

对于 S3 级构件：　　　　　　　$D/t \leqslant 90\varepsilon_k^2$ \hfill (6-37a)

对于 S4 级构件：　　　　　　　$D/t \leqslant 100\varepsilon_k^2$ \hfill (6-37b)

6.5.2　利用屈曲后强度的局部稳定性计算

当工字形或箱形截面压弯构件腹板的高厚比不满足上述要求时，一是可以加大板厚来满足局部稳定性。但是当h_0较高时，会导致多费钢材。二是可以在腹板上布置纵向加劲肋，以减小腹板计算高度，从而满足要求。此时，加劲肋宜成对配置在腹板两侧，其一侧外伸宽度不应小于板件厚度t_w的10倍，厚度不宜小于$0.75t_w$。此种做法会增加制作工作量，还会增加钢材用量。三是利用腹板屈曲后强度进行设计。

腹板受压区的有效高度h_e应取为：

$$h_e = \rho h_c \tag{6-38}$$

式中 h_c——腹板受压区高度，当腹板全部受压时，$h_c = h_0$；

ρ——有效高度系数；当$\lambda_p \leqslant 0.75$时，$\rho = 1.0$；当$\lambda_p > 0.75$时，$\rho = (1 - 0.19/\lambda_p)/\lambda_p$。

λ_p按下式计算：

$$\lambda_p = \frac{h_w/t_w}{28.1\sqrt{k_\sigma}\varepsilon_k} \tag{6-39a}$$

$$k_\sigma = \frac{16}{2 - \alpha_0 + \sqrt{(2-\alpha_0)^2 + 0.112\alpha_0^2}} \tag{6-39b}$$

腹板有效高度h_e应按下列规则分布：

当截面全部受压，即$\alpha_0 \leqslant 1$时（图6-14a）：

$$h_{e1} = 2h_e/(4+\alpha_0) \tag{6-40a}$$

$$h_{e2} = h_e - h_{e1} \tag{6-40b}$$

当截面部分受拉，即$\alpha_0 > 1$时（图6-14b）：

$$h_{e1} = 0.4h_e \tag{6-41a}$$

$$h_{e2} = 0.6h_e \tag{6-41b}$$

箱形截面压弯构件翼缘宽厚比超限时也应按式（6-38）计算翼缘有效宽度，计算时用b_0/t替代h_w/t_w，取$k_\sigma = 4.0$，有效宽度分布在两侧均等。

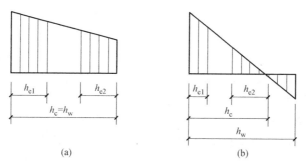

图6-14 腹板有效高度的分布

利用板件屈曲后强度时，应采用下列公式计算其承载力：

强度计算：

$$\frac{N}{A_{ne}} \pm \frac{M_x + Ne}{\gamma_x W_{nex}} \leqslant f \tag{6-42}$$

平面内稳定计算：

$$\frac{N}{\varphi_x A_e f}+\frac{\beta_{mx} M_x+Ne}{\gamma_x W_{elx}(1-0.8N/N'_{Ex})f}\leqslant 1.0 \tag{6-43}$$

平面外稳定计算：

$$\frac{N}{\varphi_y A_e f}+\eta\frac{\beta_{tx} M_x+Ne}{\varphi_b W_{elx} f}\leqslant 1.0 \tag{6-44}$$

式中　A_{ne}、A_e——有效净截面面积和有效毛截面面积；

　　　　W_{nex}——有效截面的净截面模量；

　　　　W_{elx}——有效截面对较大受压纤维的毛截面模量；

　　　　e——有效截面形心至原截面形心的距离。

对于截面尺寸十分宽大的构件，为防止构件变形，应设置横隔，每个运送单元不应少于两个，且横隔间距不大于8m。

6.5.3　塑性设计中的局部稳定性要求

当采用塑性设计时，框架柱的截面板件应满足 S1 级压弯构件对于截面宽厚比（高厚比）的要求，以保证在塑性铰形成前板件不发生局部失稳。工字形截面翼缘板 $b_1/t\leqslant 9\varepsilon_k$，腹板 $h_0/t_w\leqslant(33+13\alpha_0^{1.3})\varepsilon_k$。箱形截面腹板间翼缘宽厚比（或腹板高厚比）满足 $b_0/t\leqslant 30\varepsilon_k$，圆管截面满足 $D/t\leqslant 50\varepsilon_k^2$。

6.6　压弯构件的截面设计和构造要求

6.6.1　设计要求

高度较大的厂房框架柱或独立柱，宜采用格构式，以节约钢材。当弯矩较小或不同荷载工况下正负弯矩绝对值相差较小时，宜采用双轴对称截面。当正负弯矩绝对值相差较大时，宜采用单轴对称截面，弯矩引起压应力较大一侧设计为较大截面。压弯构件设计应满足强度、刚度、整体稳定和局部稳定要求。格构式压弯构件承受的弯矩绕虚轴作用时，还应满足单肢稳定要求。截面轮廓尺寸尽量大而板厚较小，以获得较大的惯性矩和回转半径，从而节省钢材。尽量使弯矩作用平面内和外的稳定承载力接近。设计的构件应构造简单、制造方便、连接简单。

由于压弯构件设计计算比较复杂，一般先根据构造要求或设计经验，初选截面形式和尺寸，再进行各项验算。依验算结果调整截面尺寸，直至满足各项要求并且经济合理为止。

6.6.2　实腹式压弯构件的截面设计

实腹式压弯构件截面设计可按如下步骤进行：

（1）确定构件承受的内力设计值，即轴心压力设计值 N、弯矩设计值 M_x（M_y）和剪力设计值 V。

（2）选择钢材并确定钢材强度设计值。

6-6　实腹式压弯构件的设计

（3）根据构件支承约束情况确定弯矩作用平面内和平面外的计算长度。

（4）初步选择截面的形式和尺寸。

（5）对初选构件截面进行强度、弯矩作用平面内的整体稳定、弯矩作用平面外的整体稳定、局部稳定性和刚度的验算。

（6）如果验算不满足要求，或者富余过大，则应调整修改初选截面，重新进行验算，直至满意为止。

实腹式压弯构件的构造要求与实腹式轴心受压构件相似。当腹板的 $h_0/t_w > 80$ 时，为防止腹板在施工和运输中发生变形，应在腹板两侧成对设置间距不大于 $3h_0$ 的横向加劲肋。另外，设有纵向加劲肋的同时也应设置横向加劲肋。为保持截面形状不变，提高构件抗扭刚度，防止施工和运输过程中发生变形，实腹式柱在受有较大横向力处和运输单元的端部应设置横隔，构件较长时应设置中间横隔。横隔间距不大于构件截面较大宽度的 9 倍或 8m。压弯构件设置侧向支撑，当截面高度较小时，可在腹板加横向加劲肋或横隔连接支撑；当截面高度较大时或受力较大时，则应在两个翼缘平面内同时设置支撑（即弯矩作用平面内、外均设置支撑）。

6.6.3 格构式压弯构件的截面设计

格构式压弯构件大多用于承受单向弯矩，且弯矩绕虚轴作用的情况，这样可以灵活调整两分肢间距以增大截面抵抗弯矩能力。压弯构件两分肢轴线之间的距离较大且有较大的剪力时，构件宜采用缀条连接，以避免缀板柱中局部弯矩对分肢的影响。弯矩绕虚轴作用的单向压弯格构柱设计可按下列步骤进行：

6-7 格构式压弯构件设计案例分析

（1）按构造要求或凭经验初选两分肢轴线间距离或两肢背面间的距离 $b = (1/15 \sim 1/22)H$，H 为构件长度。

（2）求两分肢所受轴力 N_1 和 N_2，按轴心受压构件确定两分肢截面尺寸。

（3）缀材截面设计（缀条按轴心受压构件设计，缀板按受弯构件设计）和缀材与分肢的连接设计。

（4）对整体格构式构件进行各项验算，包括强度验算、刚度验算、弯矩作用平面内的整体稳定性验算、分肢整体稳定性验算。当格构柱分肢采用 H 型钢或者组合截面（如焊接工字形截面）时，应根据分肢受力情况按单肢验算要求进行局部稳定性验算。各验算指标不全部满足要求时，作适当修正，直到全部满足要求，且不过于保守为止。

【例题 6-2】 图 6-15 所示某柱，在弯矩作用平面内、外约束情况为上端铰接，下端固定，承受轴心压力 $N = 800$kN（设计值），截面由两个 28a 工字钢组成，缀条用∟50×5，钢材为 Q235 钢。弯矩 M_x 绕虚轴作用，要求确定构件所能承受的弯矩 M_x 的设计值。

【解】 1）构件在弯矩作用平面内的稳定承载力计算

（1）截面特性。查型钢表得一肢 28a 工字钢的截面积 $A_0 = 5540$mm²，$I_{x1} = 3.45 \times 10^6$mm⁴，$I_y = 7.11 \times 10^7$mm⁴，$i_{x1} = 24.9$mm，$i_y = 113$mm。∟50×5 的截面积 $A_1 = 480$mm²，则有：

$$A = 2 \times A_0 = 2 \times 5540 = 11080 \text{mm}^2$$

$$I_x = 2 \times (3.45 \times 10^6 + 5540 \times 300^2) = 1.0041 \times 10^9 \text{mm}^4$$

$$i_x=\sqrt{I_x/A}=\sqrt{1.0041\times10^9/11080}=301\text{mm}$$

$$W_{1x}=I_x/y_0=1.0041\times10^9/300=3.347\times10^6\text{mm}^3$$

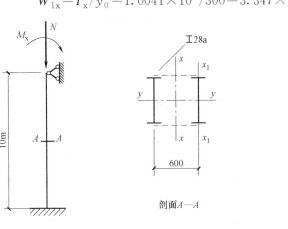

图 6-15　例题 6-2 示意图

（2）构件在弯矩作用平面内的稳定承载力：

$$l_x=0.7\times10000=7000\text{mm},\lambda_x=l_x/i_x=7000/301=23.3$$

换算长细比 $\lambda_{0x}=\sqrt{\lambda_x^2+27A/(2A_1)}=\sqrt{23.3^2+27\times11080/(2\times480)}=29.2$

$$N'_{Ex}=\frac{\pi^2E}{1.1\lambda_{0x}^2}A=\frac{\pi^2\times2.06\times10^5}{1.1\times29.2^2}\times11080=24018.6\text{kN}$$

按 b 类截面查附表 4-2，$\varphi_x=0.938$，$\beta_{mx}=0.6+0.4M_2/M_1=0.6+0.4\times1/2=0.8$，则有：

在弯矩作用平面内的整体稳定性：

$$\frac{N}{\varphi_xA}+\frac{\beta_{mx}M_x}{W_{1x}(1-N/N'_{Ex})}\leqslant f$$

由 $\dfrac{800\times10^3}{0.938\times11080}+\dfrac{0.8M_x}{3.347\times10^6\times(1-800/24018.6)}\leqslant215$

$$76.974+2.5\times10^{-7}M_x\leqslant215$$

得到 $M_x\leqslant558.2\text{kN}\cdot\text{m}$

2）单肢稳定承载力计算

右肢承受的轴压力最大 $N_1=N/2+M_x/a=400\times10^3+M_x/600$

$$\lambda_{x1}=l_{x1}/i_{x1}=600/24.9=24.1,\quad\lambda_y=l_y/i_y=0.7\times10000/113=61.9$$

单根工字钢关于 x_1 和 y 轴分别属于 b 类和 a 类，查稳定系数表可得 $\varphi_{x1}=0.9566$ 和 $\varphi_y=0.8754$。

满足单肢整体稳定性则需要满足：$N_1/(\varphi_yA_1)\leqslant f$。

由 $(400\times10^3+M_x/600)/(0.8754\times5540)=215$，得到 $M_x=385.6\text{kN}\cdot\text{m}$。

此压弯构件由稳定条件确定的弯矩最大设计值为 385.6kNm。

【例题 6-3】 图 6-16 所示为一对偏心受压焊接工字形截面悬臂柱，翼缘为焰切边，在弯矩作用平面内为悬臂柱，柱底与基础刚性固定，柱高 $H=7$m，在弯矩作用平面外设支撑系统作为侧向支承点，支承点处按铰接考虑。每柱承受压力设计值 $N=1600\text{kN}$（标准值为 $N_\text{k}=1300\text{kN}$，柱自重已折算计入），偏心距 0.5m。悬臂柱顶端容许位移 $[u]=2H/300$。钢材为 Q235B。试设计此柱的截面尺寸。

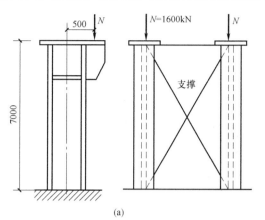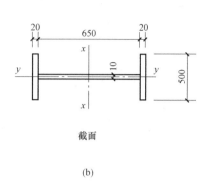

图 6-16 例 6-3 示意图

【解】 1）荷载设计值，荷载标准值

$$N=1600\text{kN}, \quad M_\text{x}=1600\times0.5=800\text{kN}\cdot\text{m}$$
$$N_\text{k}=1300\text{kN}, \quad M_\text{kx}=1300\times0.5=650\text{kN}\cdot\text{m}$$

2）采用双轴对称焊接工字形截面

3）钢材为 Q235-B，估计翼缘

$$t>16\text{mm}, \quad f=205\text{N/mm}^2$$

4）确定计算长度

弯矩作用平面内： $\quad H_{0\text{x}}=\mu H=2\times7=14\text{m}$

弯矩作用平面外： $\quad H_{0\text{y}}=H=7\text{m}$

5）初选截面

$H_{0\text{x}}=2H_{0\text{y}}$，两者相差较大，且柱承受偏心压力荷载作用，为了便于柱顶放置荷载作用部件，柱截面宜用较大 h。初选采用 $h=700\text{mm}$，$b=500\text{mm}$。先按弯矩作用平面内和平面外的整体稳定性计算所需截面面积：

$$i_\text{x}\approx0.43h=301\text{mm}, \quad \lambda_\text{x}\approx14000/301=46.5, \quad \varphi_\text{x}=0.872$$
$$W_\text{x}/A=i_\text{x}^2/(h/2)\approx301^2/350=259\text{mm}, \quad W_\text{x}=259A\text{ mm}^3$$

根据设计经验，近似可取：

$$(1-0.8N/N'_\text{Ex})\approx0.9$$

$$i_\text{y}\approx0.24b=120\text{mm}, \quad \lambda_\text{y}\approx7000/120=58.3, \quad \varphi_\text{y}=0.816, M_1=M_2=800\text{kN}\cdot\text{m}$$

$$\varphi_\text{b}=1.07-\lambda_\text{y}^2/(44000\times\varepsilon_\text{k}^2)=1.07-137^2/(44000\times1)=0.993$$

弯矩作用平面内为悬臂构件，$m=1$，$\beta_\text{mx}=1-0.36(1-m)N/N_\text{cr}=1$，$\gamma_\text{x}=1.05$，则根据弯矩作用平面内整体稳定性验算可得：

$$\frac{N}{\varphi_\text{x}A}+\frac{\beta_\text{mx}M_\text{x}}{\gamma_\text{x}W_\text{x}(1-0.8N/N'_\text{Ex})}\leqslant f$$

$$\frac{1600\times10^3}{0.872A}+\frac{1\times800\times10^6}{1.05\times(259A)\times0.9}=\frac{5.1\times10^6}{A}\leqslant f=205\mathrm{N/mm^2}$$

可求得：
$$A\geqslant24878\mathrm{mm^2}$$

弯矩作用平面外为两端铰支柱，均布弯矩作用，$\beta_{\mathrm{tx}}=0.65+0.35M_2/M_1=1$，则根据弯矩作用平面外整体稳定性验算可得：

$$\frac{N}{\varphi_{\mathrm{y}}A}+\eta\frac{\beta_{\mathrm{tx}}M_{\mathrm{x}}}{\varphi_{\mathrm{b}}W_{\mathrm{x}}}\leqslant f$$

$$\frac{1600\times10^3}{0.816A}+\frac{800\times10^6}{0.993\times(259A)}=\frac{5.07\times10^6}{A}\leqslant f=205\mathrm{N/mm^2}$$

可求得：
$$A\geqslant24732\mathrm{mm^2}$$

初选截面如图 6-16 (b) 所示，截面几何特征计算：
$$A=2\times500\times20+650\times10=26500\mathrm{mm^2}$$
$$I_{\mathrm{x}}=(500\times690^3-490\times650^3)/12=2.474\times10^9\mathrm{mm^4}$$

$$W_{\mathrm{x}}=2.474\times10^9/345=7.171\times10^6\mathrm{mm^3},\quad i_{\mathrm{x}}=\sqrt{2.474\times10^9/26500}=305.5\mathrm{mm}$$

$$I_{\mathrm{y}}=2\times20\times500^3/12=416.7\times10^6\mathrm{mm^4},\quad i_{\mathrm{y}}=\sqrt{416.7\times10^6/26500}=125.4\mathrm{mm}$$

6）截面计算

（1）长细比验算
$$\lambda_{\mathrm{x}}=H_{0\mathrm{x}}/i_{\mathrm{x}}=14000/305.5=45.8<[\lambda]=150$$
$$\lambda_{\mathrm{y}}=H_{0\mathrm{y}}/i_{\mathrm{y}}=7000/125.4=55.8<[\lambda]=150$$

长细比满足要求。

（2）弯矩作用平面内整体稳定验算

b 类截面，$\varphi_{\mathrm{x}}=0.875$，则有：
$$N'_{\mathrm{Ex}}=\pi^2EA/(1.1\lambda_{\mathrm{x}}^2)=\pi^2\times2.06\times10^5\times26500/(1.1\times45.8^2)=23350\mathrm{kN}$$

$$\frac{N}{\varphi_{\mathrm{x}}A}+\frac{\beta_{\mathrm{mx}}M_{\mathrm{x}}}{\gamma_{\mathrm{x}}W_{\mathrm{x}}(1-0.8N/N'_{\mathrm{Ex}})}=\frac{1600\times10^3}{0.875\times26500}+\frac{1\times800\times10^6}{1.05\times7.171\times10^6(1-0.8\times1600/23350)}$$
$$=69+112.4=181.4\mathrm{N/mm^2}<f=205\mathrm{N/mm^2}$$

弯矩作用平面内整体稳定性满足要求。

（3）弯矩作用平面外整体稳定验算

b 类截面，$\varphi_{\mathrm{y}}=0.829$，则有：
$$\varphi_{\mathrm{b}}=1.07-\lambda_{\mathrm{y}}^2/(44000\times\varepsilon_{\mathrm{k}}^2)=1.07-55.8^2/(44000\times1)=0.999$$

$$\frac{N}{\varphi_{\mathrm{y}}A}+\eta\frac{\beta_{\mathrm{tx}}M_{\mathrm{x}}}{\varphi_{\mathrm{b}}W_{\mathrm{x}}}=\frac{1600\times10^3}{0.829\times26500}+1\times\frac{1\times800\times10^6}{0.999\times7.171\times10^6}$$
$$=184.5\mathrm{N/mm^2}<f=205\mathrm{N/mm^2}$$

弯矩作用平面外的整体稳定性满足要求。

（4）柱顶位移验算

$$u=\frac{M_{\mathrm{kx}}H^2}{2EI_{\mathrm{x}}}\cdot\frac{1}{1-N_{\mathrm{k}}/N_{\mathrm{Ex}}}=\frac{650\times10^6\times7000^2}{2\times2.06\times10^5\times2.474\times10^9}\times\frac{1}{1-1300/26471.5}$$
$$=32.9\mathrm{mm}<[u]=2H/300=2\times7000/300=46.7\mathrm{mm}$$

刚度满足要求。

（5）局部稳定验算

翼缘：$b_1/t = 245/20 = 12.25 < 13\varepsilon_k = 13$，满足翼缘 S3 级板件宽厚比要求。

腹板：$\dfrac{\sigma_{max}}{\sigma_{min}} = \dfrac{N}{A} \pm \dfrac{M_x}{I_x}\dfrac{h_0}{2} = \dfrac{1600 \times 10^3}{26500} \pm \dfrac{800 \times 10^6 \times 325}{2.474 \times 10^9} = 60.4 \pm 105.1 = \begin{matrix} 165.4 \\ -44.7 \end{matrix} \text{N/mm}^2$。

$h_0/t_w = 650/10 = 65 < (45 + 25\alpha_0^{1.66})\varepsilon_k = (45 + 25 \times 1.27^{1.66}) \times 1 = 82.18$，满足腹板 S4 级板件宽厚比要求，可以保证腹板不发生局部失稳。

因此，所设计柱子截面满足刚度、整体与局部稳定性、变形要求。弯矩作用平面内和外的计算应力与钢材强度设计值较接近，设计合理。

【例题 6-4】 设计某单向压弯格构式双肢缀条柱（图 6-17），柱高 5m，两端铰接，在柱高中点处沿虚轴 x 方向有一侧向支承，截面无削弱。钢材为 Q235B。柱顶静力荷载设计值为轴心压力 $N = 500$kN，弯矩 $M_x = \pm120$kN·m，柱底无弯矩。

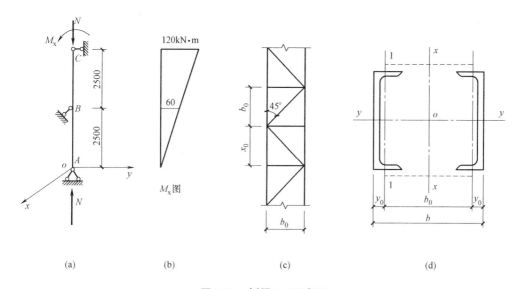

图 6-17 例题 6-4 示意图

【解】 1）初选柱截面宽度 b

按构造和刚度要求：$b \approx (1/15 \sim 1/22)H = (1/15 \sim 1/22) \times 5000 = 333 \sim 227$mm，初选用 $b = 300$mm。

2）确定分肢截面

柱子承受等值的正、负弯矩，因此采用双轴对称截面。分肢截面采用热轧槽钢，内扣。设槽钢横截面形心线 1-1 距腹板外表面距离 $y_0 = 20$mm，则两分肢轴线间距离为：

$$b_0 = b - 2y_0 = 300 - 2 \times 20 = 260 \text{mm}$$

分肢中最大轴心压力为：$N_1 = N/2 + M_x/b_0 = 500/2 + 120/0.26 = 711.5$kN

分肢的计算长度，对 y 轴：

$$l_{0y} = H/2 = 5000/2 = 2500 \text{mm}$$

设斜缀条与分肢轴线间夹角为 $45°$，得分肢对 1-1 轴的计算长度 $l_{01} = b_0 = 260$mm。

槽钢关于 1-1 轴和 y 轴都属于 b 类截面，设分肢 $\lambda_y = \lambda_1 = 35$，查附表 4-2，得 $\varphi = 0.918$，则：

需要分肢截面积：$\quad A_1 = \dfrac{N_1}{\varphi f} = \dfrac{711.5 \times 10^3}{0.918 \times 215} = 3605\text{mm}^2$

需要回转半径：$\quad i_y = l_{0y}/\lambda_y = 2500/35 = 71.4\text{mm}$

$$i_1 = l_{01}/\lambda_1 = 260/35 = 7.4\text{mm}$$

按需要的 A_1、i_y 和 i_1，由型钢表查得 [22b 可同时满足要求，其截面特性为：

$$A_1 = 3620\text{mm}^2, \quad I_y = 2.571 \times 10^7 \text{mm}^4$$

$$i_y = 84.2\text{mm}, \quad I_1 = 1.76 \times 10^6 \text{mm}^4, \quad i_1 = 22.1\text{mm}, \quad y_0 = 20.3\text{mm}$$

3）缀条设计

柱中剪力：$\quad V_{\max} = M_x/H = 120/5 = 24\text{kN}$

$$V = \frac{Af}{85\varepsilon_k} = \frac{(2 \times 3620) \times 215}{85} \times 1 \times 10^{-3} = 18.3\text{kN}$$

采用较大值 $V_{\max} = 24\text{kN}$。

一根斜缀条中的内力：$N_d = \dfrac{V_{\max}/2}{\sin 45°} = \dfrac{24}{2 \times 0.707} = 17.0\text{kN}$

斜缀条长度：$\quad l_d = \dfrac{b_0}{\cos 45°} = \dfrac{300 - 2 \times 20.3}{0.707} = 367\text{mm}$

选用斜缀条截面为 1∟45×4（最小角钢），$A_d = 349\text{mm}^2$，$i_{\min} = 8.9\text{mm}$。
缀材作为柱肢丧失稳定性时的支撑，不应考虑柱肢对它的约束作用，计算长度系数 $\mu = 1$。

长细比：$\quad \lambda_d = \dfrac{l_d}{i_{\min}} = \dfrac{367}{8.9} = 41.2 < 150$

截面为 b 类，查稳定系数表可得 $\varphi = 0.894$。
单面连接等边单角钢按轴心受压验算稳定时的整体稳定性折减系数为：

$$\eta = 0.6 + 0.0015\lambda = 0.6 + 0.0015 \times 41.2 = 0.662$$

斜缀条的稳定性验算：

$$\frac{N_d}{\eta\varphi A_d} = \frac{17 \times 10^3}{0.662 \times 0.894 \times 349} = 82.3\text{N/mm}^2 < f = 215\text{N/mm}^2$$

满足要求。
缀条与柱分肢的角焊缝连接计算，此处从略。

4）格构柱的验算
（1）整个柱截面几何特性

$$A = 2A_1 = 2 \times 3620 = 7240\text{mm}^2$$

$$I_x = 2[1.76 \times 10^6 + 3620(150 - 20.3)^2] = 1.2531 \times 10^8 \text{mm}^4$$

$$i_x = \sqrt{\frac{I_x}{A}} = \sqrt{\frac{1.2531 \times 10^8}{7240}} = 131.6\text{mm}$$

$$W_{1x} = W_{nx} = \frac{I_x}{b/2} = \frac{1.2531 \times 10^8}{150} = 8.354 \times 10^5 \text{mm}^3$$

（2）弯矩作用平面内的整体稳定性计算

$$\lambda_x = l_{ox}/i_x = 5000/131.6 = 38.0$$

$$\lambda_{0x} = \sqrt{\lambda_x^2 + 27\frac{A}{A_{1x}}} = \sqrt{38.0^2 + 27 \times \frac{7240}{2 \times 349}} = 41.5$$

属于 b 类截面，查附表 4-2，得 $\varphi_x = 0.893$。

$$N'_{Ex} = \pi^2 EA/(1.1\lambda_{0x}^2) = \pi^2 \times 206 \times 10^3 \times 7240 \times 10^{-3}/(1.1 \times 41.5^2) = 7770\text{kN}$$

$$M_1 = 120\text{kN} \cdot \text{m}, \quad M_2 = 0, \quad \beta_{mx} = 0.6 + 0.4M_2/M_1 = 0.6$$

$$\frac{N}{\varphi_x A} + \frac{\beta_{mx} M_x}{W_{1x}(1 - N/N'_{Ex})} = \frac{500 \times 10^3}{0.893 \times 7240} + \frac{0.60 \times 120 \times 10^6}{8.354 \times 10^5 (1 - 500/7770)}$$

$$= 169.4\text{N/mm}^2 < f = 215\text{N/mm}^2$$

满足要求。

（3）弯矩绕虚轴作用，弯矩作用平面外的整体稳定性不必计算

（4）分肢稳定验算

$$N_1 = N/2 + M_x/b_0 = 500/2 + 120 \times 10^3/(300 - 2 \times 20.3) = 712.6\text{kN}$$

$$\lambda_1 = b_0/i_1 = (300 - 2 \times 20.3)/22.1 = 11.7$$

$$\lambda_y = l_{0y}/i_y = 2500/84.2 = 29.7 > \lambda_1 = 11.7$$

当槽形截面用于格构式构件的分肢，计算分肢绕对称轴（y 轴）的稳定性时，不必考虑扭转效应，直接用 λ_y 查出稳定系数 φ，按 $\lambda_y = 29.7$ 查附表 4-2（b 类截面）得 $\varphi_y = 0.937$。

$$N_1/(\varphi_y A_1) = 712.6 \times 10^3/(0.937 \times 3620) = 210.1\text{N/mm}^2 < f = 215\text{N/mm}^2$$

满足要求。

（5）格构柱全截面的强度验算

$$N/A_n + M_x/(\gamma_x W_{nx}) = 500 \times 10^3/7240 + 120 \times 10^6/(1.0 \times 8.354 \times 10^5)$$

$$= 212.7\text{N/mm}^2 < f = 215\text{N/mm}^2$$

满足要求。

以上验算全部满足要求，所选截面合适。

5）横隔设置

用 10mm 厚钢板作横隔，横隔间距应不大于柱截面较大宽度的 9 倍（$9 \times 0.3 = 2.7$m）和 8m。在柱上、下端和中间高处各设一道横隔，横隔间距为 2.5m，可满足要求。

6.7　梁与柱的连接和构件的拼接

钢结构通常采用一定的连接手段，将梁与柱连接或构件拼接起来形成整体结构。被连接构件间应保持合理的相互位置，节点应满足传力和使用功能。构件连接或拼接节点的设计原则是安全可靠、传力路线简捷明确、构造简单、便于制作和安装。

梁与柱的连接一般可分为三类：①柔性连接（铰接连接），这种连接柱身只承受梁端的竖向剪力，梁与柱轴线间的夹角可以自由改变，节点的转动不受约束。②刚性连接，这种连接柱身在承受梁端竖向剪力的同时，还将承受梁端传递的弯矩，梁与柱轴线间的夹角在节点转动时保持不变。③半刚性连接，介于柔性连接和刚性连接之间，这种连接除承受梁端传来的竖向剪力外，还可以承受部分梁端传递的弯矩，梁与柱轴线间的夹角在节点转

动时将有所改变，但又受到一定程度的约束。在实际工程中，理想的完全刚性连接很少存在。通常，按梁端弯矩与梁柱相对转角之间的关系曲线，确定梁与柱连接节点的类型。当梁与柱的连接节点只能传递理想刚性连接弯矩的 20% 以下时，即认为是柔性连接。当梁与柱的连接节点能够承受理想刚性连接弯矩的 90% 以上时，即认为是刚性连接。当梁与柱的连接节点能够承受理想刚性连接弯矩的 20%～90% 时，即认为是半刚性连接。进行半刚性连接节点设计时，必须依据准确的节点弯矩-转角关系，而这种刚度关系较为复杂，它随连接形式、细部构造的不同而异，一般通过试验或数值计算方法提供，有较大难度，因此目前较少采用半刚性连接节点。

6.7.1　梁与柱的柔性连接

1. 梁支承于柱顶

单层框架中的梁与柱柔性连接，可采用梁支承于柱顶和支承于柱侧两种连接方式。多层框架中的梁与柱柔性连接，宜采用柱贯通，梁支承于柱侧的连接方式。

图 6-18 所示为梁支承于柱顶的铰接构造。梁的支座反力通过柱顶板传给柱身，顶板与柱身采用焊缝连接。待梁调整到位后，梁端与柱采用螺栓连接，使其位置固定在柱顶板上。顶板厚度不宜小于 16mm。

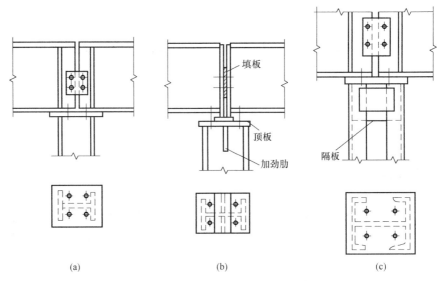

图 6-18　梁支承于柱顶的柔性连接

图 6-18（a）所示为平板支座梁与柱连接方式，梁端支承加劲肋对准柱的翼缘板，使梁的支座反力通过梁端加劲肋直接传给柱的翼缘，相邻梁端应留 10～20mm 间隙以便于安装。这种连接形式构造简单，施工方便，适用于相邻梁的支座反力相等或差值较小的情况。当两相邻梁支座反力相差较大时，柱将产生较大的偏心弯矩，使柱子实际为压弯构件。

图 6-18（b）所示为突缘支座梁与柱连接方式，突缘支座板底部刨平（或铣平），与柱顶板直接顶紧，梁的支座反力通过突缘板作用在柱身的轴线附近。这种连接即便两相邻梁支座反力不相等时，对柱所产生的偏心弯矩也很小，柱仍接近轴心受压状态。梁的支座反力主要由柱的腹板来承受，所以柱腹板的厚度不能太薄。在柱顶板之下的柱腹板上应设

置一对加劲肋以加强腹板。加劲肋与柱腹板的竖向焊缝以及加劲肋与顶板的水平焊缝应按传力需要计算，加劲肋要有足够的长度，以满足焊缝强度和应力均匀扩散的要求。为了加强柱顶板的抗弯刚度，当梁反力较大时，可在柱顶板中心部位加焊一块垫板。为了便于制造和安装，两相邻梁之间预留 10～20mm 间隙。梁调整定位后在靠近梁下翼缘处的梁支座突缘板间嵌入合适的填板，并用构造螺栓相连。

图 6-18（c）所示为梁支承于格构式柱顶的铰接连接方式。为保证格构式柱分肢受力均匀，不论是缀条式还是缀板式柱，在柱顶处应设置端缀板，并在两个单肢的腹板内侧中央处焊接竖向隔板，使格构式柱在柱头一段变为实腹式。

2. 梁支承于柱侧

图 6-19 所示为梁支承于柱侧的铰接构造，在柱侧面设置承托，以支承梁的支座反力。

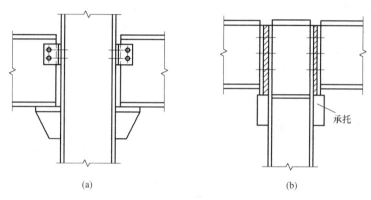

图 6-19 梁支承于柱侧的柔性连接

当梁的支座反力较小时，梁端可不设支承加劲肋，直接搁置在柱侧承托上（图 6-19a），用普通螺栓固定其位置。为防止梁端扭转，在梁腹板靠近上翼缘处设一短角钢和柱身相连。这种连接构造简单，施工方便。

当梁的支座反力较大时，梁端焊接一突缘支座板，柱侧焊接一厚钢板作为承托，梁端突缘支座板与承托刨平顶紧（图 6-19b）。梁的支座反力由突缘板传给承托，承托钢板的厚度应比梁端突缘板的厚度大 10～12mm，宽度应比梁端突缘板的宽度大 10mm；有时为了安装方便，承托也可采用加劲后的角钢制作。承托与柱侧面用角焊缝相连。考虑到梁端支座反力偏心的不利影响，承托与柱的连接焊缝按承受 1.25 倍梁端支座反力来计算。为了便于安装，梁端与柱侧面应预留 5～10mm 的间隙，梁调整到位后嵌入填板并用构造螺栓固定位置。当两相邻梁的支座反力相差较大时，应考虑偏心影响，对柱身按压弯构件进行验算。

6.7.2 梁与柱的刚性连接

1. 构造形式

框架梁与柱的连接节点做成刚性连接，可以增强框架的抗侧移刚度，减小框架横梁的跨中弯矩。在多、高层框架中梁与柱的连接节点一般都是采用刚性连接。梁与柱柔性连接节点仅传递梁端竖向反力，而刚性连接节点除了传递竖向反力外必须保证有效传递梁端弯矩。梁截面中承担剪力的主要是腹板，承担弯矩的主要是翼缘，因此梁与柱的刚性连接节点相异于柔性连接节点的显著构造特征在于，梁端翼缘板件与柱身必须建立可靠连接。

一些常用刚性连接形式如图 6-20 所示。图 6-20（a）所示为多层框架工字形梁和工字形柱全焊接刚性连接。梁翼缘与柱翼缘采用坡口对接焊缝连接，承受由弯矩产生的拉力或压力。为了便于梁翼缘处坡口焊缝的施焊和设置衬板，在梁腹板两端上、下角处各开 $r = 30\sim35\mathrm{mm}$ 的弧形缺口。梁腹板与柱翼缘采用角焊缝连接以传递梁端剪力。这种全焊接节点的优点是省工省料，缺点是梁需要现场定位、工地高空施焊，不便于施工。梁腹板与柱翼缘也可采用高强度螺栓连接（图 6-20b），安装时先用高强度螺栓将横梁固定位置，调整完毕再将梁的上、下翼缘与柱的翼缘用坡口对接焊缝连接，这种螺栓与焊缝混合连接安装比较方便。单层框架的横梁与柱可采用如图 6-20（c）所示的连接构造，梁端弯矩主要由连接盖板和支托板的高强度螺栓传给柱子，剪力由梁腹板的连接角钢通过高强度螺栓传递。为了避免现场焊接作业的施工不便，可以将框架横梁做成两段，并把短梁段在工厂制造时先焊在柱子上，如图 6-20（d）所示，在施工现场再采用高强度螺栓将横梁的中间段拼接起来。框架横梁拼接处的内力比梁端处小，因而有利于高强度螺栓连接的设计。轻钢单层框架的梁与柱连接可采用图 6-20（e）所示的斜端板用高强度螺栓连接。

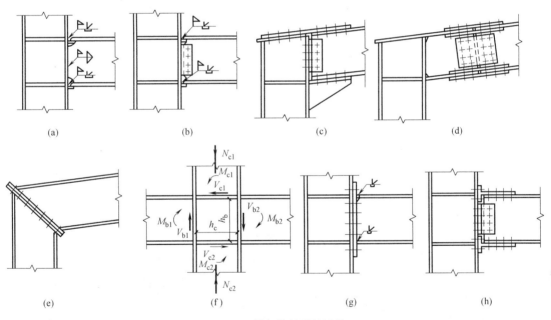

图 6-20　梁与柱的刚性连接

2. 柱腹板不设置水平加劲肋

工字形梁与柱的刚性连接节点，如果柱子腹板不设置加劲肋，在梁的受压翼缘处（图 6-20f），由梁端弯矩引起的集中压力对柱腹板产生较大挤压力，会造成柱腹板计算高度边缘处的局部承压破坏或者柱腹板在横向压力作用下的局部失稳破坏；在梁受拉翼缘的拉力作用下，柱翼缘可能发生横向变形过大。为了避免这些破坏形式，梁柱刚性节点中当工字形梁翼缘采用焊透的 T 形对接焊缝与 H 形（或箱形截面）柱的翼缘焊接，柱翼缘和腹板厚度应符合下列规定才可以不在柱子腹板设置水平加劲肋（横隔板）：

1）在梁的受压翼缘处，柱腹板厚度 t_w 应同时满足：

$$t_w \geq \frac{A_{fc} f_b}{b_e f_c} \qquad (6-45)$$

$$t_w \geq \frac{h_c}{30} \sqrt{\frac{f_{yc}}{235}} \qquad (6-46)$$

$$b_e = b_{fb} + 5h_y \qquad (6-47)$$

式中 A_{fc}——梁受压翼缘的截面积；

f_b、f_c——分别为梁和柱钢材抗拉、抗压强度设计值；

b_e——在垂直于柱翼缘的集中压力作用下，柱腹板计算高度边缘处压应力的假定分布长度；

b_{fb}——梁受压翼缘厚度；

h_y——自柱顶面至柱腹板计算高度上边缘的距离，对轧制型钢截面取柱翼缘边缘至内弧起点间的距离，对焊接截面取柱翼缘板厚度；

h_c——柱腹板的高度；

f_{yc}——柱钢材屈服强度。

2) 在梁的受拉翼缘处，柱翼缘板的厚度 t_c 应满足下式要求：

$$t_c \geq 0.4 \sqrt{A_{ft} f_b / f_c} \qquad (6-48)$$

式中 A_{ft}——梁受拉翼缘的截面积。

垂直于柱子轴线方向设置的连接板（或梁的翼缘板）采用焊接方式与工字形（或箱形）截面柱子翼缘形成 T 形接合，而未设置水平加劲肋时（图 6-21），其母材和焊缝都应按照有效宽度进行强度计算。

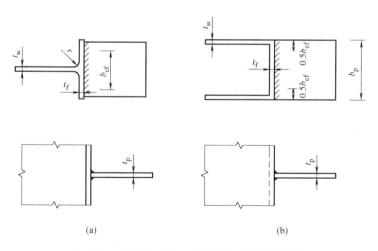

图 6-21 梁柱未加劲 T 形连接节点的有效宽度

当柱子采用工字形（H 形）截面时，工字形（H 形）截面梁上连接板（或梁翼缘板）的有效宽度按下列公式计算：

$$b_{ef} = t_w + 2s + 5k t_f \qquad (6-49)$$

式中 b_{ef}——T 形接合的有效宽度；

t_w——柱子腹板厚度；

s——对于柱子，若采用轧制 H 形钢截面则取为翼缘和腹板过渡段圆角半径 r，若采用焊接组合截面则取为焊脚尺寸 h_f；

k——参数，$k = t_f f_{yc} / (t_p f_{yp})$，当 $k > 1$ 时取 $k = 1$；

t_f——柱子翼缘板厚；

t_p——梁上连接板（或翼缘板）厚度；

f_{yc}——柱子翼缘钢材屈服强度；

f_{yp}——梁上连接板（或翼缘板）钢材屈服强度。

当柱子采用箱形或槽形截面，且其翼缘宽度与梁上连接板宽度相近时，有效宽度按下式计算：

$$b_{ef} = 2t_w + 5kt_f \tag{6-50}$$

b_{ef} 尚应满足下式要求：

$$b_{ef} \geqslant \frac{f_{yp} b_p}{f_{up}} \tag{6-51}$$

式中　f_{up}——梁上连接板的极限强度；

b_p——连接板宽度。

3. 柱腹板设置水平加劲肋

如果上述关于梁的受压或受拉翼缘处的计算不能全部满足，就需要对柱的腹板设置横向（水平）加劲肋。由柱的翼缘板和腹板横向加劲肋所包围的节点域（图 6-20f）在周边剪力和弯矩作用下，柱腹板存在屈服和局部失稳的可能性，应验算其抗剪承载力。

当横向加劲肋厚度不小于梁的翼缘板厚度时，节点域的受剪正则化宽厚比 λ_s^{re} 不应大于 0.8；对单层和低层轻型建筑，λ_s^{re} 不得大于 1.2。节点域的受剪正则化宽厚比 λ_s^{re} 应按下式计算：

当 $h_c/h_b \geqslant 1.0$ 时：　　$\lambda_s^{re} = \dfrac{h_b/t_w}{37\sqrt{5.34 + 4(h_b/h_c)^2}}\sqrt{\dfrac{f_{yc}}{235}}$ $\tag{6-52a}$

当 $h_c/h_b < 1.0$ 时：　　$\lambda_s^{re} = \dfrac{h_b/t_w}{37\sqrt{4 + 5.34(h_b/h_c)^2}}\sqrt{\dfrac{f_{yc}}{235}}$ $\tag{6-52b}$

式中　h_c、h_b——分别为柱腹板高度和梁腹板高度；

t_w——柱腹板厚度。

节点域在周边弯矩和剪力作用下产生的平均剪应力按下式计算：

$$\tau = \frac{M_{b1} + M_{b2}}{h_b h_c t_w} - \frac{V_{c1}}{h_c t_w} \tag{6-53}$$

实际剪应力的分布在节点域中心位置最大。试验表明，由于节点域四周边缘受柱腹板加劲肋板和柱翼缘板的约束作用，节点域的实际抗剪屈服承载力有较大提高，设计时可取提高系数为 4/3，为了简化计算，忽略柱中剪力 V_{c1} 和轴力对节点域抗剪承载力的影响，按下式进行节点域的抗剪承载力计算：

$$\frac{M_{b1} + M_{b2}}{V_p} \leqslant \tau_{cr} \tag{6-54}$$

式中　V_p——节点域腹板体积，工字形（H 形）截面柱取 $V_p = h_{b1} h_{c1} t_w$，箱形截面柱取 $V_p = 1.8 h_{b1} h_{c1} t_w$，圆管截面柱取 $V_p = \pi h_{b1} d_c t_c / 2$；

h_{b1}——梁翼缘中心线之间的高度；

h_{c1}——柱翼缘中心线之间的宽度；

d_c——钢管直径线上管壁中心线之间的距离；

t_c——圆管柱的壁厚；

τ_{cr}——节点域的抗剪临界应力。

根据节点域受剪正则化长细比 λ_s^{re} 按下式计算：

当 $\lambda_s^{re} \leqslant 0.6$ 时：
$$\tau_{cr} = \frac{4}{3} f_v \tag{6-55a}$$

当 $0.6 < \lambda_s^{re} \leqslant 0.8$ 时：
$$\tau_{cr} = \frac{1}{3}(7 - 5\lambda_s^{re}) f_v \tag{6-55b}$$

当 $0.8 < \lambda_s^{re} \leqslant 1.2$ 时：
$$\tau_{cr} = [1 - 0.75(\lambda_s^{re} - 0.8)] f_v \tag{6-55c}$$

当轴压比 $N/Af > 0.4$ 时，不可忽略柱子轴力对抗剪承载力的影响，抗剪临界应力 τ_{cr} 应乘以修正系数，当 $\lambda_s^{re} \leqslant 0.8$ 时，修正系数可取为 $\sqrt{1 - (N/Af)^2}$。

当节点域厚度不满足式（6-54）的要求时，对 H 形截面柱腹板节点域可采用补强措施。一是可加厚节点域的柱腹板，腹板加厚的范围应伸出梁的上下翼缘外不小于 150mm。二是可在节点域处焊贴补强板加强，补强板与柱加劲肋和翼缘可采用角焊缝连接，与柱腹板采用塞焊连成整体，塞焊点之间的距离不应大于较薄焊件厚度的 $21\varepsilon_k$ 倍。三是对于轻型结构可设置斜向加劲肋加强。

4. 构造要求

采用焊接连接或栓焊混合连接（梁翼缘与柱焊接，腹板与柱高强度螺栓连接）的梁柱刚性节点，其构造应符合下列要求：

（1）梁柱节点宜采用柱贯通构造，当柱采用冷成型管截面或壁板厚度 $t \leqslant 20$mm 时，梁柱节点宜采用隔板贯通式构造。

（2）H 型钢柱腹板对应于梁翼缘部位宜设置横向加劲肋；箱形（钢管）柱对应于梁翼缘的位置，宜设置水平隔板。

（3）节点采用隔板贯通式构造时，柱与贯通式隔板应采用全熔透坡口焊缝连接。贯通式隔板挑出长度 l 宜满足 40mm $\leqslant l \leqslant$ 60mm；同时隔板宜选用厚度方向钢板并采用拘束度较小的焊接构造与工艺，其厚度不应小于梁翼缘厚度和柱壁板的厚度。

梁柱节点区域柱腹板设置的加劲肋或横隔板应满足下列要求：

（1）横向加劲肋的截面尺寸应经计算确定，其厚度不宜小于梁翼缘厚度；其宽度应符合传力、构造和板件宽厚比限值的要求。

（2）横向加劲肋的上表面宜与梁翼缘的上表面对齐，并以焊透的 T 形对接焊缝与柱翼缘连接。当梁与 H 形截面柱弱轴方向连接，即与腹板垂直相连形成刚接时，横向加劲肋与柱腹板的连接宜采用焊透对接焊缝。

（3）箱形柱中的横向隔板与柱翼缘的连接，宜采用焊透的 T 形对接焊缝，对无法进行电弧焊的焊缝且柱壁板厚度不小于 16mm 时，可采用熔化嘴电渣焊。

（4）当采用斜向加劲肋加强节点域时，加劲肋及其连接应能传递柱腹板所能承担剪力之外的剪力；其截面尺寸应符合传力和板件宽厚比限值的要求。

6.7.3　梁与柱的半刚性连接

图 6-22 所示为多层框架梁与柱的半刚性连接节点。在图 6-22（a）中，梁端上、下翼缘处各用一个角钢作为连接件，并采用高强度螺栓摩擦型连接将角钢的两肢分别与梁和柱连接，这种连接属于半刚性连接。图 6-22（b）为梁端焊一端板，端板用高强度螺栓与柱翼缘连接，常称为端板连接。试验结果表明：图 6-22（b）比图 6-22（a）的转动刚度大，当图 6-22（b）中的连接端板足够厚且螺栓布置合理、数量足够时，端板连接对梁端的约束可以达到刚性连接的要求。半刚性连接的框架计算比较复杂，需要通过试验确定较为准确的节点连接的弯矩-转角关系曲线。端板式半刚性连接钢结构在多高层建筑中应用日益增多，其设计、制作和安装可参见相关技术规程。

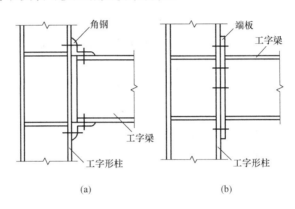

图 6-22　梁与柱的半刚性连接

6.7.4　柱的拼接

柱子常因材料尺寸受限而进行工厂拼接，因运输安装尺寸受限而进行工地现场拼接。柱在制造工厂完成的拼接一般采用一级或二级质量焊缝直接对焊。在多层框架中，柱的安装单元长度常为 2～3 层柱高，常在上层横梁上表面以上 0.8～1.2m 处设置柱与柱的工地现场拼接。

工字形截面柱的拼接可采用坡口焊缝连接（图 6-23a）、高强度螺栓摩擦型连接（图 6-23b）以及螺栓焊缝混合连接（图 6-23c）。坡口焊缝连接因不用拼接节点板而可以节省材料，传力也最为直接，但是高空作业时对于焊接技术要求较高。高强度螺栓拼接优点是安装较易操作和质量有保证，缺点是因板件需要钻孔、板接触面需要处理以及需要设置拼接板而费工费料。栓焊混合连接一般先用高强度螺栓拼接腹板，柱子对中就位后焊接翼缘板。

柱的拼接一般按照等强度原则计算，即拼接材料和连接件能够传递断开截面的最大内力。当柱的接触面铣（磨）平顶紧，且截面不产生拉力时，对非抗震设计的高层建筑钢结构柱，可通过柱的接触面直接传递 25% 的压力和 25% 的弯矩，其余由焊缝或螺栓承担；普通钢结构柱在接触面直接传递柱身最大压力时，其连接焊缝或螺栓应按最大压力的 15% 与最大剪力中的较大值进行抗剪计算。当压弯柱截面出现受拉区时，该区的连接尚应按最大拉力计算。

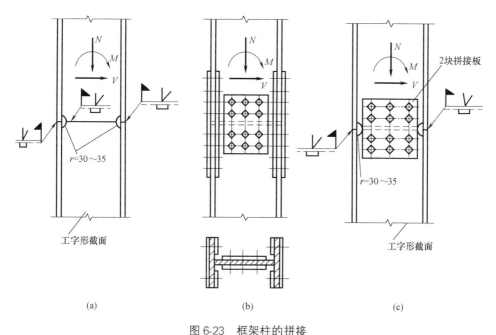

图 6-23 框架柱的拼接

（a）坡口焊接拼接；（b）高强度螺栓拼接；（c）混合拼接

6.8 柱脚设计

6.8.1 概述

柱脚是柱下端与基础连接的部分。柱脚的作用是将柱下端固定于基础，并将柱身所受的内力传递和分布到基础。基础一般由钢筋混凝土材料做成，其材料强度远比钢材低。为此，需要将柱身的底端放大，使得柱与基础顶部的接触面积增大，从而使接触面上的压应力小于或等于基础混凝土的抗压强度设计值。柱脚构造比较复杂，用钢量较大，制造比较费工。设计柱脚应做到传力明确，简捷可靠，构造简单，节约材料，施工便利，并且实际受力情况应符合计算简图。

6-8 压弯构件的柱脚设计

柱脚按其与基础的连接方式不同，可分为铰接和刚接两种类型。铰接柱脚只能承受轴心压力和剪力，不能承受弯矩。刚接柱脚除承受轴心压力和剪力外，还能同时承受弯矩。单层厂房柱刚接柱脚宜采用插入式柱脚，也可采用外露式柱脚；铰接柱脚宜采用外露式柱脚。多层结构框架柱的柱脚尚可采用外露式柱脚。多高层结构框架柱的柱脚宜采用埋入式柱脚，亦可采用插入式柱脚及外包式柱脚。

6.8.2 外露式铰接柱脚设计

柱脚的剪力主要依靠柱底板与基础之间的摩擦力来传递，摩擦系数可取 0.4。当仅靠摩擦力不足以承受水平剪力时，应在柱脚底板下设置抗剪键，如图 6-24 所示，抗剪键可用钢板、方钢、短 T 型钢或 H 型钢做成，也可将柱脚底板与基础上的预埋件焊接连接，或在柱脚外包混凝土来承担剪力。

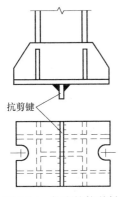

图 6-24　柱脚的抗剪键

图 6-25 所示为几种常用的外露式铰接柱脚形式。图 6-25（a）为无靴梁的铰接柱脚，即柱子底端切割平齐，直接与底板焊接。柱子压力由焊缝传给底板，由底板扩散并传给基础。底板厚度一般为 20～40mm，用两个置于柱中轴线的锚栓固定在基础上，锚栓一般预埋在基础上。由于底板在各方向均为悬臂，在基础反力作用下，底板抗弯刚度较弱。所以这种形式柱脚只适用于柱子轴力较小的情况。当柱子轴力较大时，通常采用图 6-25（b）、（c）、（d）所示的柱脚构造形式。在柱子底板上设置靴梁和隔板等，将底板分隔成若干小区格，可以减小底板的弯矩值，从而减小底板厚度。柱子轴力通过柱身与靴梁的竖向角焊缝传给靴梁，再通过靴梁与底板的水平角焊缝传给底板。图 6-25（b）中，靴梁外伸较长，故在靴梁之间设置隔板，可进一步减小底板区格，减小底板弯矩，同时增加靴梁的侧向刚度。图 6-25（c）所示为格构柱仅采用靴梁的柱脚构造形式。图 6-25（d）在靴梁外侧设置肋板，使柱子轴力向两个方向扩散，通常在柱的一个方向采用靴梁，另一方向设置肋板，底板宜做成正方形或接近正方形。此外，在设计柱脚中的连接焊缝时，要考虑施焊的方便与可能性。

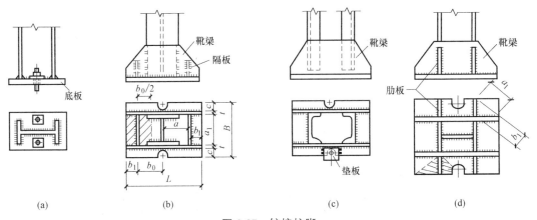

图 6-25　铰接柱脚

铰接柱脚中锚栓位于中轴线，对底板转动约束很小，不考虑其受力，不需要计算。铰接柱脚的锚栓直径 d 一般为 20～42mm，根据与柱板件和底板厚度相协调进行选择。底板锚栓孔的直径取 $1.5d$，并做成 U 形缺口，待柱子就位并调整到设计位置后，再用垫板套住锚栓并与底板焊牢。柱子截面高度 $h \leqslant 400$mm 时，可采用两个锚栓；$h > 400$mm 时，宜采用四个锚栓。

1. 底板的计算

底板的平面尺寸取决于基础材料的抗压能力，假设底板对基础的压应力是均匀分布的，则底板的面积（图 6-25b）按下式计算：

$$A = L \times B \geqslant \frac{N}{f_c} + A_0 \qquad (6\text{-}56)$$

式中　L、B——底板的长度和宽度；

　　　N——柱的轴心压力；

　　　f_c——基础所用混凝土的抗压强度设计值；

　　　A_0——锚栓孔的面积。

根据构造要求确定底板的宽度：

$$B = a_1 + 2t + 2c \tag{6-57}$$

式中　a_1——柱截面已选定的宽度；

　　　t——靴梁厚度，通常取 $10 \sim 16mm$；

　　　c——底板悬臂部分的宽度，一般取 $20 \sim 100mm$；当有锚栓孔时，通常取锚栓直径的 $2 \sim 5$ 倍；锚栓常用直径为 $20 \sim 24mm$。

底板的长度为 $L = A/B$。底板的平面尺寸 L、B 应取整数，且使底板边长 $L \leqslant 2B$。底板下的压应力 q 应满足：

$$q = N/(BL - A_0) \leqslant f_c \tag{6-58}$$

底板的厚度由其抗弯强度决定。可以把底板看作是一块支承在靴梁、隔板和柱端截面的平板，承受从基础传来的均匀反力。靴梁、隔板、肋板和柱端截面翼缘、腹板可看作是底板的支承边，将底板分成不同支承形式的区格，其中有四边支承、三边支承、两相邻边支承和一边支承，通常偏于安全地将板边按简支考虑。在均匀分布的基础反力作用下，各区格可独立按照弹性理论计算最大弯矩：

四边支承板：

$$M = \alpha q a^2 \tag{6-59}$$

三边支承、一边自由板及两相邻边支承另两边自由板：

$$M = \beta q a_1^2 \tag{6-60}$$

一边支承（悬臂）板：

$$M = \frac{1}{2} q c^2 \tag{6-61}$$

式中　a——四边支承板中短边的长度；

　　　b——长边长度，见表 6-2；

　　　α——系数，由板的长短边比值 b/a 查表 6-2 得到；

　　　a_1——三边支承板中自由边的长度，或两相邻支承板中对角线的长度（图 6-25d）；

　　　β——系数，由 b_1/a_1 值查表 6-3 得到；

　　　b_1——三边支承板中垂直于自由边方向的长度或两相邻边支承板中的内角顶点至对角线的垂直距离（图 6-25d）；当三边支承板 b_1/a_1 值小于 0.3 时，可按悬臂长为 b_1 的悬臂板计算；

　　　c——悬臂长度。

四边简支板的弯矩系数 α　　　　　　　　　　　　　　表 6-2

b/a	1.0	1.1	1.2	1.3	1.4	1.5	1.6	1.7	1.8	1.9	2.0	3.0	$\geqslant 4.0$
α	0.048	0.055	0.063	0.069	0.075	0.081	0.086	0.091	0.095	0.099	0.102	0.119	0.125

	三边简支、一边自由板的弯矩系数 β							表 6-3		
b_1/a_1	0.3	0.4	0.5	0.6	0.7	0.8	0.9	1.0	1.2	≥1.4
β	0.026	0.042	0.058	0.072	0.085	0.092	0.104	0.111	0.120	0.125

取底板所有区格中的最大弯矩 M_{max}，按公式（6-62）来确定底板的厚度 t：

$$t \geq \sqrt{6M_{max}/(\gamma f)} \tag{6-62}$$

式中　γ——受弯截面塑性发展系数，当承受静力或者间接动力荷载时对钢底板取 1.2；当承受直接动力荷载时取 1。

合理的设计应使各区格板的弯矩值基本相近。如果各区格板的弯矩值相差很大，则应调整底板尺寸或通过设置隔板的方法重新划分区格，以避免底板厚度过大。为了使底板具有足够的刚度，以满足基础反力均匀分布的假设，底板厚度一般为 20～40mm，最小厚度不宜小于 14mm，且不宜小于柱子翼缘厚度。

2. 靴梁的计算

靴梁的高度 h_b 根据靴梁与柱身之间的竖向焊缝长度来确定，其厚度略小于柱翼缘板厚度。在柱脚制造时，由于焊接变形等原因，柱下端难以做到很平整，柱下端与底板之间常存在较大间隙，不易保证底板与柱身之间的水平焊缝质量，因此在焊缝计算时，假定柱端与底板之间的连接焊缝不受力，柱端对底板只起划分底板区格支承边的作用。柱身轴向压力 N 是由柱身通过竖向焊缝传给靴梁，再由靴梁与底板的水平焊缝传给底板。因此设计靴梁时先计算柱身与靴梁之间竖向连接焊缝长度 l_w，以此确定靴梁高度，一般采用 4 条竖向焊缝传递柱子轴力。

$$4h_f l_w = N/(0.7 f_f^w) \tag{6-63}$$

竖向焊缝长度应满足相关构造要求，取靴梁高度 $h_b \geq l_w + 2h_f$。靴梁与底板之间水平连接焊缝传递全部柱压力 N，验算其焊缝强度时考虑到部分不便于施焊和检验的焊缝由于质量难以保证，不考虑其受力。此外，由于构造原因，焊缝受力存在小量偏心，为简化计算，水平连接焊缝按照端焊缝受力计算时取 $\beta_f = 1$。

在底板均布反力作用下，靴梁按承受均布线荷载 $q_b = qB/2$ 的支承于柱侧边的双伸悬臂简支梁计算。根据靴梁所承受的最大弯矩和最大剪力，验算其抗弯和抗剪强度。

3. 隔板、肋板的计算

隔板应具有一定的刚度，才能起支承底板和侧向支撑靴梁的作用。为此，隔板的厚度不得小于宽度的 1/50，且厚度不小于 10mm。

隔板按支承在靴梁侧边的简支梁计算，承受由底板传来的基础反力作用，荷载按图 6-25（b）所示阴影面积的底板反力计算。按照承受均布荷载的情况，计算隔板与底板之间的连接焊缝（隔板内侧不易施焊，仅有外侧焊缝）、验算隔板抗弯和抗剪强度、计算隔板与靴梁之间的焊缝。隔板的高度由其与靴梁连接的焊缝长度决定（通常只焊隔板外侧）。

肋板按悬臂梁计算，荷载按图 6-25（d）所示的阴影面积的底板反力计算。为简化计算，可按照荷载最大处的分布荷载值作为全跨均布荷载。应计算肋板及其连接的强度。

6.8.3　外露式刚接柱脚设计

图 6-26 所示为常用的外露式刚接柱脚形式，主要用于框架柱（压弯构件）。图 6-26

（a）为整体式刚接柱脚，用于实腹柱和分肢间距小于 1.5m 的格构柱。整体式刚接柱脚中，靴梁沿柱脚底板长边方向布置，锚栓布置在靴梁的两侧，并尽量远离弯矩所绕轴线以获得较大的弯矩抵抗力臂。锚栓要固定在柱脚具有足够刚度的部位，通常是固定在由靴梁挑出的承托上。承托通常的做法是在靴梁外侧面焊上一对肋板（高度大于 400mm），刨平顶紧（并焊接）于放置其上的顶板（厚 20～40mm）或角钢上，以支承锚栓。承托也可采用槽钢。为了便于柱子的安装，固定锚栓的靴梁承托顶板宜开缺口（宽度不小于锚栓直径 1.5 倍），且锚栓位置宜在底板之外。在弯矩作用下，刚接柱脚底板中拉力由锚栓来承受，所以锚栓的数量和直径需要通过计算决定，锚栓直径 d 不宜小于 24mm，锚固长度不应小于 $40d$。靴梁在柱脚弯矩作用下变形很小，能够传递弯矩，符合刚接柱脚的要求。当格构柱分肢间距较大时，采用整体式柱脚不经济，此时多采用分离式柱脚，如图 6-26（b）所示，每个分肢下的柱脚相当于一个轴心受力铰接柱脚，两柱脚之间用缀材联系起来。

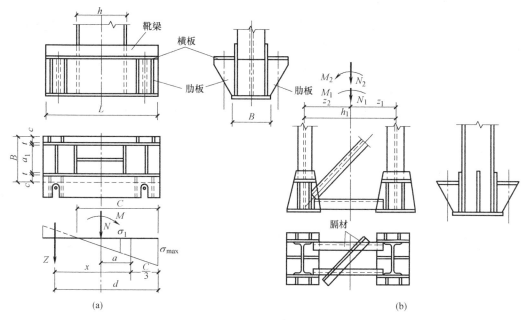

图 6-26　刚接柱脚

1. 整体式柱脚

1）底板的计算

图 6-26（a）为整体式柱脚构造图。柱脚的传力过程与轴心受压柱脚类似，即柱子内力由柱身传给靴梁，再传至底板。但是，由于框架柱脚同时有弯矩和轴心压力作用，底板下的压力不是均匀分布的，并且可能出现拉力。如果底板下出现拉力，则此拉力由锚栓来承受。

假定柱脚底板与基础接触面的压应力成直线分布，底板下基础的最大压应力按下式计算：

$$\sigma_{max}=\frac{N}{B \cdot L}+\frac{6M}{B \cdot L^2}\leqslant f_c \tag{6-64}$$

式中　N、M——使基础一侧产生最大压应力的内力组合值；

　　　B、L——底板的宽度、长度；

f_c——混凝土的抗压强度设计值。

根据底板下基础的最大压应力不超过混凝土抗压强度设计值的条件，即可确定底板面积。一般先按构造要求决定底板宽度 B，其中悬伸宽度 c 一般取 $20\sim30$mm，然后求出底板的长度 L。

底板厚度的计算方法与轴心受压柱脚相同。虽然底板各区格所承受的压应力不是均匀分布的，但是在计算各区格底板的弯矩值时，可以偏于安全地按该区格的最大压应力计算。底板的厚度一般不小于 20mm。

2）靴梁、隔板、肋板的计算

柱身与靴梁连接焊缝承受的最大内力 N_1 按下式计算：

$$N_1 = \frac{N}{2} + \frac{M}{h} \tag{6-65}$$

式中　h——柱子截面高度。

靴梁的高度由靴梁与柱身之间的焊缝长度确定，其高度不宜小于 450mm。靴梁按双伸悬臂简支梁验算截面强度，荷载按底板上不均匀反力的最大值计算。

靴梁与底板之间的连接焊缝按承受底板下不均匀基础反力的最大值设计。在柱身范围内，靴梁内侧不易施焊，故仅在靴梁外侧布置焊缝。

隔板、肋板及其连接的设计与轴心受压柱脚相似，只是荷载按底板下不均匀反力相应受荷范围的最大值计算。

3）锚栓的计算

底板另一侧的应力为：

$$\sigma_{\min} = \frac{N}{B \times L} - \frac{6 \cdot M}{B \times L^2} \tag{6-66}$$

当最小应力 $\sigma_{\min}$ 出现负值时，说明底板与基础之间产生拉应力。由于底板和基础之间不能承受拉应力，此时拉应力的合力由锚栓承担。根据对混凝土受压区压应力合力作用点的力矩平衡条件 $\sum M = 0$，可得锚栓拉力 Z 为：

$$Z = \frac{M - N \cdot a}{x} \tag{6-67}$$

式中　M、N——使锚栓产生最大拉力的内力组合值；

　　　　a——柱截面形心轴到基础受压区合力点间的距离；

　　　　x——锚栓位置到基础受压区合力点间的距离。

其中，$a = \dfrac{L}{2} - \dfrac{c}{3}$，$x = d - \dfrac{c}{3}$，$c = \dfrac{\sigma_{\max}}{\sigma_{\max} + |\sigma_{\min}|} \cdot L$。

每个锚栓所需要的有效截面面积为：

$$A_e = \frac{Z}{n \cdot f_t^a} \tag{6-68}$$

式中　n——柱脚受拉侧锚栓数；

　　　　f_t^a——锚栓的抗拉强度设计值。

锚栓直径不小于 20mm。锚栓下端在混凝土基础中用弯钩或锚板等锚固，保证锚栓在拉力 Z 作用下不被拔出。

2. 分离式柱脚

压弯格构式缀条柱的各分肢承受轴心力，当两肢间距较大（超过1.5m）时，采用分离式柱脚，可省钢材，制造也比较简单。分离式柱脚每个分肢下柱脚都根据分肢可能产生的最大轴向压力按铰接柱脚设计，而锚栓承托和锚栓直径则根据分肢可能产生的最大拉力确定。为保证运输和安装时柱脚的空间整体刚度，应在分离式柱脚的两底板之间设置联系杆，如图6-26（b）所示。

6.8.4 外包式柱脚

外包式柱脚是指按照一定的要求将钢柱脚用钢筋混凝土包裹起来的柱脚，如图6-27所示。这类柱脚可以设置在地面上，也可以设置在楼面上。钢筋混凝土包脚的高度、截面尺寸、保护层厚度和箍筋配置对柱脚的内力传递和恢复力特性起着重要作用。外包式柱脚的轴力，通过钢柱底板传递至基础，剪力和弯矩主要由外包钢筋混凝土承担，通过箍筋传给外包混凝土及其中的主筋，再传至基础。

外包式柱脚的计算与构造应满足下列要求：外包式柱脚底板应位于基础梁或筏板的混凝土保护层内；外包混凝土厚度，对H形截面柱不宜小于160mm，对矩形管或圆管柱不宜小于180mm，同时不宜小于钢柱截面高度的0.3倍；混凝土强度等级不宜低于C30；柱脚混凝土外包高度，H形截面柱不宜小于柱截面高度的2倍，矩形管柱或圆管柱宜为矩形管截面长边尺寸或圆管直径的2.5倍，外包混凝土顶部箍筋到柱底板的距离L_r与受拉钢筋合力点至混凝土受压区边缘的距离h_{r0}之比不应小于1.0；当没有地下室时，外包宽度和高度宜增大20%；当仅有一层地下室时，外包宽度宜增大10%。

柱脚底板尺寸和厚度应按结构安装阶段荷载作用下轴心力，采用外露式铰接柱脚同样的方法

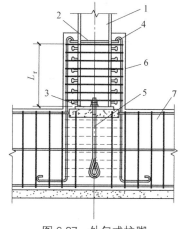

图 6-27 外包式柱脚

1—钢柱；2—水平加劲肋；3—柱底板；4—栓钉；
5—锚栓；6—外包混凝土；7—基础梁；
L_r—外包混凝土顶部箍筋至柱底板的距离

来计算确定，底板厚度不宜小于16mm。柱脚锚栓应按构造要求设置，直径不宜小于16mm，锚固长度不宜小于其直径的20倍。柱在外包混凝土的顶部箍筋处宜设置水平加劲肋或横隔板，其宽厚比应符合钢梁横向加劲肋的相关设计规定。

当框架柱为圆管或矩形管时，应在管内浇灌混凝土，强度等级应不小于基础混凝土。浇灌高度应高于外包混凝土，且宜不小于圆管直径或矩形管的长边。

外包钢筋混凝土的受弯和受剪承载力验算及受拉钢筋和箍筋的构造要求应符合现行国家标准《混凝土结构设计规范》GB 50010—2010（2015年版）的有关规定，主筋伸入基础内的长度不应小于25倍直径，四角主筋顶端宜加弯钩与水平加劲板或钢柱外侧水平环形板焊接，未设置水平环板时，四角主筋顶端宜设置下弯钢筋，下弯长度不应小于150mm，下弯段宜与钢柱焊接，顶部箍筋应加强加密，并不应小于3根直径12mm的HRB400级热轧钢筋。

柱脚在外包混凝土部分宜设栓钉，直径不宜小于 19mm，长度不应小于杆径的 4 倍，竖向间距应大于杆径的 6 倍且小于 200mm，横向间距不应小于杆径的 4 倍。

6.8.5　埋入式柱脚

埋入式柱脚是直接将钢柱下端埋入钢筋混凝土基础或基础梁的柱脚，如图 6-28 所示。其埋入方法，一种是预先将钢柱脚按要求组装固定到设计标高上，然后浇灌基础或基础梁的混凝土；另一种是预先按要求浇筑基础或基础梁混凝土，并留出安装钢柱脚的杯口，待安装好钢柱脚后，再补浇杯口部分的混凝土。埋入式柱脚的构造比较简单，易于安装就位，柱脚的嵌固性容易保证。当柱脚埋入深度超过一定数值后，柱的全部弯矩可以传递给基础。柱脚埋入钢筋混凝土的深度，应满足表 6-4 及以下公式要求：

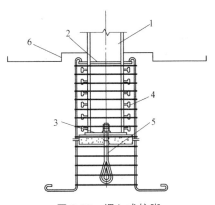

图 6-28　埋入式柱脚

1—钢柱；2—水平加劲肋；3—柱底板；
4—栓钉；5—锚栓；6—基础或基础梁顶面

H 形、箱形截面柱：

$$\frac{V}{b_f d}+\frac{2M}{b_f d^2}+\frac{1}{2}\sqrt{\left(\frac{2V}{b_f d}+\frac{4M}{b_f d^2}\right)^2+\frac{4V^2}{b_f^2 d^2}}\leqslant f_c$$

(6-69)

圆管柱：

$$\frac{V}{Dd}+\frac{2M}{Dd^2}+\frac{1}{2}\sqrt{\left(\frac{2V}{Dd}+\frac{4M}{Dd^2}\right)^2+\frac{4V^2}{D^2 d^2}}\leqslant 0.8f_c$$

(6-70)

式中　M、V——柱脚底部的弯矩（N·mm）和剪力设计值（N）；

　　　　d——柱脚埋深；

　　　　b_f——柱翼缘宽度；

　　　　D——钢管外径；

　　　　f_c——混凝土抗压强度设计值。

钢柱插入杯口的最小深度　　　　　　　　　　　　　　　　　　表 6-4

柱截面形式	实腹柱	双肢格构柱（单杯口或双杯口）
最小插入深度 d_{min}	1.5h_c 或 1.5D	0.5h_c 和 1.5b_c（或 D）的较大值

注：1. 实腹 H 形柱或矩形管柱的 h_c 为截面高度（长边尺寸）；b_c 为柱截面宽度；D 为圆管柱的外径。
　　2. 格构柱的 h_c 为两肢垂直于虚轴方向最外边的距离，b_c 为沿虚轴方向的柱肢宽度。
　　3. 双肢格构柱柱脚插入混凝土基础杯口的最小深度不宜小于 500mm，亦不宜小于吊装时柱长度的 1/20。

柱脚在埋入部分的顶部所设置的水平加劲肋或横隔板，应符合受弯构件腹板加劲肋的有关计算与构造规定；柱脚底板与锚栓等的构造要求同外包式柱脚。对于有拔力的柱，宜在柱埋入混凝土部分设置栓钉，栓钉构造要求同外包式柱脚。

柱脚埋入部分四周设置的主筋、箍筋应根据柱脚底部弯矩和剪力进行抗弯、抗剪计算确定，并应符合相关的构造要求。柱翼缘或管柱外边缘混凝土保护层厚度（图 6-29），边列柱的翼缘或管柱外边缘至基础梁端部的距离应不小于 400mm，中间柱翼缘或管柱外边缘至基础梁梁边相交线的距离应不小于 250mm；基础梁梁边相交线的夹角应做成钝角，其坡度应不大于 1：4 的斜角；在基础护筏板的边部，应配置水平 U 形箍筋抵抗柱的水平冲切。圆管柱和矩形管柱应在管内浇灌混凝土，强度等级应大于基础混凝土，在基础面以上的浇灌高度应大于圆管直径或矩形管长边的 1.5 倍。

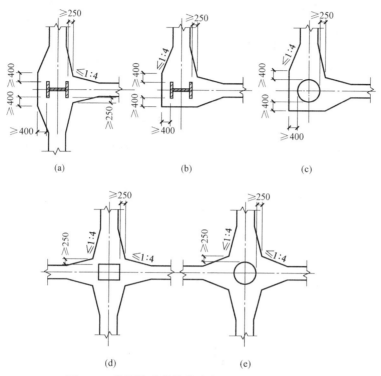

图 6-29 柱翼缘或管柱外边缘混凝土保护层厚度

6.8.6 插入式柱脚

单层厂房柱的刚接柱脚消耗钢材较多，即使采用分离式，柱脚重量也约占整个柱子自重的 $10\%\sim15\%$。为了节约钢材，可以采用插入式柱脚，将柱底端直接插入钢筋混凝土杯形基础的杯口中（图 6-30）。插入式基础主要需要验算钢柱与二次浇灌层（采用细石混凝土）之间的粘剪力以及杯口的抗冲切强度。插入式柱脚插入混凝土基础杯口的深度应符合表 6-4 的规定，实腹截面柱柱脚应按照埋入式柱脚所需埋深计算，双肢格构柱柱脚应根据下列公式计算：

$$d \geqslant \frac{N}{f_t \cdot S} \tag{6-71}$$

$$S = \pi(D+100) \tag{6-72}$$

式中 N——柱肢轴向拉力设计值；

     f_t——杯口内二次浇灌层细石混凝土抗拉强度设计值（N/mm^2）；

     S——柱肢外轮廓线的周长，对圆管柱可按式（6-72）计算。

插入式柱脚设计还应符合下列规定：H 形钢实腹柱宜设柱底板，钢管柱应设柱底板，底板应设排气孔或浇筑孔。实腹柱柱底至基础杯口底的距离不应小于 50mm，当有柱底板时，其距离可采用 150mm。实腹柱、双肢格构柱杯口基础底板应验算柱吊装时局部受压和冲切承载力，宜采用便于施工时临时调整的技术措施。杯口基础的杯壁应根据柱底部内

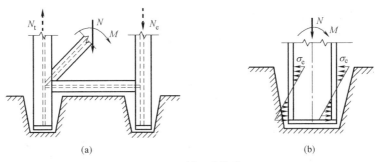

图 6-30　插入式柱脚

力设计值作用于基础顶面配置钢筋，杯壁厚度不应小于现行国家标准《建筑地基基础设计规范》GB 50007—2011 的有关规定。

【例题 6-5】　设计一轴心受压格构式柱铰接柱脚。柱脚形式如图 6-31 所示，轴心压力设计值 $N = 2000\text{kN}$（包括柱自重）。基础混凝土强度等级为 C20。钢材为 Q235，焊条为 E43 系列。

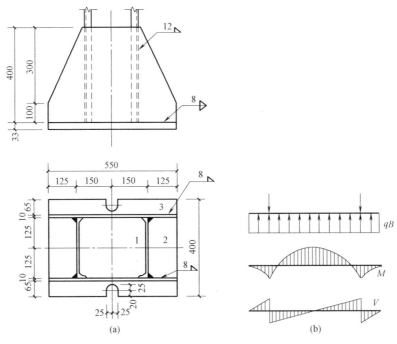

图 6-31　例 6-5 示意图

【解】　柱脚采用 2 个 M20 锚栓。

（1）底板尺寸确定

C20 混凝土 $f_c = 9.6\text{N/mm}^2$，设局部承压的提高系数 $\beta = 1.1$，则 $\beta f_c = 1.1 \times 9.6 = 10.56\text{N/mm}^2$。

螺栓孔面积 $A_0 = 2\left(50 \times 20 + \dfrac{\pi \times 50^2}{8}\right) = 3960\text{mm}^2$。

需要底板面积 $A = LB = \dfrac{N}{f_c} + A_0 = \dfrac{2000 \times 10^3}{10.56} + 3960 = 1.9 \times 10^5\text{mm}^2$。

取底板宽度 $B = 250 + 2 \times 10 + 2 \times 65 = 400$ mm。

需要底板长度 $L = A/B = 1.9 \times 10^5 / 400 = 475$ mm，取 $L = 550$ mm。

基础对底板单位面积作用的压应力：

$$q = \frac{N}{LB - A_0} = \frac{2000 \times 10^3}{(550 \times 400 - 3960)} = 9.26 \text{N/mm}^2 < \beta f c = 10.56 \text{N/mm}^2,$$

满足要求。

按底板的三种区格分别计算其单位宽度上的最大弯矩。

区格 1 为四边简支板，$b/a = 300/250 = 1.2$，查表 6-2 得 $\alpha = 0.063$，则有：

$$M_4 = \alpha q a^2 = 0.063 \times 9.26 \times 250^2 = 36461.25 \text{N} \cdot \text{mm}$$

区格 2 为三边简支板，$b_1/a_1 = 125/250 = 0.5$，查表 6-3 得 $\beta = 0.058$，则有：

$$M_3 = \beta q a_1^2 = 0.058 \times 9.26 \times 250^2 = 33567.5 \text{N} \cdot \text{mm}$$

区格 3 为悬臂板：

$$M_1 = q c^2 / 2 = 9.26 \times 65^2 / 2 = 19561.75 \text{N} \cdot \text{mm}$$

按最大弯矩 $M_{\max} = M_4 = 36461.25 \text{N} \cdot \text{mm}$ 计算底板厚度，取厚度 t 为 16～40mm，$f = 205 \text{N/mm}^2$，则有：

$$t = \sqrt{6 \times M\max / f} = \sqrt{6 \times 36461.25 / 205} = 32.7 \text{mm}, \quad 取 t = 34 \text{mm}$$

（2）靴梁设计计算

靴梁与柱身共用 4 条竖直焊缝连接，取靴梁板厚度为 10mm，根据构造要求，取 $h_f = 12$mm（焊脚尺寸最大值），此时焊缝长度最小，靴梁高度也最小。每条焊缝需要的长度为：

$$l_w = \frac{N}{4 \times 0.7 h_f f_f^w} = \frac{2000 \times 10^3}{4 \times 0.7 \times 12 \times 160} = 372.0 \text{mm} < l_{w\max} = 60 h_f = 60 \times 10 = 600 \text{mm}$$

满足构造要求。

靴梁高度不小于 $l_w + 2h_f = 372 + 2 \times 12 = 396$mm，取靴梁高度为 400mm。

一块靴梁板承受的线荷载为 $qB/2 = 9.26 \times 400/2 = 1852$N/mm。

一块靴梁板承受的最大弯矩：

$$M_支 = qBl^2/4 = 3704 \times 125^2/4 = 1.447 \times 10^7 \text{N} \cdot \text{mm}$$

$$M_中 = qBl^2/16 - M_支 = 3704 \times 300^2/16 - 1.447 \times 10^7 = 0.627 \times 10^7 \text{N} \cdot \text{mm}$$

$$\sigma = \frac{M_{\max}}{W} = \frac{6 \times 1.447 \times 10^7}{10 \times 400^2} = 54.3 \text{N/mm}^2 < f = 215 \text{N/mm}^2$$

满足要求。

靴梁板承受的最大剪力：

$$V = qBl/2 = 3704 \times 125/2 = 231500 \text{N}$$

$$\tau = 1.5 \frac{V}{A} = 1.5 \times \frac{231500}{400 \times 10} = 86.8 \text{N/mm}^2 < f_V = 125 \text{N/mm}^2$$

满足要求。

（3）靴梁与底板的连接焊缝计算

设 $h_f = 12$mm，$\sum l_w = 2(550 - 2 \times 12) + 4(125 - 2 \times 12) = 1456$mm，则有：

$$\frac{N}{0.7 h_f \sum l_w} = \frac{2000 \times 10^3}{0.7 \times 12 \times 1456} = 163.5 \text{N/mm}^2 \approx f_f^w = 160 \text{N/mm}^2 \text{（仅超出 2.18\%）。}$$

满足要求，设计完毕，柱脚构造如图 6-31 (a) 所示。

本章小结

通过本章学习，我们应当熟练掌握拉弯和压弯构件的强度和刚度计算、压弯构件的整体稳定性计算方法、实腹式压弯构件的局部稳定性计算方法、压弯构件的设计步骤与方法，掌握梁与柱的连接和构件的拼接、柱脚设计。

1. 从材料合理利用的角度出发，在轴力与弯矩共同作用下，如果截面两侧应力水平差异较大，适合设计为非对称截面，应力大侧截面较大；如果截面两侧应力水平差异较小，适合设计为对称截面。长度大、受载大的压弯构件可以采用格构式，一般使弯矩绕虚轴作用。

2. 拉弯与压弯构件的强度以最小净截面处的应力水平来控制设计，可以考虑一定的截面塑性发展。

3. 拉弯与压弯构件的刚度以最大长细比来控制设计，同轴心受压构件。

4. 双轴对称实腹式单向压弯构件弯矩作用平面内发生弯曲失稳，弯矩作用平面外发生弯扭失稳。

5. 弯矩绕虚轴作用的格构式单向压弯构件根据边缘纤维屈服准则计算弯矩作用平面内整体稳定性，在保证分肢稳定性前提下不需要验算整个格构柱的弯矩作用平面外整体稳定性。

6. 实腹式单向压弯构件的翼缘局部稳定性根据塑性开展程度，通过控制翼缘宽厚比得以保证；腹板局部稳定性通过控制腹板高厚比保证，其限值与腹板应力梯度有关。

7. 梁与柱的连接分为铰接和刚接，铰接时梁只向柱传递竖向力，不传递弯矩，一般情况下只将梁端腹板连接到柱子；刚接时梁不仅向柱传递竖向力，同时传递弯矩，一般情况下将梁端腹板与翼缘均可靠连接到柱子。

8. 柱脚分为铰接和刚接。外露式铰接柱脚一般由靴梁、隔板和底板组成，重点考虑竖向力的传递和计算。外露式刚接柱脚需要考虑竖向力和弯矩的传递和计算，由于弯矩引起的底部拉力由锚栓承担。

思考与练习题

6-1　某两端铰支的拉弯构件，作用的力如图 6-32 所示，构件截面无削弱，截面为

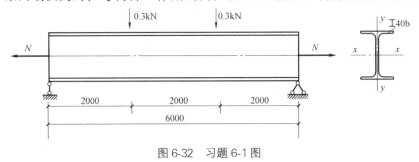

图 6-32　习题 6-1 图

I40b 轧制工字钢，钢材为 Q235A 钢，要求确定构件所能承受的最大轴心拉力设计值。

6-2　某两端铰支的压弯构件，如图 6-33 所示，截面为 I36a 轧制工字钢，钢材为 Q235B 钢，承受轴心压力的设计值为 600kN，构件沿长度方向存在均布荷载设计值为 6.2kN/m。试验算此压弯构件在弯矩作用平面内的稳定有无保证？为保证弯矩作用平面外的稳定需设置至少几个侧向中间支承点？

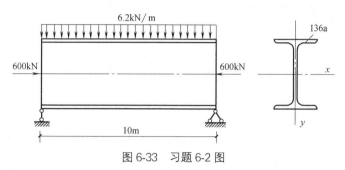

图 6-33　习题 6-2 图

6-3　某焊接工字钢截面压弯构件，两端铰支，长度为 12m，在弯矩作用平面外在构件中部有一个支承点，如图 6-34 所示。构件承受轴心压力设计值 $N=800$kN，在构件两端分别承受弯矩设计值 $M_A=80$kN·m 和 $M_B=120$kN·m，翼缘为火焰切割边，钢材为 Q235B，要求设计构件的截面尺寸。

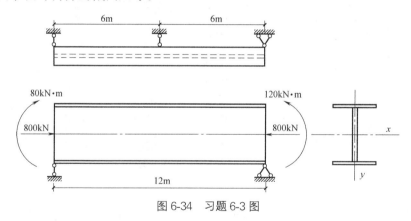

图 6-34　习题 6-3 图

6-4　某压弯构件的截面如图 6-35 所示，该截面有轴心压力设计值 $N=760$kN，主轴平面内弯矩设计值 $M=450$kN·m，钢材采用 Q235 钢材，试验算该构件是否满足局部稳定性要求。

6-5　设计双轴对称的焊接工字形截面柱的截面尺寸，翼缘为火焰切割边。柱的上端作用着轴心压力 $N=2500$kN（设计值）和水平力 $H=300$kN（设计值）。在弯矩作用的平面内，柱的下端与基础刚性固定，而上端可以自由移动。在侧向有如图 6-36 所示的支撑体系。材料用 Q235B 钢。

6-6　某框架柱的截面和缀条形式如图 6-37 所示。框架柱高 6m，采用轧制工字钢 I25a 做柱的分肢。缀条为单角钢 L45×4，其倾角为 45°，侧向支撑的布置如图 6-37 所

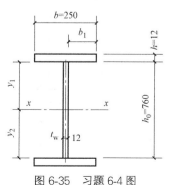

图 6-35　习题 6-4 图

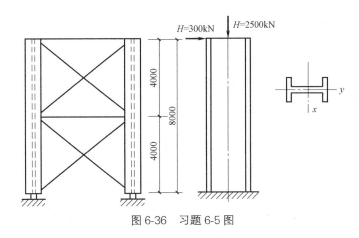

图 6-36   习题 6-5 图

示。柱的上端与横梁铰接,下端与基础刚接。框架的顶端作用水平力 72kN（设计值）,按柱的抗弯刚度分配给三个柱。每根柱沿柱轴线作用压力 1250kN（设计值）。钢材用 Q235A 钢。不计框架顶端侧移对柱的轴心压力的影响,验算柱截面和缀条是否满足设计要求。

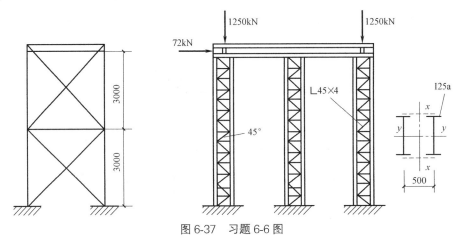

图 6-37   习题 6-6 图

6-7   图 6-38 为一单层厂房框架柱的下柱,在框架平面内（属有侧移框架柱）的计算

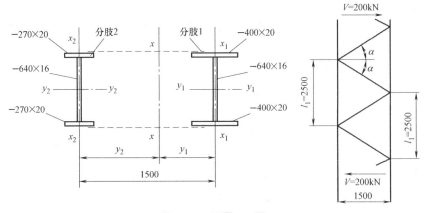

图 6-38   习题 6-7 图

长度为 $l_{0x}=21\text{m}$，在框架平面外的计算长度（作为两端铰接）$l_{0y}=12\text{m}$，缀条为等边单角钢 $\llcorner 100\times8$，钢材为 Q235。试验算此柱在下列组合内力（设计值）作用下是否满足设计要求。第一组（使分肢 1 受压最大）：$M_x=3300\text{kN}\cdot\text{m}$，$N=4500\text{kN}$，$V=200\text{kN}$；第二组（使分肢 2 受压最大）：$M_x=2700\text{kN}\cdot\text{m}$，$N=4400\text{kN}$，$V=200\text{kN}$。

6-8　设计图 6-39 所示截面的轴心受压铰接柱柱脚。已知轴心压力设计值 $N=3600\text{kN}$（静力荷载），钢材为 Q235B，焊条用 E43 型，基础混凝土强度等级为 C20。

6-9　设计习题 6-5 的实腹式压弯构件的柱脚，并按比例画出构造图，基础混凝土的强度等级为 C20。

6-10　设计习题 6-6 的格构式压弯构件的整体式柱脚，并按比例画出构造图，基础混凝土的强度等级为 C20。

6-11　某厂房单阶柱的下段柱截面如图 6-40 所示，钢材为 Q235A。最大内力设计值（包括柱自重）为轴心压力 $N=2650\text{kN}$，绕虚轴弯矩 $M_x=\pm2000\text{kN}\cdot\text{m}$，剪力 $V=\pm250\text{kN}$。基础混凝土的强度等级为 C20。设计此厂房柱的柱脚。

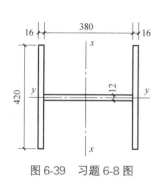

图 6-39　习题 6-8 图

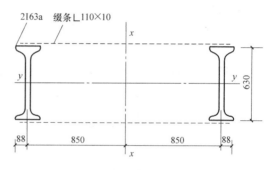

图 6-40　习题 6-11 图

第7章　单层厂房钢结构

本章要点及学习目标

本章要点：
(1) 单层厂房钢结构的形式及其结构布置；
(2) 计算原理；
(3) 屋盖结构；
(4) 框架柱的设计。

学习目标：
(1) 了解单层厂房钢结构的结构体系和布置；
(2) 理解荷载与作用效应计算；
(3) 掌握钢屋盖支撑系统的组成与布置方式；
(4) 掌握钢屋盖的结构分析和设计方法；
(5) 掌握框架柱的设计方法。

7.1　单层厂房钢结构的形式及其结构布置

单层钢结构房屋可分为民用房屋和工业房屋两种。随着国民经济的迅速发展、对建筑结构抗震性能的日益重视，单层钢结构民用房屋被广泛应用于大众文化交流、体育娱乐等重要设施，如剧院、展览馆、体育场馆、会展中心、候车厅、超市等公共建筑，以及飞机库、汽车库等。

单层厂房钢结构是工业建筑中较为常见的结构形式，其基本承重结构通常采用框架结构体系。这种体系能够保证必要的横向刚度，同时其净空又能满足使用上的要求；在刚度较弱的纵向则通过支撑系统保证必要的刚度，限制水平位移在允许范围内。

单层厂房钢结构必须具有足够的强度、刚度和稳定性，以抵抗来自屋面、墙面、吊车设备等的各种竖向及水平荷载的作用，在有抗震设防要求的情况下还要确保其能安全地承受地震作用。

单层厂房钢结构根据其承受的荷载和吊车吨位大小可以分为普通钢结构厂房和轻型钢结构厂房两类，本章介绍普通钢结构单层厂房的主要内容。

7.1.1　单层厂房钢结构的结构体系及组成

单层厂房钢结构一般是由屋盖结构（由屋面板、檩条、天窗、屋架或梁、托架等组成）、柱、吊车梁（包括制动梁或制动桁架）、墙架、各种支撑和基础等构件组成的空间体系，承受并传递作用在厂房结构上的各种荷载与作用，是整个建筑物的承重骨架。单层厂房构造简图（图7-1），各组成部分功能分述如下：

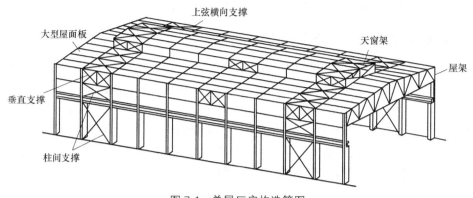

图 7-1 单层厂房构造简图

1. 横向框架

横向框架由柱和它所支承的屋架或屋盖横梁组成，是单层厂房钢结构的主要承重体系，承受结构的自重、风荷载、雪荷载、吊车荷载和地震作用等，并把这些荷载传递到基础。

2. 纵向框架

纵向框架由柱、托架、吊车梁及柱间支撑等构成。其作用是保证厂房骨架的纵向几何不变性和刚度，承受纵向水平荷载（吊车的纵向制动力、纵向风荷载、纵向地震作用等）并传递到基础。

3. 屋盖结构

屋盖结构是承担屋面荷载的结构体系，包括横向框架的横梁或屋架、托架、中间屋架、天窗架、檩条、屋面板等。单层厂房钢结构具有跨度大、高度高、吊车起重量大的特点，屋盖可以采用钢屋架-大型屋面板结构体系、钢屋架-檩条-轻型屋面板结构体系或横梁-檩条-轻型屋面板结构体系。屋盖结构承受屋面荷载和风荷载作用，并把这些荷载通过横向框架或纵向框架传递到基础。

4. 支撑体系

支撑体系包括屋盖支撑（横向水平支撑、纵向水平支撑、垂直支撑、系杆等）、柱间支撑及其他附加支撑。支撑系统与屋面板（或檩条）、托架、吊车梁等构件一起将各个单独的横向平面框架联系成稳定的空间结构体系，保证结构的整体刚度和稳定性，支撑系统承受风荷载及吊车制动力等水平作用。

5. 吊车梁和制动梁（或制动桁架）

厂房中由于生产工艺需要常设置桥式吊车，吊车本身自重和起吊的重物产生竖向荷载，吊车启动和刹车产生水平荷载。吊车梁和制动梁（或制动桁架）主要承受吊车竖向及水平荷载，并将这些荷载传到横向框架和纵向框架上。

6. 墙架系统

墙架一般由墙架梁和墙架柱（也称抗风柱）等组成，主要承受墙体的自重和墙面风荷载。对纵向柱距较小的侧墙，只设墙架梁；对山墙和纵向柱距较大的侧墙则需加设墙架柱作为墙架梁的支承。墙架柱下端设基础，上端连于屋盖上弦或下弦水平支撑的节点上。

此外，由于使用要求，厂房中还有一些次要构件如楼梯、走道、门窗等。在某些单层厂房钢结构中，由于工艺操作上的要求，还设有工作平台。

7.1.2　厂房结构的设计步骤及内容

第一步，要对厂房的建筑和结构进行合理规划，使其满足工艺和使用要求，并考虑将来可能发生的生产流程变化和发展，使车间具备扩建、提升工艺或转产的可能；

第二步，根据钢材选择的原则，使结构安全可靠地满足要求，又要尽最大可能节约钢材，降低造价，同时考虑结构的类型和重要性、荷载的性质、应力状态、连接方法、工作环境、钢材厚度和价格等因素，选用合适的钢材牌号和材性保证项目及连接材料；

第三步，根据工艺设计确定车间平面及高度方向的主要尺寸，同时布置柱网和温度伸缩缝，选择承重框架的主要尺寸；

第四步，布置屋盖结构、吊车梁结构、支撑体系及墙架体系，按设计资料进行内力计算、构件及连接设计；

第五步，绘制施工图，设计时应尽量采用构件及连接构造的标准图集。

7.1.3　柱网布置

柱网布置就是确定单层厂房钢结构承重柱在平面上的排列，即确定厂房的纵向和横向定位轴线所形成的网格，如图 7-2 所示。单层厂房钢结构的跨度就是柱子纵向定位轴线之间的尺寸，柱距就是柱子在横向定位轴线之间的尺寸。

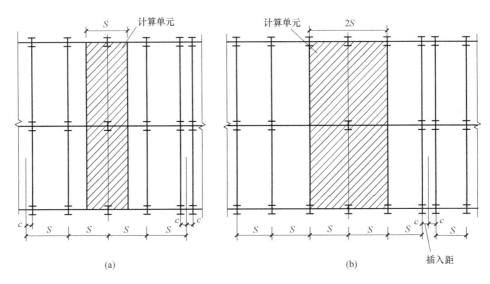

图 7-2　柱网布置和温度伸缩缝
(a) 各列柱距相等；(b) 中列柱有抽柱

进行柱网布置时，应注意以下几方面的问题：

1. 应满足生产工艺要求

厂房是直接为工业生产服务的，不同性质的厂房具有不同的生产工艺流程，各种工艺流程所需主要设备、产品尺寸和生产空间都是决定跨度和柱距的主要因素。柱子的位置（包括柱下基础的位置）应和地上及地下设备、机械及起重运输设备等相协调。此外，柱网布置尚应考虑未来生产发展和生产工艺的可能变动。

2. 应满足结构的要求

为了保证车间的正常使用，使厂房满足强度、刚度和稳定性的要求，应尽量将柱子布置在同一轴线上，尽量减少屋架跨度和柱距的类别。

3. 应符合经济合理的原则

从经济观点来看，柱子纵向间距的大小对结构重量影响较大。柱距越大，柱及基础所用的材料就越少，但屋盖结构和吊车梁的重量将随之增加。在柱子较高、吊车起重量较小的车间中，放大柱距可能会收到经济效果。经济的柱距应使总用钢量最少，一般要进行方案比较才能决定。

在一般车间中，边列柱的间距采用 6m 较经济。各列柱距相等，且又接近于最经济柱距的柱网布置亦最为合理。但是，在某些场合下，由于工艺条件的限制或为了增加厂房的有效面积或考虑到将来工艺过程可能改变等情况，往往需要采用不相等的柱距。

一般而言，柱子用钢量随跨度的增大而减小，因此在厂房面积一定时采用较大跨度比较有利。近来国内外厂房都有扩大柱网尺寸的趋向（特别是轻型和中型车间），设计成能适用于多种生产件的灵活车间，以适应工艺过程的可能改变，同时可节约车间面积和降低安装劳动量，如日本、德国新建厂房的柱距一般为 12m、15m 甚至更大，而且把 15m 作为冷、热轧车间的经济柱距。

构件的统一化和标准化可降低制作和安装费用，因而设计时，跨度小于或等于 18m时，应以 3m 为模数；跨度大于 18m 时，则以 6m 为模数；厂房的柱距一般采用 6m 较为经济，当生产工艺有特殊要求时，也可采用局部抽柱的布置方案，即柱距做成 12m；对某些有扩大柱距要求的单层厂房钢结构也可采用 9m 及 12m 柱距。

一般当厂房内吊车起重量 $Q \leqslant 1000$kN、轨顶标高 $H \leqslant 14$m 时，边列柱采用 6m，中列柱采用 12m 柱距；当吊车起重量 $Q = 1500$kN、轨顶标高 $H \leqslant 16$m 时，或当地基条件较差，处理较困难时，边列柱与中列柱均宜采用 12m 柱距。

7.1.4 温度伸缩缝

温度变化将引起结构变形，使厂房钢结构产生温度应力。故当厂房平面尺寸较大时，为避免产生过大的温度变形和温度应力，应在厂房的横向和纵向设置温度伸缩缝，其布置决定于厂房的纵向和横向长度。

纵向很长的厂房在温度变化时，纵向构件伸缩的幅度较大，引起整个结构变形，使构件内产生较大的温度应力和温度变形，并可能导致墙体和屋面的破坏。为了避免这种不利后果的产生，常采用横向温度伸缩缝将单层厂房钢结构分成伸缩时互不影响的温度区段。按《标准》规定，当单层房屋和露天结构的温度区段长度不超过表 7-1 的数值时，一般情况下可不考虑温度应力和温度变形的影响。

在结构的设计过程中，当考虑温度变化的影响时，温度的变化范围可根据地点、环境、结构类型及使用功能等实际情况确定。

钢结构房屋温度区段长度限值（m）　　　　　　　　　　　表 7-1

结构情况	纵向温度区段 （垂直屋架或构架跨度方向）	横向温度区段 （沿屋架或构架跨度方向）	
		柱顶为刚接	柱顶为铰接
采暖房屋和非采暖地区的房屋	220	120	150
热车间和采暖地区的非采暖房屋	180	100	125
露天结构	120	—	—
围护构件为金属压型钢板的房屋	250	150	

注：1. 围护结构可根据具体情况参照有关规范单独设置伸缩缝。

　　2. 无桥式起重机房屋的柱间支撑和有桥式起重机房屋吊车梁或吊车桁架以下的柱间支撑，宜对称布置于温度区段中部。当不对称布置时，上述柱间支撑的中点（两道柱间支撑时为两柱间支撑的中点）至温度区段端部的距离不宜大于表 7-1 纵向温度区段长度的 60%。

　　3. 当横向为多跨高低屋面时，横向温度区段长度可适当增加。

　　4. 当有充分依据或可靠措施时，表中数字可予以增减。

温度伸缩缝最普遍的做法是设置双柱，即在缝的两旁布置两个无任何纵向构件联系的横向框架，使温度伸缩缝的中线和定位轴线重合（图 7-2a）；在设备布置条件不允许时，可采用插入距的方式（图 7-2b），将缝两旁的柱放在同一基础上，其轴线间距一般可采用 1m，对于重型厂房由于柱的截面较大，要放大到 1.5m 或 2m，甚至 3m，方能满足温度伸缩缝的构造要求。为节约钢材也可采用单柱温度伸缩缝，即在纵向构件（如托架、吊车梁等）支座处设置滑动支座，以使这些构件有伸缩的余地。在地震区宜采用双柱伸缩缝。

当厂房宽度较大时，也应该按《标准》的规定布置纵向温度伸缩缝。

7.1.5　主要尺寸

横向平面框架的主要尺寸包括框架的跨度和高度，如图 7-3 所示。框架的跨度，一般取为上部柱中心线间的横向距离，可由下式确定：

$$L_0 = L_k + 2S \tag{7-1}$$

$$S = B + D + b_1/2 \tag{7-2}$$

式中　L_k——桥式吊车的跨度；

　　　S——吊车梁轴线至上段柱轴线的距离（图 7-3a），对于中型厂房一般采用 0.75m 或 1m，重型厂房则为 1.25m 至 2.0m；

　　　B——吊车桥架悬伸长度，可由吊车样本查得；

　　　D——吊车外缘和柱内边缘之间的必要空隙；当吊车起重量不大于 500kN 时，不宜小于 80mm；当吊车起重量大于或等于 750kN 时，不宜小于 100mm；当在吊车和柱之间需要设置安全走道时，则 D 不得小于 400mm；

　　　b_1——上段柱宽度。

框架高度 H 为由柱脚底面到横梁下弦底部的距离，由下式确定：

$$H = h_1 + h_2 + h_3 \tag{7-3}$$

式中　h_1——地面至柱脚底面的距离（中型车间约为 0.8~1.0m，重型车间为 1.0~1.2m）；

　　　h_2——地面至吊车轨顶的高度，由工艺要求决定；

　　　h_3——吊车轨顶至屋架下弦底面的距离，由式（7-4）确定。

$$h_3 = A + 100 + (150 \sim 200) \tag{7-4}$$

式中　A——吊车轨道顶面至起重小车顶面之间的距离；

100——为制造、安装误差留出的空隙（mm）；

150～200——考虑屋架的挠度和下弦水平支撑角钢的卜伸等所留的空隙（mm）。

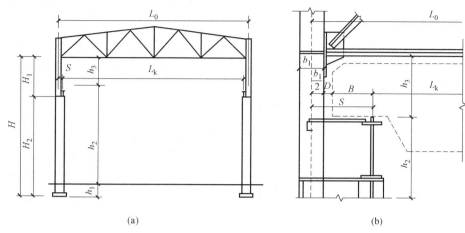

(a)　　　　　　　　　　　(b)

图 7-3　框架的主要尺寸

(a) 横向框架主要尺寸；(b) 柱与吊车梁轴线间的净空

吊车梁的高度可按 $(1/12 \sim 1/5)L$ 选用，L 为吊车梁的跨度，吊车轨道高度可根据吊车起重量决定。

框架横梁一般采用梯形或人字形屋架，其形式和尺寸参见本章 7.3.2 节。

7.2　计算原理

习惯上将单层厂房钢结构简化为平面框架分析并计算内力，这种方法计算简图简洁，受力明确，计算量较小，适合手工计算，本书仍然较详细地介绍这种方法。分析中将墙架结构、吊车梁系统等均以明显的集中力方式作用于框架上，必要时亦可将框架的自重用静力等效原则化作集中力，作用于框架上。

7.2.1　计算简图

单层厂房钢结构一般由横向框架作为承重结构，横梁与柱子的连接可以是铰接，亦可以是刚接，相应地，称横向框架为铰接框架（又称排架）或刚接框架。

在多跨时，特别在吊车起重量不很大和采用轻型围护结构时，适宜采用铰接框架。以下几种情况宜采用梁柱刚接：①设有硬钩吊车的厂房；②设有两层吊车的厂房；③设有软钩重级吊车；④高跨比 $H/L \geqslant 1.5$ 且跨度 $L \geqslant 24\mathrm{m}$。各个横向框架之间由屋面板或檩条、托架、屋盖支撑等纵向构件相互连接在一起，故框架实际上是空间工作的结构，应按空间工作计算才比较合理和经济，但由于计算较繁琐，工作量大，所以通常均简化为单个的平面框架（图 7-5）来计算。框架计算单元的划分应根据柱网的布置确定（图 7-2），使纵向每列柱至少有一根柱参加框架工作，应将受力最不利的柱划入计算单元中。对于各列柱距均相等的单层厂房钢结构，只计算一榀框架。对有抽柱的计算单元，一般以最大柱距作为划分计算单元的标准，其界限最好采用柱距的中心线，也可以采用柱的轴线，如采用后

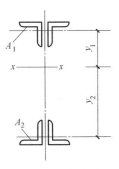

图 7-4 屋架跨中
截面几何尺寸

者，则对计算单元的边柱只应计入柱的一半刚度，作用于该柱的荷载也只计入一半。

对于由格构式横梁和阶形柱（下部柱为格构柱）所组成的横向框架，一般需考虑桁架式横梁和格构柱的腹杆或缀条变形的影响，将惯性矩（对高度有变化的桁架式横梁按平均高度计算）乘以折减系数 η，简化成实腹式横梁和实腹式柱。屋架跨中截面几何尺寸，如图 7-4 所示。

1. 横梁简化为实腹式梁

$$I_B = (A_1 y_1^2 + A_2 y_2^2)\eta \tag{7-5}$$

式中 A_1、A_2——分为桁架上下弦杆的毛截面面积；

         y_1、y_2——分别为上下弦杆的形心到桁架轴线的距离；

       η——折减系数，坡度为 $1/10 \sim 1/8$ 时为 0.7，$1/15 \sim 1/12$ 时为 0.8，0 时为 0.9。

2. 格构柱简化为实腹式柱

等效惯性矩：

$$I_c = I_{c1} \times 0.9 \tag{7-6}$$

式中 I_{c1}——格构式柱的毛截面惯性矩。

注意：阶梯式柱的轴线以上柱轴线为准；柱各段荷载偏心距仍按各段轴线计算。

3. 柱子与基础简化

地基条件好，基础转角小，可认为刚接；地质条件差，基础转角不可忽略，要考虑基础转角产生的附加内力。

4. 横梁进一步简化

对柱顶刚接的横向框架，当满足式（7-7）条件时，可近似认为横梁在水平荷载作用下刚度为无穷大，否则横梁按有限刚度考虑：

$$\frac{K_{AB}}{K_{AC}} \geqslant 4 \tag{7-7}$$

式中 K_{AB}——横梁远端固定，使近端 A 点转动单位角时在 A 点所需施加的力矩值；

       K_{AC}——柱基础处固定，使 A 点转动单位角时在 A 点所需施加的力矩值。

框架的计算跨度 L_0（或 L_{01}、L_{02}）取为两上柱轴线之间的距离（图 7-5）。

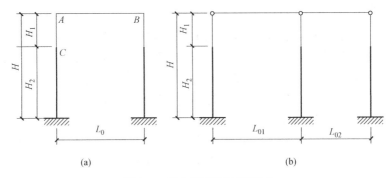

图 7-5 横向框架的计算简图

（a）柱顶刚接；（b）柱顶铰接

横向框架的计算高度 H：柱顶刚接时，可取为柱脚底面至框架下弦轴线的距离（横梁假定为无限刚性）（图 7-6a），或柱脚底面至横梁端部形心的距离（横梁为有限刚性）（图 7-6b）；柱顶铰接时，应取为柱脚底面至横梁主要支承节点间距离（图 7-6c、d）。对阶形柱应以肩梁上表面作分界线将 H 划分为上部柱高度 H_1 和下部柱高度 H_2。

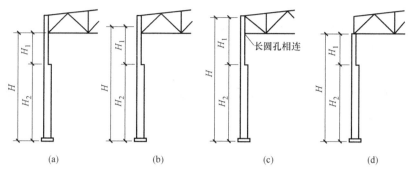

图 7-6 横向框架的高度取值方法

(a) 柱顶刚接，横梁视为无限刚性；(b) 柱顶刚接，横梁视为有限刚性；
(c) 柱顶铰接，横梁为上承式；(d) 柱顶铰接，横梁为下承式

7.2.2 横向框架的荷载

1. 荷载类型

单层厂房结构的荷载可分为三类：

（1）永久荷载，包括屋盖系统、柱、吊车梁系统、墙架、墙板及设备管道等的自重。

（2）可变荷载，包括风荷载、雪荷载、积灰荷载、屋面均布活荷载、吊车荷载、地震作用等。

（3）偶然荷载，包括爆炸、撞击、火灾及其他偶然出现的灾害引起的荷载。

荷载标准值及它们的分项系数、组合系数等，可参阅《建筑结构可靠性设计统一标准》GB 50068—2018（后面简称《统一标准》）、《建筑结构荷载规范》GB 50009—2012（后面简称《荷载规范》）、《建筑抗震设计规范》GB 50011—2010（2016 年版）（后面简称《抗震规范》）和吊车手册。

2. 荷载组合

建筑结构设计时应区分下列设计状况：

（1）持久设计状况，适用于结构使用时的正常情况；

（2）短暂设计状况，适用于结构出现的临时情况，包括结构施工和维修时的情况等；

（3）偶然设计状况，适用于结构出现的异常情况，包括结构遭受火灾、爆炸、撞击时的情况等；

（4）地震设计状况，适用于结构遭受地震时的情况，在抗震设防地区必须考虑地震设计状况。

结构或结构构件的破坏或过度变形的承载能力极限状态设计，应符合式（7-8）要求：

$$\gamma_0 S_d \leqslant R_d \tag{7-8}$$

式中　γ_0——结构重要性系数，安全等级为一级或使用年限为 100 年及以上的结构构

件，不应小于 1.1；二级或使用年限为 50 年的结构构件，不应小于 1.0；三级或使用年限为 5 年的结构构件，不应小于 0.9；对偶然设计状况和地震设计状况取 1.0；钢结构的安全等级和设计使用年限应符合现行国家标准《统一标准》和《工程结构可靠性设计统一标准》GB 50153—2008 的规定；

S_d——不考虑地震作用时，荷载效应组合的设计值；

R_d——结构构件承载力的设计值，$R_d = R_k / \gamma_R$；

R_k——抗力标准值；

γ_R——材料抗力分项系数，Q235 钢的抗力分项系数为 1.087，Q355 钢的抗力分项系数为 1.111。

根据《荷载规范》《统一标准》，承载能力极限状态设计表达式中的作用组合，应符合下列规定：

（1）作用组合应为可能同时出现的作用的组合；

（2）每个作用组合中应包括一个主导可变作用或一个偶然作用或一个地震作用；

（3）当结构中永久作用位置的变异，对静力平衡或类似的极限状态设计结果很敏感时，该永久作用的有利部分和不利部分应分别作为单个作用；

（4）当一种作用产生的几种效应非全相关时，对产生有利效应的作用，其分项系数的取值应予降低；

（5）对不同的设计状况应采用不同的作用组合。

对持久设计状况和短暂设计状况，应采用作用的基本组合。

（1）基本组合的效应设计值应按式（7-9）中最不利值确定：

$$S_d = S\left(\sum_{i \geqslant 1} \gamma_{G_i} G_{ik} + \gamma_P P + \gamma_{Q_1} \gamma_{L1} Q_{1k} + \sum_{j > 1} \gamma_{Q_j} \gamma_{Lj} \Psi_{cj} Q_{jk} \right) \tag{7-9}$$

式中　S——作用组合的效应函数；

G_{ik}——第 i 个永久作用的标准值；

P——预应力作用的有关代表值；

Q_{1k}——第 1 个可变作用的标准值；

Q_{jk}——第 j 个可变作用的标准值；

γ_{G_i}——第 i 个永久作用的分项系数，应按表 7-2 的规定采用；

γ_P——预应力作用的分项系数，应按表 7-2 的规定采用；

γ_{Q_1}——第 1 个可变作用的分项系数，应按表 7-2 的规定采用；

γ_{Q_j}——第 j 个可变作用的分项系数，应按表 7-2 的规定采用；

γ_{L1}、γ_{Lj}——第 1 个和第 j 个考虑结构设计使用年限的荷载调整系数，应按表 7-3 的规定采用；

Ψ_{cj}——第 j 个可变作用的组合值系数，应按有关规范的规定采用。

在作用组合的效应函数 S 中，符号"$\sum$"和"$+$"均表示组合，即同时考虑所有作用对结构的共同影响，而不表示代数相加。

（2）当作用与作用效应按线性关系考虑时，基本组合的效应设计值应按式（7-10）中最不利值计算：

$$S_d = \sum_{i \geqslant 1} \gamma_{G_i} S_{G_{ik}} + \gamma_p S_P + \gamma_{Q_1} \gamma_{L1} S_{Q_{1k}} + \sum_{j>1} \gamma_{Q_j} \gamma_{Lj} \Psi_{cj} S_{Q_{jk}} \qquad (7\text{-}10)$$

式中　$S_{G_{ik}}$——第 i 个永久作用标准值的效应；

S_P——预应力作用有关代表值的效应；

$S_{Q_{1k}}$——第 1 个可变作用标准值的效应；

$S_{Q_{jk}}$——第 j 个可变作用标准值的效应。

建筑结构作用分项系数　　　　　　表 7-2

作用分项系数	当作用效应对承载力不利时	当作用效应对承载力有利时
γ_G	1.3	$\leqslant 1.0$
γ_P	1.3	1.0
γ_Q	1.5	0

楼面和屋面活荷载考虑设计使用年限的调整系数 γ_L　　　　表 7-3

结构设计使用年限(年)	5	50	100
γ_L	0.9	1.0	1.1

对偶然设计状况，应采用作用的偶然组合。

（1）偶然组合的效应设计值可按下式确定：

$$S_d = S\left[\sum_{i \geqslant 1} G_{ik} + P + A_d + (\Psi_{f1} \text{ 或 } \Psi_{q1}) Q_{1k} + \sum_{j>1} \Psi_{qj} Q_{jk} \right] \qquad (7\text{-}11)$$

式中　A_d——偶然作用的设计值；

Ψ_{f1}——第 1 个可变作用的频遇值系数，应按有关规范的规定采用；

Ψ_{q1}、Ψ_{qj}——第 1 个和第 j 个可变作用的准永久值系数，应按有关规范的规定采用。

（2）当作用与作用效应按线性关系考虑时，偶然组合的效应设计值可按式（7-12）计算：

$$S_d = \sum_{i \geqslant 1} S_{G_{ik}} + S_P + S_{A_d} + (\Psi_{f1} \text{ 或 } \Psi_{q1}) S_{Q_{1k}} + \sum_{j>1} \Psi_{qj} S_{Q_{jk}} \qquad (7\text{-}12)$$

式中　S_{A_d}——偶然作用设计值的效应。

地震作用效应和其他荷载效应的基本组合。根据《抗震规范》，结构构件的地震作用效应和其他荷载效应的基本组合，应按式（7-13）计算：

$$S = \gamma_G S_{GE} + \gamma_{Eh} S_{Ehk} + \gamma_{Ev} S_{Evk} + \Psi_w \gamma_w S_{wk} \qquad (7\text{-}13)$$

式中　S——结构构件内力组合的设计值，包括组合的弯矩、轴向力和剪力设计值等；

γ_G——重力荷载分项系数，一般情况应取 1.2，当重力荷载效应对构件承载能力有利时，不应大于 1.0；

γ_{Eh}、γ_{Ev}——分别为水平、竖向地震作用分项系数，见《抗震规范》；

S_{GE}——重力荷载代表值的效应，可按《抗震规范》第 5.1.3 条采用，但有吊车时，尚应包括悬吊物重力标准值的效应；

S_{Ehk}——水平地震作用标准值的效应，尚应乘以相应的增大系数或调整系数；

S_{Evk}——竖向地震作用标准值的效应，尚应乘以相应的增大系数或调整系数；

S_{wk}——风荷载标准值的效应；

Ψ_w——风荷载组合值系数，一般结构取 0，风荷载起控制作用的建筑应采用 0.2；

γ_w——风荷载的分项系数。

建筑结构抗震设计，应根据不同地震烈度符合下列结构性能基本设防目标要求：

（1）对多遇地震烈度，结构主体不受损坏或不需修复即可继续使用；

（2）对设防地震烈度，可能发生损坏，但经一般修复仍可继续使用；

（3）对罕遇地震烈度，不致倒塌或发生危及生命的严重破坏。

计算排架考虑多台吊车竖向荷载时，对单层吊车的单跨厂房的每个排架，参与组合的吊车台数不宜多于 2 台；对单层吊车的多跨厂房的每个排架，不宜多于 4 台。对双层吊车的单跨厂房宜按上层和下层吊车分别不多于 2 台进行组合；对双层吊车的多跨厂房宜按上层和下层吊车分别不多于 4 台进行组合，且当下层吊车满载时，上层吊车应按空载计算；上层吊车满载时，下层吊车不应计入。考虑多台吊车水平荷载时，对单跨或多跨厂房的每个排架，参与组合的吊车台数不应多于 2 台。计算排架时，多台吊车的竖向荷载和水平荷载的标准值，应乘以表 7-4 中规定的折减系数。

多台吊车的荷载折减系数

表 7-4

参与组合的吊车台数	吊车工作级别	
	A1～A5	A6～A8
2	0.90	0.95
3	0.85	0.90
4	0.80	0.85

对框架横向长度超过容许的温度缝区段长度而未设置伸缩缝时，则应考虑温度变化的影响；对地基土质较差、变形较大或厂房中有较重的大面积地面荷载时，则应考虑基础不均匀沉降对框架的影响。

雪荷载一般不与屋面均布活荷载同时考虑，积灰荷载与雪荷载或屋面均布活荷载两者中的较大值同时考虑。屋面荷载化为均布的线荷载作用于框架横梁上。当无墙架时，纵墙上的风力一般作为均布荷载作用在框架柱上；有墙架时，尚应计入由墙架柱传于框架柱的集中风荷载。作用在框架横梁轴线以上的桁架及天窗上的风荷载按框架横梁轴线上的集中荷载计算。

3. 正常使用极限状态设计的组合

对于正常使用极限状态设计，根据《荷载规范》，考虑荷载效应的标准组合，采用荷载标准值和变形限值按（7-14）式进行设计：

$$S_d \leqslant C \tag{7-14}$$

式中　C——结构或构件达到正常使用要求的规定限值，见《标准》；

　　　S_d——作用组合的效应设计值，如变形、裂缝等的设计值。

按正常使用极限状态设计时，可根据不同情况采用作用的标准组合、频遇组合或准永久组合。

1）标准组合

（1）标准组合的效应设计值可按下式确定：

$$S_d = S\left(\sum_{i \geqslant 1} G_{ik} + P + Q_{1k} + \sum_{j > 1} \Psi_{cj} Q_{jk}\right) \tag{7-15}$$

（2）当作用与作用效应按线性关系考虑时，标准组合的效应设计值可按下式计算：

$$S_d = \sum_{i \geqslant 1} S_{G_{ik}} + S_P + S_{Q_{1k}} + \sum_{j > 1} \Psi_{cj} S_{Q_{jk}} \tag{7-16}$$

2）频遇组合

（1）频遇组合的效应设计值可按下式确定：

$$S_d = S\left(\sum_{i \geqslant 1} G_{ik} + P + \Psi_{f1} Q_{1k} + \sum_{j > 1} \Psi_{qj} Q_{jk}\right) \tag{7-17}$$

（2）当作用与作用效应按线性关系考虑时，频遇组合的效应设计值可按下式计算：

$$S_d = \sum_{i \geqslant 1} S_{G_{ik}} + S_P + \Psi_{f1} S_{Q_{1k}} + \sum_{j > 1} \Psi_{qj} S_{Q_{jk}} \tag{7-18}$$

3）准永久组合

（1）准永久组合的效应设计值可按下式确定：

$$S_d = S\left(\sum_{i \geqslant 1} G_{ik} + P + \sum_{j > 1} \Psi_{qj} Q_{jk}\right) \tag{7-19}$$

（2）当作用与作用效应按线性关系考虑时，准永久组合的效应设计值可按下式计算：

$$S_d = \sum_{i \geqslant 1} S_{G_{ik}} + S_P + \sum_{j > 1} \Psi_{qj} S_{Q_{jk}} \tag{7-20}$$

7.2.3 内力分析和内力组合

框架内力分析可按结构力学的方法进行，也可利用现成的图表或计算机程序进行。为便于对各构件和连接进行最不利的组合，对各种荷载作用应分别进行框架内力分析。

为了进行框架的构件设计，必须将框架在各种荷载作用下所产生的内力进行最不利组合。要列出上段柱和下段柱的上下端截面中的弯矩 M、轴力 N 和剪力 V，此外还应包括柱脚锚栓的计算内力。每个截面必须组合出 $+M_{max}$ 和相应的 N、V，$-M_{max}$ 和相应的 N、V，N_{max} 和相应的 M、V；对柱脚锚栓则应组合出可能出现的最大拉力。

柱与桁架刚接时，应对横梁的端弯矩和相应的剪力进行组合。最不利组合可分为四组：第一组组合使桁架下弦杆产生最大压力（图 7-7a）；第二组组合使桁架上弦杆产生最大压力，同时也使下弦杆产生最大拉力（图 7-7b）；第三、四组组合使腹杆产生最大拉力或最大压力（图 7-7c、d）。组合时考虑施工情况，只考虑屋面恒载所产生的支座端弯矩和水平力的不利作用，不考虑它的有利作用。

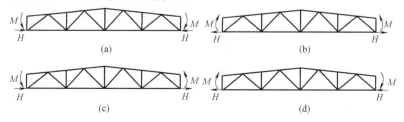

图 7-7 框架横梁端弯矩最不利组合

7.3 屋盖结构

屋盖结构是钢结构厂房的重要组成部分，其用钢量占整个厂房的 $20\%\sim60\%$，因此需要妥善地布置和设计。

单层厂房钢结构中的钢屋盖结构体系通常由平行等间距放置的钢屋架（平面钢桁架）、檩条、屋面材料、托架和天窗架等构件组成。

7.3.1 屋盖体系的组成和布置

1. 屋盖结构体系

1）有檩屋盖

有檩屋盖结构体系（图7-8a）常用于轻型屋面材料的情况，如压型钢板、压型铝合金板、石棉瓦、瓦楞铁皮等。一般适用于较陡的屋面以便排水，常用坡度为 $1:2\sim1:3$，因此常采用三角形屋架作为主要承重构件。

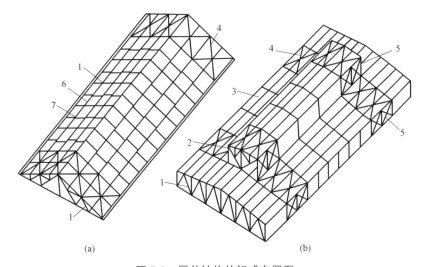

图7-8　屋盖结构的组成布置图
（a）有檩屋盖；（b）无檩屋盖
1—屋架（框架横梁）；2—天窗架；3—大型屋面板；
4—屋架上弦横向水平支撑；5—垂直支撑；6—檩条；7—拉条

有檩体系屋盖可供选用的屋面材料种类较多，屋面布置比较灵活，自重轻、用料省、运输和安装较轻便；但屋面荷载需通过檩条传给屋架，屋面刚度差，构件的种类和数量多，构造较复杂。

2）无檩屋盖

无檩屋盖（图7-8b）一般用于预应力混凝土大型屋面板等重型屋面，将屋面板直接放在屋架或天窗架上，屋面荷载通过大型屋面板直接传给屋架。通常适用于较小屋面坡度，常用坡度为 $1:8\sim1:12$，因此常采用梯形屋架作为主要承重构件。

无檩体系屋盖屋面构件的种类和数量少，构造简单，安装方便，施工速度快，且屋盖刚度大，整体性好，但屋盖自重大，常要增大屋架杆件和下部结构的截面，不利于抗震。

两种屋盖体系各有优缺点，具体设计时应根据建筑物使用要求、结构特性、材料供应情况和施工安装条件等综合考虑而定。

2. 屋盖结构布置

1）柱网布置

屋架的跨度和间距取决于柱网布置，而柱网布置则根据建筑物使用要求和经济合理等各方面因素而定。

无檩屋盖因受大型屋面板尺寸的限制（大型屋面板的尺寸一般为 $1.5m \times 6m$），故屋架跨度一般取 3m 的倍数，常用的有 15m、18m、21m……36m 等，屋架间距为 6m 或 6m的倍数；当柱距超过屋面板长度时，就必须在柱间设置托架，以支承中间屋架（图 7-9）。有檩屋盖的屋架间距和跨度比较灵活，不受屋面材料的限制，比较经济的屋架间距为 $4 \sim 6m$。

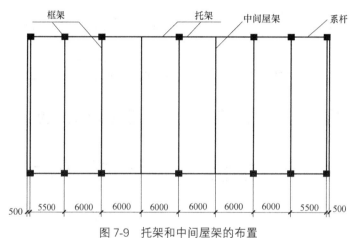

图 7-9 托架和中间屋架的布置

2）天窗架设置

因为采光和通风等需要，屋盖上常需设置天窗。天窗的形式有纵向天窗、横向天窗和井式天窗等三种，一般采用纵向矩形天窗，天窗架形式（图 7-10）。横向天窗和井式天窗可不另设天窗架，只需将部分屋面材料和屋面构件放在屋架下弦，而部分屋面材料和屋面构件设置在上弦，就形成了天窗。这两种天窗的构造和施工都比较复杂，且采光方向可能

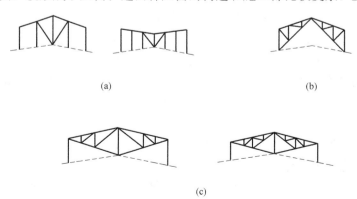

图 7-10 天窗架的形式

（a）多竖杆式；（b）三铰拱式；（c）三支点式

对生产作业人员和吊车司机的工作不利，但用钢量较省。

7.3.2　桁架结构及主要尺寸

1. 桁架的结构型式及其应用

桁架（图 7-11）是指由直杆在端部互相铰接而组成的以抗弯为主的格构式结构，但其杆件在大部分情况下只受轴心拉力或压力，可以是平面的，也可以是空间的。

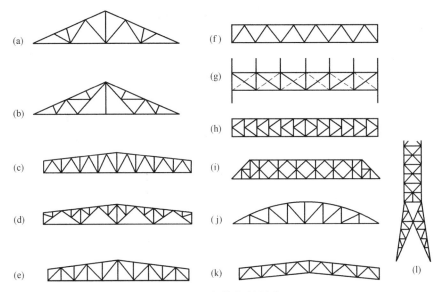

图 7-11　钢桁架的形式

(a) 人字式（三角形）；(b) 芬克式（三角形）；(c)、(e) 普通式（梯形）；

(d) 再分式（梯形）；(f) 单腹式（矩形）；(g) 双腹式（矩形）；

(h) 双斜式（矩形）；(i) 平行弦式；(j) 拱弧形；(k) 起拱式（矩形）；(l) 塔架

桁架在钢结构中应用很广，如工业与民用建筑中的大跨度屋架、水工建筑中各种类型的大跨度钢闸门的纵向连接系统、浮码头的钢引桥、水利施工和海上码头的钢栈桥、海洋采油平台以及各种类型塔架（如输电、钻井、通信及起重机用塔架）等，常用桁架作为承重结构的主要构件。海洋采油平台的桩基导管架是一种空间桁架结构。

在工业与民用房屋建筑中，当跨度比较大时用梁作屋盖的承重结构是不经济的，这时要用桁架——钢屋架。按受力大小、截面形式可分为三类：①普通钢屋架（以角钢为主）；②钢管屋架；③轻型钢屋架。普通钢屋架受力性能好，构造简单，制造安装方便，与支撑体系形成的结构整体刚度大，工作性能可靠，目前主要用于重型厂房和跨度较大的民用建筑的屋盖结构中。普通钢屋架的截面形式为双角钢组成的 T 形或十字形，在杆件交汇处通过节点板相连。

普通钢桁架的外形主要有三角形、梯形和平行弦三种。在确定屋架外形时，应考虑房屋用途、建筑造型和屋面材料的排水等要求。此外，还应考虑建筑的需要，以及设置天窗等方面的要求。从受力角度出发，屋架外形应尽量与弯矩图相近，以使弦杆受力均匀，腹杆受力较小。腹杆的布置应使杆件受力合理、节点构造简单，尽量使长杆受拉、短杆受压，腹杆数量少且总长度短，弦杆不产生局部弯矩。腹杆与弦杆的交角宜在 30°～60°之间，最好在 45°左右。上述种种要求彼此之间往往有矛盾，不能同时满足，应根据具体情况解决主要矛盾，全面考虑，合理设计。

三角形桁架（图 7-11a、b）用于屋面坡度较大的有檩屋盖结构，根据屋面的排水要求，屋架的上弦坡度一般为 1∶2～1∶3。这种屋架与柱多做成铰接，因此房屋的横向刚度较小。屋架弦杆的内力变化较大，弦杆内力在支座处最大，在跨中最小，故弦杆用同一规格截面时，不能充分发挥作用。一般宜用于中、小跨度（18～24m）的轻型屋面结构。荷载和跨度较大时，采用三角形屋架就不够经济。图 7-11（b）是芬克式屋架，它的腹杆受力合理，且可分为两榀小屋架，运输比较方便。为了改善屋架的工作情况，可将三角形屋架的两端高度改为 500mm，可以大大减少屋架支座处上、下弦的内力。

梯形桁架（图 7-11c～e）的外形与弯矩图比较接近，各节间弦杆受力较均匀、受力情况较三角形屋架好，且腹杆较短，一般用于屋面坡度较小的屋盖中。屋架的上弦坡度一般为 1∶8～1∶12，跨度可达 36m。梯形屋架与柱的连接可做成刚接，也可做成铰接。当做成刚接时，可提高房屋的横向刚度，因此已成为无檩体系的工业厂房屋盖结构的基本形式。梯形屋架如用压型钢板为屋面材料，就是有檩屋盖。如用大型屋面板为屋面材料，则为无檩屋盖，这时屋架上弦节间长度应与大型屋面板尺寸相配合，使大型屋面板的主肋正好搁置在屋架上弦节点上，上弦不产生局部弯矩。如节间长度过大，用再分式腹杆形式（图 7-11d）。

矩形（平行弦）桁架（图 7-11f、g）的上、下弦平行，腹杆长度一致，杆件、节点类型少，符合标准化、工业化制造的要求。这种形式的桁架一般用于托架或支撑体系。

2. 桁架的腹杆体系

钢桁架的常用腹杆体系有人字式、单斜式、再分式、K 式、菱形和交叉式等形式。人字式腹杆体系（图 7-11f）的腹杆数和节点数最少，应用较广。为了减小节间荷载对弦杆的作用或受压弦杆的节间尺寸，通常可增加部分竖杆（图 7-11c、e），这些附加竖杆的受力和截面均较小。单斜式腹杆体系（图 7-11j）用于上、下弦杆都要求有较小节间尺寸的情况，一般用于跨度较大的钢桁架。其腹杆数增多且斜腹杆和竖腹杆都受到较大的内力作用，但一般可使较长的斜腹杆受拉和较短的竖腹杆受压。有时为了减小弦杆和腹杆的长度，可对上述腹杆体系增加再分腹杆而形成再分式腹杆体系（图 7-11d），使上弦杆仅承受节点荷载。K 式和菱形腹杆体系（图 7-11h、i）同时减小上、下弦杆和腹杆的长度，且每个节间有两根腹杆共同承受桁架剪力，适用于跨度和高度较大并且荷载较重的钢桁架。在支撑桁架和塔架中，常采用交叉式腹杆体系（图 7-11g），能较好地承受变向荷载。通用工业厂房结构构件标准图集中，包括《梯形钢屋架》05G511，其适用于 1.5m×6m 大型屋面板和卷材防水屋面（图 7-12）。图集中 18～24m 屋架采用有附加竖杆的人字式腹杆体系；27～36m 屋架则对中央一部分节间采用再分式体系，以避免该部分腹杆过长以及与弦杆的夹角过大。

3. 桁架的主要尺寸

桁架的主要尺寸包括桁架的跨度、跨中高度及梯形桁架的端部高度。

1）桁架的跨度

桁架的跨度是指房屋横向的柱子间距，应首先满足房屋的工艺和使用要求，同时考虑结构布置的合理性，使桁架与柱的总造价为最小。钢屋架的计算跨度决定于支座的间距及

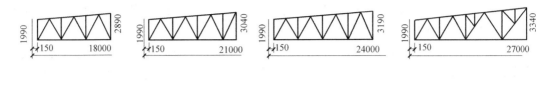

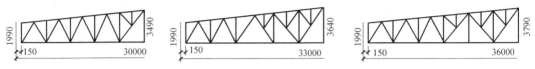

图 7-12 《梯形钢屋架》05G511 标准图集示例（图示左半跨桁架）

支座的构造。在一般的工业厂房中屋架的计算跨度取支柱轴线之间的距离减去 0.3m。

2）桁架的高度

桁架的高度应根据经济、刚度、建筑等要求以及屋面坡度、运输条件等因素来确定。桁架的最大高度取决于运输界限，最小高度根据桁架容许挠度确定，经济高度则是根据桁架杆件的总用钢量最少的条件确定，有时建筑高度也限制了桁架的最大高度。

当屋面材料要求屋架具有较大的坡度时应采用三角形屋架，三角形屋架的高度 $h=(1/6 \sim 1/4)L$。梯形屋架的屋面坡度较平坦，屋架跨中高度应满足刚度要求，当上弦坡度为 $1/12 \sim 1/8$ 时，跨中高度一般为 $(1/10 \sim 1/6)L$。跨度大（或屋面荷载小）时取小值，跨度小（或屋面荷载大）时取大值。梯形屋架的端部高度：当屋架与柱铰接时为 $1.6 \sim 2.2$m，刚接时为 $1.8 \sim 2.4$m。端弯矩大时取大值，端弯矩小时取小值。

屋架上弦节间的划分，主要根据屋面材料而定，尽可能使屋面荷载直接作用在屋架节点，使上弦不产生局部弯矩。对采用大型屋面板的无檩屋盖，上弦节间长度应等于屋面板的宽度，一般为 1.5m 或 3m，当采用有檩屋盖时，则根据檩条的间距而定，一般为 $0.8 \sim 3.0$m。桁架的跨度和高度确定之后，各杆件的轴线长度可根据几何关系求得。

7.3.3　钢屋架支撑系统

平面桁架式钢屋架在其自身平面内，由于弦杆与腹杆构成了几何不变体系而具有较大的刚度，能承受屋架平面内的各种荷载。但在垂直于屋架平面方向（通常称为屋架平面外），不设支撑体系的平面屋架的刚度和稳定性很差，不能承受水平荷载。屋盖支撑虽然不是主要承重构件，但它对保证主要承重构件——屋架正常工作起着重要作用。因此，当采用平面桁架作为主要承重结构时，支撑是屋盖结构的必要组成部分。

1. 屋盖支撑的作用

1）保证屋盖形成空间几何不变结构体系

在屋盖中屋架是主要承重构件。各个屋架如仅用檩条或大型屋面板联系时，由于缺少必要的支撑，屋盖结构在空间是几何可变体系，在荷载作用下甚至在安装的时候，各屋架就会向一侧倾倒（图 7-13a 虚线所示）。只有用支撑合理地连接各榀屋架，形成几何不变体系时，才能发挥屋架的作用，并保证屋盖结构在各种荷载作用下很好地工作。

首先用支撑将两榀相邻的屋架组成空间稳定体，然后用檩条或大型屋面板以及上下弦平面内的一些系杆将其余各屋架与空间稳定体连接起来，形成几何不变的屋盖结构体系（图 7-13b）。空间稳定体（图 7-13b 中的 $ABB'A'$ 与 $DCC'D'$ 之间）是由相邻两屋架和它们之间的上弦横向水平支撑、下弦横向水平支撑以及两端和跨中竖直面内的垂直支撑所组成的，它们形成一个六面的盒式体系。在不设下弦横向水平支撑时，则形成一个五面的盒式体系，固定在柱子上也还是空间稳定体。用三角形屋架时，空间稳定体中则没有端部垂直支撑而只在跨度中央或跨中的某处设置垂直支撑。

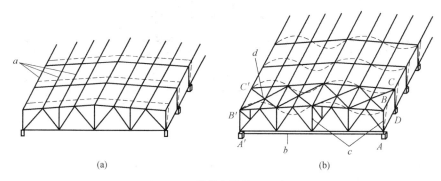

图 7-13 屋盖支撑作用示意图

a—檩条或大型屋面板；b—下弦横向水平支撑；c—垂直支撑；d—上弦横向水平支撑

2）保证屋盖的刚度和空间整体性

水平支撑是保证屋盖空间整体性的必须构件。横向水平支撑是一个水平放置（或接近水平放置）的桁架，桁架两端的支座是柱或垂直支撑，桁架的高度常为 6m（柱距方向），在屋架平面内具有很大的抗弯刚度。在山墙风荷载或悬挂吊车纵向刹车力作用下，可以保证屋盖结构不产生过大变形。有时还需要设置下弦纵向水平支撑（图 7-14）。同理可知，由纵向支撑提供的抗弯刚度能使各框架协同工作形成空间整体性，减少横向水平荷载作用下的变形。

由屋面系统（檩条，有时包括压型钢板或大型屋面板等）及各类支撑、系杆和屋架一起组成的屋盖结构，在各个方向都具有一定的刚度，并保证空间整体性。

3）为受压弦杆提供侧向支承点

支撑可作为屋架弦杆的侧向支承点（图 7-13b），减小受压弦杆在屋架平面外的计算长度，保证受压上弦杆的侧向稳定，并使受拉下弦保持足够的侧向刚度。

4）承受屋盖各种纵向、横向水平荷载（如风荷载、吊车水平荷载、地震荷载等）并将其传至屋架支座

5）保证屋盖结构在安装时的便利和施工过程中的稳定

2. 屋盖支撑的布置

1）上弦横向水平支撑

在钢屋盖体系中，无论是有檩条（有檩体系）还是不用檩条而只采用大型屋面板（无檩体系）的屋盖中都应设置屋架上弦横向水平支撑，当有天窗时，天窗架上弦也应设置横向水平支撑。

在能保证每块大型屋面板与屋架三个焊点的焊接质量时，大型屋面板在屋架上弦平面内形成刚度很大的平面板形结构体，此时可不设上弦横向水平支撑。但考虑到工地焊接的施工条件不易保证焊点质量，一般仅考虑大型屋面板起系杆的作用。

上弦横向水平支撑应设置在房屋的两端或当有横向伸缩缝时在温度缝区段的两端。一般设在第一个柱间（图 7-14）或设在第二个柱间。横向水平支撑的间距 L_0 以不超过 60m

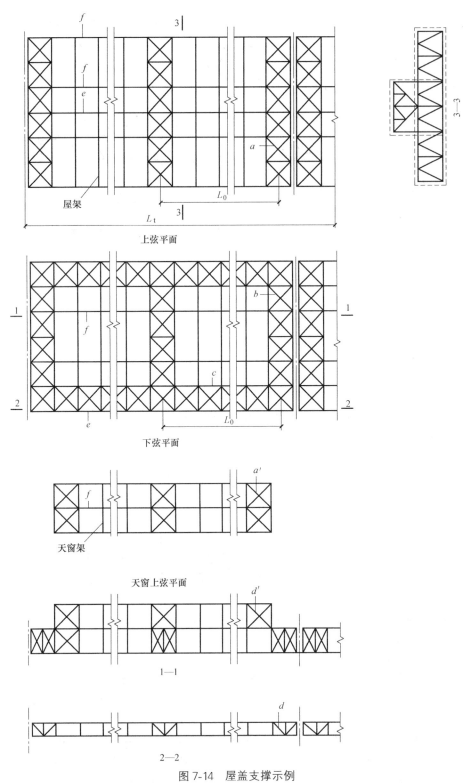

图 7-14 屋盖支撑示例

a—上弦横向水平支撑；b—下弦横向水平支撑；c—纵向水平支撑；d—屋架垂直支撑；

a'—天窗架横向水平支撑；d'—天窗架垂直支撑；e—刚性系杆；f—柔性系杆

为宜，所以在一个温度区段 L_t（为 120m、180m 或 220m）的中间还要布置一道或几道。

2）下弦横向水平支撑

一般情况下应该设置下弦横向水平支撑，下弦横向水平支撑与上弦横向水平支撑通常设在同一柱间，以形成空间稳定体。只是当跨度比较小（$L \leq 18m$）且没有悬挂式吊车，或虽有悬挂式吊车但起重吨位不大，厂房内也没有较大的振动设备时，可不设下弦横向水平支撑。

3）下弦纵向水平支撑

当房屋内设有托架，或有较大吨位的 A6-A8 级别工作制的桥式吊车，或有壁行吊车，或有锻锤等大型振动设备，以及房屋较高、跨度较大、空间刚度要求高时，均应在屋架下弦（三角形屋架可在下弦或上弦）端节间设置纵向水平支撑。纵向水平支撑与横向水平支撑形成闭合框，加强了屋盖结构的整体性并能提高房屋纵、横向的刚度。

4）垂直支撑

屋盖结构中均应设置垂直支撑。梯形屋架在跨度 $L \leq 30m$，三角形屋架在跨度 $L \leq 24m$ 时，仅在跨度中央设置一道（图 7-15a、b），当跨度大于上述数值时宜在跨度 1/3 附近或天窗架侧柱处设置两道（图 7-15c、d）。梯形屋架不分跨度大小，其两端均应各设置一道垂直支撑（图 7-14、图 7-15），当有托架时则由托架代替。垂直支撑本身是一个平行弦桁架，根据尺寸的不同，一般可设计成图 7-15（e）、（f）、（g）的形式。

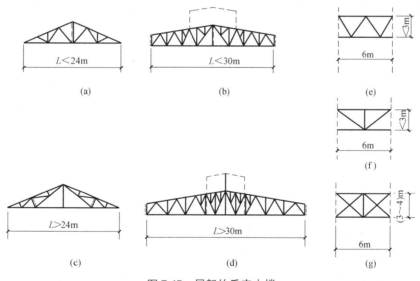

图 7-15　屋架的垂直支撑

天窗架的垂直支撑，一般设置在两侧（图 7-16a），当天窗的宽度大于 12m 时还应在中央设置一道（图 7-16b）。两侧的垂直支撑桁架，考虑到通风与采光的关系常采用图 7-16（c）、（d）的形式，而中央处仍采取与屋架中相同的形式（图 7-16e）。

沿房屋的纵向，屋架的垂直支撑与上、下弦横向水平支撑布置在同一柱间（图 7-13、图 7-14）。

5）系杆

上述屋架支撑与屋架构成了空间稳定体，其他屋架的上下弦的侧向支撑点用系杆来充

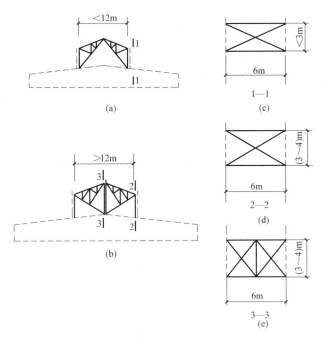

图 7-16　天窗架垂直支撑

当。系杆的一端与空间稳定体的有关节点连接，另一端连接于垂直支撑或上下弦横向水平支撑的节点上。能承受拉力也能承受压力的系杆，按压杆设计，截面要大一些，叫刚性系杆；只能承受拉力时，截面可以小些，叫柔性系杆。

上弦平面内，大型屋面板的肋可起系杆作用，此时一般只在屋脊及两端设系杆，当采用檩条时，檩条可代替系杆。有天窗时，屋脊节点的系杆对于保证屋架的稳定有重要作用，因为屋架在天窗范围内没有屋面板或檩条。安装时，屋面板就位前，屋脊及两端的系杆应保证屋架上弦杆有较适当的出平面刚度。

下弦平面内，在跨中或跨中附近设置一道或两道系杆，此外，在两端设置系杆。

系杆的布置原则是：在垂直支撑的平面内一般设置上下弦系杆；屋脊节点及主要支承节点处需设置刚性系杆；天窗侧柱处及下弦跨中或跨中附近设置柔性系杆；当屋架横向支撑设在端部第二柱间时，则第一柱间所有系杆均应为刚性系杆。

3. 屋盖支撑的构造及支撑的计算原则

屋架各种支撑（系杆除外）都是一个平面桁架。桁架的腹杆一般采用交叉斜杆的形式，也有采用单斜杆的。在上弦或下弦平面内，用相邻两屋架的弦杆兼作横向支撑桁架的弦杆，另加竖杆和斜杆，便组成支撑桁架。同理，屋架的下弦杆将兼作纵向水平支撑桁架的竖杆。屋架的纵横向水平支撑桁架的节间，以组成正方形为宜，一般为 6m×6m，但在实际划分时也可能有长方形甚至是 6m×3m 的情况。上弦横向水平支撑节点间的距离常为屋架上弦杆节间长度的 2～4 倍。

垂直支撑常做成小桁架，如图 7-15（e）、（f）、（g）所示，其宽与高各由屋架间距及屋架相应竖杆高度确定。宽高相差不大时，可用交叉斜杆，高度较小时可用 V 及 W 式（图 7-15f、e），以避免杆件交角小于 30°的情况。

屋盖支撑受力比较小，一般不进行内力计算，杆件截面常按容许长细比来选择。交叉斜杆和柔性系杆按拉杆设计，可用单角钢；非交叉斜杆、弦杆、竖杆以及刚性系杆按压杆设计，可用双角钢，但刚性系杆通常将双角钢组成十字形截面，以使两个方向的刚度接近。

有交叉斜腹杆的支撑桁架是超静定体系，但因受力比较小，常用简化方法进行分析。例如，当斜杆都按拉杆设计时认为图7-17中用虚线表示的一组斜杆因受压屈曲而退出工作，此时桁架按单斜杆体系分析。当荷载反向时，则认为另一组斜杆退出工作。当斜杆按可以承受压力设计时，其分析方法可参阅有关结构力学文献。

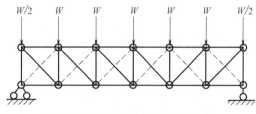

图 7-17 横向水平支撑计算简图

当支撑桁架受力较大，如横向水平支撑传递较大的山墙风荷载时，或结构按空间工作计算因而其纵向水平支撑需作柱的弹性支座时，支撑杆件除需满足允许长细比的要求外，尚应按桁架体系计算内力，并据此选择截面。

7.3.4 钢屋架设计

1. 屋架的荷载和杆件内力计算

1）屋架的荷载

作用于屋架上的永久荷载包括屋面材料、屋架（含支撑）、天窗架、檩条及其他构件和围护结构自重等；可变荷载包括风荷载、雪荷载、屋面均布活荷载、屋面积灰荷载以及施工活荷载、吊车荷载等。

荷载标准值及它们的分项系数、组合系数等，可参阅《荷载规范》或由其他有关手册查得。

2）屋架杆件的内力组合

屋架的不同荷载情况，即恒载和各种活荷载的不同组合情况，将对各杆件引起不同的内力。设计时应考虑各种可能的荷载组合，取每根杆件的最不利内力，即最大设计值或不同荷载组合时杆件由拉杆变压杆时的最大压力设计值。与柱铰接的屋架通常考虑下列三种组合：

（1）组合一：全跨恒荷载和活荷载；

（2）组合二：全跨恒荷载＋左或右半跨活荷载；

（3）组合三：全跨屋架和支撑及天窗架自重＋左或右半跨檩条、屋面板重和施工时活荷载。

三角形屋架，通常只需考虑第一种组合，弦杆和腹杆的内力均在全跨满载时最不利；而梯形、平行弦等屋架，满跨荷载时弦杆内力最大，跨中的部分腹杆则是在半跨荷载时内力最大或内力发生变号，因此需考虑第一、第二种荷载组合。当采用大型混凝土屋面板时，还要考虑屋架在安装时的半边受荷情况，即半跨的屋面板已安装、另一半屋面板未吊装，即第三种组合，用以考察腹杆中是否有内力变号的可能性。

采用轻质屋面材料的屋架，在风荷载和永久荷载作用下，由于风荷载可能出现负压的情况（当屋面坡度很小时），屋架下弦杆等拉杆可能变成压杆、支座反力可能变向，设计时应当注意这种可能性。

3）屋架杆件的内力计算

桁架杆件的内力计算是根据理想的桁架计算简图进行的，其基本假定是屋架的节点为理想铰接，屋架中所有杆件的轴线为直线且都在同一平面内，各杆件的轴线相交于节点中心，荷载作用于节点上，且都在屋架平面内。在这些条件下，可用结构力学的方法，如节点法或截面法等进行计算。手算时为了简化计算，可先取节点荷载为单位力而求得各杆的轴心力（称为内力系数），然后再乘以节点荷载的实际数值，从而得出杆件的实际内力。在多种荷载下，为了求得桁架各杆最不利的内力，可按上述荷载组合方式，列表计算杆件最不利的内力。

按照理想的桁架计算简图算出各杆的轴心力，使杆件截面上产生的均匀正应力叫做主应力。但实际结构中，因为杆件是用焊缝连接于节点板上，且具有相当大的刚性，不能使各杆绕节点自由转动，从而产生弯矩（称为次弯矩），所以节点不是理想铰接，在这种情况下，若按刚接桁架计算杆件的应力，由于增加了弯曲正应力故比铰接桁架算出的应力要大。增加的这部分应力称为次应力。根据研究分析，在普通钢桁架中次应力与主应力相比很小，计算时一般不予考虑。但当桁架杆件用 H 形或箱形等刚度较大的截面，且在桁架平面内的杆件截面高度与节间长度之比大于 1/10（对弦杆）或大于 1/15（对腹杆）时，次应力可达主应力的 $10\%\sim30\%$。这时，必须考虑次应力的影响。

桁架荷载的作用一般是通过檩条或其他构件传递到桁架节点上。这时桁架各杆基本上只受轴心力作用。如在弦杆节间内尚有荷载作用时，在计算杆件的内力时，需先将节间荷载按平衡条件分配到与该节间相邻的两节点上，再按上述方法求出各杆轴心力，然后，再计算由节间荷载而产生的弯矩。为了简化计算：端节间正弯矩取 $+0.8M_0$，其他节间的正弯矩和节点负弯矩均取 $\pm0.6M_0$，M_0 为相应节间按简支梁计算的最大弯矩。对于存在节间荷载作用的弦杆，应按压弯或拉弯杆件设计。由于这类受力杆件所需的截面较大，因此腹杆体系布置时应尽量使荷载直接作用在节点上。

当柱和桁架刚性连接时，在桁架计算中还必须考虑由于刚性连接的弯矩和水平力所引起的桁架杆件内力（图 7-7）。

2. 屋架杆件的截面选择

1）杆件的截面形式

普通钢屋架的杆件一般采用两个角钢组成的 T 形截面或十字形截面。这些截面能使两个主轴的回转半径与杆件在屋架平面内和平面外的计算长度相配合，使两个方向的长细比接近，以达到用料经济、连接方便，且具有较大的承载能力和抗弯刚度。屋架杆件截面可参考表 7-5 选用。

屋架杆件的截面形式　　　　　　　　　　　　　　　　　　表 7-5

项次	杆件截面组合方式	截面形式	回转半径的比值(i_y/i_x)	用途
1	二不等边角钢短肢相并		$2.6\sim2.9$	计算长度 l_0 较大的上、下弦杆

项次	杆件截面 组合方式	截面形式	回转半径的 比值(i_y/i_x)	用 途
2	二不等边角钢长肢 相并		0.75~1.0	端斜杆、端竖杆、受较 大弯矩作用的弦杆
3	二等边角钢相并		1.3~1.5	其余腹杆、下弦杆
4	二等边角钢组成的 十字形截面		≈1.0	与竖向支撑相连的屋 架竖杆
5	单角钢			轻型钢屋架中内力较 小的杆件
6	钢管		各方向都相等	轻型钢屋架中的杆件
7	钢板焊接 T 形截面		根据 $\lambda_x = \lambda_y$ 条件,确定截面 各部分尺寸	上、下弦杆
8	热轧宽翼缘 H 型钢		≈1.0	荷载和跨度较大的桁 架上下弦杆

为了使两个角钢组成的杆件能起整体作用，应在两角钢相并肢之间焊上填板（图 7-18），填板厚度与节点板厚度相同，填板宽度一般取 $40\sim60\text{mm}$，长度比角钢肢宽大 $10\sim15\text{mm}$，以便于与角钢焊接。填板间距在受压杆件中不大于 $40i$，在受拉杆件中不大于 $80i$。在 T 形截面中 i 为一个角钢对平行于填板自身形心轴的回转半径（图 7-18 中 $i=i_y$），在十字形截面中，填板应纵横交错布置，i 为一个角钢的最小回转半径。受压构件两个侧向支承点之间的填板数不少于两个。

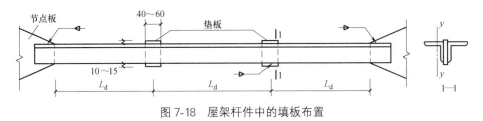

图 7-18   屋架杆件中的填板布置

2）杆件截面的选择原则

选择截面时应满足下列要求：

（1）为了便于订货和下料，在同一榀屋架中角钢规格不宜过多，一般不宜超过 $5\sim6$ 种；

（2）为了防止杆件在运输和安装过程中产生弯曲和损坏，角钢的尺寸不宜小于 ∟ 45×4 或 ∟ $56\times36\times4$；

（3）应选用肢宽而壁薄的角钢，使回转半径大些，这对压杆更为重要；

（4）屋架弦杆一般采用等截面，但对跨度大于 30m 的梯形屋架和跨度大于 24m 的三角形屋架，可根据材料长度和运输条件在节点处或节点附近设置接头，并按内力变化改变弦杆截面，但在半跨内只能改变一次；改变截面的方法是变更角钢的肢宽而不改变壁厚，以便于弦杆拼接的构造处理。

3）屋架杆件的计算长度

确定桁架弦杆和单系腹杆的长细比时，其计算长度 l_0 应按表 7-6 的规定采用。

桁架弦杆和单系腹杆的计算长度   表 7-6

项次	弯曲方向	弦杆	腹 杆	
			支座斜杆和支座竖杆	其他腹杆
1	桁架平面内	l	l	$0.8l$
2	桁架平面外	l_1	l	l
3	斜平面	—	l	$0.9l$

注：1. l 为构件的几何长度（节点中心间距离）；l_1 为桁架弦杆侧向支承点之间的距离；
    2. 斜平面系指与桁架平面斜交的平面，适用于构件截面两主轴均不在桁架平面内的单角钢腹杆和双角钢十字形截面腹杆；
    3. 除钢管结构外，无节点板的腹杆计算长度在任意平面内均应取其等于几何长度。

（1）桁架平面内

在理想的铰接桁架中，杆件在桁架平面内的计算长度应等于节点中心间的距离即杆件的几何长度 l，但由于实际上桁架节点各杆件是通过节点板焊接在一起的，本身具有一定的刚性，杆件两端均系弹性嵌固。当某一压杆失稳，端部绕节点转动时（图 7-19a）将受到节点中其他杆件的约束。实践和理论分析证明，约束节点转动的主要因素是拉杆。汇交于节点中的拉杆数量愈多，则产生的约束作用愈大，压杆在节点处的嵌固程度也愈大，其计算长度就愈小。根据这个道理，可视节点的嵌固程度来确定各杆件的计算长度。图 7-19（a）所示的弦杆、支座斜杆和支座竖杆其本身的刚度较大，而且两端相连的拉杆少，因此对节点的嵌固程度很小，其计算长度不折减而取几何长度（即节点间距离）。其他腹杆，虽然在上弦节点处拉杆少、嵌固作用不大，但下弦到节点处相连拉杆较多，且拉力大，拉杆的刚度也大，嵌固作用较大，因此计算长度适当折减，取 $l_0 = 0.8l$。

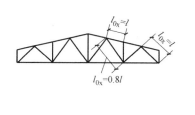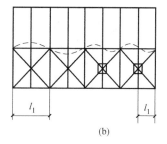

图 7-19　桁架杆件的计算长度
（a）桁架杆件在桁架平面内的计算长度；（b）桁架杆件在桁架平面外的计算长度

（2）桁架平面外

屋架弦杆在平面外的计算长度，应取侧向支撑点间的距离。

上弦：一般取上弦横向水平支撑的节间长度。在有檩屋盖中，如檩条与横向水平支撑的交叉点用节点板焊牢（图 7-19b），则此檩条可视为屋架弦杆的支承点。在无檩屋盖中，考虑大型屋面板能起一定的支撑作用，故一般取两块屋面板的宽度，但不大于 3.0m。

下弦：视有无纵向水平支撑，取纵向水平支撑节点与系杆或系杆与系杆间的距离。

腹杆：因节点在桁架平面外的刚度很小，对杆件没有什么嵌固作用，故所有腹杆均取 $l_0 = l$。

（3）斜平面

单面连接的单角钢杆件和双角钢组成的十字形杆件，因截面主轴不在桁架平面内，有可能斜向失稳，杆件两端的节点对其两个方向均有一定的嵌固作用。因此，斜平面计算长度略作折减，取 $l_0 = 0.9l$，但支座斜杆和支座竖杆仍取其计算长度为几何长度（即 $l_0 = l$）。

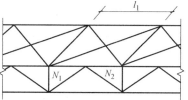

图 7-20　侧向支承点间压力有变化的弦杆平面外计算长度

（4）其他

如桁架受压弦杆侧向支承点间的距离为两倍节间长度，且两节间弦杆内力不等时（图 7-20），该弦杆在桁架平面外的计算长度按式（7-21）计算：

$$l_0 = l_1 \left(0.75 + 0.25 \frac{N_2}{N_1} \right) \tag{7-21}$$

式中　N_1——较大的压力，计算时取正值；

N_2——较小的压力或拉力，计算时压力取正值，拉力取负值。

当算得的 $l_0 < 0.5l_1$ 时，取 $l_0 = 0.5l_1$。

桁架再分式腹杆体系的受压主斜杆（图 7-21a）在桁架平面外的计算长度也应按式 (7-21) 确定（受拉主斜杆仍取 l_1）；在桁架平面内的计算长度则采用节点中心间距离。确定在交叉点相互连接的桁架交叉腹杆的长细比时，在桁架平面内的计算长度应取节点中心到交叉点的距离；在桁架平面外的计算长度，当两交叉杆长度相等且在中点相交时，应按表 7-7 的规定采用。

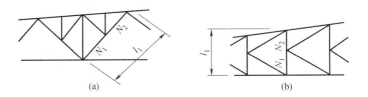

图 7-21　压力有变化的受压腹杆平面外计算长度

(a) 再分式腹杆体系的受压主斜杆；(b) K 形腹杆体系的竖杆

桁架交叉腹杆在桁架平面外的计算长度　　　　　表 7-7

项次	杆件类别	杆件的交叉情况	桁架平面外的计算长度
1	压杆	相交的另一杆受压，两杆截面相同并在交叉点均不中断	$l_0 = l\sqrt{\dfrac{1}{2}\left(1 + \dfrac{N_0}{N}\right)}$
2		相交的另一杆受压，此另一杆在交叉点中断但以节点板搭接	$l_0 = l\sqrt{1 + \dfrac{\pi^2}{12}\dfrac{N_0}{N}}$
3		相交的另一杆受拉，两杆截面相同并在交叉点均不中断	$l_0 = l\sqrt{\dfrac{1}{2}\left(1 - \dfrac{3}{4}\dfrac{N_0}{N}\right)} \geqslant 0.5l$
4		相交的另一杆受拉，此拉杆在交叉点中断但以节点板搭接	$l_0 = l\sqrt{1 - \dfrac{3}{4}\dfrac{N_0}{N}} \geqslant 0.5l$
5		当拉杆连续而压杆在交叉点中断但以节点板搭接，若 $N_0 \geqslant N$ 或拉杆在桁架平面外的弯曲刚度 $EI_y \geqslant \dfrac{3N_0 l^2}{4\pi^2}\left(\dfrac{N}{N_0} - 1\right)$	$l_0 = 0.5l$
6	拉杆		$l_0 = l$

注：1. 表中 l 为桁架节点中心间距离（交叉点不作为节点考虑）；

2. N 为所计算杆的内力；N_0 为相交另一杆的内力，均为绝对值；两杆均受压时，$N \geqslant N_0$，两杆截面相同；

3. 当确定交叉腹杆中单角钢杆件斜平面内的长细比时，计算长度应取节点中心至交叉点间的距离。

4）杆件截面设计

（1）轴心拉杆

通常先根据强度计算（$N/A \leqslant f$、$N/A_n \leqslant 0.7f_u$）和刚度计算（$i_x \geqslant l_{0x}/[\lambda]$、$i_y \geqslant l_{0y}/[\lambda]$），从角钢规格表中选出合适的角钢。再进行验算，不满足要求时再作调整。

（2）轴心压杆

可先假定长细比 λ（可假设弦杆 $\lambda = 60 \sim 100$，腹杆 $\lambda = 80 \sim 120$），由 λ、钢号查附录

4 得 φ 值，代入整体稳定计算公式 $N/\varphi Af \leqslant 1.0$ 求得 A，同时算出回转半径 $i_x \geqslant l_{0x}/\lambda$、$i_y \geqslant l_{0y}/\lambda$。根据 A、i_x 和 i_y 从角钢规格表中选择角钢，再进行验算，如不合适再作调整。

（3）压弯或拉弯杆件（上弦或下弦）

上弦和下弦有节间荷载时，应根据轴向力和局部弯矩按压弯或拉弯杆件进行计算。通常先选定截面，再进行验算，不满足要求时再作调整。

强度计算：

$$\frac{N}{A_n} \pm \frac{M_x}{\gamma_x W_{nx}} \leqslant f \tag{7-22}$$

式中　N——同一截面处轴心压力设计值；

　　A_n——构件的净截面面积；

　　γ_x——截面塑性发展系数，需要验算疲劳强度的拉弯、压弯构件，宜取 1.0；

　　M_x——所考虑节间的跨中正弯矩或支座负弯矩；

　　W_{nx}——弯矩作用平面内受压或受拉最大纤维的净截面模量。

弯矩作用平面内的稳定计算：

$$\frac{N}{\varphi_x Af} + \frac{\beta_{mx} M_x}{\gamma_x W_{1x}(1-0.8N/N'_{Ex})f} \leqslant 1.0 \tag{7-23}$$

加强受压翼缘的单轴对称截面除应按式（7-23）计算外，尚应满足式（7-24）：

$$\left| \frac{N}{Af} - \frac{\beta_{mx} M_x}{\gamma_x W_{2x}(1-1.25N/N'_{Ex})f} \right| \leqslant 1.0 \tag{7-24}$$

弯矩作用平面外的稳定计算：

$$\frac{N}{\varphi_y Af} + \eta \frac{\beta_{tx} M_x}{\varphi_b W_{1x}f} \leqslant 1.0 \tag{7-25}$$

式中　N——所计算构件范围内轴心压力设计值；

　　N'_{Ex}——参数，$N'_{Ex} = \pi EA/(1.1\lambda_x^2)$；

　　φ_x——构件在弯矩作用平面内的轴心受压稳定系数；

　　M_x——所计算构件段范围内的最大弯矩设计值；

　　W_{1x}——在弯矩作用平面内对受压最大纤维的毛截面模量；

　　φ_y——弯矩作用平面外的轴心受压构件稳定系数；

　　φ_b——均匀弯曲的受弯构件整体稳定系数，对闭口截面 $\varphi_b = 1.0$；

　　η——截面影响系数，闭口截面 $\eta = 0.7$，其他截面 $\eta = 1.0$；

　　W_{2x}——无翼缘端的毛截面模量；

β_{mx}、β_{tx}——等效弯矩系数。

以上所选截面均应满足容许长细比的要求：

双角钢组成的 T 形截面，有：

$$\lambda_x = \frac{l_{0x}}{i_x} \leqslant [\lambda] \tag{7-26}$$

$$\lambda_y = \frac{l_{0y}}{i_y} \leqslant [\lambda] \tag{7-27}$$

十字形截面和单角钢截面：

$$\lambda = \frac{l_0}{i_{\min}} \leqslant [\lambda] \qquad (7-28)$$

屋架中内力很小的腹杆以及按构造需要设置的杆件可按容许长细比来选择截面。

3. 屋架的节点设计

钢屋架中的杆件一般采用节点板相互连接，各杆件内力通过各自的杆端焊缝传至节点板，并汇交于节点中心而取得平衡。节点的设计应做到传力明确、可靠，构造简单和制作安装方便等。具体任务就是确定节点的构造、连接焊缝及节点承载力的计算。

1）节点设计的基本要求

（1）杆件的轴线

节点设计应结合施工图的绘制进行。在绘制桁架节点图时，首先画出汇交于节点的各杆件轴线（即桁架几何简图轴线），然后画出各杆件的轮廓线，先画弦杆、再画竖杆、最后画斜杆。理论上，杆件的形心线应与桁架的杆件轴线重合，以免各杆件在节点连接处产生偏心而引起附加弯矩。但是考虑制造方便，在焊接桁架中取角钢肢背到桁架轴线距离 Z_0 为 5mm 的倍数（图 7-22a、b）。如果弦杆采用两种不同的截面尺寸，为了便于拼接和放置系杆等构件，则将角钢水平肢的外边缘对齐。一般在节点处改变截面，改变后的两截面形心距的平均值 $Z_0 = (Z_1 + Z_2)/2$ 也取为 5mm 的倍数作为弦杆的公共轴线，各腹杆的轴线交汇于公共轴线上（图 7-22c）。

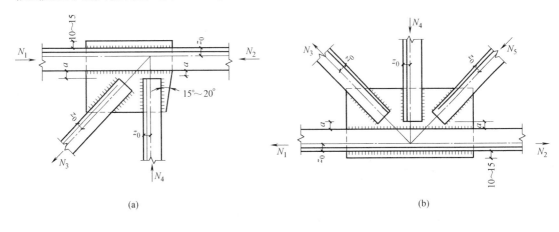

(a)　　　　　　　　　　　　　　(b)

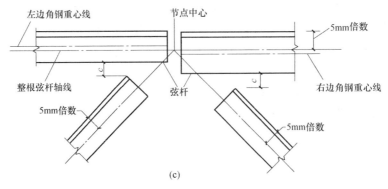

(c)

图 7-22　桁架节点的构造

（2）节点板的形状及其厚度

节点板的作用主要是将交汇于节点上的腹杆和弦杆连接在一起，并传递和平衡节点上各杆件内力。因此，节点板的形状和尺寸取决于被连接杆件的受力和构造要求。节点板的形状应尽量简单而有规则，一般采用矩形、梯形或平行四边形等，使切割节点板时省工而杆件传力好。腹杆内力是通过焊缝逐渐传给节点板的，故节点板宽度应随其受力的逐渐增大而放宽，一般规定节点板边缘与杆件轴线夹角不应小于 $15°\sim20°$（图 7-22a、b）。此外，节点板的形状还应避免有凹角，以防止形成严重的应力集中和切割困难。

节点板的应力分布比较复杂，其厚度决定于腹杆或弦杆最大内力的大小。因为弦杆一般是连续的，腹杆的内力是通过节点板相平衡的，节点板上既有压应力，也有拉应力，还有剪应力，应力分布极不均匀，且有较大的应力集中，因而难于计算。在一般桁架设计中，中间节点板的厚度可根据桁架腹杆最大内力（对三角形桁架可根据端部弦杆内力）参照表 7-8 中的经验数据来决定，并在整个桁架中采用相同的厚度。桁架支座节点板厚度应较中间节点板加厚 2mm。

节点板厚度的经验数据　　　　　　　　　　　　表 7-8

梯形、平行弦桁架腹杆最大内力三角形桁架端节间弦杆内力(kN)	节点板的钢号	Q235	≤190	200~310	320~500	510~690	700~940	950~1190	1200~1560	1570~1950
		Q355	≤250	260~380	390~560	570~750	760~1000	1010~1250	1260~1630	1640~2000
中间节点板厚度(mm)			6	8	10	12	14	16	18	20

（3）腹杆角钢的切割和腹杆长度的确定

角钢切割通常垂直于轴线。当角钢肢较宽时，为了减小节点板尺寸，可将角钢与节点板相连的一肢切去一个角；当构造上有特殊要求时，可将一肢斜切。为了减小节点板尺寸，应尽量将腹杆端部靠近弦杆，使布置紧凑，但其间须保持一定的间隙 a（图 7-22），以免焊缝过分密集，使节点板经多次焊接而变脆，或产生过高的应力集中。在不直接承受动载的桁架中，间隙 a 不宜小于 $10\sim20$mm；直接承受动载的桁架中，间隙 a 不宜小于 40mm，在绘制节点图时即可确定腹杆的实际长度。

（4）腹杆焊缝

桁架腹杆与节点板的连接焊缝，一般采用两边侧焊，当内力较大以及直接承受动载的桁架中可采用三面围焊，这样可使节点板尺寸减小，改善节点抗疲劳性能。当内力较小时也可采用仅有角钢肢背和杆端的 L 形围焊，围焊转角处必须连续施焊。弦杆与腹杆、腹杆与腹杆之间的间隙不应小于 20mm，相邻角焊缝焊趾间净距不应小于 5mm。

节点设计时，根据腹杆的内力计算连接焊缝的长度和焊脚尺寸，适当考虑制作和装配误差后确定节点板尺寸。

（5）连接节点处节点板件的计算

节点板件的拉剪破坏，可按下式计算：

$$N/\sum(\eta_i A_i)\leqslant f \tag{7-29}$$

$$\eta_i=1/\sqrt{1+2\cos^2\alpha_i} \tag{7-30}$$

式中　N——作用于板件的拉力；

A_i——第 i 段破坏面的截面积，当为螺栓（或铆钉）
连接时取净截面面积；$A_i = t l_i$；

t——板件的厚度；

l_i——第 i 段破坏段的长度，应取板件中最危险的
破坏线的长度（图 7-23）；

η_i——第 i 段的拉剪折算系数；

α_i——第 i 段破坏线与拉力轴线的夹角。

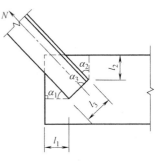

单根腹板的节点板则按下式计算：

$$\sigma = N/(b_e t) \leqslant f \qquad (7\text{-}31)$$

图 7-23　板件的拉剪撕裂

式中　b_e——板件的有效宽度，当用螺栓连接时，应减去孔径（图 7-24）；

θ——应力扩散角，可取为 $30°$（图 7-24）。

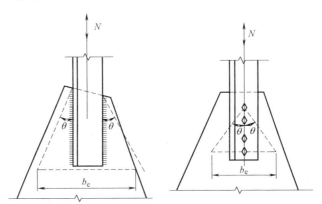

图 7-24　板件的有效宽度

根据试验研究，屋架节点板在斜腹杆压力作用下的稳定应符合下列要求：

① 对有竖腹杆或无竖腹杆但自由边有加劲肋的节点板，当 $c/t \leqslant 15\varepsilon_k$ 时，可不计算
稳定，否则应进行稳定计算。但在任何情况下 c/t 不得大于 $22\varepsilon_k$。其中 c 为受压腹杆连接
肢端面中点沿腹杆轴线方向至弦杆边缘的净距离，t 为节点板厚度。

② 对无竖腹杆且自由边无加劲肋的节点板，当 $c/t \leqslant 10\varepsilon_k$ 时，节点板的稳定承载力
可取为 $0.8b_e t f$；当 $c/t > 10\varepsilon_k$ 时，应进行稳定计算。但在任何情况下 c/t 不得大
于 $17.5\varepsilon_k$。

用上述方法计算屋架节点板的强度和稳定时，应满足下列要求：

① 节点板边缘与腹杆轴线之间的夹角应不小于 $15°$；

② 斜腹杆与弦杆的夹角应在 $30° \sim 60°$ 之间；

③节点板的自由边长度 l_i 与厚度 t 之比不得大于 $60\varepsilon_k$，否则应根据构造要求沿自由
边设加劲肋予以加强。

2）节点的构造和计算

（1）一般节点

一般节点指无集中荷载也无弦杆拼接的节点，如图 7-22（b）。由于弦杆在节点处是

连续的，因此弦杆与节点板间的焊缝只需传递两弦杆的内力差 $\Delta N = N_1 - N_2$，以防止节点板与弦杆间的相对水平滑移。由于节点板的尺寸已由腹杆的焊缝布置确定，通常弦杆与节点板间所需焊缝长度远小于节点板的实际长度，因此可按构造要求的 $h_{f\min}$ 满焊即可。采用连续角焊缝，不应采用断续角焊缝。

（2）上弦节点

图 7-25（a）所示为有檩屋盖中的屋架上弦节点。其主要特点是上弦杆与节点板间的焊缝除承受弦杆两节间的内力差 $\Delta N = N_1 - N_2$ 外，还需承受由檩条传给上弦杆的竖向节点荷载 P。构造上需注意的是由于檩托的存在，节点板无法伸出角钢背面，图 7-25（a）中将节点板缩进 $(0.6 \sim 1.0)\, t$（t 为节点板厚度），并在此进行槽焊。图 7-25（b）为有檩屋盖中上弦节点的另一形式，在节点板上边缘处开一凹口以容纳檩托和槽钢檩条，凹口处节点板缩进角钢背面，凹口以外仍伸出角钢背面 $10 \sim 15\mathrm{mm}$，在该处可设角焊缝。

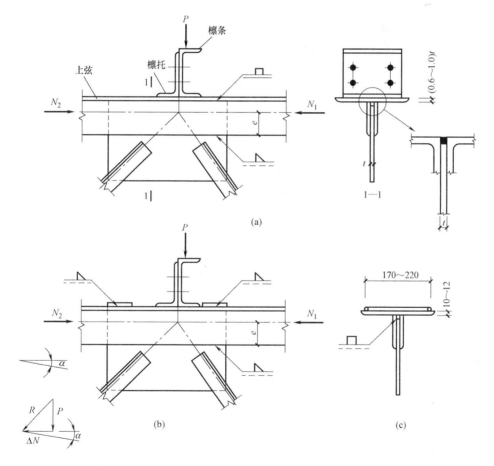

图 7-25 上弦节点的构造

当用图 7-25（a）所示构造时，目前设计习惯上对焊缝的计算作下列近似假设：

① 弦杆角钢背的槽焊缝承受节点荷载 P。槽焊缝按两条 $h_f = 0.5t$（t 为节点板厚度）的角焊缝计算，如图 7-25（a）中的局部放大图所示。设屋面倾角为 α，槽焊缝的受力可利用角焊缝的下列计算公式得出：

$$\tau_f = \frac{P\sin\alpha}{0.7tl_w}$$

$$\sigma_f = \frac{P\cos\alpha}{0.7tl_w} + \frac{6M}{0.7tl_w^2}$$

$$\sqrt{\left(\frac{\sigma_f}{\beta_f}\right)^2 + \tau_f^2} \leqslant 0.8f_f^w$$

(7-32)

式中 M——竖向节点荷载 P 对槽焊缝长度中点的偏心距所引起的力矩；

$0.8f_f^w$——考虑到槽焊缝的质量不易保证，而将角焊缝的强度设计值降低 20%。

当荷载 P 对槽焊缝长度中点的偏心距较小可略去不计时，取 $M=0$；当为梯形屋架、屋架坡度为 $1/12$ 时，$\cos\alpha\approx1.0$，$\sin\alpha\approx0$，则式（7-32）就简化为：

$$\frac{P}{0.7tl_w} \leqslant 0.8\beta_f f_f^w$$

(7-33)

② 弦杆角钢趾部的两条角焊缝承担 ΔN 和由于 ΔN 与趾部焊缝的偏心距 e 而产生的弯矩 $M=\Delta N \cdot e$。由此可确定趾部焊缝所需的焊脚尺寸 h_f 计算公式：

$$\tau_f = \frac{\Delta N}{2\times0.7h_f l_w}$$

$$\sigma_f = \frac{6M}{2\times0.7h_f l_w^2}$$

$$\sqrt{\left(\frac{\sigma_f}{\beta_f}\right)^2 + \tau_f^2} \leqslant f_f^w$$

(7-34)

图 7-25（b）所示构造，通常可先求出需由弦杆角钢背部和趾部与节点板的角焊缝所承担的合力 R，然后近似地按分配系数得出背部焊缝和趾部焊缝所应承担的力 αR 和 βR，分别进行计算。当屋面坡度为 $1/12$ 时，可近似按 $P \perp \Delta N$ 求 R。

无檩屋盖中上弦杆在节点处的截面（图 7-25c），由于预应力混凝土大型屋面板的纵肋直接支承在节点处的弦杆角钢外伸边上，为避免角钢外伸边受弯曲而变形过大，通常在角钢背面加焊垫板（厚 $10\sim12$mm），以局部加强上弦杆角钢的外伸边。因而节点板也需缩进，并于缩进处施以槽焊，同样方法计算焊缝尺寸。

（3）工地拼接下弦节点

从钢结构制造厂把屋架运送到安装工地，常需把屋架分成 2 个或 3 个运送单元，待运到工地后再进行拼装，因而屋架下弦出现有工地拼接的节点。其与一般下弦节点的区别就在于节点处弦杆中断而需对弦杆进行拼接。承重结构中对型钢的拼接，考虑到坡口加工和施焊等困难，常不用对接焊缝而利用拼接件由角焊缝传力。

① 拼接角钢的截面和长度

拼接角钢通常选用与下弦角钢相同大小的截面形式（图 7-26a）。为了保证拼接角钢与原来的角钢相紧贴，对拼接角钢顶部要截去棱角，宽度为 r（r 为角钢内圆弧半径）；对其竖直边应割去 h_f+t+5mm（t 为角钢厚度）（图 7-26c）以便施焊。因切割而对拼接角钢截面的削弱则考虑由节点板补偿。当节点两侧下弦杆的角钢截面不相同时，拼接角钢的截面可采用与较小的截面相同。

拼接角钢与下弦杆原角钢间通过 4 条角焊缝连接，焊缝承担节点两侧较小截面中的内

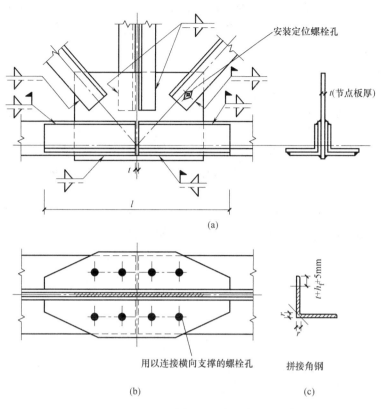

图 7-26　下弦角钢的工地拼接节点

力设计值 N_2（当节点两侧弦杆截面不相同时），对轴心拉杆的拼接，常偏安全地取 $N_2 = A_2 f$，即按截面的抗拉强度承载力进行连接计算。4 条角焊缝都位于角钢的趾部，其与角钢截面形心距离大致相同，因而可认为平均受力。由连接焊缝的需要可求出拼接角钢的总长度为（图 7-26a）：

$$l_s = 2\left(\frac{A_2 f}{4 \times 0.7 h_f f_f^w} + 2h_f\right) + (10 \sim 20)\,\text{mm} \tag{7-35}$$

式中，A_2 为拼接两侧弦杆的较小截面面积，括号后的 $10 \sim 20\text{mm}$ 为拼接处原角钢间的空隙。

　　如果角钢的边长 $b \geqslant 125\text{mm}$，为了避免传力路线过分集中，改善拼接角钢的受力情况，不产生较大的应力集中，在角钢趾部的焊缝处宜将拼接角钢的两端各切去一角，焊缝沿斜边布置见图 7-26（b）（这种处理方法同样适用于拼接角钢的水平边和竖直边，图上的竖直边未切，水平边切角，主要是为了表示 $b < 125\text{mm}$ 和 $b \geqslant 125\text{mm}$ 时的两种不同情况）。

　　② 下弦角钢与节点板的连接角焊缝

　　如果在节点中心处把拼接角钢切开，那么拼接角钢新切截面上的合力为 N_2，因此理论上内力较大一侧即内力为 N_1 一侧的下弦杆与节点板间的焊缝就应传递此内力差 $\Delta N = N_1 - N_2$，而内力较小一侧（内力为 N_2 一侧）的下弦杆与节点板间的焊缝因 $\Delta N = N_2 - N_2 = 0$ 并不传力。当 $N_1 - N_2$ 较小时，为了保证必要的焊缝强度，设计上常取较大内力的 15% 作为最低的焊缝承载力。据此，可在 $\Delta N = N_1 - N_2$ 和 $0.15 N_1$ 中取较大值计算内力较大一侧弦杆与节点板间的焊缝，在内力较小一侧弦杆与节点板间则按同样的焊脚尺寸 h_f 焊满全长。

③ 工厂焊缝与工地焊缝

根据运输要求，钢桁架通常在节点处划分成若干个运输单元。节点处的部分构件与节点板在工厂制造时即需焊好；而在另一运送单元上的构件则必须在工地装配后才能与节点板焊接，应以工地焊缝的代号表明，如图 7-26（a）所示。为了在工地装配时易于定位，应设安装定位螺栓。为了便于拼接，拼接角钢与拼接两侧的下弦角钢均用工地焊缝连接，但运送时宜利用接缝处下弦支撑的螺栓孔临时将其连接在某一运送单元上以免散失。

（4）屋脊节点

图 7-27 为钢屋架屋脊节点示意图。在此节点上，左右两弦杆必然断开因而需用拼接件拼接。与下弦拼接时一样，拼接件采用与弦杆相同的角钢截面，同时需将拼接角钢的棱角截去并割除其竖直边宽为 $t + h_f + 5 \text{mm}$ 的一部分。对屋面坡度较小的梯形屋架，拼接角钢可热弯成形；对屋面坡度较大的三角形屋架，通常需将拼接角钢的竖直边割一口子，如图 7-27（b）所示，而后冷弯成形并对焊连接。

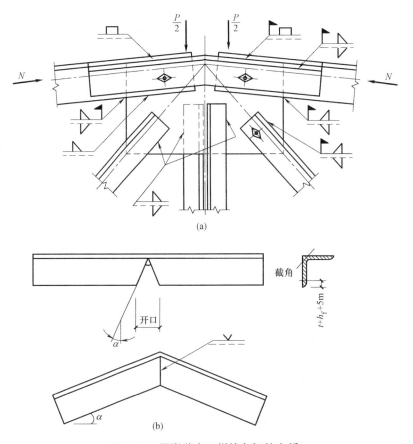

图 7-27   屋脊节点及拼接角钢的弯折

屋脊节点设计中需补充计算的内容有二项：拼接角钢与弦杆角钢的连接计算及拼接角钢总长度的确定；弦杆与节点板的连接计算。详述如下：

① 拼接角钢与弦杆的连接计算及拼接角钢总长度的确定

拼接角钢与受压弦杆的连接可按弦杆中的实际压力设计值 N 进行计算，每边共有 4 条焊缝平均承受此力，因而得焊缝长度为：

$$l_w = \frac{N}{4 \times 0.7 h_f f_f^w} \qquad (7\text{-}36)$$

由此可得拼接角钢的总长度为：

$$l_s = 2(l_w + 2h_f) + \Delta \qquad (7\text{-}37)$$

其中，Δ 为弦杆杆端空隙。当为开口后弯折的角钢，还需计入开口的宽度。

② 弦杆与节点板的连接焊缝

在对称荷载作用下，对称屋架屋脊节点两侧上弦杆的压力设计值必然相等，因而理论上弦杆与节点板间不可能有水平相对滑移发生。弦杆内力的竖向分力与作用在屋脊节点弦杆上的节点荷载 P 之差使弦杆与节点板间有相对竖向滑移的趋向，其焊缝连接需抵抗此力，其值为：

$$V = 2N\sin\alpha - P \qquad (7\text{-}38)$$

式中 α ——屋面倾角。

节点每侧弦杆与节点板的焊缝按 $V_1 = N\sin\alpha - P/2$ 计算。此算法既适用于屋面倾角较小的梯形屋架屋脊节点，也适用于屋面倾角较大的三角形屋架屋脊节点。屋脊节点的节点板宽度相对较大，而求得的 V 值一般不大，因而算出的焊缝焊脚尺寸常较小。与有拼接的下弦节点设计一样，除计算外，还需考虑焊缝必须有一必要的最小承载力，取为 $0.15N$。按此值作补充验算时，采用上弦一般节点设计中同样的方法，假定节点荷载由节点处弦杆角钢背面的槽焊缝承受，计算公式见前述式（7-32），而弦杆角钢趾部的焊缝则承受此 $0.15N$ 和因弦杆轴线与趾部焊缝不在一直线上所引起的力矩 M，计算公式与式（7-34）相同，但取式中的 $\Delta N = 0.15N$，l_w 为节点一侧弦杆角钢趾部与节点板的连接角焊缝计算长度。在梯形屋架屋脊节点中，此补充验算常控制焊缝设计。

（5）支座节点

钢屋架在钢筋混凝土柱顶或砌体上的支座节点如图 7-28 所示。这种支座只传递屋架的竖向反力 R，可视为铰支座。除节点板外，节点由三部分组成，即底板、肋板和锚栓，其作用原理与轴压柱的柱脚相似。

支座节点中心离底板的高度不宜过大。当屋架与柱组成排架时，柱顶有水平剪力，此水平剪力对屋架的支座节点将产生弯矩。同时为了便于底板上焊缝的施焊，下弦角钢水平肢至底板的距离不宜过小。一般要求大于下弦角钢水平分肢外伸的边长，同时不能小于 130mm。

① 锚栓

铰接支座节点的锚栓用以固定屋架的位置，一般不需计算，而按构造要求采用二个直径为 $d = 20 \sim 24$mm 的锚栓。屋架跨度大时，锚栓直径宜粗一些。当轻屋面的屋架建于风荷载较大的地区，风吸力可能使屋架反力为拉力，则锚栓有防止屋架被掀起的作用。为了屋架安装方便，底板上的锚栓孔宜为开口式，开口直径取锚栓直径的 $2 \sim 2.5$ 倍，待屋架安装就位后，再用垫板套在锚栓顶部并与底板焊接，垫板上的孔径稍大于锚栓直径。锚栓可设于底板的中线上（图 7-28a），也可设于中线旁（图 7-28b）所示。当为前者时，加劲

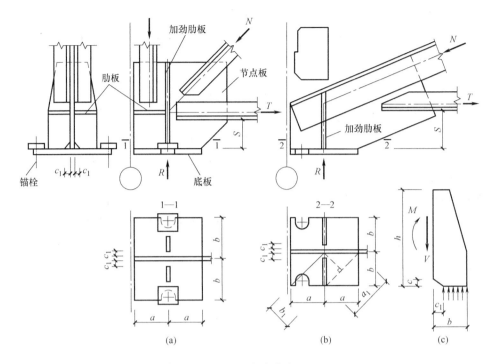

图 7-28　支座节点

肋板的端部不可能伸到底板的边缘，此时底板的面积可只算到肋端的外缘，如图中的 $2a \times 2b$ 所示。

② 底板

底板反力 R 作用线应通过底板的中心，并与下弦杆和斜杆的轴线相交于节点中心（图 7-28a 所示梯形屋架支座节点处的屋架竖杆），其轴线因与支座加劲肋板位置冲突，有一定偏心，但由于此杆内力较小，引起的影响可不计。

铰接屋架支座底板的面积按下式计算：

$$A_n = \frac{R}{f_c} \tag{7-39}$$

式中　R——屋架支座反力；

f_c——钢筋混凝土轴心抗压强度设计值；

A_n——支座底板净面积。

支座底板所需的面积为：

$$A = A_n + \text{锚栓孔的面积} \tag{7-40}$$

正方形底板的边长为 $a \geqslant A^{1/2}$，矩形底板可先假定一边的长度，然后便可求出另一边长。考虑到构造要求，底板的最小尺寸为 $240\text{mm} \times 240\text{mm}$。

底板厚度可按相邻两边支承的矩形板 $a \times b$ 由柱顶的均布反力 $q = R/A_n$ 确定。板中单位宽度的弯矩为：

$$M = \beta q a_1^2 \tag{7-41}$$

系数 β 按比值 b_1/a_1 查表确定，a_1 和 b_1 的意义可参图 7-28（b）。

板的厚度为：

$$t = \sqrt{\frac{6M}{f}} \tag{7-42}$$

为了使底板有一定的刚性，底板的最小厚度一般为 20mm。

底板与节点板、加劲肋板底端的角焊缝连接可按下式计算：

$$\sigma_f = \frac{R}{0.7 h_f \sum l_w} \leqslant \beta_f f_f^w \tag{7-43}$$

式中，$\sum l_w \approx 2(2a - 2h_f) + 4(b - 切角宽度 c_1 - 2h_f)$。

③ 加劲肋板

加劲肋板用以增加节点板的平面外刚度和减小底板中的弯矩，其厚度可取与节点板相同。肋板底端应切角 c_1（图 7-28），以避免三条互相垂直的角焊缝交于一点。肋板与节点板的竖向连接焊缝同时承受剪力 V 和弯矩 M（图 7-28c）。可近似取：

$$V \approx \frac{R}{2} \frac{b}{a+b}, \quad M \approx V \frac{b}{2} \tag{7-44}$$

竖向连接角焊缝中的应力为：

$$\tau_f = \frac{V}{2 \times 0.7 h_f (h - 2h_f - c)} \tag{7-45}$$

$$\sigma_f = \frac{6M}{2 \times 0.7 h_f (h - 2h_f - c)^2} \tag{7-46}$$

式中，h 为加劲肋板高度，15mm 为切角高度。

设定 h_f 后，由下列条件可确定肋板高度 h：

$$\sqrt{\left(\frac{\sigma_f}{\beta_f}\right)^2 + \tau_f^2} \leqslant f_f^w \tag{7-47}$$

上面所介绍的节点设计是针对目前广泛采用的双角钢杆件用单块节点板相连的情况。节点板的用钢量常高达整榀钢屋架用钢量的 10% 左右。屋架如采用管结构，就可以使腹杆（支管）直接与弦杆（主管）相连，不需多费节点板。又如采用 T 型钢作为屋架的弦杆，双角钢截面的腹杆也可直接与 T 型钢的腹板相焊接而不用或少用节点板。这时，节点的构造和设计将有所改变。

图 7-29 为屋架与柱刚性连接的支座节点。连接焊缝传递内力由以下两部分组成：①屋面荷载产生的横梁端反力；②横梁端弯矩在上下弦轴线处产生的附加水平力、附加竖向反力，下弦处的水平力中还应包括框架内力组合的相应水平剪力。这种连接方式的特点是柱上设置支托承担竖向剪力，上弦节点的水平盖板及焊缝传递端弯矩引起的水平力。

7.3.5 钢屋架施工图

屋架施工图是制作屋架的依据，一般按运输单元绘制。施工图上应包括屋架正面详图，上弦和下弦的

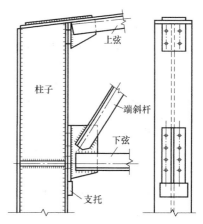

图 7-29　屋架与柱刚性连接的支座节点

平面图，必要数量的侧面图和零件图，施工图上还应有整榀屋架的几何轴线图和材料表。

图纸左上角绘制屋架几何轴线图，轴线图的左半跨注明屋架的几何轴线尺寸，右半跨标注杆件的内力；图纸正中为屋架正面详图及上、下弦平面图；右上角是材料表。

施工图上应注明屋架各构件和零件的型号和几何尺寸，杆件和节点板的定位尺寸。杆件的定位尺寸是节点中心至腹杆顶端的距离和屋架轴线到角钢肢背的距离。由这两个尺寸即能确定杆件的位置和实际长度。杆件的实际下料长度为杆件几何轴线长度减去两端的节点中心到腹杆顶端的距离，在确定此距离时应使杆件的实际长度为5mm的倍数。杆件的位置确定后，即可根据连接焊缝的长度，定出节点板的合理外形和具体尺寸，在确定节点板的尺寸时应适当考虑制作和装配的误差，然后绘出节点板的定位尺寸，即节点中心到节点板各边缘的距离。节点中应注明杆件与节点板的连接焊缝的尺寸，拼接焊缝应分清工厂焊缝和工地安装焊缝、螺栓孔的直径和位置等。

施工图中各杆件和零件应进行编号，完全相同的杆件或零件用同一编号，正、反面对称的杆件亦可用同一编号，在材料表中说明其正、反。材料表上应列出所有杆件和零件的编号、规格尺寸、长度、数量（正、反）和重量，从而算得整榀屋架的用钢量。

钢屋架施工图可以采用两种比例绘制，屋架轴线一般用1：20～1：30的比例尺，杆件截面和节点尺寸采用1：10～1：15的比例尺，这样可使节点的细节表示清楚。跨度较大的屋架，在自重及外荷载作用下将产生较大的挠度，特别当屋架下弦有吊顶或悬挂吊车荷载时，则挠度更大，这将影响结构的使用和有损建筑物的外观。因此对两端铰支且跨度不小于24m的梯形和矩形屋架以及跨度不小于15m的三角形屋架，在制作时需要起拱，起拱值约为跨度的1/500（图7-30），起拱值注在左上角的屋架轴线简图上。在屋架详图上不必表示。

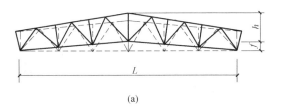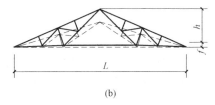

(a)　　　　　　　　　　　　　　　　　(b)

图7-30　钢屋架起拱

(a) 梯形屋架起拱；(b) 三角形屋架起拱

施工图上还应加文字说明，内容包括钢材的钢号、焊条型号、加工精度要求、焊缝质量要求，一些不易用图表达的内容；图中未注明的焊缝和螺栓孔的尺寸，以及防锈处理的要求等等，如有特殊要求亦可在说明中注出。

7.3.6　轻型钢屋架的设计特点

1. 概述

轻型钢屋架主要是指由小角钢、圆钢和薄壁型钢制成的屋架，其屋面荷载较轻，杆件截面小而薄。轻型钢屋架有三角形屋架、三铰拱屋架和梯形屋架等形式，其中最常用的是三角形屋架。屋架的上弦一般用小角钢（等肢角钢小于∟45×5，不等肢角钢小于∟56×36×4），下弦和腹杆可采用小角钢或圆钢。

三角形屋架和三铰拱屋架用于屋面坡度较大时，高度与跨度的比值通常为1/4～1/6。

棱形屋架的屋面坡度较平坦，这些屋架与柱的连接均为铰接。过去，轻型钢屋架一般应用于跨度不大于18m，柱距4～6m，设置有起重量不大于5t的A1～A5工作制桥式吊车的工业建筑和跨度不大于18m的民用房屋。目前，轻型钢屋架的应用范围扩大，跨度可达30m，而且房屋内的允许起重吨位达300kN。

2. 轻型钢屋架的特点

1）圆钢、小角钢轻型钢屋架

（1）屋架形式与杆件截面形式

屋架形式分为陡坡与坦坡二类：陡坡的三角形屋架及三铰拱屋架（图7-31），适用于机瓦、波形石棉水泥瓦与瓦楞铁等防水材料。坦坡的屋架主要指棱形屋架（图7-32），其适用于卷材防水材料。

常用的三角形屋架为芬克式屋架，其杆件截面形式如图7-31中剖面1-1所示。厂房内设有桥式吊车时采用三角形屋架，且此时所有杆件应该用角钢。三铰拱屋架的斜梁分平面桁架式和空间桁架式两种（图7-31中剖面2-2），适用跨度$L=9～18m$、间距4m左右的情况。斜梁为平面桁架式时，屋架杆件少，侧向刚度较差，其跨度及间距宜小些；斜梁为空间桁架式时，屋架杆件多，侧向刚度较好，其跨度及间距宜大些。然而，由于三铰拱屋架顶铰构造不同于一般屋架节点，且下弦为纤细的圆钢，屋架整体侧向刚度较弱。设计时必须注意防止失稳现象，施工时要严格控制屋架几何尺寸偏差。

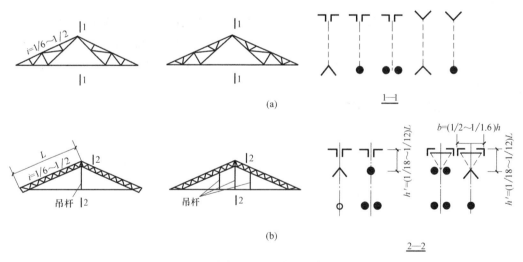

图7-31　陡坡三角形屋架和三铰拱屋架

（a）芬克式屋架；（b）三铰拱屋架

棱形屋架有平面桁架式和空间桁架式两种（图7-32），一般用空间桁架式，适用于$L=9～15m$、间距3～6m的情况。采用人字式腹杆且第一根斜杆宜向跨中下倾。当采用空间桁架式时，截面一般为等腰三角形（图7-32中剖面1-1）。这种屋架截面重心较低，安装时稳定性好。钢筋混凝土屋面板与上弦焊牢，屋面刚度较大。

（2）屋架杆件的设计特点

斜梁为空间桁架式三铰拱屋架和空间桁架式棱形屋架，可近似按平面桁架分析内力。

棱形屋架由于弦杆坡度小，与梯形屋架类似，其横向剪力主要由腹杆承受，所以跨中

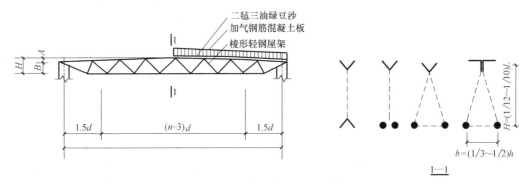

图 7-32　圆钢小角钢梭形屋架

附近斜杆有可能在半跨活载下由拉变压。当屋面坡度不大而风载很大时，由于屋面和屋架自重轻，在风载组合作用下，拉杆有变号的可能性，应予注意。

圆钢、小角钢屋架杆件的平面内计算长度和杆件的容许长细比，与普通钢屋架基本相同。三铰拱屋架的空间桁架式斜梁的上弦和圆钢腹杆，在屋架平面内的计算长度都取其节点间距。腹杆（蛇形圆钢）因考虑到两端没有节点板，端部约束影响很小，所以它的计算长度取几何长度，不乘 0.8 系数。平面外计算长度如何确定还缺少理论分析成果，设计时需要慎重对待。

轻型钢屋架杆件的截面一般采用圆钢、单角钢及双角钢，但圆钢不宜用作受压弦杆。由于杆件的截面都很小，杆件及连接的受力性能易受缺陷影响，这些缺陷包括杆件初弯曲、焊接缺陷、节点构造上的偏差等。因此不同的杆件（角钢、圆钢）形式、不同的受力（受拉或受压）特点以及不同的连接（圆钢与钢板、圆钢和圆钢）形式等，钢材的强度设计值和连接的强度设计值都规定用不同的折减系数予以降低。

圆钢，小角钢屋架中的钢板、角钢及圆钢都不应使用过小规格，其限值可参阅有关设计手册。

（3）节点构造与计算

轻型钢屋架的构造特点、制造精度与焊接质量等都会影响屋架的受力性能，因此设计时必须注意。节点构造应尽量减小偏心，为了减小偏心，各杆轴线应汇交于一点，不能汇交（图 7-33a）的节点，可用围焊以缩小腹杆水平段长度，使偏心值 e_1 和 e_2 各控制在 10～20mm 以内，或者采用图 7-33（b）的做法使之汇交。

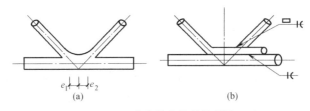

图 7-33　减少节点偏差的措施

三铰拱屋架的支座节点一般由竖板、端板与底板焊接构成（图 7-34）。空间桁架式斜梁两上弦角钢与外置两竖板相连，斜梁下弦角钢切槽与中间竖板相连。拱下弦的圆钢拉杆在端部变为两根圆钢以便和斜梁下弦单角钢不相干扰。拱拉杆穿过端板并用双螺帽固定。当跨度不大时，拉杆中间可不再设置花篮螺栓。底板锚栓的预留孔及附加垫板等与普通钢屋架基本相同。

　　在受力不大的情况下，圆钢、小角钢
屋架的节点设计一般可不计算，按构造要
求确定焊缝尺寸。如受力较大则需要计
算，按杆件轴线交于一点或不交于一点的
实际情况，分析力的传递路线，找出焊缝
所受的轴心力和弯矩并验算强度。圆钢、
小角钢屋架都是用在跨度小且不大的场
所，其大部分材料短小，甚至有些是边角
材料。即便如此，设计和制作中也要认真
分析、正确对待。

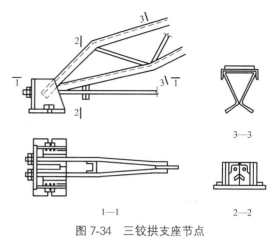

图 7-34　三铰拱支座节点

　　2）薄壁型钢屋架

　　无论在计算、构造还是在维护方面，薄壁型钢结构都有其自身的特点，而且是近几十
年发展起来的轻型钢结构。由于壁薄（$2mm \leqslant t \leqslant 6mm$），相对来说杆件截面的轮廓尺寸
比较大，抗压性能好，屋架腹杆设计中不过分强调长杆受拉和短杆受压，但汇集于节点的
杆件数不宜过多，力求节点构造简单。

　　屋架杆件的计算长度基本与普通钢屋架相同，只是因腹杆一般是方管或圆管，所以多数
不设节点板。在屋架平面内，腹杆的计算长度取节点间距。杆件截面计算的一个特点是，轴
心压杆要用有效截面验算稳定性。薄壁型钢构件不考虑塑性发展，验算压弯杆件的稳定时取
$\gamma = 1.0$。具体验算时，应按《冷弯薄壁型钢结构技术规范》GB 50018—2002进行。

　　薄壁型钢屋架设计时应使杆件截面形心线汇交于节点中心，并确保节点具有足够的刚
度和强度。当汇交杆件宽度相差较大（如每边相差20mm或更多）时，为防止较宽杆件
发生局部变形，应设垫板（图7-35）。当杆件在节点处相交的周边焊缝长度不能满足计算
要求时，可采用加劲肋增强的办法，图7-35为几种常用节点构造。

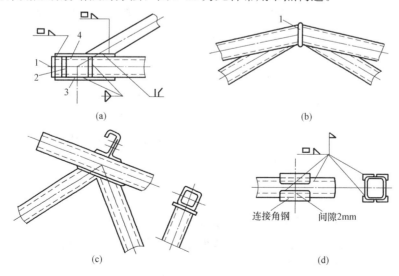

连接角钢　　间隙2mm

图 7-35　薄壁方管钢屋架的节点构造方案（一）

（a）支座节点；（b）屋脊节点；（c）上弦节点；（d）工地拼接

1—封板；2—加劲肋；3—底板；4—垫板

(e)   (f)

图 7-35　薄壁方管钢屋架的节点构造方案（二）

(e) 压杆拼接；(f) 拉杆拼接

7.4　框架柱的设计

7.4.1　框架柱的类型及其截面选择

框架柱有图 7-36 所示的几种形式，即等截面柱、阶形柱和分离式柱三大类。

等截面柱有实腹式和格构式两种（图 7-36a）。等截面柱将吊车梁支于牛腿上，构造简单，但吊车竖向荷载偏心较大，一般用于吊车吨位较小的厂房 $Q<150kN$，或无吊车且房屋高度较小的轻型钢结构中。

阶形柱也可分为实腹式和格构式（图 7-36b、c、e、f）两种。从经济角度考虑，阶形柱由于吊车梁或吊车桁架支承在柱截面变化的肩梁处，荷载偏心小，构造合理，其用钢量比等截面柱节省，因而在单层厂房钢结构中得到广泛应用。阶形柱还根据房屋内设单层吊车或双层吊车做成单阶柱或双阶柱。阶形柱的上段由于截面高度 h 不大（无人孔时 $h=400\sim600mm$；有人孔时 $h=900\sim1000mm$），并考虑柱与屋架、托架的连接等，一般采用焊接工字形截面的实腹柱。下段柱，对于边列柱来说，由于吊车肢受的荷载较大，通常设计成不对称截面；中列柱两侧荷载相差不大时，可以采用对称截面。下段柱截面高度不大于 1m 时，采用实腹式；截面高度不小于 1m 时，采用缀条柱（图 7-36c、e、f）。中列柱两侧荷载相差不大时，可以采用对称截面。

分离式柱（图 7-36d）由支承屋盖结构的屋盖肢和支承吊车梁或吊车桁架的吊车肢所组成，两柱肢之间用水平板相连接。吊车肢在框架平面内的稳定性就依靠连在屋盖肢上的水平连系板来解决。屋盖肢承受屋面荷载、风荷载及吊车水平荷载，按压弯构件设计。吊车肢仅承受吊车的竖向荷载，当吊车梁采用突缘支座时，按轴心受压构件设计；当采用平板支座时，仍按压弯构件设计。分离式柱构造简单，制作和安装比较方便，但用钢量比阶形柱多，且刚度较差，只宜用于吊车轨顶标高低于 10m 且吊车起重量 $Q\geqslant750kN$ 的情况，或者相邻两跨吊车的轨顶标高相差很悬殊，而低跨吊车的起重量 $Q\geqslant500kN$ 的情况。

双肢格构式柱是重型厂房阶形下柱的常见形式，图 7-37 是其截面的常见类型。其中 (a)、(b)、(c) 常见于吊车起重量较小的边列柱和中列柱截面；(d)、(e)、(f) 常用于吊车起重量较大的边列柱和中列柱。

厂房结构形式的选取不仅要考虑吊车的起重量，而且还要考虑吊车的工作级别及吊钩类型，对于装备 A6～A8 级别吊车的车间除了要求结构具有大的横向刚度外，还应保证具

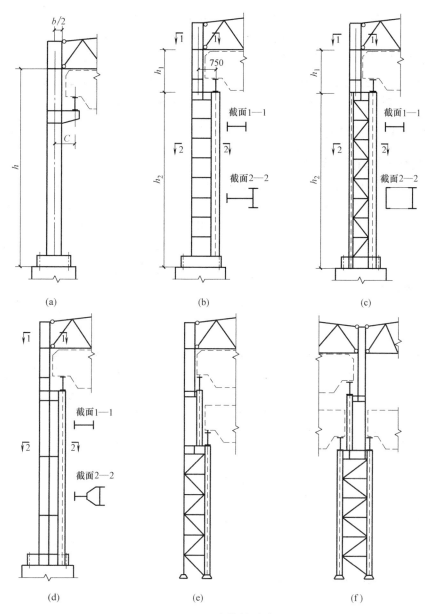

图 7-36 厂房柱的形式

（a）等截面柱；（b）实腹单阶柱；（c）格构单阶柱；（d）分离式柱；（e）双阶边柱；（f）双阶中柱

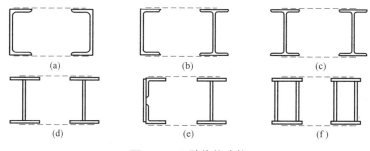

图 7-37 双肢格构式柱

有足够大的纵向刚度。因此，对于装备 A6～A8 级吊车的单跨厂房，宜将屋架和柱子的连接以及柱子和基础的连接均作刚性构造处理。纵向刚度则依靠柱的支撑来保证。

设计在侵蚀性环境中工作的厂房，除了要选择耐腐蚀性的钢材，还应寻求有利于防侵蚀的结构形式和构造措施。同理，在设计高热环境中工作的厂房时，在设计中不仅要考虑对结构的隔热防护，亦应采用有利于隔热的结构形式和构造措施。

7.4.2　框架柱设计特点

1. 框架柱平面内的计算长度系数

柱在框架平面内的计算长度应通过对整个框架的稳定分析确定，但由于框架实际上是一个空间体系，而构件内部又存在初弯曲、初偏心和残余应力等初始缺陷，要确定临界荷载比较复杂。因此，目前对框架的分析，可采用下述方法：①一阶弹性分析，不考虑几何非线性对结构内力和变形产生的影响，根据未变形的结构建立平衡条件，按弹性阶段分析结构内力及位移；②二阶 P-Δ 弹性分析，考虑几何非线性对结构内力和变形产生的影响，根据位移后的结构建立平衡条件，按弹性阶段分析结构内力及位移；③直接分析设计法，直接考虑对结构稳定性和强度性能有显著影响的初始几何缺陷、残余应力、材料非线性、节点连接刚度等因素，以整个结构体系为对象进行二阶非线性分析的设计方法。

等截面柱，在框架平面内的计算长度应等于该层柱的高度乘以计算长度系数 μ。框架分为无支撑框架和有支撑框架。当采用二阶弹性分析方法计算内力且在每层柱顶附加考虑假想水平力 H_{ni} 时，框架柱的计算长度系数取 $\mu=1.0$ 或其他认可的值。当采用一阶弹性分析方法计算内力时，框架柱的计算长度系数 μ 应按下列规定确定。

1）有支撑框架

当支撑结构（支撑桁架、剪力墙等）满足式（7-49）要求时，为强支撑框架，框架柱的计算长度系数 μ 可按附表 6-1、无侧移框架柱的计算长度系数确定，也可按式（7-50）计算，但应同时符合下列规定：

（1）当横梁与柱铰接时，取横梁线刚度为零。

（2）对底层钢框架柱：当柱与基础铰接时，应取 $K_2=0$；当柱与基础刚接时，应取 $K_2=10$；平板支座可取 $K_2=0.1$。

（3）当与柱刚接的横梁所受轴心压力 N_b 较大时，横梁线刚度应乘以下式的折减系数 α_N。

横梁远端与柱刚接和横梁远端与钢柱铰接时：

$$\alpha_N=1-N_b/N_{Eb} \tag{7-48a}$$

横梁远端嵌固时：

$$\alpha_N=1-N_b/(2N_{Eb}) \tag{7-48b}$$

$$N_{Eb}=\pi^2 EI_b/l^2 \tag{7-48c}$$

式中　α_N——横梁线刚度的折减系数；

$\quad\quad I_b$——横梁的截面惯性矩；

$\quad\quad l$——横梁的长度。

$$S_b \geqslant 4.4\left[\left(1+\frac{100}{f_y}\right)\sum N_{bi}-\sum N_{0i}\right] \tag{7-49}$$

$$\mu = \sqrt{\frac{(1+0.41K_1)(1+0.41K_2)}{(1+0.82K_1)(1+0.82K_2)}} \qquad (7-50)$$

式中 $\sum N_{bi}$、$\sum N_{0i}$——分别是第 i 层层间所有框架柱用无侧移框架和有侧移框架柱计算长度系数算得的轴压杆稳定承载力之和（N）；

S_b——支撑结构层侧移刚度，即施加于结构上的水平力与其产生的层间位移角的比值（N）；

K_1、K_2——分别为相交于柱上端、柱下端的横梁线刚度之和与柱线刚度之和的比值。

2）无支撑框架

（1）无支撑框架柱在框架平面内的计算长度应根据柱的形式及两端支承情况确定。等截面柱的计算长度值按附表 6-2、有侧移框架柱的计算长度系数确定，也可按简化公式（7-52）计算，但应同时符合下列规定：

① 当横梁与柱铰接时，取横梁线刚度为零。

② 对底层钢框架柱：当柱与基础铰接时，应取 $K_2 = 0$；当柱与基础刚接时，应取 $K_2 = 10$；平板支座可取 $K_2 = 0.1$。

③ 当与柱刚接的横梁所受轴心压力 N_b 较大时，横梁线刚度应乘以下式的折减系数。

横梁远端与柱刚接时：

$$\alpha_N = 1 - N_b/(4N_{Eb}) \qquad (7-51a)$$

横梁远端与柱铰接时：

$$\alpha_N = 1 - N_b/N_{Eb} \qquad (7-51b)$$

横梁远端嵌固时：

$$\alpha_N = 1 - N_b/(2N_{Eb}) \qquad (7-51c)$$

$$\mu = \sqrt{\frac{7.5K_1K_2 + 4(K_1+K_2) + 1.52}{7.5K_1K_2 + K_1 + K_2}} \qquad (7-52)$$

式中 K_1、K_2——分别为相交于柱上端、柱下端的横梁线刚度之和与柱线刚度之和的比值。

（2）当有侧移框架同层各柱的 N/I 不相同时，柱计算长度系数宜按式（7-53）计算；当框架附有摇摆柱时，框架柱的计算长度系数宜按式（7-54）确定；当根据式（7-53）或式（7-54）计算而得的 μ_i 小于 1.0 时，应取 $\mu_i = 1.0$。

$$\mu_i = \sqrt{\frac{N_{Ei}}{N_i} \cdot \frac{1.2}{K} \sum \frac{N_i}{h_i}} \qquad (7-53)$$

$$\mu_i = \sqrt{\frac{N_{Ei}}{N_i} \cdot \frac{1.2\sum(N_i/h_i) + \sum(N_{1j}/h_j)}{K}} \qquad (7-54)$$

式中 N_i——第 i 根柱轴心压力设计值（N）；

N_{Ei}——第 i 根柱的欧拉临界力（N）；$N_{Ei} = \pi^2 EI_i/h_i^2$；

h_i——第 i 根柱高度（mm）；

K——框架层侧移刚度，即产生层间单位侧移所需的力（N/mm）；

N_{1j}——第 j 根摇摆柱轴心压力设计值（N）；

h_j——第 j 根摇摆柱的高度（mm）。

（3）计算单层框架和多层框架底层的计算长度系数时，K 值宜按柱脚的实际约束情况进行计算，也可按理想情况（铰接或刚接）确定 K 值，并对算所得的系数 μ 进行修正。

3）阶形柱

对于阶形柱，其计算长度是分段确定的。即各段的计算长度应等于各段的几何长度乘以相应的计算长度系数 μ_1 和 μ_2，但各段的计算长度系数 μ_1 和 μ_2 之间有一定联系。在图 7-38（a）中，柱上段和下段计算长度分别是 $H_{1x}=\mu_1 H_1$，$H_{2x}=\mu_2 H_2$。

阶形柱的计算长度系数是根据对称的单跨框架发生如图 7-38（b）所示的有侧移失稳变形条件确定的。因为这种失稳条件下柱的临界力最小，这时上段柱的临界力 $N_1=\pi^2 EI_1/(\mu_1 H_1)^2$，而下段柱的临界力为 $N_2=\pi^2 EI_2/(\mu_2 H_2)^2$。由于横梁的线刚度常常大于柱上端的线刚度，研究表明，在这种条件下，把横梁的线刚度看作无限大，计算结果是足够精确的。因此，按照弹性稳定理论分析框架时，柱与横梁之间的关系归结为它们之间的连接条件：如为铰接，则柱上端既能自由侧移也能自由转动，如图 7-38（c）所示；如为刚接，则柱的上端只能自由侧移但不能转动，如图 7-38（d）所示。

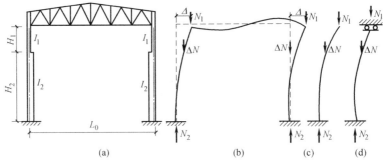

图 7-38 单阶柱框架的失稳

单层厂房框架下端刚性固定的阶形柱，在框架平面内的计算长度应按下列规定确定：

（1）单阶柱

① 下段柱的计算长度系数 μ_2：当柱上端与横梁铰接时，应按附表 6-3 的数值乘以表 7-9 的折减系数；当柱上端与桁架型横梁刚接时，应按附表 6-4 的数值乘以表 7-9 的折减系数。

② 当柱上端与实腹梁刚接时，下段柱的计算长度系数 μ_2，应按下列公式计算的系数 μ_2^1 乘以表 7-9 的折减系数，系数 μ_2^1 应不大于按柱上端与横梁铰接计算时得到的 μ_2 值，且不小于按柱上端与桁架型横梁刚接计算时得到的 μ_2 值。

$$K_c=\frac{I_1/H_1}{I_2/H_2} \tag{7-55}$$

$$\mu_2^1=\frac{\eta_1^2}{2(\eta_1+1)}\cdot\sqrt[3]{\frac{\eta_1-K_b}{K_b}}+(\eta_1-0.5)K_1+2 \tag{7-56}$$

$$\eta_1 = \frac{H_1}{H_2}\sqrt{\frac{N_1}{N_2} \cdot \frac{I_2}{I_1}} \tag{7-57}$$

式中　I_1、H_1——阶形柱上段柱的惯性矩和柱高；

　　　I_2、H_2——阶形柱下段柱的惯性矩和柱高；

　　　K_c——阶形柱上段柱线刚度与下段柱线刚度的比值；

　　　η_1——参数，根据式（7-57）计算。

③ 上段柱的计算长度系数 μ_1 按下式计算：

$$\mu_1 = \frac{\mu_2}{\eta_1} \tag{7-58}$$

考虑到组成横向框架的单层厂房各阶形柱所承受的吊车竖向荷载差别较大，荷载较小的相邻柱会给所计算的荷载较大的柱提供侧移约束；同时在纵向因有支撑和屋面板等连系构件，各横向框架之间有空间作用，有利于荷载重分配。故《标准》规定对于阶形柱的计算长度系数还应根据表 7-9 中的不同条件乘以折减系数，以反映阶形柱在框架平面内承载力的提高。

单层厂房阶形柱计算长度的折减系数　　　　　　　　　　　　表 7-9

厂房类型				折减系数
单跨或多跨	纵向温度区段内一个柱列的柱子数	屋面情况	厂房两侧是否有通长的屋盖纵向水平支撑	
单跨	等于或少于 6 个	—	—	0.9
	多于 6 个	非大型混凝土屋面板的屋面	无纵向水平支撑	
			有纵向水平支撑	0.8
		大型混凝土屋面板的屋面	—	
多跨	—	非大型混凝土屋面板的屋面	无纵向水平支撑	
			有纵向水平支撑	0.7
		大型混凝土屋面板的屋面	—	

（2）双阶柱

① 下段柱的计算长度系数 μ_2：当柱上端与横梁铰接时，应按《标准》附表 E.0.5 的数值乘以表 7-9 的折减系数；当柱上端与横梁刚接时，应按《标准》附表 E.0.6 的数值乘以表 7-9 的折减系数。

② 上段柱和中段柱的计算长度系数 μ_1 和 μ_2，应按下列公式计算：

$$\mu_1 = \frac{\mu_3}{\eta_1} \tag{7-59}$$

$$\mu_2 = \frac{\mu_3}{\eta_2} \tag{7-60}$$

式中　η_1、η_2——参数，可根据式（7-57）计算；计算 η_1 时，H_1、N_1、I_1 分别为上柱的柱高（m）、轴心压力设计值（N）和惯性矩（mm^4），H_2、N_2、I_2 分别为下柱的柱高（m）、轴心压力设计值（N）和惯性矩（mm^4）；计算 η_2 时，H_1、N_1、I_1 分别为中柱的柱高（m）、轴心压力设计值

（N）和惯性矩（mm^4），H_2、N_2、I_2 分别为下柱的柱高（m）、轴心压力设计值（N）和惯性矩（mm^4）。

当计算框架的格构式柱和桁架式横梁的惯性矩时，应考虑柱或横梁截面高度变化和缀件（或腹杆）变形的影响。

2. 框架柱平面外的计算长度

厂房柱在框架平面外（沿厂房长度方向）的计算长度，应取阻止框架平面外位移的侧向支承点之间的距离。柱间支撑的节点是阻止框架柱在框架平面外位移的可靠侧向支承点，与此节点相连的纵向构件（如吊车梁、制动结构、辅助桁架、托架、纵梁和刚性系杆等）亦可视为框架柱的侧向支承点。此外，柱在框架平面外的尺寸较小，侧向刚度较差，在柱脚和连接节点处可视为铰接。具体的取法是：对设有吊车梁和柱间支撑而无其他支承构件时，上段柱的平面外计算长度可取制动结构顶面至屋盖纵向水平支撑或托架支座之间柱的高度；下段柱的平面外计算长度可取柱脚底面至肩梁顶面之间柱的高度。

7.4.3　框架柱的验算和构造设计

单阶柱的上段柱，一般为实腹工字形截面，选取最不利的内力组合，需按压弯构件进行验算。阶形柱的下段柱一般为格构式压弯构件，需要验算在框架平面内的整体稳定以及屋盖肢与吊车肢的单肢稳定。计算单肢稳定时，应注意分别选取对所验算的单肢产生最大压力的内力组合。

考虑到格构式柱的缀材体系传递两肢间的内力情况不十分明确，为了确保安全，还需按吊车肢单独承受最大吊车垂直轮压 D_{max} 进行补充验算。此时，吊车肢承受最大压力 N_D 为：

$$N_D = D_{max} + \frac{(N - D_{max})y_2}{a} + \frac{(M - M_D)}{a} \tag{7-61}$$

式中　D_{max}——吊车竖向荷载及吊车梁自重等所产生的最大计算压力；

　　　M——使吊车肢受压的下端柱计算弯矩，包括 D_{max} 的作用；

　　　N——与 M 相应的内力组合的下端柱轴向力；

　　　M_D——仅由 D_{max} 作用对下段柱产生的计算弯矩，与 M、N 同一截面；

　　　y_2——下柱截面中心轴至屋盖肢中心线的距离；

　　　a——下柱屋盖肢和吊车肢重心线间的距离。

当吊车梁为突缘支座时，其支反力沿吊车肢轴线传递，吊车肢按承受轴心压力 N_1 计算单肢的稳定性。当吊车梁为平板式支座时，尚应考虑由于相邻两吊车梁支座反力差 $(R_1 - R_2)$ 所产生的框架平面外的弯矩：

$$M_y = (R_1 - R_2) \times e \tag{7-62}$$

M_y 全部由吊车肢承受，其沿柱高度方向弯矩的分布可近似地假定在吊车梁支承处为铰接，在柱底部为刚性固定，分布如图 7-39 所示。吊车肢按实腹式压弯杆件验算在弯矩 M_y 作用平面内（即框架平面外）的稳定性。

阶形柱的变截面处是上、下柱相连并支撑吊车梁的关键部位，必须仔细设计。阶形柱的柱脚与基础刚接，要同时传递竖向力、水平力和弯矩，受力复杂，需引起重视。

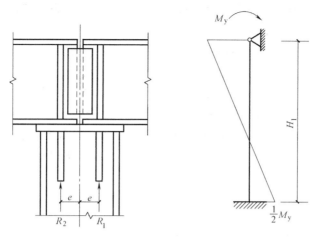

图 7-39   吊车肢的弯矩计算图

本章小结

单层工业厂房钢结构，由于其经济性得到了广泛应用。通过本章学习，我们对单层厂房钢结构的结构体系和组成有了一定的了解；理解了荷载效应及组合；掌握了钢屋盖支撑系统的组成与布置；掌握了钢屋盖结构的分析和设计方法；掌握了框架柱的设计方法。

1. 单层厂房钢结构一般是由屋盖结构（由屋面板、檩条、天窗、屋架或梁、托架等组成）、柱、吊车梁（包括制动梁或制动桁架）、墙架、各种支撑和基础等构件组成的空间体系，承受并传递作用在厂房结构上的各种荷载与作用，是整个建筑物的承重骨架。

2. 柱网布置需考虑生产工艺、构件生产的标准化和模数化、温度区段、抽柱等要求，并尽量考虑厂房设计的结构优化和经济。

3. 单层厂房钢结构一般简化为平面框架分析并计算内力，横向框架作为承重结构，按结构力学的方法或利用现成的图表、计算机程序进行内力分析。

4. 横向框架的荷载主要有三类：永久荷载，包括屋盖系统、柱、吊车梁系统、墙架、墙板及设备管道等的自重；可变荷载，包括风荷载、雪荷载、积灰荷载、屋面均布活荷载、吊车荷载、地震作用等；偶然荷载，包括爆炸、撞击、火灾及其他偶然出现的灾害引起的荷载。

5. 单层厂房钢结构中的钢屋盖结构体系通常由钢屋架（平面钢桁架）、檩条、屋面材料、托架和天窗架等构件组成，分为有檩屋盖和无檩屋盖。屋盖支撑主要有上弦横向水平支撑、下弦横向水平支撑、下弦纵向水平支撑、垂直支撑和系杆等组成。屋盖支撑的主要作用是保证屋盖形成空间几何不变结构体系，保证屋盖的刚度和空间整体性，为受压弦杆提供侧向支承点，承受屋盖各种纵向、横向水平荷载（如风荷载、吊车水平荷载、地震荷载等），保证屋盖结构在安装时的便利和施工过程中的稳定。

6. 普通钢桁架主要有三角形、梯形和平行弦三种。在确定屋架外形时，应考虑房屋用途、建筑造型和屋面材料的排水等要求。常用的腹杆体系有人字式、单斜式、再分式、K 式、菱形和交叉式等形式。

7. 普通钢屋架的杆件一般采用两个角钢组成的 T 形截面或十字形截面。钢屋架中的杆件一般采用节点板相互连接，各杆件内力通过各自的杆端焊缝传至节点板，并汇交于节点中心而取得平衡。因此节点的设计应做到传力明确、可靠，构造简单和制作安装方便等。

8. 框架柱主要有等截面柱、阶形柱和分离式柱三大类。等截面柱有实腹式和格构式两种，一般用于吊车吨位较小或无吊车且房屋高度较小的轻型钢结构中；单阶柱的上段柱一般为实腹工字形截面、下段柱一般为格构式压弯构件；分离式柱由支承屋盖结构的屋盖肢和支承吊车梁或吊车桁架的吊车肢所组成，宜用于吊车轨顶标高高且吊车起重量大的情况。

思考与练习题

7-1　单层厂房是由哪些结构或构件组成的？这些组成部件的作用是什么？

7-2　布置柱网时应考虑哪些因素？

7-3　为什么要设置温度缝？横向和纵向温度缝如何处置？

7-4　横向框架有哪些类型？如何确定横向框架的主要尺寸？

7-5　单层厂房钢结构设计中的荷载有哪些？这些荷载有哪些结构承担？

7-6　屋盖结构主要组成部分是哪些？它们的作用是什么？

7-7　屋盖结构中有哪些支撑系统？支撑的作用是什么？

7-8　如何区分刚性系杆和柔性系杆？哪些位置需要设置刚性系杆？

7-9　三角形、梯形、平行弦桁架各适用于哪些屋盖体系？

7-10　屋架的腹杆有哪些体系？各有什么特征？

7-11　屋架杆件的计算长度在屋架平面内、外如何取值？

7-12　如何选择屋架构件截面？

7-13　如何确定屋架节点的节点板厚度？一个桁架的所有节点板厚度是否相同？

7-14　屋架节点设计有哪些基本要求？节点板尺寸应如何确定？

7-15　厂房柱有哪些类型？各在什么情况下使用？

7-16　简述框架柱计算长度的计算。

7-17　阶形柱计算长度系数的折减考虑了哪些因素？

7-18　框架柱进行最不利内力组合时，应进行哪几种内力组合？

7-19　框架柱需验算哪些内容？

7-20　某单跨厂房（图 7-40），跨度 36m，长 180m，柱距 6m，厂房内设有一台起重量为 50t 的中级工作制桥式吊车，柱高 10.8m，吊车轨顶标高 8.1m。屋面材料为石棉瓦，

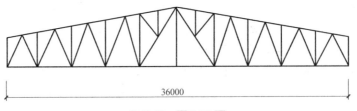

36000

图 7-40　题 7-20 图

屋面坡度为 1/4，试布置该厂房结构的屋盖横向支撑布置图。

7-21 已知桁架各杆内力、截面及倾斜角如图 7-41 所示，下弦有拼接，拼接角钢L 90×8。节点板厚度 $t=12mm$，角钢及节点板钢材均为 Q235，角焊缝强度设计值 $f=160N/mm^2$，试设计此节点。

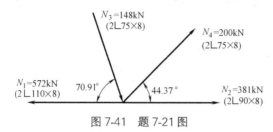

图 7-41 题 7-21 图

第8章 轻型门式刚架结构

本章要点及学习目标

本章要点：

(1) 轻型门式刚架结构的组成及应用；

(2) 轻型门式刚架结构的荷载和荷载效应；

(3) 轻型门式刚架的结构体系及其围护结构；

(4) 轻型门式刚架结构的节点构造及节点设计；

(5) 轻型门式刚架结构的设计计算方法。

学习目标：

(1) 了解轻型门式刚架结构的组成及应用；

(2) 熟悉轻型门式刚架结构的荷载和荷载效应；

(3) 熟悉轻型门式刚架结构的节点构造及节点设计；

(4) 掌握轻型门式刚架结构的设计计算方法。

8.1 结构形式和布置

8.1.1 结构形式

门式刚架轻型房屋钢结构具有外观简洁优美的特性，是一种有效利用材料的结构形式：①可采用变截面形式，以适应结构中的内力分布，大大减少用钢量；②可在采用等截面设计时考虑钢材的塑性发展来减少用钢量，使得门式刚架轻型钢结构的结构成本得到显著降低；③由于构件形式简单，可批量生产，工地采用高强度螺栓连接，使施工周期大为缩短，便于工厂化、标准化制作，综合经济效益高；④具有很强的适应性，柱网布置比较灵活，适用于工厂、商店、仓库、展览馆、候车厅等多种公共建筑。

《门式刚架轻型房屋钢结构技术规范》GB 51022—2015（后面简称《轻钢规范》），适用于房屋高度不大于 18m，房屋高宽比小于 1，承重结构为单跨或多跨实腹门式刚架、具有轻型屋盖、无桥式吊车或有起重量不大于 20t 的 A1～A5 工作级别桥式吊车或 3t 悬挂式起重机的单层钢结构房屋。

门式刚架轻型房屋钢结构主要指承重结构为单跨或多跨实腹门式刚架（图 8-1），屋盖宜采用压型钢板屋面板和冷弯薄壁型钢檩条。主刚架可采用变截面实腹刚架，外墙宜采用压型钢板墙面板和冷弯薄壁型钢墙梁。门式刚架屋面体系的整体性可以依靠檩条、隔撑来保证，从而减少了屋盖支撑的数量，同时支撑多用张紧的圆钢做成，很轻便。但由于组成构件的杆件较薄，构件的抗弯刚度、抗扭刚度比较小，结构的整体刚度也比较柔，对制作、涂装、运输、安装的要求高。

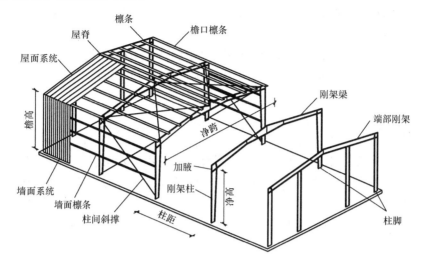

图 8-1　门式刚架的结构形式

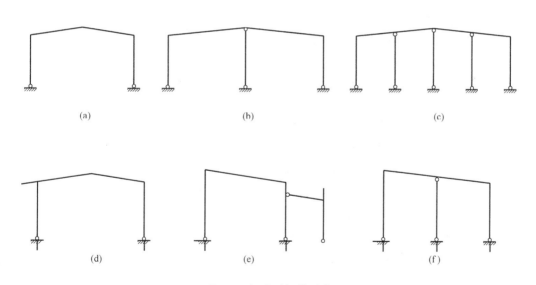

图 8-2　门式刚架的形式

（a）单跨刚架；（b）双跨刚架；（c）多跨刚架；（d）带挑檐刚架；（e）带毗屋刚架；（f）单坡刚架

　　门式刚架分为单跨、双跨、多跨刚架以及带挑檐和带毗屋的刚架（图 8-2）等。多跨刚架中间柱与刚架斜梁的连接，可采用铰接。多跨刚架宜采用双坡或单坡屋盖，必要时也可采用由多个双坡屋盖组成的多跨刚架形式。

　　根据跨度、高度和荷载不同，门式刚架的梁、柱可采用变截面或等截面实腹焊接工字形截面或轧制 H 形截面。设有桥式吊车时，柱宜采用等截面构件。变截面构件宜做成改变腹板高度的楔形；必要时也可改变腹板厚度。结构构件在制作单元内不宜改变翼缘截面，当必要时，仅可改变翼缘厚度；邻接的制作单元可采用不同的翼缘截面，两单元相邻截面高度宜相等。

门式刚架的柱脚宜按铰接支承设计。当用于工业厂房且有 5t 以上桥式吊车时，可将柱脚设计成刚接。

门式刚架可由多个梁、柱单元构件组成。柱宜为单独的单元构件，斜梁可根据运输条件划分为若干个单元。单元构件本身应采用焊接，单元构件之间宜通过端板采用高强度螺栓连接。

8.1.2　结构布置

门式刚架的单跨跨度宜为 12～48m。当有根据时，可采用更大跨度。当边柱宽度不等时，其外侧应对齐。门式刚架的间距，即柱网轴线在纵向的距离宜为 6～9m，挑檐长度可根据使用要求确定，宜为 0.5～1.2m，其上翼缘坡度宜与斜梁坡度相同。

门式刚架轻型房屋的屋面坡度宜取 1/20～1/8，在雨水较多的地区宜取其中的较大值。

门式刚架轻型房屋钢结构的温度区段长度，应符合下列规定：

（1）纵向温度区段不宜大于 300m；

（2）横向温度区段不宜大于 150m，当横向温度区段大于 150m 时，应考虑温度的影响；

（3）当有可靠依据时，温度区段长度可适当加大。

需要设置伸缩缝时，应符合下列规定：

（1）在搭接檩条的螺栓连接处宜采用长圆孔，该处屋面板在构造上应允许胀缩或设置双柱；

（2）吊车梁与柱的连接处宜采用长圆孔。

在多跨刚架局部抽掉中间柱或边柱处，宜布置托梁或托架。

屋面檩条的布置，应考虑天窗、通风屋脊、采光带、屋面材料、檩条供货规格等因素的影响。屋面压型钢板厚度和檩条间距应按计算确定。

山墙可设置由斜梁、抗风柱、墙梁及其支撑组成的山墙墙架或采用门式刚架。

房屋的纵向应有明确、可靠的传力体系。当某一柱列纵向刚度和强度较弱时，应通过房屋横向水平支撑，将水平力传递至相邻柱列。

8.1.3　墙架布置

门式刚架轻型房屋钢结构侧墙墙梁的布置，应考虑设置门窗、挑檐、遮阳和雨篷等构件和围护材料的要求。

门式刚架轻型房屋钢结构的侧墙，当采用压型钢板作围护面时，墙梁宜布置在刚架柱的外侧，其间距应随墙板板型和规格确定，且不应大于计算要求的间距。

门式刚架轻型房屋的外墙，当抗震设防烈度在 8 度及以下时，宜采用轻型金属墙板或非嵌砌砌体；当抗震设防烈度为 9 度时，应采用轻型金属墙板或与柱柔性连接的轻质墙板。

8.2 荷载计算和荷载组合

8.2.1 计算简图的确定

在确定计算简图时，门式刚架轻型房屋钢结构的尺寸应符合下列规定：

（1）门式刚架的跨度，应取横向刚架柱轴线间的距离；

（2）门式刚架的高度，应取地坪至柱轴线与斜梁轴线交点的高度；高度应根据使用要求的室内净高度确定，设有吊车的厂房应根据轨顶标高和吊车净空要求而定；

（3）柱的轴线可取通过柱下端（较小端）中心的竖向轴线；工业建筑边柱的定位轴线宜取柱外皮；斜梁的轴线可取通过变截面梁段最小端中心与斜梁上表面平行的轴线；

（4）门式刚架轻型房屋的檐口高度，取地坪至房屋外侧檩条上缘的高度；

（5）门式刚架轻型房屋的最大高度，取地坪至屋盖顶部檩条上缘的高度；房屋的宽度，取房屋侧墙墙梁外皮之间的距离；长度，取两端山墙墙梁外皮之间的距离；

（6）门式刚架的柱脚多按铰接支承设计，通常为平板支座，设一对或两对地脚螺栓；当用于工业厂房且有桥式吊车时，宜将柱脚设计为刚接。

柱脚铰接的门式刚架的计算简图如图 8-3 所示。

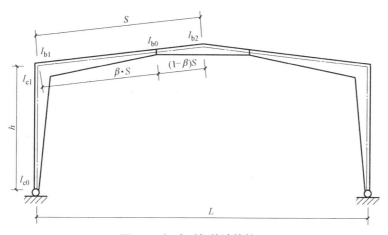

图 8-3 门式刚架的计算简图

8.2.2 屋面荷载

1. 永久荷载

永久荷载包括屋面板、檩条、支撑、刚架等结构自重及吊顶、管线、天窗、风帽等悬挂或建筑设施荷重，永久荷载的标准值应根据《荷载规范》采用。实腹式檩条的自重标准值大约为 $0.1 \mathrm{kN/m^2}$。

2. 可变荷载

屋面可变荷载包括屋面均布活荷载、雪荷载和积灰荷载，施工或检修荷载等。屋面活荷载按屋面水平投影面积计算。

考虑到使用及施工检修荷载，对房屋建筑的屋面，其水平投影面上的屋面均布活荷载应如下考虑：

(1) 不上人屋面均布活荷载的标准值应取 $0.5kN/m^2$；

(2) 上人屋面均布活荷载的标准值取 $2.0kN/m^2$；

(3) 设计屋面板和檩条时，施工或检修集中荷载标准值不应小于 1.0kN，并应在最不利位置处进行验算；

(4) 当使用及施工荷载较大时，应按实际情况采用。

3. 屋面雪荷载、积灰荷载

按《荷载规范》及《轻钢规范》的规定，荷载效应组合时应符合下列原则：

(1) 屋面均布活荷载不与雪荷载同时考虑，应取两者中的较大值；

(2) 积灰荷载与雪荷载或屋面均布活荷载中的较大值同时考虑；

(3) 施工或检修集中荷载不与屋面材料或檩条自重以外的其他荷载同时考虑。

8.2.3　风荷载

风荷载标准值与建筑物所在地区基本风压、建筑物体型、高度以及建筑地面粗糙度等因素有关，根据《轻钢规范》垂直于建筑物表面的风荷载，应按下式计算：

$$w_k = \beta \mu_w \mu_z w_0 \tag{8-1}$$

式中　w_k——风荷载标准值（kN/m^2）；

　　　w_0——基本风压，按现行国家标准《荷载规范》的规定值乘以 1.05 采用；

　　　μ_z——风荷载高度变化系数，按现行国家标准《荷载规范》的规定采用；当高度小于 10m 时，应按 10m 高度处的数值采用；

　　　μ_w——风荷载系数，考虑内、外风压最大值的组合；

　　　β——系数，计算主刚架时取 $\beta=1.1$；计算檩条、墙梁、屋面板和墙面板及其连接时，取 $\beta=1.5$。

对于门式刚架轻型房屋，当屋面平均高度不大于 18m、房屋高宽比不大于 1，风荷载体型 μ_w 应按《轻钢规范》表 4.2.2 规定取值。

门式刚架轻型房屋构件的有效截面面积（A）可按下式计算：

$$A = lc \tag{8-2}$$

式中　l——刚架的跨度；

　　　c——考虑构件的受风宽度，应大于 $(a+b)/2$ 或 $l/3$；无确定宽度的外墙和其他板式构件采用 $c=l/3$；

　　　a、b——分别为所考虑构件（墙架柱、墙梁、檩条等）在左、右侧或上、下侧与相邻构件的距离。

8.2.4　屋面雪荷载

门式刚架轻型房屋钢结构屋面水平投影面上的雪荷载标准值，应按下式计算：

$$S_k = \mu_r S_0 \tag{8-3}$$

式中　S_k——雪荷载标准值；

　　　μ_r——屋面积雪荷载系数；

S_o——基本雪压，按《荷载规范》规定的 100 年重现期的雪压采用。

单坡、双坡、多坡房屋的屋面积雪荷载分布系数应按表 8-1 采用。

屋面积雪分布系数　　　　　　　　　　　　　　　表 8-1

序号	类别	屋面形式及积雪分布系数 μ_r
1	单跨单坡屋面	μ_r θ <table><tr><td>θ</td><td>≤25°</td><td>30°</td><td>35°</td><td>40°</td><td>45°</td><td>50°</td><td>55</td><td>≥60°</td></tr><tr><td>μ_r</td><td></td><td></td><td></td><td></td><td></td><td></td><td></td><td></td></tr></table>
2	单跨双坡屋面	均匀分布的情况　　μ_r $0.75\mu_r$　　$1.25\mu_r$ 不均匀分布的情况　　θ μ_r 按第 1 项规定采用
3	双跨双坡屋面	均匀分布的情况　　1.0 不均匀分布的情况 1　　μ_r　　1.4　　μ_r 不均匀分布的情况 2　　μ_r　　2.0　　μ_r　　θ　　L　　L μ_r 按第 1 项规定采用

注：1. 对于双跨双坡屋面，当屋面坡度不大于 1/20 时，内屋面可不考虑表中第 3 项规定的不均匀分布的情况，即表中的雪分布系数 1.4 及 2.0 均按 1.0 考虑。

　　2. 多跨屋面的积雪分布系数，可按第 3 项的对顶采用。

当高低屋面及相邻房屋屋面高低满足 $(h_r-h_b)/h_b$ 大于 0.2 时，应按下列规定考虑雪堆积和漂移。

8.2.5　地震作用

门式刚架轻型房屋钢结构的抗震设防类别和抗震设防标准，应按现行国家标准《建筑工程抗震设防分类标准》GB 50223—2008 的规定采用。

门式刚架轻型房屋钢结构应按下列原则考虑地震作用：

（1）一般情况下，按房屋的两个主轴方向分别计算水平地震作用；

（2）质量与刚度分布明显不对称的结构，应计算双向水平地震作用并计入扭转的影响；

（3）抗震设防烈度为 8 度、9 度时，应计算竖向地震作用，可分别取该结构重力荷载代表值的 10% 和 20%，设计基本地震加速度为 0.30g 时，可取该结构重力荷载代表值的 15%；

（4）计算地震作用时尚应考虑墙体对地地震作用的影响。

8.2.6　荷载组合

门式刚架承受的荷载应符合下列原则：

（1）屋面均布活荷载不与雪荷载同时考虑，应取两者中的较大值；

（2）积灰荷载与雪荷载或屋面均布活荷载中的较大值同时考虑；

（3）施工或检修集中荷载不与屋面材料或檩条自重以外的其他荷载同时考虑；

（4）多台吊车的组合应符合现行国家标准《荷载规范》的规定；

（5）风荷载不与地震作用同时考虑。

持久设计状况和短暂设计状况下，当荷载与荷载效应按线性关系考虑，荷载基本组合的效应设计值应按下式确定：

$$S_d=\gamma_G S_{Gk}+\psi_Q \gamma_Q S_{Qk}+\psi_w \gamma_w S_{wk} \tag{8-4}$$

式中　S_d——荷载组合的效应设计值；

　　　γ_G——永久荷载分项系数；

　　　γ_Q——竖向可变荷载分项系数；

　　　γ_w——风荷载分项系数；

　　　S_{Gk}——永久荷载效应标准值；

　　　S_{Qk}——竖向可变荷载效应标准值；

　　　S_{wk}——风荷载效应标准值；

　ψ_Q、ψ_w——分别为可变荷载组合值系数和风荷载组合值系数，当永久荷载效应起控制作用时应分别取 0.7 和 0；当可变荷载效应起控制作用时应分别取 1.0 和 0.6 或 0.7 和 1.0。

持久设计状况和短暂设计状况下，荷载基本组合的分项系数应按下列规定采用：

（1）永久荷载的分项系数 γ_G：当其效应对结构承载力不利时，对由可变荷载效应控制的组合应取 1.2，对由永久荷载效控制的组合应取 1.35；当其效应对结构承载力有利时，应取 1.0；

（2）竖向可变荷载的分项系数 γ_Q 应取 1.4；

（3）风荷载分项系数 γ_w 应取 1.4。

地震设计状况下，当作用与作用效应按线性关系考虑时，荷载与地震作用基本组合效应设计值应按下式确定：

$$S_E = \gamma_G S_{GE} + \gamma_{Eh} S_{Ehk} + \gamma_{Ev} S_{Evk} \tag{8-5}$$

式中　S_E——荷载和地震效应组合的效应设计值；

S_{GE}——重力荷载代表值的效应；

S_{Ehk}——水平地震作用标准值的效应；

S_{Evk}——竖向地震作用标准值的效应；

γ_G——重力荷载分项系数；

γ_{Eh}——水平地震作用分项系数；

γ_{Ev}——竖向地震作用分项系数。

地震设计状况下，荷载和地震作用基本组合的分项系数应按表 8-2 采用。当重力荷载效应对结构的承载力有利时，表 8-2 中 γ_G 不应大于 1.0。

地震设计状况时荷载和作用的分项系数　　　　　　　　　表 8-2

参与组合的荷载和作用	γ_G	γ_{Eh}	γ_{Ev}	说明
重力荷载及水平地震作用	1.2	1.3	—	—
重力荷载及竖向地震作用	1.2	—	1.3	8度、9度抗震设计时考虑
重力荷载、水平地震及竖向地震作用	1.2	1.3	0.5	8度、9度抗震设计时考虑

8.3　结构计算分析

8.3.1　门式刚架的计算

门式刚架应按弹性分析方法计算，不宜考虑应力蒙皮效应，可按平面结构分析内力。当未设置柱间支撑时，柱脚应设计成刚接，柱应按双向受力进行设计计算。当采用二阶弹性分析时，应施加假想水平荷载。假想水平荷载应取竖向荷载设计值的 0.5%，分别施加在竖向荷载的作用处。假想荷载的方向与风荷载或地震作用的方向相同。

8.3.2　地震作用分析

计算门式刚架地震作用时，其阻尼比取值应符合下列规定：

（1）封闭式房屋可取 0.05；

（2）敞开式房屋可取 0.035；

（3）其余房屋应按外墙面积开孔率插值计算。

单跨房屋、多跨等高房屋可采用基底剪力法进行横向刚架的水平地震作用计算，不等高房屋可按振型分解反应谱法计算。

有吊车厂房，在计算地震作用时，应考虑吊车自重，平均分配于两牛腿处。

当采用砌体墙做围护墙体时，砌体墙的质量应沿高度分配到不少于两个质量集中点作为钢柱的附加质量，参与刚架横向的水平地震作用计算。

当纵向柱列的地震作用采用基底剪力法计算时，应保证每一集中质量处均能将按高度和质量大小分配的地震力传递到纵向支撑或纵向框架上。

当房屋的纵向长度不大于横向宽度的 1.5 倍，且纵向和横向均有高低跨时，宜按整体空间刚架模型对纵向支撑体系进行计算。

门式刚架可不进行强柱弱梁的验算。当梁柱采用端板连接或梁柱节点处是梁柱下翼缘圆弧过渡时，也可不进行强节点弱杆件的验算。其他情况下，应进行强节点弱杆件计算，计算方法应按现行国家标准《建筑抗震设计规范》GB 50011—2010 的规定执行。

门式刚架轻型房屋带夹层时，夹层的纵向抗震设计可单独进行，对内侧柱列的纵向地震作用应乘以增大系数 1.2。

8.3.3　温度作用分析

当房屋总宽度或总长度超出 8.1.2 节规定的温度区段最大长度时，应采取释放温度应力的措施或计算温度作用效应。

计算温度作用效应时，基本气温应按《荷载规范》的规定采用。温度作用效应的分项系数宜采用 1.4。

房屋纵向结构采用全螺栓连接时，可对温度作用效应进行折减，折减系数可取 0.35。

8.4　刚架构件设计

8.4.1　门式刚架构件的有效截面计算

轻型钢结构的设计理论，主要是建立在利用板件的屈曲后强度的基础之上。试验表明，板件（尤其是宽厚比大的板件）在达到其弹性临界应力 σ_{cr} 后还可以继续承载，而且沿板件宽度方向压应力呈马鞍形分布，直到板件边缘应力达到屈服极限 f_y 丧失承载能力。

为了利用板件的屈曲后强度，引进板件的有效宽度 h_e 的概念，当工字形截面构件腹板受弯及受压板幅利用屈曲后强度时，应按有效宽度计算截面特性。受压区有效宽度按下式计算：

$$h_e = \rho h_c \tag{8-6}$$

式中　h_e——腹板受压区有效宽度；

　　　h_c——腹板受压区宽度；

　　　ρ——有效宽度系数，$\rho > 1.0$ 时，取 1.0。

有效宽度系数 ρ 应按下列公式计算：

$$\rho = \frac{1}{(0.243 + \lambda_p^{1.25})^{0.9}} \tag{8-7}$$

$$\lambda_p = \frac{h_w/t_w}{28.1\sqrt{k_\sigma}\sqrt{235/f_y}} \tag{8-8}$$

$$k_\sigma = \frac{16}{\sqrt{(1+\beta)^2 + 0.112(1-\beta)^2} + (1+\beta)} \tag{8-9}$$

$$\beta = \sigma_2/\sigma_1 \tag{8-10}$$

式中 λ_p——与板件受弯、受压有关的参数，当 $\sigma_1 < f$ 时，计算 λ_p 可用 $\gamma_R \sigma_1$ 代替式 (8-8) 中的 f_y；

     γ_R——抗力分项系数，对 Q235 和 Q355 钢，γ_R 取 1.1；

     h_w——腹板高度，对楔形腹板取板幅平均高度；

     t_w——腹板高度；

     k_σ——杆件在正应力作用下的屈曲系数；

     β——截面边缘正应力比值（图 8-4），$-1 \leqslant \beta \leqslant 1$；

   σ_1、σ_2——分别板件最大和最小应力，且 $|\sigma_1| \leqslant |\sigma_2|$。

腹板有效宽度 h_e 应按下列规则分布（图 8-4）：

当截面全部受压，即 $\beta \geqslant 0$ 时：

$$h_{e1} = 2h_e/(5-\beta) \tag{8-11}$$

$$h_{e2} = h_e - h_{e1} \tag{8-12}$$

当截面部分受压，即 $\beta < 0$ 时：

$$h_{e1} = 0.4h_e \tag{8-13}$$

$$h_{e2} = 0.6h_e \tag{8-14}$$

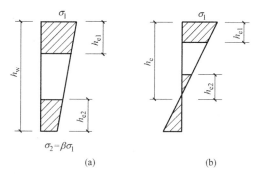

图 8-4   腹板有效宽度的分布

(a) $\beta \geqslant 0$；(b) $\beta < 0$

工字形截面构件腹板的受剪板幅，考虑屈曲后强度时，应设置横向加劲肋，板幅的长度与板幅范围内的大端截面高度相比不应大于 3。

腹板高度变化的区格，考虑屈曲后强度，其受剪承载力设计值应按下列公式计算：

$$V_d = \chi_{tap} \varphi_{ps} h_{w1} t_w f_v \leqslant h_{w0} t_w f_v \tag{8-15}$$

$$\varphi_{ps} = \frac{1}{(0.51 + \lambda_s^{3.2})^{1/2.6}} \leqslant 1.0 \tag{8-16}$$

$$\chi_{tap} = 1 - 0.35 \alpha^{0.2} \gamma_p^{2/3} \tag{8-17}$$

$$\gamma_p = \frac{h_{w1}}{h_{w0}} - 1 \tag{8-18}$$

$$\alpha = \frac{a}{h_{w1}} \tag{8-19}$$

式中 f_v——钢材抗剪强度设计值；

h_{w1}、h_{w0}——楔形腹板大端和小端腹板高度；

     t_w——腹板厚度；

   χ_{tap}——腹板屈曲后抗剪强度的楔率折减系数；

     γ_p——腹板区格的楔率；

     α——区格的长度与高度之比；

     a——加劲肋间距；

λ_s——与板件受剪有关的参数。

其中，参数 λ_s 应按下列公式计算：

$$\lambda_s = \frac{h_{w1}/t_w}{37\sqrt{k_\tau}\sqrt{235/f_y}} \tag{8-20}$$

$$当\ a/h_{w1}<1\ 时，k_\tau = 4 + 5.34/(a/h_{w1})^2 \tag{8-21}$$

$$当\ a/h_{w1}\geq 1\ 时，k_\tau = \eta_s[5.34 + 4/(a/h_{w1})^2] \tag{8-22}$$

$$\eta_s = 1 - \omega_1\sqrt{\gamma_p} \tag{8-23}$$

$$\omega_1 = 0.41 - 0.897\alpha + 0.363\alpha^2 - 0.041\alpha^3 \tag{8-24}$$

式中　k_τ——受剪板件的屈曲系数；当不设横向加劲肋时，取 $k_\tau = 5.34\eta_s$。

8.4.2　刚架构件强度计算和加劲肋的设置

1. 工字形截面受弯构件

工字形截面受弯构件在剪力 V 和弯矩 M 共同作用下的强度，应符合下列要求：

$$M \leq \begin{cases} M_e & (V\leq 0.5V_d) \\ M_f + (M_e - M_f)[1 - (V/(0.5V_d) - 1)^2] & (0.5V_d < V\leq V_d) \end{cases} \tag{8-25}$$

当截面为双轴对称时，有：

$$M_f = A_f(h_w + t)f \tag{8-26}$$

式中　M_f——两翼缘所承担的弯矩；

W_e——构件有效截面最大受压纤维的截面模量；

M_e——构件有效截面所承担的弯矩，$M_e = W_e f$；

A_f——构件翼缘的截面面积；

V_d——腹板抗剪承载力设计值，按式（8-15）计算。

2. 工字形截面压弯构件

工字形截面压弯构件有剪力 V、弯矩 M 和轴压力 N 共同作用下的强度，应符合下列要求：

$$\frac{N}{A_e} + \frac{M}{W_e} \leq f \quad (V\leq 0.5V_d) \tag{8-27}$$

$$M \leq M_f^N + (M_e^N - M_f^N)\left[1 - \left(\frac{V}{0.5V_d} - 1\right)^2\right] \quad (0.5V_d \leq V\leq V_d) \tag{8-28}$$

$$M_e^N = M_e - NW_e/A_e \tag{8-29}$$

当截面为双轴对称时，有：

$$M_f^N = A_f(h_w + t)(f - N/A) \tag{8-30}$$

式中　A_e——构件有效截面面积；

M_f^N——兼承压力 N 时两翼缘所能承受的弯矩。

3. 梁腹板加劲肋的设置

梁腹板应在与中柱连接处、较大集中荷载作用处和翼缘转折处设置横向加劲肋。

梁腹板利用屈曲后强度时，其中间加劲肋除承受集中荷载和翼缘转折产生的压力外，还应承受拉力场产生的压力。该压力应按下列公式计算：

$$N_s = V - 0.9\varphi_s h_w t_w f_v \tag{8-31}$$

$$\varphi_s = \frac{1}{\sqrt[3]{0.738 + \lambda_s^6}} \tag{8-32}$$

式中　N_s——拉力场产生的压力；

V——梁受剪承载力设计值；

φ_s——腹板剪切屈曲稳定系数，$\varphi_s \leqslant 1.0$；

λ_s——腹板剪切屈曲通用高厚比；

h_w——腹板高度；

t_w——腹板厚度。

当验算加劲肋稳定性时，其截面应包括每侧 $15t_w\sqrt{235/f_y}$ 宽度范围内的腹板面积，计算长度取 h_w。

4. 变截面柱在刚架平面内的稳定性计算

$$\frac{N_1}{\eta_t \varphi_x A_{e1}} - \frac{\beta_{mx} M_1}{(1 - N_1/N_{cr})W_{e1}} \leqslant f \tag{8-33}$$

$$N_{cr} = \pi^2 E A_{e1}/\lambda_1^2 \tag{8-34}$$

当 $\overline{\lambda_1} \geqslant 1.2$ 时，$\eta_t = 1$ \hfill (8-35)

当 $\overline{\lambda_1} < 1.2$ 时，$\eta_t = \dfrac{A_0}{A_1} + \left(1 - \dfrac{A_0}{A_1}\right) \times \dfrac{\overline{\lambda_1}^2}{1.44}$ \hfill (8-36)

$$\lambda_1 = \frac{\mu H}{i_{x1}} \tag{8-37}$$

$$\overline{\lambda_1} = \frac{\lambda_1}{\pi}\sqrt{\frac{E}{f_y}} \tag{8-38}$$

式中　N_1——大端的轴向压力设计值；

M_1——大端的弯矩设计值；

A_{e1}——大端的有效截面面积；

W_{e1}——大端有效截面最大受压纤维的截面模量；

β_{mx}——等效弯矩系数，有侧移刚架柱的等效弯矩系数 $\beta_{mx} = 1.0$；

N_{cr}——欧拉临界力；

λ_1——按大端截面计算并考虑计算长度系数的长细比；

$\overline{\lambda_1}$——通用长细比；

i_{x1}——大端截面绕强轴的回转半径；

μ——柱的长度系数，按《轻钢规范》规范附录 A 计算；

H——柱高；

A_0、A_1——小端和大端截面的毛截面面积；

E——柱钢材的弹性模量；

f_y——柱钢材的屈服强度值；

φ_x——杆件轴心受压稳定系数，楔形柱可按下列方法确定构件的计算长度后，由《标准》查得，计算长细比时取大端的回转半径。

当柱的最大弯矩不出现在大端时，M_1 和 W_{e1} 分别取最大弯矩和该弯矩所在截面的有效截面模量。

8.4.3　变截面刚架梁的稳定性

1. 承受线性变化弯矩的楔形变截面梁段的稳定性计算

$$\frac{M_1}{\gamma_x \varphi_b w_{x1}} \leqslant f \tag{8-39}$$

$$\varphi_b = \frac{1}{(1 - \lambda_{b0}^{2n} + \lambda_b^{2n})^{1/n}} \tag{8-40}$$

$$\lambda_{b0} = \frac{0.55 - 0.25 k_\sigma}{(1 + \gamma)^{0.2}} \tag{8-41}$$

$$n = \frac{1.51}{\lambda_b^{0.1}} \sqrt[3]{\frac{b_1}{h_1}} \tag{8-42}$$

$$k_\sigma = k_M \frac{W_{x1}}{W_{x0}} \tag{8-43}$$

$$\lambda_b = \sqrt{\frac{\gamma_x W_{x1} f_y}{M_{cr}}} \tag{8-44}$$

$$k_M = \frac{M_0}{M_1} \tag{8-45}$$

$$\gamma = (h_1 - h_0)/h_0 \tag{8-46}$$

式中　φ_b——楔形变截面梁段的整体稳定系数，$\varphi_b \leqslant 1.0$；

$\quad\quad k_\sigma$——小端截面压应力除以大端截面压应力得到的比值；

$\quad\quad k_M$——弯矩比，为较小弯矩除以较大弯矩；

$\quad\quad \lambda_b$——梁的通用长细比；

$\quad\quad \gamma_x$——截面塑性开展系数，按现行国家标准《标准》的规定取值；

$\quad\quad M_{cr}$——楔形变截面梁弹性屈曲临界弯矩；

$\quad b_1$、h_1——弯矩较大截面的受压翼缘宽度和上、下翼缘中面之间的距离；

$\quad\quad W_{x1}$——弯矩较大截面受压边缘的截面模量；

$\quad\quad \gamma$——变截面梁楔率；

$\quad\quad h_0$——小端截面上、下翼缘中面之间的距离；

$\quad\quad M_0$——小端弯矩；

$\quad\quad M_1$——大端弯矩。

2. 弹性屈曲临界弯矩计算

$$M_{cr} = C_1 \frac{\pi^2 E I_y}{L^2} \left[\beta_{x\eta} + \sqrt{\beta_{x\eta}^2 + \frac{I_{\omega\eta}}{I_y} \left(1 + \frac{GJ_\eta L^2}{\pi^2 E I_{\omega\eta}}\right)} \right] \tag{8-47}$$

$$C_1 = 0.46k_M^2\eta_i^{0.346} - 1.32k_M\eta_i^{0.132} + 1.86\eta_i^{0.023} \tag{8-48}$$

$$\beta_{x\eta} = 0.45(1+\gamma\eta)h_0 \frac{I_{yT} - I_{yB}}{I_y} \tag{8-49}$$

$$\eta = 0.55 + 0.04(1-k_\sigma)\sqrt[3]{\eta_i} \tag{8-50}$$

$$I_{\omega\eta} = I_{\omega0}(1+\gamma\eta)^2 \tag{8-51}$$

$$I_{\omega0} = I_{yT}h_{sT0}^2 + I_{yB}h_{sB0}^2 \tag{8-52}$$

$$J_\eta = J_0 + \frac{1}{3}\gamma\eta(h_0 - t_f)t_w^3 \tag{8-53}$$

$$\eta_i = \frac{I_{yB}}{I_{yT}} \tag{8-54}$$

式中　C_1——等效弯矩系数，$C_1 \leqslant 2.75$；

$\quad\quad \eta_i$——惯性矩比；

I_{yT}、I_{yB}——弯矩最大截面受压翼缘和受拉翼缘绕弱轴的惯性矩；

$\quad\quad \beta_{x\eta}$——截面不对称系数；

$\quad\quad I_y$——变截面梁绕弱轴惯性矩；

$\quad\quad I_{\omega\eta}$——变截面梁的等效翘曲惯性矩；

$\quad\quad I_{\omega0}$——小端截面的翘曲惯性矩；

$\quad\quad J_\eta$——变截面梁等效圣维南扭转常数；

$\quad\quad J_0$——小端截面自由扭转常数；

h_{sT0}、h_{sB0}——分别是小端截面上、下翼缘的中面到剪切中心的距离；

$\quad\quad t_f$——翼缘厚度；

$\quad\quad t_w$——腹板厚度；

$\quad\quad L$——梁段平面外计算长度。

3. 变截面柱在刚架平面外的稳定计算

变截面柱在刚架平面外的稳定计算应符合下列公式计算，当不能满足时，应设置侧向支撑或隅撑，并验算每段的平面外稳定。

$$\frac{N_1}{\eta_{ty}\varphi_y A_{e1} f} + \left(\frac{M_1}{\varphi_b \gamma_x W_{e1} f}\right)^{1.3-0.3k_\sigma} \leqslant 1 \tag{8-55}$$

$$当\bar{\lambda}_{1y} \geqslant 1.3 \ 时, \ \eta_{ty} = 1 \tag{8-56}$$

$$当\bar{\lambda}_{1y} < 1.3 \ 时, \ \eta_{ty} = \frac{A_0}{A_1} + \left(1 - \frac{A_0}{A_1}\right) \times \frac{\bar{\lambda}_{1y}^2}{1.69} \tag{8-57}$$

$$\bar{\lambda}_{1y} = \frac{\lambda_{1y}}{\pi}\sqrt{\frac{f_y}{E}} \tag{8-58}$$

$$\lambda_{1y} = \frac{L}{i_{y1}} \tag{8-59}$$

式中　$\bar{\lambda}_{1y}$——绕弱轴的通用长细比；

λ_{1y}——通用长细比；

i_{y1}——大端截面绕弱轴的回转半径；

N_1——所计算构件段大端截面的轴压力；

M_1——所计算构件段大端截面的弯矩；

φ_y——轴心受压构件弯矩作用平面外的稳定系数，以大端为准，按《标准》的规定采用，计算长度取纵向支撑点间的距离；

φ_b——稳定系数，按公式（8-40）计算。

8.4.4　斜梁和隅撑的设计

斜梁和隅撑的设计，应符合下列规定：

1) 实腹式刚架斜梁在平面内可按压弯构件计算强度，在平面外应按压弯构件计算稳定。

2) 实腹式刚架斜梁的平面外计算长度，应取侧向支承点间的距离；当斜梁两翼缘侧向支承点间的距离不等时，应取最大受压翼缘侧向支承点间的距离。

3) 当实腹式刚架斜梁的下翼缘受压时，支承在屋面斜梁上翼缘的檩条，不能单独作为屋面斜梁的侧向支承。

4) 屋面斜梁和檩条之间设置的隅撑满足下列条件时，下翼缘受压的屋面斜梁的平面外计算长度可考虑隅撑的作用：

（1）在屋面斜梁的两侧均设置隅撑（图8-5）；

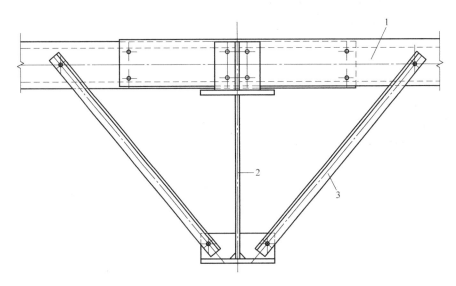

图8-5　屋面斜梁的隅撑

1—檩条；2—钢梁；3—隅撑

（2）隅撑的上支承点的位置不低于檩条形心线；

（3）符合对隅撑的设计要求。

5) 隅撑单面布置时，应考虑隅撑作为檩条的实际支座承受的压力对屋面斜梁下翼缘的水平作用。屋面斜梁的强度和稳定性计算宜考虑其影响。

6) 当斜梁上翼缘承受集中荷载处不设横向加劲肋时，除应按现行国家标准《标准》的规定验算腹板上边缘正应力、剪应力和局部压应力共同作用时的折算应力外，尚应满足下列公式要求：

$$F \leqslant 15\alpha_m t_w^2 f \sqrt{\frac{t_f}{t_w}} \sqrt{\frac{235}{f_y}} \tag{8-60}$$

$$\alpha_m = 1.5 - M/(W_e f) \tag{8-61}$$

式中　F——上翼缘所受的集中荷载；

$\quad t_f$、t_w——分别为斜梁翼缘和腹板的厚度；

$\quad \alpha_m$——参数，$\alpha_m \leqslant 0$，在斜梁负弯矩区取 1.0；

$\quad M$——集中荷载作用处的弯矩；

$\quad W_e$——有效截面最大受压纤维的截面模量。

7) 隅撑支撑梁的稳定系数应按公式（8-40）确定，其中 k_σ 为大、小端应力比，取三倍隅撑间距范围内的梁段的应力比，楔率 γ 取三倍隅撑间距计算；弹性屈曲临界弯矩应按下列公式计算：

$$M_{cr} = \frac{GJ + 2e\sqrt{k_b(EI_y e_1^2 + EI_\omega)}}{2(e_1 - \beta_x)} \tag{8-62}$$

$$k_b = \frac{1}{l_{kk}} \left[\frac{(1-2\beta)l_p}{2EA_p} + (a+h)\frac{(3-4\beta)}{6EI_p}\beta l_p^2 \tan\alpha + \frac{l_k^2}{\beta l_p EA_k \cos\alpha} \right]^{-1} \tag{8-63}$$

$$\beta_x = 0.45h\frac{I_1 - I_2}{I_y} \tag{8-64}$$

式中　J、I_y、I_ω——大端截面的自由扭转常数，绕弱轴惯性矩和翘曲惯性矩；

$\quad G$——斜梁钢材的剪切模量；

$\quad E$——斜梁钢材的弹性模量；

$\quad a$——檩条截面形心到梁上翼缘中心的距离；

$\quad h$——大端截面上、下翼缘中面间的距离；

$\quad \alpha$——隅撑和檩条轴线的夹角；

$\quad \beta$——隅撑与檩条的连接点离开主梁的距离与檩条跨度的比值；

$\quad l_p$——檩条的跨度；

$\quad I_p$——檩条截面绕强轴的惯性矩；

$\quad A_p$——檩条的截面面积；

$\quad A_k$——隅撑杆的截面面积；

$\quad l_k$——隅撑杆的长度；

$\quad l_{kk}$——隅撑的间距；

$\quad e$——隅撑下支撑点到檩条形心线的垂直距离；

$\quad e_1$——梁截面的剪切中心到檩条形心线的距离；

$\quad I_1$——被隅撑支撑的翼缘绕弱轴的惯性矩；

$\quad I_2$——与檩条连接的翼缘绕弱轴的惯性矩。

8.4.5 端部刚架的设计

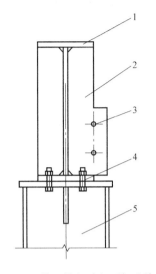

图 8-6 抗风柱与端部刚架连接
1—厂房端部屋面梁；2—加劲肋；
3—屋面支撑连接孔；4—抗风柱与
屋面梁的连接；5—抗风柱

抗风柱下端与基础的连接可铰接也可刚接。在屋面材料能够适应较大变形时，抗风柱柱顶可采用固定连接（图 8-6），作为屋面斜梁的中间竖向铰支座。

端部刚架的屋面斜梁与檩条之间，除设置抗风柱位置外，不宜设置隅撑。抗风柱处，端开间的两根屋面斜梁之间应设置刚性系杆。屋脊高度小于 10m 的房屋或基本风压不小于 $0.55KN/m^2$ 时，屋脊高度小于 8m 的房屋，可采用隅撑-双檩条体系代替刚性系杆，此时隅撑应采用高强度螺栓与屋面斜梁和檩条连接，与冷弯型钢檩条的连接应增设双面填板增强局部承压强度，连接点不应低于型钢檩条中心线；在隅撑与双檩条的连接点处，沿屋面坡度方向对檩条施加隅撑轴向承载力设计值的力，验算双檩条在组合内力作用下的强度和稳定性。

抗风柱作为压弯杆件验算强度和稳定性，可在抗风柱和墙梁之间设置隅撑，平面外弯扭稳定的计算长度，应取不小于两倍隅撑间距。

8.5 连接和节点设计

8.5.1 焊缝连接

当被连接板的最小厚度大于 4mm 时，其对接焊缝、角焊缝和部分熔透对接焊缝的强度，应分别按《标准》的规定计算。当最小厚度不大于 4mm 时，正面角焊缝的强度设计值增大系数 β_f 取 1.0。

当连接板件的最小厚度不大于 4mm 时，喇叭形焊缝的抗剪强度按下式计算：

$$\tau = \frac{N}{t l_w} \leqslant \beta f_t \tag{8-65}$$

式中 N——通过焊缝形心的轴心力设计值；

t——被连接板件的较小厚度；

l_w——焊缝的有效长度，等于焊缝长度扣除 2 倍焊脚尺寸；

β——强度折减系数，当通过焊缝形心的作用力垂直于焊缝轴线方向时，取 0.8（图 8-7a）；当通过焊缝形心的作用力平行于焊缝轴线方向时，取 0.7（图 8-7b）；

f_t——被连接板件钢材抗拉强度设计值。

当连接板的最小厚度大于 4mm 时，喇叭形焊缝连接的强度应按角焊缝计算。

1）单边喇叭形焊缝的抗剪强度按下式计算：

$$\tau = \frac{N}{h_f l_w} \leqslant \beta \cdot f_f^w \tag{8-66}$$

2）双边喇叭形焊缝的抗剪强度按下式计算：

$$\tau = \frac{N}{2h_f l_w} \leqslant \beta \cdot f_f^w \tag{8-67}$$

式中　h_f——焊缝的焊脚尺寸，如图 8-7 和图 8-8 所示；

f_f^w、β——分别为角焊缝抗剪强度设计值及其折减系数，N 作用线垂直于焊缝轴线方向时，取 $\beta = 0.75$；N 作用线平行于焊缝轴线方向时，取 $\beta = 0.7$。

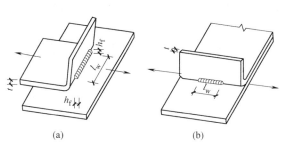
图 8-7　单边喇叭形焊缝

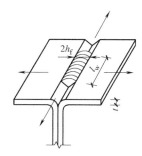
图 8-8　双边喇叭形焊缝

单边喇叭形焊缝的焊脚尺寸 h_f 不得小于被连接板件的厚度。在组合构件中，组合件间的喇叭形焊缝可采用断续焊缝，但断续焊缝的长度不得小于 $8t$ 和 40mm，断续焊缝间的净距不得大于 $15t$（受压构件）或 $30t$（受拉构件），t 为焊件的最小厚度。

8.5.2　节点设计

刚架构件间的连接，可采用高强度螺栓端板连接。高强度螺栓直径应根据受力确定，可采用 M16～M24 螺栓。高强度螺栓承压型连接可用于承受静力荷载和间接承受动力荷载的结构；重要结构或承受动力荷载的结构应采用高强度螺栓摩擦型连接；用来耗能的连接接头可采用承压型连接。

门式刚架梁与柱的连接，可采用端板竖放（图 8-9a）、端板平放（图 8-9b）和端板斜放（图 8-9c）三种形式。斜梁拼接时宜使端板与构件外边缘垂直（图 8-9d）。

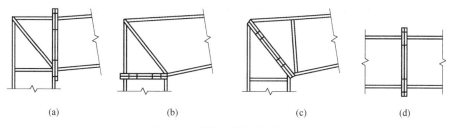
图 8-9　刚架斜梁的端板连接
（a）端板竖放；（b）端板平放；（c）端板斜放；（d）斜梁拼接

端板连接（图 8-9）应按所受最大内力设计和按能够承受不小于较小被连接截面承载力的一半设计，并取两者的大值。

端板连接的螺栓应成对对称布置。在斜梁的拼接处，应采用将端板两端伸出截面高度范围以外的外伸式连接（图8-9d）。在斜梁与刚架柱连接处的受拉区，宜采用端板外伸式连接（图8-9a、b、c）。当采用端板外伸式连接时，宜使翼缘内外的螺栓群中心与翼缘的中心重合或接近。

螺栓中心至翼缘板表面的距离，应满足拧紧螺栓时的施工要求，不宜小于45mm。螺栓端距不应小于2倍螺栓孔径；螺栓中距不应小于3倍螺栓孔径。当端板上两对螺栓间最大距离大于400mm时，应在端板中间增设一对螺栓。

端板连接节点设计应包括连接螺栓设计、端板厚度确定、节点域剪应力验算、端板螺栓处构件腹板强度、端板连接刚度验算，并应符合下列规定：

1）连接螺栓应按现行国家标准《标准》验算螺栓在拉力、剪力或拉剪共同作用下的强度。

2）端板厚度 t 应根据支承条件确定（图8-10），各种支承条件端板区格的厚度应分别按下列公式计算：

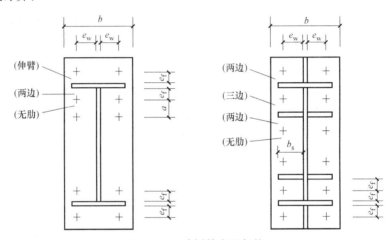

图8-10　端板的支承条件

（1）伸臂类端板：

$$t \geqslant \sqrt{\frac{6e_f N_t}{bf}} \tag{8-68}$$

（2）无加劲肋类端板：

$$t \geqslant \sqrt{\frac{3e_w N_t}{(0.5a + e_w)f}} \tag{8-69}$$

（3）两临边支承类端板：

当端板外伸时：

$$t \geqslant \sqrt{\frac{6e_f e_w N_t}{[e_w b + 2e_f (e_f + e_w)]f}} \tag{8-70}$$

当端板平齐时：

$$t \geqslant \sqrt{\frac{12e_f e_w N_t}{[e_w b + 4e_f (e_f + e_w)]f}} \tag{8-71}$$

（4）三边支承类端板：

$$t \geqslant \sqrt{\frac{6e_f e_w N_t}{[e_w(b+2b_s)+4e_f^2]f}}$$ (8-72)

式中　N_t——一个高强度螺栓的受拉承载力设计值；

e_w、e_f——分别为螺栓中心至腹板和翼缘板表面的距离；

b、b_s——分别为端板和加劲肋板的宽度；

a——螺栓的间距；

f——端板钢材的抗拉强度设计值。

（5）端板厚度取各种支承条件计算确定的板厚最大值，但不应小于 16mm 及 0.8 倍的高强度螺栓直径。

8.5.3　梁柱节点域

在门式刚架斜梁与柱相交的节点域（图 8-11），应按下列公式验算剪应力。当不满足式（8-73）的要求时，应加厚腹板或设置斜加劲肋。

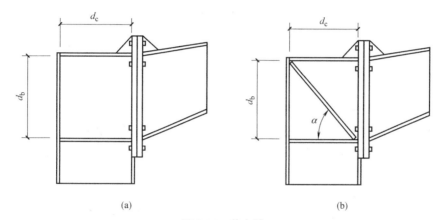

图 8-11　节点域

$$\tau \leqslant f_v$$ (8-73)

$$\tau = \frac{M}{d_b d_c t_c}$$ (8-74)

式中　d_c、t_c——分别为节点域的宽度和厚度；

d_b——斜梁端部高度或节点域高度；

M——节点承受的弯矩，对多跨刚架中间柱处，应取两侧斜梁端弯矩的代数和或柱端弯矩；

f_v——节点域钢材的抗剪强度设计值。

在端板设置螺栓处，应按下列公式验算构件腹板的强度：

$$\frac{0.4P}{e_w t_w} \leqslant f \qquad (N_{t2} \leqslant 0.4P)$$ (8-75)

$$\frac{N_{t2}}{e_w t_w} \leqslant f \qquad (N_{t2} > 0.4P)$$ (8-76)

式中　N_{t2}——翼缘内第二排一个螺栓的轴向拉力设计值；

P——高强度螺栓的预拉力；

e_w——螺栓中心至腹板表面的距离；

t_w——腹板厚度；

f——腹板钢材的抗拉强度设计值。

端板连接刚度应按下列规定进行验算：

（1）梁柱连接节点刚度应满足下列要求：

$$R \geqslant 25EI_b/l_b \tag{8-77}$$

式中　R——刚架梁柱转动刚度；

I_b——刚架横梁跨间的平均截面惯性矩；

l_b——刚架横梁跨度，中柱为摇摆柱时，取摇摆柱与刚架柱距离的2倍；

E——钢材的弹性模量。

（2）梁柱转动刚度应按下列公式计算：

$$R = \frac{R_1 R_2}{R_1 + R_2} \tag{8-78}$$

$$R_1 = Gh_1 d_e t_p + E d_b A_{st} \cos^2\alpha \sin\alpha \tag{8-79}$$

$$R_2 = \frac{6EI_e h_1^2}{1.1 e_f^2} \tag{8-80}$$

式中　R_1——与节点域剪切变形对应的刚度；

R_2——连接的弯曲刚度，包括端板弯曲、螺栓拉伸和柱翼缘弯曲所对应的刚度；

h_1——梁端翼缘板中心间的距离；

t_p——柱节点域腹板厚度；

I_e——端板惯性矩；

e_f——端板外伸部分的螺栓中心到其加劲肋外边缘的距离；

A_{st}——两条加劲肋的总截面积；

α——斜加劲肋倾角；

G——钢材的剪切模量。

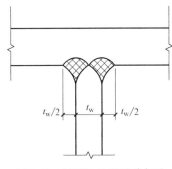

图 8-12　焊透的 T 形连接焊缝

屋面梁与摇摆柱连接节点应设计为铰接节点，采用端板横放的顶接连接方式。吊车梁承受动力荷载，其构造和连接节点应符合下列规定：

焊接吊车梁的翼缘板与腹板的拼接焊缝宜采用加引弧板的熔透对接焊缝，引弧板割去处应打磨平整。焊接吊车梁的翼缘与腹板的连接焊缝严禁采用单面角焊缝，如图 8-12 所示。

焊接吊车梁的横向加劲肋不得与受拉翼缘相焊，但可与受压翼缘焊接。横向加劲肋宜在距受拉下翼缘 50～100mm 处断开（图 8-13），其与腹板的连接焊缝不宜在肋下端起落弧。当吊车梁受拉翼缘与支撑相连时，不宜采用焊接。

吊车梁与制动梁的连接，可采用高强度螺栓摩擦型连接或焊接。吊车梁与刚架上柱的

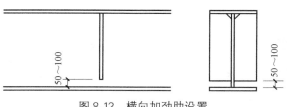

图 8-13　横向加劲肋设置

连接处宜设长圆孔；吊车梁与牛腿处垫板宜采用焊接连接；吊车梁之间应采用高强度螺栓连接（图 8-14）。

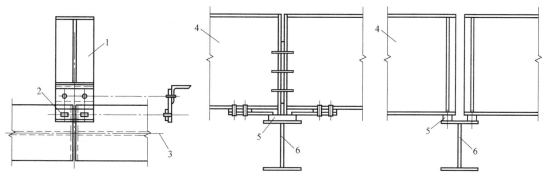

图 8-14　吊车梁连接节点

1—上柱；2—长圆孔；3—吊车梁中心线；4—吊车梁；5—垫板；6—牛腿

用于支承吊车梁的牛腿可做成等截面，也可做成变截面；采用变截面牛腿时，牛腿悬臂端截面高度不应小于根部高度的 1/2。柱在牛腿上、下翼缘的相应位置处应设置横向加劲肋；在牛腿上翼缘吊车梁支座处应设置垫板，垫板与牛腿上翼缘连接应采用围焊；在吊车梁支座对应的牛腿腹板处应设置横向加劲肋。牛腿与柱连接处承受剪力和弯矩的作用，其截面强度和连接焊缝应按《标准》的规定进行计算。

在设有夹层的结构中，夹层梁与柱可采用刚接，也可采用铰接（图 8-15）。当采用刚接连接时，夹层梁翼缘与柱翼缘应采用全熔透焊接，腹板采用高强度螺栓与柱连接。柱与夹层梁上、下翼缘对应处应设置水平加劲肋。

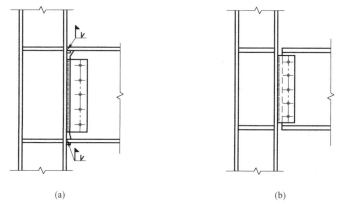

(a)　　　　　　　　　　　　　　　　(b)

图 8-15　夹层梁与柱连接节点（一）

（a）梁与边柱刚接；（b）梁与边柱铰接

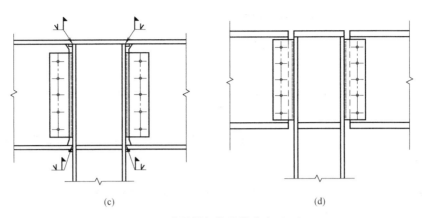

图 8-15　夹层梁与柱连接节点（二）

（c）梁与中柱刚接；（d）梁与中柱刚接

　　抽柱处托架或托梁宜与柱采用铰接连接（图 8-16a）。当托架或托梁挠度较大时，也可采用刚接连接，但柱应考虑由此引起的弯矩影响。屋面梁搁置在托架或托梁上宜采用铰接连接（图 8-16b），当采用刚接，则托梁应选择抗扭性能较好的截面。托架或托梁连接尚应考虑屋面梁产生的水平推力。

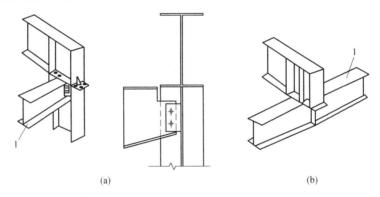

图 8-16　托梁连接节点

（a）托梁与柱连接；（b）屋面梁与托梁链接

1—托梁

　　气楼或天窗可直接焊于屋面梁或槽钢托梁上当气楼间距与屋面钢梁相同时，槽钢托梁可取消。气楼支架及其连接应进行计算。

　　女儿墙立柱可直接焊于屋面梁上（图 8-17），应按悬臂构件计算其内力，并应对女儿墙立柱与屋面梁连接处的焊缝进行计算。

8.5.4　柱脚节点设计

　　门式刚架轻型房屋钢结构的柱脚，宜采用平板式铰接柱脚（图 8-18）或刚接柱脚（图 8-19）。

　　柱脚锚栓应采用 Q235 钢或 Q355 钢制作。锚栓的锚固长度参照《混凝土结构设计规范》GB 50010—2010 或钢结构设计手册确定，锚栓端部应按规定设置弯钩或锚板。锚栓

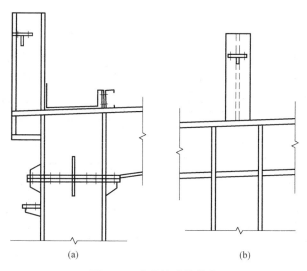

图 8-17 女儿墙连接节点

(a) 角部立柱连接；(b) 中间立柱连接

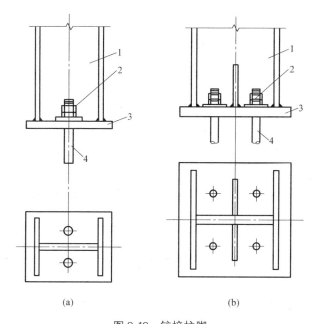

图 8-18 铰接柱脚

(a) 两个锚栓柱脚；(b) 四个锚栓柱脚

1—柱；2—双螺母及垫板；3—底板；4—锚栓

的直径不宜小于 24mm，且应采用双螺帽。

计算有柱间支撑的柱脚锚栓在风荷载作用下的上拔力时，应计入柱间支撑产生的最大竖向分力，且不考虑活荷载、雪荷载、积灰荷载和附加荷载的影响，永久荷载分项系数应取 1.0。计算柱脚锚栓的受拉承载力时，应采用螺纹处的有效截面面积。

带靴梁的锚栓不宜受剪，柱底受剪承载力按底板与混凝土基础间的摩擦力取用，摩擦系数可取 0.4，计算摩擦力时应考虑屋面风吸力产生的上拔力的影响。当剪力由不带靴梁

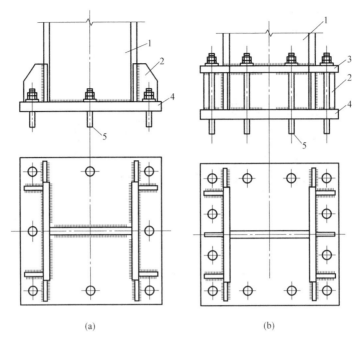

(a)　　　　　　　　　　　　　　　(b)

图 8-19　刚接柱脚

(a) 两个锚栓柱脚；(b) 四个锚栓柱脚

1—柱；2—加劲板；3—锚栓支撑托座；4—底板；5—锚栓

的锚栓承担时，应将螺母、垫板与底板焊接，柱底的受剪承载力可按 0.6 倍的锚栓受剪承载力取用。当柱底水平剪力大于受剪承载力时，应设置抗剪键。

柱脚锚栓应采用 Q235 钢或 Q355 钢制作。锚栓端部应设置弯钩或锚件，且应符合现行国家标准《混凝土结构设计规范》GB 50010—2010（2015 年版）有关规定。锚栓的最小锚固长度 l_n（投影长度）应符合表 8-3 的规定，且不应小于 200mm。锚栓直径 d 不宜小于 24mm，且采用双螺母。

锚栓的最小锚固长度　　　　　　　　　　　　　　表 8-3

锚栓钢材	混凝土强度等级					
	C25	C30	C35	C40	C45	≥C50
Q235	20d	18d	16d	15d	14d	14d
Q355	25d	23d	21d	19d	18d	17d

8.5.5　牛腿

1. 牛腿的构造

牛腿的构造要求（图 8-20）。柱为焊接工字钢截面，可为等截面或变截面柱。牛腿板件尺寸与柱截面尺寸相协调，牛腿各部分焊缝由计算确定。

2. 牛腿的计算

根据图 8-20，作用于牛腿根部的剪力 V、弯矩 M 为：

$$V = P = 1.2P_D + 1.4D_{max} \tag{8-81}$$

$$M = Ve \tag{8-82}$$

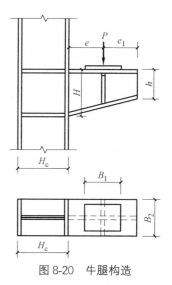

式中　P_D——吊车梁及轨道重；

　　　D_{max}——吊车全部最大轮压通过吊车梁传递给一根柱的最大反力。

3. 牛腿与柱连接焊缝的构造与计算

牛腿上翼缘与柱的连接可以采用焊透的 V 形对接焊缝，也可采用角焊缝。角焊缝焊脚尺寸由牛腿翼缘传来的水平力 $F = M/N$ 确定。

牛腿腹板与柱的连接采用角焊缝。角焊缝焊脚尺寸由剪力 V 确定。

牛腿下翼缘与柱的连接采用 V 形焊透的对接焊缝。

图 8-20　牛腿构造

8.6 门式刚架设计示例

8.6.1 设计资料

某车间为变截面单跨双坡门式刚架结构（图 8-21），屋面坡度为 1：15，刚架为变截面形式，柱脚与基础铰接连接，柱距 6m，厂房总长 60m，跨度 30m。

材料采用 Q235-B 钢材，焊条采用 E43 型；刚架梁柱都采用变截面工字钢截面形式，由钢板焊成，钢板为焰切边。

屋面和墙面采用 75mm 厚双层彩色压型钢板复合板，彩板均为 0.6mm 厚镀锌彩板，镀锌层厚为 $275g/m^2$；屋面檩条及墙面檩条均采用镀锌冷弯薄壁 C 型钢檩条，镀锌层厚为 $160g/m^2$。复合板厚度根据车间所在当地温度确定。

基本雪压：$0.40kN/m^2$；基本风压：$0.45kN/m^2$。

本工程地面粗糙度为 B 类，场地为三类场地，地下水位为 $-5m$，基础持力层为密实中砂，地基承载力特征值为 $f_a = 160kN/m^2$。工程所在地抗震设防烈度为 7 度。

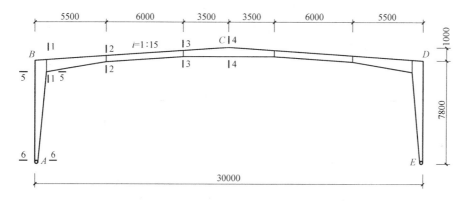

图 8-21　刚架简图

8.6.2 设计方案

结构平面布置图如图 8-22 所示。

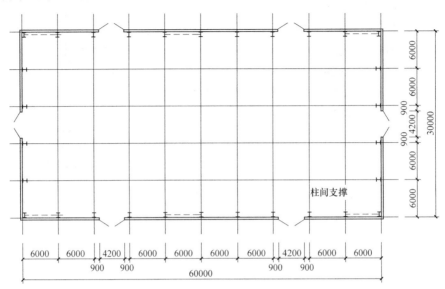

图 8-22　结构平面布置图

支撑、屋面檩条和隅撑布置图如图 8-23 所示。

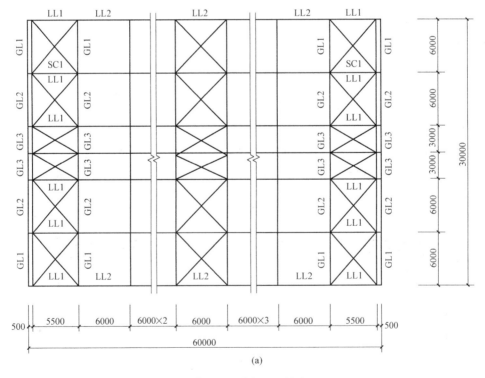

(a)

图 8-23　支撑、屋面檩条和隅撑布置图（一）

（a）屋面支撑布置图

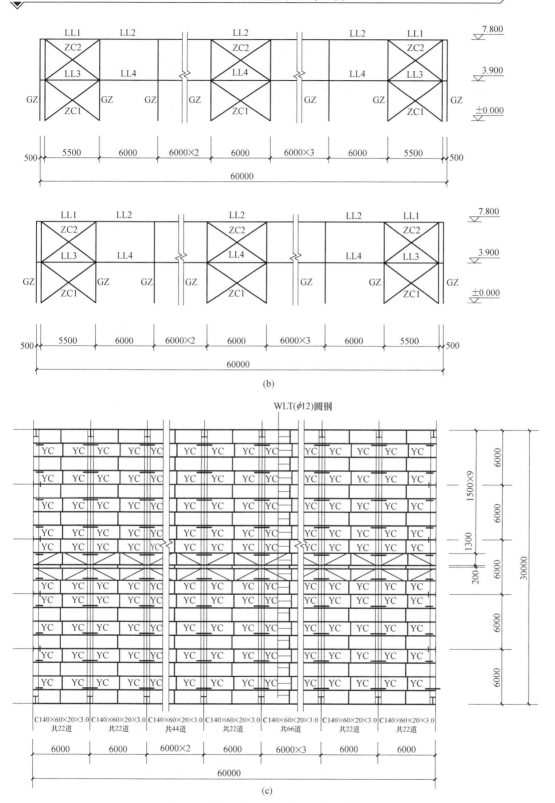

图 8-23 支撑、屋面檩条和隅撑布置图 (二)
(b) 柱间支撑布置图;(c) 屋面檩条和隅撑布置图

初选梁、柱截面及截面特性见表 8-4。

梁、柱截面及截面特性　　　　表 8-4

部位		截 面 简 图	截 面 特 性
刚架横梁	1-1 剖面	 2—250×12 —776×8	截面积　　$A=122.08\mathrm{cm}^2$ 惯性矩　　$I_x=124301.4\mathrm{cm}^4$ 　　　　　$I_y=3128.3\mathrm{cm}^4$ 截面模量　$W_x=3107.5\mathrm{cm}^3$ 　　　　　$W_y=250.3\mathrm{cm}^3$ 回转半径　$i_x=31.91\mathrm{cm}$ 　　　　　$i_y=5.06\mathrm{cm}$
	2-2 3-3 剖面	 2—250×12 —376×8	截面积　　$A=90.08\mathrm{cm}^2$ 惯性矩　　$I_x=26132.6\mathrm{cm}^4$ 　　　　　$I_y=3126.6\mathrm{cm}^4$ 截面模量　$W_x=1306.63\mathrm{cm}^3$ 　　　　　$W_y=250.13\mathrm{cm}^3$ 回转半径　$i_x=17.03\mathrm{cm}$ 　　　　　$i_y=5.89\mathrm{cm}$
	4-4 剖面	 2—250×12 —576×8	截面积　　$A=106.08\mathrm{cm}^2$ 惯性矩　　$I_x=64609\mathrm{cm}^4$ 　　　　　$I_y=3127.5\mathrm{cm}^4$ 截面模量　$W_x=2153.6\mathrm{cm}^3$ 　　　　　$W_y=250.2\mathrm{cm}^3$ 回转半径　$i_x=24.68\mathrm{cm}$ 　　　　　$i_y=5.43\mathrm{cm}$
刚架柱	5-5 剖面	 2—250×14 —822×8	截面积　　$A=135.76\mathrm{cm}^2$ 惯性矩　　$I_x=159345.7\mathrm{cm}^4$ 　　　　　$I_y=3649.3\mathrm{cm}^4$ 截面模量　$W_x=3749.3\mathrm{cm}^3$ 　　　　　$W_y=291.944\mathrm{cm}^3$ 回转半径　$i_x=34.3\mathrm{cm}$ 　　　　　$i_y=5.2\mathrm{cm}$

续表

部位		截面简图	截面特性
刚架柱	6-6 剖面	 2—250×14 —272×8	截面积 $A = 91.76\text{m}^2$ 惯性矩 $I_x = 15667.3\text{cm}^4$ $I_y = 3646.9\text{cm}^4$ 截面模量 $W_x = 1044.5\text{cm}^3$ $W_y = 291.752\text{cm}^3$ 回转半径 $i_x = 13.1\text{cm}$ $i_y = 6.3\text{cm}$

8.6.3 刚架结构受力分析

1. 荷载取值计算

屋面自重（标准值，沿坡向）：

彩色压型钢板复合板	0.18kN/m^2
檩条及其支撑	0.15kN/m^2
刚架横梁	0.10kN/m^2
总计	0.43kN/m^2

屋面雪荷载（标准值）　　　　　0.40kN/m^2

屋面均布活荷载（标准值）　　　0.50kN/m^2（不与雪荷载同时考虑）

墙面及柱自重（标准值）（包括墙面材料、墙梁及刚架柱）

0.55kN/m^2

基本风压 $w_0 = 0.45\text{kN/m}^2$，地面粗糙度为 B 类，按封闭式建筑选取中间区单元，如图 8-24 所示。

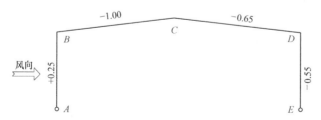

图 8-24　风载体型系数

2. 分项荷载作用计算

$$\tan\alpha = 1/15 \Rightarrow \alpha = 3.184°$$

1）屋面永久荷载作用

标准值　$0.43 \times \dfrac{1}{\cos\alpha} \times 6 = 2.59\text{kN/m}$，如图 8-25 所示。

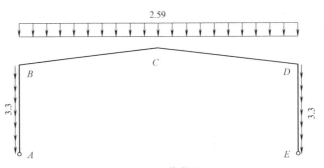

图 8-25 荷载图

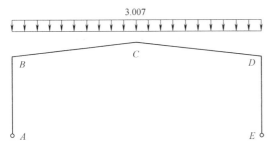

图 8-26 刚架上可变荷载作用图（单位：kN/m）

标准值 $0.5 \times \dfrac{1}{\cos\alpha} \times 6 = 3.007 \mathrm{kN/m}$，如图 8-26 所示。

2）柱身永久荷载

标准值 $0.55 \times 6 = 3.3 \mathrm{kN/m}$

3）风载（图 8-27）

墙面风荷载变化系数按柱顶标高计算取为 1.0，$w = 1.0 \times 0.45 = 0.45 \mathrm{kN/m^2}$

墙面风压标准值：

$$q_{AB}^{w} = 0.45 \times (+0.25) \times 6 = +0.675 \mathrm{kN/m}$$

$$q_{DE}^{w} = 0.45 \times (-0.55) \times 6 = -1.485 \mathrm{kN/m}$$

屋面风荷载变化系数按屋顶标高计算取为 1.0，$w = 1.0 \times 0.45 = 0.45 \mathrm{kN/m^2}$。

屋面负风压标准值：

$$q_{AB}^{w} = 0.45 \times (-1.0) \times 6 = -2.7 \mathrm{kN/m}$$

$$q_{CD}^{w} = 0.45 \times (-0.65) \times 6 = -1.755 \mathrm{kN/m}$$

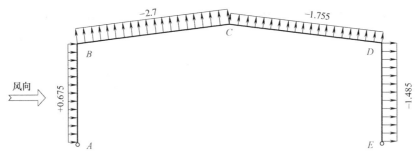

图 8-27 刚架上风载作用图（单位：kN/m）

8.6.4 内力计算及组合

（1）刚架内力计算：本结构为柱脚铰接单层单跨刚架体系，在力学上为一次超静定结构，采用力法可以较方便地求解结构在各种荷载作用下的内力。变截面构件的截面特性可分段计算，每段近似取平均值作为构件截面特性代表值。

（2）刚架在各种荷载作用下的弯矩（M）、剪力（V）、轴力（N）（图 8-28～图 8-30）。

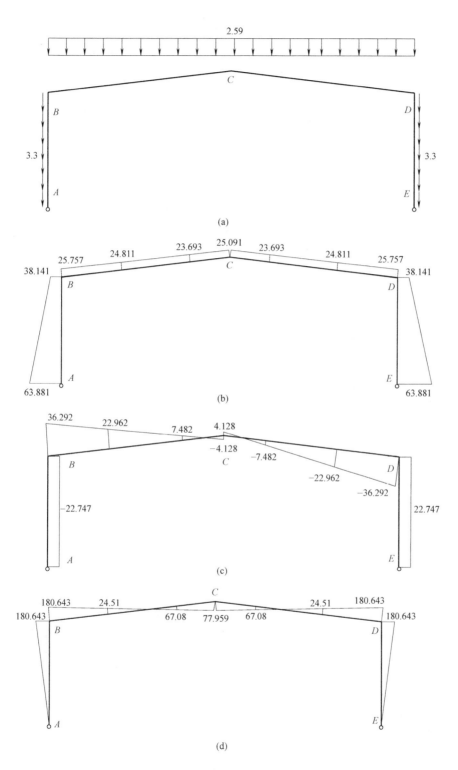

图 8-28　屋面永久荷载作用下刚架 *M*、*N*、*V* 图

（a）刚架永久荷载作用图（单位：kN/m）；（b）*N* 图（单位：kN）；

（c）*V* 图（单位：kN）；（d）*M* 图（单位：kN·m）

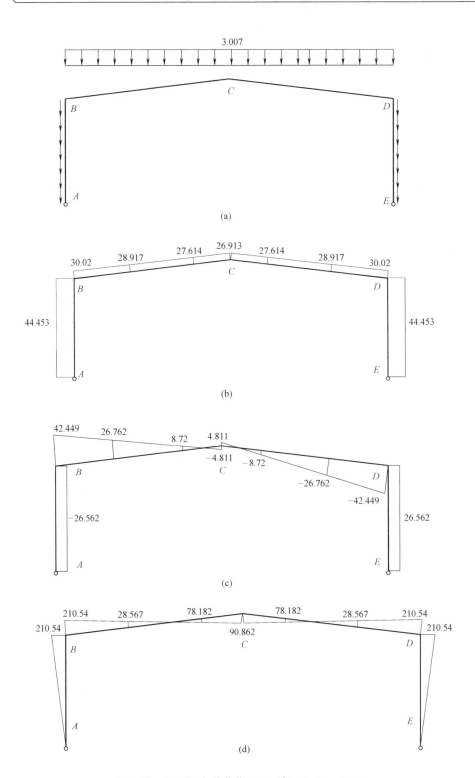

图 8-29　屋面可变荷载作用下刚架 *M*、*N*、*V* 图

（a）刚架活载作用图（单位：kN/m）；（b）*N* 图（单位：kN）；

（c）*V* 图（单位：kN）；（d）*M* 图（单位：kN·m）

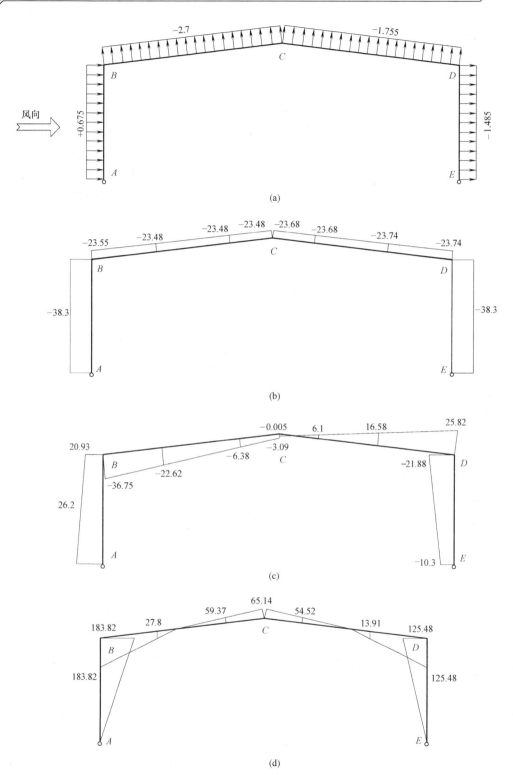

图 8-30 左风荷载作用下刚架 M、N、V 图

(a) 刚架上风载作用图（单位：kN/m）；(b) N 图（单位：kN）；

(c) V 图（单位：kN）；(d) M 图（单位：kN·m）

（3）刚架内力组合见表8-5、表8-6。

左跨梁：

刚架梁内力组合表

表 8-5

梁截面	内力(kN 或 kN·m)	永久荷载①	可变荷载②	左风③	右风④	M_{max} 组合项目	M_{max} 组合值	M_{max} 相应的 $V、N$ 组合值	M_{min} 组合项目	M_{min} 组合值	M_{min} 相应的 $V、N$ 组合值	$|V|_{max}$ 组合项目	$|V|_{max}$ 相应的 $M、N$ 组合值
截面 1-1	M	−180.643	−210.45	183.82	125.48								−317.9
	V	36.292	42.449	−36.75	25.82	①+②	102.98		①+③	−7.9		①+②+③	124.8
	N	25.757	30.02	−23.55	−23.74		72.938			−2.1			38.4
截面 2-2	M	−24.51	−28.567	27.8	13.91			−69.41			9.5		−46.9
	V	22.962	26.762	−22.62	23.74	①+②	65.02		①+③	−4.1		①+②+③	87.7
	N	24.811	28.917	−23.48	−23.74		70.257			−3.1			35.9
截面 3-3	M	67.08	78.182	−59.37	−54.5			189.95			−2.6		108.7
	V	7.482	8.72	−6.38	6.1	①+②	21.19		①+③	0.0		①+②+③	26.6
	N	23.693	27.614	−23.48	−23.68		67.1			−4.4			33.1
截面 4-4	M	77.959	90.862	−65.14	−65.1			220.76			2.4		124.2
	V	−4.128	−4.811	−3.09	0.05	①+②	−11.69		①+③	−9.3		①+②+③	−10.6
	N	23.091	26.913	−23.48	−23.68		65.39			−5.2			31.6

表8-6

刚架柱内力组合表

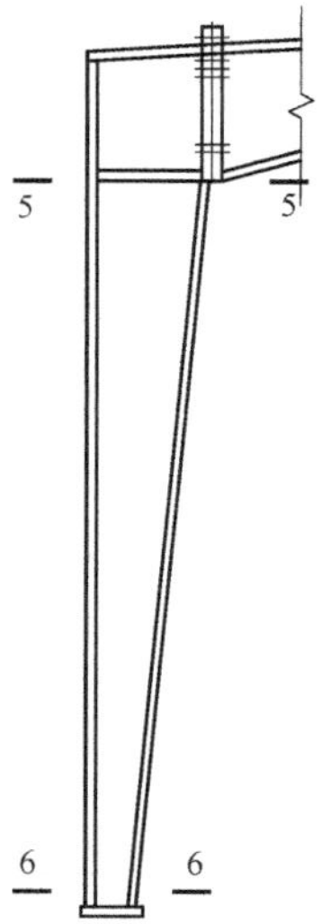

梁截面	内力 (kN 或 kN·m)	永久荷载 ①	可变荷载 ②	左风 ③	右风 ④	N_{max} 相应的 M 组合项目	组合值	N_{min} 相应的 M 组合项目	组合值	$\lvert M \rvert_{max}$ 相应的 V,N 组合项目	组合值
截面 5-5	M	180.643	210.54	-183.82	-125.5	①+②	511.53	①+③	-40.6	①+②	511.53
	N	38.14	44.453	-38.3	-27.41		108		-7.9		108
	V	-22.747	-26.562	20.93	-21.88		-64.5		2.0		-64.5
截面 6-6	M	0	0	0	0	①+②	0	—	—	—	—
	N	63.881	44.453	-38.3	-27.41		138.9	—	—	—	—
	V	-22.747	-26.562	26.2	-10.3		-64.5	—	—	—	—

左柱：

（4）最不利组合荷载作用下刚架 M、N、V 图（图 8-31）。

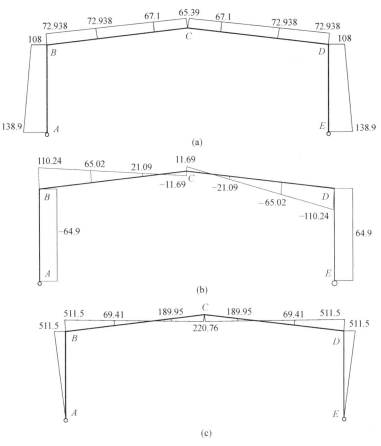

图 8-31　最不利组合荷载作用下刚架的 M、N、V 图

（a）N 图（单位：kN）；（b）V 图（单位：kN）；（c）M 图（单位：kN·m）

8.6.5　刚架构件设计

1. 构件宽厚比验算

1）梁翼缘

$$\frac{b}{t}=\frac{(250-8)/2}{12}=10.08<15\sqrt{\frac{235}{f_y}}=15\times\sqrt{\frac{235}{235}}=15（满足要求）$$

2）柱翼缘

$$\frac{b}{t}=\frac{(250-8)/2}{14}=8.64<15\sqrt{\frac{235}{f_y}}=15（满足要求）$$

3）梁腹板

1-1 截面：$\dfrac{h_w}{t_w}=\dfrac{776}{8}=97<250\sqrt{\dfrac{235}{f_y}}=250$（满足要求）。

2-2 截面、3-3 截面：$\dfrac{h_w}{t_w}=\dfrac{376}{8}=47<250\sqrt{\dfrac{235}{f_y}}=250$（满足要求）。

4-4 截面：$\dfrac{h_{\mathrm{w}}}{t_{\mathrm{w}}}=\dfrac{576}{8}=72<250\sqrt{\dfrac{235}{f_{\mathrm{y}}}}=250$（满足要求）。

4）柱腹板

柱底 6-6 截面：$\dfrac{h_{\mathrm{w}}}{t_{\mathrm{w}}}=\dfrac{272}{8}=34<250\sqrt{\dfrac{235}{f_{\mathrm{y}}}}=250$（满足要求）。

柱顶 5-5 截面：$\dfrac{h_{\mathrm{w}}}{t_{\mathrm{w}}}=\dfrac{822}{8}=102.75<250\sqrt{\dfrac{235}{f_{\mathrm{y}}}}=250$（满足要求）。

2. 有效截面特性

1）柱有效截面特性

翼缘：柱受压翼缘为一边支承、一边自由的均匀受压板件，当其自由外伸宽厚比不超过规范所规定的允许宽厚比时，柱受压翼缘全截面有效。

$$\sigma_1=\frac{N}{A}+\frac{M_{\mathrm{x}}}{\gamma_{\mathrm{x}}W_{n\mathrm{x}}}=\frac{108\times10^3}{13576}+\frac{511.5\times10^6}{1.05\times3749300}=137.89\mathrm{N/mm}^2$$

由 $\alpha=(\sigma_1-\sigma_2)/\sigma_1=0$，查得 $\xi=5\mathrm{N/mm}^2$。

$$\frac{b}{t}=\frac{(250-8)/2}{14}=8.64<\left[\frac{b}{t}\right]=100\sqrt{\frac{\xi}{\sigma_1}}=100\times\sqrt{\frac{5}{137.89}}=19.04\text{（满足要求）}$$

腹板：柱腹板为两边支承非均匀受压板件，其有效宽度按规范计算。

柱顶 5-5 截面腹板最大、最小应力：

$$\frac{\sigma_1}{\sigma_2}=\frac{N}{A}\pm\frac{M_{\mathrm{x}}y}{I_{\mathrm{x}}}=\frac{108\times10^3}{13576}\pm\frac{511.5\times10^6\times411}{159345.7\times10^4}=\frac{139.89}{-123.97}\mathrm{N/mm}^2$$

腹板受压区高度：

$$h_{\mathrm{c}}=\frac{139.89}{139.89+123.97}\times822=435.8\mathrm{mm}$$

$$\sigma_1=139.89\mathrm{N/mm}^2<f=215\mathrm{N/mm}^2$$

故取：

$$f_{\mathrm{y}}=\gamma_{\mathrm{R}}\sigma_1=1.1\times139.89=153.9\mathrm{N/mm}^2$$

$$\beta=\sigma_2/\sigma_1=-123.97/139.89=-0.9$$

$$k_\sigma=\frac{16}{[(1+\beta)^2+0.112(1-\beta)^2]^{0.5}+(1+\beta)}=21.515$$

$$\lambda_{\mathrm{P}}=\frac{h_{\mathrm{w}}/t_{\mathrm{w}}}{28.1\sqrt{k_\sigma}}\sqrt{\frac{f_{\mathrm{y}}}{235}}=\frac{822/8}{28.1\times\sqrt{21.515}}\times\sqrt{\frac{153.9}{235}}=0.63<0.8$$

故取 $\rho=1.0$，即柱顶腹板全截面有效。

柱底 6-6 截面：

$$\sigma_1=\frac{N}{A_{\mathrm{n}}}=\frac{138.9\times10^3}{9176}=15.14\mathrm{N/mm}^2<f$$

故取：

$$f_{\mathrm{y}}=\gamma_{\mathrm{R}}\sigma_1=1.1\times15.14=16.654\mathrm{N/mm}^2$$

由 $\beta=\sigma_2/\sigma_1$ 得 $\beta=1.0$，则：

$$k_\sigma=\frac{16}{[(1+\beta)^2+0.112(1-\beta)^2]^{0.5}+(1+\beta)}=4$$

$$\lambda_P = \frac{h_w/t_w}{28.1\sqrt{k_\sigma}}\sqrt{\frac{f_y}{235}} = \frac{272/8}{28.1\times\sqrt{4}}\times\sqrt{\frac{16.654}{235}} = 0.16 < 0.8$$

故取 $\beta = 1.0$，即柱底腹板全截面有效。

2）梁有效截面特性

翼缘：梁受压翼缘为一边支承，一边自由的均匀受压板件，当其自由外伸宽厚比不超过规范所规定允许宽厚比时，梁受压翼缘全截面有效。

1-1 截面：

$$\sigma_1 = \frac{N}{A_n} + \frac{M_x}{\gamma_x W_{nx}} = \frac{72.938\times10^3}{12208} + \frac{511.5\times10^6}{1.05\times3107.5\times10^3} = 162.74\text{N/mm}^2$$

$$\frac{b}{t} = \frac{(250-8)/2}{12} = 10.08 < \left[\frac{b}{t}\right] = 100\sqrt{\frac{\xi}{\sigma_1}} = 100\times\sqrt{\frac{5}{162.74}} = 17.5 \text{（满足要求）}$$

3-3 截面：

$$\sigma_1 = \frac{N}{A_n} + \frac{M_x}{\gamma_x W_{nx}} = \frac{67.1\times10^3}{9008} + \frac{189.95\times10^6}{1.05\times1306.63\times10^3} = 145.9\text{N/mm}^2$$

$$\frac{b}{t} = \frac{(250-8)/2}{12} = 10.08 < \left[\frac{b}{t}\right] = 100\sqrt{\frac{\xi}{\sigma_1}} = 100\times\sqrt{\frac{5}{145.9}} = 18.5 \text{（满足要求）}$$

4-4 截面：

$$\sigma_1 = \frac{N}{A_n} + \frac{M_x}{\gamma_x W_{nx}} = \frac{65.39\times10^3}{10608} + \frac{220.76\times10^6}{1.05\times2153.6\times10^3} = 103.8\text{N/mm}^2$$

$$\frac{b}{t} = \frac{(250-8)/2}{12} = 10.08 < \left[\frac{b}{t}\right] = 100\sqrt{\frac{\xi}{\sigma_1}} = 100\times\sqrt{\frac{5}{103.8}} = 21.9 \text{（满足要求）}$$

腹板：梁腹板为两边支承非均匀受压板件，其有效宽度按规范计算。

1-1 截面：

腹板最大、最小应力：

$$\frac{\sigma_1}{\sigma_2} = \frac{N}{A} \pm \frac{M_x y}{I_x} = \frac{72.938\times10^3}{12208} \pm \frac{511.5\times10^6\times388}{124301.4\times10^4} = 5.97 \pm 159.66 = \frac{165.63}{-153.69}\text{N/mm}^2$$

腹板受压区高度：

$$h_c = \frac{165.63}{165.63+153.69}\times776 = 402.5\text{mm}$$

$$\sigma_1 = 165.63 < f$$

故取 $f_y = \gamma_R\sigma_1 = 1.1\times165.63 = 182.2\text{N/mm}^2$。

$$\beta = \sigma_2/\sigma_1 = -153.69/165.63 = -0.93$$

$$k_\sigma = \frac{16}{[(1+\beta)^2 + 0.112(1-\beta)^2]^{0.5} + (1+\beta)} = 22.2$$

$$\lambda_P = \frac{h_w/t_w}{28.1\sqrt{k_\sigma}}\sqrt{\frac{f_y}{235}} = \frac{776/8}{28.1\times\sqrt{22.2}}\times\sqrt{\frac{182.2}{235}} = 0.645 < 0.8$$

故取 $\rho = 1.0$，即腹板全截面有效。

3-3 截面：

腹板最大、最小应力：

$$\frac{\sigma_1}{\sigma_2}=\frac{N}{A}\pm\frac{M_x y}{I_x}=\frac{67.1\times10^3}{9008}\pm\frac{189.95\times10^6\times376/2}{26132.6\times10^4}=7.45\pm136.65=\frac{144.1}{-129.2}N/mm^2$$

腹板有效宽度 $h_e=\rho h_c$，$h_c=\dfrac{144.1}{144.1+129.2}\times376=198.25mm$。

$$\sigma_1=144.1N/mm^2<f$$

故取 $f_y=\gamma_R\sigma_1=1.1\times144.1=158.51N/mm^2$。

$$\beta=\sigma_2/\sigma_1=-129.2/144.1=-0.90$$

$$k_\sigma=\frac{16}{[(1+\beta)^2+0.112(1-\beta)^2]^{0.5}+(1+\beta)}=21.6$$

$$\lambda_P=\frac{h_w/t_w}{28.1\sqrt{k_\sigma}}\sqrt{\frac{f_y}{235}}=\frac{376/8}{28.1\times\sqrt{21.6}}\times\sqrt{\frac{158.51}{235}}=0.296<0.8$$

故取 $\rho=1.0$，即 3-3 截面梁腹板全截面有效。

4-4 截面：

腹板最大、最小应力：

$$\frac{\sigma_1}{\sigma_2}=\frac{N}{A}\pm\frac{M_x y}{I_x}=\frac{65.39\times10^3}{10608}\pm\frac{220.76\times10^6\times576/2}{64609\times10^4}=6.16\pm98.4=\frac{104.56}{-92.24}N/mm^2$$

腹板有效宽度：$h_e=\rho h_c$，$h_c=\dfrac{104.56}{104.56+92.24}\times576=306.03mm$。

$$\sigma_1=104.56N/mm^2<f$$

故取：$f_y=\gamma_R\sigma_1=1.1\times104.56=115.02N/mm^2$。

$$\beta=\sigma_2/\sigma_1=-92.24/104.56=-0.88$$

$$k_\sigma=\frac{16}{[(1+\beta)^2+0.112(1-\beta)^2]^{0.5}+(1+\beta)}=21.03$$

$$\lambda_P=\frac{h_w/t_w}{28.1\sqrt{k_\sigma}}\sqrt{\frac{f_y}{235}}=\frac{576/8}{28.1\times\sqrt{21.56}}\times\sqrt{\frac{115.02}{235}}=0.39<0.8$$

故取 $\rho=1.0$，即 4-4 截面梁腹板全截面有效。

3. 刚架梁的验算

1）抗剪承载力验算

梁截面的最大剪力 $V_{max}=102.98kN$。

考虑仅有支座加劲肋，取 $k_\tau=5.34$。

$$\lambda_w=\frac{h_w/t_w}{37\sqrt{k_\tau}\sqrt{235/f_y}}=\frac{776/8}{37\times\sqrt{5.34}\times\sqrt{235/235}}=1.134>0.8，且<1.4。$$

$$f'_v=[1-0.64(\lambda_w-0.8)]f_v=[1-0.64\times(1.134-0.8)]\times125=98.28N/mm^2$$

$$V_d=h_w t_w f'_v=776\times8\times98.28=610.12kN$$

$V_{max}<V_d$（满足要求）。

2）弯剪压共同作用下的强度验算

1-1 截面验算：

$M = 511.5 \text{kN} \cdot \text{m}$，$N = 72.938 \text{kN}$，$V = 110.24 \text{kN}$

$M_e = W_e f = 3107.5 \times 10^3 \times 215 = 668.1 \text{kN} \cdot \text{m}$

由 $V < 0.5 V_d$，

$$M_e^N = M_e - N W_e / A_e = 668.1 \times 10^6 - 72.938 \times 3107.5 \times 10^6 / 12208$$
$$= 649.5 \text{kN} \cdot \text{m} > M = 511.5 \text{kN} \cdot \text{m}$$

3-3 截面：

$$M = 189.95 \text{kN} \cdot \text{m}，N = 67.1 \text{kN}，V = 21.19 \text{kN}$$

$$M_e = W_e f = 1306.63 \times 10^3 \times 215 = 280.93 \text{kN} \cdot \text{m}$$

$$M_e^N = M_e - N W_e / A_e = 280.93 \times 10^6 - 67.1 \times 10^3 \times 1306.63 \times 10^3 / 9008$$
$$= 271.2 \text{kN} \cdot \text{m} > M = 189.95 \text{kN} \cdot \text{m}$$

4-4 截面：

$$M = 220.76 \text{kN} \cdot \text{m}，N = 65.39 \text{kN}，V = -11.69 \text{kN}$$

$$M_e = W_e f = 2153.6 \times 10^3 \times 215 = 463.02 \text{kN} \cdot \text{m}$$

$$M_e^N = M_e - N W_e / A_e = 463.02 \times 10^6 - 65.39 \times 10^3 \times 2153.6 \times 10^3 / 10608$$
$$= 449.7 \text{kN} \cdot \text{m} > M = 220.76 \text{kN} \cdot \text{m}$$

4. 刚架柱的验算

1）抗剪承载力验算

柱截面的最大剪力 $V_{max} = 64.5 \text{kN}$。

考虑仅有支座加劲肋，取 $k_\tau = 5.34$。

$$\lambda_w = \frac{h_w / t_w}{37 \sqrt{k_\tau} \sqrt{235 / f_y}} = \frac{272/8}{37 \times \sqrt{5.34} \times \sqrt{235/235}} = 0.39 < 0.8$$

$$f_v' = f_v = 125 \text{N/mm}^2$$

$$V_d = h_w t_w f_v' = 272 \times 8 \times 125 = 272 \text{kN}$$

$V_{max} < V_d$（满足要求）。

2）弯剪压共同作用下的强度验算

$$V = 64.5 \text{kN} < 0.5 V_d = 0.5 \times 272 = 136 \text{kN}$$

$$M_e^N = M_e - N W_e / A_e = 3749.3 \times 10^3 \times 215 - 108 \times 10^3 \times 3749.3 \times 10^3 / 13576$$
$$= 776.3 \text{kN} \cdot \text{m} > M = 511.5 \text{kN} \cdot \text{m}（满足要求）$$

3）平面内整体稳定验算

柱的计算长度 $l_0 = \mu_r h$，$\mu_r = 4.14 \sqrt{EI_{co} / K h^3}$。

$E = 206 \times 10^3 \text{N/mm}^2$，$I_{co} = 15667.3 \text{cm}^4$，$h = 7800 - 200 = 7600 \text{mm}$，$K = H/\Delta = 0.67 (w_1 + w_4) h / 20.25 = 0.67 \times (0.675 + 1.485) \times 7.6 / 20.25 = 0.543 \text{kN/mm}$（注：上式中 20.25mm 见后文位移计算部分）。

则 $\mu_r = 1.523$，$l_0 = \mu_r l = 1.523 \times 7.600 = 11.575 \text{m}$。

$\lambda = \dfrac{1157.5}{13.1} = 88.4$，查表得 $\varphi_{xY} = 0.632$，取 $\beta_{mx} = 1.0$。

$$N_{Exo}' = \pi^2 E A_{eo} / 1.1\lambda^2 = \frac{\pi^2 \times 206 \times 10^3 \times 9176}{1.1 \times 88.4^2} \times 10^{-3} = 2170.3 \text{kN}$$

$$\frac{N_0}{\varphi_{x\gamma}A_{eo}}+\frac{\beta_{mx}M_1}{\left(1-\frac{N_0}{N'_{Exo}}\varphi_{x\gamma}\right)W_{e1}}=\frac{138.9\times10^3}{0.632\times9176}+\frac{1.0\times511.5\times10^6}{\left(1-\frac{138.9}{2170.3}\times0.632\right)\times3749.3\times10^3}$$

$$=166.13\text{N/mm}^2<f=215\text{N/mm}^2\text{(满足要求)}$$

4) 平面外整体稳定性验算

楔率 $\gamma=(d_1/d_2)-1.0=(85/30)-1.0=1.83<6.0$。

$$A_f=2\times25\times1.4=70\text{cm}^2,\ i_{y0}=\sqrt{\frac{3646.9/2}{77.25}}=4.86\text{cm}$$

$$\mu_s=1+0.023\gamma\sqrt{lh_0/A_f}=1+0.023\times1.83\times\sqrt{390\times30/70}=1.544$$

$$\mu_w=1+0.00385\gamma\sqrt{l/i_{y0}}=1+0.00385\times1.83\times\sqrt{390/4.86}=1.06$$

$$\lambda_{y0}=\mu_s l/i_{y0}=1.544\times390/4.86=123.9$$

$$\varphi_{b\gamma}=\frac{4320}{\lambda_{y0}^2}\cdot\frac{A_0 h_0}{W_{x0}}\sqrt{\left(\frac{\mu_s}{\mu_w}\right)^4+\left(\frac{\lambda_{y0}t_0}{4.4h_0}\right)^2}\left(\frac{235}{f_y}\right)$$

$$=\frac{4320}{123.9^2}\cdot\frac{91.76\times30}{1044.5}\sqrt{\left(\frac{1.544}{1.06}\right)^4+\left(\frac{123.9\times14}{4.4\times300}\right)^2}\left(\frac{235}{f_y}\right)$$

$$=1.851>0.6$$

取 $\varphi'_{b\gamma}=1.07-\frac{0.282}{\varphi_{b\gamma}}=0.918\leqslant1.0$。

$\lambda_y=390/6.3=61.9$，查表 $\varphi_y=0.797$。

$$N'_{Ex0}=\frac{\pi^2 EI_{x0}}{\lambda h^2}=\frac{\pi^2\times206\times10^3\times15667.3\times10^4}{1.1\times7600^2}=5008.4\text{kN}$$

$$\beta_t=1-N/N'_{Ex0}+0.75(N/N'_{Exo})^2=0.98$$

$$\frac{N_0}{\varphi_y A_{e0}}+\frac{\beta_t M_1}{\varphi_{b\gamma}W_{e1}}=\frac{138.9\times10^3}{0.797\times9176}+\frac{0.98\times511.5\times10^6}{0.918\times3749.3\times10^3}$$

$$=164.63\text{N/mm}^2<f=215\text{N/mm}^2\text{(满足要求)}$$

5. 位移计算

1) 柱顶水平位移的验算

梁柱平均惯性矩为：

$$I_c=(I_{co}+I_{c1})/2=(15667.3+159345.7)/2=87506.5\text{cm}^4$$

$$I_b=\alpha\frac{I_{b1}+I_{b0}}{2}+\beta I_{bo}+\gamma\frac{I_{b0}+I_{b2}}{2}$$

$$=\frac{5.35}{14.85}\times\frac{124301.4+26132.6}{2}+\frac{6.0}{14.85}\times26132.6+\frac{3.5}{14.85}\times\frac{26132.6+64609}{2}$$

$$=48350.46\text{cm}^4$$

$$H=0.67W=0.67\times(0.675+1.485)\times7600=11\text{kN}$$

$$\xi_t=I_c L/hI_b=\frac{87506.5\times29.7}{7.6\times48350.46}=7.07$$

$$u = \frac{Hh^3}{12EI_c}(2+\xi_t) = \frac{11 \times 10^3 \times 7600^3 \times (2+7.07)}{12 \times 2.06 \times 10^5 \times 87506.5 \times 10^4}$$

$$= 20.25\text{mm} < \frac{h}{50} = \frac{7600}{50} = 152\text{mm（满足规范要求）}$$

2）梁跨中最大挠度的验算

由结构力学力法求解得梁跨中最大挠度为 $139.8\text{mm} < \frac{l}{180} = \frac{29700}{180} = 165\text{mm}$（满足要求）。

8.6.6　刚架节点设计

1. 梁柱节点设计

节点形式（图 8-32）。

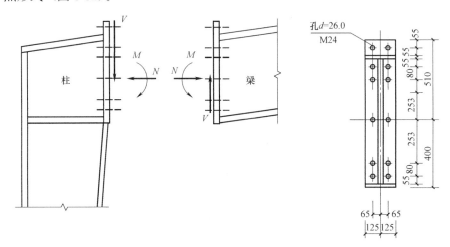

图 8-32　梁柱拼接节点

1）连接螺栓计算

采用 10.9 级，M24 摩擦型高强度螺栓，构件接触面经喷砂后涂无机富锌漆，预拉力 $P=225\text{kN}$，抗滑移系数查表得 $\mu=0.35$。

$M=511.5\text{kN} \cdot \text{m}$，$N=72.938\text{kN}$，$V=110.24\text{kN}$

顶排螺栓的拉力为：

$$N_{max} = \frac{(M-Ne)y_1'}{\sum y_i'^2} = \frac{(511.5 \times 10^6 - 72.938 \times 10^3 \times 333) \times 788}{2 \times (80^2 + 333^2 + 586^2 + 666^2 + 788^2)}$$

$$= 125.86\text{kN} < 0.8P = 0.8 \times 225 = 180\text{kN}$$

第 2 排螺栓：
$$N_2 = 125.86 \times \frac{666}{788} = 106.4\text{kN}$$

第 3 排螺栓：
$$N_3 = 125.86 \times \frac{586}{788} = 93.6\text{kN}$$

第 4 排螺栓：
$$N_4 = 125.86 \times \frac{333}{788} = 53.19\text{kN}$$

第 5 排螺栓：
$$N_5 = 125.86 \times \frac{80}{788} = 12.78\text{kN}$$

第 6 排螺栓：
$$N_6 = 125.86 \times 0 = 0\text{kN}$$

$$N_v = \sum 0.9 n_f \mu (P - 1.25 N_i) = 0.9 \times 1.0 \times 0.35 \times [(225 - 1.25 \times 125.86) +$$
$$(225 - 1.25 \times 106.4) + (225 - 1.25 \times 93.6) + (225 - 1.25 \times 53.19) +$$
$$(225 - 1.25 \times 12.78) + (225 - 0)] \times 2 = 541.9\text{kN}$$

实际剪力为 $V = 110.24\text{kN} < N_v = 541.9\text{kN}$（满足要求）。

2）端板计算

第 1 排螺栓位置端板厚度：$t \geqslant \sqrt{\dfrac{6 e_f N_t}{bf}} = \sqrt{\dfrac{6 \times 55 \times 125.86 \times 10^3}{250 \times 215}} = 27.8\text{mm}$

第 2 排螺栓位置端板厚度：
$$t \geqslant \sqrt{\frac{6 e_f e_w N_t}{[e_w b + 2 e_f (e_f + e_w)] f}} = \sqrt{\frac{6 \times 55 \times 61 \times 106.4 \times 10^3}{[61 \times 250 + 2 \times 55 \times (55 + 61)] \times 215}} = 18.86\text{mm}$$

第 3 排螺栓位置端板厚度：
$$t \geqslant \sqrt{\frac{3 e_w N_t}{(0.5a + e_w) f}} = \sqrt{\frac{3 \times 61 \times 93.6 \times 10^3}{(0.5 \times 80 + 61) \times 215}} = 28.09\text{mm}$$

取端板厚度为 $t = 30\text{mm}$。

3）节点域剪应力验算
$$\tau = \frac{M}{d_b d_c t_c} = \frac{511.5 \times 10^6}{800 \times 822 \times 8} = 97.23\text{N/mm}^2 < f_v \text{（满足要求）}$$

4）端板螺栓处腹板强度验算

因为 $N_{t2} = 106.4\text{kN} > 0.4P = 90\text{kN}$，故应满足 $\dfrac{P}{e_w t_w} \leqslant f$。

但 $\dfrac{225 \times 10^3}{61 \times 8} = 461.1\text{N/mm}^2 > f$，需设置腹板加劲肋或局部加厚腹板。

2. 梁-梁节点设计

1）2-2 剖面梁-梁节点形式（图 8-33）

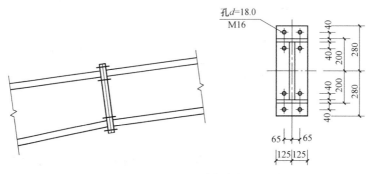

图 8-33 梁-梁拼接节点

采用 10.9 级、M16 摩擦型高强度螺栓，构件接触面经喷砂后涂无机富锌漆。预拉力 $P = 100\text{kN}$，抗滑移系数查表得 $\mu = 0.35$。

$M=69.41\mathrm{kN\cdot m}$；$N=70.257\mathrm{kN}$；$V=65.02\mathrm{kN}$。

顶排螺栓的拉力为：

$$N_{\max}=\frac{(M-Ne)y'_1}{\sum y_i'^2}=\frac{(69.41\times10^6-70.257\times10^3\times240)\times480}{2\times(92^2+388^2+480^2)}$$

$$=32.39\mathrm{kN}<0.8P=80\mathrm{kN}$$

第2排螺栓：
$$N_2=32.39\times\frac{388}{480}=26.18\mathrm{kN}$$

第3排螺栓：
$$N_3=32.39\times\frac{92}{480}=6.21\mathrm{kN}$$

第4排螺栓：
$$N_4=32.39\times0=0\mathrm{kN}$$

所有螺栓的受剪承载力设计值为：

$N_V=\sum0.9n_f\mu(P-1.25N_i)=0.9\times1.0\times0.35\times[(100-1.25\times32.39)+(100-1.25\times26.18)+(100-1.25\times6.25)+(100-1.25\times0)]\times2=200.95\mathrm{kN}>V=65.02\mathrm{kN}$
（满足要求）

端板设计：

第1排螺栓位置端板厚度：

$$t\geqslant\sqrt{\frac{6e_fN_t}{bf}}=\sqrt{\frac{6\times40\times32.39\times10^3}{250\times215}}=12.03\mathrm{mm}$$

第2排螺栓位置端板厚度：

$$t\geqslant\sqrt{\frac{6e_fe_wN_t}{[e_wb+2e_f(e_f+e_w)]f}}=\sqrt{\frac{6\times40\times61\times26.18\times10^3}{[61\times250+2\times40\times(40+61)]\times215}}=8.74\mathrm{mm}$$

取端板厚度为 $t=16\mathrm{mm}$。

2）3-3剖面梁-梁节点形式（图8-34）

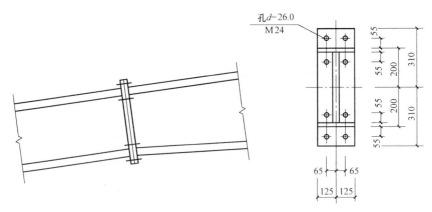

图8-34　梁-梁拼接节点

采用10.9级、M24摩擦型高强度螺栓，构件接触面经喷砂后涂无机富锌漆。预拉力 $P=225\mathrm{kN}$，抗滑移系数查表得 $\mu=0.34$。

$M=189.95\mathrm{kN\cdot m}$；$N=67.1\mathrm{kN}$；$V=21.19\mathrm{kN}$。

顶排螺栓的拉力为：

$$N_{max} = \frac{(M-Ne)y_1'}{\sum y_i'^2} = \frac{(189.95 \times 10^6 - 67.1 \times 10^3 \times 255) \times 510}{2 \times (122^2 + 388^2 + 510^2)}$$

$$= 103.6 \text{kN} < 0.8P = 180 \text{kN}$$

第2排螺栓：
$$N_2 = 103.6 \times \frac{388}{510} = 78.82 \text{kN}$$

第3排螺栓：
$$N_3 = 103.6 \times \frac{122}{510} = 24.78 \text{kN}$$

第4排螺栓：
$$N_4 = 103.6 \times 0 = 0 \text{kN}$$

所有螺栓的受剪承载力设计值为：

$N_V = \sum 0.9 n_f \mu (P - 1.25 N_i) = 0.9 \times 1.0 \times 0.35 \times [(225 - 1.25 \times 103.6) + (225 - 1.25 \times 78.82) + (225 - 1.25 \times 24.78) + (225 - 1.25 \times 0)] \times 2 = 403.83 \text{kN} > V = 21.19 \text{kN}$
（满足要求）

端板设计：

第1排螺栓位置端板厚度：

$$t \geqslant \sqrt{\frac{6e_f N_t}{bf}} = \sqrt{\frac{6 \times 55 \times 103.6 \times 10^3}{250 \times 215}} = 25.22 \text{mm}$$

第2排螺栓位置端板厚度：

$$t \geqslant \sqrt{\frac{6e_f e_w N_t}{[e_w b + 2e_f(e_f + e_w)]f}} = \sqrt{\frac{6 \times 55 \times 61 \times 78.82 \times 10^3}{[61 \times 250 + 2 \times 55 \times (55 + 61)] \times 215}} = 16.23 \text{mm}$$

取端板厚度为 $t = 28 \text{mm}$。

3）平面外的整体稳定验算

斜梁不需计算整体稳定性的侧向支承点间最大长度，可取斜梁受压翼缘宽度的 $16\sqrt{235/f_y}$ 倍，隔撑的间距为 3000mm，满足上述要求，刚架斜梁不需要计算整体稳定性。

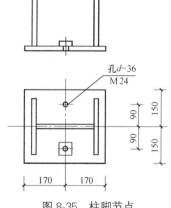

图8-35 柱脚节点

3. 铰接柱脚节点设计

柱底板地脚锚栓均采用 Q235 钢，地脚锚栓选用 M24，基础材料采用 C20 混凝土，$f_c = 9.6 \text{N/mm}^2$，柱底轴力 $N = 138.9 \text{kN}$，剪力 $V = 64.9 \text{kN}$，柱脚节点（图8-35）。

柱脚底板面积 $A = 340 \times 300 = 102000 \text{mm}^2$。

柱脚底板应力验算：

$$\sigma = \frac{N}{A - A_0} = \frac{138.9 \times 10^3}{102000 - 2 \times \frac{30^2 \pi}{4}} = 1.38 \text{N/mm}^2 < f_c = 9.6 \text{N/mm}^2 （满足要求）$$

按一边支承板（悬臂板）计算弯矩：

$$M_1 = \frac{1}{2} qc^2 = \frac{1}{2} \times 1.38 \times \left(150 - \frac{8}{2}\right)^2 = 14708.04 \text{N} \cdot \text{mm}$$

柱脚底板厚度 $\delta = \sqrt{\frac{6M_{max}}{f}} = \sqrt{\frac{6 \times 14708.04}{215}} = 20.25 \text{mm}$。

取底板厚度为 $\delta = 22\text{mm}$。

柱脚抗剪承载力验算：

抗剪承载力 $V_{fb} = 0.4N = 0.4 \times 138.9 = 55.56\text{kN} < V = 64.9\text{kN}$。

抗剪承载力不满足要求，故应设置抗剪连接件。

4. 刚架施工图

刚架施工图如图 8-36 所示。

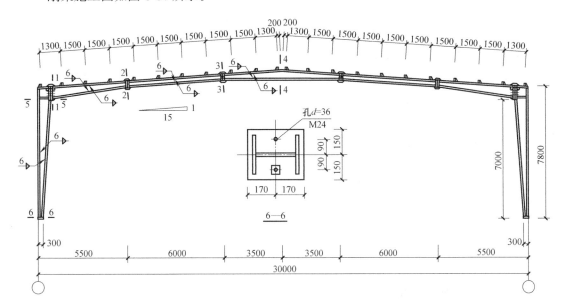

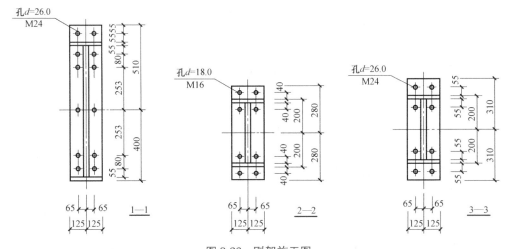

图 8-36　刚架施工图

说明：

1. 本设计按《标准》和《轻钢规范》进行设计。

2. 材料：钢板及型钢为 Q235，焊条为 E43 系列焊条。

3. 构件的拼接连接采用 10.9 级摩擦型连接高强度螺栓，构件接触面的处理采用喷砂后涂无机富锌漆。

4. 柱脚基础混凝土强度等级为 C20，锚栓为 Q235 钢。

5. 图中未注明的角焊缝最小焊脚尺寸为 6mm，一律满焊。

6. 对接焊缝的焊接质量不低于二级。

本章小结

本章内容包括轻型门式刚架结构的整体布置、各类构件的计算和节点连接的构造和计算，这些内容综合地反映钢结构设计的下列普遍原则：

1. 保证结构的整体性。门式刚架属于平面结构，它们在纵向构件、支撑和围护结构的联系下形成空间的稳定整体。结构只有组成空间稳定整体，才能承担各种荷载和其他外在效应。不同构件之间的相互依存，反映结构整体性的另一方面。屋面板为檩条提供约束，使它不致失稳。通过隔撑的联系，檩条又为框架梁的受压下翼缘提供约束。中柱做成摇摆柱后，它所承受的荷载对边柱稳定有影响，需要后者承担其侧向效应。总之，设计结构时要有整体概念。

2. 设计者必须明确各类外力从作用点到基础的传递路径和传递全过程中产生的效应，有关构件如何分工协同合作。它们的强度和稳定性如何满足，力的传递过程中导致何种变形，应如何考虑变形的效应和加以控制。

3. 设计必须体现计算和构造的一致性。设计为刚性连接的节点，实际构造应该符合刚性节点的要求，否则将产生不利的后果。如果实际上达不到要求，则应在设计中作必要的修正。

思考与练习题

8-1 门式刚架轻型房屋钢结构通过哪两种方式来节省钢材？

8-2 门式刚架轻型房屋钢结构有什么优点？适合用作什么建筑物的结构形式？

8-3 门式刚架轻型房屋的支撑设置有什么要求？

8-4 某单层厂房采用门式刚架结构；厂房设有 100kN 桥式吊车，吊车由地面操作；厂房墙板采用轻型钢板；厂房不设吊顶。试确定厂房门式刚架结构的刚度要求（即梁、柱的变形限值要求和柱的长细比要求）。

8-5 比较分析轻型钢结构中构件毛截面、净截面、有效截面的不同之处，说明这些截面分别用于何种计算中。提示：可参考《冷弯薄壁型钢结构技术规范》GB 50018—2002。

8-6 选作题：选用熟悉的结构设计软件，建立本章例题中的门式刚架厂房的三维整体建模，进行空间分析，并对输出数据进行分析，看各构件的强度、刚度和稳定性是否满足《标准》、《轻钢规范》要求。提示：结构的纵向刚度主要来自柱间支撑，选择具有足够刚度的支撑体系是保证结构空间性能的必要措施。

第9章 大跨房屋钢结构

本章要点及学习目标

本章要点:
(1) 空间网格结构的形式与构造、荷载和作用、杆件与节点设计及构造;
(2) 网架结构、网壳结构的形式与构造、荷载和作用、杆件与节点设计及构造;
(3) 悬索结构的形式、设计要点及构造;
(4) 膜结构的概念、形式和施工。

学习目标:
(1) 了解网架结构的形式与构造,熟悉其杆件与节点设计方法;
(2) 熟悉网壳结构的形式、设计要点及其构造特点;
(3) 了解悬索结构的形式及构造;
(4) 了解膜结构的概念、形式。

9.1 空间网格结构

空间网格结构是按一定规律布置的杆件、构件通过节点连接而构成的空间结构,包括网架、曲面形网壳以及立体桁架等。其中,按一定规律布置的杆件、构件通过节点连接而形成的平板形或微曲面形空间杆系结构,主要承受弯曲内力,称为网架结构。按一定规律布置的杆件通过节点连接而形成的曲面状空间杆系或梁系结构,主要承受整体薄膜内力,称为网壳结构。由上弦杆、腹杆与下弦杆构成的横截面为三角形或四边形的格构式桁架,称为立体桁架。

9.1.1 网架结构

网架结构是半个多世纪以来在国内外得到推广和应用最多的一种形式。网架结构可以看作是平面桁架的横向拓展,也可以看作是平板的格构化。网架是以多根杆件按照一定规律组合而形成的网格状高次超静定结构,杆可以由多种材料制成,如钢、木、铝、塑料等,尤以钢制管材和型材为主。20世纪60年代,计算机技术的发展和应用解决了网架力学分析的难题,使得网架结构迅速发展起来。

1964年,我国建成了国内第一个平板网架,即上海师范学院球类房正放四角锥网架,其跨度为31.5m×40.5m。1967年建成的首都体育馆,采用正交斜放网架,其矩形平面尺寸为99m×112m,厚6m,采用型钢构件,高强度螺栓连接,用钢指标65kg/m²。1973年建成的上海万人体育馆采用圆形平面的三向网架,净跨达到110m,厚6m,采用圆钢管构件和焊接空心球节点，用钢指标 $47kg/m^2$。这些网架是早期成功采用平板网架结构的杰出代表。此后陆续建成的南京五台山体育馆、福州市体育馆等，也都采用了网架结构。20 世纪 80 年代后期，北京为迎接 1990 年亚运会兴建的一批体育建筑中，多数仍采用平板网架结构。20 世纪 90 年代初起，我国大跨度建筑进入快速发展期。近年来，一批大型的网架结构应运而生。代表作有上海游泳馆（建筑面积 $15,800m^2$，屋盖网架为不等边六角形，网架中心高度 7.6m，最低处 4m，由 3543 根钢管和 694 只钢球焊接而成。网架采用双面弧形支座，分别支承在 28 根钢筋混凝土矩形柱上）、南京南站工程站房屋（采用双向正交正放网架，周边与中间点支撑，造型周边底、中间高，四周均悬挑于柱外，投影面积约为 $90,337.1m^2$）、杭州国际博览中心飘带网架结构（位于博览中心的屋顶花园是一个由彩带拱结构和刚度支承的大开洞抽空四角锥曲面网架，整个网架平面尺寸约为 $243.9m \times 75m$）。

1. 网架结构的形式及种类

在对网架结构分类时，采取不同的分类方法，可以划分出不同类型的网架结构形式。

1）按结构组成分

（1）双层网架，具有上下两层弦杆（图 9-1a），是最常用的网架结构形式。

（2）三层网架，具有上中下三层弦杆（图 9-1b），强度和刚度都比双层网架提高很多。在实际应用时，如果跨度 $l > 50m$，酌情考虑；当跨度 $l > 80m$ 时，应当优先考虑。

（3）组合网架，根据不同材料各自的物理力学性质，使用不同的材料组成网架的基本单元，继而形成网架结构。一般是利用钢筋混凝土板良好的受压性能替代上弦杆。这种网架结构形式的刚度大，适宜于建造活动荷载较大的大跨度楼层结构。

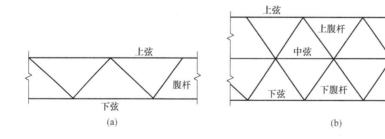

图 9-1　网架结构组成

2）按支承情况分类

（1）周边支承网架

周边支承网架是目前采用较多的一种形式，所有边界节点都搁置在柱或梁上，传力直接，网架受力均匀（图 9-2）。

当网架周边支承于柱顶时，网格宽度可与柱距一致；当网架支承于圈梁时，网格的划分比较灵活，可不受柱距影响。

（2）点支承网架

一般有四点支承和多点支承两种情形，由于支承点处集中受力较大，宜在周边设置悬挑，以减小网架跨中杆件的内力和挠度（图 9-3）。

 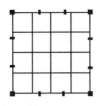 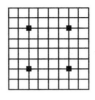 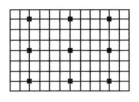

图9-2　周边支承网架　　　　　　　　　　　图9-3　点支承网架

（3）周边与点相结合支承的网架

在点支承网架中，当周边设有维护结构和抗风柱时，可采用点支承与周边支承相结合的形式。这种支承方法适用于工业厂房和展览厅等公共建筑（图9-4）。

（4）三边支承一边开口或两边支承两边开口的网架

在矩形平面的建筑中，由于考虑扩建的可能性或由于建筑功能的要求，需要在一边或两对边上开口，因而使网架仅在三边或两对边上支承，另一边或两对边为自由边（图9-5）。自由边的存在对网架的受力是不利的，为此应对自由边作出特殊处理。一般可在自由边附近增加网架层数或在自由边加设托梁或托架。对中、小型网架，亦可采用增加网架高度或局部加大杆件截面的办法予以加强。

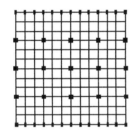 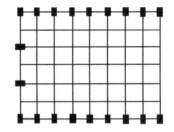 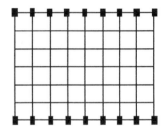

图9-4　周边与点相结合支承的网架　　　　图9-5　三边支承一边开口或两边支承两边开口的网架

（5）悬挑网架

为满足一些特殊的需要，有时候网架结构的支承形式为一边支承、三边自由。为使网架结构的受力合理，也必须在另一方向设置悬挑，以平衡下部支承结构的受力，使之趋于合理，比如体育场看台罩棚（图9-6）。

图9-6　体育场看台罩棚

3）按跨度分类

网架结构按照跨度分类时，我们把跨度 $L \leqslant 30\text{m}$ 的网架称之为小跨度网架；跨度

30m＜L≤60m 时为中跨度网架；跨度 L＞60m 为大跨度网架。

此外，随着网架跨度的不断增大，出现了特大跨度和超大跨度的说法。一般地，当 L＞90m 或 120m 时称为特大跨度；当 L＞150m 或 180m 时为超大跨度。

4）按网格形式分类

这是网架结构分类中最普遍采用的一种分类方式，根据《空间网格结构技术规程》 JGJ 7—2010（以下简称"《规程》"）的规定，我们目前经常采用的网架结构分为三个体系十三种网架结构形式。

（1）交叉桁架体系

这个体系的网架结构是由一些相互交叉的平面桁架组成，一般应使斜腹杆受拉，竖杆受压，斜腹杆与弦杆之间夹角宜在 40°～60°之间。该体系的网架（图 9-7）有以下五种。

图 9-7　网架结构图示图例　　　　图 9-8　两向正交正放网架

① 两向正交正放网架

两向正交正放网架是由两组平面桁架互成 90°交叉而成，弦杆与边界平行或垂直。上、下弦网格尺寸相同，同一方向的各平面桁架长度一致，制作、安装较为简便（图 9-8）。由于上、下弦为方形网格，属于几何可变体系，应适当设置上下弦水平支撑，以保证结构的几何不变性，有效地传递水平荷载。

两向正交正放网架适用于建筑平面为正方形或接近正方形，且跨度较小的情况。上海黄浦区体育馆（45m×45m）和保定体育馆（55.34m×68.42m）采用了这种网架结构形式。

② 两向正交斜放网架

两向正交斜放网架由两组平面桁架互成 90°交叉而成，弦杆与边界成 45°角。边界可靠时，为几何不变体系（图 9-9）。各榀桁架长度不同，靠角部的短桁架刚度较大对与其垂直的长桁架有弹性支撑作用，可以使长桁架中部的正弯矩减小，因而比正交正放网架经济。不过由于长桁架两端有负弯矩，四角支座将产生较大拉力。角部拉力应由两个支座负担。

两向正交斜放网架适用于建筑平面为正方形或长方形情况。首都体育馆（99m×112.2m）和山东体育馆（62.7m×74.1m）采用了这种网架结构形式。

③ 两向斜交斜放网架

两向斜交斜放网架由两组平面桁架斜向相交而成，弦杆与边界成一斜角（图 9-10）。这类网架在网格布置、构造、计算分析和制作安装上都比较复杂，而且受力性能也比较差，除了特殊情况外，一般不宜使用。

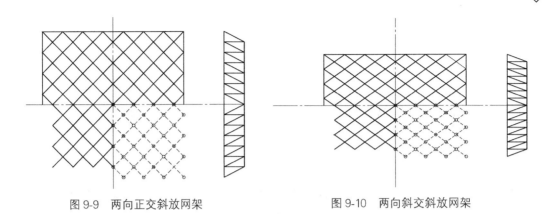

图9-9　两向正交斜放网架　　　　　　　　图9-10　两向斜交斜放网架

④ 三向网架

三向网架由三组互成 60°交角的平面桁架相交而成（图 9-11）。这类网架受力均匀，空间刚度大。但也存在一定的不足，即在构造上汇交于一个节点的杆件数量多，最多可达 13 根，节点构造比较复杂，宜采用圆钢管杆件及球节点。

三向网架适用于大跨度（$L>60m$），而且建筑平面为三角形、六边形、多边形和圆形等平面形状比较规则的情况。

上海体育馆（$D=110m$ 圆形）和江苏体育馆（$76.8m\times88.681m$ 八边形）较早地采用了这种网架结构形式。

⑤ 单向折线型网架

折线网架俗称折板网架，由正放四角锥网架演变而来的，也可以看作是折板结构的格构化。当建筑平面长宽比大于 2 时，正放四角锥网架单向传力的特点就很明显，此时，网架长跨方向弦杆的内力很小，从强度角度考虑可将长向弦杆（除周边网格外）取消，就得到沿短向支承的折线形网架（图 9-12）。

折线形网架适用于狭长矩形平面的建筑。

折线形网架内力分析比较简单，无论多长的网架沿长度方向仅需计算 5～7 个节间。

山西大同矿务局机电修配厂下料车间（21m×78m）和石家庄体委水上游乐中心（30m×120m）采用了这种网架结构形式。

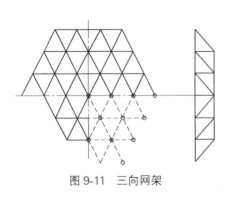

图9-11　三向网架

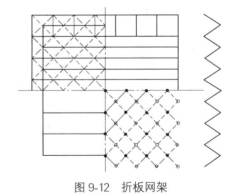

图9-12　折板网架

（2）四角锥体系

四角锥体系网架的上、下弦均呈正方形（或接近正方形的矩形）网格，相互错开半格，使下弦网格的角点对准上弦网格的形心，再在上下弦节点间用腹杆连接起来，即形成四角锥体系网架。四角锥体系网架有五种形式，分列如下：

① 正放四角锥网架

正放四角锥网架由倒置的四角锥体组成，锥底的四边为网架的上弦杆，锥棱为腹杆，各锥顶相连即为下弦杆。它的弦杆均与边界正交，故称为正放四角锥网架（图 9-13）。

这类网架杆件受力均匀，空间刚度比其他类的四角锥网架及两向网架好。屋面板规格单一，便于起拱，屋面排水也较容易处理。但杆件数量较多，用钢量略高。

正放四角锥网架适用于建筑平面接近正方形的周边支承情况，也适用于屋面荷载较大、大柱距点支承及设有悬挂吊车的工业厂房情况。

较为典型的工程实例如上海静安区体育馆（40m×40m）和杭州歌剧院（31.5m×36m）。

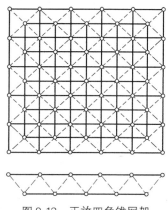

图 9-13 正放四角锥网架

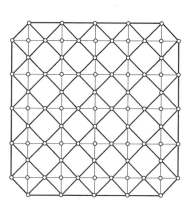

图 9-14 正放抽空四角锥网架

② 正放抽空四角锥网架

正放抽空四角锥网架是在正放四角锥网架的基础上，除周边网格不动外，适当抽掉一些四角锥单元中的腹杆和下弦杆，使下弦网格尺寸扩大一倍（图 9-14）。其杆件数目较少，降低了用钢量，抽空部分可作采光天窗，下弦内力较正放四角锥约放大一倍，内力均匀性、刚度有所下降，但仍能满足工程要求。

正放抽空四角锥网架适用于屋面荷载较轻的中、小跨度网架。

石家庄铁路枢纽南站货棚（132m×132m，柱网 24m×24m，多点支承）和唐山齿轮厂联合厂房（84m×156.9m，柱网 12m×12m，周边支承与多点支承相结合）是采用这种网架形式较早的典型实例。

③ 斜放四角锥网架

斜放四角锥网架的上弦杆与边界成 45°角，下弦正放，腹杆与下弦在同一垂直平面内（图 9-15）。上弦杆长度约为下弦杆长度的 0.707 倍。在周边支承情况下，一般为上弦受压，下弦受拉。节点处汇交的杆件较少（上弦节点 6 根，下弦节点 8 根），用钢量较省。但因上弦网格斜放，屋面板种类较多，屋面排水坡的形成也较困难。

当平面长宽比为 1～2.25 之间时，长跨跨中下弦内力大于短跨跨中的下弦内力；当平面长宽比大于 2.5 之间时，长跨跨中下弦内力小于短跨跨中的下弦内力。当平面长宽比为 1～1.5 之间时，上弦杆的最大内力不在跨中，而是在网架 1/4 平面的中部。这些内力分布规律不同于普通简支平板的规律。

斜放四角锥网架当采用周边支承且周边无刚性联系时，会出现四角锥体绕 z 轴旋转的不稳定情况。因此，必须在网架周边布置刚性边梁。当为点支承时，可在周边布置封闭的边桁架。其适用于中、小跨度周边支承，或周边支承与点支承相结合的方形或矩形平面情况。

上海体育馆练习馆（35m×35m，周边支承）和北京某机库（48m×54m，三边支承，开口）采用了这种网架结构形式。

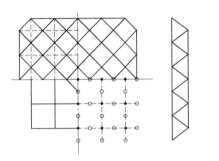 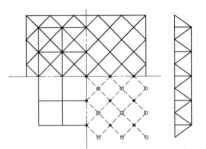

图 9-15　斜放四角锥网架　　　　　　图 9-16　星形四角锥网架

④ 星形四角锥网架

这种网架的单元体形似星体，星体单元由两个倒置的三角形小桁架相互交叉而成（图9-16）。两个小桁架底边构成网架上弦，它们与边界成45°角。在两个小桁架交汇处设有竖杆，各单元顶点相连即为下弦杆。因此，它的上弦为正交斜放，下弦为正交正放，斜腹杆与上弦杆在同一竖直平面内。上弦杆比下弦杆短，受力合理，但在角部的上弦杆可能受拉。该处支座可能出现拉力。网架的受力情况接近交叉梁系，刚度稍差于正放四角锥网架。

星形四角锥网架适用于中、小跨度周边支承的网架。

杭州起重机械厂食堂（28m×36m）和中国计量学院风雨操场（27m×36m）采用了这种网架结构形式。

⑤ 棋盘形四角锥网架

棋盘形四角锥网架是在斜放四角锥网架的基础上，将整个网架水平旋转45°角，并加设平行于边界的周边下弦（图9-17）；也具有短压杆、长拉杆的特点，受力合理；由于周边满锥，它的空间作用得到保证，受力均匀。棋盘形四角锥网架的杆件较少，屋面板规格单一，用钢指标良好。其适用于小跨度周边支承的网架。

大同云岗矿井食堂（28m×18m）采用了这种网架结构形式。

（3）三角锥体系

这类网架的基本单元是一倒置的三角锥体。锥底的正三角形的三边为网架的上弦杆，其棱为网架的腹杆。随着三角锥单元体布置的不同，上下弦网格可为正三角形或六边形，从而构成不同的三角锥网架。

① 三角锥网架

三角锥网架上下弦平面均为三角形网格，下弦三角形网格的顶点对着上弦三角形网格的形心（图9-18）。三角锥网架受力均匀，整体抗扭、抗弯刚度好；节点构造复杂，上下弦节点交汇杆件数均为9根。其适用于建筑平面为三角形、六边形和圆形的情况。

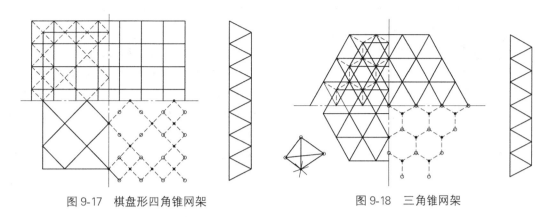

图 9-17 棋盘形四角锥网架　　　　　图 9-18 三角锥网架

上海徐汇区工人俱乐部剧场（六边形，外接圆直径 24m）采用了这种网架结构形式。

② 抽空三角锥网架

抽空三角锥网架是在三角锥网架的基础上，抽去部分三角锥单元的腹杆和下弦而形成的。当下弦由三角形和六边形网格组成时，称为抽空三角锥网架Ⅰ型（图 9-19a）；当下弦全为六边形网格时，称为抽空三角锥网架Ⅱ型（图 9-19b）。

这种网架减少了杆件数量，用钢量省，但空间刚度也较三角锥网架小。上弦网格较密，便于铺设屋面板，下弦网格较疏，以节省钢材。

抽空三角锥网架适用于荷载较小、跨度较小的三角形、六边形和圆形平面的建筑。

天津塘沽车站候车室（D=47.18m，周边支承）较早采用了这种网架结构形式。

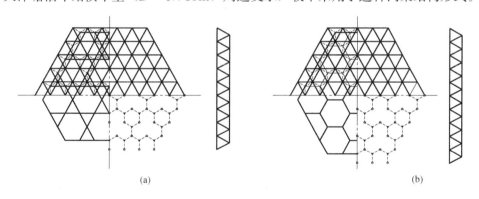

(a)　　　　　　　　　　　　　　　(b)

图 9-19 抽空三角锥网架
(a) 抽空三角锥网架Ⅰ型；(b) 抽空三角锥网架Ⅱ型

③ 蜂窝形三角锥网架

蜂窝形三角锥网架由一系列的三角锥组成。上弦平面为正三角形和正六边形网格，下弦平面为正六边形网格，腹杆与下弦杆在同一垂直平面内（图 9-20）。上弦杆短、下弦杆长，受力合理，每个节点只汇交 6 根杆件，是常用网架中杆件数和节点数最少的一种。但是，上弦平面的六边形网格增加了屋面板布置与屋面找坡的困难。

蜂窝形三角锥网架适用于中、小跨度周边支承的情况，可用于六边形、圆形或矩形平面。

天津石化住宅区影剧院（44.4m×38.45m）和开滦林西矿会议室（14.4m×20.79m）

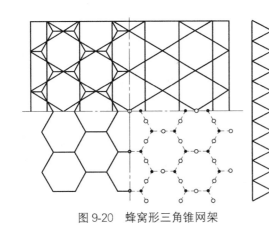

图 9-20　蜂窝形三角锥网架

较早采用了这种网架结构形式。

2. 网架结构的选型

网架结构的形式很多，如何结合工程的具体条件选择适当的网架形式，对网架结构的技术经济指标、制作安装质量以及施工进度等均有直接影响。影响网架选型的因素也是多方面的，如工程的平面形状和尺寸、网架的支承方式、荷载大小、屋面构造和材料、建筑构造与要求、制作安装方法以及材料供应等。因此，网架结构的选型必须根据经济合理、安全实用的原则，结合实际情况进行综合分析比较而确定。

在给定支承方式的情况下，对于一定平面形状和尺寸的网架，从用钢量指标或结构造价最优的条件出发，表 9-1 列出了各类网架的较为合适的应用范围，可供选型时参考。

网架结构选型
表 9-1

支承方式	平面形状		选 用 网 架	
周边支承	矩形	长宽比≈1	中小跨度	棋盘形四角锥网架　　斜放四角锥网架 星形四角锥网架　　　正放抽空四角锥网架 两向正交正放网架　　两向正交斜放网架 蜂窝形三角锥网架
			大跨度	两向正交正放网架　　两向正交斜放网架 正放四角锥网架　　　斜放四角锥网架
		长宽比＝1～1.5		两向正交斜放网架 正放抽空四角锥网架
		长宽比＞1.5		两向正交正放网架 正放四角锥网架　　　正放抽空四角锥网架 折线形网架
	圆形 多边形 （六边形，八边形）		中小跨度	抽空三角锥网架 蜂窝形三角锥网架
			大跨度	三向网架 三角锥网架
四点支承 多点支承	矩形			两向正交正放网架 正放四角锥网架 正放抽空四角锥网架
周边支承与点支承相结合				斜放四角锥网架 正交正放类网架 两向正交斜放类网架

注：1. 对于三边支承一边开口矩形平面的网架，其选型可以参照周边支承网架进行；
　　　2. 当跨度和荷载较小时，对于角锥体系可采用抽空类型的网架，以进一步节约钢材。

对于周边支承的网架，当平面形状为正方形或接近正方形，由于斜放四角锥、星形四角锥、棋盘形四角锥三种网架结构上弦杆较下弦杆为短，杆件受力合理，节点汇交杆件较少，且在同样跨度的条件下节点和杆件总数也比较少、用钢量指标较低，因此，在中小跨度时应优先考虑选用。正放抽空四角锥网架，蜂窝形三角锥网架也具有类似的优点，因此在中、小跨度，荷载较轻时亦可选用。当跨度较大时，容许挠度将起主要控制作用，宜选用刚度较大的交叉桁架体系或角锥形式的网架。

在网架选型时，从屋面构造情况来看，正放类型的网架屋面板规格整齐单一；而斜放类型的网架屋面板规格却有二、三种。斜放四角锥的上弦网格较小，屋面板的规格也小；而正放四角锥的上弦网格相对较大，屋面板的规格也大。

从网架制作来说，交叉平面桁架体系较角锥体系简便，正交比斜交方便，两向比三向简单。而对安装来说，特别是采用分条或分块吊装方法施工时，选用正放类网架比斜放类的网架有利。因为斜放类网架在分条或分块后，可能因刚度不足或几何可变而要增设临时杆件予以加强。

从节点构造要求来说，焊接空心球节点可以适用于各类网架；螺栓球节点，则要求网架相邻杆件的内力不要相差太大。

总之，在网架选型时，必须综合考虑上述情况，合理地确定网架的形式。

3. 网架结构的构造设计

网架结构的主要尺寸有网格尺寸（指上弦网格尺寸）和网架高度。确定这些尺寸时应考虑跨度大小、柱网尺寸、屋面材料以及构造要求和建筑功能等因素。

1）网格尺寸

网格尺寸的大小直接影响网架的经济性。确定网格尺寸时，与以下条件有关。

（1）屋面材料

当屋面采用无檩体系（钢筋混凝土屋面板、钢丝网水泥板）时，网格尺寸一般为 2～4m。若网格尺寸过大，屋面板重量大，不但增加了网架所受的荷载，还会使屋面板的吊装发生困难。当采用钢檩条屋面体系时，檩条长度不宜超过 6m。网格尺寸应与上述屋面材料相适应。当网格尺寸大于 6m 时，斜腹杆应再分，此时应注意保证杆件的稳定性。

（2）网格尺寸与网架高度成合适的比例关系

通常应使斜腹杆与弦杆的夹角为 $45°\sim60°$，这样节点构造不致造成困难。

（3）钢材规格

采用合理的钢管做网架时，网格尺寸可以大些；采用较小规格钢材时，网格尺寸应小些。

（4）通风管道的尺寸

网格尺寸应考虑通风管道等设备的设置。

对于周边支承的各类网架，可按表 9-2 确定网架沿短跨方向的网格数，进而确定网格尺寸。表中，L_2 为网架短向跨度，单位为"m"。当跨度在 18m 以下时，网格数可适当减少。

2）网架高度

网架高度越大，弦杆所受力就越小，弦杆用钢量减少；但此时腹杆长度加大，腹杆用钢量就增加。反之，网架高度越小，腹杆用钢量减少，弦杆用钢量增加。因此网架需要选择一个合理的高度，使得用钢量达到最少；同时还应当考虑刚度要求等。合理的网架高度可根据表 9-2 中的跨高比来确定。

网架的上弦网格数和跨高比　　　　　　表 9-2

网架形式	钢筋混凝土屋面体系		钢檩条屋面体系	
	网格数	跨高比	网格数	跨高比
两向正交正放网架 正放四角锥网架 正放抽空四角锥网架	$(2\sim4)+0.2L_2$	$10\sim14$	$(6\sim8)+0.07L_2$	$(13\sim17)-0.03L_2$
两向正交斜放网架 棋盘形四角锥网架 斜放四角锥网架 星形四角锥网架	$(6\sim8)+0.08L_2$			

确定网架高度时主要应考虑以下几个因素：

（1）建筑要求及刚度要求

当屋面荷载较大时，网架高度应较高，反之可矮些。当网架中必须穿行通风管道时，网架高度必须满足此高度。但当跨度较大时，网架高度主要由相对挠度的要求来决定。一般说来，跨度较大时，网架的跨高比可选用得大些。

（2）网架的平面形状

当平面形状为圆形、正方形或接近正方形的矩形时，网架高度可取得小些。当矩形平面网架狭长时，单向作用就明显，其刚度就越小故此时网架高度应取得大些。

（3）网架的支承条件

周边支承时，网架高度可取得小些；点支承时，网架高度应取得大些。

（4）节点构造形式

网架的节点构造形式很多，国内常用的有焊接空心球节点和螺栓球节点。两者相比，前者的安装变形小于后者。故采用焊接空心球节点时，网架高度可取得小些；采用螺栓球节点时，网架高度应取得大些。

此外，当网架有起拱时，网架的高度可取得小些。

3）屋面材料及屋面构造

要使网架结构经济省钢的优点得以实现，选择适当的屋面材料是一个关键。在网架结构设计中，应尽量采用轻质、高强，具有良好保温、隔热、防水性能的轻型屋面材料。

根据所选屋面材料性能的不同，网架结构的屋面分为有檩体系屋面和无檩体系屋面。

（1）有檩体系屋面

有檩体系屋面构造（图 9-21）通常的做法是在屋架支托设钢檩条（如槽钢、角钢、Z 形钢、冷弯槽钢、桁架式檩条等），上面铺设压型钢板金属屋面板。它是用厚度为 0.6~1.6mm 的镀锌钢板、冷轧钢板、彩色钢板或铝板等原材料，经辊压冷弯成各种波形的压型板。

压型钢板的钢材一般采用 Q235 钢，压型铝板一般采用铝锰合金 LF21。压型钢板

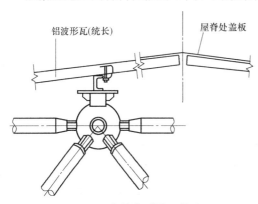

铝波形瓦(统长)　　　屋脊处盖板

图 9-21　有檩体系屋面构造

有单层的，也有双层中间夹隔热材料的夹芯板。这种屋面材料具有轻质高强、美观耐用、施工简便、抗震防火的特点，它的加工和安装已经达到标准化、工厂化、装配化。压型钢板可直接铺设在钢檩条上。这种屋面的重量为 $1.0\sim1.8kN/m^2$。

（2）无檩体系屋面

当采用钢丝网水泥板、带肋钢筋混凝土屋面板等作屋面材料时，由于它们所要求的最大支点距离均较大，故多采用无檩体系屋面。

通常屋面板的尺寸与网架上弦网格尺寸相同，屋面板直接搁在网架上弦网格节点的支托上。应保证每块屋面板有三点与网架上弦节点的支托焊牢，再在屋面板上做找平层、保温层及防水层。

无檩体系屋面的优点是施工、安装速度快，零配件少。但屋面重量大，一般自重大于 $1.5kN/m^2$。屋盖自重大会导致网架用钢量的增大，还会引起柱、基础等下部结构造价增加，对屋盖结构的抗震性能也有较大影响。

4）网架结构的容许挠度

网架结构的容许挠度不应超过下列数值：用作屋盖时 $L_2/250$；用作楼盖时 $L_2/300$；L_2 为网架的短向跨度。

9.1.2　网壳结构

网架结构是一个以受弯为主体的平板，可以看作是平板的格构化形式。而网壳结构则是壳体结构格构化的结果，以其合理的受力形态，成为较为优越的结构体系。可以说，网壳结构不仅依赖材料本身的强度，而且以曲面造型来改变结构的受力，成为以薄膜内力为主要受力模式的结构形态，能够跨越更大的跨度。不仅如此，网壳结构以其优美的造型激发了建筑师及人们的想象力，随着结构分析理论以及试验研究的不断深入，计算技术的不断提高和增强，越来越多的建筑采用了这种结构形式。

网壳结构按层数可划分为单层网壳、双层网壳和三层网壳，如图 9-22 所示。按曲面外形分类则有圆柱面网壳、球面网壳、椭圆抛物面网壳、双曲抛物面网壳（马鞍形网壳、扭面网壳）及复杂曲面网壳。

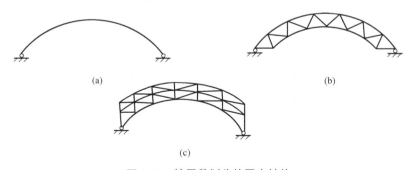

图 9-22　按层数划分的网壳结构
（a）单层网壳；（b）双层网壳；（c）三层网壳

1. 柱面网壳

圆柱面网壳（下称柱面网壳）是常用的网壳形式之一，主要有单层和双层两类。

（1）单层柱面网壳的形式

如图 9-23 所示，单层柱面网壳按网格形式划分，主要有单向斜杆型、交叉斜杆型、联方型及三向网格型。

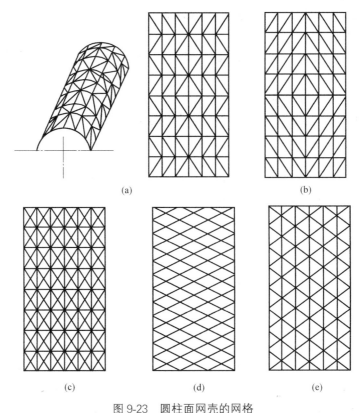

图 9-23　圆柱面网壳的网格

（a）、（b）单向斜杆型；（c）交叉斜杆型；（d）联方型；（e）三向网格型

分析表明，在不同网格的网壳中，单向斜杆型圆柱面网壳相对刚度较差，曲面变形幅度大；而交叉斜杆在每个方格内设置交叉斜杆，以提高网壳的刚度，内力分布均匀，内力值也较小，其缺点是杆件数量多，用钢量大；联方型网壳其杆件组成菱形网格，杆件夹角为 $30°\sim50°$。综合比较，三向网格型圆柱面网壳表现出较佳的结构性能和稳定性，荷载在这种形式的结构中由斜杆传递，斜杆内力较大，内力分布也较均匀，杆件数量也不多，多应用于跨度较大和不对称荷载较大的屋盖中。

从整体上来说，单层柱面网壳刚度比其他结构（如圆球壳）刚度差，结构的弯曲内力较大，甚至大于轴向力，杆件的剪力也不容忽视，不能实现以薄膜内力为主的受力状态。因此，单层柱面网壳的节点不应采用铰接节点，以保证传递弯矩、剪力。有时，在设计中，为了充分保证单层柱面网壳的刚度和稳定性，可以在部分区段设置横向肋。

（2）双层柱面网壳的形式

双层柱面网壳的形式很多，主要有交叉桁架体系和四角锥体系。

① 交叉桁架体系

单层柱面网壳的各种形式均可成为交叉桁架体系的双层柱面网壳，每个网片形式见图 9-24。

② 四角锥体系

四角锥体系的柱面网壳形式主要有以下四种。

正放四角锥柱面网壳：如图 9-25（a）所示，由正放四角锥体按一定规律组合而成，杆件种类少，节点构造简单，是目前最常用的形式。

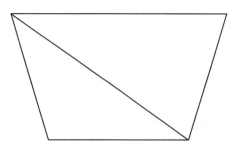

图 9-24 交叉桁架体系基本单元

正放抽空四角锥柱面网壳：如图 9-25（b）所示，这类网壳是在正放四角锥柱面网壳的基础上，适当抽掉一些四角锥单元件的腹杆和下弦杆，适用于小跨度、轻屋面荷载。

斜放四角锥柱面网壳：如图 9-25（c）所示，这类网壳也是由四角锥体系组合而成，上弦网格正交斜放，下弦网格正交正放。

棋盘形四角锥柱面网壳：如图 9-25（d）所示，这类网壳是在正放四角锥柱面网壳的基础上，除周边四角锥外，中间四角锥间隔抽空，下弦正交斜放，上弦正交正放。

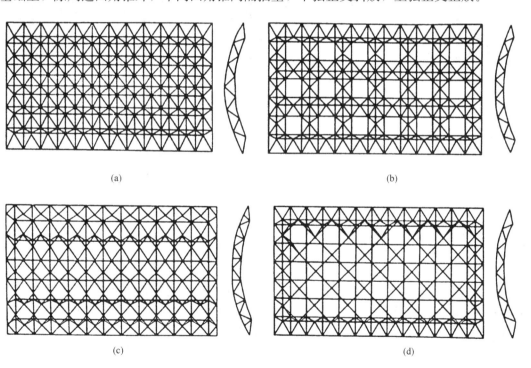

(a)   (b)

(c)   (d)

图 9-25 双层柱面网壳的网格形式
（a）正放四角锥柱面网壳；（b）正放抽空四角锥柱面网壳；
（c）斜放四角锥柱面网壳；（d）棋盘形四角锥柱面网壳

2. 球面网壳

圆球面网壳（下称球面网壳）也是目前常用的网壳形式之一，可分为单层和双层两大类。

1）单层球面网壳

单层球面网壳按网格形式划分主要有六类。

（1）肋环型球面网壳

肋环型球面网壳由一系列相同的径向桁架或实腹肋组成，如图9-26所示。这些肋在球顶相交，通常在基础处以拉力环加强。在纬向采用较刚的实腹或格构的檩条与径向肋组成一个刚性互交体系。肋环型网壳的突出优点是每个节点仅有四根杆件交汇，节点构造简单。这种单层网壳一般采用木材、型钢制作，因而很容易保证节点的刚度，以传递平面外内力。肋环型网壳适用于中小跨度。

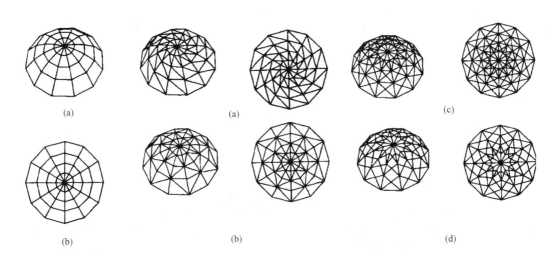

图 9-26　肋环型球面
（a）立体图；（b）平面图

图 9-27　肋环斜杆型球面网壳
（a）左斜单斜杆型；（b）左右斜单斜杆型；
（c）双斜杆型；（d）无纬向杆型

（2）肋环斜杆型（施威德勒型）球面网壳

这种网壳在肋环型网壳的径向肋与环向檩条处增加斜杆，这样可以增强这一结构承受不对称荷载的能力。肋环斜杆型球面网壳又称施威德勒型网壳（图9-27）。施威德勒（Schwedler）是19世纪中叶德国的工程师，他一生建造了大量的穹顶网壳，增加斜杆在节点铰接时能使结构稳定。这种网壳形式在美国十分流行，常用于大、中跨度的穹顶。肋环斜杆型单层网壳角位移都很小，随着结构矢跨比的增大，结构的竖向位移相应减少，且在结构边缘部位处位移变化幅度较大。各杆内力相应减小，弯曲应力在杆件总应力中的比重越来越小。

（3）三向网格型球面网壳

三向网格型网壳划分规则是在球面上用三个方向、相交成60°的大圆构成；或在球面水平投影的圆上，将其直径 n 等分，再作出正三角形的网格投影到球面上，这种网壳的每一根杆件都是与球面有相同曲率中心的弧的一部分；它的结构形式优美，受力性能较好，在欧洲的许多国家和日本很流行，多用于中、小跨度的穹顶（图9-28）。

（4）扇形三向网格（凯威特型球面网壳）

凯威特（Kiewitl）改善了施威德勒型和联方型球面壳网格大小不匀称的缺点，创造

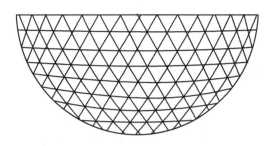

图 9-28 三向网格型球面网壳

了扇形三向网格型球面网壳。这种网壳是由 n 根径肋把球面分成 n 个对称形扇形曲面（图 9-29a、图 9-29b），再由环杆和斜杆组成大小较匀称的三角网格；杆件的类型少，受力也比较均匀，常用于大、中跨度的穹顶中。比如目前世界上跨度最大的新奥尔良超级穹顶，网壳采用了 12 个扇形网壳面。在实际工程中，有时在网壳的上部采用扇形三向网格，而在下部采用具有纬向杆的联方型（图 9-29c、图 9-29d）。

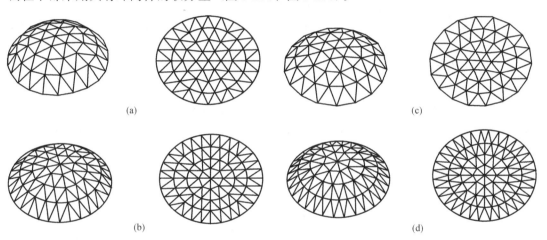

图 9-29 凯威特型球面网壳

（a）K6 型；（b）K8 型；（c）K6 与联方组合型；（d）K8 与联方组合型

（5）葵花形三向联方型球面网壳

它是由规律的人字形斜杆组成菱形网格（图 9-30a），两斜杆的夹角为 30°～50°；为了增强网壳的刚度和稳定性，一般都加设纬向的杆件，组成三角形网格（图 9-30b）。这种网壳造型优美，杆件的夹角较大，有利于结构设计，适用于大、中跨度。

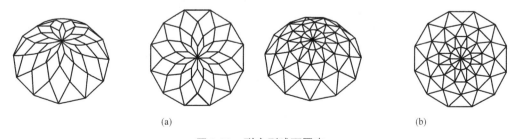

图 9-30 联方型球面网壳

（a）无纬向杆；（b）有纬向杆

（6）短程线型球面网壳

短程线是地球测量学的一个术语，过球面上两个已知点 A、B 曲线有无数条，其中必有一条最短，这条曲线称为短程线。A、B 两点间的最短路线是通过 A、B 两点与过球心的平面和球面相交的大圆；换言之，两点之间的球面距离当沿着球的大圆时最短。

这种穹顶是美国人理查德·巴克明斯特·富勒（Richard Buckminster Fuller）在1954年提出的。一个球面最多可以分割成20个等边球面三角形，只需用大圆等分球面，用直线连接球面三角形的顶点，就可得到一个正二十面体；它们的边长都是相等的。可想而知，这非常有利于工程应用（图9-31）。

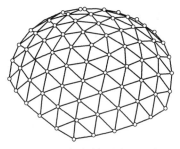

图9-31　短程线型球面网壳

2）双层球面网壳

双层球面网壳主要有交叉桁架体系和角锥体系两大类。

（1）交叉桁架体系

双层网壳的网格以两向或三向交叉的桁架单元组成时，可采用单层网壳的方式布置，只要将单层网壳中的每根杆件用平面网片来代替，即可形成双层球面网壳，而网片竖杆的方向是通过球心的。

（2）角锥体系

双层网壳以四角锥、三角锥的锥体单元组成时，可以将平板网架的许多方案，经过一定处理，原则上也适用于网壳结构。双层球面网壳可以采用肋环型、肋环斜杆型、三向网格及扇形、葵花形三向网格等构成形式，并多选用交叉桁架体系，也可用短程线型双层球面网壳。实际工程中，最常用的是外层为三角形、内层为六边形的结构形式。

3. 其他形式的网壳

1）单层双曲抛物面网壳

单层双曲抛物面网壳是直纹曲面，沿直纹两个方向按平移法形成规律设置直线杆件，组成两向正交网格。一般在第三个方向再设置杆件（即斜杆），形成三向网格（图9-32a）；也可以沿主曲率方向布置杆件（图9-32b）。

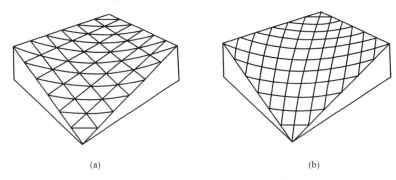

(a)　　　　　　　　　　　(b)

图9-32　单层双曲抛物面网壳的网格

(a) 直纹布置杆件；(b) 主曲率方向布置杆件

2）单层椭圆抛物面网壳

单层椭圆抛物面网壳网格可采用三种形式（图9-33）。

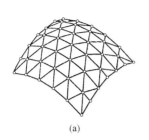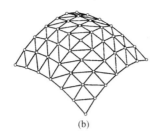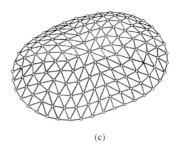

(a)　　　　　　　　　　　(b)　　　　　　　　　　(c)

图 9-33　单层椭圆抛物面网壳的网格

(a) 三向网格；(b) 单向斜杆正交正放网格；(c) 椭圆底面网格

4. 网壳结构的选型

网壳结构与网架结构选型有相似之处，更有其特性。

网壳的支承构造及边缘构件是十分重要的。网壳结构的支承构造除保证可靠传递竖向反力外，还应满足不同网壳结构形式所必需的边缘约束条件；边缘约束构件应满足刚度要求，并应与网壳结构一起进行整体计算，以保证在任意竖向和水平荷载作用下结构的几何不变性和各种网壳计算模型对支承条件的要求。

根据国内外已有的工程经验，《规程》对各类网壳的相应支座约束条件、主要尺寸、跨度等设计规定如下。

1）圆柱面网壳

（1）圆柱面网壳可通过端部横隔支承于两端，也可沿两纵边支承或四边支承。端部支承横隔应具有足够的平面内刚度。沿两纵边支承的支承点应保证抵抗侧向水平位移的约束条件。

（2）两端支承的圆柱面网壳，其宽度 B 与跨度 L 之比宜小于 1.0，壳体的矢高可取宽度的 1/6～1/3，沿两纵向边支承及四边支承的圆柱面网壳可取 1/5～1/2。

（3）双层圆柱面网壳的厚度可取宽度的 1/50～1/20。

（4）单层圆柱面网壳支承在两端横隔时，其跨度 L 不宜大于 35m，当两纵向边缘支承时，其跨度（此时为宽度 B）不宜大于 30m。

2）球面网壳

（1）球面网壳的支承点应保证抵抗水平位移的约束条件。

（2）球面网壳的矢跨比不宜小于 1/7。

（3）双层球面网壳的厚度可取跨度（平面直径）的 1/60～1/30。

（4）单层球面网壳的跨度（平面直径）不宜大于 80m。

3）双曲抛物面网壳

（1）双曲抛物面网壳应通过边缘构件将荷载传递给支座或下部结构，其边缘构件应具有足够的刚度，并作为网壳整体的组成部分共同计算。

（2）双曲抛物面网壳底面对角线之比不宜大于 2，单块双曲抛物面壳体的矢高可取跨度的 1/4～1/2（跨度为两个对角支承点之间的距离）。四块组合双曲抛物面壳体每个方向的矢高可取相应跨度的 1/8～1/4。

（3）双层双曲抛物面网壳的厚度可取短向跨度的 1/50～1/20。

（4）单层双曲抛物面网壳的跨度不宜大于 60m。

4）椭圆抛物面网壳

（1）椭圆抛物面网壳（双曲扁网壳中的一种）及四块组合双曲抛物面网壳应通过边缘构件沿周边支承，其支承边缘构件应有足够的平面内刚度。

（2）椭圆抛物面网壳底边两跨度之比不宜大于 1.5，壳体每个方向的矢高可取短向跨度的 1/9～1/6。

（3）双层椭圆抛物面网壳的厚度可取短向跨度的 1/50～1/20。

（4）单层椭圆抛物面网壳的跨度不宜大于 50m。

5）网壳结构网格尺寸

网壳结构的网格在构造上可采用以下尺寸，当跨度小于 50m 时，1.5～3.0m；当跨度为 50～100m 时，2.5～3.5m；当跨度大于 100m 时，3.0～4.5m，网壳相邻杆件间的夹角宜大于 30°。

各类双层网壳的厚度当跨度较小时，可取较大的比值，如跨度的 1/20；当跨度较大时则取较小的比值，如 1/50，厚度是指网壳上下弦杆形心之间的距离。双层网壳的矢高以其支承面确定，如网壳支承在下弦，则矢高从下弦曲面算起。

总之，进行网壳结构选型时，必须根据工程的实际情况综合考虑以上各种因素，通过技术经济比较分析，合理地确定网壳形式。如果简单地以某种网壳单位面积的材料消耗或造价进行选型，则难以获得理想的效果。

5. 网壳的容许挠度

单层网壳结构容许挠度值：屋盖结构为短向跨度的 1/400；悬挑结构为悬挑跨度的 1/200。双层网壳结构容许挠度值：屋盖结构为短向跨度的 1/250；悬挑结构为悬挑跨度的 1/125；对于设有悬挂起重设备的屋盖结构，其最大挠度不宜大于结构跨度的 1/400。

9.1.3　立体桁架

立体桁架、立体拱架与张弦立体拱架，近几年工程应用比较多的是采用相贯节点的管桁架形式，管桁架截面常为上弦两根杆件、下弦一根杆件的倒三角形，以下统称为立体桁架结构。立体桁架结构造型简洁、流畅，结构性能好，适用性强，在体育场馆、会展中心等大跨度建筑中应用广泛。立体桁架结构一般以圆钢管、方钢管或矩形钢管为主要受力构件，通过直接相贯节点连接成空间桁架。相贯节点以桁架弦杆为贯通的主管，桁架腹杆为支管，端部切割相贯线后与桁架弦杆直接焊接连接。

立体桁架结构具有以下优点：①采用薄壁钢管，截面闭合，刚度大，抗扭刚度好；②节点构造简单，不需附加零件，用钢量省，施工方便；③结构简洁、流畅，适用性强；④钢管外表面面积小，有利于降低防锈、防火及清洁维护的费用。但是，由于采用直接相贯节点，立体桁架结构也有一些局限性：①为减小钢管拼接工作量，一般尽量采用相同规格的桁架弦杆（相贯节点主管），不能根据杆件内力选用不同规格截面，造成结构用钢量偏大；②直接相贯节点放样、加工困难，坡口形式复杂，对施工单位机械加工能力有较高的要求；③直接相贯节点为焊接节点，现场焊接工作量大。

1. 立体桁架的结构形式

立体桁架结构以桁架为基本受力骨架，一般需要设置支承系统以构成完整的结构体系。采用不同类型、不同外形、不同杆件布置、不同杆件截面的桁架，可以构造形式多样的立体桁架结构。

1）根据采用的桁架类型分类

空间立体桁架大多采用三角形截面，可正向或倒向设置（图9-34）。一般地，在竖向荷载作用下，空间立体桁架上弦杆件承受较大压力、下弦杆件承受较小压力或拉力。采用倒三角截面的空间立体桁架，上弦由两根杆件构成，具有一定宽度，因此结构稳定性更好。下弦采用单根杆件，建筑效果更为轻巧，在实际工程中应用广泛。空间立体桁架采用正三角截面时，通常可将屋面吊挂在桁架下弦，而利用桁架正三角截面形成采光天窗。

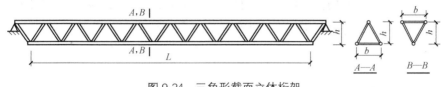

图9-34　三角形截面立体桁架

立体桁架也可采用矩形截面（图9-35），上、下弦均设置两根弦杆，结构侧向及扭转刚度更大，稳定性更好，常在工业建筑中用于无法设置侧向支撑体系的输送栈桥结构。

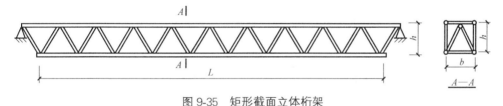

图9-35　矩形截面立体桁架

2）根据采用的杆件截面类型分类

立体桁架结构常用的杆件截面包括圆钢管截面、矩形钢管截面和方钢管截面。

圆钢管截面取材方便，截面回转半径大、抗扭刚度好，截面具有空间对称性，可用于平面或空间立体桁架结构。圆立体桁架的支管与主管相贯线较为复杂，一般需要采用专用的圆钢管相贯线自动切割机进行放样和加工。

与圆钢管截面相比，矩形钢管或方钢管截面具有更大的抗弯刚度，但由于截面存在棱角，用于空间钢管桁架时支管与主管相贯节点较难处理，而矩形钢管或方钢管截面用于平面钢管桁架时，只需按一定角度斜切支管（腹杆），即可与主管（弦杆）相贯焊接连接，节点简洁、外形美观。

钢管桁架结构也可混合采用不同类型的钢管截面，如弦杆采用矩形钢管或方钢管截面、腹杆采用圆钢管截面的立体桁架结构，节点构造简单、易于加工，同时桁架弦杆与屋面檩条连接方便，且能承受较大节间荷载。

3）根据钢管桁架外形分类

根据外形，立体桁架结构可分为直线形立体桁架和拱形立体桁架（图9-36），两者在受力性能上有较大差异。

直线形立体桁架上、下弦杆沿水平直线设置，一般用于平板楼盖或屋盖。桁架以承受弯矩和剪力为主，轴力很小，桁架对下部结构无水平推力，仅需下部结构提供竖向约束。

在常规竖向荷载引起的弯矩作用下，桁架上弦承受压力、下弦承受拉力，剪力主要由腹杆承受，因此应通过增大上弦刚度或设置必要的上弦支撑来保证立体桁架上弦的稳定性。立体桁架弦杆轴力分布与桁架弯矩分布一致，通常跨中较大，而桁架支座处剪力较大，因此支座附近腹杆受力较大。

　　拱形立体桁架上、下弦杆均沿拱形曲线设置，建筑造型适应性强，一般用于不同形式的拱形屋盖。拱形立体桁架除承受一定的弯矩和剪力外，还承受较大的轴向压力，轴向压力与弯矩、剪力的相对大小取决于立体桁架的外形（如矢跨比等）和支承条件，如果下部结构能提供刚度较大的水平约束，则立体桁架结构内力以轴压为主，且对下部结构有较大水平推力作用。在常规竖向荷载作用下，拱形桁架上弦承受较大压力，下弦可能受拉，也可能承受较小压力，因此设计中除了要注意保证桁架上弦杆件稳定性外，有时还需要考虑桁架下弦杆件的平面外稳定性。工程中，桁架弦杆可采用弯管机直接按设计要求热弯为拱形曲管，结构曲线光滑、美观。

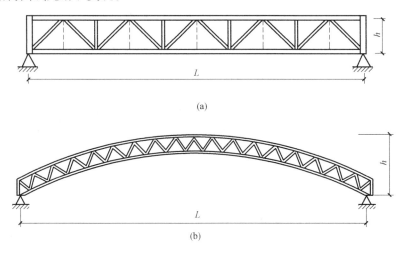

图 9-36　直线形和拱形立体桁架

(a) 直线形；(b) 拱线形

　　2. 立体桁架的结构布置

　　单榀设置的平面立体桁架属于平面结构，仅能承受桁架平面内的竖向及水平荷载，平面外刚度及稳定性很差。为了构成空间稳定的结构体系，一种方法是将平面立体桁架沿不同方向交叉布置，不同方向的平面立体桁架承受各自平面内的竖向及水平荷载，同时为另一方向的平面立体桁架提供平面外支撑，保证其平面外稳定性，必要时也可增设横向水平支撑（图 9-37）。另一种方法是将平面立体桁架沿相同方向并排布置，而在钢管桁架之间设置横向支撑及系杆或纵向桁架，由支撑系统承受平面外荷载，并维持平面立体桁架的平面外稳定性（图 9-38）。

　　空间立体桁架不仅能承受平面内荷载，在平面外也有一定的刚度和承载能力，因此单榀空间钢管桁架可以构成独立结构体系，常用于工业建筑中输送栈桥及管道支架等（图 9-39）。更常用的做法是将空间立体桁架沿相同方向并排布置，然后在立体桁架之间设置支撑系统，共同构成空间结构体系（图 9-40）。

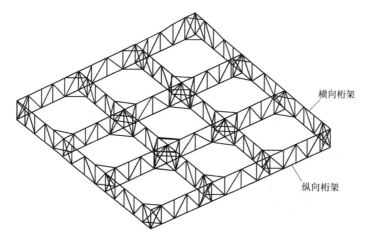

图 9-37　交叉设置的平面立体桁架

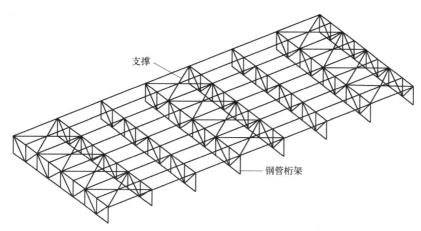

图 9-38　平面立体桁架结构及其支撑系统

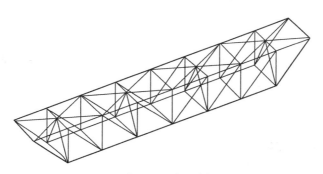

图 9-39　独立设置的立体桁架结构

3. 立体桁架的几何尺寸

结构跨度是立体桁架最重要的一个几何尺寸，立体桁架结构应首先满足使用功能的要求，因此其跨度一般根据建筑设计或工艺要求，同时综合考虑结构性能、工程造价及工期等因素确定，直线形立体桁架结构的常用跨度为 $18\sim60m$，由于结构性能上的优势，拱形立体桁架结构的跨度可以超过 $100m$。

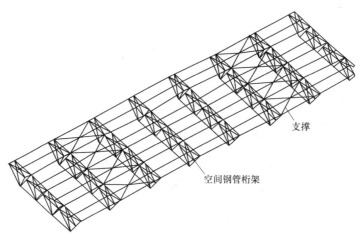

图 9-40   空间桁架结构及其支撑系统

立体桁架结构的网格尺寸一般应与立体桁架厚度及桁架腹杆布置相配合，避免桁架杆件之间的夹角过小，保证结构性能，方便相贯节点设计，必要时还应考虑屋面或楼面系统的构件布置情况。

4. 立体桁架设计的基本规定

（1）立体桁架的高度可取跨度的 $1/16 \sim 1/12$。

（2）立体拱架的拱架厚度可取跨度的 $1/30 \sim 1/20$，矢高可取跨度的 $1/6 \sim 1/3$。当按立体拱架计算时，两端下部结构除了可靠传递竖向反力外，还应保证抵抗水平位移的约束条件。当立体拱架跨度较大时应进行立体拱架平面内的整体稳定性验算。

（3）张弦立体拱架的拱架厚度可取跨度的 $1/50 \sim 1/30$，结构矢高可取跨度的 $1/10 \sim 1/7$，其中拱架矢高可取跨度的 $1/18 \sim 1/14$，张弦的垂度可取跨度的 $1/30 \sim 1/12$。

立体桁架高跨比与网架的高跨比一致。立体拱架的矢高与双层圆柱面网壳一致，而对拱架厚度比双层圆柱面网壳适当加厚。张弦立体拱架的结构矢高、拱架矢高与张弦的垂度是参照近几年工程应用情况给出的。管桁架的弦杆（主管）与腹杆（支管）及两腹杆（支管）之间的夹角不宜小于 $30°$。

（4）立体桁架支承于下弦节点时桁架整体应有可靠的防侧倾体系，曲线形的立体桁架应考虑支座水平位移对下部结构的影响。防侧倾体系可以是边桁架或上弦纵向水平支撑。曲线形的立体桁架在竖向荷载作用下其支座水平位移较大，下部结构设计时要考虑这一影响。

（5）对立体桁架、立体拱架和张弦立体拱架应设置平面外的稳定支撑体系。

当立体桁架、立体拱架与张弦立体拱架应用于大、中跨度屋盖结构时，其平面外的稳定性应引起重视，应在上弦设置水平支撑体系（结合檩条）以保证立体桁架（拱架）平面外的稳定性。

5. 立体桁架结构容许挠度及起拱

用于屋盖的立体桁架结构在恒荷载和活荷载标准组合作用下的最大挠度不宜超过短向跨度的 $1/250$（悬挑桁架的跨度按悬挑长度的 2 倍计算），当设有悬挂吊车等起重设备时，立体桁架结构在恒荷载和活荷载标准组合作用下的容许挠度为短向跨度的 $1/400$。

一般情况下，拱线形立体桁架结构刚度较大，竖向荷载作用下结构挠度很小，容易满足上述刚度要求。直线形钢管桁架跨度较大时，结构在竖向荷载作用下的挠度可能无法满足容许挠度的要求，此时可增大桁架高度或对桁架杆件截面进行调整，以减小结构挠度。增大桁架高度是增大结构刚度最有效、最经济的方法，增大杆件截面对立体桁架结构刚度影响较小、经济性较差。

直线形立体桁架跨度较大、不满足容许挠度要求，当桁架高度由于建筑、工艺等原因受限制时，可采用预先起拱的方法减小结构挠度。预起拱值可取为恒荷载和二分之一活荷载作用下立体桁架结构的挠度值，但不宜超过立体桁架短向跨度的1/300。对预起拱的立体桁架，其挠度可按恒荷载和活荷载标准组合作用下的结构最大挠度减去预起拱值计算。预起拱对立体桁架杆件内力影响很小，设计中可以不予考虑。

6. 立体桁架结构的构造设计

立体桁架结构的杆件截面应根据其内力计算确定，但圆钢管截面不宜小于 $\phi 48 \times 3$，方钢管和矩形钢管截面不宜小于□45×3 和□50×30×3，对大跨度的立体桁架结构，应适当增大杆件最小截面要求，如圆钢管最小截面不宜小于 $\phi 48 \times 3.5$。

为了保证钢管桁架结构杆件的局部稳定，圆钢管的外径与壁厚之比不应超过 $100\varepsilon_k^2$，方钢管和矩形钢管的边长与壁厚之比不应超过 $40\varepsilon_k$。立体桁架结构杆件的容许长细比不宜超过表 9-3 所示的数值，对于低应力、小截面的受拉杆件，宜按受压杆件控制杆件的长细比。

立体桁架结构杆件容许长细比　　　　　　　　　表 9-3

杆件位置、类型	受拉杆件	受压杆件	拉弯杆件	压弯杆件
一般杆件	300			
支座附近杆件	250	180	150	250
直接承受动力荷载杆件	250			

立体桁架的上弦杆或下弦杆通常采用一种截面规格，杆件需要接长时，可采用对接焊缝进行拼接（图 9-41a）；截面较大的弦杆拼接，宜在钢管内设置短衬管（图 9-41b）；轴心受压或受力较小的弦杆也可设置隔板进行拼接（图 9-41c）；钢管有桁架弦杆的工地拼接一般可设置法兰盘采用高强度螺栓连接（图 9-41d）。

立体桁架结构跨度超过 24m 时，为节省用钢量，桁架弦杆可以根据内力变化改变截面，可改变钢管壁厚，也可改变钢管直径，但相邻的弦杆杆件截面面积之比不宜超过 1.8。一般情况下，弦杆截面宜只改变一次，否则因设置接头过多反而费工甚至费料。弦杆变截面节点一般设在桁架节间，可采用锥形过渡段或设置法兰盘进行不同截面弦杆的拼接（图 9-42）。

另外，为避免杆件钢管内部受潮、锈蚀，所有杆件钢管开口端均应焊接封口板封闭。

7. 立体桁架结构的节点设计

1）钢管直接焊接节点形式

立体桁架结构中，杆件通常采用直接焊接节点连接，钢管直接焊接节点设计是立体桁架结构设计的重要环节。一定数量的支管（桁架腹杆）端部切割相贯线后，按一定的角度直接汇交并焊接在主管（桁架弦杆）上，即构成直接焊接节点，也称为钢管相贯节点。

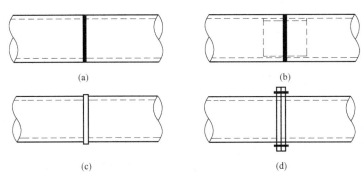

图 9-41　立体桁架结构弦杆拼接

（a）对接焊缝拼接；（b）设置内衬管；（c）设置隔板；（d）采用高强度螺栓

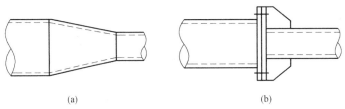

图 9-42　立体桁架结构弦杆变截面拼接节点

（a）采用锥形过渡段；（b）设置法兰盘

空间立体桁架结构的弦杆和腹杆在不同的平面内，其相贯节点的形式复杂，一般可以表示为平面相贯节点形式的组合，如 TT 型、TK 型、YY 型及 KK 型（图 9-43）等。

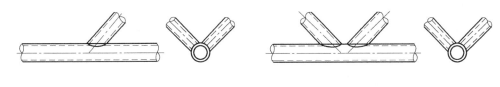

　　　　YY型　　　　　　　　　　　　　　　　　KK型

图 9-43　空间立体桁架相贯节点形式

2）构造要求

钢管直接焊接节点的构造应符合下列要求：

（1）主管的外部尺寸不应小于支管的外部尺寸，主管的壁厚不应小于支管的壁厚，在支管与主管的连接处不得将支管插入主管内；主管与支管或支管轴线间的夹角不宜小于30°。

（2）支管与主管的连接节点处，应尽可能避免偏心；偏心不可避免时，宜使偏心不超过式（9-1）的限制：

$$-0.55 \leqslant e/d（或 e/h）\leqslant 0.25 \tag{9-1}$$

式中　e——偏心距（图 9-44）；

　　　d——圆管主管外径；

　　　h——连接平面内的矩形管（或方管）主管截面高度。

（3）支管端部应使用自动切管机切割，支管壁厚小于 6mm 时可不切坡口。

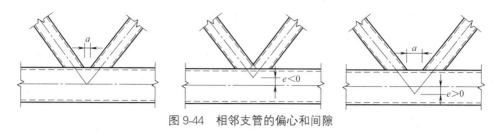

图 9-44 相邻支管的偏心和间隙

（4）支管与主管的连接焊缝，应沿全周连续焊接并平滑过渡；焊缝形式可沿全周采用角焊缝，或部分采用对接焊缝、部分采用角焊缝，其中支管管壁与主管管壁之间的夹角大于或等于 120°的区域宜采用对接焊缝或带坡口的角焊缝，角焊缝的焊脚尺寸不宜大于支管壁厚的 2 倍。

（5）在主管表面焊接的相邻支管的间隙 a 应不小于两支管壁厚之和。

（6）钢管构件在承受较大的横向荷载部位应采取适当加强措施，防止产生过大的局部变形。构件的主受力部位应避免开孔，如必须开孔时，应采取适当的补救措施。

支管为搭接型的钢管直接焊接节点的构造应符合下列要求：

① 支管搭接的平面 K 形或 N 形节点（图 9-45a、图 9-45b），其搭接率应满足 25%/100%，且应确保在搭接的支管之间的连接焊缝能可靠地传递内力。

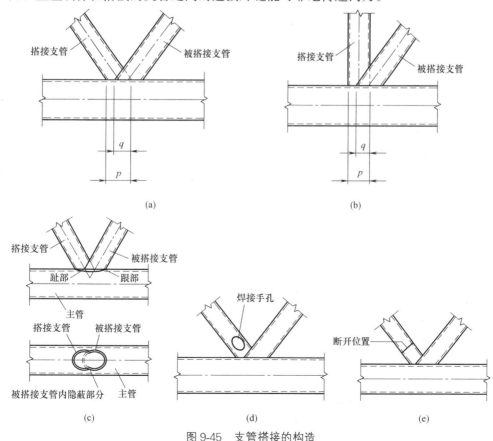

图 9-45 支管搭接的构造

（a）搭接的 K 形节点；（b）搭接的 N 形节点；（c）搭接连接隐蔽部位；
（d）焊接手孔示意；（e）隐蔽部分施焊搭接支管断开示意

② 当互相搭接的支管外部尺寸不同时，外部尺寸较小者应搭接在尺寸较大者上；当支管壁厚不同时，较小壁厚者应搭接在较大壁厚者上；承受轴心压力的支管宜在下方。

③ 圆钢管直接焊接节点中，当搭接支管轴线在同一平面内时，除需要进行疲劳计算的节点、抗震设防烈度大于 7 度地区的节点以及对结构整体性能有重要影响的节点外，被搭接支管的隐蔽部位（图 9-45c）可不焊接；被搭接支管隐蔽部位必须焊接时，允许在搭接管上设焊接手孔（图 9-45d），在隐蔽部位施焊结束后封闭，或将搭接管在节点近旁处断开，隐蔽部位施焊后再接上其余管段（图 9-45e）。

④ 空间节点中，支管轴线不在同一平面内时，如采用搭接型连接，构造措施可参照上述相关规定。

9.1.4　空间网格结构的计算要点

1. 荷载和作用

空间网格结构的荷载和作用主要有永久荷载、可变荷载、地震作用和温度作用等，即除了应对使用阶段荷载作用下的内力和位移进行计算外，并应根据具体情况对地震、温度变化、支座沉降等作用及施工安装荷载引起的内力和位移进行计算。对网壳结构尚应进行外荷载作用下必要的稳定性计算。

对非抗震设计的空间网格结构，荷载及荷载效应组合应按《荷载规范》的规定进行计算；杆件截面及节点设计应采用荷载的基本组合，位移计算应采用荷载的标准组合。

对抗震设计的空间网格结构，荷载及荷载效应组合尚应符合《建筑抗震设计规范》GB 50011—2010 的规定。

网壳施工安装阶段与使用阶段支承情况不一致时，应按不同支承条件来计算施工安装阶段和使用阶段在相应荷载作用下的内力和变形。

1）永久荷载

作用在空间网格结构上的永久荷载包括网格结构、楼面或屋面结构、保温层、防水层、吊顶、设备管道等材料自重。

网架自重荷载标准值可按下式估算：

$$g_{0k} = \sqrt{q_w} L_2/150 \qquad (9\text{-}2)$$

式中　g_{0k}——网架自重（kN/m²）；

　　　L_2——网架的短向跨度（m）；

　　　q_w——除网架自重外的屋面（或楼面）荷载标准值（kN/m²）。

2）可变荷载

作用在空间网格结构上的可变荷载包括屋面（或楼面）活荷载、雪荷载、积灰荷载、风荷载以及吊车荷载，其中屋面活荷载与雪荷载不必同时考虑，取两者的较大值。

（1）积灰荷载

工业厂房中采用网格结构时，应根据厂房性质考虑积灰荷载。积灰荷载大小可由工艺提出，也可参考《荷载规范》的有关规定采用。

（2）吊车荷载

工业厂房中如设有吊车应考虑吊车荷载。吊车形式有两种，一种是悬挂吊车，另一种是桥式吊车。单层网壳结构不应设置悬挂吊车。悬挂吊车直接挂在网架下弦节点上,对网架产生吊车竖向荷载。桥式吊车是在吊车梁上行走,通过柱子对网格结构产生吊车水平荷载。吊车竖向和水平荷载标准值按《荷载规范》有关规定采用。

（3）风荷载

由于网架刚度较大,自振周期较小,计算风荷载时,可不考虑风振系数的影响。对于周边支承,且支座节点在上弦的网架的风载由四周墙面承受,计算时可不考虑风荷载;其他支承情况,应根据实际工程情况考虑水平风荷载作用。

对于基本自振周期大于 0.25s 的网壳结构宜进行风振计算。单个球面网壳、圆柱面网壳和双曲抛物面网壳的风载体型系数可按《荷载规范》取值。对于复杂形体的网壳结构应根据模型风洞试验确定其风载体型系数。对于轻屋面应考虑风吸力的影响。

（4）温度作用

温度作用是指由于温度变化,使网格结构杆件产生附加温度应力,必须在计算和构造措施中加以考虑。温度变化是指结构安装合龙时的温度与结构常年气温变化下最大（小）温度之差,温度应力出现在空间网格结构温度变形受到约束的场合,并和下部结构密切相关。温度作用可作为可变荷载,分项系数 $\gamma_Q = 1.5$。设计中考虑的温度应力一般有两种情况:整个结构有温度变化;双层网格结构上、下层有温度差 Δt。

空间网格结构如果需要考虑温度变化产生的内力,可将温差引起的杆件固端反力作为等效荷载反向作用在杆件两端节点上,然后按有限单元法或近似计算方法分析。

空间网格结构伸缩变形未受约束或约束不大的下列情况,可不考虑由于温度变化引起的内力:

① 支座节点的构造允许网架侧移;

② 周边支承的网架,当网架验算方向跨度小于 40m,且支承结构为独立柱（这些柱有一定柔性）;

③ 柱顶在单位力作用下,位移大于或等于式（9-3）的计算值（柱的约束作用导致的温度应力不大）:

$$u = \frac{L}{2\xi E A_\mathrm{m}} \left(\frac{\alpha E \Delta t}{0.038 f} - 1 \right) \tag{9-3}$$

式中 ξ——系数,支承平面内弦杆为正交正放时 $\xi = 1.0$,正交斜放时 $\xi = \sqrt{2}$,三向时 $\xi = 2.0$;

A_m——支承（上承或下承）平面内弦杆截面积的算术平均值（mm^2）;

α——网格杆件钢材的线胀系数（1/℃）;

f——钢材强度设计值（$\mathrm{N/mm}^2$）;

E——网格杆件钢材的弹性模量（$\mathrm{N/mm}^2$）;

Δt——温度差（℃）;

L——网格在验算方向的跨度（m）。

（5）地震作用

根据《规程》规定,在抗震设防烈度 7 度的地区,网格结构一般可不进行抗震验算。其他情况其抗震验算应符合下列规定:

① 对用作屋盖的网架结构

在抗震设防烈度为 8 度的地区，对于周边支承的中小跨度网架结构应进行竖向抗震验算，对于其他网架结构均应进行竖向和水平抗震验算；在抗震设防烈度为 9 度的地区，对各种网架结构应进行竖向和水平抗震验算。

② 对于网壳结构

在抗震设防烈度为 7 度的地区，当网壳结构的矢跨比大于或等于 1/5 时，应进行水平抗震验算；当矢跨比小于 1/5 时，应进行竖向和水平抗震验算；在抗震设防烈度为 8 度或 9 度的地区，对各种网壳结构应进行竖向和水平抗震验算。

2. 空间网格结构的静力计算方法

1）空间网格结构的一般计算原则

空间网格结构的内力和位移可按弹性阶段进行计算。分析网格结构内力时，可按静力等效原则，将节点所辖区域内的荷载集中作用在该节点上。

网架结构通常为超静定杆系结构，空间桁架位移法（空间杆系有限元法）是网架结构计算的精确方法，适用于各种类型、各种支承条件的网架。国内网架计算程序很多，具有数据形成、内力分析、杆件截面选择、优化、节点设计、施工图绘制等多项功能。利用现有的程序时，应慎重从事，选用经过技术鉴定认可，实践证明行之有效的程序。

对网架结构，可忽略节点刚度的影响，假定节点为铰接，杆件只承受轴力。当杆件上作用有节间荷载时，应同时考虑弯矩的影响。

一般情况下，分析双层网壳时可假定节点为铰接，采用空间二力杆单元，杆件只承受轴向力；分析单层网壳时应假定节点为刚接，否则单元共面节点的法向刚度为零，属几何可变，杆件除承受轴向力外，还承受弯矩、剪力。对刚接连接网壳宜采用空间梁柱单元。当杆件上作用有局部荷载时，必须另行考虑局部弯曲内力的影响。分析空间网格结构时，应考虑与下部支承结构的相互影响，将上下部结构整体分析；亦可将支承体系简化为空间网格结构的弹性支承，按弹性支承模型进行计算。

网壳结构是一个准柔性的高次超静定结构，几何非线性较一般结构明显。目前网壳计算主要采用考虑几何非线性的有限单元法，考虑与不考虑几何非线性的有限单元法的区别在于前者（几何非线性）考虑网壳变形对内力的影响，网壳的平衡方程建立在变形以后的位形上，后者（线性）的平衡方程则始终建立在初始状态。

2）网架结构

（1）网架结构的基本假定和计算模型

在网架结构中，节点起着连接汇交杆件，传递屋面荷载和吊车荷载的作用。模型试验和工程实践都已表明，对空间网架结构可将节点假定为铰接，即忽略节点刚度的影响，目前，国内外分析计算平板形网架结构时普遍采用了这点假定。网架结构的计算分析中，杆件都处于弹性，即不考虑材料的非线性性质。由于网架在受荷状态产生的挠度远小于网架的厚度，即可认为符合小挠度范围。因此，网架的一般静动力分析，可进行如下的基本假定：①网架的节点为空间铰接节点，每一节点有三个自由度；②忽略节点刚度的影响，因此杆件只受轴力作用；③杆件处于弹性工作状态；④网架处于小应变状态。

（2）网架结构的计算模型分类

① 铰接杆系计算模型。这种计算模型可直接根据上述基本假定得出，把网架看成铰接杆件的集合，根据每根杆件的工作状态，集合得出整个网架的工作状态，通常将每个杆

件作为网架计算的一个基本单元。空间桁架位移法中的杆件就采用了这种计算模型。

② 桁架系计算模型。这种计算模型是根据网架组成的规律，把网架看成桁架系的集合，分析时将一段桁架作为一个基本单元。例如正交正放类网架，可采用这种模型，在简化计算时较为方便。

③ 梁系计算模型。这种计算模型除基本假定外，还通过折算的方法把网架等代为梁系，然后以梁段作为计算分析的基本单元。这种计算模型在一些差分类方法，如交叉梁系差分法中得到了应用。

④ 平板计算模型。这种计算模型与梁系计算模型相类似，有一个把网架折算等代为平板的过程。这种模型在网架早期的理论分析中，如夹层板法和拟加层板法中得到了使用。

在上述四种计算模型中，前两种是离散型的计算模型，比较符合网架本身离散构造的特点，如果不再引入新的假定，采用合适的分析方法，就有可能求得网架结构的精确解答。后两种是连续化的计算模型，在分析计算中，必然要增加从离散折算成连续，再从连续回代到离散这样两个过程，而这种折算和回代过程通常会影响结构计算的精度。所以，采用连续化的分析方法，一般只能求得网架结构的近似解。但是，连续化的计算模型往往比较单一，不复杂，分析计算方便，通常是可以利用现有的解答查表即可得到结果，虽然所求得的结果为近似解，只要计算结果能够满足工程所需的精度要求，这种连续化的计算模型仍是可取的。同时，连续化模型的结果可用于校核有限元解。

3）网架结构分析计算方法及其分类

确定了网架的计算模型，即可寻找合适的分析方法来求解网架的内力和变形。网架结构的分析方法大致有 5 类：

（1）有限元法。根据杆件所用单元的不同，可进一步分为杆系有限元法和梁系有限元法。

（2）力法。采用经典结构力学中的力法来求解。

（3）差分法。采用差分方法求解微分方程。

（4）微分方程解析法。

（5）微分方程近似解法。如变分法、加权参数法等。

通常情况下，连续化的计算模型采用微分方程的解析法，在不易求得解析解时，可采用差分法或变分法。离散型的计算模型采用有限元法进行分析。由于一个结构可以简化为不同的计算模型，因此一种分析方法可以去分析几种计算模型，而一种计算模型也可以用几种分析方法来分析。

由上述 4 种计算模型及 5 种分析方法，使其一一对应相结合，可形成网架结构的各种分析方法，如空间桁架位移法、交叉梁系梁元法、假想弯矩法及拟加层板法等。下面对这 4 种计算方法作一简要介绍。

① 空间桁架位移法

这是一种铰接杆系结构的有限元分析法，以网架节点的三个线位移为未知数，采用适合于电子计算机运算的矩阵表达式来分析计算网架结构。空间桁架位移法是目前网架分析中的精确方法，国内外多数网架电算程序都是采用这种方法编制的，其主要计算工作，甚至包括划分网格、节点生成、截面设计、网架制图等辅助性工作都可由电子计算机来完成。该方法使用范围广泛，不受网架类型、平面形状、支承条件、刚度变化的影响，其计算精度也是现有计算方法中最高的。

② 交叉梁系差分法

该法可用于由平面桁架系组成的网架计算。我国在 20 世纪 60～70 年代没有大量采用专用程序电算网架之前，工程设计中遇到这类网架的计算，几乎都普遍采用这种简化为梁系的差分分析法。此法在计算中以交叉梁系节点的挠度为未知量，不考虑网架的剪切变形，所以未知数的数量较少，约为交叉梁系梁元法的 1/3。

③ 假想弯矩法

这是以交叉空间桁架系为计算模型的差分分析法，适用于斜放四角锥网架及棋盘形四角锥网架的计算。分析时假定两个方向的空间桁架在交界处的假想弯矩相等，从而使基本方程可简化为二阶的差分方程，计算非常方便。我国在网架结构发展初期已建成的不少中、小跨度的斜放四角锥网架，都曾采用此法计算，并编有供计算用的假想弯矩系数表，便于手算查用。但该法的基本假定过于粗糙，其计算精度是网架简化计算中最差的一种，建议只在网架估算时采用。

④ 拟加层板法

该方法是把网架结构等代为一块由上下表层与夹心层组成的加层板，以一个挠度、两个转角共三个广义位移为未知函数，采用非经典的板弯曲理论来求解。拟加层板法考虑了网架剪切变形，是一般拟板法的一个发展，可提高网架计算的精度。拟加层板法的适用范围及网架杆件最终内力计算，与拟板法基本相同。

网架结构的计算方法各有特点，其使用范围误差也各不相同，设计者可根据网架形式、精度要求、当地条件和设计阶段确定采用哪种计算方法。采用空间桁架位移法进行电算和采用具有足够精度又有图表可查的简化方法进行手算，是网架计算和估算比较常用的计算方法。

3. 网壳结构

1) 网壳结构受力分析的主要内容

网壳结构的分析设计首先是确定网壳结构的形式，接着就是结构分析和验算的过程。与常规结构一样，网壳结构验算包括三个方面的内容，即强度验算、变形验算和稳定性验算。强度验算主要涉及构件设计和节点设计，变形验算通常为节点位移（一般为挠度）满足规范规定的变形限值。稳定性验算包括构件稳定和结构整体稳定两部分内容，前者属于构件设计的范畴，后者属于结构整体设计的范畴。网壳结构具有经典壳体稳定性同样的特性，对于单层网壳和厚度较小的双层网壳，其承载能力往往由稳定性控制，因此网壳整体稳定性验算是网壳结构设计中的重要内容。

在结构验算之前，需要通过结构分析求得网壳在各种工况下的构件内力和节点变形以及稳定极限承载力，为构件、节点设计、结构变形控制以及稳定性验算提供定量的数值依据，因此结构分析是网壳设计的重要环节。

求解网壳结构内力和变形时，其分析模型可以采用常规小变形、小应变、材料线弹性的计算假定。但是对于整体稳定性分析时，必须考虑几何非线性的影响。

从设计阶段来看，对于规模不大的网壳结构，可以只进行使用阶段的结构分析和验算。但是对于规模较大、安装复杂的网壳结构，应根据具体情况进行施工阶段的结构分析和验算。

2) 网壳结构分析的计算模型

对于网壳结构来说，结构分析的模型根据其受力特点和节点构造形式通常分为两种：

一种是空间杆单元模型；另一种是空间梁单元模型。对于双层（多层）网壳结构，无论采用螺栓球节点，还是具有一定抗弯刚度的焊接球节点，计算分析表明，只要荷载作用在节点上，构件内力主要以轴力为主，而且节点刚度所引起的构件弯矩通常很小。因此，双层（多层）网壳结构通常采用空间杆单元模型，结构分析方法可采用与网架结构相同的空间桁架位移法。对于单层网壳，杆件之间通常采用以焊接空心球节点为主的刚性连接方式，同时从结构受力性能上来看，单层网壳构件中的弯矩和轴力相比往往不能忽略，而且往往会成为控制构件设计的主要内力，因此单层网壳的结构分析通常采用空间梁单元模型。对于局部单层、局部双层的网壳结构，在过渡区域的构件可能一端铰接、一端刚接，这就需要按节点约束退化的梁单元模型计算。网壳结构通常和下部结构共同工作，此时需要考虑与下部结构共同分析。

对于外荷载，网壳结构的屋面荷载一般通过支承在节点上的檩条传递给主体结构，因此可按静力等效荷载原则将节点所辖区域内的荷载集中作用在该节点上。对于中部悬挂有灯具等局部荷载的杆件，必须另行考虑局部弯曲内力的影响。

网壳结构的支承条件，可根据支座节点的位置、数量和构造情况以及支承结构确定。对于双层网壳分别假定为弹性支座二向可侧移、一向可侧移、无侧移的铰接支座；对于单层网壳分别假定为弹性支座二向或一向可侧移、无侧移的铰接支座、刚接支座或弹性支座。网壳结构的支承必须保证在任意竖向和水平荷载作用下，结构的几何不变性和各种网壳计算模型对支承条件的要求。

3）网壳结构分析的计算方法及其分类

网壳结构的分析方法通常可分为两类：一类是基于连续化假定的分析方法；另一类是基于离散化假定的分析方法。网壳结构的连续化分析方法主要指拟壳法，这种方法的基本思想是通过刚度等代将其比拟为光面实体壳，然后按照弹性薄壳理论对等代后的光面实体壳进行结构分析求得壳体位移和应力的解析解，最终根据壳体的内力折算出网壳杆件的内力。网壳结构的离散化分析方法通常指有限元法，这种方法首先将结构离散成各个单元，在单元基础上建立单元节点力和节点位移之间关系的基本方程式以及相应的单元刚度矩阵，然后利用节点平衡条件和位移协调条件，建立整体结构节点荷载和节点位移关系的基本方程式及其相应的总体刚度矩阵，通过引入边界约束条件修正总体刚度矩阵后求解出节点位移，再由节点位移计算出构件内力。

有限元方法作为一种结构分析的通用方法，其不受结构形状、边界条件和荷载情况的限制，因此有限元法已成为网壳结构分析的主要方法。

4. 网壳稳定性计算

网壳和平板网架不同，单根压杆稳定计算只能保证杆件不发生局部失稳，不能代替整体稳定计算。网壳结构的整体稳定性能和曲面形状直接相关，负高斯曲率的网壳（如双曲抛物面网壳）在荷载作用下不会整体失稳，原因是结构一个方向的杆件受拉，对受压的另一方向杆件有约束作用。正高斯曲率的网壳（如球面网壳）和零高斯曲率网壳（如柱面网壳）则情况相反，都有可能丧失整体稳定，而且这些网壳往往对缺陷十分敏感，稳定承载力比完善壳体下降很多。对单层球面、圆柱面和椭圆抛物面网壳及厚度小于跨度 1/50 的双层球面、圆柱面和椭圆抛物面网壳（双曲扁网壳）均应进行整体稳定性计算。其次对单层网壳和厚度小于跨度 1/50 的双层网壳均应进行整体稳定性计算。

网壳结构的整体稳定性分析应考虑几何非线性的影响，分析可采用考虑几何非线性的有限元法（荷载-位移全过程分析），分析中可假定材料为线弹性，也可考虑材料的弹塑性。球面网壳的全过程分析可按满跨均布荷载进行，圆柱面网壳和椭圆抛物面网壳宜补充考虑半跨活荷载分布，由于网壳结构对几何缺陷的敏感性，进行全过程分析时应考虑初始曲面形状安装偏差的影响，可采用结构的最低阶屈曲模态作为初始缺陷分布，以得到可能的最不利值。缺陷的最大计算值可按网壳跨度的 1/300 取值。

5. 空间网格结构地震作用内力计算

对于周边支承或多点支承与周边支承相结合的网架屋盖，竖向地震作用效应可采用简化计算方法，在网架的各个节点上施加竖向荷载，其竖向地震作用标准值可按下式确定：

$$F_{\mathrm{Evk}i} = \pm \psi_{\mathrm{v}} \cdot G_i \tag{9-4}$$

式中　$F_{\mathrm{Evk}i}$——作用在网架第 i 节点上竖向地震作用标准值；

　　　G_i——网架第 i 节点的重力荷载代表值，其中永久荷载取 100%；雪荷载及屋面积灰荷载取 50%，屋面活荷载不计入；

　　　ψ_{v}——竖向地震作用系数，按表 9-4 取值。

对于悬挑长度较大的网架屋盖以及用于楼面的网架，当设防烈度为 8 度或 9 度时，其竖向地震作用标准值可分别取该结构重力荷载代表值的 10% 或 20%。设计基本地震加速度为 0.3g 时，可取该结构重力荷载代表值的 15%。

竖向地震作用系数 表 9-4

设防烈度	场地类别		
	Ⅰ	Ⅱ	Ⅲ、Ⅳ
8	—	0.08	0.1
9	0.15	0.15	0.2

对于一般的空间网格结构，竖向、水平地震作用下的效应可采用振型分解反应谱法或时程分析法计算。在单维地震作用下，对空间网格结构进行多遇地震作用下的效应计算时，可采用振型分解反应谱法；对于体型复杂或重要的大跨度结构，应采用时程分析法进行补充验算。

在单维地震作用下，对空间网格结构进行效应分析时，按振型分解反应谱法进行多遇地震下效应计算时，网架结构杆件地震作用效应可按下式确定：

$$S_{\mathrm{Fk}} = \sqrt{\sum_{j=1}^{m} S_j^2} \tag{9-5}$$

网壳结构杆件地震作用效应宜按下式确定：

$$S_{\mathrm{Fk}} = \sqrt{\sum_{j=1}^{m} \sum_{k=1}^{m} \rho_{jk} S_j S_k} \tag{9-6}$$

式中　S_{Fk}——杆件地震作用标准值的效应；

　S_j、S_k——分别为 j、k 振型地震作用标准值的效应；

　　　ρ_{jk}——j 振型与 k 振型的耦联系数；

　　　m——计算中考虑的振型数。

采用振型分解反应谱法进行空间网格结构地震效应分析时，宜取振型参与质量达到总质量 90% 所需的振型数进行效应组合。对于网架结构宜至少取前 10~15 个振型进行效应组合；

对于网壳结构宜至少取前 25～30 个振型进行效应组合，因网壳结构较柔，各个自振频率较接近；对于体型复杂或重要的大跨度空间网格结构需要取更多的振型进行效应组合。

对于体型复杂、或跨度大于 120m、或长度大于 300m、或悬臂大于 40m 的空间网格结构，宜进行多维地震作用下的效应分析，可采用多维随机振动分析方法、多维反应谱法或时程分析方法。当按多维反应谱法进行空间网格结构三维地震效应分析时，结构各节点最大位移响应与各杆件最大内力响应，可参见《规程》。在抗震设防烈度为 7 度且场地为Ⅲ、Ⅳ类和 8、9 度的地区，对于单边长度大于 300m 的空间网格结构宜采用时程分析方法进行多点输入地震反应分析。对于单边长度大于 400m 的超长型空间网格结构应进行多维多点输入抗震验算。

网壳的抗震分析宜分两个阶段进行，第一阶段为多遇地震作用下的弹性分析，求得杆件内力，按荷载组合的规定进行杆件和节点设计；第二阶段为罕遇地震作用下的弹塑性分析，用于分析网壳的位移及破坏。

在进行结构地震效应分析时，应考虑不同构件材料对结构阻尼比的影响。对于周边落地的空间网格结构阻尼比值可取 0.02；对于设有混凝土结构支承体系的空间网格结构，当将空间网格结构与混凝土结构支承体系按整体结构分析或采用弹性支座简化模型计算时，阻尼比值可取 0.03。对于由复杂的混凝土结构体系支承的空间网格结构，宜采用位能加权平均的方法计算整体结构阻尼比。

抗震分析时，应考虑支承体系对空间网格结构受力的影响，宜将空间网格结构与支承体系共同考虑，按整体分析模型进行计算；采用简化协同分析模型时，可将下部支承结构折算等效刚度、等效质量作为上部空间结构分析时的条件，也可将上部空间结构折算等效刚度、等效质量作为下部支承结构分析时的条件。

9.1.5 空间网格结构杆件与节点设计

1. 网架的杆件

1）杆件截面形式

空间网格结构的杆件可采用普通型钢或薄壁型钢、焊接 H 型钢与焊接箱形截面。网架杆件的截面形式主要采用管材，管材可采用焊接钢管或无缝钢管，当有条件时应采用薄壁管型截面。圆管截面具有回转半径大和截面特性无方向性等特点，是目前最常用的截面形式。薄壁方管截面具有回转半径大、两个方向回转半径相等的特点，是一种较经济截面。

2）杆件的计算长度和容许长细比

空间网格结构与平面桁架相比，节点处汇集杆件较多，节点嵌固作用较大，确定杆件的长细比时，其计算长度可由表 9-5 查得。

杆件计算长度 l_0 表 9-5

结构体系	杆件形式	节点形式				
		螺栓球	焊接空心球	板节点	毂节点	相贯节点
网架	弦杆及支座腹杆	$1.0l$	$0.9l$	$1.0l$		$0.9l$
	腹杆	$1.0l$	$0.8l$	$0.8l$		$0.8l$
双层网壳	弦杆及支座腹杆	$1.0l$	$1.0l$	$1.0l$		$0.9l$
	腹杆	$1.0l$	$0.9l$	$0.9l$		$0.8l$

续表

结构体系	杆件形式	节点形式				
		螺栓球	焊接空心球	板节点	毂节点	相贯节点
单层网壳	壳体曲面内	—	$0.9l$		$1.0l$	$0.9l$
	壳体曲面外		$1.6l$		$1.6l$	$1.6l$
立体桁架	弦杆及支座腹杆	$1.0l$	$1.0l$			$0.9l$
	腹杆	$1.0l$	$0.9l$			$1.0l$

注：l 为杆件的几何长度（即节点中心间距离）。

杆件的长细比不宜超过下表 9-6 中规定的数值。

杆件的容许长细比 $[\lambda]$ 表 9-6

结构体系	杆件形式	杆件受拉	杆件受压	杆件受压与压弯	杆件受拉与拉弯
网架 立体桁架 双层网壳	一般杆件	300	180	—	—
	支座附近杆件	250			
	直接承受动力荷载杆件	250			
单层网壳	弦杆及支座腹杆	—	—	150	250

杆件截面的最小尺寸应根据结构的跨度及网格大小按计算确定，普通型钢不宜小于 ∟ 50×3，钢管不宜小于 $\phi 48 \times 2$。对大中跨度空间网格结构，钢管不宜小于 $\phi 60 \times 3.5$。在构造设计时，应考虑便于检查、清刷与涂装，避免易于积留湿气或灰尘的死角与凹槽，钢管端部应进行封闭。对杆件的截面选择除应进行强度、稳定验算外，尚应注意以下几点：①每个网格结构所选截面规格不宜过多，一般较小跨度以 2～3 种为宜，较大跨度也不宜超过 6～7 种；②杆件在同样截面面积条件下，宜选薄壁截面，这样能增大杆件的回转半径，对稳定有利；③杆件截面宜选用市场上供应的规格，设计手册上所载有的规格不一定都能供应；④杆件长度和网格尺寸有关，确定网格尺寸时除考虑最优尺寸及屋面板制作条件等因素外，也应考虑一般常用的定尺长度，以避免剩头过长造成浪费；⑤钢管出厂一般均有负公差，故选择截面时应适当留有余量。

2. 节点设计

在空间网格结构中，节点起着连接汇交杆件，传递屋面荷载和吊车荷载的作用。网格结构又属于空间杆件体系，汇交于一个节点上的杆件至少有 6 根，多的达 13 根。这给节点设计增加了一定难度。合理设计节点对空间网格结构的安全度、制作安装、工程进度、用钢量指标以及工程造价等有直接关系。节点设计是空间网格结构设计中重要环节之一。

空间网格结构的节点构造应满足下列几点：①受力合理，传力明确，务必使节点构造与所采用的计算假定尽量相符，使节点安全可靠；②保证汇交杆件交于一点，不产生附加弯矩；③构造简单，制作简便，安装方便；④耗钢量少，造价低廉。

空间网格结构的节点形式很多。按节点连接方式划分有：①焊接连接，分为对接焊缝连接和角焊缝连接；②螺栓连接，分为拉力高强度螺栓连接和摩擦型高强度螺栓连接；③直接汇交节点等。

按节点的构造划分主要有：

（1）焊接空心球节点。它是有两个热压成半球后再对焊而成空心球。杆件焊在球面上，杆件与球面连接焊缝可采用对接焊缝或角焊缝。杆件由钢管组成。

（2）螺栓球节点。它是通过螺栓，套筒等零件将杆件与实心球连接起来。杆件由钢管组成。

（3）嵌入式毂节点。它是由柱状毂体、杆端嵌入件、上下盖板、中心螺栓、平垫圈、弹簧垫圈等零部件组成的机械装配式节点。

（4）铸钢节点。它是以铸造工艺制造的用于复杂形状或受力条件的空间节点。

（5）销轴节点。它是由销轴和销板构成，具有单向转动能力的机械装配式节点。

1）焊接空心球节点

焊接空心球节点是我国空间网格结构采用最早的一种节点。它是由两个半球对焊而成，分为加肋和不加肋两种，如图 9-46 和图 9-47 所示。当空心球外径大于 300mm，且杆件内力较大需要提高承载能力时，球内可加环肋，其厚度不应小于球壁厚度；当空心球外径大于或等于 500mm，应在球内加环肋，肋板必须设在轴力最大杆件的轴线平面内，且其厚度不应小于球壁厚度。半球有冷压和热压两种成型方法。热压成型简单，不需很大压力，用得最多；冷压不但需要较大压力、要求材质好，而且模具磨损较大，目前很少采用。

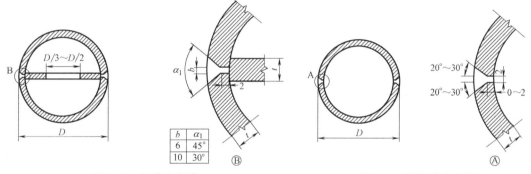

图 9-46　加肋空心球　　　　　　　　　　图 9-47　不加肋空心球

这种节点适用于圆钢管连接，构造简单，传力明确，连接方便。对于圆钢管，只要切割面垂直于杆件轴线，杆件就能在空心球上自然对中而不产生节点偏心。由于球体无方向性，可与任意方向的杆件相连，当汇交杆件较多时，其优点更为突出。因此它的适用性强，可用于各种形式的网格结构，也可用于网壳结构。

当空心球直径为 120～900mm 时，其受压和受拉承载力设计值可按式（9-7）计算：

$$N_R = \eta_0 \left(0.29 + 0.54 \frac{d}{D}\right) \pi t d f \tag{9-7}$$

式中　N_R——受压和受拉承载力设计值（N）；

　　　η_0——大直径空心球承载力调整系数，当空心球直径小于或等于 500mm 时，$\eta_0 = 1.0$，当空心球直径大于 500mm 时，$\eta_0 = 0.9$；

　　　D——空心球外径（mm）；

　　　d——与空心球相连的主钢管杆件的外径（mm）；

　　　t——空心球壁厚（mm）；

f——钢材的抗拉强度设计值。

网架和双层网壳空心球的外径与壁厚之比值宜取 25~45；单层网壳空心球的外径与壁厚之比值宜取 20~35；空心球外径与主钢管外径之比宜取 2.0~3.0；空心球壁厚与主钢管壁厚之比宜取 1.5~2.0；空心球壁厚不宜小于 4mm。

在确定空心球外径时，球面上网架相连接杆件之间的净距 a 不宜小于 10mm（图 9-48），空心球直径可按式（9-8）估算：

$$D=(d_1+2a+d_2)/\theta \tag{9-8}$$

式中 θ——汇集于球节点任意两相邻钢管杆件间的夹角（rad）；

d_1、d_2——组成 θ 角的两钢管外径（mm）。

钢管杆件与空心球连接，钢管应开坡口。在钢管与空心球之间应留有一定缝隙并予以焊透，以实现焊缝与钢管等强，否则应按角焊缝计算。为保证焊缝质量，钢管端头可加套管与空心球焊接（图 9-49）。

图 9-48   空心球节点

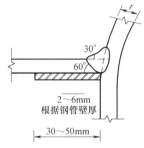

图 9-49   加套管连接

角焊缝的焊脚尺寸应符合下列要求：①当钢管壁厚 $t \leqslant 4mm$ 时，$1.5t \geqslant h_f > t$；②当 $t > 4mm$ 时，$1.2t \geqslant h_f > t$。其中，t 为钢管壁厚，h_f 为焊角尺寸。

2）螺栓球节点

螺栓球节点应由钢球、高强度螺栓、套筒、销子（或螺钉）、锥头或封板等零件组成（图 9-50），适用于连接网架和双层网壳等空间网格结构的钢管杆件。销子或螺钉宜采用高强度钢材，其直径可取螺栓直径的 0.16~0.18 倍，不宜小于 3mm。螺钉直径可采用 6~8mm。高强度螺栓的性能等级应按规格分别选用。对于 M16~M36 的高强度螺栓，其强度等级应按 10.9S 级选用；对于 M39~M85 的高强度螺栓，其强度等级应按 9.8S 级选用。

（1）钢球的直径应保证相邻螺栓在球体内不相碰，并应满足套筒接触面的要求（图 9-51），可分别按下列公式（9-9）、式（9-10）核算，并按计算结果中的较大者选用。

$$D \geqslant \sqrt{\left(\frac{d_2}{\sin\theta}+d_1\cot\theta+2\xi d_1\right)^2+\eta^2 d_1^2} \tag{9-9}$$

$$D \geqslant \sqrt{\left(\frac{\eta d_2}{\sin\theta}+\eta d_1\cot\theta\right)^2+\eta^2 d_1^2} \tag{9-10}$$

式中 D——钢球直径（mm）；

θ——相邻螺栓之间的最小夹角（rad）；

d_1、d_2——相邻螺栓的直径（mm），$d_1 > d_2$；

ξ——螺栓拧入球体长度与螺栓直径的比值，可取为 1.1；

η——套筒外接圆直径与螺栓直径的比值，可取为1.8。

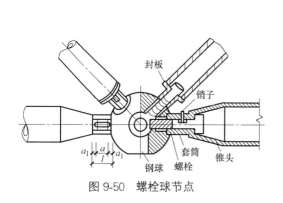

图 9-50　螺栓球节点

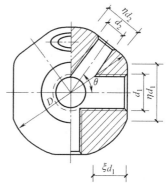

图 9-51　螺栓球与直径有关的尺寸

（2）每个高强度螺栓的受拉承载力设计值应按式（9-11）计算：

$$N_t^b = A_{eff} f_t^b \tag{9-11}$$

式中　N_t^b——高强度螺栓的受拉承载力设计值（N）；

f_t^b——高强度螺栓经热处理后的抗拉强度设计值，对10.9级，取430N/mm²；对 9.8级，取385N/mm²；

A_{eff}——高强度螺栓在螺纹处的应力截面面积（mm²），可按表9-7选取，当螺栓上 钻有键槽或销孔时，取螺纹处键槽或销孔处两者中的较小值。

常用高强度螺栓在螺纹处的有效截面积 A_{eff} 和承载力设计值 N_t^b　　　　　表 9-7

性能等级	规格 d	螺距 p(mm)	A_{eff}(mm²)	N_t^b(kN)	性能等级	规格 d	螺距 p(mm)	A_{eff}(mm²)	N_t^b(kN)
10.9S 级	M₁₆	2	157	67.5	9.8S 级	M₃₉	4	976	375.6
	M₂₀	2.5	245	105.3		M₄₂	4.5	1120	431.5
	M₂₄	3	353	151.5		M₄₅	4.5	1310	502.8
	M₂₇	3	459	197.5		M₄₈	5	1470	567.1
	M₃₀	3.5	561	241.2		M₅₆ₓ₄	4	2144	825.4
	M₃₆	4	817	351.3		M₆₀ₓ₄	4	2485	956.6
						M₆₄ₓ₄	4	2851	1097.6
						M₆₈ₓ₄	4	3242	1248.2
						M₇₂ₓ₄	4	3658	1408.3
						M₇₆ₓ₄	4	4100	1578.5
						M₈₀ₓ₄	4	4566	1757.9
						M₈₅ₓ₄	4	5184	1995.8

注：螺栓在螺纹处的有效截面积 $A_{eff} = \pi(d-0.9382p)^2/4$。

（3）受压杆件的连接螺栓直径，可按杆件内力设计值绝对值所求得的螺栓直径计算值 后，按表9-7的螺栓直径系列减少1～3个级差，但必须保证套筒具有足够的抗压强度。 当杆件长度大于等于4m时，考虑到安装需要，只宜减小1～2个级差。套筒应按承压进 行计算，并验算其滑槽处和端部有效截面的局部承压力。套筒外形尺寸应符合扳手开口尺 寸系列，端部应保持平整，内孔径可比螺栓直径大1mm。套筒端部到滑槽端部距离应使 该处有效截面的抗剪力不低于销钉（或螺钉）抗剪力，且不小于1.5倍滑槽的宽度。套筒 长度 l_s（mm）和螺栓长度 l（mm）可按式（9-12）、式（9-13）计算：

$$l_s = m + B + n \tag{9-12}$$

$$l = \xi d + l_s + h \tag{9-13}$$

式中 B——滑槽长度（mm），$B = \xi d - K$；

        ξd——螺栓伸入钢球长度（mm），d 为螺栓直径，ξ 一般取 1.1；

        m——滑槽端部紧固螺钉中心到套筒端部距离（mm）；

        n——滑槽顶部紧固螺钉中心至套筒顶部距离（mm）；

        K——螺栓露出套筒距离（mm），预留 $4\sim5$mm，但不应少于 2 个丝扣；

        h——锥头底板厚度或封板厚度（mm）。

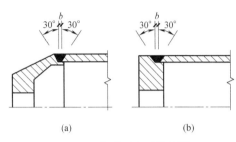

图 9-52   杆件端部连接焊缝

(a) 锥头连接；(b) 封板连接

杆件端部应采用锥头（图 9-52a）或封板（图 9-52b）连接，其连接焊缝以及锥头的任何截面应与连接的钢管等强，其焊缝底部宽度 b 可根据连接钢管壁厚取 $2\sim5$mm，封板及锥头底板厚度应符合《钢网架螺栓球节点用高强度螺栓》GB/T 16939—2016 及其他现行有关标准的规定。锥头底板外径宜较套筒外接圆直径大 $1\sim2$mm，锥头底板内平台直径宜比螺栓头直径大 2mm，锥头倾角应小于 $40°$。

紧固螺钉宜采用高强度钢材，其直径可取螺栓直径的 $0.16\sim0.18$ 倍，且不宜小于 3mm。紧固螺钉规格可采用 M5～M12。

3）嵌入式毂节点是由柱状毂体、杆端嵌入件、上下盖板、中心螺栓、平垫圈、弹簧垫圈等零部件组成的机械装配式节点（图 9-53）。

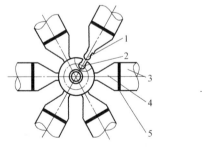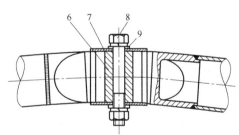

图 9-53   嵌入式毂节点

1—嵌入榫；2—毂体嵌入槽；3—杆件；4—杆端嵌入件；5—连接焊缝；6—毂体；
7—盖板；8—中心螺栓；9—平垫圈、弹簧垫圈

嵌入式毂节点可用于跨度不大于 60m 的单层球面网壳及跨度不大于 30m 的单层圆柱面网壳。

嵌入式毂节点的毂体、杆端嵌入件、盖板、中心螺栓的材料可按表 9-8 的规定选用，并应符合相应材料标准的技术条件。产品质量应符合现行行业标准《单层网壳嵌入式毂节点》JG/T 136—2016 的规定。

嵌体的嵌入槽以及与其配合的嵌入榫应做成小圆柱状（图 9-54、图 9-55）。杆端嵌入件倾角 φ（即嵌入榫的中线和嵌入件轴线的垂线之间的夹角）和柱面网壳斜杆两端嵌入榫

不共面的扭角 α 可按《规程》附录 J 进行计算。

嵌入式毂节点零件推荐材料 表 9-8

零件名称	推荐材料	材料标准编号	备注
毂体	45	《优质碳素结构钢》GB/T 699—2015	毂体直径宜采用 100～165mm
压盖	Q235B	《碳素结构钢》GB/T 700—2006	—
中心螺栓			
杆端嵌入件	ZG230-450H	《焊接结构用铸钢件》GB/T 7659—2010	精密铸造

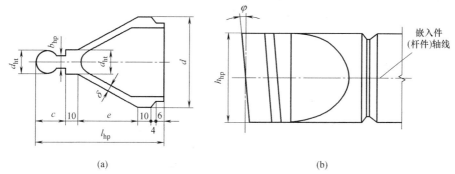

(a) 　　　　　　　　　　　　(b)

图 9-54　嵌入件的主要尺寸

（注：δ-杆端嵌入件平面壁厚，不宜小于 5mm）

嵌入件几何尺寸（图 9-54）应按下列计算方法及构造要求设计：

① 嵌入件颈部宽度 b_{hp} 应按与杆件等强原则计算，宽度 b_{hp} 及高度 h_{hp} 应按拉弯或压弯构件进行强度验算；

② 当杆件为圆管且嵌入件高度 h_{hp} 取圆管外径 d 时，$h_{hp} \geqslant 3t_c$（t_c 为圆管壁厚）；

③ 嵌入榫直径 d_{hp} 可取 $1.7b_{hp}$ 且不宜小于 16mm；

④ 尺寸 c 可根据嵌入榫直径 d_{hp} 及嵌入槽尺寸计算；

⑤ 尺寸 e 可按下式计算：

$$e = \frac{1}{2}(d - d_{hp})\cot 30° \tag{9-14}$$

毂体各嵌入槽轴线间夹角 θ（即汇交于该节点各杆件轴线间的夹角在通过该节点中心切平面上的投影）及毂体其他主要尺寸（图 9-55）可按《规程》附录 J 进行计算。

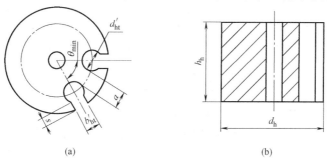

(a) 　　　　　　　　　　　　(b)

图 9-55　毂体各主要尺寸

中心螺栓直径宜采用 M20~M27 普通螺栓，压盖厚度不应小于 6mm。杆件与杆端嵌入件应采用焊接连接，可参照螺栓球节点锥头与钢管的连接焊缝。焊缝强度应与所连接的钢管等强。

4）支座节点

空间网格结构的支座节点必须具有足够的强度和刚度，在荷载作用下不应先于杆件和其他节点而破坏，也不得产生不可忽略的变形。支座节点构造形式应传力可靠、连接简单，并应符合计算假定。

空间网格结构的支座节点应根据其主要受力特点，分别选用压力支座节点、拉力支座节点、可滑移与转动的支座节点以及兼受轴力、弯矩与剪力的刚性支座节点。

常用压力支座节点可按下列构造形式选用：

① 平板压力支座节点（图 9-56），可用于中、小跨度的空间网格结构；

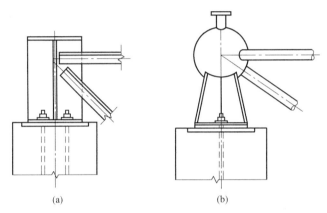

图 9-56　平板压力支座节点

（a）角钢杆件；（b）钢管杆件

② 球铰压力支座节点（图 9-57），可用于有抗震要求、多点支承的大跨度空间网格结构。

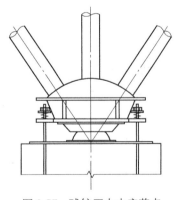

图 9-57　球铰压力支座节点

常用拉力支座节点可按下列构造形式选用：

① 平板拉力支座节点（图 9-56），可用于较小跨度的空间网格结构；

② 球铰拉力支座节点（图 9-58），可用于多点支承的大跨度空间网格结构。

可滑动铰支座节点（图 9-59），可用于中、小跨度的空间网格结构。

橡胶板式支座节点（图 9-60），可用于支座反力较大、有抗震要求、温度影响、水平位移较大与有转动要求的大、中跨度空间网格结构。

刚接支座节点（图 9-61）可用于中、小跨度空间网格结构中承受轴力、弯矩与剪力的支座节点。支座节点竖向支承板厚度应大于焊接空心球节点球壁厚度 2mm，球体置入深度应大于 2/3 球径。

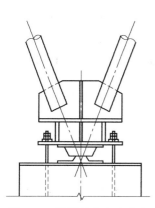

图 9-58　球铰拉力支座节点

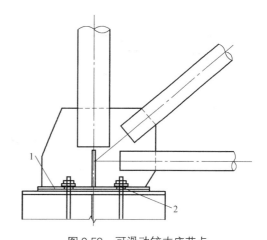

图 9-59　可滑动铰支座节点

1—不锈钢板或聚四氟乙烯垫板；2—支座底板开设椭圆形长孔

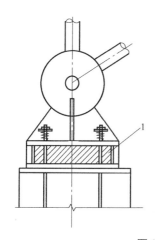 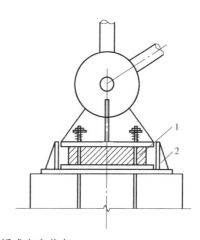

图 9-60　橡胶板式支座节点

1—橡胶垫板；2—限位件

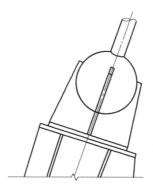

图 9-61　刚接支座节点

立体管桁架支座节点可按图 9-62 选用。

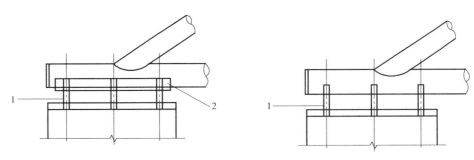

图 9-62　立体管桁架支座节点

1—加劲板；2—弧形垫板

支座节点的设计与构造应符合下列规定：

① 支座竖向支承板中心线应与竖向反力作用线一致，并与支座节点连接的杆件汇交于节点中心；

② 支座球节点底部至支座底板间的距离应满足支座斜腹杆与柱或边梁不相碰的要求（图 9-63）；

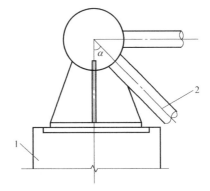

图 9-63　支座球节点底部与支座底板间的构造高度

1—柱；2—支座斜腹杆

③ 支座竖向支承板应保证其自由边不发生侧向屈曲，其厚度不宜小于 10mm；对于拉力支座节点，支座竖向支承板的最小截面积及连接焊缝应满足强度要求；

④ 支座节点底板的净面积应满足支承结构材料的局部受压要求，其厚度应满足底板在支座竖向反力作用下的抗弯要求，且不宜小于 12mm；

⑤ 支座节点底板的锚孔孔径应比锚栓直径大 10mm 以上，并应考虑适应支座节点水平位移的要求；

⑥ 支座节点锚栓按构造要求设置时，其直径可取 20~25mm，数量可取 2~4 个；受拉支座的锚栓应经计算确定，锚固长度不应小于 25 倍锚栓直径，并应设置双螺母；

⑦ 当支座底板与基础面摩擦力小于支座底部的水平反力时应设置抗剪键，不得利用锚栓传递剪力（图 9-64）；

⑧ 支座节点竖向支承板与螺栓球节点焊接时，应将螺栓球球体预热至 150~200℃，以小直径焊条分层、对称施焊，并应保温缓慢冷却。

　　板式橡胶支座应采用由多层橡胶片与薄钢板相间粘合而成的橡胶垫板，其材料性能及计算构造要求可按《规程》附录 K 确定。

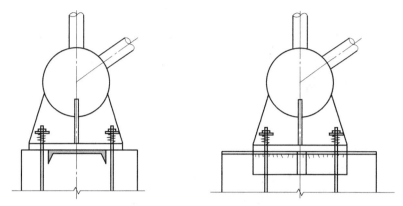

图 9-64　支座节点抗剪键

　　压力支座节点中可增设与埋头螺栓相连的过渡钢板，应与支座预埋钢板焊接（图 9-65）。

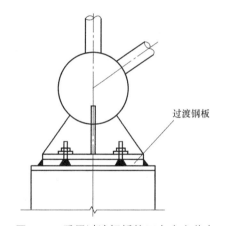

过渡钢板

图 9-65　采用过渡钢板的压力支座节点

9.2　悬索结构

9.2.1　悬索结构的形式和特点

　　悬索结构是以一系列受拉钢索为主要承重构件，按照一定规律布置，并悬挂在边缘构件或支承结构上而形成的一种空间结构（图 9-66）。它通过钢索大轴向拉伸来抵抗外部作用。钢索多采用高强钢丝组成的钢丝束、钢绞线和钢丝绳，也可采用圆钢筋或带状的薄钢板，根据跨度、荷载、施工方法和设计要求等因素而定。边缘构件或支承结构用于锚固钢索，并承受悬索的拉力。根据建筑物的平面和结构类型不同，可采用圈梁、拱、桁架、框架等，也可采用柔性拉索作为边缘构件。

　　1. 悬索结构的形式

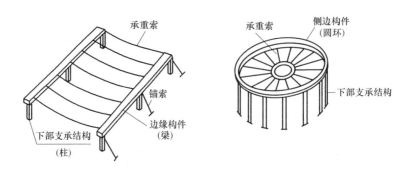

图9-66 悬索结构的组成

悬索结构根据几何形状、组成方式、受力特点等不同因素有多种划分。

按钢索的竖向布置方式可分成单层悬索结构，双层悬索结构。

按几何形态可分为单曲悬索结构，正曲面双曲悬索结构和负曲面双曲悬索结构。按钢索的平面布置和索力传递方向可分为单层悬索体系，双层悬索体系和交叉索网体系（也称碟形悬索体系）。

1）单层悬索体系

单层悬索体系的优点是传力明确，构造简单；缺点是屋面稳定性差，抗风（上吸力）能力小。为此常采用重屋面，适用于中小跨度建筑的屋盖。单层悬索结构有单曲面单层拉索体系和双曲面单层拉索体系。

（1）单曲面单层拉索体系

单曲面单层拉索体系也称单层平行索系。它由许多平行的单根拉索组成，屋盖表面为筒状凹面，需从两端山墙排水（图9-67）。拉索两端的节点可以是等高的，也可以是不等高的；拉索可以是单跨的，也可以是多跨连续的。单曲面单层拉索体系的优点是传力明确，构造简单；缺点是屋面稳定性差，抗风能力小，索的水平力不能在上部结构实现自平衡，必须通过适当的形式传至基础。拉索水平力的传递，一般有三种方式：①拉索水平力通过竖向承重结构传至基础（图9-67a）；②拉索水平力通过拉锚传至基础（图9-67b）；③拉锚水平力通过刚性水平构件集中传至抗侧力墙（图9-67c）。

（2）双曲面单层拉索体系

双曲面单层拉索体系也称单层辐射索网。这种索网常见于圆形的建筑平面。其各拉索按辐射状布置，整个屋面形成一个旋转曲面（图9-68）。双曲面单层拉索体系有碟形和伞形两种。碟形悬索结构的拉索一端支承在周边柱顶环梁上，另一端支承在中心内环梁上（图9-68b），其特点是雨水集中于屋盖中部，屋面排水处理较为复杂。伞形悬索结构的拉索一端支承在周边柱顶环梁上，另一端支承在中心立柱上（图9-68c），其圆锥状屋顶排水通畅，但中间有立柱限制了建筑的

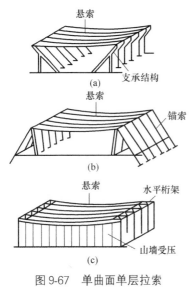

图9-67 单曲面单层拉索
体系水平力的平衡

使用功能。图 9-69 为乌拉圭蒙特维多体育馆碟形悬索结构，图 9-70 为淄博长途汽车站伞形悬索结构，均采用钢筋混凝土屋面板。

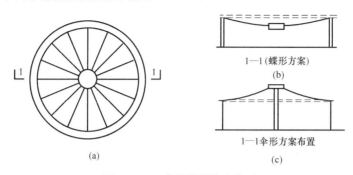

图 9-68 双曲面单层拉索体系
（a）拉索平面布置；（b）碟形方案布置；（c）伞形方案布置

单层辐射索体系也可用于椭圆形建筑平面。其缺点是在竖向均布荷载作用下，各拉索的内力都不相同，从而会在受压外环梁中产生弯矩。圆形平面中，在竖向均布荷载作用下，各拉索的内力相等，且与垂度成反比。

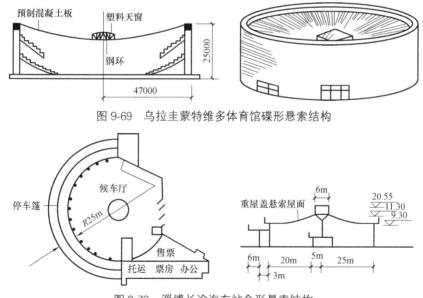

图 9-69 乌拉圭蒙特维多体育馆碟形悬索结构

图 9-70 淄博长途汽车站伞形悬索结构

2）双层悬索体系

双层悬索体系是由一系列承重索和相反曲率的稳定索所组成（图 9-71）。每对承重索和稳定索一般位于同一竖向平面内，两者之间通过受拉钢索或受压撑杆连系，连系杆可以斜向布置，构成犹如屋架的结构体系，故常称为索桁架；连系杆也可以布置成竖腹杆的形式，这时常称为索梁。根据承重索与稳定索位置关系的不同，连系腹杆可能受拉，也可能受压。当为圆形建筑平面时，常设中心内环梁。

双层悬索体系的特点是稳定性好，整体刚度大，反向曲率的索系可以承受不同方向的荷载作用，通过调整承重索、稳定索或腹杆的长度，可以对整个屋盖体系施加预应力，增

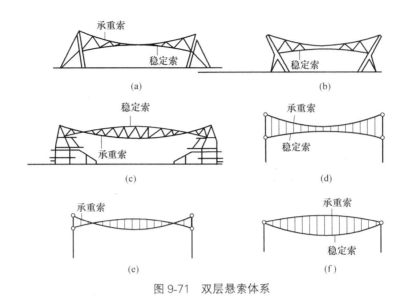

图 9-71　双层悬索体系

强了屋盖的整体性。因此，双层悬索体系适宜于采用轻屋面，如钢板、铝板等屋面材料和轻质高效的保温材料，以减轻屋盖自重、节约材料、降低造价。

双层悬索体系按屋面几何形状分为单曲面双层拉索体系和双曲面双层拉索体系两类。

（1）单曲面双层拉索体系

单曲面双层拉索体系也称双层平行索系，常用于矩形平面的单跨或多跨建筑（图 9-72）。承重索的垂度一般取跨度的 $1/20 \sim 1/15$；稳定索的挠度则取 $1/20 \sim 1/15$。与单层悬索体系一样，双层索系两端也必须锚固在侧边构件上，或通过锚索固定在基础上。

图 9-72　单曲面双层拉索体系

单曲面双层拉索体系中的承重索和稳定索也可以不在同一竖向平面内，而是相互错开布置，构成波形屋面（图 9-73）。这样可以有效地解决屋面排水问题。承重索与稳定索之间靠波形的系杆连接，并借以施加预应力。

（2）双曲面双层拉索体系

双曲面双层拉索体系也称为双层辐射体系。承重索和稳定索均沿辐射方向布置，周围支承在周边柱顶的受压环梁上，中心则设置受拉内环梁。整个屋盖支承于外墙或周边的柱上。根据承重索和稳定索的关系所形成的屋面可为上凸、下凹或交叉形，相应地在周边柱顶应设置一道或两道受压环梁（图 9-74）。通过调整承重索、稳定索或腹杆的长度并利用中心环受拉或受压，也可以对拉索体系施加预应力。

（3）交叉索网体系

交叉索网体系也称为鞍形索网，它是由两组相互正交、曲率相反的拉索直接交叠组成，形成负高斯曲率的双曲抛物面（图 9-75）。两组拉索中，下凹者为承重索，上凸者为

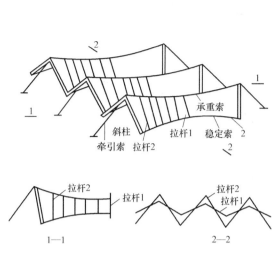

图 9-73　单曲面双层拉索体系中承重索和稳定
索不在同一竖向平面内

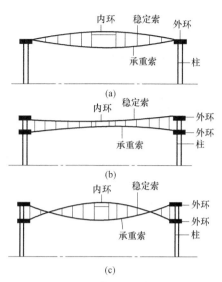

图 9-74　双曲面双层拉索体系

稳定索，稳定索应在承重索之上。交叉索网结构通常施加预应力，以增强屋盖结构的稳定性和刚度。由于存在曲率相反的两组索，对其中任意一组或同时对两组进行张拉，均可实现预应力。交叉索网体系需设置强大的边缘构件，以锚固不同方向的两组拉索。出于交叉索网中的每根索的拉力大小，方向均不一样，使得边缘构件受力大而复杂，易产生相当大的弯矩、扭矩，因此边缘构件需要有较大的截面，常需耗费较多的材料。边缘构件过于纤小，对索网的刚度影响较大。交叉索网体系中边缘构件的形式很多，根据建筑造型的要求一般有以下 5 种布置方式：

① 边缘构件为闭合曲线形环梁（图 9-75a）

边缘构件可以做成闭合曲线环梁的形式，环梁呈马鞍形，搁置在下部的柱或承重墙上。

② 边缘构件为落地交叉拱（图 9-75b）

边缘构件做成倾斜的抛物线拱，拱在一定的高度相交后落地，拱的水平推力可通过在地下设拉杆平衡。交叉索网中的承重索在锚固点与拱平面相切，其传力路线清晰合理。

③ 边缘构件为不落地交叉拱（图 9-75c）

边缘构件为倾斜的抛物线拱，两拱在屋面相交，拱的水平推力在一个方向相互抵消，在另一方向则必须设置拉索或刚劲的竖向构件，如扶壁或斜柱等，以平衡其向外的水平合力。

④ 边缘构件为一对不相交的落地拱（图 9-75d、e）

作为边缘构件的一对落地拱可以不相交，各自独立，以满足建筑造型上的要求。这时落地拱平衡与稳定上有两个问题必须引起重视，一个是拱身平面内拱脚水平推力的平衡问题，一般需在地下设拉杆平衡；另一个是拱身平面外拱的稳定问题，必要时应设置墙或柱支承。

⑤ 边缘构件为拉索结构（图 9-75f）

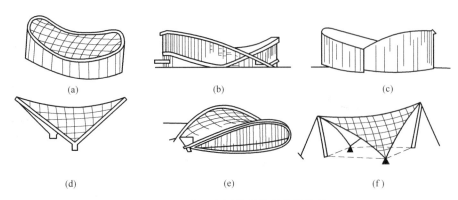

图 9-75　交叉索网体系及其边缘构件

鞍形交叉索网结构也可用拉索作为边缘构件（图 9-75f）。这种索网结构可以根据需要设置立柱，并可做成任意高度，覆盖任意空间，造型活泼，布置灵活。这种结构方案常被用于薄膜帐篷式结构中。

交叉索网体系刚度大、变形小、具有反向受力能力，结构稳定性好，适用于大跨度建筑的屋盖。交叉索网体系适用于圆形、椭圆形、菱形等建筑平面，边缘构件形式丰富多变，造型优美，屋面排水容易处理，因而应用广泛。屋面一般采用轻质屋面材料，如卷材、铝板、拉力薄膜，以减轻自重、节省造价。

2. 悬索结构的特点

悬索结构与其他结构形式相比，具有如下一些特点：

（1）受力合理，经济性好。悬索结构依靠索的受拉抵抗外荷载，因此能够充分发挥高强钢索的力学性能，用料省，结构自重轻，可以较经济地跨越很大的跨度。索的用钢量仅为普通钢结构的 $1/7 \sim 1/5$，当跨度不超过 150m 时，每 $1m^2$ 屋盖的用钢量一般在 10kg 以下。

（2）施工方便。钢索自重小，屋面构件一般也较轻，施工、安装时不需要大型起重设备，也不需要脚手架，因而施工周期短，施工费用相对较低。

（3）建筑造型美观。悬索结构不仅可以适应各种平面形状和外形轮廓的要求，而且可以充分发挥建筑师的想象力，较自由地满足各种建筑功能和表达形式的要求，实现建筑和结构较完美的结合。

（4）悬索结构的边缘构件或支承结构受力较大，往往需要较大的截面、耗费较多的材料，而且其刚度对悬索结构的受力影响较大，因此，边缘构件或支承构件的设计极为重要。

（5）悬索结构的受力属大变位、小变形，非线性强，常规结构分析中的叠加原理不能利用。

9.2.2　悬索结构的设计和构造

虽然对悬索结构的选型很难给出一定的准则，但显然平面形状、跨度以及承受的荷载等将是结构选型的因素。对矩形平面可采用单层单向悬索，承重索沿长边方向布置，或双层单向悬索，索沿短边向布置较有利；在圆形平面中可采用单层或双层辐射状悬索及索网结构；在接近方形的平面和椭圆形平面中则选用索网结构较为合适。

当平面为梯形或扇形，采用单层或双层悬索体系时，索的两端支点应按等距离设置，索系可按不平行布置。

单层悬索体系应采用重屋面，双层悬索体系宜采用轻屋面，也可采用重屋面。双层单向悬索屋盖应设置足够的支撑，以加强屋盖的整体性。

车辐式悬索布索时为了不使外环锚固孔过密而削弱环截面，上、下索宜错开布置，因此上、下索数量相等或呈倍数，以使外环受力均匀。

1. 悬索结构的设计要点

1）设计基本规定

(1) 对单层悬索体系，当平面为矩形时，悬索两端支点可设计为等高或不等高，索的垂度可取跨度的 $1/20 \sim 1/10$；当平面为圆形时，中心受拉环与结构外环直径之比可取 $1/17 \sim 1/8$，索的垂度可取跨度的 $1/20 \sim 1/10$。对双层悬索体系，当平面为矩形时，承重索的垂度可取跨度的 $1/20 \sim 1/15$，稳定索的拱度可取跨度的 $1/25 \sim 1/15$；当平面为圆形时，中心受拉环与结构外环直径之比可取 $1/12 \sim 1/5$，承重索的垂度可取跨度的 $1/22 \sim 1/17$，稳定索的拱度可取跨度的 $1/26 \sim 1/16$。对索网结构，承重索的垂度可取跨度的 $1/20 \sim 1/10$，稳定索的拱度可取跨度的 $1/30 \sim 1/15$。

(2) 悬索结构的承重索挠度与其跨度之比及承重索跨中竖向位移与其跨度之比不应大于下列数值：单层悬索体系为 $1/200$（自初始几何态算起），双层悬索体系、索网结构为 $1/250$（自预应力态算起）。

(3) 钢索宜采用钢丝、钢绞线、热处理钢筋，质量要求应分别符合国家现行有关标准，即《预应力混凝土用钢丝》GB/T 5223—2014、《预应力混凝土用钢绞线》GB/T 5224—2014。钢丝、钢绞线、热处理钢筋的强度标准值、强度设计值、弹性模量应按表 9-9 采用。

钢索的抗拉强度标准值、设计值和弹性模量   表 9-9

项次	种类	公称直径 (mm)	抗拉强度标准值 (N/mm²)	抗拉强度设计值 (N/mm²)	弹性模量 (N/mm²)
1	钢丝	4	1470	610	2.0×10^5
		5	1670	696	
		6	1570	654	
		7、8、9	1470	610	
2	钢绞线	9.5、11.1、12.7(1×7)	1860	775	1.95×10^5
		15.2(1×7)	1720	717	
		10.0、12.0(1×7)	1720	717	
		10.8、12.9(1×7)	1720	717	
3	热处理钢筋	6、8.2、10	1470	610	2.0×10^5

(4) 悬索结构的计算应按初始几何状态、预应力状态和荷载状态进行，并充分考虑几何非线性的影响。

(5) 在确定预应力状态后，应对悬索结构在各种情况下的永久荷载和可变荷载下进行内力、位移计算，并根据具体情况，分别对施工安装荷载、地震和温度变化等作用下的内力、位移进行验算。在计算各个阶段各种荷载情况的效应时应考虑加载次序的影响。悬索结构内力和位移可按弹性阶段进行计算。

（6）作为悬索结构主要受力构件的柔性索只能承受拉力，设计时应防止各种情况下引起的索松弛而导致不能保持受拉情况的发生。

（7）设计悬索结构应采取措施防止支承结构产生过大的变形，计算时应考虑支承结构变形的影响。

（8）当悬索结构的跨度超过 100m 且基本风压超过 $0.7kN/mm^2$ 时，应进行风的动力响应分析，分析方法宜采用时程分析法或随机振动法。

（9）对位于抗震设防烈度为 8 度或 8 度以上地区的悬索结构应进行地震反应验算。

2）荷载

悬索结构设计时除索中预应力外，所考虑的荷载与一般结构相同，这些荷载有：

（1）恒载：包括覆盖层、保温层、吊灯、索等自重。按《荷载规范》进行计算。

（2）活载：包括保养、维修时的施工荷载。按《荷载规范》取用。对于悬索结构，一般取 $0.3kN/mm^2$，不与雪荷载同时考虑。

（3）雪载：基本雪压按《荷载规范》取用，在悬索结构中应根据屋盖的外形轮廓考虑雪荷载不均匀分布所产生的不利影响，并应考虑多种荷载情况进行静力分析。当平面为矩形、圆形或椭圆形时，不同形状屋面上需考虑的雪荷载情况及积雪分布系数见有关图表。复杂形状的悬索结构屋面上的雪荷载分布情况应按当地实际情况确定。

（4）风载：基本风压值按《荷载规范》取用，风荷载的体型系数宜进行风洞试验确定，对矩形、菱形、圆形及椭圆形等规则曲面的风荷载的体型系数可参考有关表格。对轻型屋面应考虑风压脉动影响。

（5）动荷载：考虑风力、地震作用等对屋盖的动力影响。

（6）预应力：为了在荷载作用下不使钢索发生松弛和产生过大的变形，需将钢索的变形控制在一定的范围内；为了避免发生共振现象，需将体系的固有频率控制在一定的范围之内。这要求屋盖具有一定的刚度，因此，必须在索中施加预应力，预应力的取值一般应根据结构形式、活载与恒载比值以及结构最大位移的控制值等因素通过多次试算确定。

（7）安装荷载：应分别考虑每一安装过程中安装荷载对结构的影响，在边缘构件和支承结构中常常出现较大的安装应力。

结构的蠕变和温度变化将导致钢索和结构刚度减少，在结构设计中应考虑它们的影响。

对非抗震设计，荷载效应组合应按《荷载规范》计算。在截面及节点设计中，应按荷载的基本组合确定内力设计值，在位移计算中应考虑短期效应组合确定其挠度。

对抗震设计，应按《建筑抗震设计规范》GB 50011—2010 确定屋盖重力荷载代表值。

3）钢索设计

悬索结构中的钢索可根据结构跨度、荷载、施工方法和使用条件等因素，分别采用有高强钢丝组成的钢绞线、钢丝绳或平行钢丝束，其中钢绞线和平行钢丝束最为常见。但也可采用圆钢筋或带状薄钢板。

平行钢丝束中各钢丝不经缠绕，受力均匀，能充分发挥钢材的力学性能，其承载能力和弹性模量较钢绞线或钢丝绳为高，造价也较低，应用广泛，在悬索拉力较大时宜优先采用；在相同直径下，钢绞线的强度和弹性模量高于钢丝绳，但由于钢丝绳比较柔软，在需要弯曲且曲率较大的悬索结构中宜采用。

单索截面根据承载力按式（9-15）验算：

$$\gamma_0 N_d \leqslant f_{td} A \tag{9-15}$$

式中　γ_0——结构重要性系数，取 $\gamma_0 = 1.1$ 或 1.2；

　　　N_d——单索最大轴向拉力设计值；

　　　f_{td}——单索材料抗拉强度设计值，由表 9-9 查得；

　　　A——单索截面面积。

2. 悬索结构的节点构造

悬索结构的节点构造应符合结构分析中的计算假定，所选用的钢材及节点连接中材料应按国家相应标准的规定采用。

节点及连接应进行承载力、刚度验算以确保节点的传力可靠。节点和钢索连接件的承载力应大于钢索的承载力设计值。节点构造尚需考虑与钢索的连接相吻合，以消除可能出现的构造间隙和钢索的应力损失。

1）钢索与钢索连接

钢索与钢索之间应采用夹具连接，夹具的构造及连接方式可选用：①U 形夹连接；②夹板连接。

2）钢索连接件

钢索的连接件可选用下列几种形式：①挤压螺杆；②挤压式连接环；③冷铸式连接环；④冷铸螺杆。

3）钢索与屋面板的连接

钢索与钢筋混凝土屋面板的连接构造可用连接板连接或板内伸出钢筋进行连接。

4）钢索支承节点

（1）锚具。钢索的锚具必须满足国家标准《预应力筋用锚具、夹具和连接器》GB/T 14370—2015 中的 Ⅰ 类锚具标准，并按国家建设行业标准《预应力筋用锚具、夹具和连接器应用技术规程》JGJ 85—2010 的设计要求进行制作、张拉和验收。

锚具选用的主要原则是与钢索的品种规格及张拉设备相配套。钢丝束最常用的锚具是钢丝束镦头锚具。这种锚具具有张拉方便、锚固可靠、抗疲劳性能优异、成本较低等特点，还可节约两端伸出的预应力钢丝，但对钢丝等长下料要求较严，人工也较费。另一种比较常用的是锥形螺杆锚具，用于锚固 $\phi5$ 高强钢丝束。钢绞线通常均为夹片式锚具，夹片有两片式、三片式和多片式，目前国内常用的有 JM 型系列锚具、OVM 型系列锚具等。

（2）钢索与钢筋混凝土支承结构及构件连接。在构件上预留索孔和灌浆孔，索孔截面积一般为索截面积的 2~3 倍，以便于穿索，并保证张拉后灌浆密实。

（3）钢索与钢支承结构及构件连接

在钢支承结构上加设相应构造，以便于锚具安装，同时在相应位置要设置加劲肋，以保证节点处不发生局部破坏。

5）拉索的锚固

拉索的锚固可根据拉力的大小、倾角和地基土等条件采用下列方法：①重力式；②板式；③挡土墙式；④桩式。

9.3　膜结构

9.3.1　膜结构的概念和特点

1. 膜结构的概念

"膜结构"泛指所有采用膜材和其他构件（如拉索、钢骨架等）所组成的建筑物和构筑物。膜结构是建筑结构中最新发展起来的一种形式。自从20世纪70年代以来，膜结构以其造型新颖、质轻透光等优点在世界范围内得到了推广应用，它的产生与发展是深受"少费多用"思想的影响，即充分发挥了材料自身特性，用最少的物质材料建造最大容积建筑，已成为体育建筑、会展中心、商业设施、交通枢纽站场等屋盖的主要选型之一。与传统的刚性结构不同，它是用高强度柔性薄膜材料与支撑体系相结合形成具有一定刚度的稳定曲面，能承受一定外荷载的空间结构形式。它是以性能优良的织物为材料，或是向膜内充气，通过空气压力来支承膜面，或是利用柔性拉索或刚性支承结构将膜面绷紧，从而形成具有一定刚度、能够覆盖较大空间的结构体系。薄膜结构在结构及建筑设计上充分体现了膜结构的轻巧、高强、透光等特点，可以在大跨度、大体量的公共建筑中实现人们所追求的那种自然、和谐、明亮的内部空间。这种结构特别适用于大型体育场馆、入口廊道、小品、公众休闲娱乐广场、展览会场（图9-76）、购物中心等屋盖。

图9-76　博鳌亚洲论坛主会场

膜结构建筑于20世纪后期成为国际上大跨度空间建筑及景观建筑的主要形式之一，具有强烈的时代感和代表性。它是集建筑学、结构力学、精细化工、材料科学、计算机技术等为一体的多学科交叉应用工程，具有很高的技术含量和艺术感染力，实用性强、应用领域广泛，其发展潜力巨大，已成为21世纪空间结构的发展主流。

2. 膜结构的发展和应用状况

膜结构的出现至少可以追溯至5000年前，当时的人们就已经学会了利用树木的纤维和兽皮来建造帐篷，这便是原始意义上的膜结构。然而由于原始的膜结构所使用的材料

（兽皮）本身面积较小且不具备抗拉高强度，因此一直未被普遍采用。

作为一种真正的现代膜结构，一般都以 1970 年日本大阪博览会中的美国馆作为标志。这个类椭圆形（140m×83.5m）的展览馆是世界上第一个大跨度的空气支承膜结构。1975 年在美国密歇根州庞提亚克兴建了平面尺寸为 234.9m×183m 的"银色穹顶"，这是第一次将承气式膜结构应用于永久性的大型体育馆。其后在北美地区，类似的膜结构就建了九座，膜结构终于登堂入室，进入永久性建筑的行列。英国伦敦建成了直径达 320m 的"千年穹顶"，它以 12 根穿出屋面高达 100m 的桅杆，悬吊面积 8 万 m² 的膜材屋盖，于 1999 年建成，英国国民在此举行了千年庆典，庆典结束后作为千年发展成就的展览厅。在新旧世纪交替之际，人们以膜结构来显示当代建筑技术与材料科学的发展水平。

日本在徘徊了 10 多年之后，也在 1988 年修建东京后乐园棒球场时采用了气承式膜结构。1997 年日本熊本公园体育场主屋盖采用了加劲索的双层气胀式膜结构，使空气再一次作为膜的支承。熊本穹顶融合了车轮形双层圆形悬索和气胀式膜结构的特点，成为一种新型的杂交结构。直径 107m 的圆形屋顶宛如一朵浮云覆盖着体育馆，双层膜之间的充气量远小于要对整个室内空间充气的气承式膜结构。一旦漏气，屋盖还可由钢索支承，不至于塌落。

意大利尼古拉体育场，为 1990 年在意大利举行的世界杯而建造的 8 个体育场之一。上层的观众席被划分成 26 块巨大的"花瓣"，"花瓣"间的空隙使建筑显得纤秀轻盈，同时留出了人员流动的空间，方便观众进场和退场，保证了观众的安全。膜顶由 26 块各自从上层观众席的钢筋混凝土框架延伸出来的大膜构成。26 个膜顶之间通过小块拱形膜连为一体，整个膜覆盖面积为 13250m²。

马来西亚科隆坡体育场，为保护露天体育场所有正面看台不受阳光直射和雨淋，采用了环行索膜结构，从而创造出 3.8 万 m² 的无柱有顶空间，成为世界上此种类型的最大的膜结构。屋顶由看台后沿的混凝土结构支撑，悬挑长度均为 62m。屋顶结构为 36 条索构架在一个外部钢制压力环和两个内部拉力环之间呈放射状布置。外部压力环是直径为 1400mm 的钢管，安放在 36 个 V 形柱上。这些 V 形柱又放在混凝土结构上并稍微向外倾斜，V 形柱两端都是铰接，以使压力环径向可以轻微移动。内部拉力环由直径 100mm 的绳索构成。两个拉力环的垂直距离为 20m，并由 36 根钢制支柱相连，这些支柱的端部与拉力环上的铸钢节点连接。整个结构体系被施加预应力，以使建筑在频繁的风力及其他荷载作用下保持稳定。

我国于 1997 年完工的上海八万人体育场（图 9-77）为中国膜结构的起始点，近些年来，我国高等学校和科研单位对膜结构进行了较深入研究与开发，建立了一定的技术储备，一批自己的设计和施工企业已具规模，这一切都为近年来中国膜结构的飞跃发展奠定了基础。"水立方"中国国家游泳中心（图 9-78），是 2008 年北京奥运会标志性建筑物之一，承担奥运会游泳、跳水、花样游泳、水球等比赛项目。"水立方"位于北京奥林匹克公园内，长宽均为 177m，高 31m，规划建设用地 62950m²，建筑面积 87283m²，ETFE 气枕面积约 10 万 m²。整个建筑由 3700 多个气枕构成，其中，一些气枕跨度达 10m，是世界面积最大、技术难度最大、最复杂的膜结构工程。

3. 膜结构的特点

各种类型的膜结构形式在受力分析、设计构造、制作安装等方面难易程度有很大不同，

图 9-77 上海八万人体育场

图 9-78 中国国家游泳中心

应用上也不尽相同，但它们有如下共同特点。

1）自重轻

在建造大型公共建筑时，具有较好的性能价格比。在大跨度的结构中采用膜结构要比传统结构轻一个或几个数量级，单位面积的结构自重与造价也不会随跨度的增加而明显增加。

2）艺术性

膜结构以造型学、色彩学为依托，可结合自然条件及民族风情，根据建筑师的创意造出传统建筑难以实现的曲线及造型，造型优美、富有时代气息。膜结构突破了传统的建筑结构形式，易做成各种造型，且色彩丰富，在灯光的配合下易形成夜景，给人以现代美的享受；又由于其技术上的先进性，膜结构被誉为现代建筑高科技，是 21 世纪的建筑。

3）减少能源消耗

膜材料自身透光率在 7%～20% 之间，透光性较好，可充分利用自然光，白天使用不需人工照明，完全能满足各种体育比赛活动需求。膜材料对光的折射率在 70% 以上，在日光照射下室内形成柔和的散光，给人以舒适、梦幻般的感受。

4）施工速度快

膜片的裁剪制作、钢索及钢结构等制作均在工厂内完成，可与下部钢筋混凝土结构或构件等同时进行，在施工现场只是钢索、钢结构及膜片的连接安装定位及张拉的过程，故在现场的施工安装迅速快捷。

5）经济效益显著

虽然膜结构建筑项目目前来说一次投资稍大，但由于此类结构的日常维护费用极小（被称为"免维护结构"），因此从长远来看，经济效果非常明显。此类结构若用于超大跨度建筑中，有更为突出的价格优势。索膜结构的经济优势是与空间跨度和技术难度成正比的。对于同等大小的建筑，如果采用膜结构其成本只相当于传统建筑的 1/2 或更少。

6）施工速度快捷

易做成可拆卸结构易于运输，可用作巡回演出、展览等。如美国某公司设计制作的音乐篷覆盖面积 300 多平方米，其拆卸和安装只需用不足 1 个小时。

7）使用范围广

从气候条件看，它适用于从阿拉斯加到沙特这样广阔的地域；从规模上看，可以小到单人帐篷、花园小品，大到覆盖几万、几十万平方米的建筑，甚至有人设想覆盖一个小城，实现人造自然。

8）使用安全可靠

由于其自重轻，抗震性能比较好。膜结构属柔性结构，抗变形能力强，不易整体倒塌，且膜材料一般都是阻燃材料，也不易造成火灾。

9.3.2　膜结构的形式和分类

膜结构的选型应根据建筑造型需要和支承条件等通过综合分析确定。按膜材及其相关构件的受力方式分成整体张拉式膜结构、骨架支承式膜结构、索系支承式膜结构与空气支承式膜结构，或由以上形式混合组成的结构。

1. 整体张拉式膜结构

整体张拉式膜结构可由桅杆等构件提供支承点，并在周边设置锚固点，通过张拉而形成稳定的体系（图9-79）。这种膜结构主要由索和膜构成，两者共同起承重作用，通过支承点和锚固点形成整体受力。

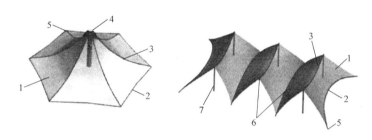

图9-79　整体张拉式膜结构

1—膜；2—边索；3—脊索；4—桅杆；5—锚固点；6—谷索；7—柱

张拉式膜结构是通过拉索将膜材料张拉于结构上而形成的结构形式。由于膜材是柔性结构，本身没有抗拉、抗压能力，抗弯能力也很差，完全靠外部施加的预应力保持其形状，即使在无外力且不考虑自重的情况下，也存在着相当大的拉应力。膜表面通过自身曲率变化达到内外力平衡。具有高度的形体可塑性和结构灵活性，是索膜建筑的代表和精华。

2. 骨架支承式膜结构

骨架支承式膜结构，由钢构件或其他刚性结构（如拱、刚架等）作为承重骨架，在骨架上布置按设计要求张紧的膜材，膜材仅起围护作用（图9-80），在刚架或其他材料的骨架上铺装膜材料，由此构成屋顶或外墙壁的构造形式，形态有平面形、单曲面形和以鞍形为代表的双曲线形。

3. 索系支承式膜结构

索系支承式膜结构，由空间索系作为主要承重结构，在索上布置按设计要求张紧的膜材（图9-81）。这种膜结构主要由索、杆和膜构成，三者共同起承重作用。在通常所称的张拉整体结构、索穹顶结构中，如采用膜材，也属于索系支承式膜结构。

4. 空气支承式膜结构

空气支承式膜结构应具有密闭的充气空间，并应设置维持内压的充气装置，借助内压保持膜材的张力并形成设计要求的曲面，可采用气承式、气肋式和气枕式（图9-82）。

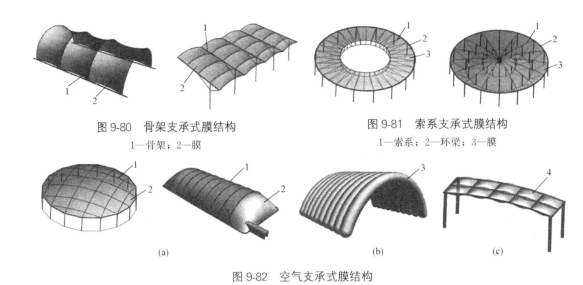

图 9-80 骨架支承式膜结构
1—骨架；2—膜

图 9-81 索系支承式膜结构
1—索系；2—环梁；3—膜

(a)　　　　　　　　　　　(b)　　　　　　　(c)

图 9-82 空气支承式膜结构
(a) 气承式；(b) 气肋式；(c) 气枕式
1—加劲索；2—膜；3—气肋；4—气枕

以密闭空间内的气压与大气压的差来张紧膜材，使膜材处于张力状态来抵抗负载及外力，是空气支承式膜结构的一个特点，一般也称为充气结构，其设计与构造与传统结构有许多不同之处。充气结构有单层结构和双层结构两种。单层结构如同肥皂泡，单层膜的内压大于外压。此结构具有大空间、重量轻、建造简单的优点，但需要不断输入超压气体及日常维护管理。双层结构是在双层膜之间充入空气，和单层相比可以充入高压空气，形成具有一定刚性的结构，而且进出口可以敞开。

9.3.3　膜结构的计算方法

1. 膜结构的基本理论

膜结构应进行初始形态分析、荷载效应分析、裁剪分析，对于大型复杂膜结构工程，应进行施工过程验算。

索膜建筑的设计，就是要把建筑功能、内外环境的协调、找形和结构传力体系分析、材料的选择与剪裁等集为一体，并借助于计算机绘图和多媒体技术进行统筹规划与方案设计，再用结构找形、体系内力分析与剪裁的软件，完成索与膜的下料与零件的加工图纸。需要解决的主要问题有：保证膜面有足够的曲率，以获得较大的刚度和美学效果；细化支承结构，以充分表达透明的空间和轻巧的形状；简化膜与支承结构间的连接节点，降低现场施工量。

1）初始形态分析

初始形态分析即找形设计，是索膜结构设计的重点和难点。所谓找形，就是根据膜材的特点和建筑师的要求，找出最合理的空间形体。膜结构的初始形态分析可采用非线性有限元法、动力松弛法和力密度法等。

2）荷载效应分析

膜结构的荷载效应分析，应在初始形态分析确定的几何形状和预张力的基础上，考虑各种可能的荷载组合对结构内力和变形的影响。当计算结果不能满足要求时，应重新调整初始形态，通常可调整初始预张力大小和分布、调整结构外形或增加加强索数量等。

在静力分析过程中，如果单元出现压应力，解决的办法一般是忽略该单元在结构分析中的作用，但是必须保证刚度矩阵不奇异，以便求解的顺利进行。与传统结构相比，薄膜结构的自重较小，属风敏感结构，柔度很大，自振频率很低，因此其静力和地震作用不起主导作用。在风荷载的作用下结构极易产生风振现象，使膜材撕裂破坏，因此，对于形状复杂、跨度较大或重要的建筑物，必须进行风洞试验和风振分析，以确定风荷载动力影响。

结构荷载分析的另一个目的是确定索、膜中初始预张力的变化。在外荷载的作用下，薄膜中一个方向的应力增加，而另一个方向的应力减少。这就要求所施加的预张应力，一方面要在外载的作用下膜中的应力不至于减少到零，出现褶皱；另一方面在最不利荷载作用下，也不可以使膜材中的应力过大，使强度储备过小。因此，初始预应力的确定要通过荷载计算来完成，同时还要考虑施工过程中产生的附加应力。

3）剪裁分析

经过找形分析得到的膜结构几何外形通常为三维的不可展曲面，且呈空间曲面形状的薄膜结构最终要由平面膜材来拼接；而工厂生产的膜材幅宽有限，无法也不可能用一块薄膜材料形成膜结构的整个表面。因此薄膜结构的剪裁分析，就是将三维的薄膜结构尽可能精确地展开为平面膜材，在空间曲面上确定膜片间的裁剪线，获得与空间曲面最接近的平面展开膜片。

确定膜片间的裁剪线，可采用测地线法和平面相交法等。剪裁分析的结果要求：裁剪线布置的美观性，膜材的利用率，织物类膜材纤维方向与主受力方向的一致性。拼接后形成的曲面同找形分析得到的初始曲面相吻合，而且预应力的偏差要小。

2. 膜结构的设计原则

膜结构设计应采用以概率理论为基础的极限状态设计方法，以分项系数设计表达式进行计算。但由于膜结构的特点，有一些问题与传统结构有所区别。

结构重要性系数。应根据结构的安全等级和设计使用年限确定。一般工业与民用建筑膜结构的安全等级可取为二级，当结构设计使用年限为 50 年时，结构重要性系数不应小于 1.0；当结构设计使用年限为 15～25 年时，结构重要性系数不应小于 0.95；当结构设计使用年限为 5 年时，结构重要性系数不应小于 0.9。需要注意的是膜结构下部的钢或钢筋混凝土承重结构，其设计使用年限仍可采用 50 年，当膜结构达到设计使用年限时，可以更换膜材从而达到与下部结构同样的设计使用年限。

膜结构设计应考虑恒荷载、活荷载、风荷载、雪荷载、预张力、气压力、温度和支座不均匀沉降等作用。膜面的活荷载标准值可取 $0.3 kN/m^2$，其余应按《荷载规范》的规定采用。

荷载效应的组合。由于膜结构受力具有较强的几何非线性，其各项荷载不能进行线性组合，因此按照承载能力极限状态设计膜结构时采用两种组合类别，如表 9-10 所示。其中第一类组合相当于长期（持久）荷载组合，第二类组合相当于短期（临时）荷载组合，并以抗力分项系数进行调节。

荷载效应组合 表 9-10

组合类别	参与组合的荷载
第一类组合	$G,Q,P(p)$
第二类组合	$G,W,P(p)$
	$G,W,Q,P(p)$
	其他作用(与 G,W 等组合)

注：1. 表中 G 为恒荷载，w 为风荷载，Q 为活荷载与雪荷载中的较大者，P 为初始预张力，p 为空气支承膜结构的内压值；
　　2. 荷载分项系数和荷载组合值系数，应符合《荷载规范》的规定，P（p）为荷载分项系数和荷载组合系数可取 1.0；
　　3. "其他荷载"是指根据工程具体情况，考虑温度作用、支座不均匀沉降或施工荷载等组合。

考虑膜结构的整体设计。膜结构设计时应在满足膜面应力平衡条件下保证结构体系的整体稳定，还应保证使用阶段局部膜片破坏或局部索退出工作时不致引起结构整体失效。由于膜材在拉应力作用下存在松弛、徐变等问题，张拉式膜结构在正常使用 1～2 年后需要进行第二次张拉，结构设计时应考虑二次张拉对结构整体的影响。此外由于材料自身存在老化问题，各类膜材均有一定的使用年限。对于永久性建筑，当膜材达到使用年限或部分膜片在使用期间出现破损时，需要进行更换，同样在结构整体设计时宜予以考虑。

地震作用的影响。膜结构自重较小，地震对结构的影响也较小，故设计时可不考虑地震作用，但地震对支承结构（包括骨架支承式膜结构的承重骨架）的影响应予考虑。

3. 膜结构的材料

膜结构所用的建筑织物是一种以基材和外敷涂层、面层组成的复合材料。基材为膜材提供抗拉与抗撕裂的强度，而涂层、面层则是对外界的天气、紫外线以及火等起防护作用。目前常用的膜材有两种：

（1）基材采用聚酯，以聚氯乙烯（PVC）为涂层。它具有较高的强度，但弹性模量较低、材料尺寸稳定性也略差。这种膜材的优点是价格便宜、加工制作容易，如果不要求透光，有多种颜色可供选择，但耐久性较差，使用年限一般为 5～10 年，可用于中小跨度的临时性或半临时性建筑。聚氯乙烯涂层的织物在大气尘埃和紫外线作用下容易变色、显得污浊、透光率降低而影响膜材的使用年限。为了改进其性能可再加一层面层，常用的有聚偏氟乙烯（PVF）与聚偏二氟乙烯（PVDF）。这样可将其使用年限提高到 15 年，在永久性建筑中也可使用。

（2）基材采用玻璃纤维，以聚四氟乙烯（PTFE，商品名 Teflon）为涂层。玻璃纤维织物的强度高，在高应力和温度变化条件下不易伸长或松弛，具有良好的材料尺寸稳定性。它属于不燃材料，对防火有利，经过测试和实践经验证明，耐久性也很好，使用年限可在 25 年以上。此外，良好的自洁性使膜材始终保持亮白的色彩和较高的透光率。这种膜材适用于大跨度永久性建筑，不足之处是价格昂贵，对加工制作有较高的要求。

膜材应根据建筑功能、膜结构所处的环境和使用年限、膜结构承受的环境以及建筑物防火要求合理选材。膜材按其基材分为 G 类（在玻璃纤维织物基材表面涂覆聚合物连续层的涂层织物）、P 类（在聚酯纤维织物基材表面涂覆聚合物连续层并附加面层的涂层织物）和 E 类（由乙烯和四氟乙烯共聚物制成的 ETFE 薄膜）三大类，再按其不同的涂层与面层分别给予代号。根据当前国内外生产厂所提供的膜材品种，按其抗拉强度以及相应的重量与厚度加以分级，设计时应根据结构承载力选用不同级别的膜材。规程中专门列表分别给出 G 类、P 类和 E 类各级膜材的抗拉强度标准值。规程采用以概率理论为基础的极限状态设计方法进行设计，但由于对膜材的强度尚无条件进行数理统计，因此表中的数值还不是经过统计而得的保证率为 95％的抗拉强度标准值。当生产厂有条件对其膜材产品提供具有 95％保证率的抗拉强度统计数据时，在设计中允许采用高于表中的数值作为抗拉强度标准值。

4. 膜结构的连接构造

膜结构设计的连接构造是重要的一环。索、膜构件必须通过连接件与支承结构及基础有效地连接起来，以保证结构体系的平衡与稳定，因此连接构造必须做到安全、合理、美观。由于膜结构形式多种多样，其连接构造也有很多方案，详见规程所列。

通常膜材经过裁剪后需通过接缝连接形成膜单元，膜材之间的主要受力缝应采用热合连接，其他连接缝可采用粘结或缝合连接；膜材之间的连接可采用搭接或对接方式；膜单元之间的连接可采用编绳连接、夹具连接或夹板连接。此外，膜材还要与支承骨架、钢索以及混凝土或钢边缘构件连接，一般要通过特制的夹具和连接件来完成。钢索端部锚固是膜结构中传力的重要环节，其端部连接件可采用螺杆或连接环，以浇铸或压接等方式制成。膜结构与基础的连接可采用拉索锚锭系统，有重力锚、盘型锚、蘑菇型锚、摩擦桩、拉力桩、阻力墙等类型。

9.3.4 膜结构的制作与安装

膜结构的施工，在总体上可分为两个阶段，即制作与安装。制作的重点是制膜技术（包括裁剪和热合两个方面）；安装包括张膜、预应力过程。

膜材通常是在工厂内进行加工，对制作场地应有严格的要求以保持膜材清洁。膜结构的制作应经过材料检验、裁剪、热合及包装等工序，规程中对裁剪与热合后的尺寸偏差都作出了规定，对热合缝的强度和制作质量也提出了要求。膜单元运到施工现场后就应该连接安装就位，将其固定在支承构件上。安装时，一个重要的工序就是对膜结构通过集中施力点分步施加预张力，这样膜面逐渐承受张力而成形。目前对膜面是否已达到设计的预张力还没有可靠的检测方法，在实用上只能以施力点位移是否达到设计值作为控制标准，对有代表性的施力点则应进行力值抽检。膜结构建成后对其进行维护和保养是保证膜结构正常使用的必要条件，也是制作安装单位和使用单位的共同责任。规程对膜结构定期检查和维护提出了具体的要求。

张拉膜结构一般由三部分组成，即支承柱、拉索与覆盖的膜材。这三部分构件均可以在工厂内预先加工。其中，膜材更应在工厂内按照设计尺寸裁剪，然后运输到现场组合拼装。工厂化加工保证了其精确度。三种构件运到工地现场则应按科学的程序分别安装。

膜结构的一般安装工艺过程为：主体结构施工完成或钢管柱（钢骨架）就位竖起-支承结构与膜结构的连接部位与节点进行复测-工厂制膜并运到现场-展开膜材，预先进行膜边界与边索的连接-吊装并固定膜材（先装膜面最高处）-膜材张拉成型（均匀施加预应力，满足设计的张拉值）-按设计节点图逐一固定节点。

本章小结

　　本章是在目前大跨空间结构日益发展的前提下，为了让学生了解目前建筑行业大跨房屋对常用的几种结构形式的基本知识和设计、构造基本技能的需求而编写的。随着空间结构技术的发展，还会出现许多新型的大跨房屋钢结构。

　　由于大跨度空间结构计算复杂，因此本章重点放在了空间网格结构的网架结构、网壳结构、悬索结构、膜结构这四种常用大跨度房屋钢结构的学习上，主要介绍其基本概念、基本设计方法及节点构造等方面。学生在学习时，可根据实际需要学习某种特定大跨度房屋钢结构的数值模拟方法以及成熟软件的应用上。

思考与练习题

　　9-1　简述我国大跨度空间钢结构应用发展的主要特点。

　　9-2　试述空间网格结构常用的形式与种类及其各自的结构组成。

　　9-3　网架结构按照网格组成分为几类，各有什么优点？

　　9-4　网架结构的计算模型大致可分为几种，各有什么特点？

　　9-5　如何进行网壳结构的选型，在选型时应考虑哪些因素？

　　9-6　空间网格结构常用的支座节点有几种类型，各有什么特点？

　　9-7　悬索结构按几何形态可分为几种，各有什么特点？

　　9-8　如何进行钢索设计？简述钢索节点的具体构造。

　　9-9　膜结构按膜材及其相关构件的受力方式可分为哪几种，各有什么特点？

第10章 多、高层房屋钢结构

本章要点及学习目标

本章要点：
(1) 结构的内力和位移分析（计算模型的确定、静力分析及稳定性验算）；
(2) 构件与连接节点设计；
(3) 根据相关规范使用 PKPM 软件进行钢结构设计。

学习目标：
(1) 多高层钢结构的结构布置原则；
(2) 多高层钢结构的结构体系；
(3) 结构的内力和位移分析；
(4) 构件与连接节点设计；
(5) 楼盖设计；
(6) 钢结构电算实例。

10.1 结构布置原则

10.1.1 结构的平面布置原则

1. 建筑平面及体型宜简单规则

平面布置应力求使结构各层的刚心与质心重合，同时相邻层质心坐标尽量接近，以减小结构扭转的影响；建筑的开间、进深宜统一，减少构件规格，以利于制作和安装。

建筑物平面宜优先采用方形、圆形、矩形及其他对称平面。因为这些平面形状减小风载体型系数从而会使风压较小，且使水平地震作用在平面上的分布均匀，有利于结构的抗风与抗震。

抗震设防的多高层建筑钢结构，在平面布置上具有下列情况之一者，属平面不规则结构：

（1）任一层的偏心率大于 0.15。

（2）结构平面凹进尺寸，大于相应投影方向总尺寸的 30%，如图 10-1（a）所示。

（3）楼面不连续或平面刚度突变，例如有效楼板宽度小于该楼层楼板典型宽度的 50%，或开洞面积大于该层楼面面积的 30%，或有较大的楼层错层，如图 10-1（b）所示。

（4）在规定的水平力以及偶然偏心作用下，楼层两端弹性水平位移（或层间位移）的

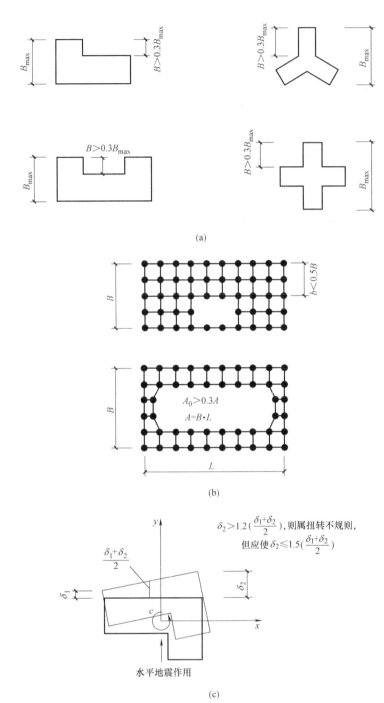

图 10-1　平面不规则结构

（a）平面凹凸不规则；（b）平面洞口过大；（c）扭转位移比

最大值与其平均值的比值大于 1.2，如图 10-1（c）所示。

2. 变形缝的设置

一般情况下，多、高层建筑钢结构不宜设置变形缝，但当建筑平面尺寸超过 90m 时，可考虑设置温度伸缩缝。伸缩缝仅将基础以上的房屋断开，其宽度不小于 50mm，抗震设防的结构伸缩缝应满足防震缝要求。防震缝宽度不应小于钢筋混凝土框架结构缝宽的 1.5 倍。

10.1.2 结构的竖向布置原则

抗震设防的高层建筑钢结构，宜采用竖向规则的结构。在竖向布置上具有下列情况之一者，为竖向不规则结构。

（1）侧向刚度不规则。即该层的侧向刚度小于其相邻上层刚度的 70%，或小于其上部相邻三个楼层侧向刚度平均值的 80%；除顶层或出屋面小建筑外，局部收进的水平向尺寸大于相邻下一层的 25%。

（2）相邻楼层质量之比超过 1.5，但轻屋盖与相邻楼层的质量之比除外。

（3）立面收进尺寸的比例为以下情况者：$L_1/L < 0.75$，如图 10-2（a）所示；当收进位于 0.15H 范围内时，$L_1/L < 0.50$，如图 10-2（b）所示。

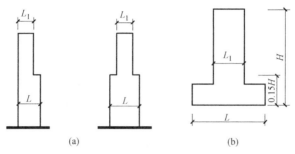

图 10-2 立面收进尺寸示意图

（4）竖向抗侧力构件不连续，即竖向抗侧力构件（柱、支撑、剪力墙）的内力由水平转换构件（梁、桁架等）向下传递。

（5）楼层承载力突变。即任一楼层抗侧力构件的总受剪承载力，小于其相邻上层的 80%。

对于竖向不规则的结构，在构造上应对结构薄弱部位采取有效的抗震加强措施，在计算上应采用符合实际的结构计算模型并考虑扭转影响，对于特别不规则的结构宜采用弹性时程分析作补充计算。

为了满足建筑物抗风和抗震设计，房屋的立面形状应尽可能选择沿高度均匀变化的简单几何图形，如矩形、梯形、三角形或双曲线梯形。

抗震设防的框架-支撑结构中，支撑（剪力墙板）宜竖向连续布置。

同一层楼面应尽量在同一个标高上，不宜设置错层或局部夹层而使楼面无法有效地传递水平力。

多高层房屋的横向刚度、风振加速度还和其高宽比有关。《高层民用建筑钢结构技术规程》JGJ 99—2015（以下简称《高钢规》）规定各种结构体系适用的最大高度如表 10-1 所示，适用的最大高宽比如表 10-2 所示。对于超过表 10-1 和表 10-2 的结构，应加强结构分析计算，并采取有效的加强措施。高层民用建筑的高宽比是对整体结构刚度、稳定、承载力和经济性的宏观控制。在结构设计满足相关规范规定的要求后，仅从结构安全度来讲，高宽比不是必须满足的，更多是经济性的要求。

高层民用建筑钢结构适用的最大高度（m）　　　　　　　表 10-1

结构类型	非抗震设计	6度 7度(0.1g)	7度(0.15g)	8度		9度 (0.4g)
				(0.2g)	(0.3g)	
框架	110	110	90	90	70	50
框架-中心支撑	240	220	200	180	150	120
框架-偏心支撑框架-屈曲约束支撑框架延性墙板	260	240	220	200	180	160
筒体(框筒,筒中筒,桁架筒,束筒)巨型框架	360	300	280	260	240	180

注：表中适用高度系指则结构的房屋高度，指室外地坪算起至主要屋面板板顶的高度（不包括局部突出屋顶部分）。

高层民用建筑钢结构适用的最大高宽比　　　　　　　表 10-2

烈度	6、7	8	9
最大高宽比	6.5	6.0	5.5

注：当塔性建筑的底部有大底盘时，高宽比采用的高度应从大底盘的顶部算起。

10.1.3　结构布置的其他要求

高层建筑钢结构的楼板，必须有足够的承载力、刚度和整体性。楼板宜采用压型钢板现浇钢筋混凝土楼板、现浇钢筋桁架混凝土楼板或钢筋混凝土楼板。楼板应保证楼板与钢梁的可靠连接。

对转换楼层或设备、管道洞口较多的楼层，应采用现浇混凝土楼板。

建筑物上部有较大中庭时，可在中庭的上端楼层用水平桁架将中庭开口连接，或采取其他有效措施，以增强结构的抗扭刚度。

暴露在室外的钢结构构件，应采取隔热和防火措施，以减少温度应力的影响。在框架-支撑体系中，竖向连续布置的支撑桁架，在地下部分应以剪力墙形式延伸至基础。采用框筒体系时，外框筒亦宜在地下部分用钢筋混凝土剪力墙，并一直延伸到基础。

房屋高度超过 50m 的高层钢结构宜设地下室。

高层建筑钢结构与钢筋混凝土基础或地下室的钢筋混凝土结构层之间宜设置钢骨（型钢）混凝土的过渡层，以平缓过渡抗侧刚度，过渡层一般为 2～3 层，可部分位于地下。过渡层将上部钢结构与钢筋混凝土基础连成整体，使传力均匀，并使框架柱下端完全固定，对结构受力有利。

钢框架柱应至少延伸至计算嵌固端以下一层，并且宜采用钢骨混凝土柱，以下可采用钢筋混凝土柱。基础埋深宜一致。

10.2　多、高层钢结构的结构体系

常用高层建筑钢结构的结构体系主要有：框架结构体系、双重抗侧力体系、筒体体系及巨型结构等（图 10-3）。双重抗侧力体系包括：钢框架-支撑（剪力墙板）体系、钢框架-剪力墙体系、钢框架-核心筒体系等。筒体体系包括框筒体系、桁架筒体系、筒中筒体系、束筒体系等，另外有半筒体结构体系、外框筒结构体系、成束筒结构体系和巨型桁架

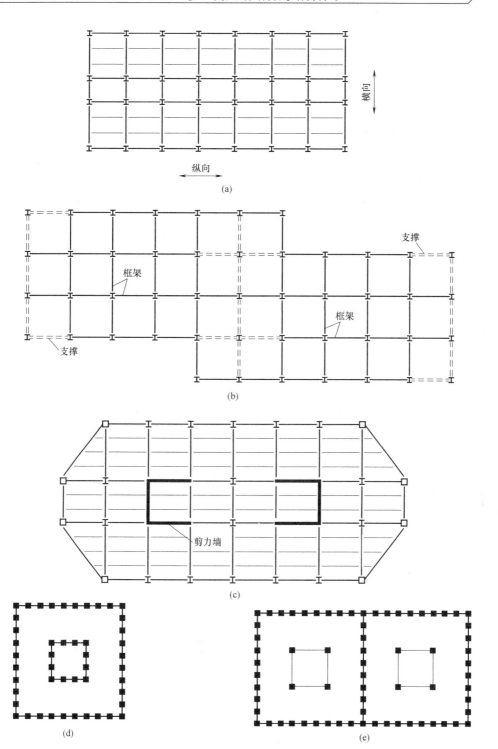

图 10-3　结构体系

(a) 框架结构体系；(b) 双重抗侧力体系 (钢框架-支撑)；(c) 双重抗侧力体系 (钢框架-剪力墙结构)；
(d) 筒体体系 (筒中筒)；(e) 筒体体系 (束筒)

外筒体结构体系等。

10.2.1　框架结构

框架结构体系既包括各层楼盖平面内的梁格系统，也包括由竖直平面内的梁、柱组成的框架结构体系。按梁与柱的连接形式，框架结构可分为半刚接框架和刚接框架。一般情况，尤其是地震区的建筑采用框架结构时，应采用刚接框架。在一些其他情况下，为加大结构的延性，或防止梁与柱连接焊缝的脆断，也可采取半刚性连接框架，但其外围框架一般仍采用刚接框架。多层民用钢结构房屋多采用空间框架结构体系，即沿房屋的横向与纵向（图 10-4）均采用刚接框架作为主要承重构件和抗侧力构件，也可采用平面框架体系，但要注意加强各榀框架之间的连接与支撑。

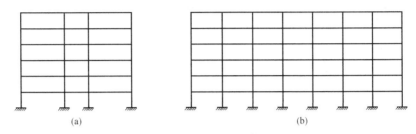

图 10-4　框架结构体系
(a) 横向刚接框架；(b) 纵向刚接框架

图 10-5 表示平面框架结构在水平荷载作用下的水平位移（图 10-5a 实线），它包括两部分：一部分是剪力产生的侧移 Δ_s，即在各层水平剪力作用下，梁和柱都有反弯点，形成侧向变形（图 10.5b），底层层间剪力最大，层间侧移也最大，整个结构呈现剪切型变形；另一部分是倾覆力矩产生的侧移 Δ_b，即水平荷载对整体结构产生倾覆力矩的作用，竖向构件（柱）承受轴向压力或拉力引起的水平位移（图 10.5c），在底层较小，越往上越大，使整个结构产生弯曲性变形。前者可能占总水平位移的 80% 左右，因此合成后的总侧移仍呈现剪切型变形特征。

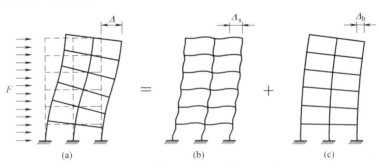

图 10-5　框架结构在水平荷载作用下的变形
(a) 总变形；(b) 剪切变形；(c) 弯曲变形

框架结构的平面布置灵活，可为建筑提供较大的室内空间，且结构各部分刚度比较均匀。框架结构有较大延性，自振周期较长，因而对地震作用不敏感，抗震性能好。但框架结构的侧向刚度小，侧向位移大，易引起非结构构件的破坏；同时，也会导致竖向荷载对结构产生附加弯矩，使结构的水平位移进一步增加，从而降低结构的承载力和整体稳定性，这种现象称为 P-Δ 效应（重力二阶效应）。

框架结构在竖向荷载作用下的承载能力决定于梁、柱的强度和稳定性，在这方面的受力情况与其他结构体系的情况基本相同，水平荷载的作用是刚接框架结构不能用于层数过高的决定性因素。纯框架结构一般适用于层数不超过 30 层的高层钢结构，因此，对于 30 层以下的办公楼、旅馆及商场等公共建筑，钢框架结构具有良好的适用性。如高 121m、29 层的美国休斯敦第安纳广场大厦就是典型的框架结构，其平面尺寸 43.7m×43.7m，柱距约 7.6m。但在地震区，《建筑抗震设计规范》GB 50011—2010 规定"不超过 12 层的钢结构房屋可采用框架结构"。

10.2.2 双重抗侧力结构

1. 钢框架-支撑体系

高层建筑结构设计的重要内容之一是控制顶点的水平位移量，而纯框架结构达到一定高度后，水平位移非常大。为了抵抗水平力，在框架结构中附加斜支撑是一种极为有效和经济的方法。有斜支撑的单榀结构通常由梁、柱和斜支撑构件组成，梁、柱主要承受重力荷载，经斜支撑的连接使整个结构系统形成一个竖向悬臂桁架，用于抵抗水平荷载。梁和斜支撑犹如桁架的腹杆，柱则类似桁架的弦杆。加斜支撑之所以非常有效是因为斜向杆件具有轴向受力构件的特点，从而能够以最小的构件截面尺寸提供抵抗水平剪力所需的刚度和强度。这样以框架结构为基础，沿房屋的纵、横两个方向在部分框架柱之间对称布置一定数量的竖向支撑桁架所构成的一种结构体系，叫作钢框架-支撑体系。它的特点是框架与支撑系统协同工作，竖向支撑桁架起剪力墙的作用，承担大部分水平剪力。罕遇地震中若支撑系统破坏，尚可通过内力重分布由框架承担水平力，形成所谓两道抗震设防或双重抗侧力结构体系。

支撑一般沿同一竖向柱距内连续布置，如图 10-6（a）所示，这种布置方式层间刚度变化均匀，也能保证刚度的连续性。当不考虑抗震时，若立面布置需要，亦可交错布置，如图 10-6（b）所示。在高度较大的建筑中，若支撑桁架的高宽比过大，为增加支撑桁架的宽度，亦可布置在几个柱间，如图 10-6（c）所示。

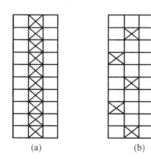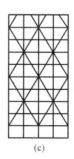

图 10-6 竖向支撑的布置
（a）连续布置；（b）交错布置；（c）隔跨布置

沿高层建筑高度方向布置的竖向支撑，其工作状态类似于一竖向桁架系统。框架柱即为桁架的弦杆，支撑为桁架的腹杆，属于轴力杆系，具有较大的抗侧刚度和水平承载力。在该体系中，框架属于剪切型构件，支撑近似于弯曲型构件，当楼板可视为刚性体，且结构不发生整体扭转时，在刚性链杆（楼盖）的协调下，各榀框架各个支撑的变形协调一致，则框架-支撑体系可以简化成用刚性链杆将框架和支撑连接一起（图 10-7a），其侧移属于弯剪型变形（图 10-7b）。支撑可沿建筑的纵向或横向单向布置，也可双向布置。支撑布置的数量及位置应尽量与结构的刚心和重心方向一致。框架-支撑结构的支撑可分为中心支撑和偏心支撑。

1）中心支撑

当支撑斜杆的轴线通过框架梁与柱重心线的交点时为中心支撑（图 10-8），即在中心支撑框架中，斜支撑与框架柱及横梁汇交于一点，或两根斜支撑与横梁汇交于一点，也可与柱子汇交于一点，但汇交时均无偏心距。中心支撑宜采用十字交叉形、单斜杆式、人字形、V 形等斜杆体系，如图 10-8 所示。K 形支撑体系在地震力作用下可能因受压斜杆失稳或受拉斜杆屈服而引起较大的侧向变形，故在抗震设防时不得采用。当采用只能受拉不能受压的斜杆体系时，为承受反复的水平地震作用，应同时设置不同倾斜方向的两组单斜杆，如图 10-8（e）所示。

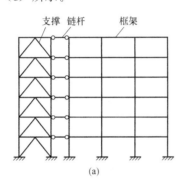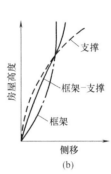

图 10-7　水平荷载作用下框架-支撑体系的变形

（a）框架-支撑连接；（b）侧移曲线

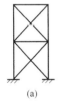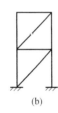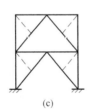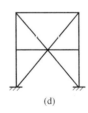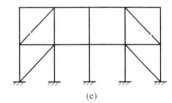

図 10-8　中心支撑类型

（a）十字交叉斜杆；（b）单斜杆式；（c）人字形斜杆；（d）K 形斜杆；（e）单斜杆支撑的布置

中心支撑框架结构具有较大的侧向刚度，并较好地改善了结构的内力分布，提高了结构的承载力。但在水平地震作用下容易产生屈曲，尤其是在反复的水平地震作用下，中心支撑屈曲后，其受压承载力急剧降低，会使中心支撑框架结构的能量耗散性能较差。

地震调查资料指出，强地震作用下，长细比大于 50 的支撑斜杆，常发生压屈甚至断裂。说明 8 度以上抗震设防的结构，不宜采用中心支撑，而改用偏心支撑。

2）偏心支撑

偏心支撑宜采用门架式、人字形、V 形、单斜杆式等斜杆体系，如图 10-9 所示。从图 10-9 常用偏心支撑的构造形式来看，偏心支撑框架中的支撑斜杆，至少应有一端交在框架梁上，而不在梁柱节点处与梁相交。这样，在支撑与柱之间或支撑与支撑之间形成一耗能梁段，即图 10-9 中的 a 段，在罕遇地震时耗能梁段先发生剪切屈服并耗能，从而保护偏心支撑不屈曲。因此，偏心支撑框架结构的优点是当水平荷载较小时具有足够的刚度，而在遇大震严重超载时又具有良好的延性。在高烈度地震区，宜采用偏心支撑框架结构。

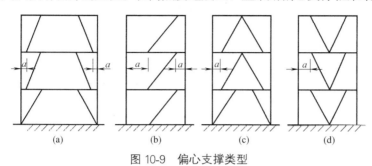

图 10-9　偏心支撑类型
(a) 门架式；(b) 单斜杆式；(c) 人字形；(d) V 形

　　根据偏心支撑的受力特点，我国《高钢规》规定，当耗能梁段净长符合 $e < 1.6M_p / V_p$ 时为剪切屈服型，不符合者为弯曲屈服型（M_p、V_p 分别为耗能梁段的塑性受弯承载力和塑性受剪承载力）。有关分析指出，从耗能梁段的内力分布来看，剪切型连梁上剪力分布均匀，一旦形成剪切塑性铰，该铰的分布范围将很大，甚至充满整个梁段，并且剪切型偏心支撑框架，刚度退化较慢，延性系数、耗能系数都比较大。这就意味着剪切型耗能梁段具有非常好的变形能力，可以耗散更多的地震能量，抗震性能好。

　　偏心支撑框架结构是介于中心支撑框架结构和纯框架结构之间的一种抗震结构形式。在中小地震作用下，偏心支撑框架的构件处于弹性工作状态，这时支撑提供主要的抗侧力刚度，其工作性能与中心支撑框架结构相似；在罕遇地震作用下，其耗能梁段先屈服消耗地震能量，这时偏心支撑框架结构的工作性能与纯框架结构相似。因此，偏心支撑框架结构既能同时满足抗震对结构刚度、承载力和耗能的要求，又有中心支撑框架刚度好、承载力较高和纯框架结构耗能大的优点。

　　2. 钢框架-剪力墙体系

　　中心支撑和偏心支撑杆件因受长细比的限制，其截面尺寸有时较大，因此也可采用抗侧刚度更大的嵌入式钢板剪力墙来代替支撑，即在钢框架结构中布置一定数量的剪力墙便组成钢框架-剪力墙结构体系。在侧向荷载的作用下，纯框架结构的侧向位移呈剪切变形模式（图 10-10a），而抗剪结构呈弯曲变形模式（图 10-10b），两者组合而成的框架-剪力墙结构则显著减少了纯框架结构的侧向位移（图 10-10c），用于抗震区时，具有双重设防的优点。当刚接框架和剪力墙共同工作而成为框架-剪力墙体系时，框架主要作为承受竖向荷载的结构，也承受一部分水平荷载（一般约占 15%～20%），大部分水平荷载由剪力墙承受。

　　在钢结构中也常用钢支撑（交叉支撑或斜腹杆）把部分框架组成坚强的竖直桁架以代替墙体，图 10-11 所示的几种形式，即能有效地提高结构体系的抗剪刚度，大大减少了水平位移。钢框架-剪力墙结构中，剪力墙刚度大，作为抗侧力结构主要承受水平剪力（可达 80%～90%），框架则主要承担竖向荷载，因此柱的截面减小。钢框架-剪力墙结构既具有框架结构平面布置灵活，使用方便的特点，又有较大的刚度，可用于 40～60 层的高层钢结构中。

　　除图 10-11 所示的典型的框架-剪力墙体系外，把整个结构体系中的某几榀框架完全

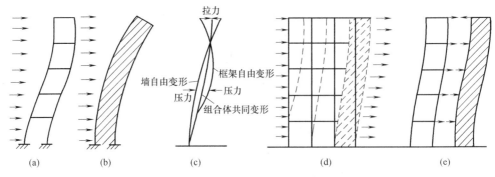

图 10-10　框架-剪力墙结构体系

(a) 刚接框架的自由位移；(b) 剪力墙结构的自由位移；(c) 两种自由位移的合成；

(d) 框架剪力墙的共同位移；(e) 刚接框架与剪力墙的内部作用力分布

做成剪力墙而具有很大的侧向抗剪刚度，其他大部分仍保持刚接框架的形式，两者虽不在同一竖直平面内，由于各层楼盖都具有巨大的水平平面刚度（用预制楼板而刚度不足时，可采用一些构造措施），把所有的框架和剪力墙联结在一起共同抵御水平荷载。当结构高于 40 层时，框架-剪力墙结构体系应采用一些加强和改进的措施，如在楼高度适当位置上加设一道或几道水平的层桁架，即将上下两层的楼面大梁用交叉支撑或斜腹杆和柱组成一道水平桁架（图 10-12）。由于层桁架有较大的刚度，当剪力墙产生侧移而旋转时能起到阻止和约束作用。

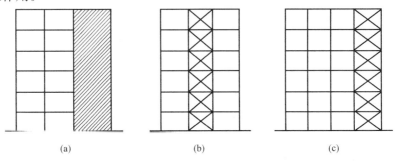

图 10-11　框架-剪力墙结构体系

(a) 实体式剪力墙；(b)、(c) 桁架式剪力墙

3. 钢框架-核心筒体系

若将框架-剪力墙结构体系中的剪力墙设置成封闭的核心筒，而外围周边仍为钢框架，就形成了框架-核心筒体系，如图 10-13 所示。

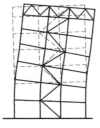

图 10-12　楼层顶端设置的水平层桁架

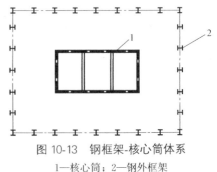

图 10-13　钢框架-核心筒体系

1—核心筒；2—钢外框架

　　框筒结构是空间结构，沿四周布置的框架都参与抵抗水平力，层剪力由平行于水平力作用方向的腹板框架抵抗，倾覆力矩由腹板框架和垂直于水平力作用方向的翼缘框架共同抵抗。框筒结构的四榀框架位于建筑物周边，形成抗侧、抗扭刚度及承载力都很大的外筒，使建筑材料得到充分的利用。因此，框筒结构的适用高度比钢框架结构高得多。

　　钢框架与核心筒之间的距离一般为 5～12m，多采用铰接连接。

　　筒体结构的水平刚度取决于核心筒的高宽比，为满足《高钢规》的位移角的要求，加大核心筒的刚度会不太经济。但由于筒体的承载能力、侧向刚度和抗扭能力等均远高于框架-剪力墙结构，在超高层建筑上被大量采用。如前纽约世界贸易中心塔楼为两幢 110 层、高 417m 的超高层结构，曾经是世界上最高的钢框筒结构。

10.2.3　筒体结构

　　高效的筒体结构，包括框筒、筒中筒、桁架筒和束筒结构。后来出现了多筒和多重筒结构等筒体结构。筒体结构是超高层建筑中受力性能较好的结构体系，适用于 90 层左右的高层钢结构建筑。

　　1. 外筒式结构体系

　　外筒体是采用密排的柱和各层楼盖处的横梁（或以窗下墙作为横梁）刚接而成的密间距矩形网格，形成一个悬臂筒（称框架筒）以承受水平荷载，竖直荷载则主要由内部柱来承受。这种体系的建筑平面具有很大的多功能灵活性，外圈密排式空腹网格组成的框架式结构可直接作为安装玻璃的窗框，其适宜高度为 80 层左右。

　　把刚性框架结构（外筒）改为桁架式结构，成为桁架式外筒结构。这一改进使外筒式结构体系对很高的建筑物仍然有效（可达 100 层以上）。图 10-14 所示美国芝加哥的约翰·汉考克中心的桁架式外筒结构，强大的交叉支撑外露于建筑物的立面上，该楼共 100 层，总高 335m。

　　2. 筒中筒结构体系

　　加强外筒式结构体系的另一方法是在内部设置强劲的剪力墙式的内筒（核心筒），从而发展成筒中筒结构体系。楼盖结构把外筒和内筒构成一体，共同承受水平荷载和竖向荷载（常不设其他内柱），如图 10-15（a）所示。

　　用框筒作为外筒，将楼（电）梯间、管道等服务设施集中在建筑平面的中心做成内筒，就成为筒中筒结构。采用钢筋混凝土结构时，一般外筒采用框筒，内筒为剪力墙围成的井筒；采用钢结构时，外筒用框筒，内筒一般也采用钢框筒或钢支撑框架。1989 年建成的北京中国国际贸易大厦，高 153m，39 层，钢筒中筒结构；1～3 层为钢骨混凝土结构，在内筒 4 个面两端的柱列内，沿高度设置中心支撑；在 20 和 38 层，内、外筒周边各设置一道高 5.4m 的钢桁架，以减少剪力滞后，增大整体侧向刚度。

　　筒中筒结构也是双重抗侧力体系，在水平力作用下，内外筒协同工作，其侧移曲线类似于框架-剪力墙结构，呈弯剪型。外框筒的平面尺寸大，有利于抵抗水平力产生的倾覆力矩和扭矩；内筒采用钢筋混凝土墙或支撑框架，具有比较大的抵抗水平剪力的能力。筒中筒结构的适用高度比框筒更高。在水平力作用下，外框筒也有剪力滞后现象。筒中筒结构的平面外形可以为圆形、正多边形、椭圆形或矩形等，要尽可能增大内外筒之间的使用面积。内外筒之间一般不设柱，若跨度过大，则需要设柱以减小水平构件的跨度。内筒的

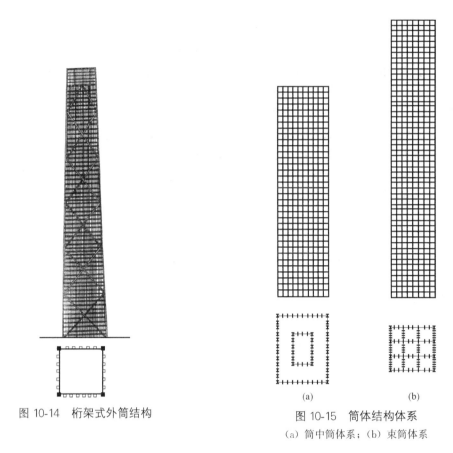

图 10-14　桁架式外筒结构

图 10-15　筒体结构体系

(a) 筒中筒体系；(b) 束筒体系

边长（直径）一般为外框筒边长（直径）的 1/2 左右，为高度的 1/15～1/12，内筒要贯通建筑全高。筒中筒结构体系的合适高度也可用到 100 层左右。

3. 束筒结构体系

筒式结构的发展，从单筒到筒中筒，又进而把许多个筒体排列成束筒结构体系（图 10-15b）。束筒结构在承受水平荷载引起的弯矩时，改善了剪力滞后现象引起的外筒式结构中各柱内力分布的不均匀性。

美国芝加哥的西尔兹大楼是目前国际上采用束筒结构的典型实例。束筒结构体系的合适高度约为 110～120 层。如采用桁架式束筒结构体系，有可能把核心有效高度提高到 140 层以上。

4. 其他结构体系

1）伸臂结构

伸臂结构应用于框架-核心筒结构的情况，这是目前国内最流行的超高层设计方法。核心筒除了四周的剪力墙外，内部还有楼、电梯间的分隔墙。核心筒的刚度和承载力都较大，成为抗侧力的主体，框架承受的水平剪力较小。为了使周边框架柱参与抗倾覆、增大结构抗倾覆力矩的能力，在核心筒和框架柱之间设置水平伸臂构件。伸臂构件使一侧框架柱受压、另一侧框架柱受拉，对核心筒形成反弯，减小结构的侧移和减少伸臂构件所在楼层以下核心筒各截面的弯矩。

设置水平伸臂构件的楼层，称为加强层。为了进一步增大结构的刚度，使周边的框架柱都参与抗倾覆力矩，可以在设置伸臂构件的楼层设置周边环带构件。设置加强层后，框架-核心筒结构的建造高度与筒中筒结构的建造高度接近。

加强层在平面的两个方向都要设置伸臂构件，要在核心筒的转角处布置伸臂构件，伸臂构件贯通核心筒，形成井字形。加强层的数量和沿高度的位置对其作用有较大影响，但并不是越多作用越大，一般不多于3层，加强层通常设置在建筑避难层或设备层。

筒体结构亦可设置帽架与腰架加强筒体间的连接，以增强结构的整体性。当竖向支撑桁架设置在建筑中部时，外围柱一般不参加抵抗水平力。同时，若竖向支撑的高宽比过大，在水平力作用下，支撑顶部将产生很大的水平变位。此时可在建筑的顶层设计帽桁架，必要时还可在中间某层设置腰桁架（图10-16）。帽桁架和腰桁架使外围柱与核心抗剪结构共同工作，可有效减小结构的侧向变位，刚度也有很大提高。腰架的间距一般为12～15层，腰架越密整个结构的筒体作用越强（这种结构通常被称为部分筒体结构体系），当仅设一道腰架时，最佳位置是在离建筑顶端 $0.445H$ 高度处。

2）钢筋混凝土外框筒-钢内框架

除钢外框架-钢筋混凝土核心筒体系外，还有"钢筋混凝土外框筒-钢内框架"体系，如图10-17所示，这种结构体系由钢筋混凝土框承受全部侧向荷载，而钢内框架仅承受竖向荷载，能更好地发挥高强钢的效能。同时诸如梁与柱的连接简单，内框架对电梯间等公用设施的布置也十分灵活，混凝土的隔热性能好而节约能源等都将是该结构体系的优点。

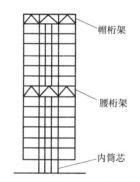

图 10-16 帽桁架、腰桁架体系

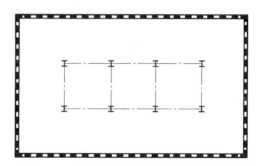

图 10-17 钢筋混凝土外框筒-钢内框架体系

此外，外框筒有较大的抗扭刚度，故对其外形不要求完全对称，这种结构体系的平面形状灵活多变，如图10-18所示。同时，因内框架系统不承受水平侧向力，故其平面可以任意布置，这些将受到建筑师们的青睐。这种结构体系适用于50～80层的高层建筑。

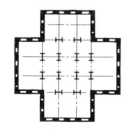
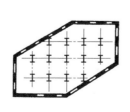
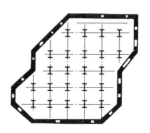

图 10-18 钢筋混凝土外框组合结构不同的平面

高层钢结构体系中还有一种体系，是日本高层建筑中颇具特色的。如地面以上 1～3 层采用劲性钢筋混凝土梁和柱（即在钢筋混凝土梁和柱内埋入型钢）作为过渡段，以增加结构的刚度；3 层以上则全是钢结构，以减轻自重和缩短施工周期。日本东京 47 层的京王广场旅馆和 30 层的太平洋东京旅馆等均采用这种结构体系。

10.3 结构的内力和位移分析

10.3.1 荷载及荷载效应

多、高层钢结构一般情况下需考虑的荷载及主要作用有：结构自重、楼面及屋面活荷载、风荷载、地震作用、温度作用及火灾等。

1. 竖向荷载

高层钢结构的竖向荷载主要有永久荷载（结构自重）和活荷载。

高层钢结构的楼面和屋面活荷载以及雪荷载的标准值及其准永久值系数，应按《荷载规范》的有关条文取值，直升机平台活荷载应根据《高钢规》规定，采用直升机总重量引起的局部荷载和等效均布活荷载两者引起最大内力的荷载计算。

高层建筑中，活荷载值与永久荷载值相比不大，因此在有地震作用组合时，一般可不考虑活荷载最不利布置，即按各跨满荷简化计算。但当活荷载大于 4.0kN/m^2 时，宜考虑楼面活荷载的不利布置，可将简化算得的框架梁的跨中弯矩计算值乘以 1.1～1.2 的系数；梁端弯矩值乘以 1.05～1.1 的系数予以提高。

当计算结构楼面活荷载效应时，如引起效应的楼面活荷载面积超过一定的数值，则应在进行楼面梁设计时，对楼面均布活荷载进行折减；考虑到多高层建筑中，各层的活荷载不一定同时达到最大值，在进行墙、柱和基础设计时，也可对楼面活荷载进行折减。其折减系数按《荷载规范》的规定采用。

施工中采用附墙塔、爬塔等对结构受力有影响的起重机械或其他施工设备时，在结构设计中应根据具体情况进行施工阶段验算。

其他以工地实际荷载为依据，穿过管线等应增加附加荷载。

2. 风荷载

水平荷载即风荷载和地震作用，一般对高层钢结构设计起主要的控制作用。

作用在高层建筑任意高度处的风荷载标准值 w_k，应按式（10-1）计算：

$$w_k = \beta_z \mu_s \mu_z w_0 \tag{10-1}$$

式中 w_k——任意高度处的风荷载标准值（kN/m^2）；

w_0——高层建筑基本风压（kN/m^2）；

μ_z——风压高度变化系数；

μ_s——风荷载体形系数，按下述第（3）条采用；

β_z——顺风向 z 高度处的风振系数。

上述系数可按《荷载规范》或《高钢规》的有关规定采用。用于高层建筑的基本风压 w_0 值，应按《高钢规》要求，对风荷载比较敏感的高层民用建筑（高度大于 60m），承载力设计时应按基本风压的 1.1 倍采用。

高层建筑风载体型系数 μ_s 可按下列规定采用：

1) 对平面为圆形的建筑可取 0.8。

2) 对平面为正多边形及三角形的建筑可按下式计算：

$$\mu_s = 0.8 + 1.2/\sqrt{n} \qquad (10\text{-}2)$$

式中　μ_s——风荷载体型系数；

　　　n——多边形的边数。

3) 高宽比 H/B 不大于 4 的平面为矩形、方形和十字形的建筑可取 1.3。

4) 下列建筑可取 1.4：平面为 V 形、Y 形、弧形、双十字形和井字形的建筑；平面为 L 形和槽形及高宽比 H/B 大于 4 的平面为十字形的建筑；高宽比 H/B 大于 4、长宽比 L/B 不大于 1.5 的平面为矩形和鼓形的建筑。

5) 在需要更细致计算风荷载的场合，风荷载体型系数可由风洞试验确定。

(1) 当多栋或群集的高层民用建筑相互间距较近时，宜考虑风力相互干扰的群体效应。一般可将单栋建筑的体型系数 μ_s 乘以相互干扰增大系数，该系数可参考类似条件的试验资料确定，必要时通过风洞试验或数值技术确定。

(2) 房屋高度大于 200m 或平面不规则、立面不规则的高层民用建筑，宜进行风洞试验或通过数值技术判断确定其风荷载。

(3) 风振加速度的限值：房屋高度不小于 150m 的高层民用建筑钢结构应满足风振舒适度要求。现行国家标准《荷载规范》规定了 10 年一遇的风荷载标准值作用下其顺风向与横风向顶点最大加速度。

10.3.2 地震作用及抗震设计

1. 地震作用一般计算原则

根据三水准的抗震设防目标及《高钢规》规定的多遇地震作用的弹性设计要求，其地震作用应考虑下列原则：

(1) 通常情况下，应在结构的两个主轴方向分别计入水平地震作用，各方向的水平地震作用应全部由该方向的抗侧力构件承担。

(2) 当有斜交抗侧力构件相交角度大于 15° 时，宜分别计入各抗侧力构件方向的水平地震作用。

(3) 质量和刚度明显不均匀、不对称的结构，（一般通过考虑偶然偏心规定水平力位移比大于 1.2 判断），应计入双向水平地震作用的扭转效应。

(4) 按 9 度抗震设防的高层建筑钢结构，或者按 7 度（0.15g）和 8 度抗震设防的大跨度和长悬臂结构，应计入竖向地震作用。

2. 设计反应谱

实际的地震反应谱，是利用强震记录仪记录到的某一次地震加速度时程曲线。抗震规范所采用设计反应谱，是以无量纲的地震影响系数 α 曲线的形式给出。高层建筑钢结构的设计反应谱，应采用图 10-19 所示的地震影响系数 α 曲线表示，α 值应根据烈度、场地类别、设计地震分组、结构自振周期以及阻尼比，按图 10-19 确定。其中水平地震影响系数最大值 α_{max} 按表 10-3 采用；场地特征周期 T_g 是计算地震作用的一个重要数据，它是反应谱曲线下降点的起始点，应按表 10-4 采用。

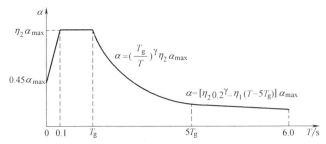

图 10-19　高层建筑钢结构的地震影响系数

α—地震影响系数；α_{max}—水平地震影响系数最大值；η_1—直线下降段的下降系数调整

系数；γ—衰减指数；η_2—阻尼调整系数；T—结构自振周期；T_g—场地特征周期

　　影响系数曲线分为直线上升段、水平段、曲线下降段和直线下降段四个阶段，各阶段的相关参数按《抗震规范》第 5.1.5 规定取值。

抗震设计水平地震影响系数最大值　　　　　　　　　表 10-3

地震影响	6 度	7 度	8 度	9 度
多遇地震	0.04	0.08(0.12)	0.16 (0.24)	0.32
罕遇地震	0.28	0.50(0.72)	0.90 (1.20)	1.40

注：括号中数值分别用于设计基本地震加速度为 0.15g 和 0.30g 的地区。

特征周期值 T_g（s）　　　　　　　　　表 10-4

场地地震分组	场地类型			
	I_1	II	III	IV
第一组	0.25	0.35	0.45	0.65
第二组	0.30	0.40	0.55	0.75
第三组	0.35	0.45	0.65	0.90

3. 水平地震作用计算

　　结构抗震计算的常用方法有底部剪力法、振型分解反应谱法和时程分析法。高层建筑钢结构应根据不同情况，分别采用不同的地震作用计算方法。

1）底部剪力法

　　底部剪力法适用于高度不大于 40m，以剪切变形为主且质量和刚度沿高度分布比较均匀的结构，以及近似于单质点体系的结构。底部剪力法根据建筑物的总重力荷载计算结构底部的总剪力，结构底部的总剪力等于总的水平地震作用，由反应谱得到，然后按照一定的比例分配到各楼层，得到各楼层的水平地震作用后，即可按静力方法计算结构的内力，如图 10-20（b）所示。

　　采用底部剪力法计算水平地震作用时，各楼层可仅按一个自由度计算，如图 10-20（a）所示。与结构的总水平地震作用等效的底部剪力标准值由下式计算：

$$F_{Ek}=\alpha_1 G_{eq} \tag{10-3}$$

　　在质量沿高度分布基本均匀、刚度沿高度分布基本均匀或向上均匀减小的结构中，各层水平地震作用标准按下式比例分配：

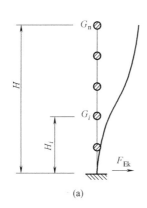 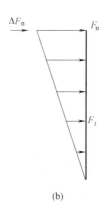

图 10-20　底部剪力法

（a）底部剪力法计算模型；（b）楼层剪力分配

$$F_i = \frac{G_i H_i}{\sum\limits_{j=1}^{n} G_j H_j} F_{Ek}(1 - \delta_n) \quad (i = 1, 2, \cdots, n) \tag{10-4}$$

顶部附加水平地震作用标准值为：

$$\Delta F_n = \delta_n F_{Ek} \tag{10-5}$$

式中　α_1——相应于结构基本自振周期 T_1（按 s 计）的水平地震影响系数；

　　　G_{eq}——结构的等效总重力荷载，多质点可取总重力荷载代表值的 85%；

G_i、G_j——分别为第 i、j 层重力荷载代表值，抗震计算中重力荷载代表值为恒载和活载组合值之和，但雪荷载取标准值的 50%，楼面活荷载按荷载规范的标准值乘以组合值系数取值，一般民用建筑取 0.5，书库、档案库或类似具有特殊用途的建筑取 0.8，计算时不再按荷载规范的规定折减，且不应考虑屋面活荷载；

H_i、H_j——分别为第 i、j 层楼盖距底部固定端的高度；

　　　F_i——第 i 层的水平地震作用标准值；

　　　δ_n——顶部附加地震作用系数，按表 10-5 采用；

　　ΔF_n——顶部附加水平地震作用；

　　　T_1——结构的基本自振周期，在初步设计时，可按经验公式（10-6）估算。

$$T_1 = 0.1n \tag{10-6}$$

对于质量及刚度沿高度分布比较均匀的结构，可用下式作近似计算：

$$T_1 = 1.7\xi_T \sqrt{u_n} \tag{10-7}$$

式中　u_n——结构顶点假想侧移（m），即假想将结构各层的重力荷载作为楼层的集中水平力，按弹性静力方法计算所得的顶层侧移值；

　　　ξ_T——计算周期修正系数，ξ_T 可取 0.6~0.7，框架剪力墙结构可取 0.7~0.8，框架核心筒结构可取 0.8~0.9，当非承重墙体为填充轻质砌块、轻质墙板或外挂墙板时，可取 0.9~1.0；

　　　n——建筑物层数（不包括地下部分及屋顶小塔楼）。

顶点附加地震作用系数 δ_n

表 10-5

$T_g(s)$	$T_1 > 1.4T_g$	$T_1 \leqslant 1.4T_g$
$T_g \leqslant 0.35$	$0.08T_1 + 0.07$	
$0.35 < T_g \leqslant 0.55$	$0.08T_1 + 0.01$	0.0
$T_g > 0.55$	$0.08T_1 - 0.02$	

由于非结构构件及计算简图与实际情况存在差别，因此高层钢结构的设计周期应按主体结构弹性刚度计算周期乘以折减系数 ξ_T 后采用。ξ_T 参照《高层建筑混凝土结构技术规程》JGJ 3—2010 框架结构取值。

采用底部剪力法时，突出屋面的屋顶间、女儿墙等地震作用效应宜乘以增大系数 3。增大影响宜向下考虑 1~2 层，但不再往下传递。

用弹性方法计算高层钢结构周期及振型时，应符合内力和位移的弹性计算的规定。

2）振型分解反应谱法

一般情况下，结构越高其基本自振周期越长，结构高阶振型对结构的影响也就越大。底部剪力法只考虑结构的一阶振型，因此其不适用于很高的建筑结构计算。由于高层建筑功能复杂，体型趋于多样化，在不能按平面结构假定进行计算时，应采用空间协同工作或空间结构计算空间振型。振型分解反应谱法实际上已是一种动力分析方法，基本上能够反映结构的地震反应，因此将它作为第一阶段弹性分析时的主要方法。

对体型比较规则、简单，可不计扭转耦连影响的结构振型分解反应谱法仅考虑平移作用下的地震效应组合，沿主轴方向，结构第 j 振型 i 层质点的水平地震作用标准值，按式（10-8）计算：

$$F_{ji} = \alpha_j \gamma_j X_{ji} G_i \tag{10-8}$$

$$\gamma_j = \frac{\sum_{i=1}^{n} X_{ji} G_i}{\sum_{i=1}^{n} X_{ji}^2 G_i} \quad (i = 1, 2, \cdots, n; j = 1, 2, \cdots, m) \tag{10-9}$$

式中 α_j——相应于 J 振型计算周期 T_j 的地震影响系数；

γ_j——J 振型的参与系数；

X_{ji}——J 振型 i 质点的水平相对位移。

根据各振型的水平地震作用标准值 F_{ji}，即可按下式计算水平地震作用效应（弯矩、剪力、轴力和变形）：

$$S = \sqrt{\sum S_j^2} \tag{10-10}$$

式中 S——水平地震作用效应；

S_j——J 振型水平地震作用产生的效应，可只取前 3 个振型；当建筑较高、结构沿竖向刚度不均匀时可取 5~6 个振型。

3）时程分析法

对于 8 度 Ⅰ、Ⅱ 类场地和 7 度房屋高度大于 100m，8 度 Ⅲ、Ⅳ 类场地大于 80m，9 度大于 60m 的房屋，甲类高层民用建筑钢结构，以及特殊的不规则的高层民用钢结构，应采用时程分析法进行多遇地震下的补充验算，可取多条时程曲线计算结果的平均值与振型分解反应谱法计算结果的较大值。时程分析法是完全的动力分析方法，能够较真实地描述结构地震反应的全过程，具有一定的"特殊性"，而结构地震反应受地震波特性（如频谱）的影响是很大的，因此，在第一阶段设计中，可作为竖向特别不规则建筑和重要建筑的补充计算。

采用时程分析法时，应按建筑场地类别和设计地震分组选取实际地震记录和人工模拟的加速度时程曲线，其中实际地震记录的数量不应少于总数量的 2/3。其平均地震影响系数曲线应与振型分解反应谱法所采用的地震影响系数曲线在统计意义上相符，其加速度时程的最大值可按表 10-6 采用。弹性时程分析时，每条时程曲线计算所得结构底部剪力不应小于振型分解反应谱法计算结果的 65%，多条时程曲线计算所得结构底部剪力的平均值不应小于振型分解反应谱法计算结果的 80%。地震波的持续时间不宜小于建筑结构基本自振周期的 5 倍和 15s，地震波的时间间距可取 0.01s 或 0.02s。

时程分析所用地震加速度时程曲线的最大值（单位：cm/s^2）　　　表 10-6

地震影响	6 度	7 度	8 度	9 度
多遇地震	18	35（55）	70（110）	140
设防地震	50	100（150）	200（300）	400
罕遇地震	125	220（310）	400（510）	620

注：括号内数值分别用于设计基本地震加速度为 0.15g 和 0.30g 的地区。

4. 竖向地震作用

高层建筑计算竖向地震作用时，其竖向地震作用标准值可按下式确定。

结构构件的总竖向地震作用标准值：

$$F_{Evk} = \alpha_{v,max} G_{eq} \tag{10-11}$$

楼层 i 的竖向地震作用标准值：

$$F_{vi} = \frac{G_i H_i}{\sum_{j=1}^{n} G_j H_j} F_{Evk} \tag{10-12}$$

式中　$\alpha_{v,max}$——竖向地震影响系数最大值，可取水平地震影响系数的 65%；

G_{eq}——结构的等效总重力荷载，取该结构总重力荷载代表值的 75%。

各层的竖向地震效应，应按各构件承受重力荷载代表值的比例分配，并宜乘以增大系数 1.5。

长悬臂和大跨度结构的竖向地震作用标准值，对 8 度和 9 度抗震设防的建筑，可分别取该结构或构件重力荷载代表值的 10% 和 20%。设计基本地震加速度为 0.3g 时，可取 15%。

5. 高层钢结构抗震设计特点

1）钢结构抗震的概念设计

高层民用建筑钢结构应注重概念设计，综合考虑建筑的使用功能、环境条件、材料供应、制作安装、施工条件因素，优先选用抗震抗风性能好且经济合理的结构体系、构件形式、连接构造和平立面布置。在抗震设计时，应保证结构的整体抗震性能，使整体结构具有必要的承载能力、刚度和延性。

　　概念设计一般指不通过数值计算，只根据结构体系震害、力学关系、结构破坏机理、试验现象与工程经验，对一些比较复杂、难以做出精确理性分析或规范中难以规定的工程问题，而获得的基本设计构思。抗震概念设计根据抗震设计的复杂性，避免了不必要的繁琐计算，为抗震计算创造便于计算的模型，使计算分析结果更能反映地震时结构反应的实际情况，从宏观上实现了合理抗震，由概念设计对高层建筑设计进行总体把握。

　　目前，高层钢结构的抗震概念设计已经越来越得到结构设计界的重视。由于各个地区之间的经济水平、地质地貌、设计水平及设计软件普及等都存在较大差异，所以，在复杂的设计条件下，概念设计应该是保证结构抗震安全性的关键手段，也是建筑抗震设计的首要步骤。

　　2）钢结构抗震设防目标

　　按《抗震规范》进行抗震设计的建筑，其基本的抗震设防目标是：当遭受低于本地区抗震设防烈度的多遇地震影响时，主体结构不受损坏或不需修理可继续使用；当遭受相当于本地区抗震设防烈度的设防地震影响时，可能发生损坏，但经一般性修理仍可继续使用；当遭受高于本地区抗震设防烈度的罕遇地震影响时，不致倒塌或发生危及生命的严重破坏。这三个目标可以概括成"小震不坏，中震可修，大震不倒"。使用功能或其他方面有专门要求的建筑，当采用抗震性能化设计时，具有更具体或更高的抗震设防目标。

　　上述三个水准的设防目标，意味着我们由以下方法决定抗震能力。首先对于小震弹性设计，计算设防烈度下的地震作用，设计出合理的结构刚度和承载力满足式（10-13）要求，和《高钢规》弹性层间位移角限制 1/250 的要求，即可满足小震不坏的抗震设计要求。而由于地震作用的复杂性，同时在强烈地震下非线性分析方法的计算模型以及参数的选用仍然不成熟，所以一般普通钢结构的中震可修和大震不倒的设防目标，更多的是通过计算调整系数和抗震构造措施来满足。钢结构的主要抗震构造措施，包括对抗侧力构件的长细比，水平构件和竖向构件的侧向支撑和连接构造等，均需要满足规定限制的要求。

　　3）地震作用效应验算

　　（1）抗震设计时，结构构件承载力应满足：

$$s \leqslant R/\gamma_{RE} \tag{10-13}$$

　　无地震作用时：

$$\gamma_0 S \leqslant R \tag{10-14}$$

式中　S——地震作用效应（弯矩、剪力、轴力）组合设计值，按《高钢规》的有关规定计算取值；

　　　R——结构构件承载力设计值；

　　　γ_0——结构重要性系数，按结构构件安全等级确定；

　　　γ_{RE}——结构构件承载力的抗震调整系数，按表 10-7 的规定采用。

构件承载力的抗震调整系数　　　　　　　　　　表 10-7

构件名称	结构构件和连接强度计算	柱和支撑稳定计算	计算竖向地震作用的所有构件
γ_{RE}	0.75	0.8	1.0

　　（2）荷载效应与地震作用效应组合的设计值，应按下列公式确定：

　　考虑地震作用：

$$S = \gamma_G S_{GE} + \gamma_{Eh} S_{Ehk} + \gamma_{Ev} S_{Evk} + \Psi_w \gamma_w S_{wk} \tag{10-15}$$

无地震作用时：

$$S = \gamma_G S_{Gk} + \gamma_{Q1} S_{Q1k} + \gamma_{Q2} S_{Q2k} + \Psi_w \gamma_w S_{wk} \qquad (10\text{-}16)$$

式中　S_{GE}、S_{Ehk}、S_{Evk}、S_{wk}——分别为重力荷载代表值、水平地震作用标准值、竖向地震作用标准值及风荷载标准值产生的效应；

　　　　S_{Gk}、S_{Q1k}、S_{Q2k}——分别为永久荷载、楼面活荷载、雪荷载等竖向荷载标准值产生的效应；

　　γ_{Eh}、γ_{Ev}、γ_G、γ_{Q1}、γ_{Q2}——分别为上述各相应荷载和作用的分项系数，按表 10-8 采用；

　　　　　　　Ψ_w——风荷载组合系数，在无地震作用的组合中取 1.0，在有地震作用的组合中当风荷载起控制作用时取 0.2。

荷载或作用的分项系数　　　　　　　　　　表 10-8

	组合情况		重力荷载 γ_G	活荷载 γ_Q	水平地震作用 γ_{Eh}	竖向地震作用 γ_{Ev}	风荷载 γ_w	备　注
1	恒荷载和各种可能的活荷载		1.3	1.5	—	—	1.5	
2	重力荷载和地震作用	①考虑重力及水平地震作用	1.3	1.3×0.5	1.4	—	—	
		②考虑重力、水平地震作用及风荷载	1.3	1.3×0.5	1.4	—	1.5	用于 60m 以上高层建筑
		③考虑重力及竖向地震作用	1.3	1.3×0.5	—	1.3	—	用于：① 9 度设防；② 8、9 度设防的大跨度和长悬臂结构
		④考虑重力、水平地震作用及竖向地震作用	1.3	1.3×0.5	1.4	0.5	—	
		⑤考虑重力、水平及竖向地震作用及风荷载	1.3	1.3×0.5	1.4	0.5	1.5	同上，但用于 60m 以上高层

注：1. 当重力荷载效应对构件承载能力有利时，宜取 γ_G 为 1.0。

　　2. 对楼面结构，当活荷载标准值不小于 $4kN/m^2$ 时，其分项系数取 1.3。

4）钢结构抗震性能化设计

震害表明，由于城市的发展和人口密度的增加、城市设施的日趋复杂、生活节奏的日益加快，造成地震引起的经济损失急剧增加，因此，原本以保障生命安全为抗震设防唯一目标的单一设防标准显然已经不够全面，为了控制建筑物及相关设施在地震中的破坏程度，保证震时及震后人们正常的生产、生活功能，减少地震对社会经济生活所带来的危害及影响，分析结构方案在房屋高度、规则性、结构类型、场地条件或抗震设防标准等方面的特殊要求，确定结构设计是否需要采用抗震性能设计方法，并作为选用抗震性能目标的主要依据。

结构方案特殊性的分析中要注重分析结构方案不符合抗震概念设计的情况和程度。国内外历次大地震的震害经验已经充分说明，抗震概念设计是决定结构抗震性能的重要因素。多数情况下，需要按要求采用抗震性能设计的工程，一般表现为不能完全符合抗震概念设计的要求。结构工程师应根据规范有关抗震概念设计的规定，与建筑师协调，改进结构方案，尽量减少结构不符合概念设计的情况和程度，不应采用严重不规则的结构方案。对于特别不规则结构，可按式（10-13）和《高钢规》规定进行抗震性能设计，但需慎重选用抗震性能目标，并通过深入的分析论证。

10.3.3　计算模型的确定原则

　　多、高层建筑钢结构的计算模型，应视具体结构形式和计算内容确定。在结构分析时为建立合理的力学模型，做出不同程度的计算假定，进行计算模型的简化，简化程度要视所采用的计算工具而确定。在建立计算模型时，一般须遵循下列原则：

　　（1）高层建筑钢结构的内力与位移一般采用弹性方法计算。对于采用性能设计的钢结构，需要计算罕遇地震作用时，可采用弹塑性时程分析或静力弹塑性分析法计算。

　　（2）高层建筑钢结构通常采用现浇组合楼盖，其在自身平面内的刚度是相当大的。当进行结构的作用效应计算时，可假定楼面在其自身平面内为绝对刚性。但在设计中应采取保证楼面整体刚度的构造措施。对整体性较差，或开孔面积大，或有较长外伸段的楼面，或相邻层刚度有突变的楼面，当不能保证楼面的整体刚度时，楼盖可能产生明显的面内变形时，宜采用楼板平面内的实际刚度，或对按刚性楼面假定计算所得结果进行调整。

　　（3）由于楼板与钢梁连接在一起，进行高层钢结构弹性分析时，宜考虑现浇钢筋混凝土楼板与钢梁的共同工作，此时在设计中应保证楼板与钢梁间有抗剪件等可靠的连接。在进行弹性分析时，压型钢板组合楼盖中梁的惯性矩可取为：当两侧有楼板时宜取 $1.5I_b$；对仅一侧有楼板时宜取 $1.2I_b$，I_b 为钢梁的惯性矩。

　　（4）一般情况下，可采用平面抗侧力结构的空间协同计算模型；结构布置规则、质量及刚度沿高度分布均匀、可以忽略扭转效应的结构，允许采用平面结构的计算模型；结构平面或立面不规则、体型复杂、无法划分成平面抗侧力单元的结构，或为简体结构时，应采用空间结构计算模型。

　　（5）高层建筑钢结构梁柱构件的跨度与截面高度之比，一般都较小，因此作为杆件体系进行分析时，应该考虑剪切变形的影响。此外，高层钢框架柱轴向变形的影响也是不可忽视的。梁的轴力很小，而且与楼板组成刚性楼盖，通常不考虑梁的轴向变形，但当梁同时作为腰桁架或帽桁架的弦杆或支撑桁架的杆件时，轴向变形不能忽略。由于钢框架节点域较薄，其剪切变形对框架侧移影响较大，应该考虑。

　　（6）抗震设计的高层建筑柱间支撑两端的构造应为刚性连接，但可按两端铰接计算。偏心支撑的耗能梁段在大震时将首先屈服，由于它的受力性能不同，应按单独单元计算。

10.3.4　静力分析的一般原则

　　框架结构、框架-支撑结构、框架剪力墙结构和框筒结构等，其内力和位移均可采用矩阵位移法计算。简体结构可按位移相等原则转化为连续的竖向悬臂简体，采用薄壁杆件理论、有限元法或其他有效方法进行计算。

　　对于高度不超过 40m 的建筑或在方案设计阶段预估截面时，为了迅速有效地评价结构体系的性能及确定结构与构件的主要尺寸指标，也可采用如下近似方法计算荷载效应。

　　（1）在竖向荷载作用下，框架内力可以采用分层法或力矩分配法进行简化计算。在水平荷载作用下，框架内力和位移可采用 D 值法进行简化计算。

（2）平面布置规则的框架-支撑结构，在水平荷载作用下简化为平面抗侧力体系分析时，可将所有框架合并为总框架，并将所有竖向支撑合并为总支撑，总框架和总支撑之间用一刚性水平铰接连杆串联起来，形成最终计算模型，然后进行协同工作分析。

10.3.5 稳定性验算

高层建筑钢结构的二阶效应比较强，二阶效应主要是指 $P\text{-}\Delta$ 效应和梁柱效应。稳定分析主要是针对二阶效应的结构极限承载力计算。当高层钢结构在风荷载或地震作用下产生水平位移时，竖向荷载产生的 $P\text{-}\Delta$ 效应将使结构的稳定问题变得十分突出，尤其对于非对称结构，平移或扭转耦联，同时产生附加弯矩和附加扭矩，将出现 $P\text{-}\Delta$ 效应引起的整体失稳。所以根据《高钢规》要求高层民用建筑钢结构弹性分析时，应计入重力二阶效应影响。

对于高层民用建筑钢结构整体稳定性同时应符合下列规定：

（1）对于框架结构应满足式（10-17）的要求：

$$D_i \geqslant 5\sum_{j=i}^{n} G_j / h_i (i=1,2,\cdots,n) \tag{10-17}$$

（2）对于框架-支撑结构、框架-延性墙板结构、筒体结构和巨型框架结构应满足式（10-18）的要求：

$$EJ_d \geqslant 0.7H^2 \sum_{i=1}^{n} G_i \tag{10-18}$$

式中　D_i——第 i 楼层的抗侧刚度（kN/mm），可取该层剪力与层间位移的比值；

h_i——第 i 层层高（mm）；

G_i、G_j——分别为第 i、j 楼层重力荷载设计值（kN），取 1.2 倍的永久荷载标准值与 1.4 倍的楼面可变荷载标准值的组合值；

H——房屋高度（mm）；

EJ_d——结构一个主轴方向的弹性等效侧向刚度（kN·mm²），可按倒三角形分布荷载作用下结构顶点位移相等的原则，将结构的侧向刚度折算为竖向悬臂受弯构件的等效侧向刚度。

10.4　构件与连接节点设计

多、高层房屋钢结构的内力组合应按梁、柱两端或最不利截面计算确定，当各截面的最不利组合内力确定后，进行构件的设计。一般多、高层房屋钢结构中的构件，如钢梁、框架柱、支撑系统等，可按《标准》的有关规定进行计算。但在进行多遇地震作用下第一阶段抗震设计时，构件的承载力尚应满足式（10-13）的要求。

10.4.1　构件设计

1. 框架梁的设计

框架梁的计算内容包括强度、刚度、整体稳定和局部稳定。当按非抗震设防设计时，一般采用弹性设计法，对于超静定梁，也可以采用塑性设计法；当按抗震设防设计时，尚应满足相关的规定要求。多、高层房屋钢结构中的框架梁一般采用焊接或扎制工字形或窄翼缘 H 型钢截面；当为组合楼盖时，可采用钢-钢筋混凝土组合梁，也可采用箱形截面梁、蜂窝梁等。

框架梁的整体稳定性通常通过梁上的刚性铺板或支撑体系加以保证。压型钢板组合楼面及钢筋混凝土楼板都可视为刚性铺板，单纯压型钢板必须在平面内具有相当的抗剪刚度时方可视为刚性铺板。当梁上设有整体刚性铺板且符合《标准》规定，梁上设有侧向支撑体系并符合《标准》规定的受压翼缘自由长度与其宽度之比（l_1/b_1）的限值时，可不计算整体稳定。但 7 度以上设防的高层钢结构，对罕遇地震下可能出现塑性铰的部位，如梁端、集中荷载作用点，应有侧向支撑点。由于地震作用方向可能变化，塑性铰弯矩的方向也可能变化，故在梁的上下翼缘均应设支撑点。这些支撑点和相邻支撑点间的距离，应符合《标准》关于塑性设计时的长细比要求。

在框架梁的设计中，梁翼缘和腹板的局部稳定在一般情况下应符合《标准》的有关规定。对按 7 度或 7 度以上抗震设防的框架梁，要求梁出现塑性铰后还有转动能力，以实现结构的内力重分布，因此，对板件的宽厚比限制严格。抗侧力框架梁中可能出现塑性铰的区段，其组成板件的宽厚比不应超过表 10-9 规定的限值。

框架梁板件宽厚比限值　　　　　表 10-9

板件	一级	二级	三级	四级
工字形梁和箱形梁翼缘悬伸部分 b/t	9	9	10	11
工字形梁和箱形梁腹板 h_0/t_w	$72\sim120$ $N/(A_f)\leqslant60$	$72\sim100$ $N/(A_f)\leqslant65$	$80\sim110$ $N/(A_f)\leqslant70$	$85\sim120$ $N/(A_f)\leqslant75$
箱形梁翼缘在两腹板之间的部分 b_0/t	30	30	32	36

注：1. 表中 N 为梁的轴向力，A 为梁的截面面积，f 为梁的钢材强度设计值；

　　2. 表中数值适用于 Q235 钢，当为其他钢号时，应乘以 $\sqrt{235/f_y}$。

2. 框架柱的设计

框架柱截面可以采用 H 形、箱形、十字形及圆形等，箱形截面柱与梁的连接较简单，受力性能与经济效果也较好，因而是应用最广的一种柱截面形式。在箱形或圆形钢管中浇筑混凝土而形成的钢管混凝土组合柱，可大大提高柱的承载能力且避免管壁局部失稳，也是高层建筑中一种常用的截面形式。在设计框架柱时一般有以下几方面的要求。

1）框架柱的稳定性

框架柱的强度和稳定性当按非抗震设计时，应遵循《标准》的有关规定，其计算长度视其荷载组合和结构组成的具体情况按《标准》计算。

按 7 度及以上抗震设防的框架柱，其板件的宽厚比限值应较非抗震设计时更严格，即不应大于表 10-10 的规定。

框架柱板件宽厚比限值　　　　　表 10-10

板件	一级	二级	三级	四级
工字形柱翼缘悬伸部分	10	11	12	13
工字形柱腹板	43	45	48	52
箱形柱壁板	33	36	38	40

注：表列数值适用于 Q235 钢，当钢材为其他钢号时，应乘以 $\sqrt{235/f_y}$。

在柱与梁连接处，柱应设置与梁上下翼缘相衔接的加劲肋。处于地震设防烈度 7 度及以上地区的 H 形截面柱和箱形截面柱的腹板在和梁相连的范围内，其厚度应满足下列要求：

$$t_{wc} \geqslant \frac{h_{0b} + h_{0c}}{90} \tag{10-19}$$

式中　t_{wc}——柱在节点域的腹板厚度，当为箱形柱时取一块腹板的厚度；

h_{0b}、h_{0c}——分别为梁腹板高度和柱腹板高度。

2）强柱弱梁的设计概念

对抗震设防的框架柱，为了实现强柱弱梁的设计概念，要求塑性铰在梁端而不是在柱端形成，柱端应比梁端有更大的承载力储备。

3）框架柱的计算长度与长细比

当计算多遇地震作用组合下的稳定性时，纯框架体系柱的计算长度系数 μ 按《标准》中有侧移时的 μ 值采用；有支撑或剪力墙的体系在层间位移不超过结构层高的 1/250（包括必要时计入 P-Δ 效应）时，可取 $\mu = 1.0$。

长细比和轴压比均较大的框架柱，其延性较小，并容易产生整体失稳。为控制二阶效应对柱极限承载力的影响，就要限制框架柱的长细比和轴压比。对于多层建筑，根据《建筑抗震设计规范》GB 50011—2010 中抗震设防框架柱的长细比：一级不应大于 60 $\sqrt{235/f_y}$；二级不应大于 80 $\sqrt{235/f_y}$；三级不应大于 100 $\sqrt{235/f_y}$；四级不应大于 120 $\sqrt{235/f_y}$。对于高层建筑，根据《高层民用建筑钢结构技术规程》JGJ 99—2015 中框架柱的长细比：一级不应大于 60 $\sqrt{235/f_y}$；二级不应大于 70 $\sqrt{235/f_y}$；三级不应大于 80 $\sqrt{235/f_y}$；四级不应大于 100 $\sqrt{235/f_y}$。

3. 中心支撑设计

1）内力计算

多、高层建筑钢结构杆件数量巨大，对支撑杆件的内力分析一般采用大型结构分析程序。但在初步设计阶段，也可采用近似计算方法。当采用近似方法时，应注意各受力杆件的变形对支撑内力的影响，按下述方法确定支撑杆件的内力。

（1）垂直支撑作为竖向桁架的斜杆，主要承受水平荷载（风荷载或多遇地震作用）引起的剪力。但由于高层建筑在水平荷载下变形较大，在重力和水平力作用下，还承受水平位移和重力荷载产生的附加弯曲效应。人字形和 V 形支撑尚应考虑支撑跨梁所传来的楼面垂直荷载。

（2）框架柱在重力荷载作用下的弹性压缩变形将在十字交叉支撑、人字形支撑和 V 形支撑的斜杆中引起附加压应力，故在计算此类形式的截面时，应计入附加压应力的影响。

为了减少斜杆的附加压应力，应在大部分永久荷载加上后，再固定斜撑端部的连接。有条件时，还可考虑对斜撑施加预拉力以抵消附加应力的不利影响。

（3）人字形支撑的受压斜杆若受压屈曲，将导致框架横梁产生较大变形，并使整个体系的抗剪能力发生退化。因此，在进行多遇地震效应组合作用下支撑的设计时，对人字形支撑和 V 形支撑斜杆的内力应乘以增大系数 1.5，十字交叉支撑和单斜杆式支撑的斜杆内力，也应乘以增大系数 1.3，以提高斜撑的承载力。

2）截面验算

支撑斜杆可设计为只能承受拉力，也可既能受拉又能受压。当按非抗震设防设计时，杆件截面的设计可按照《标准》的相关规定设计。但在多遇地震效应组合作用下，支撑斜杆的截面还应满足下列要求：

（1）整体稳定性。在多遇地震作用下，支撑斜杆反复受到拉力和压力的作用。由于杆件受压屈曲后变形增大很多，当转化受拉时变形不能完全拉直，造成再受压时承载力降低，即出现退化现象。杆件的长细比越大，退化现象越严重。

（2）局部稳定性。板件若丧失局部稳定将影响支撑斜杆的承载能力及耗能能力，因而对抗震设防的支撑斜杆，其板件宽厚比应符合表 10-11 的规定。

中心支撑宽厚比限值

表 10-11

板件名称	一级	二级	三级	四级、非抗震设计
翼缘外伸部分	8	9	10	13
工字形截面腹板	25	26	27	33
箱形截面腹板	18	20	25	30
圆管外径与壁厚比	38	40	40	42

注：表中数值适用于 Q235 钢，当为其他钢号时，应乘以 $\sqrt{235/f_y}$。

支撑斜杆宜采用双轴对称截面。当采用单轴对称截面时（例如双角钢组合 T 形截面），应采取防止绕截面对称轴屈曲的构造措施。

（3）刚度。地震作用下支撑体系的滞回性能，主要取决于其受压行为。支撑长细比较大者，滞回圈较小，吸收能量的能力也较弱。因而对抗震设计建筑中支撑杆件的长细比，限制应更严格，应符合表 10-12 的规定。

中心支撑长细比限值

表 10-12

类 型		6 度、7 度	8 度	9 度
不超过 12 层	按压杆设计	150	120	120
	按拉杆设计	200	150	150
超过 12 层		120	90	60

注：表中数值适用于 Q235 钢，当为其他钢号时，应乘以 $\sqrt{235/f_y}$。

4. 偏心支撑设计

偏心支撑框架设计的基本概念，是偏心支撑的耗能梁段，在罕遇地震时先发生剪切屈服并耗能，从而保护偏心支撑不屈曲，即偏心支撑框架在多遇地震作用下，结构为弹性，在罕遇地震作用下，梁段剪切屈服，非线性剪切变形耗能。因此，设计良好的偏心支撑框架，除柱脚有可能出现塑性铰外，其他塑性铰均出现在梁段上。偏心支撑的设计主要应进行耗能梁段的设计和支撑斜杆的承载力设计。

1）耗能梁段的承载力设计

耗能梁段可分为剪切屈服型和弯曲屈服型两种。剪切屈服型梁段短，梁端弯矩小，主要是因剪力作用使梁段屈服；弯曲屈服型梁段长，梁端弯矩大，容易形成弯曲塑性铰。剪切屈服型耗能梁段的耗能能力和滞回性能优于弯曲屈服型，因而耗能梁段宜设计成剪切屈服型。但当耗能梁段与柱连接时，不应设计成弯曲屈服型，弯曲屈服会导致翼缘压曲和水平扭转屈曲。

2）支撑斜杆的设计

偏心支撑框架的设计要求是在足够大的地震作用下，耗能梁段屈服而支撑不屈服。为满足这一要求，偏心支撑框架内力设计需要乘以增大系数，保证梁段进入非弹性变形而支撑不屈服。

10.4.2　节点设计

1. 节点设计的一般原则

多、高层建筑钢结构的节点设计应满足传力可靠、构造合理、具有抗震延性及施工方便等要求。当非抗震设防时，结构主要受风荷载控制，节点连接处于弹性受力状态，应按结构处于弹性受力阶段设计。当抗震设防时，考虑大震下结构已进入弹塑性受力阶段，按结构抗震设计遵循的原则，节点连接的承载力应高于被连接杆件（如梁、柱、支撑等）的全截面塑性受弯、受剪和轴向拉压的承载力，以使地震作用下塑性铰出现在杆件，节点和连接不破坏。

2. 节点的连接

多、高层钢结构的节点连接可采用焊接、高强度螺栓连接，也可以采用焊接与高强度螺栓的栓焊混合连接。

1）焊接连接

焊接连接的传力最充分，有足够的延性，但焊接连接存在较大的残余应力，对节点的抗震设计不利。焊接连接可采用全熔透或部分熔透焊缝。但对要求与母材等强的连接和框架节点塑性区段的焊接连接，应采用全熔透的焊接连接。

2）高强度螺栓连接

高层钢结构承重构件的高强度螺栓连接应采用摩擦型。高强度螺栓连接施工方便，但连接尺寸过大，材料消耗较多，因而造价较高，且在大震下容易产生滑移。

3）栓-焊连接

栓-焊连接在高层钢结构中应用最普遍，一般受力较大的翼缘部分采用焊接，腹板采用高强度螺栓。这种连接可以兼顾两者的优点，在施工上也具有优越性。由于施工时一般先用螺栓定位然后对翼缘施焊，此时栓接部分承载力应考虑先栓后焊的温度影响乘以折减系数 0.9。

3. 梁与柱的连接

梁与柱连接的构造要求如下：

（1）框架梁与柱的连接宜采用柱贯通型，梁贯通型较少采用。在互相垂直的两个方向都与梁刚性连接的柱，宜采用箱形截面。箱形柱壁板厚度小于 16mm 时，不宜采用电渣焊焊接隔板。当柱为工字形截面时，梁与柱的连接可分为在强轴方向连接和在弱轴方向连接。

（2）主梁与柱刚接时，梁翼缘与柱应采用全熔透焊缝连接，梁腹板与柱宜采用摩擦型高强度螺栓连接（图 10-21a），悬臂梁段与柱应采用全焊接连接（图 10-21b）。

（3）当柱在弱轴方向与主梁连接时，在主梁翼缘的对应位置应设置柱的横向加劲肋，

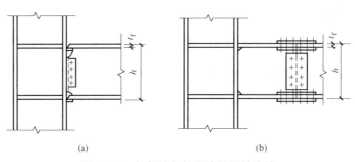

图 10-21　框架梁与柱翼缘的刚性连接

(a) 框架梁与柱栓焊混合连接；(b) 框架梁与柱全焊接连接

加劲肋应伸至柱翼缘以外 75mm，并以变宽度形式伸至梁翼缘，在梁高范围内设置柱的竖向连接板。主梁与柱的现场连接中，梁翼缘与柱的横向加劲肋采用全熔透焊缝连接，并应避免连接处板件宽度的突变，腹板与柱的连接板采用高强度螺栓连接（图 10-22），其计算方法与在强轴方向连接相同。也可在柱与主梁的对应位置焊接悬臂段，主梁在现场拼接（图 10-23）。

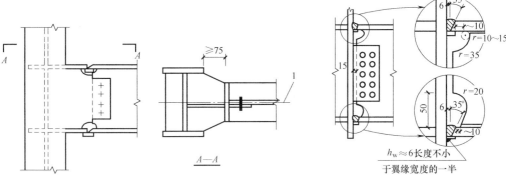

图 10-22　柱在弱轴方向与主梁的刚性连接　　　图 10-23　梁-柱刚接细部构造

（4）梁翼缘与柱焊接时，应全部采用全熔透坡口焊缝，抗震等级为一、二级时，应检验焊缝的 V 形切口冲击韧性，其夏比冲击韧性在 $-20^\circ C$ 时不低于 27J，并按规定设置焊接垫板，翼缘坡口两侧设置引弧板。为设置焊接垫板，要求在梁腹板上下两端作扇形切角，其半径 r 宜取 35mm，如图 10-23 所示。扇形切角端部与梁翼缘连接处，应以 $r=10mm$ 的圆弧过渡，垫板反面与柱翼缘相接处宜适当焊接。

（5）框架梁与柱刚性连接时，应在梁翼缘的对应位置设置柱的水平加劲肋（或隔板）。对于抗震设防的结构，水平加劲肋（隔板）厚度不得小于梁翼缘厚度加 2mm，其钢材强度不得低于梁翼缘的钢材强度，其外侧应与梁翼缘外侧对齐。对非抗震设计的结构，水平加劲肋（隔板）应能传递梁翼缘的集中力，厚度应由计算确定；当内力较小时，其厚度不得小于梁翼缘厚度的 1/2，并应符合板件宽厚比限值。水平加劲肋宽度应从柱边缘后退 10mm。

（6）在抗震设防的结构中，工字形柱水平加劲肋与柱翼缘的焊接宜采用坡口全熔透焊缝，与柱腹板连接时可采用角焊缝。当柱在弱轴方向与主梁连接时，水平加劲肋与柱腹板连接则应采用坡口全熔透焊缝。箱形柱水平加劲隔板与柱的焊接，应采用坡口全熔透焊缝，对无法进行手工焊接的焊缝，应采用电渣焊，并应对称布置，同时施焊。当箱形柱截面较小时，为加工方便，也可设置柱外水平加劲板，应注意避免由于形状突变而形成应力集中。

（7）当柱两侧的梁高不等时，每个梁翼缘对应位置均应设置柱的水平加劲肋。考虑焊接操作，横向加劲肋间距不应小于 150mm，且不应小于水平加劲肋外伸的宽度，如图 10-24（a）所示。当不能满足此要求时，需调整梁的端部高度，此时可将截面高度较小的梁腹板高度局部加大，腋部翼缘的坡度不得大于 1：3，如图 10-24（b）所示。

当与柱正交的梁高度不等时，同样也应分别设置柱的水平加劲肋，如图 10-24（c）所示。

（8）箱形梁与箱形柱的刚接连接，宜采用工厂焊接的柱外带悬臂梁段节点形式，悬臂段的梁翼缘可逐步放宽，与柱有充分连接，增加节点刚性。梁的安装接头设置于反弯点附近，并应满足运输尺寸限制。

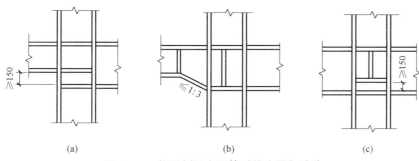

图 10-24　柱两侧梁高不等时的水平加劲肋

（9）梁与柱铰接时，与梁腹板相连的高强度螺栓，除应承受梁端剪力外，尚应承受偏心弯矩的作用。当采用现浇钢筋混凝土楼板将主梁和次梁连成整体时，可不计算偏心弯矩的影响。

4. 柱与柱连接

柱的连接主要指工地拼接，常用的连接方法有对齐坡口焊接以及高强度螺栓与焊缝的混合连接。

钢框架宜采用工字形或箱形截面柱，型钢混凝土部分宜采用工字形或十字形截面柱。

箱形柱通常为焊接柱，在工厂采用自动焊接组装而成。当梁与柱刚性连接时，在主梁上下至少 600mm 范围内，应采用全熔透焊缝（图 10-25b）。十字形柱由钢板或两个 H 型钢焊接而成（图 10-26），组装焊缝均应采用部分熔透 K 形坡口焊缝，每边焊接深度不应小于 1/3 板厚。

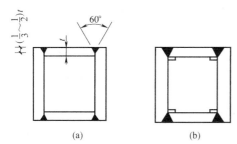

图 10-25　箱形组合柱的角部组装焊缝

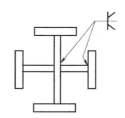

图 10-26　十字形组合柱的组装焊缝

为保证柱接头的安装质量和施工安全，柱的工地拼接处应设置安装耳板临时固定。

按非抗震设防的高层建筑钢结构，当柱的弯矩较小且截面不产生拉力时，可通过上下柱接触面直接传递 25% 的压力和弯矩，此时柱的上下端应磨平顶紧，并应与柱轴线垂直。坡口焊缝的有效深度 t_e 不宜小于板厚的 1/2（图 10-27）。

工字形柱的工地拼接设计，弯矩由柱翼缘和腹板承受，剪力应由腹板承受，轴力应由翼缘和腹板分担。翼缘通常为坡口全熔透焊缝，腹板为高强度螺栓连接。当采用全焊接接头时，上柱翼缘开 V 形坡口、腹板开 K 形坡口。

箱形柱的工地拼接全部采用焊接，其坡口应采用图 10-28 所示的形式。箱形柱的上端应设置横隔板，并与柱口齐平，厚度不宜小于 16mm，其边缘与柱口截面一起刨平，以便与上柱的焊接垫板有良好的接触面。在箱形柱安装单元的下部附近，尚应设置上柱横隔板，以防止运输、堆放和焊接时截面变形，其厚度不宜小于 10mm。柱在工地的接头上下侧各 100mm 范围内，截面组装焊缝应采用坡口全熔透焊缝。全熔透焊缝与母材等强，用于抗震设防的结构。

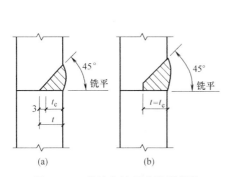

图 10-27　柱接头的部分熔透焊缝

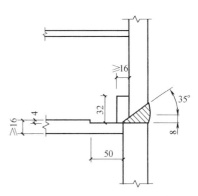

图 10-28　箱形柱的工地焊接

与上部钢结构相连的型钢混凝土十字形钢柱及伸入钢筋混凝土基础的钢柱嵌固段（图10-29），宜在其柱翼缘设置栓钉，与外包混凝土相连，传递轴力和弯矩。十字形柱与箱形柱相连时，两种截面的搭接段中，十字形柱的腹板应伸入箱形柱内，其伸入长度 L 不小于柱宽 $B+200mm$。

柱截面改变时，应优先采用保持截面高度不变而只改变翼缘厚度的方法。当需要改变截面高度时，对边柱宜采用图 10-30（a）的做法，不影响贴挂外墙板，但应考虑上下柱偏心产生的附加弯矩。变截面的上下端均应设置隔板。对内柱宜采用图 10-30（b）的做法。当变截面段位于梁柱接头处时，可采用图 10-30（c）的做法，变截面两端梁翼缘不宜小于 150mm。

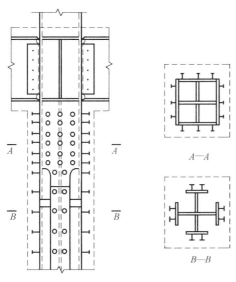

图 10-29　箱形柱与十字形柱的连接

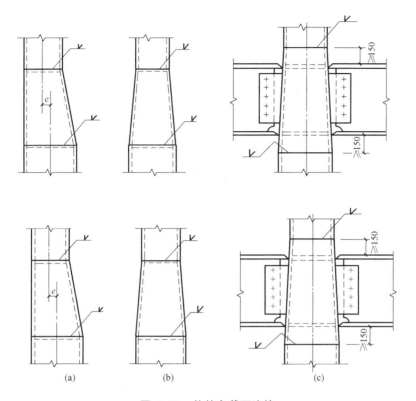

图 10-30 柱的变截面连接

5. 梁与梁连接

梁在工地的拼接，主要用于柱带悬臂梁段与梁的连接，其拼接形式有：翼缘采用全熔透焊缝连接，腹板用摩擦型高强度螺栓连接；翼缘和腹板均采用摩擦型高强度螺栓连接；翼缘和腹板均采用全熔透焊缝连接。

梁的拼接应位于框架节点塑性区段以外，并可根据具体情况分别按两种方法设计：一是等强度设计，用于抗震设计时梁的拼接；二是按梁拼接处内力设计，由翼缘和腹板根据其刚度比分担弯矩，由腹板承担剪力。为保证构件的连续性，当拼接处的内力较小时，拼接强度应不小于梁截面承载力的 50%。

次梁与主梁的连接宜采用铰接连接（图 10-31），按次梁的剪力设计，并考虑连接偏心产生的附加弯矩，可不考虑主梁受扭。

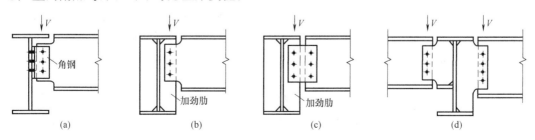

图 10-31 次梁与主梁的铰接连接

(a) 角钢连接；(b) 肋板加栓接；(c) 加节点板；(d) 不等高次梁

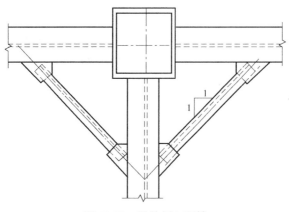

图 10-32   梁的侧向隔撑

抗震设防时，为防止框架横梁的侧向屈曲，框架横梁下翼缘在节点塑性区段（距柱轴线 1/10～1/8 梁跨处）应设置侧向支承构件。由于梁上翼缘和楼板连在一起，所以只需在互相垂直的主梁下翼缘设置侧向隔撑，此时隔撑可起到支承两根横梁的作用，如图 10-32 所示。

当设备用配管等穿过钢梁时，腹板中的孔口应予补强。其补强的原则是：弯矩可考虑仅由梁翼缘承担，剪力由孔口截面的腹板和补强板共同承担。因此，应按梁孔口部位腹板加补强板的截面面积与梁腹板截面面积相等的原则予以补强。

6. 柱脚

柱脚的构造取决于柱的截面形式及柱与基础的连接方式，其构造应尽可能符合结构计算模型，并力求简明。柱脚的作用是将柱子的内力可靠的传递给基础并和基础有牢固的连接。

柱与基础的连接方式有铰接、刚接两大类，框架结构大多采用刚接柱脚。刚接柱脚与混凝土基础的连接方式有外露式（也称支承式）、外包式、埋入式三种。外露式柱脚构造简单，施工方便，费用低，在铰接连接及多层民用钢结构的刚接柱脚时优先采用；当荷载较大或层数较多时，也可以采用外包式或埋入式柱脚。

埋入地面以下部分的柱脚与基础的连接应采用抗弯连接。外包混凝土的高度不应小于钢柱截面高度的 2.5 倍，且从柱脚底板到外包层顶部箍筋的距离与外包混凝土宽度之比不应小于 1.0。外包层内纵向受力钢筋在基础内的锚固长度（l_a，l_{aE}）应根据现行国家标准《混凝土结构设计规范》GB 50010—2010 的有关规定确定，且四角主筋的上、下都应加弯钩，弯钩投影长度不应小于 15d；外包层中应配置箍筋，箍筋的直径、间距和配箍率应符合现行国家标准《混凝土结构设计规范》GB 50010—2010 中钢筋混凝土柱的要求；外包层顶部箍筋应加密且不应少于 3 道，其间距不应大于 50mm。外包部分的钢柱翼缘表面宜设置栓钉。

柱脚锚栓可采用 Q235 钢或 Q355 钢制作，并用双螺帽拧紧（图 10-33）。锚栓直径 d 不宜小于 24mm，锚固长度不应小于 25d（铰接）或 40d（刚接），当锚栓固定在锚板或锚梁上时，长度不受此限制。柱脚底板的水平反力，由底板和基础混凝土间的摩擦力传递，摩擦系数可取 0.4。当剪力大于底板下的摩擦力时，应设置抗剪键，由抗剪键承受全部剪力；也可由锚栓抵抗全部剪力，此时底板上的锚栓孔直径不应大于锚栓直径加 5mm，且锚栓垫片下应设置盖板，盖板与柱底板焊接，并计算焊缝的抗剪强度。

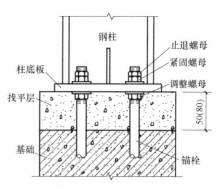

图 10-33 柱脚连接

柱脚底板的厚度不应小于柱翼缘的厚度，且不小于 20mm（铰接）或 30mm（刚接）。柱底面应刨平，与底板顶紧后，采用角焊缝围焊。

1）外露式柱脚

外露式柱脚的轴力、弯矩直接传递给下部混凝土，此时应验算基础混凝土的抗压强度及锚栓的抗拉强度。柱底板尺寸由底板反力和底板区格边界条件计算确定，当底板压应力出现负值时，应由锚栓来承受拉力。当锚栓直径大于 60mm 时，可按钢筋混凝土压弯构件中计算钢筋的方法确定锚栓直径。锚栓的内力应由其与混凝土之间的粘结力传递。当埋设深度受到限制时，锚栓应固定在锚板或锚梁上。三级及以上抗震等级时，锚栓截面面积不宜小于钢柱下端截面面积的 20%。

柱脚底面与基础顶面之间宜浇筑找平层（图 10-33），找平层采用无收缩细石混凝土或砂浆二次灌注密实，强度等级不应低于 C40，厚度可取 50mm（铰接）或 80mm（刚接）。

外露式柱脚常见形式如图 10-34 所示。柱脚铰接时，如果柱截面高度小于 400mm，可采用（a）所示的双锚栓构造；大于 400mm 时，宜采用（b）所示的四锚栓构造。

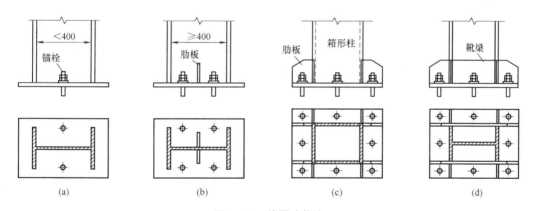

图 10-34 外露式柱脚

（a）、（b）铰接柱脚；（c）、（d）刚接柱脚

外露式柱脚刚接时优先选用带靴梁的构造（图 10-34d），并假定柱脚全部弯矩由靴梁传递，靴梁的尺寸由竖向焊缝长度及靴梁自身的抗弯强度确定。

2）外包式柱脚

外包式柱脚是将钢柱柱底板搁置在混凝土基础（梁）顶面，再由基础伸出钢筋混凝土短柱，将钢柱包住的一种连接方式（图 10-35），属于刚性柱脚。钢柱的纵向应力由钢柱外侧的栓钉传递给混凝土短柱，再传递到基础，因此栓钉的作用非常重要。

外包钢筋混凝土短柱的高度由钢柱包裹长度确定，钢柱的包裹长度不得小于 3 倍的柱

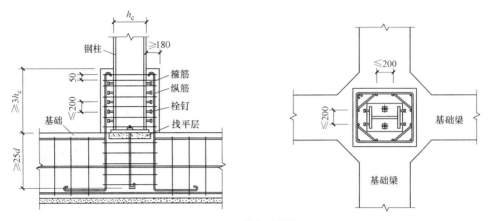

图 10-35　外包式柱脚

截面高度（H 型钢或箱形截面）或 2 倍柱截面高度（轻型工字形柱）。

3）埋入式柱脚

埋入式柱脚是将钢柱底端直接埋入混凝土基础梁或墙体内的一种柱脚，可以承担较大的柱脚反力，主要应用于高层钢结构。柱脚轴向压力由柱脚底板直接传给基础，应按现行国家标准《混凝土结构设计规范》GB 50010—2010 验算柱脚底板下混凝土的局部承压，承压面积为底板面积。

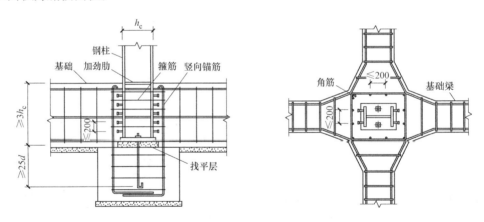

图 10-36　埋入式柱脚

埋入式柱脚中钢柱的埋入长度要求同外包式柱脚，即不得小于 3 倍的柱截面高度（H 型钢或箱形截面）或 2 倍柱截面高度（轻型工字钢柱）（图 10-36）。在钢柱埋入部分的顶部，应设置水平加劲肋或隔板，加劲肋或隔板的宽厚比应符合《标准》关于塑性设计的规定。埋入部分应设置栓钉，栓钉的数量和布置可按外包式柱脚的有关规定确定。

埋入式柱脚通过混凝土对钢柱的承压力传递弯矩，埋入式柱脚的混凝土承压应力应小于混凝土轴心抗压强度设计值。

埋入式柱脚的钢柱四周，应满足以下构造要求：

（1）主筋的配筋率不小于 0.2%，配筋不宜小于 4 Φ 22，并在上端设弯钩。竖向钢筋自钢柱底板以下的锚固长度不小于 35d，当主筋的中心距大于 200mm 时，应设 Φ 16 的架立筋；

（2）箍筋宜为Φ10@100，在埋入部分的顶端应配置不少于3Φ12@50的箍筋加密区。

（3）埋入式柱脚钢柱翼缘的混凝土保护层厚度应符合下列规定：对于中柱，钢柱保护层厚度不得小于180mm（图10-37a）；对边柱和角柱，保护层厚度不宜小于250mm，如图10-37（b）、（c）所示。

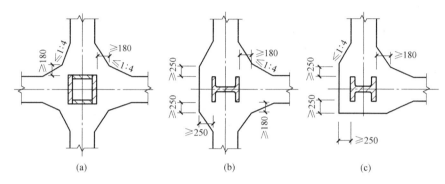

图 10-37　埋入式柱脚的保护层厚度

（4）抗震设计时，在基础顶面处柱可能出现塑性铰的柱脚应按埋入部分钢柱侧向应力分布验算在轴力和弯矩作用下基础混凝土的侧向抗弯极限承载力。埋入式柱脚的极限受弯承载力不应小于钢柱全塑性抗弯承载力；与极限受弯承载力对应的剪力不应大于钢柱的全塑性抗剪承载力。

10.5　楼盖设计

自20世纪70年代以来，压型钢板组合楼盖结构在高层钢结构中就得到了广泛的应用。其结构性能较好，施工方便，经济效益可观。

在高层钢结构中，楼（屋）盖的工程量占用很大比重，其对结构的工作性能、造价以及施工速度都有着重要的影响。在确定楼盖的结构方案的时候，首先应该考虑保证楼盖有足够的平面整体刚度，其次有利于现场安装方便以及快速施工，同时还需要较好的防火、隔声性能并有利于管线的铺设。

高层建筑钢结构的常用楼面做法有：压型钢板组合楼板、预制楼板、叠合楼板和普通现浇板等。目前最常用的方法在钢梁上铺设压型钢板，浇筑整体混凝土楼板，即形成组合楼板。此时楼面梁亦相应形成钢与混凝土组合梁。这就是本节重点学习内容。

10.5.1　压型钢板组合楼板设计

1. 一般要求

设计组合楼板时应考虑以下两个受力阶段。

1）施工阶段

此时压型钢板作为浇筑混凝土的底模，应对其强度与变形进行验算。此时应考虑以下荷载：

（1）永久荷载：压型钢板、钢筋与混凝土自重。

（2）可变荷载：施工荷载与附加荷载。施工荷载应包括施工人员和施工机具等，并考虑施工过程中可能产生的冲击和振动。当有过量的冲击、混凝土堆放以及管线等应考虑附加荷载时，可变荷载应以工地实际荷载为依据。当没有可变荷载实测数据或施工荷载实测值小于 1.0kN/m^2 时，施工荷载取值不应小于 1.0kN/m^2。混凝土在浇筑过程中，处于非均匀的流动状态，可能造成单块楼承板受力较大，为保证安全，提高了混凝土在湿状态下的荷载分项系数。计算压型钢板施工阶段承载力时，湿混凝土荷载分项系数应取 1.5。压型钢板在施工阶段承载力应符合现行国家标准《冷弯薄壁型钢结构技术规范》GB 50018—2002 的规定，结构重要性系数 γ_0 可取 0.9。

2）使用阶段

此时组合板在全部荷载作用下，应对其截面的强度与变形进行计算。若压型钢板仅作为模板，则此时不考虑其承载作用。而对其上浇筑的混凝土板可按钢筋混凝土楼板计算，此时的钢筋混凝土楼板厚度仅考虑压型钢板上、下翼缘所浇筑的混凝土厚度 h_c，如图 10-38 所示。

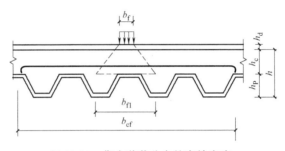

图 10-38　集中荷载分布的有效宽度

当压型钢板跨中挠度 ω 大于 20mm 时，确定混凝土自重应考虑"凹坑"效应，在全跨增加混凝土厚度 0.7ω，或增设临时支撑。

组合板作用有局部荷载时，组合楼板应对作用力较大处进行单独验算，其有效宽度 b_{ef} 不得大于按下列公式计算的值。

（1）抗弯计算时：

简支板：
$$b_{ef}=b_{f1}+2l_p(1-l_p/l) \tag{10-20}$$

连续板：
$$b_{ef}=b_{f1}+[4l_p(1-l_p/l)]/3 \tag{10-21}$$

（2）抗剪计算时：
$$b_{ef}=b_{f1}+l_p(1-l_p/l) \tag{10-22}$$

式中　l——组合板跨度；

l_p——荷载作用点至组合楼板较近支座的距离；当跨度内有多个集中荷载时，l_p 应取较小 b_f 值的相应荷载作用点至较近支承点的距离；

b_{f1}——集中荷载在组合板中的分布宽度（图 10-38）。
$$b_{f1}=b_f+2(h_c+h_d) \tag{10-23}$$

式中　b_f——荷载宽度；

h_d——地板饰面层厚度；

h_c——压型钢板顶面以上的混凝土计算厚度。

在局部集中荷载作用下的受冲切承载力应符合现行国家标准《混凝土结构设计规范》GB 50010—2010 的有关规定，混凝土板的有效高度可取组合楼板肋以上混凝土厚度。组合楼板受冲切验算，按板厚为 h_c 的普通钢筋混凝土板计算，不考虑压型钢板槽内混凝土和压型钢板的作用，计算简单且偏于安全。

施工阶段计算时，对作为浇筑混凝土模板的压型钢板，当计算其抗弯承载力时，可采用弹性分析方法。其强边（顺肋）方向的正负弯矩和挠度应按单向板计算，不考虑弱边（垂直肋）方向的正、负弯矩。

使用阶段计算时，当压型钢板上浇筑的混凝土厚度 $h_c = 50 \sim 100 \text{mm}$ 时，可按以下规定进行设计：①组合板强边方向的正弯矩和挠度，按承受全部荷载的简支单向板计算；②强边方向的负弯矩按嵌固端考虑；③弱边方向的正、负弯矩均不考虑。

组合楼板中的压型钢板肋顶以上混凝土厚度 h_c 大于 100mm 时，组合楼板的计算应符合下列规定：

当 $\lambda_e < 0.5$ 时，按强边方向单向板进行计算；

当 $\lambda_e > 2.0$ 时，按弱边方向单向板进行计算；

当 $0.5 \leqslant \lambda_e \leqslant 2.0$ 时，按正交异性双向板进行计算。

有效边长比 λ_e 应按下列公式进行计算：

$$\lambda_e = \mu \frac{l_x}{l_y} \tag{10-24}$$

$$\mu = \left(\frac{I_x}{I_y}\right)^{1/4} \tag{10-25}$$

式中　λ_e——有效边长比；

I_x——组合楼板强边方向计算宽度的截面惯性矩；

I_y——组合楼板弱边方向计算宽度的截面惯性矩，只考虑压型钢板肋顶以上混凝土的厚度；

l_x、l_y——组合楼板强边、弱边方向的跨度。

2. 组合楼板的设计

通常依据是否考虑压型钢板对组合楼板承载力的贡献，而将其分为组合板和非组合板（指压型钢板只作为永久性模板）。

采用弹性方法验算，力学模型为在施工阶段荷载作用下绕 x-x 轴弯曲的单向板，若不满足要求，应考虑增设临时支撑。

使用阶段。对于非组合板，不考虑压型钢板的承载作用，可按常规钢筋混凝土楼板的设计方法进行设计。这时应在压型钢板波槽内设置钢筋，并进行相应计算。目前在高层钢结构中，大多是将压型钢板作为非组合板使用的，在这种情形下，无须设置防火保护层，实践证明造价较经济。

对于组合板，要考虑对永久荷载和使用阶段的可变荷载作用下的强度和变形进行验算。一般而言，强度验算包括：正截面抗弯承载力、抗冲剪承载力和斜截面抗剪承载力。承载力验算的力学模型依据压型钢板上混凝土的厚度而分别取双向弯曲板或单向弯曲板：板厚不超过 100mm 时，正弯矩计算的力学模型为承受全部荷载的单向弯曲简支板，负弯矩计算的力学模型为承受全部荷载的单向弯曲固支板；板厚超过 100mm 时，变形验算的力学模型取为单向弯曲简支板。

3. 组合楼板的构造

组合板在下列情况之一时应配置钢筋：为组合板储备承载力的要求设置附加抗拉钢筋；为连续组合板或悬臂组合板的负弯矩区配置连续钢筋；在集中荷载区段和孔洞周围配置分布钢筋；为改善防火效果，配置受拉钢筋；为保证组合作用，将剪力连接钢筋焊于压型钢板上翼缘（剪力筋在剪跨区段内设置，其间距宜为150～300mm）。

连续组合梁或组合板在中间支座负弯矩区的上部纵向钢筋，应伸过梁的反弯点，并应留出锚固长度和弯钩。下部纵向钢筋在支座处应连续配置，不得中断。

组合板用的压型钢板应采用镀锌钢板，其镀锌层厚度尚应满足在使用期间不致锈损的要求，可选择两面镀锌量为$275g/m^2$的基板。组合楼板不宜采用钢板表面无压痕的光面开口型压型钢板。

用于组合板的压型钢板净厚度（不包括镀锌保护层或饰面层）不应小于0.75mm，仅作模板的压型钢板厚度不小于0.5mm，浇筑混凝土的波槽平均宽度不应小于50mm。当在槽内设置栓钉连接件时，压型钢板总高度不应大于80mm。

组合板的总厚度不应小于90mm；压型钢板板肋顶部以上浇筑的混凝土厚度不应小于50mm。此外，尚应符合楼板防火保护层厚度的要求。

组合板端部应设置圆柱头焊钉连接件。圆柱头焊钉连接件应在端支座处压型钢板凹肋焊牢于钢梁上，每槽不应少于1个，并应穿透压型钢板与钢梁焊牢，栓钉中心到压型钢板自由边距离不应小于2倍栓钉直径。圆柱头焊钉直径可按下列规定采用：跨度在3m以下的板，圆柱头焊钉直径可采用13～16mm；跨度在3～6m的板，圆柱头焊钉直径可采用16～19mm；跨度大于6m的板，圆柱头焊钉直径可采用19mm。

组合板中的压型钢板在钢梁上的支承长度，不应小于50mm。在砌体上的支承长度不应小于75mm，当压型钢板连续时不应小于75mm。

连续组合板负弯矩区的裂缝宽度，当处于正常环境时不应超过0.3mm；当处于室内高湿度环境或露天时不应超过0.2mm。

连续组合板按简支板设计时，抗裂钢筋的截面不应小于混凝土截面的0.2%；从支承边缘算起，抗裂钢筋的长度不应小于跨度的1/6，且应与不少于5根分布钢筋相交。

抗裂钢筋最小直径为4mm，最大间距为150mm，顺肋方向抗裂钢筋的保护层厚度为20mm。与抗裂钢筋垂直的分布钢筋直径，不应小于抗裂钢筋直径的2/3，其间距不应大于抗裂钢筋间距的1.5倍。

组合板在集中荷载作用处，应设置横向钢筋，其截面面积不应小于压型钢板顶面以上混凝土板截面面积的0.2%，其延伸宽度不应小于板的有效工作宽度，钢筋间距不宜大于150mm，直径不宜小于6mm。

压型钢板侧向在钢梁上的搭接长度不应小于25mm，在预埋件上的搭接长度不应小于50mm。组合楼板压型钢板侧向与钢梁或预埋件之间应采取有效固定措施。当采用点焊焊接固定时，点焊间距不宜大于400mm。当采用栓钉固定时，栓钉间距不宜大于400mm。

10.5.2　组合梁设计

压型钢板上现浇混凝土翼板并通过抗剪连接件与钢梁连接组合成整体后，钢梁与楼板成为共同受力的组合梁结构称为钢-混凝土组合梁,简称组合梁。组合梁由于各部件所处的受力位置较合理,所以能较大限度地充分发挥钢与混凝土各自材料的特性,不但满足了结构的功能要求,而且有较好的技术经济效益。概括起来,组合梁有以下的优点:

(1) 组合梁方案整体性能好,抗剪能力好,表现出良好的抗震性能;

(2) 组合梁方案与钢梁方案相比,截面刚度大,梁的挠度可减小 1/3～1/2;此外,还可以提高梁的自振频率;

(3) 组合梁由于刚度大,梁截面高度相对较小,因此降低了结构高度;

(4) 可以利用钢梁作为组合板的支撑,加快了施工进度;

(5) 实践表明,组合梁方案与钢结构方案相比,节约钢材约 20%～30%,降低建筑物造价约 10%～43%。

组合梁的不足之处主要表现为:耐火等级差,对耐火要求高的结构,需要对钢梁涂耐火涂料;在钢梁制作过程中需要增加一道焊接连接件的工序,有的连接件需用专门的焊接工艺。

1. 组合梁的类型

组合梁按混凝土翼板形式的不同,可以分成 3 类。

1) 普通混凝土翼板组合梁

如图 10-39 所示,由钢筋混凝土翼板、混凝土板托、抗剪连接件和钢梁四部分组成。

2) 压型钢板组合梁

如图 10-40 所示,由后浇混凝土板、压型钢板、抗剪连接件和钢梁四部分组成。当压型钢板的肋平行于钢梁时,称为压型钢板组合主梁,如图 10-40(a)所示;当压型钢板的肋垂直于钢梁时,称为压型钢板组合次梁,如图 10-40(b)所示。由于压型钢板组合梁组合性能好、施工便捷、施工进度快,因此在高层建筑中有广泛的应用。

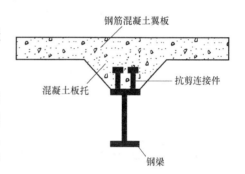

图 10-39 普通混凝土翼板组合

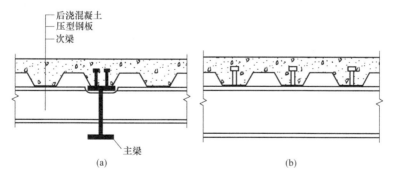

(a)　　　　　　　　　　　　　(b)

图 10-40 压型钢板组合梁

(a) 肋平行于钢梁;(b) 肋垂直于钢梁

3) 预制装配式钢筋混凝土板组合梁

将预制装配式钢筋混凝土板直接支承在钢梁上,再后浇混凝土而形成如图 10-41 所示的组合梁。它也分为预制混凝土板组合主梁和预制混凝土板组合次梁两种。

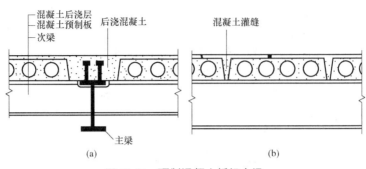

图 10-41　预制混凝土板组合梁

(a) 板跨平行于钢梁；(b) 板跨垂直于钢梁

2. 组合梁的基本设计原则

组合梁的设计方法应采用近似概率理论为基础的极限状态设计方法，并采用实用的分项系数表达式，按承载能力极限状态和正常使用极限状态分别进行设计。组合梁的分析方法可分为按弹性理论的分析方法以及考虑截面塑性发展的塑性分析方法。

不直接承受动力荷载的组合梁，可用塑性分析方法计算，其承载能力极限状态的设计表达式为：

$$S \leqslant R \tag{10-26}$$

式中　S——荷载效应的设计值，如组合梁的弯矩及剪力等；

　　　R——结构抗力设计值，指结构的极限承载能力；它与构件的截面几何特征、材料性能及计算模型等因素有关。

对于直接承受动力荷载的组合梁，其截面应力（包括温度及收缩应力）可用弹性理论分析方法计算，其承载能力极限状态的设计表达式为：

$$\sigma \leqslant f \tag{10-27}$$

式中　σ——荷载为效应设计值在构件截面或连接中产生的应力，如法向应力 σ 及剪应力 ι 等；

　　　f——材料强度设计值。

考虑到对组合梁刚度的要求，组合梁截面高度 h 与跨度 l 的高跨比 h/l 不宜小于 $1/16 \sim 1/15$。虽然组合梁的抗弯承载力很强，但在某些情况下，钢梁的抗剪能力相对较弱，故在选取截面时，组合梁截面的总高度不应超过钢梁截面高度的 2.5 倍。混凝土板托两侧斜坡的倾角 α 不宜大于 $45°$，混凝土板托的高度不应超过混凝土翼板厚度的 1.5 倍，板托顶面宽度不应小于钢梁上翼缘宽度与 1.5 倍板托高度之和。当组合梁为边梁时，其混凝土翼板的伸出长度要满足图 10-42 的要求。

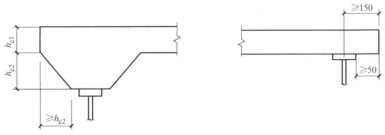

图 10-42　组合边梁构造

对于钢筋混凝土翼板过宽的组合梁，受弯时沿翼板宽度方向的压应力分布是不均匀的，在钢梁竖轴处压应力最大，离开钢梁竖轴越远处的压应力将逐步减小。为了计算方便，一般用翼板的有效宽度 b_{ce} 来代替计算宽度 b。组合梁混凝土翼板的有效宽度 b_{ce}（图 10-43）取下列各项中的最小值。

具有普通钢筋混凝土翼板的组合梁，其翼板的计算厚度应取原厚度 h_0（图 10-39）；带压型钢板的混凝土翼板的计算厚度，取压型钢板顶面以上混凝土厚度 h_c（图 10-40）。组合梁混凝土翼板的有效宽度 b_{ce} 按《组合结构设计规范》JGJ 138—2016 计算：

$$b_{ce} = b_0 + b_{c1} + b_{c2} \tag{10-28}$$

式中　b_0——钢梁上翼缘宽度；

b_{c1}、b_{c2}——各取梁跨度 l 的 1/6 和翼缘板厚度 h_c 的 6 倍中的较小值。

此外，b_{c1} 尚不应超过混凝土翼板实际外伸长度 s_1（图 10-43），b_{c2} 不应超过净距 s_0 的 1/2；对于中间梁，$b_{c1} = b_{c2}$。

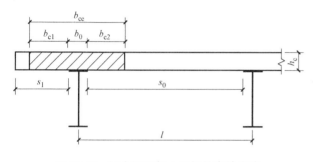

图 10-43　组合梁混凝土翼板的有效宽度

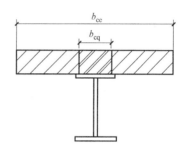

图 10-44　组合梁的换算截面

组合梁上钢筋混凝土板厚一般采用 100、120、140、160mm，对于承受荷载特大的平台结构，可采用 180、200 甚至 300mm。

3. 组合梁截面的弹性分析

组合梁截面的弹性分析主要用于计算截面应力及刚度。由于组合梁有钢筋混凝土楼板作横向支撑，它的整体刚性较好，不致发生整体失稳。但在施工阶段，应考虑钢梁的整体稳定问题。组合梁中，钢梁腹板的局部稳定应由《标准》计算得到保证。

1) 组合梁的正应力分析

在组合梁的弹性分析法中，采用了以下假定：

(1) 钢材与混凝土均为理想的弹性体；

(2) 钢筋混凝土翼板与钢梁之间有可靠的连接作用，相对滑移很小，可以忽略不计，平截面在弯曲之后仍保持平面；

(3) 不考虑混凝土翼板中的钢筋；

(4) 混凝土翼板按实体面积计算，不扣除其中受拉开裂的部分，但为了简化计算，板托面积亦可忽略不计。

在进行弹性内力分析时，根据应变相同且总内力不变的原则，将受压混凝土翼板的有效宽度 b_{ce} 折算成与钢材等效的换算截面宽度 b_{eq}（图 10-44），构成单质的换算截面。b_{eq} 计算如下：

荷载短期效应组合： $b_{eq}=b_{ce}/\alpha_E$ (10-29)

荷载长期效应组合： $b_{eq}=b_{ce}/(2\alpha_E)$ (10-30)

式中 b_{eq}——混凝土翼板的换算宽度；

   b_{ce}——混凝土翼板的有效宽度，按式（10-26）计算；

   α_E——钢材与混凝土弹性模量之比，对于荷载长期效应组合，取系数 $2\alpha_E$，主要是考虑混凝土在长期荷载下的徐变影响。

组合梁混凝土翼板在有效宽度内受压时，认为压应力沿宽度均匀分布。

组合截面的法向应力可用材料力学公式计算：

对于钢梁部分： $\sigma_s=\dfrac{My}{I_{sc}}$ (10-31)

对于混凝土部分： $\sigma_c=\dfrac{My}{\alpha_E I_{sc}}$（荷载短期效应组合）   (10-32)

            $\sigma_c=\dfrac{My}{2\alpha_E I_{sc}}$（荷载长期效应组合）   (10-33)

式中 M——弯矩设计值；

   I_{sc}——换算截面惯性矩；

   y——所求应力点到换算截面形心的距离，在形心轴以下时为正；

   σ_s——钢梁应力，受拉为正；

   σ_c——混凝土应力，受拉为正。

2）组合梁的剪应力分析

采用上述基本假定，按照材料力学的公式为：

对于钢材： $\tau=\dfrac{VS}{I_{sc}t}$ (10-34)

对于混凝土：

短期荷载效应组合： $\tau_c=\dfrac{VS}{\alpha_E I_{sc}t}$ (10-35)

长期荷载效应组合： $\tau_c=\dfrac{VS}{2\alpha_E I_{sc}t}$ (10-36)

式中 V——竖向剪力设计值；

   S——剪应力计算点以上的换算截面对总换算截面中和轴的面积矩；

   t——换算截面的腹板厚度，在混凝土区，等于该处的混凝土换算宽度；在钢梁区，等于钢梁腹板厚度。

在进行抗剪承载能力计算时，应分别取钢梁和混凝土最大剪应力点的剪应力进行验算。当换算截面中和轴位于钢梁腹板内时，钢梁的剪应力计算点取换算截面中和轴处；混凝土部件的剪应力计算点取混凝土部件与钢梁上翼缘衔接处；当换算截面中和轴位于钢梁以上时，钢梁的剪应力计算点取钢梁腹板计算高度上边缘处，混凝土部件剪应力计算点取换算截面中和轴处。

进行结构整体内力和变形计算时，对于仅承受竖向荷载的梁柱铰接简支或连续组合梁，每跨混凝土翼板有效宽度可取为定值，按跨中有效翼缘宽度取值计算；对于承受竖向荷载并参与结构整体抗侧力作用的梁柱刚接框架组合梁，宜考虑楼板与钢梁之间的组合作用。试验研究表明，楼板的空间组合作用对组合框架结构体系的整体抗侧刚度有显著的提高作用。近年来清华大学分析国内外大量组合框架结构的试验结果，表明采用固定刚度放大系数在某些情况下会低估楼板对组合框架梁刚度的提高作用，从而可能低估结构整体抗侧刚度，低估结构承受的地震剪力。另外楼板对组合框架梁的刚度放大作用还会改变框架结构的整体变形特性，使结构剪切型变形的特征更为明显，对组合框架梁刚度的低估会导致不符合框架-核心筒结构体系外框剪力承担率的规定，使外框钢梁截面高度偏大而影响组合梁经济性优势的发挥。大量的数值算例和试验结果表明，组合框架梁的刚度放大系数和钢梁对于混凝土板的相对刚度密切相关。

4. 组合梁截面的塑性分析

除直接承受动力荷载作用以及钢梁板件宽厚比较大时，组合梁的承载力一般均应用塑性分析的方法来计算。由于塑性分析方法考虑了材料塑性性质，使材料的强度得到了充分的发挥，是一种更经济的方法。

在建立组合梁的正截面抗弯承载力计算公式时，采用以下基本假定：

(1) 在混凝土翼板的有效宽度内，纵向钢筋和钢梁受拉及受压应力均达到强度设计值；

(2) 塑性中和轴受拉侧的混凝土强度设计值可忽略不计；

(3) 塑性中和轴受压区的混凝土截面均匀受压，并达到轴心抗压强度设计值。

用塑性设计法计算组合梁正截面受弯承载力时，受正弯矩的组合梁可不考虑弯矩和剪力的相互影响，受负弯矩的组合梁应考虑弯矩与剪力间的相互影响。组合梁承载力按塑性分析方法进行计算时，连续组合梁和框架组合梁在竖向荷载作用下的梁端负弯矩可进行调幅，其调幅系数不宜超过30%。尽管连续组合梁和框架组合梁在竖向荷载作用下负弯矩区混凝土受拉、钢梁受压，但组合梁具有较好的内力重分布性能，故仍然具有较好的经济效益。负弯矩区可以利用混凝土板钢筋和钢梁共同抵抗弯矩，通过弯矩调幅后可使连续组合梁的结构高度进一步减小。欧洲规范4建议，当采用非开裂分析时，对于第一类截面，调幅系数可取40%，第二类截面30%，第三类截面20%，第四类截面10%，而符合塑性设计规定的截面基本符合第一类截面规定。根据国内大量连续组合梁的试验结果，并参考欧洲规范4的相关建议，考虑负弯矩区混凝土板开裂以及截面塑性发展的影响，将连续组合梁和框架组合梁竖向荷载作用下承载能力验算时的弯矩调幅系数上限定为30%是合理安全的。

满足上述假定最核心的问题是保证截面具备足够的塑性发展能力，尤其要避免因钢梁板件的局部失稳而导致过早丧失抗弯承载力。显然，这一点对于连续组合梁的塑性设计更重要。因此，必须对钢梁板件的局部稳定有更严格的要求。

采用塑性及弯矩调幅设计的结构构件，其截面板件宽厚比等级应符合下列规定：

(1) 形成塑性铰并发生塑性转动的截面，其截面板件宽厚比等级应采用S1级；

(2) 最后形成塑性铰的截面，其截面板件宽厚比等级不应低于S2级截面要求；

(3) 其他截面板件宽厚比等级不应低于S3级截面要求。

此外，为了简化计算，可将混凝土板托及钢筋混凝土翼板内的受压钢筋忽略不计。

在进行组合梁正截面抗弯能力分析时，梁截面可能受到正、负两种弯矩的作用。在负弯矩（如连续组合梁的支座处）的作用下，混凝土的翼板处于受拉区，钢梁则一部分受拉一部分受压。在正弯矩的作用下，组合梁按其塑性中和轴所在位置的不同，将组合梁截面分成两种类型。

第一类截面：塑性中和轴位于混凝土翼板内（包括板托），钢梁全部处于受拉状态，钢梁的板件无局部失稳问题。

第二类截面：塑性中和轴位于钢梁内，钢梁部分受压部分受拉。

对于负弯矩作用下的组合梁及正弯矩作用下的第二类截面的组合梁，为了保证钢梁受压区塑性变形能充分发展，钢梁板件的宽厚比应满足相应的规定。

5. 组合梁的栓钉连接件设计

组合楼板一般以板肋平行于主梁的方式布置于次梁上，若不设置次梁，则以板肋垂直于主梁的方式布置于主梁上，如图 10-45 所示。搁置楼板的钢梁上翼缘通长设置抗剪连接件，以保证楼板和钢梁之间可靠地传递水平剪力，常见的抗剪连接件是栓钉。

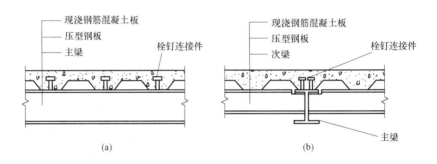

图 10-45　压型钢板组合楼盖
（a）板肋垂直于主梁；（b）板肋平行于主梁

组合梁抗剪连接件，必须与钢梁焊接，连接件是栓钉时，尚应符合下列规定：

（1）栓钉长度不应小于其杆径的 4 倍；

（2）当栓钉焊于钢梁受拉翼缘时，其直径不得大于翼缘板厚度的 1.5 倍，如钢梁上翼缘不承受拉力，则栓钉直径不得大于翼缘板厚度的 2.5 倍；

（3）栓钉沿梁轴线方向布置，其间距不得小于 $6d$（d 为栓钉直径），垂直于梁轴线方向的间距不得小于 $4d$，边距不得小于 35mm；

（4）用压型钢板作底模的组合梁，栓钉杆直径不得大于 19mm，焊后栓钉高度应大于压型钢板波高加 30mm。

其他抗剪连接件的设置应符合下列规定：

（1）连接件的最大间距不应大于混凝土翼板厚度的 4 倍，且不大于 400mm；

（2）栓钉连接件钉头下表面或槽钢连接件（参见《标准》）上翼缘下表面宜高出翼板底部钢筋顶面 30mm；

（3）连接件的外侧边缘至混凝土翼板边缘之间的距离不应小于 100mm；

（4）连接件的外侧边缘与钢梁翼缘边缘之间的距离不应小于 20mm；

（5）连接件顶面的混凝土保护层厚度不应小于 15mm。

10.6 PKPM 钢框架结构电算实例

目前国内常用的钢结构软件有中国建筑科学研究院开发的 PKPM-STS，同济大学开发的 3D3S，CSI 公司开发的 SAP2000 等。掌握 PKPM 等专业软件进行结构设计，是结构工程师一项必备技能。本节以一个多层钢框架实例演示 PKPM 建模分析使用方法，并以目前 PKPM2021 V1.1 版本为例。

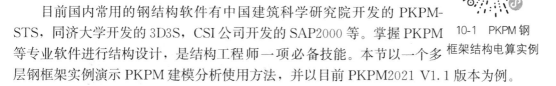

10-1 PKPM 钢框架结构电算实例

10.6.1 设计条件

某公司新建 5 层钢结构厂房，标准层 15m×37.5m，轴网尺寸 7.5m×7.5m。一层层高 4.5m，2~5 层层高 4m，总高度 20.5m。截面初步估算，钢框柱（GKZ）尺寸为 H500×500×12×18，钢框架梁 H500×300×10×14，次梁（GCL）H400×250×8×12，楼面楼板采用 100 厚组合楼板，屋面楼板 120 厚组合楼板，钢材型号 Q235B。结构平面布置图如图 10-46 所示。

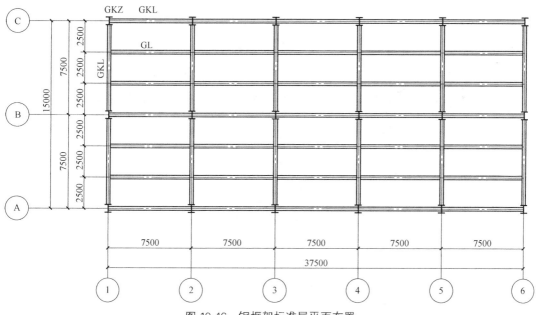

图 10-46 钢框架标准层平面布置

楼面恒荷载 4.0kN/m²，活荷载为 3.5kN/m²。屋面恒荷载 5.5kN/m²，活荷载 2.0kN/m²。围护墙线荷载为 10.0kN/m。地震烈度 7 度 0.1g，场地类别 Ⅱ 类。结构安全等级二级，建筑物抗震设防类别为标准设防类。基本风压 0.4kN/m²，粗糙度类别 B 类。

10.6.2 平面建模

1. 启动 PKPM，建立工程目录

首先启动界面上结构类型选择钢结构，然后选择钢框架三维设计，接着点击新建打开，选择工程路径，最后右上角下拉菜单选择结构建模后，单击应用，如图 10-47 所示。

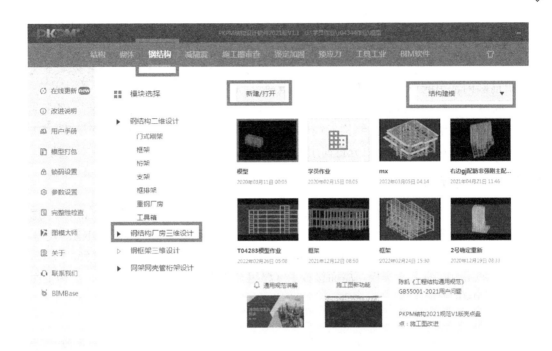

图 10-47 启动菜单

图 10-48 PKPM 新建工程名称

进入启动菜单之后，软件提示输入工程名称，此处可根据项目名称输入拼音，也可以输入汉字，如图 10-48 所示。

2. 轴线输入

点击轴网，然后点击正交轴网，根据结构方案输入轴网，相同数字的轴网可以输入 * 加数量，不同轴网数字之间用空格或者逗号间隔。输入好轴线数据之后点击确定，如图 10-49 所示。

3. 构件布置

构件布置主要包含梁柱和组合楼板的输入。

1）梁柱构件输入和布置

点击构件，点击柱，点击增加，选择第二个截面，根据图示输入钢框架柱数据，如图 10-50 和图 10-51 所示。

截面输入完毕之后，可按 Tab 键，依次切换布置方式。用轴线布置的方式布置好钢柱，如图 10-52 所示。

梁布置方式和柱布置方式软件操作方式基本一致，不再重复。

2）楼板建模

点击楼板，点击生成楼板，然后点击修改板厚，可以显示现在的楼板板厚。默认的楼板板厚为 100，而本项目设计板厚也为 100，可以不修改。如果需要修改，板厚度修改数字，然后再点击图中的楼板即可，如图 10-53 所示。建模完成的标准层平面图如图 10-54 所示。

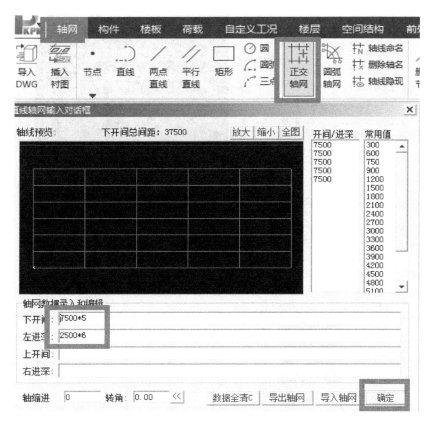

图 10-49　轴线输入

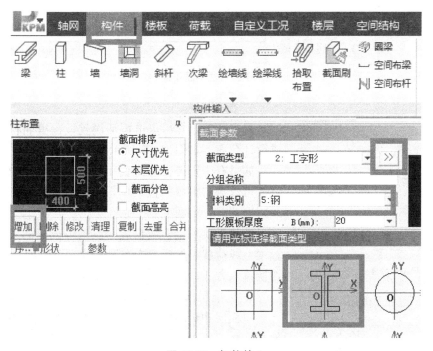

图 10-50　钢柱输入

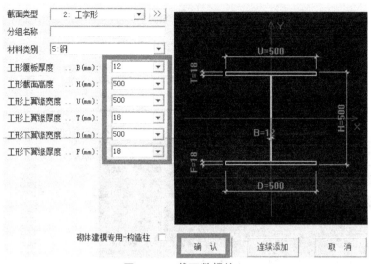

图 10-51 截面数据输入

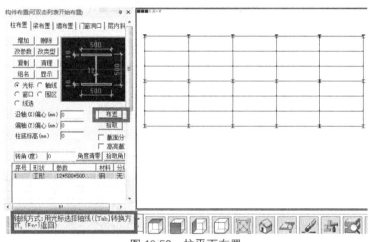

图 10-52 柱平面布置

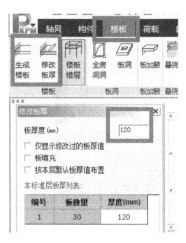

图 10-53 楼板建模

4. 荷载输入

点击荷载，然后点击恒活设置，在里面将荷载修改成设计荷载，如图 10-55 所示。

如果有个别楼板恒荷载和活荷载和设置的荷载不一致，可以点击恒载的板菜单，进行荷载修改，活荷载修改同恒荷载，如图 10-56 所示。

外围钢梁的梁上线荷载，点击恒载下的梁菜单，设置梁上线荷载。然后点击布置，同样可以通过按 Tab 键切换输入方式，如图 10-57 所示。

5. 标准层修改和楼层组装

屋面层和标准层仅仅是荷载和楼板板厚不一致，其他都一样，所以屋面层的建模方法复制标准层之后，修改荷载即可，如图 10-58 所示。

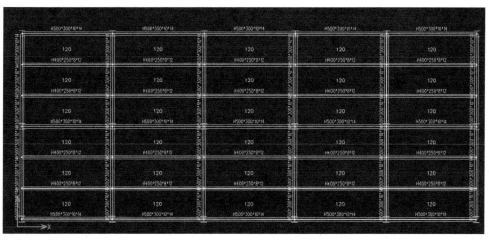

图 10-54　结构平面图

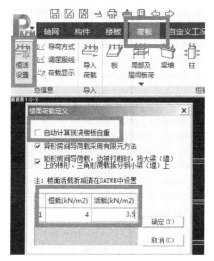

图 10-55　恒活荷载整体设置

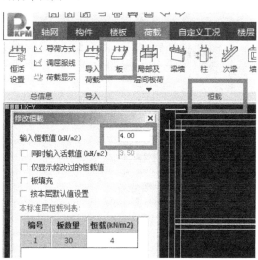

图 10-56　恒荷载修改

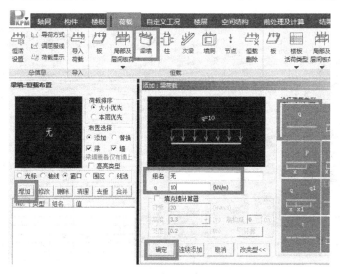

图 10-57　梁上线荷载布置

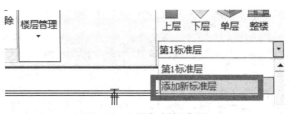

图 10-58　添加新标准层

屋面层修改好之后，即可楼层组装，点击楼层组装和整楼模型后，即完成整体建模，如图 10-59 和图 10-60 所示。

图 10-59　楼层组装

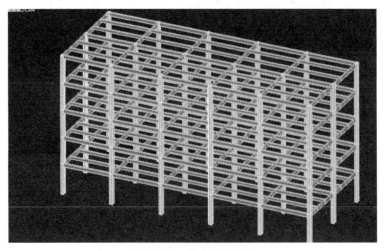

图 10-60　整体三维模型

6. 设计参数初步设置

设计参数中其他参数都可以在后续 STAWE 中修改，建模中仅仅修改钢构件型号。因为本项目所在地地震烈度不高，活荷载也不大，所以可以采用 Q235 钢材。对于荷载较大的结构可以采用 Q235 钢材，增加钢材强度，如图 10-61 所示。

10.6.3　SATWE 参数设计

模型建完之后，进入 SATWE 参数设计，点击保存退出，进入设计模型前处理，如图 10-62 所示。

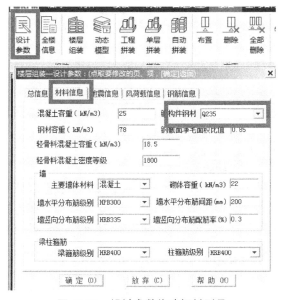

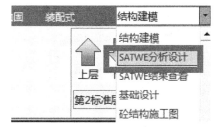

图 10-61　设计参数修改钢材型号　　　　　图 10-62　SATWE 下拉菜单

1. 总信息定义

进入设计模型前处理后，点击参数定义进行 SATWE 参数填写。

总信息需要定义的主要有，结构信息改为钢结构，结构体系为钢框架结构，施工加载选择模拟施工加载 3，对所有楼层强制采用刚性楼板假定；程序第一次试算确定结构体系时，应选择"对所有楼层强制采用刚性楼板假定"，来计算结构基本周期、位移，在调整合理后计算分析结构构件时，取消此项。其他按默认，不需要修改，如图 10-63 所示。

2. 风荷载信息

风荷载信息中的基本风压和粗糙度类别根据设计条件填写，风荷载体形系数查相关规范填 1.3，X 向结构和 Y 向结构的基本周期初始默认值是 PKPM 根据规范相关要求估算的，而实际电算中，周期是可以精确计算出来的，第一遍计算完之后，需要回填计算的周期，在重新计算。后续结果查看中阐述。本项目由于是普通多层钢结构，不需要考虑其他类型风荷载，所以其他风荷载计算都可以不考虑。风荷载信息填写方法如图 10-64 所示。

3. 地震信息

地震相关信息根据设计条件修改，计算整体信息时，偶然偏心需要勾选用来计算位移比，计算应力比时可以不勾选。本项目因为十分对称，所以可以不考虑双向地震。钢框架

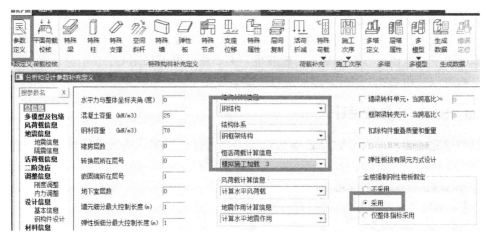

图 10-63　SATWE 总信息定义

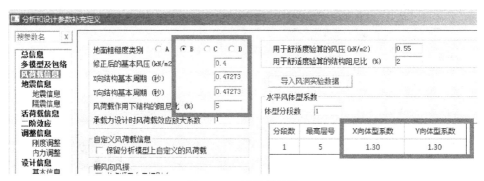

图 10-64　风荷载填写

抗震等级根据规范要求为四级。计算振型个数，为楼层数乘以 3，这里输入 15。周期折减系数，是考虑非承重构件填充墙影响，本项目因为没有内部隔墙，所以填充墙影响很小，这里可以输入 0.9，其他按默认即可，如图 10-65 所示。

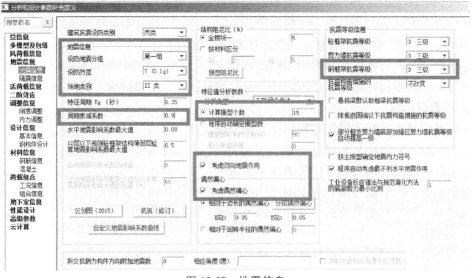

图 10-65　地震信息

4. 设计信息

设计信息中，根据《抗震规范》要求，钢结构必须考虑重力二阶效应，如图 10-66 所示。

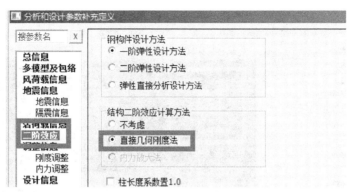

图 10-66　二阶效应

所有参数修改完之后，点击确定退出参数定义。本项目仅对有影响的参数进行定义，其他未注明参数定义方法可参看 PKPM 工程部编写的 SATWE 说明书。

5. 特殊梁柱定义

钢次梁通常都设置为简支梁，两边支座均为铰接。这和混凝土连续梁有区别。在特殊构件里，可以自动识别（按主梁建模的）次梁并对全楼钢次梁设置为铰接。圆点即为铰接如图 10-67 所示。

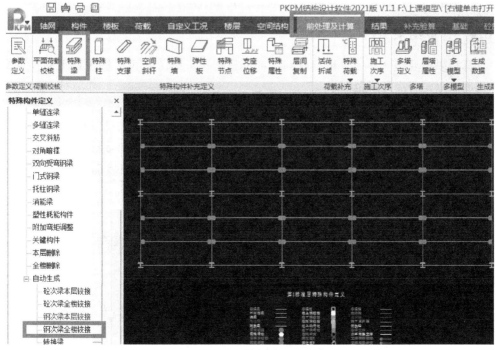

图 10-67　次梁铰接定义

结构的角柱在抗震内力调整中都会乘以增大系数，所以需要定义角柱，如图 10-68 所示。

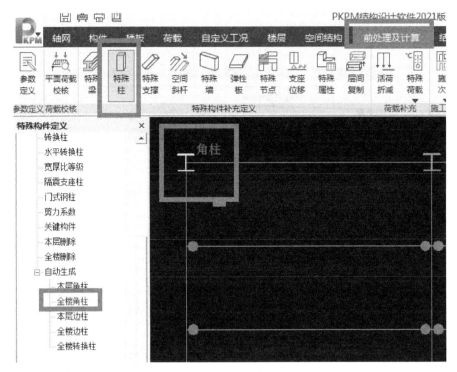

图 10-68　角柱定义

所有参数填写好，点击生成数据加全部计算，PKPM 就会对模型进行分析计算。

10.6.4　计算结果分析

计算结果主要包括整体分析指标和构件分析指标。PKPM 可以输出详细的计算文件以供判断结果是否满足规范要求。

1. 层间刚度比和抗剪承载力判断

点击文本及计算书，旧版文本查看（因市面上大部分 PKPM 资料均是根据旧版计算书文件说明，本例也根据旧版参考），点击进入结构设计信息，找到层间刚度比输出文件，此处 RATX1 和 RATY1 为层间刚度比判断系数，该系数大于 1 就说明该层刚度比满足要求，如图 10-69 所示。

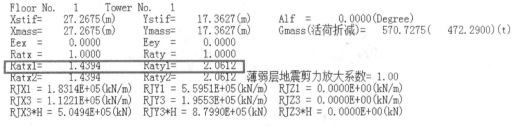

```
Floor No.    1    Tower No.    1
Xstif=   27.2675(m)     Ystif=   17.3627(m)        Alf =      0.0000(Degree)
Xmass=   27.2675(m)     Ymass=   17.3627(m)        Gmass(活荷折减)=  570.7275(   472.2900)(t)
Eex =    0.0000         Eey =    0.0000
Ratx =   1.0000         Raty =   1.0000
Ratx1=   1.4394         Raty1=   2.0612
Ratx2=   1.4394         Raty2=   2.0612  薄弱层地震剪力放大系数= 1.00
RJX1 = 1.8314E+05(kN/m)  RJY1 = 5.5951E+05(kN/m)  RJZ1 = 0.0000E+00(kN/m)
RJX3 = 1.1221E+05(kN/m)  RJY3 = 1.9553E+05(kN/m)  RJZ3 = 0.0000E+00(kN/m)
RJX3*H = 5.0494E+05(kN)   RJY3*H = 8.7990E+05(kN)   RJZ3*H = 0.0000E+00(kN)
```

图 10-69　层间刚度比计算文件

往下查询抗剪承载力之比，该比值大于 0.8 即满足规范要求，如图 10-70 所示。

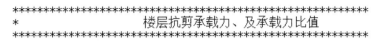

```
*****************************************************
*              楼层抗剪承载力、及承载力比值
*****************************************************

Ratio_Bu: 表示本层与上一层的承载力之比

--------------------------------------------------------------
层号    塔号    X向承载力     Y向承载力     Ratio_Bu:X,Y
  5      1     0.6834E+04   0.1503E+05    1.00    1.00
  4      1     0.6752E+04   0.1485E+05    0.99    0.99
  3      1     0.6393E+04   0.1406E+05    0.95    0.95
  2      1     0.5945E+04   0.1307E+05    0.93    0.93
  1      1     0.4854E+04   0.1067E+05    0.82    0.82
X方向最小楼层抗剪承载力之比：    0.82  层号：  1 塔号：  1
Y方向最小楼层抗剪承载力之比：    0.82  层号：  1 塔号：  1
```

图 10-70　抗剪承载力之比计算文件

2. 位移角和位移比判断

点击第三项结构位移，进入结构位移输出文件，《抗震规范》的位移角限制为 1/250，所以 X 向和 Y 向的地震作用方向和风荷载方向的最大层级位移角小于 1/250 即可。X 向地震最大层间位移角如图 10-71 所示。

```
=== 工况  1 === X 方向地震作用下的楼层最大位移

Floor  Tower   Jmax     Max-(X)    Ave-(X)        h
               JmaxD    Max-Dx     Ave-Dx     Max-Dx/h      DxR/Dx    Ratio_AX
  5      1      197      19.67      19.67        4000.
                197       2.23       2.23       1/1798.       59.8%     1.00
  4      1      154      17.83      17.83        4000.
                154       3.56       3.56       1/1125.       27.1%     1.23
  3      1      111      14.66      14.66        4000.
                111       4.52       4.52       1/ 885.       16.2%     1.30
  2      1       68      10.35      10.35        4000.
                 68       5.26       5.26       1/ 761.       13.0%     1.28
  1      1       25       5.14       5.14        4500.
                 25       5.14       5.14       1/ 875.       99.9%     0.86

X方向最大层间位移角：              1/ 761.（第  2层第  1塔）
```

图 10-71　X 方向最大层间位移角

这里要注意的是，偶然偏心地震和双向地震工况的位移角不作要求。

往下翻阅，查看偶然偏心下规定水平力下的楼层最大位移，《抗震规范》规定的位移角限值不宜小于 1.2，不应大于 1.5。位移比超过 1.2 可以通过勾选双向地震重新计算，验算钢结构的承载力。位移比超过 1.5 则必须修改结构布置。本项目最大层间位移角 1.19，满足规范要求，如图 10-72 所示。

3. 周期输出文件

点击周期振型地震力，查看输出周期。因为本项目为多层结构，周期比不做要求。所以周期输出文件主要用来回填风荷载中的周期。其中第一周期 1.50s 对应 X 向周期，第二周期 1.31s 为 Y 向周期。周期回填至风荷载参数设置，重新计算，如图 10-73 和 10-74 所示。

周期回填之后再重新计算各项指标，进行判断。

```
=== 工况 16 === Y-偶然偏心地震作用规定水平力下的楼层最大位移

Floor   Tower   Jmax    Max-(Y)    Ave-(Y)    Ratio-(Y)       h
                JmaxD   Max-Dy     Ave-Dy     Ratio-Dy
  5       1      191     21.92      18.58       1.18        4000.
                 191      3.00       2.55       1.17
  4       1      148     18.92      16.03       1.18        4000.
                 148      4.28       3.64       1.18
  3       1      105     14.64      12.39       1.18        4000.
                 105      5.21       4.42       1.18
  2       1       62      9.43       7.97       1.18        4000.
                  62      5.48       4.64       1.18
  1       1       19      3.95       3.32       1.19        4500.
                  19      3.95       3.32       1.19
```

Y方向最大位移与层平均位移的比值：　　　　1.19(第 1 层第 1 塔)
Y方向最大层间位移与平均层间位移的比值：　　1.19(第 1 层第 1 塔)

图 10-72　位移比输出文件

考虑扭转耦联时的振动周期(秒)、X,Y 方向的平动系数、扭转系数

振型号	周 期	转 角	平动系数 (X+Y)	扭转系数
1	1.5095	180.00	1.00 (1.00+0.00)	0.00
2	1.3102	90.00	1.00 (0.00+1.00)	0.00
3	1.2223	90.00	0.00 (0.00+0.00)	1.00

图 10-73　周期输出文件

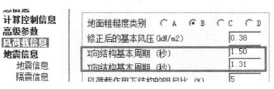

图 10-74　风荷载周期回填

4. 构件应力比输出文件

点配筋菜单，就会输出梁柱构件应力计算数值，当应力比数值超过规范要求会显示红色，本项目所有应力比计算均满足要求，如图 10-75 所示。

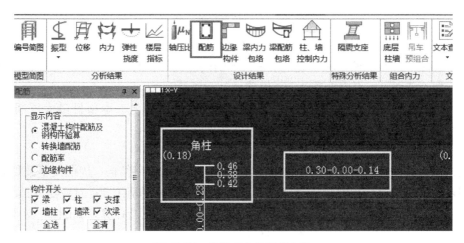

图 10-75　构件应力比输出文件

对应钢梁输出的文件的含义，从左到右分别表示，钢梁正应力与强度设计值比值，钢梁整体稳定应力与强度设计值比值，钢梁剪应力强度与强度设计值比值。因组合楼板可以防止钢梁失稳，所以稳定应力比为 0。只要比值小于 1 就满足设计要求。

对应钢柱从上到下的含义，钢柱正应力与强度设计值的比值，钢柱 X 向稳定应力与强度设计值比值，钢柱 Y 向稳定应力与强度设计值比值。同梁应力比一样小于 1 就满足要求。不过根据计算结果，可以发现无论是构件应力比还是整体计算指标都有较大富裕，如果考虑经济性要求，可以优化截面重新计算设计。以上就是常见输出文件结果判断，本项目计算指标均满足要求。

本章小结

本章是在钢结构基本原理学习的基础上，在完成了单层厂房钢结构设计及大跨房屋钢结构设计以后的又一种钢结构体系的设计，即多、高层房屋钢结构设计。对本章的学习，需要特别注意的是：

1. 了解国内外多、高层房屋钢结构的应用和发展。多、高层建筑是近代经济发展和科学进步的产物。多、高层建筑钢结构的发展已有 100 多年的历史。世界上第一栋高层钢结构是美国芝加哥的家庭保险公司大楼（10 层，高 55m），建于 1884 年。20 世纪开始，钢结构高层建筑在美国大量建成，最具代表性的几栋高层钢结构如 102 层、高 381m 的纽约帝国大厦，110 层、高 411 的世界贸易中心以及 110 层、高 443m 的芝加哥希尔斯大厦等，均为当时世界最高建筑。我国现代高层建筑钢结构自 20 世纪 80 年代中期起步，第一栋高层建筑钢结构为 43 层、高 165m 的深圳发展中心大厦。此后，在北京、上海、深圳、大连等地又陆续有高层钢结构建筑建成。较具代表性的如 60 层、高 208m 的北京京广中心，81 层、高 325m 的深圳地王大厦，44 层、高 144m 的上海希尔顿饭店以及 91 层、高 365m 的金茂大厦等。十几年来，我国各地陆续建造了数百万平方米的多、高层民用钢结构建筑，如中国工商银行总行营业办公楼、北京京宸公寓（12 层，2.5 万 m²）、天津市丽苑小区 11 层钢结构住宅等。尤其值得注意的是多层钢结构住宅是量大而面广的工程类型，它的启动将为建筑钢结构开辟新的应用领域。1998 年底，我国正式颁布了《高层民用建筑钢结构技术规程》JGJ 99—98，为我国高层建筑钢结构的应用和发展奠定了基础。

2. 认识多、高层建筑采用钢结构具有良好的综合经济效益和力学性能，其特点主要表现在以下几个方面：自重轻；抗震性能好；有效使用面积高；建造速度快，高层钢结构的构建一般在工厂制造，现场安装，因而提供较宽敞的现场施工作业面。钢梁和钢柱的安装、钢筋混凝土核心筒的浇筑以及组合楼盖的施工等可实施平行立体交叉作业，与同类钢筋混凝土高层结构相比，一般可缩短建筑周期约 1/4～1/3；防火性能差等。

3. 高层钢结构多为超高层建筑，水平荷载——风荷载和地震荷载，对结构设计起着主要的控制作用，这是高层钢结构荷载设计的特点。

4. 要明确多、高层钢框架结构的力学模型和计算简图。结构的内力根据梁柱连接弯矩转角（M-θ）关系不同，梁柱节点可分为刚性连接、柔性连接和半刚性连接三类。在刚性连接中，梁柱夹角在使用过程中不发生变化；柔性连接即铰接，梁柱间无转动约束；半刚性连接介于以上两者之间，能够传递一定的弯矩，同时梁柱间的夹角也会发生相对变化。梁柱节点的刚度与连接的构造方式有直接的关系，从严格意义上讲都属于有限刚度连接，既不存在刚度无穷大的理想连接，也不存在刚度为零的理想铰接。为了简化计算，目前的连接计算模型要么简化成刚接，要么简化成铰接。通常将上下翼缘焊接连接、T形钢连接、带悬臂梁的拼接、有加劲肋或厚度较大的端板连接归为刚性连接，梁端弯矩约为完全固定状况的 $90\%\sim95\%$；如设为铰接，但梁端也传递一定的弯矩，大约为完全固接的 $5\%\sim20\%$。因此，在结构计算分析时，对一些连接所提供的处理，要确定其合理的计算简图，或须事先确定其弯矩转角关系，否则必然会给计算结果带来一定的偏差。

5. 必须重视多、高层房屋钢结构的抗震设计，特别要注重抗震构造规定。在正确进行地震反应计算和构件、节点抗震设计的同时，抗震概念设计是至关重要的，要重视钢结构主体和非结构构件连接处及构件连接节点处的构造措施。在多、高层房屋钢结构的内力分析、位移计算及构造措施中，一些规定既源于《建筑抗震设计规范》GB 50011—2010，也遵循《高层民用建筑钢结构技术规程》JGJ 99—2015 的规定，一般多层钢结构主要执行《抗震规范》，高层民用钢结构应综合《抗震规范》和《高钢规》包络设计。还要区别《高层民用建筑钢结构技术规程》JGJ 99—2015 与《高层建筑混凝土结构技术规程》JGJ 3—2010 中规定的不同之处，尽力知其所以然，避免盲目套用。在本课程学习期间，读者可能还没有系统地学习"工程结构抗震"专业课，因此在本章内容编排中有关内容缺乏系统性，有待于读者课后加强这方面的学习与训练。

6. 在本章的学习过程中同样应该尽可能多地去实地参观多、高层钢结构建筑，尤其是较为复杂的节点连接形式及构造，这有助于增强感性知识，克服学习中的困难。

7. 在学习设计理论及设计方法的同时熟悉结构设计软件，尤其是在对多、高层钢框架结构进行平面受力分析的基础上，采用空间建模的方法对结构进行空间分析，如采用目前常用的结构设计和分析软件 3D3S、PKPM 和 SAP2000 等，掌握结构工程师的力学、结构知识，培养自己的专业素养，并学会判断计算结果的准确性。

思考与练习题

10-1 多、高层钢结构有哪几种主要结构体系？试绘制常用的几种结构体系的结构平面示意图及计算简图。

10-2 高层钢结构与多层钢结构在荷载或作用上有何区别？

10-3 试述多、高层钢结构常用结构体系的主要特点、适用层数和应用范围等。

10-4 框架-支撑体系中支撑的作用是什么？支撑的形式有哪些？

10-5 多、高层钢结构常用楼盖或屋盖的形式有哪几种？各有何优缺点？

10-6 试述钢框架结构常用的梁柱连接节点形式，绘图示意其构造，并简述其设计计算内容、方法及其步骤。

10-7 绘简图表示钢框架柱柱脚的几种常用形式及其构造，并说明其各自的设计计算方法。

10-8 用 PKPM 对一钢框架结构进行建模分析。

第 11 章　钢结构的制造及防护

本章要点及学习目标

本章要点：
(1) 钢结构的制作工艺和安装方法；
(2) 钢结构的长效防腐蚀方法；
(3) 钢结构防火涂料的应用技术及存在问题。

学习目标：
(1) 钢结构制作的技术准备工作；
(2) 钢结构制作的特点及有关依据；
(3) 钢结构的制作工艺和安装施工方法；
(4) 建筑钢结构的各种防腐方法及其防腐机理、防腐特点和适用情况等；
(5) 建筑钢结构防火的性能特点及钢结构防火涂料的种类、选用和技术进展情况；
(6) 钢结构防腐的质量保证和安全指标；
(7) 钢结构防火涂料的粘结强度、抗压强度指标。

11.1　概述

钢结构的建造离不开良好的加工制作和安装施工技术。随着国民经济的发展及钢结构使用条件的变化，新的设计、材料、结构构造形式层出不穷，为此要进行大量理论和实践研究工作：研制新的加工和安装设备、制定相应的制作和安装工艺标准、培训施工技术人员等。

建筑钢结构具有结构自重轻、工业化程度高、施工速度快、经济性能优越等优点，因而在土木工程中得到了广泛的应用和发展。如何使已建成钢结构充分发挥其使用性能、延长使用寿命（也即钢结构耐久性），这一问题越来越受到国内外工程界的关注和重视。为此，在重视钢结构的制造和安装工艺的同时，还要关注钢结构的防护，包括钢结构的防腐及防火问题。钢结构的防护是钢结构设计、施工、使用中必须解决的重要问题，它牵涉钢结构的耐久性、造价、维护费用、使用性能等诸方面内容。

11.1.1　钢结构的制造和安装概述

钢结构的制造必须遵循设计和相应的规范及技术标准。钢结构制造的前期准备包括材料准备和技术准备，制造的工序有校正、放样、下料、切割、钻孔、组装、焊接、整形、表面处理、包装等。每一道工序均有一定的检测方法,并要求达到规定的标准,从而确保钢结构组装的最终质量。钢结构的制造除了满足设计要求外,还须满足运输和安装条件。要根据运输条件和安装起吊能力来限定构件的大小和重量;要根据安装方法及防腐蚀处理方法确定节点连接的方式、构造要求及实施步骤。

钢结构的安装包括安装方案的确定、安装实施过程及安装质量的检验。安装方案的确立既要考虑结构特征和现有的设备状况,也要考虑安全性。凡是利用结构本身作为安装支托的一定要经设计审核,并要考虑设备安装、使用和拆卸全过程。在选择方案时,经济性和设备的先进性应该兼顾,要从安装工作的实际效率和安全性出发做出适当的选择。钢结构的安装应该严格按规范和有关标准进行,逐个构件逐段地控制质量,一丝不苟地做好安全保障和设备保障。钢结构安装质量检验主要是确保结构外形的准确和连接的可靠。外形的准确是指整体和局部的误差均应控制在规范许可范围之内。连接的可靠是指螺栓的穿孔率、紧固程度,设计贴合面的密合度,现场焊缝的质量等均应达到规范规定的标准。

11.1.2 钢结构的防护概述

钢材的耐腐蚀能力和耐火性能都比较差,因此,建造钢结构时做好相应的防护工作,如喷涂防锈油漆或防火涂料,对延长结构使用寿命,提高结构的耐久性,降低维护费用,提高经济效益都具有重要的意义。钢结构的防护主要包括钢结构的防腐蚀措施和钢结构的防火措施。

11.2 钢结构的制作和安装

钢结构制作和施工企业应具有相应的资质,建立市场准入制度。制作和施工现场的管理应有相应的施工技术标准、质量管理体系、质量控制及检查制度,整个制作和施工过程在严格的质量管理下进行。

钢结构图纸是钢结构工程施工的重要文件,是钢结构工程施工质量验收的重要依据。钢结构设计分两阶段进行,即设计图阶段和施工详图阶段。

设计图由设计单位完成。构件的加工、制作安装必须以施工详图为依据,施工详图由具有设计能力的钢结构加工制作企业或者专业设计单位完成。

设计图的图纸简明,图纸量较少,内容包括:设计总说明、结构布置图、剖面图、立面图、构件截面图、典型节点图、材料表等。

施工详图表示详细,图纸量较多,内容包括:设计施工总说明、结构布置图、构件布置图、节点图、构件加工图、零件加工图、安装图、材料表等。

施工详图主要内容:

(1)构造设计。焊缝设计(焊缝计算、焊接构造、拼接位置、坡口要求、等级要求等),螺栓设计(螺栓计算、排布、长度、施工要求等),节点板(放样)、加劲肋设计(横隔板、耳板、构造加劲肋等),支座设计(放样),铸钢节点设计,起拱、分段设计,吊装(翻身)耳板设计等。

(2)构造及连接计算。节点板计算、铸钢节点有限元分析、支座节点分析计算、焊缝厚度、长度计算、螺栓计算、起拱计算、相贯线计算、加工余量计算等。

钢结构深化设计图是指导钢结构构件制造和安装的技术文件，同时也是编制施工图预算、结算的依据和工程竣工后的存档资料。

深化设计是继钢结构施工图设计之后的设计阶段。

设计人员根据施工图提供的构件布局、构件形式、构件截面及各种有关数据和技术要求，严格遵守《标准》和《钢结构工程施工质量验收标准》GB 50205—2020，根据制造厂的生产条件和便于施工的原则，确定构件中连接节点的形式，并考虑运输能力和安装能力确定构件的分段。

最后，在《建筑结构制图标准》GB/T 50105—2010 规定的基础上，运用钢结构制图这种专门的工程语言，将各构件的整体形象、构件中各零件的加工尺寸和要求以及零件间的连接方式等详细地介绍给制造人员，也将各构件所处的平面和立面位置以及构件间的连接方式等详细地介绍给安装人员，使制造和施工符合设计的目的。

11.2.1　钢结构制造的技术准备工作

1. 钢材材质的检验

钢材的品种、规格、性能应符合国家产品标准和设计文件的要求，并具有产品质量合格证明书（简称"质保单"）。质保单内记载着本批钢材的钢号、规格、数量（长度、根数）、生产单位、日期等。质保单内还记载着本批钢材的化学成分和力学性能。对于结构用钢，化学性能与钢材的可加工性、韧性、耐久性等有关，因此，应该保证符合规范要求。其中含碳量与可焊性及热加工性能关系密切。硫、磷等杂质含量与钢材的低温冲击韧性、热脆、冷脆等性能关系密切，应限制在相应的规定标准以内。合金元素的含量与材料的强度有关。

2. 钢材外形的检验

对于钢板、型钢、圆钢、钢管，其外形尺寸与理论尺寸的偏差必须在允许范围内。允许偏差值可参考相关的现行国家标准。钢材表面不得有气泡、结疤、拉裂、裂纹、褶皱、夹杂和压入的氧化铁皮。这些缺陷必须清除，清除后该处的凹陷深度不得大于钢材厚度负偏差值。当钢材表面有锈蚀、麻点或划痕等缺陷时，其深度不得大于该钢材厚度负偏差值的 1/2。

3. 辅助材料的检验

钢结构用辅助材料包括螺栓、电焊条、焊剂、焊丝等，均应对其化学成分、力学性能及外观进行检验，并应符合国家有关标准。

4. 堆放

检验合格的钢材应按品种、牌号、规格分类堆放，其底部应垫平、垫高，防止积水。钢材堆放不得造成地基下陷和钢材永久变形。

5. 编制工艺制造书

依据：设计图纸及施工详图；设计总说明和相关技术文件；图纸与合同中规定的国家标准、技术规范和相关技术条件；制作厂的作业面积、动力、起重和设备的加工能力，工人的组成和技术等级，运输方法和能力。

对于普遍通用的问题，可以制定工艺守则，说明工艺要求和工艺过程，作为通用性的工艺文件。

特殊的工艺要求要单独编制，并且详细注明：

（1）关键零件的加工方法、精度要求、检查方法和检查工具；

（2）主要构件的工艺流程、工序质量标准，为保证构件达到工艺标准而采取的工艺措施（如组装次序、焊接方法等）；

（3）采用的加工设备和工艺装备。

6. 其他技术准备

（1）工号划分；

（2）编制工艺流程表（卡）；

（3）配料与材料拼接（拼接原则）；

（4）工艺装备设计（原材料工装、焊接工装）；

（5）编制工艺卡和零件流水卡；

（6）工艺试验。

焊接试验：焊接工艺说明、焊接试件并填写焊接记录、加工试样及焊后检验（包括表面检验、无损探伤、理化实验等），评定为不合格时，找出产生缺陷的原因，修改参数，重新编制焊接工艺说明书，再试验评定，直至合格。

摩擦面抗滑移系数试验：经过技术处理（喷砂、抛丸除锈处理；酸洗处理；砂轮打磨处理；打磨后生赤锈）的摩擦面是否能达到设计规定的抗滑移系数值。

工艺性试验：可以是单工序，也可以是几个工序或者全部工序；可以是个别零部件，也可以是整个构件，甚至是一个安装单元或者全部安装构件。

11.2.2　材料准备

按照材料清单中的净量加上适当损耗进行材料采购；验收入库（核对材质、规格、质保书分类存放）。

注意：钢材的堆放要尽量减少钢材的锈蚀和变形，每隔几层放置楞木，其间距以不引起钢材明显弯曲变形为宜。

材料代用的原则——所有需代用的钢材必须经计算复核后才能代用；应遵循以大代小，以高代低的原则；代用材料应保证在性能上优于或者等于原设计的材料。

焊条、焊剂、药芯焊丝施焊前应按工艺要求进行烘焙，低氢焊条高温烘焙后放置于保温箱。

11.2.3　钢结构制作的特点和依据

1. 钢结构制作的特点

钢结构制作的一般特点是加工条件比较优越、工艺标准比较严格、加工精度良好、工作效率较高。

钢结构构件一般在工厂制作。工厂具有较为恒定的工作环境，有刚度大、平整度高的操作平台，精度较高的工装夹具及高效能的设备。施工条件比现场优越，易于保证质量，提高效率。钢结构制作有严格的工艺标准，每道工序应该怎么做，允许有多大的误差，都有详细规定。对于特殊构件的加工，还需要通过工艺试验来确定相应的工艺标准。每道工序的工人都必须按图纸和工艺标准生产。由于上述原因，钢结构加工的质量和精度与一般土建结构相比大为提高。而与其相连的土建结构部分也要有相匹配的精度或有可调节措施来保证两者的兼容。此外，钢结构加工可实现机械化、自动化，因而劳动生产率大为提高。在劳动力价格不断升高的时代，钢结构的优越性也日益明显。另外，钢结构在工厂加工基本不占施工现场的时间和空间，所以，对于整个工程建设，采用钢结构也可大大缩短工期，提高施工效率。

2. 钢结构制作的依据

钢结构制作的主要依据是设计图纸和有关国家规范和规程。国家规范主要有《钢结构工程施工质量验收标准》GB 50205—2020、《钢结构焊接规范》GB 50661—2011 及原冶金部、机械部关于钢结构材料、辅助材料的有关标准等。另外如网架结构、多高层结构、高耸结构等都有相应的施工技术规程可以参照执行。钢结构制作单位根据设计图纸和国家有关标准编制工艺图、工艺卡下达到操作车间，操作工人可根据相应的工艺图、工艺卡生产加工。

11.2.4 钢结构的制作加工工艺和一般流程

1. 构件放样

构件放样是指按照经审核的施工详图，以 1∶1 的比例在样台板上画出实样，求取实际尺寸和长度，根据实长制成样板。样板一般用变形较小又可手工剪切成型的薄板状材料，如白铁皮等制作。现在先进的工厂已可实现计算机放样。放样时应根据工艺要求预留制作和安装时的焊接收缩余量及切割、刨边和铣平等加工余量。

1）放样

根据施工图用 0.5～1mm 的薄钢板或油毡纸等材料，以实样尺寸为依据，制出零件的样杆、样板，用样杆和样板进行号料。放样时，要先打出构件的中心线，然后再画出零件尺寸。焊接构件要考虑预留切割余量、加工余量或焊接收缩量。

2）样板标注

样板制出后，必须在上面注明图号、零件名称、件数、位置、材料牌号、坡口部位、弯折线及弯折方向、孔径和滚圆半径、加工符号等内容。同时，应妥善保管样板，防止折叠和锈蚀，以便进行校核。

3）加工余量

为了保证产品质量，防止由于下料不当造成废品，样板应注意适当预放加工余量，一般可根据不同的加工量按下列数据进行：

（1）自动气割切断的加工余量为 3mm。

（2）手工气割切断的加工余量为 4mm。

（3）气割后需铣端或刨边者，其加工余量为 4～5mm。

（4）剪切后无需铣端或刨边的加工余量为零。

（5）对焊接结构零件的样板，除放出上述加工余量外，还须考虑焊接零件的收缩量。一般沿焊缝长度纵向收缩率为 0.03%～0.2%；沿焊缝宽度横向收缩，每条焊缝为 0.03～0.75mm；加强肋的焊缝引起的构件纵向收缩，每肋每条焊缝为 0.25mm。加工余量和焊接收缩量，应以组合工艺中的拼装方法、焊接方法及钢材种类、焊接环境等决定。

确定工艺余量时，主要考虑的因素：放样误差的影响；零件下料切割误差的影响；零件加工过程中误差的影响；装配误差的影响；焊接变形的影响；火工矫正的影响。

4）节点放样及制作

焊接球节点和螺栓球节点由专门工厂生产，一般只需按规定要求进行验收，而焊接钢板节点，一般都根据各工程单独制造，焊接钢板节点放样时，先按图纸用硬纸剪成足尺样板，并在样板上标出杆件及螺栓中心线，钢板即按此样板下料。

制作时，钢板相互间先根据设计图纸用电焊点上，然后以角尺及样板为标准，用锤轻击逐渐校正，使钢板间的夹角符合设计要求，检查合格后再进行全面焊接。为了防止焊接变形，在点焊定位后，可用夹紧器夹紧，再全面施焊。

5）号料

号料是指以样板为依据，在原材料上划出实样，并打上各种加工记号。目前，先进的工厂已能实现在计算机放样的基础上用数控机床直接下料。号料要根据图纸用料要求和材料尺寸合理配料。尺寸大、数量多的零件，应统筹安排、长短搭配，先大后小或套材号料，以节约原材料和提高利用率。大型构件的板材宜使用定尺料，使定尺的宽度或长度为零件宽度或长度的倍数。

在下料工作完成后，在零件的加工线、拼缝线及孔的中心位置上，应打冲印或凿印，同时用标记笔或色漆在材料的图形上注明加工内容，为后续工序的剪切、冲裁和气割等加工提供方便条件。下料常用的下料符号见表11-1。

常用下料符号　　　　　　　　　　表 11-1

序号	名称	符　号
1	板缝线	
2	中心线	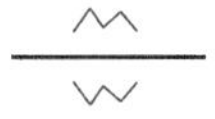
3	R 曲线	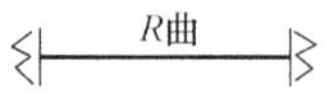
4	切断线	
5	余料切线（被划斜线面为余料）	
6	弯曲线	
7	结构线	
8	刨边符号	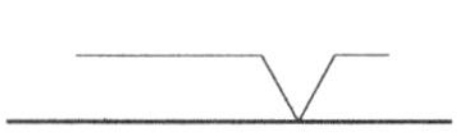

号料注意事项：

（1）熟悉工作图，检查样板、样杆是否符合图纸要求；根据图纸直接在板料和型钢上号料时，应检查号料尺寸是否正确，以防产生错误，造成废品；

（2）如材料上有裂纹、夹层及厚度不足等现象时，应及时处理；

（3）钢材如有较大弯曲、凹凸不平等问题时，应先进行矫正；

（4）号料时，对较大的型钢应平放；

（5）根据配料表和样板进行套裁，尽可能节约材料；

（6）当工艺有规定时，应按规定的方向进行划线取料，以保证零件对材料轧制方向所提出的要求；

（7）需要剪切的零件，号料时应考虑剪切线是否合理；

（8）不同规格、不同钢号的零件应分别号料，并依据先大后小的原则依次号料；

（9）尽量是相等宽度或长度的零件放在一起号料；

（10）需要拼接的同一构件必须同时号料，以利于拼接；

（11）矩形样板号料，要检查垂直度；

（12）带圆弧形的零件，不论是剪切还是气割，都不应紧靠在一起进行号料，必须留有间隙，以利于剪切和气割；

（13）钢板长度不够需要接长时，在拼缝处必须注明坡口形式及大小，在焊接和矫正后再划线；

（14）钢板或型钢采用气割切割时，要放出气割的割缝宽度；

（15）号料完成后，在零件的加工线和接缝线上，及孔中心位置打上钢印或者样冲；同时做好标识。

6）切割

切割是将号料后的钢板按要求的形状和尺寸下料。常用的切割方法有以下几类：

（1）机械切割。使用机械（剪切、锯割、磨削）切割，相应的机械有剪板机、锯床砂轮机等，较适合于厚度在 12~16mm 以下钢板的直线性切割。

（2）气割。使用氧-乙炔、丙烷、液化石油气等火焰加热融化金属，并用压缩空气吹去融蚀的金属液，从而使金属割离，适合于曲线切割和多头切割。

（3）等离子切割。等离子切割，是应用特殊的割炬，在电流、气流及冷却水的作用下，由超高温产生的等离子弧熔化金属而进行切割，同时，利用压缩产生的高速气流的机械冲刷力，将已熔化的材料吹走，从而形成狭窄切口的切割方法（图 11-1）。等离子切割属于热切割性质，与氧-乙炔焰切割在本质上不同，不是依靠氧化反应，而是靠熔化来切割材料。

等离子切割特点：①应用面广，能切割各种高熔点金属及其他切割方法不能切割的金属（如不锈钢、铜、铸铁、铝及合金）；②切割速度快；③切口质量好，狭窄、光洁、整齐、无熔渣、接近于垂直的切口。由于温度高，加热、切割速度快，所以产生的热影响区和变形后比较小。特别是切割不锈钢时能很快通过，不会降低切口处的金属的耐蚀性能；切口处的淬硬层深度非常小，通过焊接可以消除，所以切割边可以直接用于装配焊接，等离子切割机如图 11-1 所示。

目前，在下料车间利用数控机床对构件的放样、号料、下料进行三合一优化设计，优

图 11-1　等离子切割

化了工艺过程，大大提高了原材料的利用率，其下料完成后要清除铁锈、熔渣、飞溅物。切割面不得有裂纹、夹渣、分层和大于 1mm 的缺损。切割下料注意事项：

（1）根据工程结构要求，构件的切割可以采用剪切、锯割或采用手工气割，自动或半自动气割。

（2）剪切或剪断的边缘，必要时应加工整光，相关接触部分不得产生歪曲。

① 剪切主要受静荷载的构件的材料，允许材料在剪断机上剪切，无须再加工；

② 剪切受动荷载的构件的材料，必须将截面中存在有害的剪切边清除。

7）成型加工

成型加工主要包括弯曲、卷板、边缘加工、折边和模压五种方法。这五种方法又可分为以下两大类。

（1）按冷、热成形分类

① 热加工。热加工是指将钢材加热到一定温度后再进行加工。这种方法适于成型、弯曲和矫正在常温下不能做的工件。热加工终止温度不得低于 700℃。由于加热温度在 200～300℃时钢材产生蓝脆，故严禁锤打和弯曲。还应当注意，含碳量超出低碳钢范围钢材一般不宜进行热加工。

② 冷加工。冷加工是在常温下进行的。由于外力超出材料的屈服强度而使材料产生要求的永久变形，或由于外力超出了材料的极限强度而使材料的某些部分按要求与材料脱离。冷加工都有使材料变硬变脆的趋势，因而可通过热处理使钢材恢复正常状态或刨削掉硬化较严重的边缘部分。需要指出，当环境温度低于 -16℃时不得冷加工碳素钢；当环境温度低于 -12℃时，不得加工低合金钢。

（2）按加工的目的分类

① 弯曲加工。它是根据设计要求，利用加工设备和一定的工装模具把板材或型钢弯制成一定形状的工艺方法。冷弯加工适合于薄板、小型钢等；热弯加工适合于较厚的板及较复杂的构件和型钢，热弯加工温度一般在 950～1100℃。

② 卷板加工。它是在外力作用下使平钢板的外层纤维伸长、内层纤维缩短而产生弯曲

变形的方法。卷板由卷板机完成。根据材料温度的不同，又分为冷卷和热卷。卷板主要用于焊接圆管柱、管道、气包等。

图 11-2　钢板的边缘处理

③ 边缘加工。为了消除切割造成的边缘硬化而将板边刨去 2~4mm；为了保证焊缝质量而将钢板边刨成坡口；为了装配的准确性及保证压应力的传递，而将钢板边刨直或铣平，均称为边缘加工（图 11-2）。边缘加工分铲、刨、铣、碳弧气刨等多种方法。铲边可用手工或风铲，铲边加工精度较差；刨边用刨边机，可刨直边也可刨斜边；铣边为端面加工，用铣床加工；碳弧气刨则把碳棒作为电极，与被刨、削的金属间产生电弧将金属加热到融化状态，然后用压缩空气把融化的金属吹掉，达到切削金属的目的。

④ 折边。把钢结构构件的边缘压弯成一定角度或一定形状的工艺过程称为折边。折边一般用于薄板构件。折边常用折边机，配合适当的模具进行。

a. 折弯的顺序：由外向内。如果折边顺序不合理，将会造成后面的弯角无法折弯。

b. 环境温度：一般要 0℃以上，低合金钢 5℃以上。

c. 折弯次数：避免一次大力加压成形，而需逐次增加度数。折弯角度不能过大，造成往复反折，会损伤构件。

d. 检验：经常用样板校对构件进行检验。在弯制大批量构件时，需加强首件构件的质量控制。

⑤ 模压。模压是在压力设备上利用模具使钢材成型的一种方法，具体做法有落料成形、冲切成形、压弯、卷圆、拉伸、压延等。

图 11-3　钻孔

8）制孔

孔加工在钢结构制造中占有一定的比重，尤其是高强螺栓的采用，使孔加工不仅在数量，而且在精度要求上都有了很大的提高。制孔通常有钻孔和冲孔两种方法。钻孔是钢结构制造中普遍采用的方法（图 11-3）。

（1）钻孔。钻孔适用性广，孔壁损伤小，加工后成孔的精度较高。一般钻孔可在钻床上进行。若要加工的工件太大，不便在钻床上进行时，可用电钻磁座钻加工。

（2）冲孔。一般只能在较薄的钢板和型钢上进行，且孔直径一般不小于钢材的厚度，可用于次要连接。冲孔加工效率高，但孔的周围产生冷作硬化，孔壁质量差。

冲孔一般用冲床。

螺栓孔的偏差超过允许值时，允许采用母材材质匹配的焊条补焊后重新制孔，严禁用钢块填塞。

当精度要求较高、板叠层数较多、同类孔距较多时，可采用钻模制孔或预钻较小孔径。预钻小孔的直径取决于板叠的多少。当板叠少于五层时，预钻小孔的直径小于公称直径一级（－3.0mm）；当板叠层数大于五层时，预钻小孔的直径小于公称直径二级（－6.0mm）。

9）组装

组装是将零件或半成品按施工图的要求装配为独立的成品构件。在工厂里将多个成品构件按设计要求的空间位置试装成整体，以检验各部分之间的连接状况，称为预拼装。预拼装也是组装的一种。常用的钢结构构件组装方法如表 11-2 所示。

板材、型材的拼接，应该在组装之前进行；构件的组装应在部件组装、焊接、矫正后进行，以便减少构件的残余应力。构件的隐蔽部位应提前进行涂装。桁架构件的杆件装配时要控制轴线交叉点。其允许偏差不得大于 3mm。

装配时要求磨光顶紧的部位，其顶紧接触面应有 75% 以上的面积紧贴，用 0.3mm 的塞尺检查，其塞入面积应小于 25%，边缘间距不应大于 0.8mm。

拼装好的构件应立即用油漆在明显部位编号，写明图号、构件号和件数，以便查找。

组装方法：

（1）地样法，用 1∶1 的比例在装配平台上放出构件实样，然后根据零件在实样上的位置，分别组装起来成为构件，适用于桁架、构架等小批量结构的组装。

（2）仿形复制装配法，先用地样法组装成单面（片）的结构，然后定位点焊牢固，将其翻身，作为复制胎模，在其上面装配另一单片的结构，往返两次组装，适用于横断面对称的桁架结构。

（3）立装，根据构件特点，选择自上而下或者自下而上地装配，适用于放置平稳、高度不大的结构（管桁架、网架）。

（4）卧装，将构件放置卧位进行装配，适用于断面不大、长度较长的构件（柱子、钢梁）。

（5）胎模装配法，将构件的零件用胎模定位在其装配位置上，适用于制造构件批量大、精度高的产品。

预拼装时，其螺栓连接的部位的所有节点连接板均应装上，除检查各部位尺寸外，还应用试孔器检查板叠孔的通过率，并符合下列规定：

（1）当采用比公称直径小 1.0mm 的试孔器检查时，每组孔的通过率不应小于 85%；

（2）当采用比公称直径大 0.3mm 的试孔器检查时，每组孔的通过率应为 100%；

（3）当施工中错孔 3mm 以内时，一般都用铰刀铣孔或锉刀锉孔，其孔径扩大不得超过原孔径的 1.2 倍；错孔超过 3mm，可采用与母材材质相匹配的焊条补焊堵孔，修磨平整后重新打孔。

组装注意事项：

（1）组装必须按工艺要求的次序进行，当有隐蔽焊缝时，必须先予施焊，经检验合格方可覆盖。当复杂部位不易施焊时，亦须按工艺规定分别先后拼装和施焊。

（2）布置胎具时，其定位必须考虑预放出焊接收缩量及齐头加工的余量（图 11-4）。

（3）为减少变形，尽量采用小件阻焊，经矫正后再大件组装，胎具及装出的首件必须经过严格检验，方可大批进行装配工作。

（4）组装时的点焊缝长度宜大于 40mm，间距宜为 500～600mm，点焊缝高度不宜超过设计焊缝高度的 2/3。

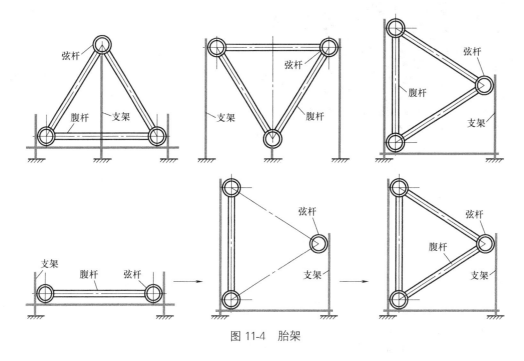

图 11-4　胎架

钢结构构件常用组装方法

表 11-2

名称	装 配 方 法	适用范围
地样法	用比例 1∶1 在装配平台上放出构件实样，然后根据零件在实样上的位置，分别组装起来成为构件	桁架、框架等少批量结构组装
仿形复制装配法	先用地样法组装成单面（单片）结构，并且必须定位点焊，然后翻身作为复制胎模，在上装配另一单面结构，往返 2 次组装	横断面互为对称的桁架结构组装
立装	根据构件的特点及其零件的稳定位置，选择自上而下或自下而上的装配	用于放置平稳、高度不大的结构或大直径圆筒
卧装	构件放置平卧位置装配	用于断面不大但长度较大的细长构件
胎模装配法	把构件的零件用胎模定位在其装配位置上的组装，但在布置拼装胎模时必须注意各种加工余量	用于制造构件批量大精度高的产品

10）焊接

钢结构常用的焊接方法有手工电弧焊、埋弧自动焊、气体保护焊、电渣焊、电阻（点、缝）焊等。电弧焊是利用通电后焊条和焊件之间产生强大的电弧提供热源熔化焊条与焊件熔化部分结成焊缝，将两焊件连成一整体。电弧焊分为手工电弧焊和自动或半自动电弧焊。

各种方法的适用性和特点如下：

图 11-5　埋弧焊施焊现场

（1）埋弧自动焊（图 11-5）适用于较长焊缝，效率高，质量好。焊丝的直径大，焊缝的熔宽会增加，熔深则稍有下降；焊丝的直径越小，熔深相应增加（一般工件 4～5mm）；焊接电流、电弧电压：不同焊丝直径适用不同的焊接电流及相应的电弧电压；焊接速度的变化，将直接影响电弧热量的分配情况，即影响线能量的大小。在其他参数不变时，焊接速度增加，热输入量减少，熔宽明显变窄。当焊接速度超过 40m/h 时，由于热输入量减少的影响，焊缝会出现磁偏吹、咬边、气孔等缺陷。当焊接速度过低时，易产生类似过高的电弧电压的缺陷。

（2）气体保护焊又称半自动焊，其焊丝连续，焊缝也连续，质量好，效率也高。一般在工厂制作时用于中等长度焊缝。焊丝直径，对于中厚板常采用 1.2～2.0mm；电弧电压与焊接电流之间的匹配比较严格；焊接速度要按照焊缝形式和焊接电流来选择。焊速过快，会造成熔化金属在焊缝中填充不足，出现咬边、焊缝表面粗糙等缺陷。当焊接速度过低时，焊接熔池增大，会造成焊道宽窄不均；焊接过程中尽量使焊丝伸出长度不变，一般 6～13mm。

（3）手工电弧焊效率较低，质量稳定性也随操作者的水平波动。其优点是适应性强，灵活方便。

（4）电渣焊一般用于对焊圆钢或较厚的钢板等，均质性好。

（5）电阻焊一般用于对焊圆钢或点焊钢板，效率高，用于焊点多、每点受力小的构件最为合适。

对于特殊材料、特殊构件或特殊尺度的焊接，一般先要进行焊接工艺试验及评定，以确定最合适的材料、工艺措施及过程。其中包括焊条和焊剂的选用，剖口形式的确定，焊接方式，电流大小，电压高低，焊接速度，焊接前后秩序，焊前是否要预热，焊后是否要保温以及防止焊接变形的措施等。

焊接的准备工作包括焊缝处坡口的制作，焊条的烘焙和保温，构件的预热（少数需要），焊缝处表面锈迹、油污、油漆、镀锌层的去除等，必须十分完备。焊工必须有相应的等级证书。焊接过程中必须严格按照工艺试验确定的工艺标准实施。焊接后须按国家标准进行焊接检验。

钢板与钢板间的熔化焊接接头主要有对接接头、角接接头、T 形接头等形式，其中应在焊缝两端配置引弧板和引出板。手工焊引板长度不应小于 25mm，埋弧自动焊引板长度不应小于 80mm，引焊到引板的焊缝长度不得小于引板长度的 2/3。在各种形式的接头中，为了提高焊接质量，较厚的钢板焊接前需开坡口。开坡口的目的是保证电弧能深入焊缝的根部，使根部能焊透，以便清除熔渣，获得较好的焊缝形态。

　　焊接材料的选择应与母材的机械性能相匹配。对低碳钢一般按焊缝金属与母材等强度的原则选择焊接材料;对低合金高强度结构钢一般应使焊缝金属与母材等强或略高于母材,但不应高出50MPa,同时焊缝金属必须具有优良的塑性、韧性和抗裂性;当不同强度等级的钢材焊接时,宜采用与低强度钢材相适应的焊接材料。

　　焊接流程如下:

　　(1) 定位焊

　　① 构件的定位焊是正式焊缝的一部分,因此定位焊缝不允许存在裂纹等不能够最终溶入正式焊缝的缺陷。

　　② 定位焊缝必须避免在产品的棱角和端部等在强度和工艺上容易出问题的部位进行;T形接头定位焊,应在两侧对称进行;坡口内尽可能避免进行定位焊。

　　(2) 引出板设置

　　① 为保证焊接质量,在对接焊的引弧端和熄弧端,必须安装与母材相同材料的引出板,引出板的坡口形式和板厚原则上宜与构件相同。

　　② 引出板的长度,手工电弧焊及气体保护焊为25～50mm;半自动焊为40～60mm;埋弧自动焊为50～100mm。

　　(3) 胎夹具

　　钢结构的焊接应尽可能用胎夹具,以有效的控制焊接变形和使主要焊接工作处于平焊位置进行。

　　(4) 预热

　　钢结构的焊接,应视钢种、板厚、接头的拘束度、焊接缝金属中的含氢量、钢材的强度、焊接方法等因素来确定合适的预热温度和方法。碳素结构钢厚度大于50mm,低合金高强度结构钢厚度大于36mm,其焊接前预热温度宜控制在100～150C°;预热区在焊道两侧,其宽度各为焊件厚度的2倍以上,且不应小于100mm。

　　(5) 引弧和熄弧

　　① 引弧时由于电弧对母材的加热不足,应在操作上注意防止产生熔合不良、弧坑裂缝、气孔和夹渣等缺陷的发生,另外,不得在非焊接区域的母材上引弧(防止电弧击痕)。

　　② 当电弧因故中断或焊缝终端收弧时,应防止发生弧坑裂纹,特别是采用CO_2半自动气体保护焊时,更应避免发生弧坑裂纹,一旦出现裂纹,必须彻底清除后方可继续焊接。

　　焊缝的质量检查方法:焊缝质量的外观检查,应按设计文件规定的标准在焊缝冷却后进行。由低合金高强度结构钢焊接而成的大型梁柱构件以及厚板焊接件,应在完成焊接工作24h后,对焊缝及热影响区是否存在裂缝进行复查。

　　① 焊缝表面应均匀、平滑,无折皱、间断和未满焊,并与基本金属平缓连接,严禁有裂纹、夹渣、焊瘤、烧穿、弧坑、针状气孔和熔合性飞溅等缺陷;

　　② 所有焊缝均进行外观检查,当发现有裂纹疑点时,可用磁粉探伤或着色渗透探伤进行复查,钢结构的焊缝质量检验分三级,各级检验项目、检查数量和检查方法见表11-3。

　　焊接缺陷的清除:可以根据材质、板厚、缺陷部位、大小等情况,分别采用碳弧气刨、手工铲磨、机械加工或气割等方法。

焊缝质量检验分级表   表 11-3

等级	检查项目	检查数量	检查方法
一级	外观检查	全部	检查外观缺陷及几何尺寸,有疑点时用磁粉探伤复验
	超声波检查	全部	
	X射线检查	抽查焊缝长度2%,至少应有一张底片	缺陷超标时应加倍透照,如仍不合格时应100%透照
二级	外观检查	全部	检查外观缺陷及几何尺寸
	超声波检查	抽查焊缝长度50%	有疑点时,用X射线透照复验,如发现有超标缺陷,应用超声波全部检验
三级	外观检查	全部	检查外观缺陷及几何尺寸

① 碳弧气刨：操作灵活方便，容易发现各种小缺陷，一般碳素钢、普通低合金钢都可以用；一些高强度、对冷裂十分敏感的钢，不宜采用。

② 手工铲磨：主要工具是风铲、风动或电动砂轮、角向磨光机等。

③ 气割：多数用于整条焊缝的返修，对于易淬火的低合金高强度钢，气割后应将割面氧化层磨掉，并打磨出金属光泽。

一般采用碳弧气刨和手工砂轮磨削。

焊接注意事项：

① 对接接头、自动焊角接接头及要求全熔透的焊缝，应在焊道的两端设置引弧和引出板，其材质和坡口形式应与焊件相同；埋弧焊的引出焊缝长度应大于50mm，手工电弧焊和气体保护焊应大于20mm；焊后用气割切除引板，并修磨平整；

② 引弧应在焊道处，不得擦伤母材；

③ 焊接时的起落弧点距焊缝端部宜大于10mm，弧坑应填满；

④ 多层焊接宜连续施焊，注意各层间的清理和检查，有缺陷要及时清除后再焊；

⑤ 焊缝出现裂纹时要查清原因，定出返修工艺后再处理；

⑥ 焊缝的返修应按返修工艺进行，同一部位的返修次数不宜超过两次；

⑦ 雨雪天气时不得露天焊接；在四级以上风力下焊接，应采取防风措施。

11）矫正

钢结构的矫正是指通过外力和加热作用，迫使已发生变形的钢材反变形，以使材料或构件达到平直及设计的几何形状的工艺方法。钢结构的制作过程中要进行三到四次矫正。首先是材料矫正，再是组装时的矫正，然后是焊接后的矫正，有的还有热镀锌后的矫正。

矫正的主要形式有：①矫直，消除材料和构件的弯曲；②矫平，消除材料和构件的翘曲或凹凸不平；③矫形，对构件一定的几何尺寸进行整形。

根据外力的来源，矫正的方法主要可分为机械矫正、火焰矫正、手工矫正和高频热点矫正等。①机械矫正适用于批量较大、形状比较一致的钢材和构件的矫正。其矫正力大，生产率高，质量稳定。②火焰矫正是利用火焰产生的高温对矫正体变形的局部进行加热。但由于加热部位的钢材热膨胀受阻，冷却时收缩，以使矫正体达到平直或要求的几何形状。火焰矫正较为灵活，对于变形较大的构件也能处理。但对于火焰的温度，加热的方法等不容易掌握完全，因而质量没有机械矫正稳定。③手工矫正是采用简单的手工工具利用人力进行矫正。它具有灵活简便、成本低的优点，适用于少批量的构件矫正。④高频热点矫正即是以高频感应作为热源的热矫正，适用于一些尺度大、变形复杂的构件的矫正。钢材矫正后的允许偏差，应符合表 11-4 的规定。

钢材矫正后的允许偏差　　　　　　　　　　表 11-4

项目		允许偏差	图例
钢板的局部平面度	$t\leqslant14$	1.5	
	$t>14$	1.0	
型钢弯曲矢高		$l/1000$ 且不应大于 5.0	
角钢肢的垂直度		$b/100$ 双肢栓接角钢的角度不得大于 $90°$	
槽钢翼缘对腹板的垂直度		$b/80$	
工字钢、H 型钢翼缘对腹板的垂直度		$b/100$ 且不大于 2.0	

12）钢结构加工制作的基本流程

一般情况，钢结构构件加工制作的基本流程和工序，如表 11-5 所示。表中主控工序流程为：1→2→4→5→6→7→9→11→12→13→14→15→16→17→18；其中工序 3（放样）和工序 5（号料）在制作加工时可以多任务同时进行；工序 8（成型）、9（加工）、10（制孔）也可同时进行；工序 19（辅助材料准备）只需在工序 14（总体试装）前准备好即可。

钢结构加工制作基本工序流程　　　　　　　　　　表 11-5

工序号	工序名	具体方法	所需设备
1	材料检验	化学成分检验、力学试验、几何尺寸测定	化验设备、拉力机、冲击韧性试验机等
2	材料堆放		吊车
3	放样	手工或计算机放样	尺、规、经纬仪
4	材料矫正	矫直、矫平等	校直机等
5	号料	手工或计算机号料	数控机床等
6	切割	冲、剪、锯、气割、等离子切割	冲床、剪板机、锯床、多头切割机、等离子切割机
7	矫正	机械矫正、火焰矫正、手工矫正和高频热点矫正等	校直机、压力机等
8	成型	模压、热弯	油压机等

工序号	工序名	具体方法	所需设备
9	加工	铣、刨、铲	铣床、刨床、碳弧气刨等
10	制孔	冲、钻	冲床、钻床
11	装配		吊车
12	焊接	自动焊、CO_2保护焊、手工焊	埋弧自动焊接机、CO_2保护焊接机、普通交、直流电焊机
13	后处理		校直机、千斤顶
14	总体试装		吊车
15	除锈	喷砂、抛丸、刷	喷砂机、抛丸机、电动刷
16	油漆包装	喷漆、刷漆	喷漆机
17	验收库存		吊车
18	出厂		
19	辅助材料准备		

11.2.5　钢结构的安装施工简介

1. 安装前的准备工作

钢结构安装前，应对建筑物的定位轴线、平面封闭角、底层柱的位置线、混凝土基础标高、地脚螺栓位置等进行复验，合格后方可开始安装工作。对安装的主要工艺，如重要的焊接接头（梁与柱、柱与柱）、高强度螺栓连接、栓钉焊接、测量和校正措施等，进行工艺试验，制定出有关的工艺参数和技术措施。安装时需现场焊接的梁柱构件，应按以下因素增加构件长度：梁长度应增加梁与柱现场焊接产生的收缩变形值；柱长度应增加柱端现场焊接产生的收缩变形值和柱在经常荷载作用下产生的弹性压缩值。对于厚钢板焊接的收缩变形值，可根据焊接工艺试验测得的焊缝收缩值，并将其反馈到制作工厂，作为梁柱加工时增加长度的依据。

安装前，根据安装要求，选用合适的起重吊装机械，当选用内爬塔式起重机或外附塔式起重机进行钢结构安装时，对塔式起重机与结构相连的附着装置和爬升装置及其对建筑结构的影响，必须进行计算，并采取相应措施。构件进场后，对主要构件，如梁、柱、支撑等的制作质量应进行复验。对运输、堆放和吊装等造成的钢构件变形和涂层脱落，应进行矫正和修补。现场焊工应经过考试并取得合格证后，方可进行钢结构安装工作。

2. 安装顺序

钢结构安装工程，一般可按楼层或施工区段等划分一个或若干个安装流水区段，地下钢结构也可按不同的地下层划分流水区段。每个流水区段的全部钢结构安装完毕并验收合格后，方可进行下一流水段的安装工作。

安装时，构件的安装顺序，平面上应从中间向四周扩展，竖向应由下而上均衡地逐渐安装。梁、柱、支撑等主要构件安装时，应在就位并临时固定后，立即进行校正，并永久固定，形成稳定的空间刚度单元。构件连接的焊接顺序，平面上也应从中部对称地向四周扩展，使整个建筑物外形得到良好控制，焊后产生的残余应力也较小。柱与柱的焊接接头，应由两名焊工在对称位置逆时针以相同速度施焊。梁与柱的接头焊缝，宜先焊梁下翼缘板，再焊梁上翼缘板。先焊梁的一端，待其焊缝冷却后，再焊另一端，不宜对一根梁的两端同时施焊。

3. 测量和矫正

钢结构工程安装时应同步实测钢结构安装的准确度，并及时按国家标准进行修正。钢结构工程，尤其是多高层钢结构楼层的标高，可按相对标高或设计标高进行控制。当按相对标高安装时，建筑物高度的累计偏差不得大于各节柱制作允许偏差的总和；按设计标高安装时，应以每节柱为单元进行标高的调整工作，将每节柱接头焊缝的收缩变形值和在荷载下的压缩变形值，加到制作长度中去。在安装前要先确定采用哪一种方法，也可会同业主、设计和监理单位共同商定。

安装时每节柱的定位轴线应从地面控制轴线引出，不得从下层柱的轴线引出。每节柱高度范围内的全部构件，在完成安装、校正、焊接、栓接并验收合格后，方可从地面引放上一节柱的定位轴线。当用缆风或支撑校正柱时，应在缆风或支撑松开的状态下，柱的垂直偏差不应超过单节柱高的 1/1000，且不应大于 10.0mm。当上柱和下柱发生扭转错位时，应采用在上柱和下柱耳板不同侧面加垫板的方法，通过连接板夹紧，达到校正扭转偏差的目的。由于多高层建筑钢结构对温度很敏感，日照、季节温差等温度变化，会影响结构在安装过程中的垂直度，因此，应选择日照变化较小的早晚或阴天进行构件的测量与校正工作。

4. 钢结构安装连接问题

钢结构的现场连接主要是普通螺栓连接、高强度螺栓连接及焊接。

普通螺栓连接主要用于受力较小的部位。普通螺栓拧紧后，外露丝扣须不少于 2～3 扣。普通螺栓应有防松措施，如双螺母或扣紧螺母防松。螺栓孔错位较小者可用铰刀或锉刀修孔，不得用气割修孔。

高强度螺栓连接一般用于直接承受动力荷载的重要结构中。其主要特点是通过接触面的摩擦来传递剪力。高强度螺栓的品种、规格、性能应符合国家产品标准和设计文件的要求，并具有产品质量合格证明书。高强度大六角头螺栓连接副和扭剪型高强度螺栓连接副出厂时，应分别随箱带有扭矩系数和紧固轴力（预拉力）的检验报告。所以在高强度螺栓安装时，摩擦面的做法及粗糙度必须按规范及设计要求加工。其次还要进行摩擦系数试验。在安装前要测定高强度螺栓的扭矩系数。在安装时要测定螺栓的初拧扭矩和终拧扭矩。高强度大六角头螺栓连接副和扭剪型高强度螺栓连接副，应按《钢结构工程施工质量验收标准》GB 50205—2020 附录 B 的规定，分别复验其扭矩系数和预拉力。复验用的螺栓应在施工现场待安装的螺栓批中随机抽取，每批应抽取 8 套连接副进行复验。制造厂和安装单位应分别以钢结构制造批为单位，按《钢结构工程施工质量验收标准》GB 50205—2020 附录 B 的规定，对高强度螺栓摩擦面进行抗滑移试验。以 2000t 为一批，不足 2000t 可视为一批，每批三组试件。在采用镀锌螺栓等必然扭矩系数不合格的条件下，可以不用扭矩法，用液压张拉法直接施加预拉力。

高强度螺栓的拧紧顺序，应从螺栓群中部开始，向四周扩展，逐个拧紧。钢框架梁与柱接头采用腹板为栓接、翼缘为焊接时，宜按先检后焊的方式进行施工。高强度螺栓宜通过初拧、复拧和终拧达到拧紧的目的，每完成一次应作出标记，防止漏拧。高强度大六角头螺栓连接副终拧 1h 后，应在 24h 内进行终拧扭矩检查。扭剪型高强度螺栓连接副终拧后，梅花头未拧掉的螺栓数不应大于该节点螺栓数的 5%。对所有梅花头未拧掉的扭剪型高强度螺栓连接副，应采用扭矩法或转角法进行终拧并作出标记，按高强度大六角头螺栓连接副进行终拧扭矩检查。

工地焊接作业条件比工厂焊接条件差，因而应避免工地焊接。若无法避免，则除了要像工厂焊接那样根据工地条件做焊接工艺试验，并对焊接的全过程进行质量控制而外，还应特别注意克服不良的气候环境和不利的焊接工位的影响。不良的气候环境指雨天、刮风、低温气候下室外施工，这将严重影响焊接质量。所以应该采取防护措施造成局部的良好环境，以保证焊接质量。不利的焊接工位指现场操作结构无法转动，只能仰焊，甚至焊接人员落脚也很难。对这种状况，应该尽可能改善作业条件，并让高等级的焊工操作难度较大的部分。工地焊接的检验要求同工厂焊缝。但现场检验难度较大，特别是高空检验，还要预先有估计、有措施。

5. 安装验收

钢结构验收分检验批、分项工程和分部工程三个层次。

检验批为按同一生产条件集合的检验体；分项工程按钢结构制作和安装中的主要工序划分；分部工程按钢结构制作和安装中的空间单元划分。

钢结构安装应分批验收，每个安装检验批应在构件进场、安装、校正、焊接连接、紧固件连接等分项工程验收合格的基础上进行验收。各验收层次的合格质量标准以及钢结构安装工程的允许偏差可参照《钢结构工程施工质量验收标准》GB 50205—2020 以及有关规程的规定执行。

11.3　钢结构的防护

11.3.1　钢结构的防腐

钢结构防腐的质量保证按国家颁布的《建筑防腐蚀工程施工规范》GB 50212—2014进行检验评定；安全指标按《建筑施工安全检查标准》JGJ 59—2011 执行。国内钢结构常用的两类防腐蚀方法为：长效防腐蚀方法和涂层法，下面分别介绍。

1. 长效防腐蚀方法

长效防腐蚀方法主要包括热浸镀锌方法和涂层法。

1）热浸镀锌

该法是将除锈后的钢构件浸入 $600℃$ 左右高温熔化的镀锌槽锌液中，使钢构件表面附着锌层，锌层厚度对 5mm 以下薄钢板不得小于 $65\mu m$，对厚钢板不小于 $86\mu m$，从而起到防腐蚀的目的。这种方法的优点是耐久年限长，生产工业化程度高，质量稳定，因而被大量用于受大气腐蚀较严重且不易维修的室外露天钢结构中，如大量的输电塔、微波通信塔等。近年来大量出现的轻钢结构体系中的压型钢板等，也较多采用热浸锌防腐蚀。该法缺点是构件受镀锌槽尺寸影响较大，且构件受热影响较大。

热浸锌的首道工序是酸洗除锈，然后是清洗。这两道工序不彻底均会给防腐蚀留下隐患，所以必须处理彻底。对于钢结构设计者，应该避免设计出具有相贴合面的构件，以免贴合面的缝隙中酸洗不彻底或酸液洗不净，造成镀锌表面流黄水的现象。热浸锌是在高温下进行的。对于管形构件应该让其两端开敞，若两端封闭会造成管内空气膨胀而使封头板爆裂，从而造成安全事故。若一端封闭则锌液流通不畅，容易在管内积存。

2）热喷铝（锌）复合涂层

这是一种与热浸锌防腐蚀效果相当的长效防腐蚀方法。具体做法是先对钢构件表面作喷砂除锈，使其表面露出金属光泽并打毛；再用乙炔-氧焰将不断送出的铝（锌）丝融化，并用压缩空气吹附到钢构件表面，以形成蜂窝状的铝（锌）喷涂层（厚度约80～100μm）；最后用环氧树脂或氯丁橡胶漆等涂料填充毛细孔，以形成复合涂层。此法无法在管状构件的内壁施工，因而对管状构件两端必须做气密性封闭，以使钢管内壁空气不流动，减轻腐蚀。热喷铝（锌）复合涂层工艺的优点是对构件尺寸适应性强，构件形状尺寸几乎不受限制，可以用于各种不易采用热浸镀锌的构件和结构中，如葛洲坝水电站中的钢船闸也是用这种方法施工的。另一个优点则是这种工艺的热影响是局部的，是受约束的，因而不会产生热变形。与热浸锌相比，热喷铝（锌）复合涂层方法的工业化程度较低，喷砂喷铝（锌）的劳动强度较大，因而其质量也易受操作者的情绪变化影响。

2. 涂层法（涂防锈涂料）

涂层法防腐蚀性一般不如长效防腐蚀方法（但目前氟碳涂料防腐蚀年限甚至可达50年），故用于室内钢结构或相对易于维护的室外钢结构较多。该法一次成本低，但用于户外时后期维护成本较高。

涂层法施工的第一步是除锈。优质的涂层依赖于彻底的除锈，所以要求高的涂层一般多用喷砂抛丸除锈，使构件露出金属光泽，除去所有的锈迹和油污。现场施工的涂层可用手工除锈。涂层的选择要考虑周围的环境。不同的涂层对不同的腐蚀条件有不同的耐受性。

涂层一般有底漆（层）和面漆（层）之分。底漆含粉料多，基料少，成膜粗糙，与钢材黏附力强，与中间漆、面漆结合性好。面漆则基料多，成膜有光泽，能保护底漆不受大气腐蚀，并能抗风化。不同的涂料之间存在相容与否的问题，前后选用不同涂料时要注意它们的相容性。涂层的施工要有适当的温度（5～38℃）和湿度（相对湿度不大于85％）。涂层的施工环境粉尘要少，构件表面不能有结露。涂装后4h之内不得淋雨。涂层一般要做4～5遍。干漆膜总厚度室外工程为150μm，室内工程为125μm，允许偏差为25μm。在海边或海上或是在有强烈腐蚀性的大气中，干漆膜总厚度可加厚为200～220μm。图11-6为某施工现场涂有白色面漆的钢构件。图11-7为某施工现场采用热浸镀锌防腐处理后，表面又喷涂氟碳涂料的钢构件。图11-8为某施工现场工人正在为钢柱喷涂防锈涂料。

图 11-6 某施工现场涂有白色面漆的钢构件

图 11-7 某施工现场喷涂氟碳涂料的钢构件

图 11-8　某施工现场工人正在为钢柱喷涂防锈涂料

11.3.2　钢结构的防火

钢结构防火涂料的粘结强度、抗压强度应符合国家现行标准《钢结构防火涂料》GB 14907—2018 的规定；钢结构防火设计可参照《建筑钢结构防火技术规范》CECS 200—2006 执行。钢结构防火通常采用喷涂防火涂料的措施。钢结构防火涂料分为薄涂型和厚涂型两类。

1. 薄涂型防火涂料

薄涂型防火涂料又称膨胀型防火涂料，涂层厚度为 3～7mm，当加热至 150～350℃时，所含的树脂和防火剂将发生物理化学变化，自身发泡膨胀形成比涂层厚度大十几倍至几十倍的多孔碳质层，可以阻挡外部热源对基材的传热，如同绝热屏障，但耐火极限不超过 1.5h。

2. 厚涂型防火涂料

厚涂型防火涂料为非膨胀型防火涂料，以水泥、水玻璃、石膏为粘结料，掺入膨胀硅石、膨胀珍珠岩、空心微珠等颗粒为骨料的厚质隔热涂料。其防火机理是利用涂层固有的良好绝热性，从而阻止热源传播；另一方面涂层在火焰和高温的作用下，能分解出水蒸气和其他不燃气体，降低火焰温度和燃烧速度，抑制燃烧的产生。涂层厚度为 8～50mm，通过改变厚度，可以满足不同耐火极限的要求。

我国《钢结构防火涂料》GB 14907—2018，规定的钢结构防火涂料耐火极限如表 11-6 所示。

钢结构防火涂料耐火极限　　　　　　　　　　　　　　　　　表 11-6

耐火性能	防火涂料类别							
	有机薄涂型			无机厚涂型				
涂层厚度(mm)	3	5.5	7	15	20	30	40	50
耐火极限(h)	0.5	1.0	1.5	1.0	1.5	2.0	2.5	3.0

对于多高层钢结构的防火涂料，当耐火极限要求在 1.5h 以上时，应选用厚涂型防火涂料中的无机绝热材料，如膨胀蛭石、珍珠岩等，其材料不存在老化问题，涂料的使用寿

命长，耐火性能稳定，并且无异味。薄涂型涂料中的有机树脂，在高温下会产生浓烟和有毒气体，另外涂层易老化，吸受潮后会失去膨胀性，在多高层钢结构中应慎用。

钢结构防火板材有石膏板、水泥蛭石板、岩棉板、硅酸钙板、膨胀珍珠岩板等硬质防火板材。当采用硅酸铝棉毡、岩棉毡、玻璃棉毡等软质防火板材包覆时，应采用薄金属板或其他不燃性板材封闭保护。

3. 防火涂料厚度的确定

防火保护材料选定之后，防火保护层厚度的确定十分重要。对钢结构防火涂料的涂层厚度，可根据建筑构件耐火极限要求，按照表 11-3 选用。当选用其他防火板材保护时，可直接采用实际构件的耐火试验数据计算确定。

4. 防火保护层的构造要求

钢结构防火涂料涂装施工前，应完成除锈和防腐蚀处理，钢材表面除锈和防锈底漆涂装应符合设计要求和《钢结构工程施工质量验收标准》GB 50205—2020 的规定。钢结构防火保护材料应有消防部门认可的国家技术监督检测机构耐火极限和理化性能检测报告，必须有消防监督部门核发的生产许可证和生产厂方的产品合格证。防火涂料中的底层和面层涂料应相互配套，底层涂料不得腐蚀钢材。

（1）钢柱的防火保护措施。钢柱应采用厚涂型钢结构防火涂料保护，涂层厚度应满足构件耐火极限要求。当采用粘结强度小于 0.05MPa 的钢结构防火涂料时，涂层内应设置钢丝网与钢构件相连。喷涂施工时，节点部位宜加厚处理。喷涂遍数、质量控制与验收等，均应符合《钢结构防火涂料》GB 14907—2018 的规定；当采用石膏板、水泥蛭石板、硅酸钙板和岩棉板等硬质防火板材保护时，板材用胶粘剂或紧固铁件与钢柱固定，胶粘剂应在预计的耐火时间内受热而不失去粘结作用。若柱为开口截面（如工字形截面），则在板的接缝部位，在两翼缘间嵌入一块厚板作为横隔板。当包覆层数等于或大于两层时，各层板应分别固定，板缝宜相互错开，接缝的错开距离不宜小于 400mm；当钢柱包覆有密度较小的软质防火材料时，如硅酸铝棉毡、岩棉毡、玻璃棉毡等，应采用钢丝网将棉毡固定于钢柱上，并用金属板或其他装饰性板材包裹起来。

（2）钢梁的防火保护措施。当采用喷涂防火涂料保护时，遇下列情况时应在涂层内设置与钢梁相连的钢丝网：受冲击振动荷载的梁；涂层厚度等于或大于 40mm 的梁；腹板高度超过 1.5m 的梁；粘结强度小于 0.05MPa 的钢结构防火涂料。设置钢丝网时，钢丝网的固定间距以 400mm 为宜，可固定于焊在梁上的抓钉上。钢丝网的接口至少有 400mm 宽的重叠部分，且重叠不得超过三层，并保持钢丝网与构件表面的净距离在 6mm 以上；当用硬质防火板材包覆钢梁时，在固定前先用防火厚板做成龙骨，将其卡在梁翼缘之间，并用耐高温的胶粘剂固定，然后将防火板材用钉子固定其上。图 11-9 为某施工现场工人正在为钢梁和钢柱喷涂防火涂料。

（3）当采用压型钢板与混凝土组合楼板时，应视上部混凝土厚度确定是否需要进行防火保护。若压型钢板仅作为模板使用，下部可不做防火保护。吊顶对梁和楼板的防火起到一定的屏蔽作用，当楼板下的空间用不燃烧板材封闭时，次梁可不再做防火保护。此时，吊顶的接缝应严密，孔洞处应封闭，防止蹿火。

（4）屋盖和中庭采用钢结构承重时，其吊顶、望板、保温材料均应采用不燃烧材料，以减少火灾对屋顶结构安全的威胁。屋盖结构和其他楼盖结构一样，宜采用厚涂型钢结构防火涂料保护。中庭桁架的耐火极限要求较低（但不应低于 0.5h），宜采用薄涂型钢结构防火涂料或设置喷水灭火系统保护。

图 11-9　某施工现场工人正在为钢梁和钢柱喷涂防火涂料

5. 防火涂料涂装质量要求

防火涂料涂装前钢材表面除锈及防锈底漆涂装应符合设计要求和国家现行有关标准的规定。检查数量：按同类构件数抽查 10%，且不应少于 3 件。检验方法：表面除锈用铲刀检查和用现行国家标准《涂覆涂料前钢材表面处理　表面清洁度的目视评定　第 1 部分：未涂覆过的钢材表面和全面清除原有涂层后的钢材表面的锈蚀等级和处理等级》GB/T 8923.1—2011 规定的图片对照观察检查。底漆涂装用干漆膜测厚仪检查，每个构件检测 5 处，每处的数值为 3 个相距 50mm 的测点涂层干漆膜厚度的平均值。

钢结构防火涂料的粘结强度、抗压强度应符合国家现行标准《钢结构防火涂料》GB 14907—2018 的规定。检验方法应符合现行国家标准《建筑构件用防火保护材料通用要求》XF/T 110—2013 的规定。检查数量：每使用 100t 或不足 100t 薄涂型防火涂料应抽检一次粘结强度和抗压强度。厚型防火涂料每使用 500t 或不足 500t，应抽验一次粘结强度和抗压强度。检验方法：检查复检报告。

薄涂型防火涂料的涂层厚度应符合有关耐火极限的设计要求。厚涂型防火涂料涂层的厚度，80% 及以上面积应符合有关耐火极限的设计要求，且最薄处不应低于设计要求的 85%。检查数量：按同类构件数抽查 10%，且应不少于 3 件。检验方法：用涂层厚度测量仪、测针和钢尺检查。测量方法应符合国家现行标准《钢结构防火涂料》GB 14907—2018 的规定。薄涂型防火涂料层表面裂痕宽度不应大于 0.5mm，厚涂型防火涂料涂层表面裂纹宽度不应大于 1mm。检查数量：按同类构件数抽查 10%，且应不少于 3 件。检验方法：观察和用尺量检查。

此外，防火涂料涂装基层不应有油污、灰尘和泥沙等污垢。防火涂料不应有误涂、漏涂、涂层应闭合无脱层、空鼓、明显凹陷、粉化松散和浮浆等外观缺陷，乳突应已剔除。

11.3.3　钢结构的隔热

钢结构通常在 450~650℃ 温度中就会失去承载能力，发生形变从而导致钢柱、钢梁弯曲，一般不加保护的钢结构的耐火极限为 15min 左右。因此处于高温工作环境中的钢结构，应考虑高温作用对结构的影响。

　　钢结构的温度超过 100℃时，设计阶段进行钢结构的承载力和变形验算时，应该考虑长期高温作用对钢材和钢结构连接性能的影响。

　　钢结构的隔热保护措施在相应的工作环境下应具有耐久性，并与钢结构的防腐、防火保护措施相容。高温环境下的钢结构温度超过 100℃时，应根据不同情况采取防护措施：

　　（1）涂耐热涂料，采用耐火钢和采取有效的隔热降温措施；

　　（2）当高温环境下钢结构的承载力不满足要求时，应采取增大构件截面、采用耐火钢和采取有效的隔热降温措施（如加隔热层、热辐射屏蔽或水套等）；

　　（3）当钢结构短时间内可能受到火焰直接作用时，应采用有效的隔热降温措施（如加隔热层、热辐射屏蔽或水套等）；

　　（4）当钢结构可能受到炽热熔化金属的侵害时，应采用砌块或耐热固体材料做成的隔热层加以保护；

　　（5）高强度螺栓连接长期受辐射热（环境温度）达 150℃以上，或短时间受火焰作用时，应采取隔热降温措施予以保护。

本章小结

　　随着建筑钢结构的发展，钢结构的耐久性问题越来越受到国内外工程界的关注和重视。因此，本章除了阐述钢结构的制造工艺外，还对钢结构的防护，包括钢结构的防腐及防火问题进行了介绍。

　　学习本章时，应重点了解钢结构的加工制作工艺和建筑钢结构的各种防腐方法及其防腐机理、防腐特点和适用情况等。

　　理解防火涂料的重要性和国内外钢结构防火涂料的种类以及防火涂料的选用技术和应用过程中可能产生的一些问题。

思考与练习题

11-1　钢结构制作加工时，放样是否完全按照设计图的尺寸进行？

11-2　如何加工焊接边的 V 形坡口？有几种方法？

11-3　钢结构开始安装之前，安装单位应做哪几方面的检查、准备工作？

11-4　钢结构的长效防腐蚀方法有哪几种？各自的优缺点是什么？

11-5　钢结构的防火保护措施主要是什么？在使用中有哪些注意事项？

11-6　请搜集生活中见到的钢结构防护措施，并加以分析解释。

附　　录

附录1　钢材、焊缝和螺栓连接的强度指标及折减系数

钢材的设计用强度指标（N/mm²）

附表 1-1

钢材牌号		厚度或直径(mm)	强度设计值			屈服强度 f_y	抗拉强度 f_u
			抗拉、抗压和抗弯 f	抗剪 f_v	端面承压(刨平顶紧) f_{ce}		
碳素结构钢	Q235	≤16	215	125	320	235	370
		>16，≤40	205	120		225	
		>40，≤100	200	115		215	
低合金高强度结构钢	Q355	≤16	305	175	400	345	470
		>16，≤40	295	170		335	
		>40，≤63	290	165		325	
		>63，≤80	280	160		315	
		>80，≤100	270	155		305	
	Q390	≤16	345	200	415	390	490
		>16，≤40	330	190		370	
		>40，≤63	310	180		350	
		>63，≤100	295	170		330	
	Q420	≤16	375	215	440	420	520
		>16，≤40	355	205		400	
		>40，≤63	320	185		380	
		>63，≤100	305	175		360	
	Q460	≤16	410	235	460	460	550
		>16，≤40	390	225		450	
		>40，≤63	355	205		430	
		>63，≤80	340	195		410	
		>80，≤100	340	195		400	
建筑结构用钢板	Q345GJ	>16，≤50	325	190	415	345	490
		>50，≤50	300	175		335	

注：1. 表中直径指实心棒材直径，厚度系指计算点的钢材或钢管壁厚度，对轴心受拉和轴心受压构件系指截面中较厚板件的厚度；

2. 冷弯型材和冷弯钢管强度设计值应按国家现行有关标准的规定采用；

3. 表中未列钢材的指标见《钢结构设计标准》GB 50017—2017。

焊缝强度指标（N/mm²）　　　　　　　　　　　　　　　　附表 1-2

焊接方法和焊条型号	构件钢材		对接焊缝强度设计值				角焊缝强度设计值	对接焊缝抗拉强度 f_u^w	角焊缝抗拉、抗压和抗剪强度 f_u^f
	牌号	厚度或直径（mm）	抗压 f_c^w	焊缝质量为下列等级时,抗拉 f_t^w		抗剪 f_v^w	抗拉、抗压和抗剪 f_f^w		
				一级、二级	三级				
自动焊、半自动焊和 E43 型焊条手工焊	Q235	≤16	215	215	185	125	160	415	240
		>16，≤40	205	205	175	120			
		>40，≤100	200	200	170	115			
自动焊、半自动焊和 E50、E55 型焊条手工焊	Q355	≤16	305	305	260	175	200	480（E50）540（E55）	280（E50）315（E55）
		>16，≤40	295	295	250	170			
		>40，≤63	290	290	245	165			
		>63，≤80	280	280	240	160			
		>80，≤100	270	270	239	155			
	Q390	≤16	345	345	295	200	200（E50）220（E55）		
		>16，≤40	330	330	280	190			
		>40，≤63	310	310	265	180			
		>63，≤100	295	295	250	170			
自动焊、半自动焊和 E55、E60 型焊条手工焊	Q420	≤16	375	375	320	215	220（E55）240（E60）	540（E55）590（E60）	315（E55）340（E60）
		>16，≤40	355	355	300	205			
		>40，≤63	320	320	270	185			
		>63，≤80	305	305	260	175			
		>80，≤100	300	300	255	175			
自动焊、半自动焊和 E55、E60 型焊条手工焊	Q460	≤16	410	410	350	235	220（E55）240（E60）		
		>16，≤40	390	390	330	225			
		>40，≤63	355	355	300	205			
		>63，≤100	340	340	290	195			
自动焊、半自动焊和 E50、E55 型焊条手工焊	Q345GJ	>16，≤35	310	310	280	265	200	480（E50）540（E55）	280（E50）315（E55）
		>35，≤50	290	290	245	170			
		>50，≤100	285	285	240	165			

注：1. 对接焊缝在受压区的抗弯强度设计值取 f_c^w，在受拉区的抗弯强度设计值取 f_t^w；
　　2. 表中厚度系指计算点的钢材厚度，对轴心受力构件系指截面中较厚板件的厚度；
　　3. 计算下列情况的连接时，上表规定的强度设计值应乘以相应的折减系数；几种情况同时存在时，其折减系数应连乘：
　　　　1）施工条件较差的高空安装焊缝应乘以系数 0.9；
　　　　2）进行无垫板的单面施焊对接焊缝的连接计算和按轴心受力构件计算的单角钢单面连接时应乘折减系数 0.85；
　　4. 表中未列钢材的焊缝指标见《钢结构设计标准》GB 50017—2017。

螺栓连接的强度指标（N/mm²） 附表 1-3

螺栓的性能等级、锚栓和构件钢材的牌号		普通螺栓						锚栓	承压型连接高强度螺栓			高强度螺栓的抗拉强度
		C级螺栓			A级、B级螺栓							
		抗拉 f_t^b	抗剪 f_v^b	承压 f_c^b	抗拉 f_t^b	抗剪 f_v^b	承压 f_c^b	抗拉 f_t^b	抗拉 f_t^b	抗剪 f_v^b	承压 f_c^b	f_u^b
普通螺栓	4.6级、4.8级	170	140	—	—	—	—	—	—	—	—	—
	5.6级	—	—	—	210	190	—	—	—	—	—	—
	8.8级	—	—	—	400	320	—	—	—	—	—	—
锚栓	Q235	—	—	—	—	—	—	140	—	—	—	—
	Q355	—	—	—	—	—	—	180	—	—	—	—
	Q390	—	—	—	—	—	—	185	—	—	—	—
承压型连接高强度螺栓	8.8级	—	—	—	—	—	—	—	400	250	—	830
	10.9级	—	—	—	—	—	—	—	500	310	—	1040
螺栓球节点用高强度螺栓	9.8级	—	—	—	—	—	—	—	385	—	—	—
	10.9级	—	—	—	—	—	—	—	430	—	—	—
构件	Q235	—	—	305	—	—	405	—	—	—	470	—
	Q355	—	—	385	—	—	510	—	—	—	590	—
	Q390	—	—	400	—	—	530	—	—	—	615	—
	Q420	—	—	425	—	—	560	—	—	—	655	—
	Q460	—	—	450	—	—	595	—	—	—	695	—
	Q345GJ	—	—	400	—	—	530	—	—	—	615	—

注：1. A级螺栓用于 $d \leqslant 24$mm 和 $l = 10d$ 或 $l \leqslant 150$mm（按较小值）的螺栓；B级螺栓用于 $d > 24$mm 或 $l > 10d$ 或 $l > 150$mm（按较小值）的螺栓；d 为公称直径，l 为螺栓公称长度；

2. A、B级螺栓孔的精度和孔壁表面粗糙度，C级螺栓孔的允许偏差和孔壁表面粗糙度，均应符合现行国家标准《钢结构工程施工质量验收标准》GB 50205—2020 的要求；

3. 用于螺栓球节点网架的高强度螺栓，M12～M16 为 10.9级，M39～M64 为 9.8级。

结构构件或连接设计强度的折减系数 附表 1-4

项 次	情 况	折减系数

1	单面连接的单角钢
	(1)按轴心受力计算强度和连接
	(2)按轴心受压计算稳定性
	  等边角钢
	  短边相连的不等边角钢
	  长边相连的不等边角钢
		0.85
		
		$0.6 + 0.0015\lambda$，但不大于 1.0
		$0.5 + 0.0025\lambda$，但不大于 1.0
		0.70

2	无垫板的单面施焊对接焊缝	0.85
3	施工条件较差的高空安装焊缝和铆钉连接	0.90
4	沉头和半沉头铆钉连接	0.80

注：1. λ 为长细比，对中间无连系的单角钢压杆，应按最小回转半径计算，当 $\lambda < 20$ 时，取 $\lambda = 20$；

2. 当几种情况同时存在时，其折减系数应连乘。

附录 2 结构和构件的变形容许值

2.1 受弯构件的挠度容许值

2.1.1 吊车梁、楼盖梁、屋盖梁、工作平台梁以及墙架构件的挠度不宜超过附表 2-1 所列的容许值。

受弯构件的挠度容许值 　　　　　　　　　　　　　附表 2-1

项次	构件类型	挠度容许值	
		$[v_T]$	$[v_Q]$
1	吊车梁和吊车桁架(按自重和起重量最大的一台吊车计算挠度)： (1)手动起重机和单梁起重机(含悬挂起重机) (2)轻级工作制桥式起重机 (3)中级工作制桥式起重机 (4)重级工作制桥式起重机	$l/500$ $l/750$ $l/900$ $l/1000$	
2	手动或电动葫芦的轨道梁	$l/400$	
3	有重轨(重量等于或大于 38kg/m)轨道的工作平台梁 有轻轨(重量等于或小于 24kg/m)轨道的工作平台梁	$l/600$ $l/400$	
4	楼(屋)盖梁或桁架、工作平台梁(第 3 项除外)和平台板： (1)主梁或桁架(包括设有悬挂起重设备的梁和桁架) (2)仅支承压型金属板屋面和冷弯型钢檩条 (3)除支承压型金属板屋面和冷弯型钢檩条外，尚有吊顶 (4)抹灰顶棚的次梁 (5)除第(1)至第(4)款外的其他梁(包括楼梯梁) (6)屋盖檩条 支承压型金属板屋面者 支承其他屋面材料者 有吊顶 (7)平台板	$l/400$ $l/180$ $l/240$ $l/250$ $l/250$ $l/150$ $l/200$ $l/240$ $l/150$	$l/500$ $l/350$ $l/300$
5	墙架构件(风荷载不考虑阵风系数)： (1)支柱(水平方向) (2)抗风桁架(作为连续支柱的支承时，水平位移) (3)砌体墙的横梁(水平方向) (4)支承压型金属板的横梁(水平方向) (5)支承其他墙面材料的横梁(水平方向) (6)带有玻璃窗的横梁(竖直和水平方向)	 $l/200$	$l/400$ $l/1000$ $l/300$ $l/100$ $l/200$ $l/200$

注：1. l 为受弯构件的跨度（对悬臂梁或伸臂梁为悬伸长度的 2 倍）；
　　2. $[v_T]$ 为永久和可变荷载标准值产生的挠度（如有起拱应减去拱度）的容许值；$[v_Q]$ 为可变荷载标准值产生的挠度的容许值；
　　3. 当吊车梁或吊车桁架跨度大于 12m 时，其挠度容许值 $[v_T]$ 应乘以 0.9 的系数；
　　4. 当墙面采用延性材料或与结构采用柔性连接时，墙架构件的支柱水平位移容许值可采用 $l/300$，抗风桁架（作为连续支柱的支承时）水平位移容许值可采用 $l/800$。

2.1.2 冶金工厂或类似车间中设有工作级别为 A7、A8 级起重机的车间，其跨间每侧吊车梁或吊车桁架的制动结构，由一台最大吊车横向水平荷载（按荷载规范取值）所产生的挠度不宜超过制动结构跨度的 1/2200。

2.2　结构的位移容许值

2.2.1　单层钢结构水平位移限值宜符合下列规定：

1）在风荷载标准值作用下，单层钢结构柱顶水平位移宜符合下列规定：

（1）单层钢结构柱顶水平位移不宜超过附表 2-2 的数值；

（2）无桥式起重机时，当围护结构采用砌体墙时，柱顶水平位移不应大于 $H/240$，当围护结构采用轻型钢墙板且房屋高度不超过 18m 时，柱顶水平位移可放宽至 $H/60$；

（3）有桥式起重机时，当房屋高度不超过 18m，采用轻型屋盖，吊车起重量不大于 20t 工作级别为 A1～A5 且吊车由地面控制时，柱顶水平位移可放宽至 $H/180$。

风荷载作用下单层钢结构柱顶水平位移容许值　　　　　　　附表 2-2

结构体系	吊车情况	柱顶水平位移
排架、框架	无桥式起重机	$H_c/150$
	有桥式起重机	$H_c/400$

注：H 为柱高度，当围护结构采用轻型钢墙板时，柱顶水平位移要求可适当放宽。

2）在冶金工厂或类似车间中设有 A7、A8 级吊车的厂房柱和设有中级和重级工作制吊车的露天桥架柱，在吊车梁或吊车桁架的顶面标高处，由一台最大吊车水平荷载（按荷载规范取值）所产生的计算变形值，不宜超过附表 2-3 所列的容许值。

柱顶水平位移（计算值）的容许值　　　　　　　附表 2-3

项次	位移的种类	按平面结构图形计算	按空间结构图形计算
1	厂房柱的横向位移	$H_c/1250$	$H_c/2000$
2	露天栈桥柱的横向位移	$H_c/2500$	—
3	厂房和露天栈桥柱的纵向位移	$H_c/4000$	—

注：1. H_c 为基础顶面至吊车梁或吊车桁架顶面的高度；
　　2. 计算厂房或露天栈桥柱的纵向位移时，可假设吊车的纵向水平制动力分配在温度区段内所有柱间支撑或纵向框架上；
　　3. 在设有 A8 级吊车的厂房中，厂房柱的水平位移宜减小 10%；
　　4. 设有 A6 级吊车的厂房柱纵向位移宜符合表中的要求。

2.2.2　多层钢结构层间位移角限值宜符合下列规定：

（1）在风荷载标准值作用下，有桥式起重机时，多层钢结构的弹性层间位移角不宜超过 1/400。

（2）在风荷载标准值作用下，无桥式起重机时，多层钢结构的弹性层间位移角不宜超过附表 2-4 的数值。

层间位移角容许值　　　　　　　附表 2-4

结构体系			层间位移角
框架、框架-支撑			1/250
框-排架	侧向框-排架		1/250
	竖向框-排架	排架	1/150
		框架	1/250

注：1. 对室内装修要求较高的民用建筑多层框架结构，层间相对位移宜适当减小；无墙壁的多层框架结构，层间相对位移可适当放宽；
　　2. 对轻型框架结构的柱顶水平位移和层间位移均可适当放宽。

附录 3　梁的整体稳定系数

3.1　等截面焊接工字形和轧制 H 型钢简支梁

等截面焊接工字形和轧制 H 型钢（附图 3-1）简支梁的整体稳定系数 φ_b 应按下式计算：

$$\varphi_b = \beta_b \frac{4320}{\lambda_y^2} \cdot \frac{Ah}{W_x} \left[\sqrt{1 + \left(\frac{\lambda_y t_1}{4.4h} \right)^2} + \eta_b \right] \varepsilon_k^2 \qquad (\text{附 }3\text{-}1)$$

式中　β_b——梁整体稳定的等效临界弯矩系数，按附表 3-1 采用；

λ_y——梁在侧向支承点间对截面弱轴 $y\text{-}y$ 的长细比，$\lambda_y = l_1/i_y$，l_1 为受压翼缘相邻两侧向支承点之间的距离，i_y 为梁毛截面对 y 轴的截面回转半径；

A——梁的毛截面面积；

h、t_1——梁截面的全高和受压翼缘的厚度；

η_b——截面不对称影响系数；对双轴对称截面，$\eta_b = 0$；对单轴对称工字形截面，加强受压翼缘，$\eta_b = 0.8(2\alpha_b - 1)$，加强受拉翼缘，$\eta_b = 2\alpha_b - 1$；$\alpha_b = \dfrac{I_1}{I_1 + I_2}$，式中 I_1 和 I_2 分别为受压翼缘和受拉翼缘对 y 轴的惯性矩。

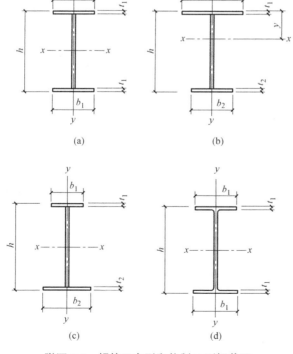

附图 3-1　焊接工字形和轧制 H 型钢截面

（a）双轴对称焊接工字形截面；（b）加强受压翼缘的单轴对称焊接工字形截面；

（c）加强受拉翼缘的单轴对称焊接工字形截面；（d）轧制 H 型钢截面

当按公式（附 3-1）算得的 φ_b 值大于 0.6 时，应用下式计算的 φ_b' 代替 φ_b 值：

$$\varphi_b' = 1.07 - \frac{0.282}{\varphi_b} \leqslant 1.0 \qquad\qquad (\text{附 } 3\text{-}2)$$

注：公式（附 3-1）亦适用于等截面铆接（或高强度螺栓连接）简支梁，其受压翼缘厚度 t_1 包括翼缘角钢厚度在内。

H 型钢和等截面工字形简支梁的系数 β_b　　　　　　附表 3-1

项次	侧向支承	荷载		$\xi \leqslant 2.0$	$\xi > 2.0$	适用范围
1	跨中无侧向支承	均布荷载作用在	上翼缘	$0.69 + 0.13\xi$	0.95	附图 3-1(a)、(b) 和 (d) 的截面
2			下翼缘	$1.73 - 0.20\xi$	1.33	
3		集中荷载作用在	上翼缘	$0.73 + 0.18\xi$	1.09	
4			下翼缘	$2.23 - 0.28\xi$	1.67	
5	跨度中点有一个侧向支承点	均布荷载作用在	上翼缘	1.15		图 3-1 中的所有截面
6			下翼缘	1.40		
7		集中荷载作用在截面高度上任意位置		1.75		
8	跨中有不少于两个等距离侧向支承点	任意荷载作用在	上翼缘	1.20		
9			下翼缘	1.40		
10	梁端有弯矩，但跨中无荷载作用			$1.75 - 1.05\left(\dfrac{M_2}{M_1}\right) + 0.3\left(\dfrac{M_2}{M_1}\right)^2$，但 $\leqslant 2.3$		

注：1. ξ 为参数，$\xi = \dfrac{l_1 t_1}{b_1 h}$，其中 b_1 为受压翼缘的宽度。

2. M_1、M_2 为梁的端弯矩，使梁产生同向曲率时 M_1 和 M_2 取同号，产生反向曲率时取异号，$|M_1| \geqslant |M_2|$。

3. 表中项次 3、4 和 7 的集中荷载是指一个或少数几个集中荷载位于跨中央附近的情况，对其他情况的集中荷载，应按表中项次 1、2、5、6 内的数值采用。

4. 表中项次 8、9 的 β_b，当集中荷载作用在侧向支承点处时，取 $\beta_b = 1.20$。

5. 荷载作用在上翼缘系指荷载作用点在翼缘表面，方向指向截面形心；荷载作用在下翼缘系指荷载作用点在翼缘表面，方向背向截面形心。

6. 对 $\alpha_b > 0.8$ 的加强受压翼缘工字形截面，下列情况的 β_b 值应乘以相应的系数：
　　项次 1：当 $\xi \leqslant 1.0$ 时，乘以 0.95；
　　项次 3：当 $\xi \leqslant 0.5$ 时，乘以 0.90；当 $0.5 < \xi \leqslant 1.0$ 时，乘以 0.95。

3.2　轧制普通工字钢简支梁

扎制普通工字钢简支梁的整体稳定系数 φ_b 应按附表 3-2 采用，当所得的 φ_b 值大于 0.6 时，应按公式（附 3-2）算得相应的 φ_b' 代替 φ_b 值。

轧制普通工字钢简支梁的 φ_b　　　　　　　　　附表 3-2

项次	荷载情况		工字钢型号	自由长度 l_1(m)								
				2	3	4	5	6	7	8	9	10
1	跨中无侧向支承点的梁	集中荷载作用于 上翼缘	10～20	2.00	1.30	0.99	0.80	0.68	0.58	0.53	0.48	0.43
			22～32	2.40	1.48	1.09	0.86	0.72	0.62	0.54	0.49	0.45
			36～63	2.80	1.60	1.07	0.83	0.68	0.56	0.50	0.45	0.40
2		集中荷载作用于 下翼缘	10～20	3.10	1.95	1.34	1.01	0.82	0.69	0.63	0.57	0.52
			22～40	5.50	2.80	1.84	1.37	1.07	0.86	0.73	0.64	0.56
			45～63	7.30	3.60	2.30	1.62	1.20	0.96	0.80	0.69	0.60
3		均布荷载作用于 上翼缘	10～20	1.70	1.12	0.84	0.68	0.57	0.50	0.45	0.41	0.37
			22～40	2.10	1.30	0.93	0.73	0.60	0.51	0.45	0.40	0.36
			45～63	2.60	1.45	0.97	0.73	0.59	0.50	0.44	0.38	0.35
4		均布荷载作用于 下翼缘	10～20	2.50	1.55	1.08	0.83	0.68	0.56	0.52	0.47	0.42
			22～40	4.00	2.20	1.45	1.10	0.85	0.70	0.60	0.52	0.46
			45～63	5.60	2.80	1.80	1.25	0.95	0.78	0.65	0.55	0.49
5	跨中有侧向支承点的梁(不论荷载作用点在截面高度上的位置)		10～20	2.20	1.39	1.01	0.79	0.66	0.57	0.52	0.47	0.42
			22～40	3.00	1.80	1.24	0.96	0.76	0.65	0.56	0.49	0.43
			45～63	4.00	2.20	1.38	1.01	0.80	0.66	0.56	0.49	0.43

注：1. 同附表 3-1 的注 3、注 5。

　　2. 表中的 φ_b 适用于 Q235 钢；对其他钢号，表中数值应乘以 ε_k^2。

3.3　轧制槽钢简支梁

轧制槽钢简支梁的整体稳定系数，不论荷载的形式和荷载作用点在截面高度上的位置，均可按下式计算：

$$\varphi_b = \frac{570bt}{l_1 h} \cdot \varepsilon_k^2 \qquad\qquad （附 3-3）$$

式中　h、b、t——分别为槽钢截面的高度、翼缘宽度和平均厚度。

按公式（附 3-3）的 φ_b 大于 0.6 时，应按公式（附 3-2）算得相应的 φ'_b 代替 φ_b 值。

3.4　双轴对称工字形等截面（含 H 型钢）悬臂梁

双轴对称工字形等截面（含 H 型钢）悬臂梁的整体稳定系数，可按公式（附 3-1）计算，但式中系数 β_b 应按附表 3-3 查得，$\lambda_y = l_1/i_y$（l_1 为悬臂梁的悬伸长度）。当求得的 φ_b 大于 0.6 时，应按公式（附 3-2）算得相应的 φ'_b 代替 φ_b 值。

双轴对称工字形等截面（含 H 型钢）悬臂梁的系数 β_b 附表 3-3

项次	荷载形式		$0.60 \leqslant \xi \leqslant 1.24$	$1.24 < \xi \leqslant 1.96$	$1.96 < \xi \leqslant 3.10$
1	自由端一个集中荷载作用在	上翼缘	$0.21 + 0.67\xi$	$0.72 + 0.26\xi$	$1.17 + 0.03\xi$
2		下翼缘	$2.94 - 0.65\xi3$	$2.64 - 0.40\xi$	$2.15 - 0.15\xi$
3	均布荷载作用在上翼缘		$0.62 + 0.82\xi$	$1.25 + 0.31\xi$	$1.66 + 0.10\xi$

注：1. 本表是按支承端为固定的情况确定的，当用于由邻跨延伸出来的伸臂梁时，在构造上采取措施加强支承处的抗扭能力。

2. 表中 ξ 见附表 3-1 注 1。

3.5　受弯构件整体稳定系数的近似计算

均匀弯曲的受弯构件，当 $\lambda_y \leqslant 120\varepsilon_k$ 时，其整体稳定系数 φ_b 可按下列近似公式计算：

1）工字形截面（含 H 型钢）

双轴对称时：

$$\varphi_b = 1.07 - \frac{\lambda_y^2}{44000\varepsilon_k^2} \qquad (\text{附 } 3\text{-}4)$$

单轴对称时：

$$\varphi_b = 1.07 - \frac{W_x}{(2\alpha_b + 0.1)Ah} \cdot \frac{\lambda_y^2}{14000\varepsilon_k^2} \qquad (\text{附 } 3\text{-}5)$$

2）T 形截面（弯矩作用在对称轴平面，绕 x 轴）

（1）弯矩使翼缘受压

双角钢 T 形截面：

$$\varphi_b = 1 - 0.0017\lambda_y/\varepsilon_k \qquad (\text{附 } 3\text{-}6)$$

部分 T 型钢和两板组合 T 形截面：

$$\varphi_b = 1 - 0.0022\lambda_y/\varepsilon_k \qquad (\text{附 } 3\text{-}7)$$

（2）弯矩使翼缘受拉且腹板宽厚比不大于 $18\varepsilon_k$

$$\varphi_b = 1 - 0.0005\lambda_y/\varepsilon_k \qquad (\text{附 } 3\text{-}8)$$

按公式（附 3-4）和公式（附 3-8）算得的 φ_b 值大于 0.6 时，不需按公式（附 3-2）换算成 φ_b' 值；当按公式（附 3-4）和公式（附 3-5）算得的 φ_b 值大于 1.0 时，取 $\varphi_b = 1.0$。

附录 4　轴心受压构件的稳定系数

a 类截面轴心受压构件的稳定系数 φ　　　　　附表 4-1

λ/ε_k	0	1	2	3	4	5	6	7	8	9
0	1.000	1.000	1.000	1.000	0.999	0.999	0.998	0.998	0.997	0.996
10	0.995	0.994	0.993	0.992	0.991	0.989	0.988	0.986	0.985	0.983
20	0.981	0.979	0.977	0.976	0.974	0.972	0.970	0.968	0.966	0.964
30	0.963	0.961	0.959	0.957	0.955	0.952	0.950	0.948	0.946	0.944
40	0.941	0.939	0.937	0.934	0.932	0.929	0.927	0.924	0.921	0.919
50	0.916	0.913	0.910	0.907	0.904	0.900	0.897	0.894	0.890	0.886
60	0.883	0.879	0.875	0.871	0.867	0.863	0.858	0.854	0.849	0.844
70	0.839	0.834	0.829	0.824	0.818	0.813	0.807	0.801	0.795	0.789
80	0.783	0.776	0.770	0.763	0.757	0.750	0.743	0.736	0.728	0.721
90	0.714	0.706	0.699	0.691	0.684	0.676	0.668	0.661	0.653	0.645
100	0.638	0.630	0.622	0.615	0.607	0.600	0.592	0.585	0.577	0.570
110	0.563	0.555	0.548	0.541	0.534	0.527	0.520	0.514	0.507	0.500
120	0.494	0.488	0.481	0.475	0.469	0.463	0.457	0.451	0.445	0.440
130	0.434	0.429	0.423	0.418	0.412	0.407	0.402	0.397	0.392	0.387
140	0.383	0.378	0.373	0.369	0.364	0.360	0.356	0.351	0.347	0.343
150	0.339	0.335	0.331	0.327	0.323	0.320	0.316	0.312	0.309	0.305
160	0.302	0.298	0.295	0.292	0.289	0.285	0.282	0.279	0.276	0.273
170	0.270	0.267	0.264	0.262	0.259	0.256	0.253	0.251	0.248	0.246
180	0.243	0.241	0.238	0.236	0.233	0.231	0.229	0.226	0.224	0.222
190	0.220	0.218	0.215	0.213	0.211	0.209	0.207	0.205	0.203	0.201
200	0.199	0.198	0.196	0.194	0.192	0.190	0.189	0.187	0.185	0.183
210	0.182	0.180	0.179	0.177	0.175	0.174	0.172	0.171	0.169	0.168
220	0.166	0.165	0.164	0.162	0.161	0.159	0.158	0.157	0.155	0.154
230	0.153	0.152	0.150	0.149	0.148	0.147	0.146	0.144	0.143	0.142
240	0.141	0.140	0.139	0.138	0.136	0.135	0.134	0.133	0.132	0.131

b 类截面轴心受压构件的稳定系数 φ　　　　　附表 4-2

λ/ε_k	0	1	2	3	4	5	6	7	8	9
0	1.000	1.000	1.000	0.999	0.999	0.998	0.997	0.996	0.995	0.994
10	0.992	0.991	0.989	0.987	0.985	0.983	0.981	0.978	0.976	0.973
20	0.970	0.967	0.963	0.960	0.957	0.953	0.950	0.946	0.943	0.939
30	0.936	0.932	0.929	0.925	0.922	0.918	0.914	0.910	0.906	0.903
40	0.899	0.895	0.891	0.887	0.882	0.878	0.874	0.870	0.865	0.861
50	0.856	0.852	0.847	0.842	0.838	0.833	0.828	0.823	0.818	0.813

续表

λ/ε_k	0	1	2	3	4	5	6	7	8	9
60	0.807	0.802	0.797	0.791	0.786	0.780	0.774	0.769	0.763	0.757
70	0.751	0.745	0.739	0.732	0.726	0.720	0.714	0.707	0.701	0.694
80	0.688	0.681	0.675	0.668	0.661	0.655	0.648	0.641	0.635	0.628
90	0.621	0.614	0.608	0.601	0.594	0.588	0.581	0.575	0.568	0.561
100	0.555	0.549	0.542	0.536	0.529	0.523	0.517	0.511	0.505	0.499
110	0.493	0.487	0.481	0.475	0.470	0.464	0.458	0.453	0.447	0.442
120	0.437	0.432	0.426	0.421	0.416	0.411	0.406	0.402	0.397	0.392
130	0.387	0.383	0.378	0.374	0.370	0.365	0.361	0.357	0.353	0.349
140	0.345	0.341	0.337	0.333	0.329	0.326	0.322	0.318	0.315	0.311
150	0.308	0.304	0.301	0.298	0.295	0.291	0.288	0.285	0.282	0.279
160	0.276	0.273	0.270	0.267	0.265	0.262	0.259	0.256	0.254	0.251
170	0.249	0.246	0.244	0.241	0.239	0.236	0.234	0.232	0.229	0.227
180	0.225	0.223	0.220	0.218	0.216	0.214	0.212	0.210	0.208	0.206
190	0.204	0.202	0.200	0.198	0.197	0.195	0.193	0.191	0.190	0.188
200	0.186	0.184	0.183	0.181	0.180	0.178	0.176	0.175	0.173	0.172
210	0.170	0.169	0.167	0.166	0.165	0.163	0.162	0.160	0.159	0.158
220	0.156	0.155	0.154	0.153	0.151	0.150	0.149	0.148	0.146	0.145
230	0.144	0.143	0.142	0.141	0.140	0.138	0.137	0.136	0.135	0.134
240	0.133	0.132	0.131	0.130	0.129	0.128	0.127	0.126	0.125	0.124
250	0.123	—	—	—	—	—	—	—	—	—

c 类截面轴心受压构件的稳定系数 φ　　　　　　附表 4-3

λ/ε_k	0	1	2	3	4	5	6	7	8	9
0	1.000	1.000	1.000	0.999	0.999	0.998	0.997	0.996	0.995	0.993
10	0.992	0.990	0.988	0.986	0.983	0.981	0.978	0.976	0.973	0.970
20	0.966	0.959	0.953	0.947	0.940	0.934	0.928	0.921	0.915	0.909
30	0.902	0.896	0.890	0.884	0.877	0.871	0.865	0.858	0.852	0.845
40	0.839	0.833	0.826	0.820	0.814	0.807	0.801	0.794	0.787	0.781
50	0.774	0.768	0.761	0.755	0.748	0.742	0.735	0.729	0.722	0.715
60	0.709	0.702	0.695	0.689	0.682	0.676	0.669	0.662	0.656	0.649
70	0.642	0.636	0.629	0.623	0.616	0.610	0.604	0.597	0.591	0.584
80	0.578	0.572	0.566	0.559	0.553	0.547	0.541	0.535	0.529	0.523
90	0.517	0.511	0.505	0.500	0.494	0.488	0.483	0.477	0.471	0.467
100	0.463	0.458	0.454	0.449	0.445	0.441	0.436	0.432	0.427	0.423

续表

λ/ε_k	0	1	2	3	4	5	6	7	8	9
110	0.419	0.415	0.411	0.407	0.403	0.399	0.395	0.390	0.387	0.383
120	0.379	0.375	0.371	0.367	0.364	0.360	0.356	0.352	0.349	0.345
130	0.342	0.339	0.335	0.332	0.328	0.325	0.322	0.319	0.315	0.312
140	0.309	0.306	0.303	0.300	0.297	0.294	0.291	0.288	0.285	0.282
150	0.279	0.277	0.274	0.271	0.269	0.266	0.264	0.261	0.258	0.256
160	0.253	0.251	0.249	0.246	0.244	0.242	0.239	0.237	0.235	0.233
170	0.230	0.228	0.226	0.224	0.222	0.220	0.218	0.216	0.214	0.212
180	0.210	0.208	0.206	0.205	0.203	0.201	0.199	0.197	0.196	0.194
190	0.192	0.190	0.189	0.187	0.186	0.184	0.182	0.181	0.179	0.178
200	0.176	0.175	0.173	0.172	0.170	0.169	0.167	0.166	0.165	0.163
210	0.162	0.161	0.159	0.158	0.157	0.156	0.154	0.153	0.152	0.151
220	0.150	0.148	0.147	0.146	0.145	0.144	0.143	0.141	0.140	0.130
230	0.138	0.137	0.136	0.135	0.134	0.133	0.132	0.131	0.130	0.129
240	0.128	0.127	0.126	0.125	0.124	0.124	0.123	0.122	0.121	0.120
250	0.119	—	—	—	—	—	—	—	—	—

d 类截面轴心受压构件的稳定系数 φ　　　　附表 4-4

λ/ε_k	0	1	2	3	4	5	6	7	8	9
0	1.000	1.000	0.999	0.999	0.998	0.996	0.994	0.992	0.990	0.987
10	0.984	0.981	0.978	0.974	0.969	0.965	0.960	0.955	0.949	0.944
20	0.937	0.927	0.918	0.909	0.900	0.891	0.883	0.874	0.865	0.857
30	0.848	0.840	0.831	0.823	0.815	0.807	0.799	0.790	0.782	0.774
40	0.766	0.759	0.751	0.743	0.735	0.728	0.720	0.712	0.705	0.697
50	0.690	0.683	0.675	0.668	0.661	0.654	0.646	0.639	0.632	0.625
60	0.618	0.612	0.605	0.598	0.591	0.585	0.578	0.572	0.565	0.559
70	0.552	0.546	0.540	0.534	0.528	0.522	0.516	0.510	0.504	0.498
80	0.493	0.487	0.481	0.476	0.470	0.465	0.460	0.454	0.449	0.444
90	0.439	0.434	0.429	0.424	0.419	0.414	0.410	0.405	0.401	0.397
100	0.394	0.390	0.387	0.383	0.380	0.376	0.373	0.370	0.366	0.363
110	0.359	0.356	0.353	0.350	0.346	0.343	0.340	0.337	0.334	0.331
120	0.328	0.325	0.322	0.319	0.316	0.313	0.310	0.307	0.304	0.301
130	0.299	0.296	0.293	0.290	0.288	0.285	0.282	0.280	0.277	0.275
140	0.272	0.270	0.267	0.265	0.262	0.260	0.257	0.255	0.253	0.251
150	0.248	0.246	0.244	0.242	0.240	0.237	0.235	0.233	0.231	0.229
160	0.227	0.225	0.223	0.221	0.219	0.217	0.215	0.213	0.212	0.210
170	0.208	0.206	0.204	0.203	0.201	0.199	0.197	0.196	0.194	0.192
180	0.191	0.189	0.188	0.186	0.184	0.183	0.181	0.180	0.178	0.177
190	0.176	0.174	0.173	0.171	0.170	0.168	0.167	0.166	0.164	0.163
200	0.162	—	—	—	—	—	—	—	—	—

附录 5　各种截面回转半径的近似值

$i_x=0.30h$ $i_y=0.30b$ $i_z=0.195h$	$i_x=0.40h$ $i_y=0.21b$	$i_x=0.38h$ $i_y=0.60b$	$i_x=0.41h$ $i_y=0.22b$
$i_x=0.32h$ $i_y=0.28b$ $i_z=0.18\dfrac{h+b}{2}$	$i_x=0.45h$ $i_y=0.235b$	$i_x=0.38h$ $i_y=0.44b$	$i_x=0.32h$ $i_y=0.49b$
$i_x=0.30h$ $i_y=0.215b$	$i_x=0.44h$ $i_y=0.28b$	$i_x=0.32h$ $i_y=0.58b$	$i_x=0.29h$ $i_y=0.50b$
$i_x=0.32h$ $i_y=0.20b$	$i_x=0.43h$ $i_y=0.43b$	$i_x=0.32h$ $i_y=0.40b$	$i_x=0.29h$ $i_y=0.45b$
$i_x=0.28h$ $i_y=0.24b$	$i_x=0.39h$ $i_y=0.20b$	$i_x=0.32h$ $i_y=0.12b$	$i_x=0.29h$ $i_y=0.29b$
$i_x=0.30h$ $i_y=0.17b$	$i_x=0.42h$ $i_y=0.22b$	$i_x=0.44h$ $i_y=0.32b$	$i_x=0.40h$ $i_y=0.40b$
$i_x=0.28h$ $i_y=0.21b$	$i_x=0.43h$ $i_y=0.24b$	$i_x=0.44h$ $i_y=0.38b$	$i=0.25d$
$i_x=0.21h$ $i_y=0.21b$ $i_z=0.185h$	$i_x=0.365h$ $i_y=0.275b$	$i_x=0.37h$ $i_y=0.54b$	$i_x=0.35d$
$i_x=0.21h$ $i_y=0.21b$	$i_x=0.35h$ $i_y=0.56b$	$i_x=0.37h$ $i_y=0.54b$	$i_x=0.39h$ $i_y=0.53b$
$i_x=0.45h$ $i_y=0.24b$	$i_x=0.39h$ $i_y=0.29b$	$i_x=0.40h$ $i_y=0.24b$	$i_x=0.40h$ $i_y=0.50b$

附录6　柱的计算长度系数

无侧移框架柱的计算长度系数 μ　　　　　　　　　　　附表6-1

K_2＼K_1	0	0.05	0.1	0.2	0.3	0.4	0.5	1	2	3	4	5	≥10
0	1.000	0.990	0.981	0.964	0.949	0.935	0.922	0.875	0.820	0.791	0.773	0.760	0.732
0.05	0.990	0.981	0.971	0.955	0.940	0.926	0.914	0.867	0.814	0.784	0.766	0.754	0.726
0.1	0.981	0.971	0.962	0.946	0.931	0.918	0.906	0.860	0.807	0.778	0.760	0.748	0.721
0.2	0.964	0.955	0.946	0.930	0.916	0.903	0.891	0.846	0.795	0.767	0.749	0.737	0.711
0.3	0.949	0.940	0.931	0.916	0.902	0.889	0.878	0.834	0.784	0.756	0.739	0.728	0.701
0.4	0.935	0.926	0.918	0.903	0.889	0.877	0.866	0.823	0.774	0.747	0.730	0.719	0.693
0.5	0.922	0.914	0.906	0.891	0.878	0.866	0.855	0.813	0.765	0.738	0.721	0.710	0.685
1	0.875	0.867	0.860	0.846	0.834	0.823	0.813	0.774	0.729	0.704	0.688	0.677	0.654
2	0.820	0.814	0.807	0.795	0.784	0.774	0.765	0.729	0.686	0.663	0.648	0.638	0.615
3	0.791	0.784	0.778	0.767	0.756	0.747	0.738	0.704	0.663	0.640	0.625	0.616	0.593
4	0.773	0.766	0.760	0.749	0.739	0.730	0.721	0.688	0.648	0.625	0.611	0.601	0.580
5	0.760	0.754	0.748	0.737	0.728	0.719	0.710	0.677	0.638	0.616	0.601	0.592	0.570
≥10	0.732	0.726	0.721	0.711	0.701	0.693	0.685	0.654	0.615	0.593	0.580	0.570	0.549

注：1. 表中的计算长度系数 μ 值系按下式算得：

$$\left[\left(\frac{\pi}{\mu}\right)^2+2(K_1+K_2)-4K_1K_2\right]\frac{\pi}{\mu}\cdot\sin\frac{\pi}{\mu}-2\left[(K_1+K_2)\left(\frac{\pi}{\mu}\right)^2+4K_1K_2\right]\cos\frac{\pi}{\mu}+8K_1K_2=0$$

式中，K_1、K_2 分别为相交于柱上端、柱下端的横梁线刚度之和与柱线刚度之和的比值。当梁远端为铰接时，应将横梁线刚度乘以1.5；当横梁远端为嵌固时，则将横梁线刚度乘以2。

2. 当横梁与柱铰接时，取横梁线刚度为零。

3. 底层框架柱：当柱与基础铰接时，取 $K_2=0$；当柱与基础刚接时，取 $K_2=10$，对平板支座可取 $K_2=0.1$。

4. 当与柱刚性连接的横梁所受轴心压力 N_b 较大时，横梁线刚度应乘以折减系数 α_N：

横梁远端与柱刚接和横梁远端铰支时：$\alpha_N=1-N_b/N_{Eb}$；

横梁远端嵌固时：$\alpha_N=1-N_b/(2N_{Eb})$；

式中，$N_{Eb}=\pi^2EI_b/l^2$，I_b 为横梁截面惯性矩，l 为横梁长度。

有侧移框架柱的计算长度系数 μ　　　　　　　　　　　附表6-2

K_2＼K_1	0	0.05	0.1	0.2	0.3	0.4	0.5	1	2	3	4	5	≥10
0	∞	6.02	4.46	3.42	3.01	2.78	2.64	2.33	2.17	2.11	2.08	2.07	2.03
0.05	6.02	4.16	3.47	2.86	2.58	2.42	2.31	2.07	1.94	1.90	1.87	1.86	1.83
0.1	4.46	3.47	3.01	2.56	2.33	2.20	2.11	1.90	1.79	1.75	1.73	1.72	1.70
0.2	3.42	2.86	2.56	2.23	2.05	1.94	1.87	1.70	1.60	1.57	1.55	1.54	1.52
0.3	3.01	2.58	2.33	2.05	1.90	1.80	1.74	1.58	1.49	1.46	1.45	1.44	1.42
0.4	2.78	2.42	2.20	1.94	1.80	1.71	1.65	1.50	1.42	1.39	1.37	1.37	1.35
0.5	2.64	2.31	2.11	1.87	1.74	1.65	1.59	1.45	1.37	1.34	1.32	1.32	1.30
1	2.33	2.07	1.90	1.70	1.58	1.50	1.45	1.32	1.24	1.21	1.20	1.19	1.17
2	2.17	1.94	1.79	1.60	1.49	1.42	1.37	1.24	1.16	1.14	1.12	1.12	1.10
3	2.11	1.90	1.75	1.57	1.46	1.39	1.34	1.21	1.14	1.11	1.10	1.09	1.07
4	2.08	1.87	1.73	1.55	1.45	1.37	1.32	1.20	1.12	1.10	1.08	1.08	1.06
5	2.07	1.86	1.72	1.54	1.44	1.37	1.32	1.19	1.12	1.09	1.08	1.07	1.05
≥10	2.03	1.83	1.70	1.52	1.42	1.35	1.30	1.17	1.10	1.07	1.06	1.05	1.03

注：1. 表中的计算长度系数 μ 值系按下式算得：

$$\left[36K_1K_2-\left(\frac{\pi}{\mu}\right)^2\right]\sin\frac{\pi}{\mu}+6(K_1+K_2)\frac{\pi}{\mu}\cdot\cos\frac{\pi}{\mu}=0$$

式中，K_1、K_2 分别为相交于柱上端、柱下端的横梁线刚度之和与柱线刚度之和的比值。当梁远端为铰接时，应将横梁线刚度乘以0.5；当横梁远端为嵌固时，则应乘以2/3。

2. 当横梁与柱铰接时，取横梁线刚度为零。

3. 对底层框架柱：当柱与基础铰接时，取 $K_2=0$；当柱与基础刚接时，取 $K_2=10$，平板支座可取 $K_2=0.1$。

4. 当与柱刚性连接的横梁所受轴心压力 N_b 较大时，横梁线刚度应乘以折减系数 α_N：

横梁远端与柱刚接时：$\alpha_N=1-N_b/(4N_{Eb})$；

横梁远端铰支时：$\alpha_N=1-N_b/N_{Eb}$；

横梁远端嵌固时：$\alpha_N=1-N_b/(2N_{Eb})$。

柱上端为自由的单阶柱下段的计算长度系数 μ_2

附表 6-3

η_1 \ K_1	0.06	0.08	0.10	0.12	0.14	0.16	0.18	0.20	0.22	0.24	0.26	0.28	0.3	0.4	0.5	0.6	0.7	0.8
0.2	2.00	2.01	2.01	2.01	2.01	2.01	2.01	2.02	2.02	2.02	2.02	2.02	2.02	2.03	2.04	2.05	2.06	2.07
0.3	2.01	2.02	2.02	2.02	2.03	2.03	2.03	2.04	2.04	2.05	2.05	2.05	2.06	2.08	2.10	2.12	2.13	2.15
0.4	2.02	2.03	2.04	2.04	2.05	2.06	2.07	2.07	2.08	2.09	2.09	2.10	2.11	2.14	2.18	2.21	2.25	2.28
0.5	2.04	2.05	2.06	2.07	2.09	2.10	2.11	2.12	2.13	2.15	2.16	2.17	2.18	2.24	2.29	2.35	2.40	2.45
0.6	2.06	2.08	2.10	2.12	2.14	2.16	2.18	2.19	2.21	2.23	2.25	2.26	2.28	2.36	2.44	2.52	2.59	2.66
0.7	2.10	2.13	2.16	2.18	2.21	2.24	2.26	2.29	2.31	2.34	2.36	2.38	2.41	2.52	2.62	2.72	2.81	2.90
0.8	2.15	2.20	2.24	2.27	2.31	2.34	2.38	2.41	2.44	2.47	2.50	2.53	2.56	2.70	2.82	2.94	3.06	3.16
0.9	2.24	2.29	2.35	2.39	2.44	2.48	2.52	2.56	2.60	2.63	2.67	2.71	2.74	2.90	3.05	3.19	3.32	3.44
1.0	2.36	2.43	2.48	2.54	2.59	2.64	2.69	2.73	2.77	2.82	2.86	2.90	2.94	3.12	3.29	3.45	3.59	3.74
1.2	2.69	2.76	2.83	2.89	2.95	3.01	3.07	3.12	3.17	3.22	3.27	3.32	3.37	3.59	3.80	3.99	4.17	4.34
1.4	3.07	3.14	3.22	3.29	3.36	3.42	3.48	3.55	3.61	3.66	3.72	3.78	3.83	4.09	4.33	4.56	4.77	4.97
1.6	3.47	3.55	3.63	3.71	3.78	3.85	3.92	3.99	4.07	4.12	4.18	4.25	4.31	4.61	4.88	5.14	5.38	5.62
1.8	3.88	3.97	4.05	4.13	4.21	4.29	4.37	4.44	4.52	4.59	4.66	4.73	4.80	5.13	5.44	5.73	6.00	6.26
2.0	4.29	4.39	4.48	4.57	4.65	4.74	4.82	4.90	4.99	5.07	5.14	5.22	5.30	5.66	6.00	6.32	6.63	6.92
2.2	4.71	4.81	4.91	5.00	5.10	5.19	5.28	5.37	5.46	5.54	5.63	5.71	5.80	6.19	6.57	6.92	7.26	7.58
2.4	5.13	5.24	5.34	5.44	5.54	5.64	5.74	5.84	5.93	6.03	6.12	6.21	6.30	6.73	7.14	7.52	7.89	8.24
2.6	5.55	5.66	5.77	5.88	5.99	6.10	6.20	6.31	6.41	6.51	6.61	6.71	6.80	7.27	7.71	8.13	8.52	8.90
2.8	5.97	6.09	6.21	6.33	6.44	6.55	6.67	6.78	6.89	6.99	7.10	7.21	7.31	7.81	8.28	8.73	9.16	9.57
3.0	6.39	6.52	6.64	6.77	6.89	7.01	7.13	7.25	7.37	7.48	7.59	7.71	7.82	8.35	8.86	9.34	9.80	10.24

简　图

$$K_1 = \frac{I_1}{I_2} \cdot \frac{H_2}{H_1}$$

$$\eta_1 = \frac{H_1}{H_2}\sqrt{\frac{N_1}{N_2} \cdot \frac{I_2}{I_1}}$$

N_1——上段柱的轴心力;

N_2——下段柱的轴心力

注: 表中的计算长度系数 μ_2 值系按下式计算得出: $\eta_1 K_1 \cdot \tan\dfrac{\pi}{\mu_2} \cdot \tan\dfrac{\pi\eta_1}{\mu_2} - 1 = 0$。

附表 6-4

柱上端可移动但不能转动的单阶柱下段的计算长度系数 μ_2

$K_1=\dfrac{I_1}{I_2}\cdot\dfrac{H_2}{H_1}$

$\eta_1=\dfrac{H_1}{H_2}\sqrt{\dfrac{N_1}{N_2}\cdot\dfrac{I_2}{I_1}}$

N_1——上段柱的轴心力；

N_2——下段柱的轴心力。

η_1＼K_1	0.06	0.08	0.10	0.12	0.14	0.16	0.18	0.20	0.22	0.24	0.26	0.28	0.3	0.4	0.5	0.6	0.7	0.8
0.2	1.96	1.94	1.93	1.91	1.90	1.89	1.88	1.86	1.85	1.84	1.83	1.82	1.81	1.76	1.72	1.68	1.65	1.62
0.3	1.96	1.94	1.93	1.92	1.91	1.89	1.88	1.87	1.86	1.85	1.84	1.83	1.82	1.77	1.73	1.70	1.66	1.63
0.4	1.96	1.95	1.94	1.92	1.91	1.90	1.89	1.88	1.87	1.86	1.85	1.84	1.83	1.79	1.75	1.72	1.68	1.66
0.5	1.96	1.95	1.94	1.93	1.92	1.91	1.90	1.89	1.88	1.87	1.86	1.85	1.85	1.81	1.77	1.74	1.71	1.69
0.6	1.97	1.96	1.95	1.94	1.93	1.92	1.91	1.90	1.90	1.89	1.88	1.87	1.87	1.83	1.80	1.78	1.75	1.73
0.7	1.97	1.97	1.96	1.95	1.94	1.94	1.93	1.92	1.92	1.91	1.90	1.90	1.89	1.86	1.84	1.82	1.80	1.78
0.8	1.98	1.98	1.97	1.96	1.96	1.95	1.95	1.94	1.94	1.93	1.93	1.93	1.92	1.90	1.88	1.87	1.86	1.84
0.9	1.99	1.99	1.98	1.98	1.98	1.97	1.97	1.97	1.97	1.96	1.96	1.96	1.96	1.95	1.94	1.93	1.92	1.92
1.0	2.00	2.00	2.00	2.00	2.00	2.00	2.00	2.00	2.00	2.00	2.00	2.00	2.00	2.00	2.00	2.00	2.00	2.00
1.2	2.03	2.04	2.04	2.05	2.06	2.07	2.07	2.08	2.08	2.09	2.10	2.10	2.11	2.13	2.15	2.17	2.18	2.20
1.4	2.07	2.09	2.11	2.12	2.14	2.16	2.17	2.18	2.20	2.21	2.22	2.23	2.24	2.29	2.33	2.37	2.40	2.42
1.6	2.13	2.16	2.19	2.22	2.25	2.27	2.30	2.32	2.34	2.36	2.37	2.39	2.41	2.48	2.54	2.59	2.63	2.67
1.8	2.22	2.27	2.31	2.35	2.39	2.42	2.45	2.48	2.50	2.53	2.55	2.57	2.59	2.69	2.76	2.83	2.88	2.93
2.0	2.35	2.41	2.46	2.50	2.55	2.59	2.62	2.66	2.69	2.72	2.75	2.77	2.80	2.91	3.00	3.08	3.14	3.20
2.2	2.51	2.57	2.63	2.68	2.73	2.77	2.81	2.85	2.89	2.92	2.95	2.98	3.01	3.14	3.25	3.33	3.41	3.47
2.4	2.68	2.75	2.81	2.87	2.92	2.97	3.01	3.05	3.09	3.13	3.17	3.20	3.24	3.38	3.50	3.59	3.68	3.75
2.6	2.87	2.94	3.00	3.06	3.12	3.17	3.22	3.27	3.31	3.35	3.39	3.43	3.46	3.62	3.75	3.86	3.95	4.03
2.8	3.06	3.14	3.20	3.27	3.33	3.38	3.43	3.48	3.53	3.58	3.62	3.66	3.70	3.87	4.01	4.13	4.23	4.32
3.0	3.26	3.34	3.41	3.47	3.54	3.60	3.65	3.70	3.75	3.80	3.85	3.89	3.93	4.12	4.27	4.40	4.51	4.61

注：表中的计算长度系数 μ_2 值系按下式计算得出：$\tan\dfrac{\pi\eta_1}{\mu_2}+\eta_1 K_1\cdot\tan\dfrac{\pi}{\mu_2}=0$。

附录 7　常用型钢规格及截面特性

热轧等边角钢的规格及截面特性（按《热轧型钢》GB/T 706—2016 计算）

附表 7-1

1. 表中双线的左侧为一个角钢的截面特性；
2. 趾头圆弧半径 $r_1 \approx t/3$；
3. $I_u = Ai_u^2$，$I_v = Ai_v^2$。

规格	尺寸(mm) b	t	r	截面积 A (cm²)	质量 (kg/m)	重心距 y_0 (cm)	惯性距 I_x (cm⁴)	抵抗矩 W_{xmax} (cm³)	W_{xmin}	W_u	回转半径 i_x (cm)	i_u	i_v	双角钢回转半径 i_y(cm) 间距 a(mm) 6	8	10	12	14	16
∠20×	20	3	3.5	1.132	0.889	0.60	0.40	0.67	0.29	0.45	0.59	0.75	0.39	1.08	1.16	1.25	1.34	1.43	1.52
		4		1.459	1.145	0.64	0.50	0.78	0.36	0.55	0.58	0.73	0.38	1.10	1.19	1.28	1.37	1.46	1.55
∠25×	25	3	3.5	1.432	1.124	0.73	0.82	1.12	0.46	0.73	0.76	0.95	0.49	1.28	1.36	1.45	1.53	1.62	1.71
		4		1.859	1.459	0.76	1.03	1.36	0.59	0.92	0.74	0.93	0.48	1.29	1.38	1.46	1.55	1.64	1.73
∠30×	30	3	4.5	1.749	1.373	0.85	1.46	1.72	0.68	1.09	0.91	1.15	0.59	1.47	1.55	1.63	1.71	1.80	1.88
		4		2.276	1.786	0.89	1.84	2.07	0.87	1.37	0.90	1.13	0.58	1.49	1.57	1.66	1.74	1.83	1.91
∠36×	36	3	4.5	2.109	1.656	1.00	2.58	2.58	0.99	1.61	1.11	1.39	0.71	1.71	1.79	1.87	1.95	2.03	2.11
		4		2.756	2.163	1.04	3.29	3.16	1.28	2.05	1.09	1.38	0.70	1.73	1.81	1.89	1.97	2.05	2.14
		5		3.382	2.654	1.07	3.95	3.69	1.56	2.45	1.08	1.36	0.70	1.74	1.82	1.91	1.99	2.07	2.16
∠40×	40	3	5	2.359	1.852	1.09	3.59	3.29	1.23	2.01	1.23	1.55	0.79	1.86	1.93	2.01	2.09	2.17	2.25
		4		3.086	2.422	1.13	4.60	4.07	1.60	2.58	1.22	1.54	0.79	1.88	1.96	2.04	2.12	2.20	2.28
		5		3.791	2.976	1.17	5.53	4.73	1.96	3.10	1.21	1.52	0.78	1.90	1.98	2.06	2.14	2.23	2.31
∠45×	45	3	5	2.659	2.088	1.22	5.17	4.23	1.58	2.58	1.40	1.76	0.89	2.07	2.14	2.22	2.30	2.38	2.46
		4		3.486	2.736	1.26	6.65	5.28	2.05	3.32	1.38	1.74	0.89	2.08	2.16	2.24	2.32	2.40	2.48
		5		4.292	3.369	1.30	8.04	6.18	2.51	4.00	1.37	1.72	0.88	2.11	2.18	2.26	2.34	2.42	2.51
		6		5.077	3.985	1.33	9.33	7.02	2.95	4.64	1.36	1.70	0.88	2.12	2.20	2.28	2.36	2.44	2.53

热轧不等边角钢的规格及截面特性（按《热轧型钢》GB/T 706—2016 计算）

附表 7-2

1. 卧尖圆弧半径 $r_1 \approx t/3$；
2. $I_u = I_x + I_v$

规格	B	b	t	r	截面积 A(cm²)	质量 (kg/m)	重心距 x_0 (cm)	重心距 y_0 (cm)	I_x	I_y	I_v	W_{xmax}	W_{xmin}	W_{ymax}	W_{ymin}	i_x	i_y	i_v	$\tan\theta$ (θ 为 y 轴与 v 轴夹角)
∠25×16× 3	25	16	3	3.5	1.162	0.912	0.42	0.86	0.70	0.22	0.14	0.81	0.43	0.52	0.19	0.78	0.44	0.34	0.392
4			4	3.5	1.499	1.176	0.46	0.90	0.88	0.27	0.17	0.98	0.55	0.59	0.24	0.77	0.43	0.34	0.381
∠32×20× 3	32	20	3	3.5	1.492	1.171	0.49	1.08	1.53	0.46	0.28	1.42	0.72	0.94	0.30	1.01	0.55	0.43	0.382
4			4		1.939	1.522	0.53	1.12	1.93	0.57	0.35	1.72	0.93	1.08	0.39	1.00	0.54	0.42	0.374
∠40×25× 3	40	25	3	4	1.890	1.484	0.59	1.32	3.08	0.93	0.56	2.33	1.15	1.58	0.49	1.28	0.70	0.54	0.385
4			4		2.467	1.936	0.63	1.37	3.93	1.18	0.71	2.87	1.49	1.87	0.63	1.26①	0.69	0.54	0.381
∠45×28× 3	45	28	3	5	2.149	1.687	0.64	1.47	4.45	1.34	0.80	3.03	1.47	2.09	0.62	1.44	0.79	0.61	0.383
4			4		2.806	2.203	0.68	1.51	5.69	1.70	1.02	3.77	1.91	2.50	0.80	1.42	0.78	0.60	0.380
∠50×32× 3	50	32	3	5.5	2.431	1.908	0.73	1.60	6.24	2.02	1.20	3.90	1.84	2.77	0.82	1.60	0.91	0.70	0.404
4			4		3.177	2.494	0.77	1.65	8.02	2.58	1.53	4.86	2.39	3.35	1.06	1.59	0.90	0.69	0.402
∠56×36× 3	56	36	3	6	2.743	2.153	0.80	1.78	8.88	2.92	1.73	4.99	2.32	3.65	1.05	1.80	1.03	0.79	0.408
4			4		3.590	2.818	0.85	1.82	11.45	3.76	2.23	6.29	3.03	4.42	1.37	1.79	1.02	0.79	0.408
5			5		4.415	3.466	0.88	1.87	13.86	4.49	2.67	7.41	3.71	5.10	1.65	1.77	1.01	0.78	0.404
∠63×40× 4	63	40	4	7	4.058	3.185	0.92	2.04	16.49	5.23	3.12	8.08	3.87	5.68	1.70	2.02	1.14	0.88	0.398
5			5		4.993	3.920	0.95	2.08	20.02	6.31	3.76	9.62	4.74	6.64	2.07②	2.00	1.12	0.87	0.396
6			6		5.908	4.638	0.99	2.12	23.36	7.29	4.34	11.02	5.59	7.36	2.43	1.99③	1.11	0.86	0.393
7			7		6.802	5.339	1.03	2.15	26.53	8.24	4.97	12.34	6.40	8.00	2.78	1.98	1.10	0.86	0.389

注：W_{ymin} 和 i_x 值为改正值。供参考。

两个热轧不等边角钢的组合截面特性（按《热轧型钢》GB/T 706—2016 计算）

附表 7-3

y_0—重心距；
I—惯性矩；
W—抵抗矩；
i—回转半径；
a—两角钢背间距离

规格	截面面积 A (cm²)	每米质量 (kg/m)	长边相连 y_0 (cm)	I_x (cm⁴)	W_{xmax} (cm³)	W_{xmin} (cm³)	i_x (cm)	i_y (cm) a(mm) 6	8	10	12	14	16	短边相连 y_0 (cm)	I_x (cm⁴)	W_{xmax} (cm³)	W_{xmin} (cm³)	i_x (cm)	i_y (cm) a(mm) 6	8	10	12	14	16
2∠25×16× 3	2.234	1.824	0.86	1.40	1.62	0.86	0.78	0.84	0.93	1.02	1.11	1.20	1.30	0.42	0.44	1.04	0.38	0.44	1.40	1.48	1.57	1.66	1.74	1.83
4	2.998	2.352	0.90	1.76	1.96	1.10	0.77	0.87	0.96	1.05	1.14	1.24	1.33	0.46	0.54	1.18	0.48	0.43	1.43	1.51	1.60	1.69	1.78	1.87
2∠32×20× 3	2.984	2.342	1.08	3.06	2.84	1.44	1.01	0.96	1.05	1.13	1.22	1.31	1.40	0.49	0.92	1.88	0.60	0.55	1.71	1.79	1.88	1.96	2.05	2.13
4	3.878	3.044	1.12	3.86	3.44	1.86	1.00	0.99	1.08	1.16	1.25	1.34	1.44	0.53	1.14	2.16	0.78	0.54	1.74	1.82	1.90	1.99	2.08	2.16
2∠40×25× 3	3.780	2.968	1.32	6.16	4.66	2.30	1.28	1.13	1.21	1.30	1.38	1.47	1.56	0.59	1.86	3.16	0.98	0.70	2.06	2.14	2.23	2.31	2.39	2.48
4	4.934	3.872	1.37	7.86	5.74	2.98	1.26	1.16	1.24	1.32	1.41	1.50	1.59	0.63	2.36	3.74	1.26	0.69	2.09	2.17	2.25	2.34	2.42	2.51
2∠45×28× 3	4.298	3.374	1.47	8.90	6.06	2.94	1.44	1.23	1.31	1.39	1.47	1.56	1.64	0.64	2.68	4.18	1.24	0.79	2.28	2.36	2.44	2.52	2.60	2.69
4	5.612	4.406	1.50	11.38	7.54	3.82	1.42	1.25	1.33	1.41	1.50	1.58	1.67	0.68	3.40	5.00	1.60	0.78	2.30	2.38	2.46	2.54	2.63	2.71
2∠50×32× 3	4.862	3.816	1.60	12.48	7.80	3.68	1.60	1.37	1.45	1.53	1.61	1.69	1.78	0.73	4.04	5.54	1.64	0.91	2.48	2.56	2.64	2.72	2.80	2.88
4	6.354	4.988	1.65	16.04	9.72	4.78	1.59	1.40	1.48	1.56	1.64	1.72	1.81	0.77	5.16	6.70	2.12	0.90	2.52	2.59	2.67	2.76	2.84	2.92
2∠56×36×4 3	5.486	4.306	1.78	17.76	9.98	4.64	1.80	1.51	1.58	1.66	1.74	1.82	1.90	0.80	5.84	7.30	2.10	1.03	2.75	2.83	2.90	2.98	3.06	3.15
4	7.180	5.636	1.82	22.90	12.58	6.06	1.79	1.54	1.61	1.69	1.77	1.86	1.94	0.85	7.52	8.84	2.74	1.02	2.77	2.85	2.93	3.01	3.09	3.17
5	8.830	6.932	1.87	27.72	14.82	7.42	1.77	1.55	1.63	1.71	1.79	1.88	1.96	0.88	8.98	10.20	3.30	1.01	2.80	2.88	2.96	3.04	3.12	3.20

附表7-4

热轧普通工字钢的规格及截面特性（按《热轧型钢》GB/T 706—2016计算）

通常长度：
型号10～18，为5～19m；
型号20～63，为6～19m

I—截面惯性矩；
W—截面抵抗矩；
S—半截面面积矩；
i—截面回转半径

型号	尺寸(mm)						截面面积 A (cm²)	质量 (kg/m)	x-x轴				y-y轴		
	h	b	t_w	t	r	r_1			I_x (cm⁴)	W_x (cm³)	S_x (cm³)	i_x (cm)	I_y (cm⁴)	W_y (cm³)	i_y (cm)
10	100	68	4.5	7.6	6.5	3.3	14.345	11.261	245	49.0	28.5	4.14	33.0	9.72	1.52
12.6	126	74	5.0	8.4	7.0	3.5	18.118	14.223	488	77.5	45.2	5.20	46.9	12.7	1.61
14	140	80	5.5	9.1	7.5	3.8	21.510	16.890	712	102	59.3	5.76	64.4	16.1	1.73
16	160	88	6.0	9.9	8.0	4.0	26.131	20.513	1130	141	81.9	6.58	93.1	21.2	1.89
18	180	94	6.5	10.7	8.5	4.3	30.756	24.113	1660	185	108	7.36	122	26.0	2.00
20 a	200	100	7.0	11.4	9.0	4.5	35.578	27.929	2370	237	138	8.15	158	31.5	2.12
20 b		102	9.0				39.578	31.069	2500	250	148	7.96	169	33.1	2.06
22 a	220	110	7.5	12.3	9.5	4.8	42.128	33.070	3400	309	180	8.99	225	40.9	2.31
22 b		112	9.5				46.528	36.524	3570	325	191	8.78	239	42.7	2.27
25 a	250	116	8.0	13.0	10.0	5.0	48.541	38.105	5020	402	232	10.2	280	48.3	2.40
25 b		118	10.0				53.541	42.030	5280	423	248	9.94	309	52.4	2.40
28 a	280	122	8.5	13.7	10.5	5.3	55.404	43.492	7110	508	289	11.3	345	56.6	2.50
28 b		124	10.5				61.004	47.888	7480	534	309	11.1	379	61.2	2.49

续表

型号	尺寸(mm) h	b	t_w	t	r	r_1	截面面积 A (cm^2)	质量 (kg/m)	x-x 轴 I_x (cm^4)	W_x (cm^3)	S_x (cm^3)	i_x (cm)	y-y 轴 I_y (cm^4)	W_y (cm^3)	i_y (cm)
a		130	9.5				67.156	52.717	11100	692	404	12.8	460	70.8	2.62
32b	320	132	11.5	15.0	11.5	5.8	73.556	57.741	11600	726	428	12.6	502	76.0	2.61
c		134	13.5				79.956	62.765	12200	760	455	12.3	544	81.2	2.61
a		136	10.0				76.480	60.037	15800	875	515	14.4	552	81.2	2.69
36b	360	138	12.0	15.8	12.0	6.0	83.680	65.689	16500	919	545	14.1	582	84.3	2.64
c		140	14.0				90.880	71.341	17300	962	579	13.8	612	87.4	2.60
a		142	10.5				86.112	67.598	21700	1090	636	15.9	660	93.2	2.77
40b	400	144	12.5	16.5	12.5	6.3	94.112	73.878	22800	1140	679	15.6	692	96.2	2.71
c		146	14.5				102.112	80.158	23900	1190	720	15.2	727	99.6	2.65
a		150	11.5				102.446	80.420	32200	1430	834	17.7	855	114	2.89
45b	450	152	13.5	18.0	13.5	6.8	111.446	87.485	33800	1500	889	17.4	894	118	2.84
c		154	15.5				120.446	94.550	35300	1570	939	17.1	938	122	2.79
a		158	12.0				119.304	93.654	46500	1860	1086	19.7	1120	142	3.07
50b	500	160	14.0	20.0	14.0	7.0	129.304	101.504	48600	1940	1146	19.4	1170	146	3.01
c		162	16.0				139.304	109.354	50600	2020[1]	1211	19.0	1220	151	2.96
a		166	12.5				135.435	106.316	65600	2340	1375	22.0	1370	165	3.18
56b	560	168	14.5	21.0	14.5	7.3	146.635	115.108	68500	2450	1451	21.6	1490	174	3.16
c		170	16.5				157.835	123.900	71400	2550	1529	21.3	1560	183	3.16
a		176	13.0				154.658	121.407	93900	2980	1732	24.6	1700	193	3.31
63b	630	178	15.0	22.0	15.0	7.5	167.258	131.298	98100	3110[2]	1834	24.2	1810	204	3.29
c		180	17.0				179.858	141.189	102000	3240[2]	1928	23.8	1920	214	3.27

热轧普通槽钢的规格及截面特性（按《热轧型钢》GB/T 706—2016 计算）　附表 7-5

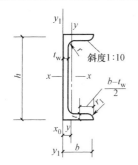

I—截面惯性矩；
W—截面抵抗矩；
S—半截面面积矩；
i—截面回转半径

型号	尺寸(mm)						截面面积 A (cm²)	每米重量 (kg/m)	截面特性									
									x_0 (cm)	x-x 轴				y-y 轴				y_1-y_1 轴
	h	b	t_w	t	r	r_1				I_x (cm⁴)	W_x (cm³)	S_x (cm³)	i_x (cm)	I_y (cm⁴)	W_{ymax} (cm³)	W_{ymin} (cm³)	i_y (cm)	I_{y1} (cm⁴)
[5	50	37	4.5	7.0	7.0	3.50	6.92	5.44	1.35	26.0	10.4	6.4	1.94	8.3	6.2	3.5	1.10	20.9
[6.3	63	40	4.8	7.5	7.5	3.75	8.45	6.63	1.39	51.2	16.3	9.8	2.46	11.9	8.5	4.6	1.19	28.3
[8	80	43	5.0	8.0	8.0	4.00	10.24	8.04	1.42	101.3	25.3	15.1	3.14	16.6	11.7	5.8	1.27	37.4
[10	100	48	5.3	8.5	8.5	4.25	12.74	10.00	1.52	198.3	39.7	23.5	3.94	25.6	16.9	7.8	1.42	54.9
[12.6	126	53	5.5	9.0	9.0	4.50	15.69	12.31	1.59	388.5	61.7	36.4	4.98	38.0	23.9	10.3	1.56	77.8
[14a	140	58	6.0	9.5	9.5	4.75	18.51	14.53	1.71	563.7	80.5	47.5	5.52	53.2	31.2	13.0	1.70	107.2
[14b	140	60	8.0	9.5	9.5	4.75	21.31	16.73	1.67	609.4	87.1	52.4	5.35	61.2	36.6	14.1	1.69	120.6
[16a	160	63	6.5	10.0	10.0	5.00	21.95	17.23	1.79	866.2	108.3	63.9	6.28	73.4	40.9	16.3	1.83	144.1
[16b	160	65	8.5	10.0	1070	5.00	25.15	19.75	1.75	934.5	116.8	70.3	6.10	83.4	47.6	17.6	1.82	160.8
[18a	180	68	7.0	10.5	10.5	5.25	25.69	20.17	1.88	1272.7	141.4	83.5	7.04	98.6	52.3	20.0	1.96	189.7
[18b	180	70	9.0	10.5	10.5	5.25	29.29	22.99	1.84	1369.9	152.2	91.6	6.84	111.0	60.4	21.5	1.95	210.1
[20a	200	73	7.0	11.0	11.0	5.50	28.83	22.63	2.01	1780.4	178.0	104.7	7.86	128.0	63.8	24.2	2.11	244.0
[20b	200	75	9.0	11.0	11.0	5.50	32.83	25.77	1.95	1913.7	191.4	114.7	7.64	143.6	73.7	25.9	2.09	268.4
[22a	220	77	7.0	11.5	11.5	5.75	31.84	24.99	2.10	2393.9	217.6	127.6	8.67	157.8	75.1	28.2	2.23	298.2
[22b	220	79	9.0	11.5	11.5	5.75	36.24	28.45	2.03	2571.4	233.8	139.7	8.42	176.5	86.8	30.1	2.21	326.3
[25a	250	78	7.0	12.0	12.0	6.00	34.91	27.40	2.07	3359.1	268.7	157.8	9.81	175.9	85.1	30.7	2.24	324.8
[25b	250	80	9.0	12.0	12.0	6.00	39.91	31.33	1.99	3619.6	289.6	173.5	9.52	196.4	98.5	32.7	2.22	355.1
[25c	250	82	11.0	12.0	12.0	6.00	44.91	35.25	1.96	3880.0	310.4	189.1	9.30	215.9	110.1	34.6	2.19	388.6
[28a	280	82	7.5	12.5	12.5	6.25	40.02	31.42	2.09	4752.5	339.5	200.2	10.90	217.9	104.1	35.7	2.33	393.3
[28b	280	84	9.5	12.5	12.5	6.25	45.62	35.81	2.02	5118.4	365.6	219.8	10.59	241.5	119.3	37.9	2.30	428.5
[28c	280	86	11.5	12.5	12.5	6.25	51.22	40.21	1.99	5484.0	391.7	239.4	10.35	264.1	132.6	40.0	2.27	467.3
[32a	320	88	8.0	14.0	14.0	7.00	48.50	38.07	2.24	7510.6	469.4	276.9	12.44	304.7	136.2	46.4	2.51	547.5
[32b	320	90	10.0	14.0	14.0	7.00	54.90	43.10	2.16	8056.8	503.5	302.5	12.11	335.6	155.0	49.1	2.47	592.9
[32c	320	92	12.0	14.0	14.0	7.00	61.30	48.102	2.13	8602.3	537.7	328.1	11.85	365.0	171.5	51.6	2.44	642.7
[36a	360	96	9.0	16.0	16.0	8.00	60.89	47.80	2.44	11874.1	659.7	389.6	13.96	455.0	186.2	63.6	2.73	818.5
[36b	360	98	11.0	16.0	16.0	8.00	68.09	53.45	2.37	12651.7	702.9	422.3	13.63	496.7	209.2	66.9	2.70	880.5
[36c	360	100	13.0	16.0	16.0	8.00	75.29	59.10	2.34	13429.3	746.1	454.7	13.36	536.6	229.5	70.0	2.67	948.0
[40a	400	100	10.5	18.0	18.0	9.00	75.04	58.91	2.49	17577.7	878.9	524.4	15.30	592.0	237.6	78.8	2.81	1057.9
[40b	400	102	12.5	18.0	18.0	9.00	83.04	65.19	2.44	18644.4	932.2	564.4	14.98	640.6	262.4	82.6	2.78	1135.8
[40c	400	104	14.5	18.0	18.0	9.00	91.04	71.47	2.42	19711.0	985.6	604.4	14.71	687.8	284.4	86.2	2.75	1220.3

注：普通槽钢的通常长度：[5～[8，为5～12m；[10～[18，为5～19m；[20～[40，为6～19m。

宽、中、窄翼缘 H 型钢的规格及截面特性（按《热轧 H 型钢和部分 T 型钢》GB/T 11263—2017 计算）

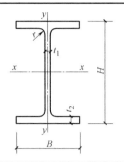

H—高度；
B—宽度；
t_1—腹板厚度；
t_2—翼缘厚度；
r—圆角半径

类别	型号 （高度×宽度） （mm×mm）	截面尺寸 （mm）					截面 面积 （cm²）	理论 重量 （kg/m）	表面积 （m²/m）	惯性矩 （cm⁴）		惯性半径 （cm）		截面模数 （cm³）	
		H	B	t_1	t_2	r				I_x	I_y	i_x	i_y	W_x	W_y
HW	100×100	100	100	6	8	8	21.58	16.9	0.574	378	134	4.18	2.48	75.6	26.7
	125×125	125	125	6.5	9	8	30.00	23.6	0.723	839	293	5.28	3.12	134	46.9
	150×150	150	150	7	10	8	39.64	31.1	0.8721	1620	563	6.39	3.76	216	75.1
	175×175	175	175	7.5	11	13	51.42	40.4	1.01	2900	984	7.50	4.37	331	112
	200×200	200	200	8	12	13	63.53	49.9	1.16	4720	1600	8.61	5.02	472	160
		*200	204	12	12	13	71.53	56.2	1.17	4980	1700	8.34	4.87	498	167
	250×250	*244	252	11	11	13	81.31	63.8	1.45	8700	2940	10.3	6.01	713	233
		250	250	9	14	13	91.43	71.8	1.46	10700	3650	10.8	6.31	860	292
		*250	255	14	14	13	103.9	81.6	1.47	11400	3880	10.5	6.10	912	304
	300×300	*294	302	12	12	13	106.3	83.5	1.75	16600	5510	12.5	7.20	1130	365
		300	300	10	15	13	118.5	93.0	1.76	20200	6750	13.1	7.55	1350	450
		*300	305	15	15	13	133.5	105	1.77	21300	7100	12.6	7.29	1420	466
	350×350	*338	351	13	13	13	133.3	105	2.03	27700	9380	14.4	8.38	1640	534
		*344	348	10	16	13	144.0	113	2.04	32800	11200	15.1	8.83	1910	646
		*344	354	16	16	13	164.7	129	2.05	34900	11800	14.6	8.48	2030	669
		350	350	12	19	13	171.9	135	2.05	39800	13600	15.2	8.88	2280	776
		*350	357	19	19	13	196.4	154	2.07	42300	14400	14.7	8.57	2420	808
	400×400	*388	402	15	15	22	178.5	140	2.32	49000	16300	16.6	9.54	2520	809
		*394	398	11	18	22	186.8	147	2.32	56100	18900	17.3	10.1	2850	951
		*394	405	18	18	22	214.4	168	2.33	59700	20000	16.7	9.64	3030	985
		400	400	13	21	22	218.7	172	2.34	66600	22400	17.5	10.1	3330	1120
		*400	408	21	21	22	250.7	197	2.35	70900	23800	16.8	9.74	3540	1170
		*414	405	18	28	22	295.4	232	2.37	92800	31000	17.7	10.2	4480	1530
		*428	407	20	35	22	360.7	283	2.41	119000	39400	18.2	10.4	5570	1930
		*458	417	30	50	22	528.6	415	2.49	187000	60500	18.8	10.7	8170	2900
		*498	432	45	70	22	770.1	604	2.60	298000	94400	19.7	11.1	12000	4370
	500×500	*492	465	15	20	22	258.0	202	2.78	117000	33500	21.3	11.4	4770	1440
		*502	465	15	25	22	304.5	239	2.80	146000	41900	21.9	11.7	5810	1800
		*502	470	20	25	22	329.6	259	2.81	151000	43300	21.4	11.5	6020	1840

类别	型号 （高度×宽度） （mm×mm）	截面尺寸 （mm）					截面 面积 （cm²）	理论 重量 （kg/m）	表面积 （m²/m）	惯性矩 （cm⁴）		惯性半径 （cm）		截面模数 （cm³）	
		H	B	t_1	t_2	r				I_x	I_y	i_x	i_y	W_x	W_y
HM	150×100	148	100	6	9	8	26.34	20.7	0.670	1000	150	6.16	2.38	135	30.1
	200×150	194	150	6	9	8	38.10	29.9	0.962	2630	507	8.30	3.64	271	67.6
	250×175	244	175	7	11	13	55.49	43.6	1.15	6040	984	10.4	4.21	495	112
	300×200	294	200	8	12	13	71.05	55.8	1.35	11100	1600	12.5	4.74	756	160
		*298	201	9	14	13	82.03	64.4	1.36	13100	1900	12.6	4.80	878	189
	350×250	340	250	9	14	13	99.53	78.1	1.64	21200	3650	14.6	6.05	1250	292
	400×300	390	300	10	16	13	133.3	105	1.94	37900	7200	16.9	7.35	1940	480
	450×300	440	300	11	18	13	153.9	121	2.04	54700	8110	18.9	7.25	2490	540
	500×300	*482	300	11	15	13	141.2	111	2.12	58300	6760	20.3	6.91	2420	450
		488	300	11	18	13	159.2	125	2.13	68900	8110	20.8	7.13	2820	540
	550×300	*544	300	11	15	13	148.0	116	2.24	76400	6760	22.7	6.75	2810	450
		*550	300	11	18	13	166.0	130	2.26	89800	8110	23.3	6.98	3270	540
	600×300	*582	300	12	17	13	169.2	133	2.32	98900	7660	24.2	6.72	3400	511
		588	300	12	20	13	187.2	147	2.33	114000	9010	24.7	6.93	3890	601
		*594	302	14	23	13	217.1	170	2.35	134000	10600	24.8	6.97	4500	700
HN	*100×50	100	50	5	7	8	11.84	9.30	0.376	187	14.8	3.97	1.11	37.5	5.91
	*125×60	125	60	6	8	8	16.68	13.1	0.464	409	29.1	4.95	1.32	65.4	9.71
	150×75	150	75	5	7	8	17.84	14.0	0.576	666	49.5	6.10	1.66	88.8	13.2
	175×90	175	90	5	8	8	22.89	18.0	0.686	1210	97.5	7.25	2.06	138	21.7
	200×100	*198	99	4.5	7	8	22.68	17.8	0.769	1540	113	8.24	2.23	156	22.9
		200	100	5.5	8	8	26.66	20.9	0.775	1810	134	8.22	2.23	181	26.7
	250×125	*248	124	5	8	8	31.98	25.1	0.968	3450	255	10.4	2.82	278	41.1
		250	125	6	9	8	36.96	29.0	0.974	3960	294	10.4	2.81	317	47.0
	300×150	*298	149	5.5	8	13	40.80	32.0	1.16	6320	442	12.4	3.29	424	59.3
		300	150	6.5	9	13	46.78	36.7	1.16	7210	508	12.4	3.29	481	67.7
	350×175	*346	174	6	9	13	52.45	41.2	1.35	11000	791	14.5	3.88	638	91.0
		350	175	7	11	13	62.91	49.4	1.36	13500	984	14.6	3.95	771	112
	400×150	400	150	8	13	13	70.37	55.2	1.36	18600	734	16.3	3.22	929	97.8
	400×200	*396	199	7	11	13	71.41	56.1	1.55	19800	1450	16.6	4.50	999	145
		400	200	8	13	13	83.37	65.4	1.56	23500	1740	16.8	4.56	1170	174
	450×150	*446	150	7	12	13	66.99	52.6	1.46	22000	677	18.1	3.17	985	90.3
		450	151	8	14	13	77.49	60.8	1.47	25700	806	18.2	3.22	1140	107

续表

类别	型号 (高度×宽度) (mm×mm)	截面尺寸 (mm)					截面面积 (cm²)	理论重量 (kg/m)	表面积 (m²/m)	惯性矩 (cm⁴)		惯性半径 (cm)		截面模数 (cm³)	
		H	B	t_1	t_2	r				I_x	I_y	i_x	i_y	W_x	W_y
HM	450×200	*446	199	8	12	13	82.97	65.1	1.65	28100	1580	18.4	4.36	1260	159
		450	200	9	14	13	95.43	74.9	1.66	32900	1870	18.6	4.42	1460	187
	475×150	*470	150	7	13	13	71.53	56.2	1.50	26200	733	19.1	3.20	1110	97.8
		*475	151.5	8.5	15.3	13	86.15	67.6	1.52	31700	901	19.2	3.23	1330	119
		482	153.5	10.5	19	13	106.4	88.5	1.53	39600	1150	19.3	3.28	1640	150
	500×150	*492	150	7	12	13	70.21	55.1	1.55	27600	677	19.8	3.10	1120	90.3
		*500	152	9	16	13	92.21	72.4	1.57	37000	940	20.0	3.19	1480	124
		504	153	10	18	13	103.3	81.1	1.58	41900	1080	20.1	3.23	1660	141
	500×200	*496	199	9	14	13	99.29	77.9	1.75	40800	1840	20.3	4.30	1650	185
		500	200	10	16	13	112.3	88.1	1.76	46800	2140	20.4	4.36	1870	214
		*506	201	11	19	13	129.3	102	1.77	55500	2580	20.7	4.46	2190	257
	550×200	*546	199	9	14	13	103.8	81.5	1.85	50800	1840	22.1	4.21	1860	185
		550	200	10	16	13	117.3	92.0	1.86	58200	2140	22.3	4.27	2120	214
	600×200	*596	199	10	15	13	117.8	92.4	1.95	66600	1980	23.8	4.09	2240	199
		600	200	11	17	13	131.7	103	1.96	75600	2270	24.0	4.15	2520	227
		*606	201	12	20	13	149.8	118	1.97	88300	2720	24.3	4.25	2910	270
	625×200	*625	198.5	13.5	17.5	13	150.6	118	1.99	88500	2300	24.2	3.90	2830	231
		630	200	15	20	13	170.0	133	2.01	101000	2690	24.4	3.97	3220	268
		*638	202	17	24	13	198.7	156	2.03	122000	3320	24.8	4.09	3820	329
	650×300	*646	299	12	18	18	183.6	144	2.43	131000	8030	26.7	6.61	4080	537
		*650	300	13	20	18	202.1	159	2.44	146000	9010	26.9	6.67	4500	601
		*654	301	14	22	18	220.6	173	2.45	161000	10000	27.4	6.81	4930	666
	700×300	*692	300	13	20	18	207.5	163	2.53	168000	9020	28.5	6.59	4870	601
		700	300	13	24	18	231.5	182	2.54	197000	10800	29.2	6.83	5640	721
	750×300	*734	299	12	16	18	182.7	143	2.61	161000	7140	29.7	6.25	4390	478
		*742	300	13	20	18	214.0	168	2.63	197000	9020	30.4	6.49	5320	601
		*750	300	13	24	18	238.0	187	2.64	231000	10800	31.1	6.74	6150	721
		*758	303	16	28	18	284.8	224	2.67	276000	13000	31.1	6.75	7270	859
	800×300	*792	300	14	22	18	239.5	188	2.73	248000	9920	32.2	6.43	6270	661
		800	300	14	26	18	263.5	207	2.74	286000	11700	33.0	6.66	7160	781

续表

类别	型号 （高度×宽度） （mm×mm）	截面尺寸 （mm）					截面 面积 （cm²）	理论 重量 （kg/m）	表面积 （m²/m）	惯性矩 （cm⁴）		惯性半径 （cm）		截面模数 （cm³）	
		H	B	t_1	t_2	r				I_x	I_y	i_x	i_y	W_x	W_y
HN	850×300	*834	298	14	19	18	227.5	179	2.80	251000	8400	33.2	6.07	6020	564
		*842	299	15	23	18	259.7	204	2.82	298000	10300	33.9	6.28	7080	687
		*850	300	16	27	18	292.1	229	2.84	346000	12200	34.4	6.45	8140	812
		*858	301	17	31	18	324.7	255	2.86	395000	14100	34.9	6.59	9210	939
	900×300	*890	299	15	23	18	266.9	210	2.92	339000	10300	35.6	6.20	7610	687
		900	300	16	28	18	305.8	240	2.94	404000	12600	36.4	6.42	8990	842
		*912	302	18	34	18	360.1	283	2.97	491000	15700	36.9	6.59	10800	1040
	1000×300	*970	297	16	21	18	276.0	217	3.07	393000	9210	37.8	5.77	8110	620
		*980	298	17	26	18	315.5	248	3.09	472000	11500	38.7	6.04	9630	772
		*990	298	17	31	18	345.3	271	3.11	544000	13700	39.7	6.30	11000	921
		*1000	300	19	36	18	395.1	310	3.13	634000	16300	40.1	6.41	12700	1080
		*1008	302	21	40	18	439.3	345	3.15	712000	18400	40.3	6.47	14100	1220
HT	100×50	95	48	3.2	4.5	8	7.620	5.98	0.362	115	8.39	3.88	1.04	24.2	3.49
		97	49	4	5.5	8	9.370	7.36	0.368	143	10.9	3.91	1.07	29.6	4.45
	100×100	96	99	4.5	6	8	16.20	12.7	0.565	272	97.2	4.09	2.44	56.7	19.6
	125×60	118	58	3.2	4.5	8	9.250	7.26	0.448	218	14.7	4.85	1.26	37.0	5.08
		120	59	4	5.5	8	11.39	8.94	0.454	271	19.0	4.87	1.29	45.2	6.43
	125×125	119	123	4.5	6	8	20.12	15.8	0.707	532	186	5.14	3.04	89.5	30.8
	150×75	145	73	3.2	4.5	8	11.47	9.00	0.562	416	29.3	6.01	1.59	57.3	8.02
		147	74	4	5.5	8	14.12	11.1	0.568	516	37.3	6.04	1.62	70.2	10.1
	150×100	139	97	3.2	4.5	8	13.43	10.6	0.646	476	68.6	5.94	2.25	68.4	14.1
		142	99	4.5	6	8	18.27	14.3	0.657	654	97.2	5.98	2.30	92.1	19.6
	150×150	144	148	5	7	8	27.76	21.8	0.856	1090	378	6.25	3.69	151	51.1
		147	149	6	8.5	8	33.67	26.4	0.864	1350	469	6.32	3.73	183	63.0
	175×90	168	88	3.2	4.5	8	13.55	10.6	0.668	670	51.2	7.02	1.94	79.7	11.6
		171	89	4	6	8	17.58	13.8	0.676	894	70.7	7.13	2.00	105	15.9
	175×175	167	173	5	7	13	33.32	26.2	0.994	1780	605	7.30	4.26	213	69.9
		172	175	6.5	9.5	13	44.64	35.0	1.01	2470	850	7.43	4.36	287	97.1
	200×100	193	98	3.2	4.5	8	15.25	12.0	0.758	994	70.7	8.07	2.15	103	14.4
		196	99	4	6	8	19.78	15.5	0.766	1320	97.2	8.18	2.21	135	19.6
	200×150	188	149	4.5	6	8	26.34	20.7	0.949	1730	331	8.09	3.54	184	44.4
	200×200	192	198	6	8	13	43.69	34.3	1.14	3060	1040	8.37	4.86	319	105

续表

类别	型号 (高度×宽度) (mm×mm)	截面尺寸 (mm)					截面 面积 (cm²)	理论 重量 (kg/m)	表面积 (m²/m)	惯性矩 (cm⁴)		惯性半径 (cm)		截面模数 (cm³)	
		H	B	t_1	t_2	r				I_x	I_y	i_x	i_y	W_x	W_y
HT	250×125	244	124	4.5	6	8	25.86	20.3	0.961	2650	191	10.1	2.71	217	30.8
	250×175	238	173	4.5	8	13	39.12	30.7	1.14	4240	691	10.4	4.20	356	79.9
	300×150	294	148	4.5	6	13	31.90	25.0	1.15	4800	325	12.3	3.19	327	43.9
	300×200	286	198	6	8	13	49.33	38.7	1.33	7360	1040	12.2	4.58	515	105
	350×175	340	173	4.5	6	13	36.97	29.0	1.34	7490	518	14.2	3.74	441	59.9
	400×150	390	148	6	8	13	47.57	37.3	1.34	11700	434	15.7	3.01	602	58.6
	400×200	390	198	6	8	13	55.57	43.6	1.54	14700	1040	16.2	4.31	752	105

注: 1. 表中同一型号的产品, 其内侧尺寸高度一致;

　　2. 表中截面面积计算公式为: $t_1(H-2t_1)+2Bt_2+0.858r^2$;

　　3. 表中"＊"表示的规格为市场非常用规格。

附录 8　螺栓和锚栓规格

螺栓螺纹处的有效截面面积　　　　　　　　　　　　　附表 8-1

公称直径	12	14	16	18	20	22	24	27	30
螺栓有效直径 d_e(mm)	10.36	12.12	14.12	15.65	17.65	19.65	21.19	24.19	26.72
螺栓有效截面积 A_e(cm)	0.84	1.15	1.57	1.92	2.45	3.03	3.53	4.59	5.61
公称直径	33	36	39	42	45	48	52	56	60
螺栓有效直径 d_e(mm)	29.72	32.25	35.25	37.78	40.78	43.31	47.31	50.84	54.84
螺栓有效截面积 A_e(cm)	6.94	8.17	9.76	11.2	13.1	14.7	17.6	20.3	23.6
公称直径	64	68	72	76	80	85	90	95	100
螺栓有效直径 d_e(mm)	58.37	62.37	66.37	70.37	74.37	79.37	84.37	89.37	94.37
螺栓有效截面积 A_e(cm)	26.8	30.6	34.6	38.9	43.4	49.5	55.9	62.7	70.0

锚栓规格　　　　　　　　　　　　　　　　　　　　附表 8-2

	I	II	III
型式			

锚栓直径 d(mm)	20	24	30	36	42	48	56	64	72	80	90
锚栓有效截面积(cm²)	2.45	3.53	5.61	8.17	11.20	14.70	20.30	26.80	34.60	43.44	55.91
锚栓设计拉力(kN)（Q235 钢）	34.3	49.4	78.5	114.1	156.9	206.2	284.2	375.2	484.4	608.2	782.7
III 型锚栓　锚板宽度 c(mm)					140	200	200	240	280	350	400
III 型锚栓　锚板厚度 t(mm)					20	20	20	25	30	40	40

参 考 文 献

[1] 中华人民共和国住房和城乡建设部. 钢结构设计标准：GB 50017—2017 [S]. 北京：中国建筑工业出版社，2018.

[2] 中华人民共和国住房和城乡建设部. 建筑结构可靠性设计统一标准：GB 50068—2018 [S]. 北京：中国建筑工业出版社，2019.

[3] 中华人民共和国住房和城乡建设部. 建筑结构荷载规范：GB 50009—2012 [S]. 北京：中国建筑工业出版社，2012.

[4] 中华人民共和国住房和城乡建设部. 门式刚架轻型房屋钢结构技术规范：GB 51022—2015 [S]. 北京：中国建筑工业出版社，2016.

[5] 中华人民共和国住房和城乡建设部. 建筑抗震设计规范（2016 年版）：GB 50011—2010 [S]. 北京：中国建筑工业出版社，2016.

[6] 中华人民共和国住房和城乡建设部. 建筑地基基础设计规范：GB 50007—2011 [S]. 北京：中国建筑工业出版社，2012.

[7] 中华人民共和国住房和城乡建设部. 空间网格结构技术规程：JGJ 7—2010 [S]. 北京：中国建筑工业出版社，2010.

[8] 中华人民共和国住房和城乡建设部. 膜结构技术规程：CECS 158—2015 [S]. 北京：中国计划出版社，2015.

[9] 中华人民共和国建设部. 碳素结构钢：GB/T 700—2006 [S]. 北京：中国标准出版社，2006.

[10] 中华人民共和国住房和城乡建设部. 低合金高强度结构钢：GB/T 1591—2018 [S]. 中国质检出版社，2018.

[11] 中华人民共和国住房和城乡建设部. 热轧型钢：GB/T 706—2008 [S]. 中国标准出版社，2008.

[12] 中华人民共和国住房和城乡建设部. 钢结构工程施工质量验收规范：GB 50205—2020 [S]. 北京：中国计划出版社，2020.

[13] 中华人民共和国住房和城乡建设部. 冷弯薄壁型钢结构技术规范：GB 50018—2016 [S]. 北京：中国标准出版社，2016.

[14] 中华人民共和国住房和城乡建设部. 工程结构设计基本术语标准：GB/T 50083—2014 [S]. 北京：中国建筑工业出版社，2015.

[15] 董军. 钢结构基本原理 [M]. 重庆：重庆大学出版社，2011.

[16] 李光范. 钢结构 [M]. 哈尔滨：哈尔滨工业大学出版社，2015.

[17] 《新钢结构设计手册》编委会. 新钢结构设计手册 [M]. 北京：中国计划出版社，2018.

[18] 陈绍蕃. 钢结构设计原理 [M]. 4 版. 北京：科学出版社，2016.

[19] 陈绍蕃，顾强. 钢结构（上册）：钢结构基础 [M]. 4 版. 北京：中国建筑工业出版社，2018.

[20] 陈绍蕃，顾强. 钢结构（下册）：房屋建筑钢结构设计 [M]. 4 版. 北京：中国建筑工业出版社，2018.

[21] 曹平周，朱召泉. 钢结构 [M]. 5 版. 北京：中国电力出版社，2021.

[22] 赵风华，王新武. 钢结构原理与设计（下册）[M]. 重庆：重庆大学出版社，2010.

[23] 戴国欣. 钢结构 [M]. 武汉：武汉理工大学出版社，2012.

[24] 唐敢，王法武. 建筑钢结构设计 [M]. 北京：国防工业出版社，2015.

[25] 轻钢结构设计指南（实例与图集）编委会. 轻钢结构设计指南（实例与图集）[M]. 北京：中国建筑工业出版社，2001.